KB154213

에스코피에 요리책

에스코피에

Auguste
Escoffier

오귀스트 에스코피에 지음

홍문우 옮김

에스코피에 요리책

1판 1쇄 발행 2020년 4월 3일

지은이 오귀스트 에스코피에
옮긴이 홍문우
펴낸이 홍동원
발행처 (주)글씨미디어
주소 서울시 마포구 월드컵로8길 61
전화 02-3675-2822 팩스 02-3675-2832
등록 2003-000441(2003년 5월 13일)
제작 씨케이랩
인쇄 천광인쇄
ISBN 978-89-98272-55-5 13590

* 이 도서의 국립중앙도서관 출판예정도서목록(CIP)은 서지정보유통지원시스템 홈페이지(http://seoji.nl.go.kr)와 국가자료공동목록시스템(http://www.nl.go.kr/kolisnet)에서 이용하실 수 있습니다.(CIP제어번호: CIP2020011682)

책머리에

일상 요리법을 설명하기 전에 우선 건강한 식단의 기본 재료부터 살펴보자. 바쁘게 살다보니 우리는 자신의 몸을 살피는 데 반드시 필요한 관심을 기울일 여유조차 없다. 그러나 우리의 몸을 때때로 기름칠하는 것을 잊어버린다면, 멈춘 시계처럼 될 것이다.

자연이 주는 먹을거리는 대부분 단순하다. 그것을 우리 체질에 알맞는 것으로 이용해야 한다. 관심을 갖지 않는다면 부주의로 인한 위험에 처하게 된다. 기본 음식은 딱딱한 것이든 물렁한 것이든, 동식물의 왕국에서 나온다. 굳이 화학적인 지식이 없어도 우리는 이것들의 다양한 속성을 알고 있다. 식재료마다 특별한 향미가 있고, 단맛, 짠맛, 맵거나 쓴맛이 있어서, 그것으로 식품을 구별한다. 냄새는 가장 먼저 음식을 판단하게 만든다.

맛이 좋은 영양식은 송아지와 어린 양의 살코기, 가금과 야생 조류, 잘 발효해 구운 밀빵 등이다. 고기는 너무 어리지도 너무 늙지도 않은 동물에서 골라야 한다. 고기는 채소보다 영양이 풍부하지만 채소와 고기를 함께 먹어야 좋다. 짜고 건조한 고기는 소화력이 강한 사람에게는 적합하지만 소화력이 약한 사람은 피해야 한다.

과일과 채소는 자연이 주는 식품으로 기후가 따뜻한 나라에서는 더 쉽게 구할 수 있다. 우유는 간단한 자연식이다. 달걀은 반숙하면 쉽게 소화되고 영양분도 풍부하다. 채소는 말린 것이든 날것이든 건강에 아주 좋다.

제대로 된 저녁식사는 과일로 마무리하는 것이 좋다. 아이스크림을 함께 낸다면 더 좋다. 식후에 마시는 커피는 소화를 돕는다. 커피의 향기를 맡으면 기분이 좋아지고 대화도 잘 된다.

음식을 조리하는 방식은 여러 가지가 있다. 식재료를 물로 끓이거나, 재료 자체의 국물로 찌거나, 굽거나 튀길 수 있다. 즉석에서 바로 먹을 때에는 끓이거나 삶는 것이 유리하다. 여기서 육수도 만들어진다.

고기 찜은 다른 재료의 향미를 흡수하면서 부드러워지기 때문에 육즙이 좋다. 고기 구이는, 표면이 구워져 육즙이 빠져나가지 않고[1)] 고기의 안쪽 가운데 부분에 육즙이 몰려 남아있기 때문에 맛이 더 좋다.

튀김은 일부 생선에는 최상의 조리법이다. 그렇지만 소화에 어려움을 겪는 사람들이 있다. 튀기는 동안 생선에 기름이 흡수되기 때문이다. 그런 사람들에게는 굽거나 삶은 생선이 좋다.

양념은 소화를 돕기도 하지만 과용하지 말아야 한다. 식탁에 양념을 곁들여 놓는 것은 좋지 않다. 마음대로 양념을 남용하게 된다. 양념에 의존하지 말고 여러 가지 식재료로 입맛을 다양하게 자극하는 것이 소화에도 좋다.

양념은, 입맛을 자극하는 것, 향미를 자극하는 것, 향을 내는 것의 세 가지로 분류할 수 있다.

순수한 자극 양념(stimulants purs)은 머스터드(겨자), 파(프랑스어로 시불 ciboule), 샬롯(영어 shallot, 프랑스어 에샬롯échalote), 마늘, 차이브(영어 chive, 프랑스어 시베트civette), 소금이다.

향미를 자극하는 양념(stimulants aromatiques)은 후추, 생강, 고추, 호스래디시(프랑스어 레포르raifort), 케이퍼(영어 Caper, 프랑스어 카프르 câpre), 코르니숑(오이 피클), 한련(프랑스어 카퓌신capucine), 너트멕(영

1) 고기의 '표면을 구워' 크러스트(껍질)를 만들어서 '육즙을 가둔다'는 가설은, 독일의 화학자 유스투스 폰 리비히(Justus von Liebig)가 「식품 화학에 관한 연구」(1847년)에서 주장해, 에스코피에를 비롯한 여러 사람들이 받아들였지만 과학적으로 잘못된 것이다. 이 방법으로 육즙을 가둘 수는 없다. 하지만 다른 현상이 일어난다. 단백질에 열이 가해져 표면이 갈색으로 변하는 '마이야르 반응'이다. 이것이 맛과 향을 만든다. 고온일수록 당분과 아미노산의 반응도가 높아, 삶기 보다는 굽는 고기의 향이 더 좋고 맛도 좋다. '마이야르 반응'은, 프랑스의 화학자 루이 카미유 마이야르(Louis Camille Maillard, 1878~1936년)가 1912년에 발견했다. 그는 이 연구로 1914년 프랑스 의학아카데미상을 받았다. '마이야르 반응'은 빵, 과자, 초콜릿, 커피에서도 나타나며 쌀밥을 지을 때 나는 향까지도 포함한다.

어 nutmeg, 프랑스어 뮈스카드muscade), 정향(영어 clove, 프랑스어 지로플girofle), 시나몬(계피)이다.
향을 내는 양념(aromatiques)에는 타임(thyme, 백리향), 사프란, 로즈마리, 파슬리, 처빌(영어 chervil, 프랑스어 세르피유cerfeuil), 월계수 잎, 바닐라, 오렌지꽃물이 있다.
신맛을 내는 양념인 레몬, 신 포도즙(프랑스어 베르쥐verjus), 식초도 있다. 이것들을 신맛과 함께 향도 있다.

이 책은, 능숙한 조리사의 '기억을 돕는' 책이 아니다. 가능한 실제로 이용할 수 있도록 분명하게 레시피를 밝혀 누구든 읽을 수 있는 책이다. 일상 요리를 다루려고 했지만, 이 책은 전문 식당 요리사에게도 쓸모가 있다. 가정에서도 이 책을 보고 조금 힘들더라도 까다로운 레시피까지도 쉽게 만들어낼 수 있으면 좋겠다. 지극히 소박한 요리라도 훌륭한 요리는 가정을 화목하게 한다는 점을 잊지 않아야 한다.

오귀스트 에스코피에

일러두기

1. 요리의 명칭은 프랑스어를 따랐지만, 식재료와 색깔은 우리말로 옮겼다.
   - 예: 갈색 쇼프루아, 보르들레즈 바닷가재
2. 요리의 명칭에서, 지역이나 나라의 방식을 뜻하는 '~식'의 수식어들은, 프랑스식 외래어로 표기하고 그 뜻을 쉽게 알 수 있도록 괄호( )안에 적었다.
   - 예: 보르들레즈(보르도), 앙글레즈(영국)
3. 외국의 부속 재료와 향신료 등은 주로 영어식 외래어로 표기했다. 그러나 프랑스 식품으로서의 고유성이 강한 것과, '트뤼프'(서양 송로, 트러플)처럼 '표준국어대사전'에 프랑스식 외래어로 등재된 단어는 프랑스식으로 표기했다. 과거에는 중국을 통해 유입되어 한자로 표기했던 것들은 오늘날의 쓰임새를 고려하여 영어식 외래어로 표기했다.
   - 예: 너트멕(프랑스어 뮈스카드, 육두구)
4. 단위에서 1큰술은 15밀리리터, 1작은술은 5밀리리터이다.
   - 1 cuillères à soupe(프랑스식 1큰술) = 1 tablespoon(Ts)= 15ml
   - 1 cuillères à café(프랑스식 1작은술) = 1 teaspoon(ts) = 5ml
5. 부속 재료에서 소금, 후추 등 별도의 용량 표시가 없는 것은, 1자밤으로 약 5~6그램이다.
   - 1 pincée = 한 자밤('자밤'은 손가락 끝으로 한 번 잡은 분량을 뜻하는 우리말)
6. 부속 재료인 파슬리, 타임 등은 잔가지 하나와 그것의 잎을 말한다 .
7. 포도주나 코냑 등의 용량을 1잔 등으로 표기한 것은 각각의 전용 잔에 해당한다.
8. 본문 아래의 모든 주석은 옮긴이와 편집자가 붙인 것이다.

차례

책머리에 5

소스 15

퐁(스톡) …… 15
소스의 바탕이 되는 '그랜드 소스' …… 18
베이스 소스 …… 19
갈색 혼합 소스 …… 22
흰색 혼합 소스 …… 27
뜨거운 영국 소스 …… 34
차가운 소스 …… 37
차가운 영국 소스 …… 39
혼합 버터 …… 40

가르니튀르 43

여러 가지 가르니튀르 …… 44
파나드, 파르스 …… 52
뒥셀, 미르푸아, 살피콩, 혼합 허브 …… 56

포타주 59

기본적인 포타주 — 포토푀, 프티트 마르미트 …… 59
맑은 포타주용 국물(콩소메, 부이용) …… 62
포타주에 넣는 파스타, 루아얄 …… 65
콩소메 — 맑은 포타주 …… 68
진한 포타주 — 비스크, 퓌레, 크림, 블루테 …… 77
여러 나라의 수프 …… 87
야채 수프, 포테, 가르뷔르, 콩 퓌레, 기타 포타주 …… 90

오르되브르 99

차가운 오르되브르 …… 100
바르케트 …… 102
오르되브르용 퓌레, 무스, 사탕무 …… 103
카나페 …… 105
여러 가지 오르되브르 …… 106
오르되브르 샐러드 …… 118

달걀 요리 121

오븐 달걀, 달걀프라이, 튀긴 달걀 …… 121

수란, 반숙 달걀 …… 125
코코트 달걀찜, 틀에 넣어 익힌 달걀 …… 129
스크램블드에그 …… 132
반숙과 완숙 달걀 …… 135
오믈렛 …… 137
차가운 달걀 요리 …… 142

민물고기 요리 145
쿠르부이용(생선 조리용 국물) …… 145
생선 조리법 …… 146
생선 수프 …… 146
민물 농어, 장어, 강꼬치고기, 잉어, 민물 아귀 …… 147
연어, 송어 …… 154

바닷물고기 요리 161
뱅어, 부야베스, 바다 장어, 농어, 감성돔 …… 161
대구, 청어, 고등어, 건대구 …… 164
홍어, 붉은 숭어, 정어리, 명태 …… 172
가자미 …… 178
다랑어, 대왕넙치 …… 198

새우, 가재, 조개류 요리 201
게, 새우, 민물 가재 …… 201
바닷가재(랍스터) …… 206
대하, 홍합, 가리비 …… 213

소고기 요리 217
소고기 수육(삶은 소고기) …… 217
등심 — 알루아요, 콩트르필레, 앙트르코트 …… 221
갈비 …… 223
안심, 비프스테이크, 비톡스, 샤토브리앙, 필레 미뇽, 투른도 …… 225
목살, 우둔살 — 뵈프 브루기뇽, 럼프 스테이크 …… 238
소꼬리, 양, 우설, 골수, 머릿고기 …… 241
영국식 소고기 파이와 푸딩 …… 247
카르보나드, 도브, 에스투파트, 프리카델 …… 248
에멩세, 헝가리 굴라슈, 아쉬, 포피에트, 염장 및 훈제 …… 251

송아지고기 요리 255
송아지 주요 부위별 요리 …… 255
에스칼로프, 프리캉도, 그르나댕, 누아제트 …… 262
송아지 기타 부위 …… 264
내장(심장, 간, 흉선 부위 등) …… 269

여러 가지 송아지고기 조리법 …… 275

양고기 요리 281
양의 부위별 요리 …… 281
여러 가지 양고기 조리법 …… 289
어린 양 부위별 요리 …… 295

돼지고기 요리 303
돼지고기 주요 부위 …… 303
장봉(넓적다리) …… 305
돼지고기 기타 부위 …… 311
앙두이유, 부댕, 크레피네트, 프티 살레, 소시지 …… 313
새끼 돼지 …… 317

구이 요리 319
영국식 구이를 위한 소스와 가르니튀르 …… 320
소고기 구이 …… 321
양고기 구이 …… 323
돼지고기 구이 …… 324
닭, 칠면조, 오리, 거위 구이 …… 324
멧돼지, 메추라기, 꿩 구이 …… 326

칠면조, 거위, 오리 요리 329
칠면조 …… 329
거위 …… 331
오리 …… 333

에스카르고, 푸아그라 343

닭고기 요리 353
가금(볼라이유) …… 353
살찌운 큰 암탉(풀라르드) …… 354
닭가슴살(필레, 쉬프렘), 코틀레트, 블랑 …… 370
중간 크기 암탉과 소테 …… 378
작은 암탉(영계) …… 388
날갯살과 기타 부위 …… 392
부댕, 크넬, 코키유, 에멩세, 크로케트, 마자그랑, 프리카세 …… 398
닭고기 무스, 탱발, 볼오방, 필래프 …… 405
차게 먹는 닭고기 요리 …… 412

토끼, 노루, 조류 417
토끼 …… 417

노루 …… 421
꿩, 자고새, 메추라기, 식용 비둘기 …… 422

갈랑틴, 파테, 테린 441

샐러드 449
샐러드 드레싱(시즈닝, 샐러드 양념) …… 449
간단한 샐러드 …… 450
복합 샐러드 …… 453

채소와 버섯 요리 459
데치기 …… 459
아티초크, 아스파라거스 …… 461
가지, 당근, 셀러리, 카르둔 …… 467
치커리, 엔다이브 …… 471
양배추, 슈크루트, 자우어크라우트 …… 474
콜리플라워, 방울 양배추 …… 477
오이, 주키니 호박, 시금치, 상추 …… 480
누에콩, 강낭콩, 렌틸콩, 완두콩, 오크라 …… 487
옥수수, 밤, 순무 …… 495
양파, 수영, 옥살리스, 샐서피, 피망 …… 498
감자 …… 502
토마토 …… 511
돼지감자, 두루미냉이, 고구마 …… 514
세프버섯, 양송이버섯, 곰보버섯 …… 516
트뤼프(트러플, 서양 송로) …… 519

쌀과 밀가루 요리 523
오르되브르와 샐러드용 쌀밥 …… 523
뇨키, 플렌타, 라자냐, 마카로니, 카넬로니, 국수, 라비올리 …… 527

앙트르메 — 파티스리 537
반죽과 파티스리 — 푀이타주, 퐁세, 갈레트, 쉬크레 등 …… 537
발효 반죽 — 브리오슈, 사바랭, 바바, 크랍펜 …… 540
슈, 구제르, 제누아즈, 사부아 비스킷, 튀김옷, 라비올리 등 …… 542
여러 가지 크루트(파이 크러스트) …… 546
크림과 머랭 — 크렘 앙글레즈, 크렘 샹티이, 프랑지파니 등 …… 548
퐁당 페이스트, 프랄린, 설탕 끓이기 …… 552

뜨거운 디저트 555
뜨겁게 먹는 디저트용 소스 …… 555
튀김(베녜) …… 557

샤를로트, 크레프, 팬케이크 …… 559
크로케트(크로켓), 과일 크루트 …… 562
오믈렛(디저트용) …… 565
푸딩 …… 567
수플레, 탱발, 빵 페르뒤 …… 573
뜨겁게 먹는 과일 디저트 — 살구, 바나나, 파인애플 …… 578
뜨겁게 먹는 과일 디저트 — 체리, 복숭아, 배, 사과 …… 580
영국 디저트 — 민스 파이, 과일 타르트 …… 586

차가운 디저트 589
바바리안 크림(크렘 바바루아즈) …… 589
블랑망제 …… 591
샤를로트 …… 592
크렘 포셰 …… 593
휘핑크림을 이용한 차가운 크림 …… 595
젤리 …… 596
차게 먹는 푸딩 …… 597
차게 먹는 과일 디저트 …… 598
콩포트 …… 610
그 밖의 차가운 디저트 …… 612

빙과와 아이스크림 617
과일 글라스 …… 619
아이스 비스킷, 수플레. 봉브, 무스, 푸딩 …… 627
소르베, 로멘 펀치, 스품, 그라니타 …… 631

세이버리 633

잼, 과일 젤리 639

술과 음료 645
바바루아, 오랑자드, 펀치, 뱅쇼 등 …… 645

프랑스 요리의 조리법 651

에스코피에에 대하여 661

프랑스 요리 용어 667

소스

퐁(스톡)

갈색 퐁(브라운 스톡)

Fonds bruns, Brown stock

☙ 5~6리터 만들기 재료: 소 정강이(사골, 뼈에 고기가 붙어 있는 것) 3kg, 송아지 정강이 2kg, 돼지 껍질 조금, 양파와 당근 각 200g, 부케 가르니(월계수 잎 1, 타임, 파슬리, 작은 마늘 1쪽), 소금, 후추, 버터.

정강이뼈를 발라낸다. 살코기는 50~60그램으로 작게 토막 내어서 한쪽에 놓아둔다. 뼈(사골)는 가능한 작게 자른다. 뼈에서 골수는 빼낸다. 끓는 물에 10분간 삶아낸 돼지 껍질과 다진 양파, 당근을 커다란 냄비에 넣고, 그 위에 뼈를 고루 얹는다. 찬물 500밀리리터를 붓고 냄비를 약한 불에 올려 뚜껑을 덮고 완전히 졸인다. 뜨거운 물 500밀리리터를 더 붓고, 다시 한 번 완전히 졸인다. 끓는 물 7~8리터를 붓는다. 부케 가르니를 넣고, 물 1리터당 3그램의 소금과 후추를 넣는다. 약한 불에서 5시간 끓인다. 물이 졸아들 때마다 물을 더 부어주며 육수의 양을 맞춘다.

이렇게 첫 번째 육수를 준비한 뒤, 따로 놓아두었던 고깃덩어리를 소스냄비에 넣고 버터로 노릇하게 굽는다. 첫 번째 육수 250밀리리터를 붓고, 뚜껑을 덮고 중간 정도의 불에서 바짝 졸인다. 이렇게 두 번을 반복해서 졸인다. 그리고 나머지 육수를 붓고 다시 한 번 끓인다. 소스냄비 뚜껑을 절반만 덮은 채 3시간 동안 끓인다. 기름기를 걷어낸다. 고운 체(여과기)로 육수를 걸러, 보관했다가 다양하게 이용한다. 이 두 번째 육수는 여러 가지 브레제(braisé)[1] 요리에도 이용한다.

첫 번째 육수를 우려냈던 뼈는 뜨거운 물로 다시 4~5시간 동안 끓여서 뼈에서 젤라틴[2]을 완전히 추출한다. 그것을 두 번째 육수(구운 고기 육수)와 섞고, 다시 졸여서 진한 농축액을 만든다. 이것이 '글라스 드 비앙드'이다.

맑은 퐁(퐁 블랑/화이트 스톡)

Fonds blanc simple, Simple white stock

ღ 5~6리터 만들기 재료: 물 6~8리터, 송아지 목살과 정강이(뼈와 고기) 6kg, 당근과 양파 각 200g, 리크(푸아로, 서양 대파)[3] 60g, 셀러리 1개, 부케 가르니(파슬리, 타임, 월계수 잎), 정향(clove) 2개, 소금 30g.

뼈를 발라낸 고기를 끈으로 묶고, 뼈를 토막 내어 고기와 함께 소스냄비에 넣는다. 물을 붓고 소금을 뿌린다. 약한 불에 끓여 야채와 부케 가르니를 넣는다. 2시간 30분쯤 삶는다. 고운 체로 거른다.

닭고기 퐁(치킨 스톡)

Fonds de volaille, Chicken stock

재료는 '퐁 블랑(화이트 스톡)'과 같다. 여기에 닭의 허드렛고기(abati)와 내장을 조금 더 추가한다.

갈색 퐁드보(갈색 송아지 육수/갈색 빌 스톡)

Fonds de veau brun, Brown veal stock

ღ 4리터 만들기 재료: 송아지 목살과 정강이(뼈, 고기) 3kg, 육수(퐁 블랑/화이트 스톡) 6리터, 삶은 돼지 껍질, 양파 200g, 당근 150g, 부케 가르니(파슬리, 타임, 월계수 잎 1).

두툼하게 썬 양파와 당근, 8분간 삶은 돼지 껍질을 냄비 바닥에 깔고 그 위에 잘게 썬 목살(épaule)[4]과 정강이를 얹는다. 육수 0.5리터만 먼저 붓

---

1) 올리브유에 고기의 겉을 살짝 구워 꺼낸 뒤, 야채를 볶고, 구운 고기를 다시 넣고, 소량의 육수와 포도주 등을 붓고, 오븐에 넣어, 국물을 졸이면서 장시간 찜하듯이 익히는 조리법.

2) Gelatin. 동물의 뼈 등에서 얻어지는 유도 단백질로, 뜨거운 물에서는 녹고, 실온에서는 탄성을 가진 젤리가 된다. 소의 네 다리뼈(사골)는 30%이상이 젤라틴 성분이다.

3) Poireau(Leek). 대파를 닮았지만 잎은 편평하고 흰 뿌리는 더 굵다. 흰쪽을 식용한다.

4) 소의 목살은 젤라틴이 많고 육즙이 풍부하다.

고 완전히 졸인다. 나머지 육수 5.5리터를 붓고 부케 가르니를 넣는다. 냄비 뚜껑을 덮지 않고 은근한 불에서 3시간 동안 끓인다. 망이 고운 체로 걸러, 보관했다가 사용한다.
이렇게 갈색 육수(브라운 스톡)를 우려낸 고기와 뼈는 재사용할 수 있다. 뜨거운 물을 더 붓고 2시간을 더 끓여, 체로 거른다. 이 육수를 바탕으로 고기 브레제 등을 만들 때 사용하거나 더 졸여서 '글라스 드 비앙드'로 사용한다.

칡가루를 넣은 송아지 육수(빌 스톡)

Jus de veau lié à l'arrow-root, Veal stock thickend with arrowroot

ଓ 1리터 만들기 재료: 갈색 퐁(브라운 스톡) 2리터, 칡가루 30g.

육수 2리터를 절반으로 졸인다. 소량의 찬 육수에 칡가루를 풀어서 졸인 육수에 붓고 걸쭉하게 만든다. 1분간 끓여, 고운 체로 거른다.

글라스 드 비앙드(미트 글레이즈)

Glace de viande, Meat glaze

맑은 퐁(퐁 블랑, 화이트 스톡)과 갈색 퐁(브라운 스톡)를 섞어 졸이면 좋은 '글라스 드 비앙드'를 얻을 수 있다. 육수(퐁)를 졸여, 짙고 걸쭉해지면 체로 걸러 소스냄비에 받는다. '글라스 드 비앙드'의 순도는 졸이는 기술이 좌우한다. 처음에는 센 불로 끓이다가 차츰 중간 불, 약한 불로 줄이면서 육수를 졸여야 한다. 큰 레스토랑에서는, 육수를 우려내고 남은 고기를 넣고 다시 약한 불로 몇 시간 끓인다. '글라스 드 비앙드'는 몇몇 소스에 빛을 내고, 향미를 더하는 중요한 마무리 첨가물이다. 하지만 남용하지 않는 지혜가 필요하다.

루

'루(roux)'는 모든 소스를 진하게 만드는 기본 재료이다.

갈색 루

Roux brun, Brown roux

ɷ 정제한 맑은 버터 50g, 고운 밀가루 60g.

소스팬에 버터를 두르고, 밀가루를 넣고 천천히 젓는다. 익었을 때 너무 짙은 갈색이 되지 않고, 엷은 빛깔이 나도록 한다. 이렇게 만든 '루' 100그램과 갈색 퐁 1.5리터로 〈에스파뇰 소스〉를 만든다.

황금색 루

Roux blond, Light brown roux

갈색 '루'와 같은 재료로 준비하지만 아주 천천히 저어가며 익힌다. '루'에 빛깔이 조금 드러나기 시작하면 즉시 멈춘다.

소스의 바탕이 되는 '그랜드 소스'

Grand sauce de base

소스는 조심스럽게 준비한다. 프랑스 요리의 세계적인 명성은 바로 미묘한 소스 맛 덕분이다. 꼭 명심하자. 대형 호텔과 레스토랑의 주방용 소스를 소개하지는 않겠다. 이 책의 목적에 걸맞게, 누구나 집에서도 가능하며, 간단히 준비할 수 있고, 쉽게 이해할 수 있도록 하겠다.

세 가지 기본 소스가 있다.

1. 〈에스파뇰 소스〉는 갈색 육수(브라운 스톡)에 갈색 '루'를 섞은 것이다.

2. 〈블루테〉는 맑은 육수(퐁 블랑/화이트 스톡)에 너무 노릇하지 않도록 가능한 뽀얗게 만든 '루'를 섞은 점이 〈에스파뇰 소스〉와 다를 뿐이다.

야채즙이나 고기 육수 등으로 만든 백색, 갈색 소스는 고기, 닭 등 여러 요리에 사용해 향미를 높인다.

3. 〈베샤멜 소스〉는 경제성이 좋기 때문에 단연 '소스의 여왕'이다. 달걀,

육류, 생선, 야채 등 어느 것과도 잘 어울리고 준비하는 시간이 짧아서 좋다.

그 밖에도 〈토마토 소스〉는 특히 현대 요리에서 중요한 역할을 한다. 진한 육수를 졸여서 만드는 '글라스 드 비앙드(Glace de Viande)'도 있다. 그 진가만큼 항상 애용되는 편은 아니지만, 요긴하게 쓸 수 있다.
레스토랑이나 호텔 주방에서는 이런 기본 소스들을 아침마다 준비한다. 그래야 신속하게 최상의 상태로 사용할 수 있다. 이런 기본 소스는 필요할 때마다 여러 소스로 활용해 어느 요리에나 맞출 수 있다.

베이스 소스

Sauce de base

에스파뇰 소스(갈색 소스)

Sauce brune, *Sauce espagnole*, Brown sauce, *Espagnole sauce*

☙ 1리터용 재료: 갈색 '루' 100g, 갈색 퐁(브라운 스톡) 1.5리터.

☙ 미르푸아: 삼겹살 30g, 양파 30g, 당근 50g, 타임, 월계수 잎 1쪽, 파슬리, 버터 30g.

갈색 '루'를 만들어 몇 분간 식힌다. 갈색 퐁을 붓고 덩어리로 뭉치지 않도록 주걱으로 휘저으며 끓인다. 끓이면서 계속 저어준다. 미르푸아를 준비한다. 미르푸아를 버터로 볶아 냄비에 넣는다. 3시간쯤 끓이면서, 때때로 차가운 갈색 퐁 400~500밀리리터를 추가해 소스를 맑게 한다. 체로 거른 뒤, 저어서 식힌다.

미르푸아(Mirepoix)[5]

프라이팬에 삼겹살을 잘게 깍둑썰어[6] 넣고 가열한다. 조금 크게 네모나게(브뤼누아즈) 썬[7] 당근과 양파에 버터, 타임, 월계수 잎을 넣고 볶는다.

---

5) 네모나게 썬 당근, 양파에 허브를 섞어 볶은 것. 다진 고기를 넣은 '미르푸아 오 그라'와 고기를 넣지 않은 '미르푸아 오 메그르'가 있다. 미르푸아 공작의 요리장이 개발했다.
6) 주사위 모양으로 썰기(coupés en dès).
7) 사각형으로 썰기(brunoise).

데미글라스 소스

Sauce Demi-Glace, Demi-Glace sauce

〈에스파뇰 소스〉를 만들 때 그 마지막에 퐁드보(빌 스톡)나 '글라스 드 비앙드'를 추가한 소스이다.

토마토 데미글라스 소스

Demi-Glace tomatée, Demi-Glace with tomato sauce

〈데미글라스 소스〉에, 그것의 3분의 1분량으로 〈토마토 소스〉를 추가한 것이다.

블루테 소스

Velouté simple, Plain white sauce

〈에스파뇰 소스〉처럼 만들지만, 갈색 '루'를 황금색 '루'로, 갈색 육수(브라운 스톡)를 같은 양의 맑은 육수(퐁 블랑/화이트 스톡)로 바꾼다. 1시간 30분간 약하게 끓인다. 그렇게 해야 소스를 맑고 투명하게 만들 수 있다. 끓인 것을 고운 체로 걸러 그릇에 받아두고, 조리하는 동안 가끔씩 저어준다. 필요할 때 쓸 수 있도록 보관한다. 〈에스파뇰 소스〉든, 〈블루테 소스〉든 맑게 만들려면 끓이는 동안 위로 떠오르는 거품과 지방을 때때로 걷어낸다. 〈블루테 소스〉에서는 〈에스파뇰 소스〉에 넣는 '미르푸아'는 선택사항이다. 소스를 맑게 하려면 폭에 비해 높은 냄비를 사용한다. 냄비의 바닥이 불 위에 완전히 붙지 않도록 한쪽을 살짝 높여주는 것이 좋다.

블롱드(황금색) 소스/파리지엔 소스/알망드(독일) 소스[8]

Sauce blonde ou sauce parisienne, *Sauce Allemande*, Veloute sauce bound with egg yorks

'알망드 소스'라고 부른다. 〈블루테 소스〉에 달걀노른자를 넣어 걸쭉하게 만든 소스이다.

ઌ 1리터 만들기 재료: 보통의 블루테 소스 1리터.

ઌ 부재료: 달걀노른자 5알, 차가운 육수(퐁 블랑/화이트 스톡) 500ml, 굵게 간 후추, 너트

8) 에스코피에는, 1차 세계대전 이전에 알망드 소스라고 했으나, 이후에 파리지엔 소스, 블롱드 소스로 이름을 새로 붙였다. 하지만 이 책의 본문에서 그는 혼용해서 사용했다.

멕(nutmeg, muscade) 가루, 버섯 우린 국물(버섯 에센스), 녹인 버터.

바닥이 두꺼운 소스냄비에 맑은 육수(퐁 블랑), 달걀노른자, 후추 1자밤(손가락 끝으로 잡은 분량), 너트멕, 버섯 우린 국물 몇 술을 한꺼번에 넣고 휘저어, 〈블루테 소스〉를 추가해 끓인다. 바닥을 주걱으로 훑어가면서 계속 빠르게 저으며 익힌다. 주걱에 들러붙을 정도로 졸여서, 고운 체로 거른다. 살짝 저어주고, 녹인 버터로 표면을 덮어서 보관한다.

쉬프렘 소스

Sauce suprême, Chicken veloute sauce with cream

☙ 1리터 만들기 재료: 맑은 닭고기 블루테 1리터, 크렘 프레슈(Crème fraîche)[9] 200ml, 송아지고기 또는 닭고기, 글라스 드 비앙드 70ml.

닭고기 블루테를 졸여, '크렘 프레슈'와 '글라스 드 비앙드'를 추가한다. 몇 분 동안 더 끓여 고운 체로 거른다(천으로 짜내도 된다).

베샤멜[10] 소스(화이트 소스)

Sauce béchamel, White Sauce

☙ 1리터 만들기 재료: 엷은 황금색 '루' 100g, 우유 1리터, 소금, 굵게 간 후추 1자밤, 너트멕, 정향 1개를 박은 양파, 부케 가르니(파슬리, 월계수 잎 1, 타임), 녹인 버터.

황금색 '루'를 만들어 조금 차갑게 식힌다. 우유를 붓고 계속 저어주면서 끓인다. 소금과 후추, 양파 반쪽, 부케 가르니를 넣고 25~30분간 끓인다. 냄비 바닥 한 쪽을 불에서 조금 높여 조심스럽게 기울인다. 소스를 고운 체로 거르고, 그 표면에 녹인 버터를 조금 덮는다.

토마토 소스

Sauce tomate, Tomato sauce

☙ 1리터 만들기 재료: 토마토 3kg, 올리브유 100ml 또는 버터 75g, 소금 10g, 후추 1자밤, 마늘 반쪽, 파슬리 1(줄기 1개와 그것의 잎), 녹인 버터.

토마토를 반으로 잘라 씨를 빼고 다진다. 냄비에 넣고 기름이나 버터를

---

9) 유지방 약 30~40%의 프랑스 발효 크림. 영미식 사워크림(sour cream)과 유사하지만 신맛이 덜하다. 더블 크림에 버터밀크나 요구르트를 넣어 만들 수도 있다.

10) 베샤멜(Louis de Béchameil, 1630-1703년). 프랑스 왕 루이 14세의 집사였다가 후작이 되었다. 예술과 요리의 후원자였다.

붓는다. 양념들과 파슬리를 넣는다. 뚜껑을 덮어 30분쯤 끓인다. 고운 체로 거른다. 녹인 버터를 조금 덮어 필요할 때 사용한다. 이 방법은 토마토의 신선한 향기를 보존하기에 좋다.

갈색 혼합 소스

Petites sauces brunes composées

오리 구이용 비가라드 또는 오렌지 소스

Sauce bigarade ou orange pour caneton roti, Orange sauce for roast duck

☙ 오리 1마리용 재료: 쓴맛이 나는 비가라드 오렌지 1개, 레몬(시트론) 반쪽, 프롱티냥[11] 백포도주 1잔, 퀴라소[12] 1잔, 데미글라스 소스 150ml.

오렌지와 레몬의 겉껍질[13]을 아주 가늘게 썬다. 5~6분간 데치고, 건져내 작은 냄비에 오렌지즙, 레몬즙과 함께 넣는다. 따뜻하게 보관한다. 프롱티냥 백포도주를 작은 냄비에 붓고 가열해 절반으로 졸인다. 퀴라소와 〈데미글라스 소스〉를 붓고 몇 초만 끓이고, 즙과 겉껍질을 넣는다. 보트(쪽배) 모양의 소스 그릇에 담고, 4조각으로 자른 오렌지를 샐러드 그릇에 담아서 내놓는다.

보르들레즈(보르도) 소스

Sauce bordelaise, Bordelaise sauce

☙ 250ml 만들기 재료: 토마토 소스를 섞은 데미글라스 소스 150ml, 적포도주 또는 백포도주 100ml, 소 골수 50g, 다진 샬롯(shallot, échalote) 1작은술, 굵게 간 후추 1자밤.

포도주와 샬롯, 후추를 함께 냄비에 넣고 절반으로 졸인다. 토마토 소스를 섞은 〈데미글라스 소스〉를 추가해 몇 분간 더 끓여 체로 거른다. 마지막으로 소 골수를 둥글게 잘라, 몇 초간 소금물 또는 맛국물(부이용)로 데

---

11) 프랑스 지중해 연안 프롱티냥(Frontignan)의 백포도주. 머스캣 프롱티냥이라고도 한다.

12) 퀴라소(Curaçao). 청색 리큐어(증류주). 흔히 '블루 퀴라소'라고 한다. 중미 카리브해, 퀴라소 섬의 라라하(laraha) 오렌지 열매의 껍질을 말려 향을 낸 술이다.

13) 제스트(Zest). 오렌지, 레몬, 시트론 등의 노란 겉껍질만을 이용한다. 흰 속껍질은 쓰다.

쳐 첨가한다. 이 소스는 특히 소고기 구이에 잘 어울린다.

부르기뇬(부르고뉴) 소스

Sauce bourguignonne, Burgundy sauce

⚭ 300~400ml 재료: 버터 30g, 녹인 버터 60g, 삼겹살 60g, 잘게 다진 양파 2큰술, 다진 당근 2큰술, 월계수 잎, 타임, 파슬리, 적포도주 1병(750ml), 밀가루 1.5큰술, 후추.

버터를 넣고 가열해 삼겹살, 양파, 당근을 모두 다져 노릇하게 볶는다. 후추, 잘게 썬 파슬리와 허브들을 넣고 포도주를 붓는다. 반으로 졸여 고운 체로 거른다. 녹인 버터 60그램 중 30그램을 먼저 밀가루와 섞어, 소스에 넣고 잘 섞는다. 나머지 녹인 버터를 더 넣고 섞는다. 이 소스는 달걀, 생선 요리에 잘 어울린다.

브르톤(브르타뉴) 소스

Sauce bretonne, Breton sauce

⚭ 500ml 만들기 재료: 다진 양파 2큰술, 버터 30g, 백포도주 200ml, 에스파뇰 소스와 토마토 소스 각 300ml씩, 다진 마늘 1자밤, 다진 파슬리.

양파를 버터로 노릇하게 볶아 포도주를 붓고 반으로 졸인다. 소스들을 붓고, 다진 마늘과 파슬리를 조금 추가해 8~10분간 끓여, 고운 체로 거른다. 이 소스는 주로 브르타뉴식 강낭콩 요리에 사용한다.

체리 소스

Sauce aux cerises, Cherry sauce

⚭ 300ml 만들기 재료: 포르투 포도주(포트 와인)[14] 또는 적포도주 100ml, 체리즙 100ml, 씨를 발라낸 체리 4~5큰술, 영국식 혼합 향신료(mixed spice)[15] 1자밤, 오렌지 제스트(오렌지 겉껍질), 레드커런트 젤리 4~5큰술.

포르투 포도주, 체리즙, 영국식 혼합 향신료, 오렌지 겉껍질을 냄비에 넣고 절반으로 졸인다. 레드커런트 젤리, 씨를 발라낸 체리를 추가하고 몇 분간 더 끓인다. 오리 구이나 오리 브레제, 거위 요리에 곁들인다.

---

14) Porto 또는 Port wine. 브랜디를 섞어 알코올 도수를 18~20도로 높힌, 단맛의 포르투갈 포도주. 포르투갈 원산은 Porto(Vinho do Porto)라는 이름을 사용한다.

15) 시나몬, 정향, 너트멕, 고수 씨, 올스파이스(Allspice) 혼합 가루. 푸딩 향신료(Pudding spice)라고도 부른다. 프랑스식은 너트멕, 정향, 생강, 흰 후추의 혼합 가루이다.

샤쇠르(사냥꾼) 소스[16)]

Sauce chasseur, Huntsman sauce

ᘓ 얇게 썬 양송이버섯(champignon) 150g, 버터 1큰술, 올리브유 1큰술, 다진 샬롯 1작은술, 코냑 50ml, 백포도주 100ml, 데미글라스 소스 300ml, 토마토 소스 50ml, 글라스 드 비앙드 1큰술, 파슬리.

올리브유와 버터에 버섯을 볶는다. 다진 샬롯, 코냑, 백포도주를 넣고 절반으로 졸인다. 여기에 〈데미글라스 소스〉, 〈토마토 소스〉, '글라스 드 비앙드'를 더 넣고 몇 분간 끓인 다음, 다진 파슬리를 조금 추가한다. 이 소스는 소고기 투른도, 필레 미뇽, 양고기, 닭고기 등에 낸다.

갈색 쇼프루아[17)] 소스

Sauce chaudfroid brune, Brown chaudfroid sauce

ᘓ 1리터 만들기 재료: 절반으로 졸인 데미글라스 소스 750ml, 송아지 족 젤리(aspic) 500ml, 마데이라 포도주[18)] 70ml.

송아지 족 젤리와 함께 〈데미글라스 소스〉를 냄비에 붓고 전체의 4분의 3분량으로 졸인다. 마데이라 포도주를 붓고 고운 체로 거른다. 소스가 걸쭉하도록 휘저어 요리에 붓는다. 오리 요리에 사용할 경우, 졸인 〈데미글라스 소스〉에 오리를 졸인 육수 150밀리리터를 추가한다. 서양 송로(트뤼프)가 있다면 잘게 썰어 첨가해도 된다.

슈브뢰유(노루) 소스

Sauce chevreuil, Venison sauce

ᘓ 1리터 만들기 재료: 적포도주 식초 200ml, 데미글라스 소스 1리터, 통후추.

적포도주로 만든 식초를 가열해 절반으로 졸인다. 〈데미글라스 소스〉를 추가하고 10~12분간 끓인다. 통후추를 갈아 넣고 5~6분간 더 끓인다. 고운 체로 거르고, 중탕기에 넣어 따끈하게 보관한다. 이 소스는 노루나 멧

---

16) 사냥터에서 포도주와 버터를 주재료로 만들어 야생 사냥감 요리에 곁들이던 것이다. 그 뒤 가금류에 널리 애용되었다.

17) 쇼프루아는 뜨거운(Chaud, Hot) 것과, 차가운(Froid, Cold) 것을 뜻하는 합성어로, 고기 젤리(아스픽)로 덮어, 차게 먹는 고기 요리를 말한다.

18) 마데이라(Madeira) 포도주. 대서양 북아프리카 연안의 마데이라 제도(포르투갈령)에서 나는 포도주로 독특한 향미를 가지고 있다.

돼지 요리에 어울린다.

디아블(매운) 소스

Sauce diable, Devil sauce

ꩡ 4~6인분: 백포도주 300ml, 다진 샬롯 2, 데미글라스 소스 200ml, 잘게 다진 피망 또는 카옌 고춧가루 조금.

냄비에 포도주를 붓고, 다진 샬롯을 넣어 3분의 2로 졸인다. 〈데미글라스 소스〉를 넣고 몇 분간 더 끓인다. 붉은 카옌 고추(poivre de Cayenne)나 붉은 피망을 다져 넣는다. 닭, 식용 비둘기, 돼지 족 요리에 어울린다.

잉글리시 머스터드 1큰술이나 우스터셔(Worcestershire, Lea Perrins) 소스 1작은술, 또는 앤초비 버터 1큰술을 넣어 맛을 다양하게 할 수 있다. 생선구이에 잘 어울린다. 이 소스는 필요할 때마다 조금씩 만든다.

그랑 브뇌르(왕의 수렵 담당관) 소스

Sauce grand veneur, Royal huntsman sauce

ꩡ 1리터 만들기 재료: 레드커런트 젤리 3큰술, 크렘 프레슈 200ml, 달걀흰자 1알, 슈브뢰유 소스 1리터.

레드커런트 젤리를 넣고 크렘 프레슈와 달걀흰자를 조금씩 부으며 젓는다. 〈슈브뢰유 소스〉 1리터를 추가하고 몇 분간 더 끓인다.

이탈리엔(이탈리아) 소스

Sauce italienne, Italian sauce

ꩡ 토마토를 넣은 데미글라스 소스 750ml, 뒥셀(duxelle)[19] 4큰술, 아주 작은 사각형으로 썬[20] 저지방 장봉(저지방 햄)[21] 125g, 다진 파슬리 1자밤.

파슬리를 제외한 모든 재료를 한꺼번에 냄비에 넣고 5~6분간 끓인 뒤, 다진 파슬리 1자밤을 추가한다.

---

19) 양파, 버섯, 샬롯을 잘게 다져 버터와 식용유로 볶은 혼합물.

20) 핀 브뤼누아즈(fine brunoise)를 말한다. 1.5밀리미터 크기의 작은 정사각형으로 썰기. 이 책에서는 '아주 작은 사각형으로 썰기'로 옮겼다.

21) Jambon maigre 또는 Extra Lean ham.

소 골수 소스

Sauce moelle, Marrow sauce

〈데미글라스 소스〉를 바짝 졸인다. 버터를 조금 넣고, 신선한 소 골수 100그램 정도를 네모지게 썰어 몇 분간 삶은 것을 추가한다. 다진 파슬리 1자밤(손가락 끝으로 잡은 분량)을 넣어 마무리한다.

페리괴[22] 소스

Sauce périgueux, Demi glace sauce with truffles

〈데미글라스 소스〉 500밀리리터를 바짝 졸이고, 껍질을 벗겨 곱게 다진 서양 송로(트뤼프, truffe)[23] 3큰술을 추가한다. 마데이라 포도주 몇 술을 추가해 마무리한다. 이 소스는 주로 가벼운 앙트레에 곁들인다.

피캉트(매운 맛) 소스

Sauce piquante, Piquante sauce

☙ 식초 200ml, 다진 샬롯 2큰술, 데미글라스 소스 500ml, 코르니숑(오이 피클) 2큰술, 파슬리, 타라곤.

샬롯과 식초를 넣고 가열해 전체를 반으로 졸인다. 〈데미글라스 소스〉를 붓고 8~10분간 끓인다. 코르니숑, 파슬리, 타라곤을 다져 넣는다. 이 소스는 돼지고기 수육이나 구이, 소고기 수육에도 적합하다.

푸아브라드 소스

Sauce poivrade ordinaire, Ordinary pepper sauce

☙ 8~10인분: 버터 70g, 다진 양파 약 50g, 깍둑썰기한 당근 50g, 월계수 잎 1개, 타임, 파슬리, 포도주 발효식초 1.5리터, 데미글라스 소스 500ml.

버터 20그램을 넣고 양파와 당근을 노릇하게 볶는다. 허브와 포도주 식초

---

22) 페리괴는 프랑스 서남부 도르도뉴 도청 소재지. 인류의 조상 크로마뇽인의 고향이다. 예로부터 산토끼, 노루, 장어 등 야생 동물 요리가 유명하다.

23) 우리나라에서 송로라고 부르는 알버섯과는 다른 종이다. 송로는 소나무 뿌리와 공생하지만 서양 송로(트뤼프, 트러플)는 소나무와 관계가 없고 한국에서는 나지 않는다. 트뤼프는 프랑스, 이탈리아, 독일, 스페인 등의 떡갈나무 숲 땅속에서 8~30센티미터의 크기로 자란다. 땅 위에서는 보이지 않기 때문에 훈련시킨 개나 돼지를 이용해서 찾아낸다. 영양소가 풍부하고 향미가 강해, 값이 비싼 고급 식재료이다. 검정색인 프랑스 페리괴(도르도뉴)산, 흰색인 이탈리아 피에몬테산을 최고로 꼽는다. 흰색 서양 송로는 자연산 외에는 없기 때문에 더 귀하다. 검은색은 껍질을 벗겨 이용하지만 흰색은 껍질을 벗기지 않는다.

를 추가해 절반으로 졸인다. 〈데미글라스 소스〉를 넣고 조금 더 졸인다. 고운 체로 거르고, 나머지 버터 50그램을 넣는다.

흰색 혼합 소스

Petites sauces blanches composées

오로르(오로라)[24] 소스

Sauce aurore, Veloute sauce with tomato puree

〈블루테 소스〉에 붉은 토마토를 곱게 으깬 토마토 퓌레(purée)를 섞은 것이다. 혼합 비율은 소스 대 토마토 퓌레, 3대 1이다. 소스 1리터당 버터 100그램을 넣어 마무리한다.

다른 방법

소스냄비에 버터 2큰술을 넣어 녹이고, 단맛의 붉은 파프리카(헝가리 파프리카)[25] 가루 1작은술을 섞는다. 몇 초간 데워, 크림을 섞은 〈베샤멜 소스〉 1리터를 붓는다. 단맛의 붉은 파프리카(paprika rose doux, sweet paprika)를 붉은 카옌 고추(poivre rouge de Cayenne)와 혼동하지 않도록 주의한다.

베아르네즈(베아른)[26] 소스

Sauce béarnaise, Bearnese sauce

ℴ 250ml 만들기 재료: 백포도주 100ml, 타라곤 식초 100ml, 다진 샬롯 2작은술, 다진 타라곤 1자밤(약 5g), 굵게 간 후추 1자밤, 소금 1자밤, 버터 30g, 달걀노른자 3, 녹인 버터 250g, 카옌 고춧가루 아주 조금, 다진 처빌(cerfeuil, chervil) 아주 조금(반 자밤).

포도주, 식초, 다진 샬롯, 허브들을 한꺼번에 냄비에 넣고, 버터 30그램을 추가해, 끓여서 3분의 2로 졸인다. 몇 분간 식힌다. 달걀노른자를 넣고 아

---

24) 토마토 퓌레를 섞어 새벽빛이나 오로라처럼, 엷은 붉은색을 내기 때문에 붙은 이름이다.

25) 헝가리 파프리카는 단맛에서 매운 맛까지 8가지 종류가 있다. 단맛의 붉은 파프리카(sweet paprika)는 Édesnemes이다.

26) 베아른(Béarn) 지방은 프랑스 서남부 피레네 산기슭이다. 풍부한 산림자원과 목축으로 다양한 식문화가 발전해, 베아른은 '쉬드 웨스트' 즉, 남서부 요리의 대명사로 통한다.

주 약한 불로 가열한다. 마요네즈 만들 때처럼 녹인 버터를 방울방울 조금씩 떨어뜨리면서 나무주걱으로 젓는다.

이 소스는 달걀노른자가 서서히 익으면서 감칠맛을 내기 때문에 아주 약한 불로 가열해야 한다. 버터를 넣고, 고운 체로 거르거나 고운 천으로 짜내 받는다. 카옌 고춧가루, 다진 타라곤과 처빌을 조금씩 추가한다. 이 소스는 너무 뜨겁게 내지 않는다.

버터 소스

Sauce au beurre, Butter sauce

ꕥ 밀가루 40g, 녹인 버터 40g, 소금 6g을 넣어 끓인 물 600ml, 달걀노른자 4~5알, 우유(또는 크림) 2큰술, 버터 250g.

밀가루와 녹인 버터를 40그램씩 섞는다. 끓는 물을 붓고 빠르게 휘젓는다. 달걀노른자와 뜨거운 우유(또는 크림)을 함께 넣고 힘차게 젓는다. 버터 250그램을 넣어 마무리한다. 다시 끓이지는 않는다.

쇼롱[27] 소스(토마토를 넣은 베아르네즈 소스)

Sauce béarnaise tomatée, *Sauce Choron*, Bearnese sauce with tomato

〈베아르네즈 소스〉를 만든다. 그렇지만, 마지막에 타라곤과 처빌은 넣지 않는다. 그 대신 바짝 졸여 걸쭉해진 토마토 퓌레를 전체의 4분의 1분량으로 추가한다.

발루아 소스

Sauce Valois, Bearnese sauce with meat jelly

〈베아르네즈 소스〉에 '글라스 드 비앙드' 2큰술을 추가한다.

케이퍼 소스

Sauce aux câpres, Caper sauce

〈버터 소스〉에 작은 케이퍼 2~3큰술을 넣어 마무리한다. 이 분량은 소스가 1리터일 경우이다. 끓여낸 생선 요리에 잘 어울린다.

---

27) 쇼롱(Alexandre Étienne Choron, 1837~1924년). 프랑스 요리사. 쇼롱 소스로 이름을 남겼다. 고급 식당 '부아쟁'의 주방장이었다. 1870년 동물원에서 나온 코끼리로 '코끼리 코 요리'등의 요리를 해 전설을 남겼다. 성탄절에는 암탕나귀 머릿고기, 낙타 구이, 캥거루 브레제, 곰 갈비구이, 여우 넓적다리 구이 등의 요리로 세상을 놀라게 했다.

카르디날(추기경) 소스

Sauce cardinal, Cardinal sauce

크림을 넣은 〈베샤멜 소스〉이다. 크림은, 소스 500밀리리터당 바닷가재 버터 75~100그램을 넣어 만든다. 카옌 고춧가루를 1자밤 넣는다.

흰색 쇼프루아 소스

Sauce chaud-froid blanche ordinaire, Ordinary white chaudfroid sauce, Jellied sauce

ↂ 1리터 만들기: 블루테 소스 750ml, 크림 300ml, 소금, 후추, 송아지 족 젤리 600~700ml.

바닥이 두껍고 얕은 냄비에 〈블루테 소스〉를 붓는다. 송아지 족 젤리를 넣고 센 불에서 빠르게 젓는다. 바닥에 눌어붙지 않도록 나무주걱을 이용해 잘 섞는다. 크림 100밀리리터를 추가하고 센 불로 전체를 3분의 1로 졸인다. 양념을 하면서 걸쭉한지 확인한다. 고운 체로 거르고, 나머지 크림 200밀리리터를 천천히 부으면서 저어준다.

황금색 쇼프루아 소스

Sauce chaud-froid blonde, Light chaudfroid sauce

〈흰색 쇼프루아 소스〉처럼 만드는데, 〈블루테 소스〉 대신 '알망드 소스'라고 불리는 〈블롱드 소스〉를 넣는다. 크림은 절반만 넣는다.

쇼프루아 오로르(오로라) 소스

Sauce chaud-froid aurore, Chaudfroid sauce with tomato purée

〈쇼프루아 소스〉에, 토마토 퓌레 150밀리리터를 추가하거나, 버터로 살짝 볶은 단맛의 붉은 파프리카(헝가리 파프리카) 가루 1작은술을 넣는다.

새우 소스

Sauce crevettes, Shrimp sauce

크림을 추가한 〈베샤멜 소스〉 또는 〈블롱드 소스〉 500밀리리터에 새우 버터[28] 100그램과 단맛의 붉은 파프리카 가루 2작은술을 추가한다.

---

28) 새우를 갈아서 버터와 섞은 것.

크림 카레 소스
Sauce curry à la crème, Cream curry sauce
∽ 버터 50g, 양파, 카레 가루 1작은술, 베샤멜 소스 250ml, 크렘 프레슈 60ml.

작은 소스냄비에 버터를 녹이고 곱게 다진 양파 1큰술을 넣는다. 양파가 노릇해지기 시작하면 카레 가루를 붓고 몇 초간 숟가락으로 고루 휘저으며 익힌다. 〈베샤멜 소스〉를 추가해 약한 불에서 몇 분간 더 익힌다. 고운 체로 걸러 크렘 프레슈를 넣는다. 〈베샤멜 소스〉 대신 맑은 〈블루테 소스〉를 넣어도 된다. 이 경우, 크렘 프레슈를 조금 더 넣어야 한다.

파프리카 오로르(오로라) 소스
Sauce au paprika rose, ou *Sauce aurore,* Paprika sauce

〈카레 소스〉와 같은 방법이지만, 카레 대신 달콤한 붉은 파프리카(헝가리 파프리카) 가루를 같은 양으로 넣는다. 크렘 프레슈도 몇 술 넣는다. 파프리카의 양이 정확히 얼마나 들어가야 가장 좋은지는 참 까다롭다.

리슈 소스/디플로마트 소스
Sauce diplomate ou *Sauce riche,* Rich sauce

〈블롱드 소스〉 500밀리리터에, 생선 퓌메(Fumet)[29] 100밀리리터를 추가하고, 버섯 우린 국물(버섯 에센스)도 몇 술 넣는다. 버터 몇 조각과 바닷가재 버터 2큰술도 넣는다. 가르니튀르로 바닷가재 살 2~3큰술, 토막으로 썬 서양 송로 1큰술을 첨가한다.

구스베리 소스
Sauce groseilles, *groseilles à maquereau,* Gooseberry sauce
∽ 덜 익어서 푸른 구스베리 250g, 백포도주 2큰술, 버터소스 200ml.

구스베리 열매를 물에 넣고 몇 분간 삶는다. 건져내 포도주를 넣고 더 삶아 마무리한다. 고운 체에 거른 다음 〈버터 소스〉를 추가한다. 이 소스는 고등어 구이나 삶은 고등어에 잘 어울린다.

---

29) 생선 육수. 흰살 생선의 대가리나 뼈도 사용한다. 백포도주, 양파, 당근, 부케 가르니 등을 넣고 끓여 거른다. 비린내가 없고 색이 맑고 맛이 진해야 좋다.

올랑데즈[30](홀런데이즈) 소스

Sauce hollandaise, Hollandaise sauce

ↀ 달걀노른자 4, 물 4큰술, 버터 500g, 소금과 굵게 간 후추 1자밤씩, 레몬즙.

달걀노른자와 물을 넣고 아주 낮은 온도로 가열한다. 마요네즈를 만들 때처럼, 버터를 부으면서 휘젓는다. 소스가 걸쭉해지기 시작할 때 물을 추가한다. 이 소스는 꽤 걸쭉하면서도 깔끔하다. 걸쭉해지면 소금과 후추를 넣고, 레몬즙을 몇 방울 뿌리고, 고운 체로 거른다.

굴 소스

Sauce aux huîtres, Oyster sauce

보통 1인분에 굴 3~4개를 준비한다. 굴 껍데기 속의 즙을 따라버리지 않고 그대로 익힌 다음 꺼내서, 크림을 섞은 〈베샤멜 소스〉, 생선 퓌메를 섞은 〈블롱드 소스〉를 넣는다.

이부아르(아이보리) 소스

Sauce ivoire, Ivory sauce

〈블롱드 또는 알망드 소스〉에 그것의 4분의 1분량인 '글라스 드 비앙드'와 닭고기 육수를 추가한다.

주앵빌 소스

Sauce Joinville, Joinville sauce

〈블롱드 소스〉 500밀리리터에 가재 버터 125그램을 섞는다. 작은 새우와 가늘게 썬[31] 서양 송로(트뤼프) 2작은술을 가르니튀르로 얹는다.

모르네[32] 소스

Sauce Mornay, Mornay sauce

크림을 넣은 〈베샤멜 소스〉 500밀리리터를 준비한다. 마지막에 버터 100그램과 파르메산(parmesan) 치즈[33] 가루 3큰술을 추가한다. 이 소스

---

30) 네덜란드의 옛이름인 '홀란드'를 가리킨다.

31) 야채나 고기를 두께 1.5밀리미터, 길이 3~5센티미터로 써는 '핀 쥘리엔(Fine julienne)'은 '아주 가늘게 썬'으로 옮겼다. 두께 3밀리미터, 길이 5센티미터로 써는 '쥘리엔(julienne)'은 '가늘게 썬'으로 옮겼다. 이후 본문에서 동일하게 표기했다.

32) 필리프 드 모르네(1549~1623년). 프랑스 정치인, 모르네 소스와 샤쇠르 소스를 만들었다.

33) 이탈리아 파르마 지역에서 생산하는 치즈(Parmigiano-Reggiano).

는 생선, 닭, 야채 요리용이다.

머스터드 소스
Sauce moutarde, Mustard sauce

ↀ 버터 소스(또는 올랑데즈 소스) 250ml, 디종(Dijon) 머스터드[34) 1큰술.

이 소스는 음식을 내기 직전에 만든다. 〈버터 소스〉 대신 메트르도텔 버터[35) 100그램에 디종 머스터드(또는 잉글리시 머스터드) 2작은술을 섞어도 된다. 이 소스는 어느 생선 구이든 잘 어울린다.

무슬린 소스
Sauce mousseline, Mousseline sauce

식탁에 올리기 직전, 〈올랑데즈 소스〉에 휘핑크림 2큰술을 넣은 것이다. 이 분량은 소스 500밀리리터에 해당한다. 이 소스는 생선 또는 야채 요리에 곁들인다.

노르망드(노르망디) 소스
Sauce normande, Normande sauce

파리의 레스토랑에서는 다음과 같이 만든다. 〈알망드 소스〉 500밀리리터를 졸여 먹기 직전에 버터 150~200그램을 추가한다. 요즘에는 생선 퓌메를 넣은 〈백포도주 소스〉로 이 소스를 대신한다.

수비즈[36)(양파) 소스 또는 수비즈 퓌레
Sauce ou purée Soubise, Soubise sauce

ↀ 양파 500g, 쌀 150g, 육수(맑은 부이용) 1리터, 소금, 흰 후추 1자밤, 설탕 1작은술, 버터 2큰술, 크렘 프레슈(프랑스식 사워 크림) 100ml.

양파를 얇게 썰어 5분간 끓인다. 양파를 건져내 버터를 넉넉히 두른 냄비에 넣는다. 쌀, 육수, 소금, 후추, 설탕을 추가한다. 끓어오르면 다 될 때까지 더 끓인다. 쌀과 양파를 갈아서, 고운 체로 거른다. 이 반죽을 냄비에 넣고, 센 불에서 버터와 크렘 프레슈를 넣어 마무리한다.

---

34) 프랑스 디종에서 생산하는 것으로, 머스터드 씨앗 가루에 식초, 백포도주 등을 섞어 만든 강한 맛이다. 잉글리시 머스터드는 매운 맛이다.

35) Beurre à la Maître-d'Hôtel. 파슬리와 레몬즙을 넣고, 소금은 넣지 않은 무염 버터.

36) 수비즈(Charles de Rohan-Soubise, 1715~1787년). 프랑스 장군.

스메타나(사워크림)[37] 소스

Sauce Smetana, Sour cream sauce

ɷ 다진 양파 2큰술, 버터 30g, 백포도주 200ml, 사워크림 500ml, 레몬즙.

버터를 가열해 양파를 조금 노릇하게 볶는다. 포도주를 부어 거의 완전히 졸인다. 사워크림을 추가해 잠깐 끓인다. 고운 체로 걸러, 작은 레몬 반쪽의 즙을 뿌린다.

토마토 수비즈 소스

Sauce soubise tomatée, Soubise sauce with tomato

〈수비즈 퓌레〉 300밀리리터에 토마토 퓌레 150밀리리터를 넣는다.

베네티엔(베네치아) 소스

Sauce vénetienne, Venetian sauce

ɷ 타라곤 식초 200ml, 다진 샬롯 2큰술, 처빌, 후추, 버터 100g, 블롱드 소스 300~400ml, 다진 시금치 2큰술, 다진 타라곤과 처빌 각 1큰술.

버터 25그램과 식초, 샬롯, 처빌, 후추를 냄비에 넣는다. 센 불에서 빠르게 3분의 2로 졸인다. 〈블롱드 소스〉를 추가하고 몇 초 더 끓여 고운 체로 거른다. 나머지 버터와 시금치를 넣고, 타라곤과 처빌을 추가한다.

빌루아[38] 소스

Sauce Villeroy, Villeroy sauce

〈블롱드 소스〉 500밀리리터를 되게 졸인 것이다. 빵가루를 식재료에 묻히기 전에 한 번 입히는, 일종의 밀가루옷 대용이다. 소스가 졸아들면, 나무주걱으로 밑바닥을 긁어가며 눌어붙지 않도록 한다.

빌루아 토마토 소스

Sauce Villeroy tomatée, Vlleroy sauce with tomatoes

〈빌루아 소스〉에, 그것의 3분의 1분량으로 토마토 퓌레를 추가한다.

---

37) '스메타나'는 체코, 루마니아 등 중동부 유럽에서 시작된 시큼한 '사워크림'이다. 크렘 프레슈와 비슷하다. 러시아 수프 '보르시'를 비롯한 폴란드, 우크라이나 요리에 넣는다.

38) 프랑스 장군 빌루아 공작(duc de Villeroi, 1644~1780년)을 가리킨다. 빌루아(Villeroi) 소스 또는 빌루이(Villeroy) 소스라고 부른다.

백포도주 소스
Sauce vin blanc, White wine sauce

아래의 두 가지 방식으로 만든다.

1) 〈블루테 소스〉 500밀리리터를 끓여 생선 퓌메(생선 육수)를 조금 추가하고 바짝 졸인 다음, 달걀노른자 3알에 생선 퓌메 몇 술을 섞어 풀어 넣는다. 여기에 버터 300그램을 천천히 붓는다.

2) 생선 퓌메 150밀리리터를 절반으로 졸인다. 달걀노른자 4~5알을 넣고, 버터 500그램을 〈올랑데즈 소스〉 방식으로 추가한다.

뜨거운 영국 소스

크랜베리 소스
Sauce aux airelles, Cranberry sauce

크랜베리 150그램, 물 500밀리리터를 냄비에 넣고 뚜껑을 덮어 부드럽게 익을 때까지 익힌다. 체로 걸러, 설탕을 넣는다. 이 소스는 칠면조 구이와 잘 어울린다. 크랜베리를 끓여서 설탕을 조금 넣기도 한다.

앙글레즈(영국) 버터 소스
Sauce au beurre à l'anglaise, Butter sauce

이 소스는 프랑스의 〈버터 소스〉와 거의 같지만, 달걀노른자를 넣지 않는다는 점만 다르다.

영국식 케이퍼 소스
Sauce aux câpres, Capers sauce

〈버터 소스〉의 일종이다. 〈버터 소스〉 500밀리리터당 작은 케이퍼 2~3큰술을 넣는다. 끓인 생선 요리에 어울린다. 영국식 양고기 수육에 반드시 곁들인다.

셀러리 소스
Sauce au céleri, Celery sauce

셀러리 3개의 둥근 뿌리와 부드러운 줄기를 잘 씻어 곱게 다진다. 냄비에 양파 1개를 다져 넣고 육수(맑은 부이용)를 살짝 붓는다. 뚜껑을 덮고 약한 불에서 뭉근히 익힌다. 셀러리를 건져내, 갈아서 고운 체로 걸러 소스 냄비에 받아 같은 분량의 〈베샤멜 소스〉를 추가한다. 이 소스는 닭고기 등 가금류 수육이나 브레제 요리에 곁들인다.

크림 소스
Sauce crème, Cream sauce

〈베샤멜 소스〉 500밀리리터에 크림 125밀리리터를 넣고 끓여, 되게 졸인다. 체로 거르고 식혀서 생크림 125밀리리터를 추가하고 레몬즙을 몇 방울 뿌린다.

달걀 소스
Sauce aux oeufs à l'anglaise, Egg sauce

〈베샤멜 소스〉에 삶은 달걀 2알을 으깨 넣는데, 소스 250밀리리터당 2알이다. 대구 요리에 곁들인다.

브레드 소스(빵 소스)
Sauce au pain, Bread sauce

☙ 빵가루 80~100g, 곤소금, 정향 1개를 박은 꼬마 양파(펄 어니언) 1개, 버터 1큰술, 끓인 우유 500ml, 크림 100ml.

빵가루, 소금, 양파, 버터를 한꺼번에 섞는다. 끓인 우유를 붓고 15분간 끓인다. 양파는 건져내고, 소스가 부드러워질 때까지 젓는다. 크림을 부어 마무리한다. 주로 닭고기 구이, 야생 가금류에 사용한다. 야생 고기에는 튀긴 빵가루와 얇게 썰어 튀긴 감자칩(chips)을 따로 곁들인다.

파슬리 소스
Sauce persil, Parsley sauce

〈앙글레즈(영국) 버터 소스〉 250밀리리터에, 파슬리 잎을 데친 물 50밀리리터를 넣고, 끓는 물에 데쳐서 다진 파슬리 1큰술을 추가한다. 송아지 머리, 족, 생선 요리에 사용한다.

리폼[39] 소스

Sauce réforme, Reform sauce

ꕤ 디아블 소스 500ml, 코르니숑(cornichons, 오이 피클) 2개, 삶은 달걀흰자 1, 버섯 2개, 서양 송로(트뤼프) 20g, 우설(염장하거니 조리한 소의 혀) 30g.

모든 재료를 가늘게(쥘리엔 썰기) 썰어 〈디아블 소스〉에 넣는다. 이 소스는 주로 두툼한 고깃덩어리 구이 등에 사용한다. 특히 〈리폼 양갈비〉라고 부르는요리의 필수 소스이다.

사과 소스(사과 마멀레이드)

Sauce aux pommes, Apple sauce

설탕을 넣고 끓인 사과 마멀레이드에 계피 가루를 조금 추가한다.

이 소스는 따끈한 상태로 거위, 오리, 돼지고기 구이에 곁들인다. 독일, 벨기에, 네덜란드 등에서도 이 소스나 〈크랜베리 소스〉를 사냥한 고기를 구이로 먹을 때 곁들인다.

세이지와 양파 소스

Sauce sauge et oignons, Sage and onion stuffing

ꕤ 양파 2, 빵가루 150g, 우유, 다진 세이지(샐비어) 1큰술, 소금, 후추.

큰 양파를 부드러워질 때까지 구워 식힌 다음 곱게 다진다. 빵가루에 우유를 살짝 부은 후, 우유를 따라내고, 세이지(샐비어)와 소금, 후추를 넣는다. 오리 구이의 파르스(소)로 사용한다. 별도의 소스 그릇에 담아내기도 하는데, 그럴 경우에는 구운 고기의 육즙 몇 술을 넣는다.

요크셔 소스

Sauce Yorkshire, Yorkshire sauce

ꕤ 오렌지 겉껍질(zest) 1큰술, 포르투 포도주 200ml, 데미글라스 소스 2큰술, 레드커런트 젤리 2큰술, 계피 가루 5g, 붉은 고춧가루 조금, 오렌지 1개의 즙.

가늘게 썬 오렌지 겉껍질에 포르투 포도주를 붓고 몇 분 끓인다. 건져내 물기를 뺀다. 냄비에 남은 포도주에 소스, 레드커런트 젤리, 계피와 카옌

---

39) 영국 런던에 있는 리폼 클럽(1836년 설립)의 이름이다. 이곳에서, 프랑스 출신 요리사 알렉시 스와예(Alexis Benoit Soyer, 1810~1858년)가 처음 만들었다.

고춧가루를 넣고 몇 초만 끓여, 체로 거른다. 오렌지즙과 건져둔 오렌지 겉껍질을 추가한다. 오리 구이나 브레제, 장봉 브레제에 사용한다.

차가운 소스

마요네즈 소스

Sauce Mayonnaise, Mayonnaise sauce

대부분의 차가운 혼합 소스는 마요네즈를 섞어 만든다. 그래서 마요네즈를 '마더 소스(sauce-mère, mother sauce)'라고 한다. 〈에스파뇰 소스〉나 〈블루테 소스〉와 비슷한 기능이다. 마요네즈 만들기는 정말 간단하다. 하지만 다음의 방법에 따라 일정한 규칙을 지켜야 한다.

☙ 달걀노른자 3~4알, 곤소금(Sel fin, Table salt) 6g, 흰 후추 1자밤(5g), 타라곤 식초 또는 레몬즙 1작은술, 디종 머스터드 2작은술, 올리브유 500ml, 끓는 물 2큰술.

달걀노른자를 그릇에 넣고 소금, 후추를 뿌리고, 식초 또는 레몬즙을 몇 방울 뿌린다. 머스터드는 넣고 싶으면 넣어도 된다. 올리브유를 방울방울 천천히 부어주며 노른자를 휘젓는다. 틈틈이 식초나 레몬즙을 몇 방울씩 추가한다. 마지막에 끓는 물을 부어 소스를 더욱 걸쭉하게 만든다.

양념을 처음에 넣는 까닭은 뭉치지 않도록 하는 데 좋기 때문이다. 마요네즈 그릇 밑에 얼음을 깔고 만들어야 한다는 통념은 잘못이다. 그렇게 하면 소스가 엉킬 수 있다. 엉키는 이유는 다음과 같다.

1. 처음에 올리브유를 너무 빨리 부을 때.
2. 실온보다 지나치게 찬 올리브유를 사용할 때.
3. 달걀보다 올리브유가 너무 많이 들어갈 때.

오르되브르 또는 차가운 앙트레에 곁들이는 여러 가지 마요네즈를 만들 수 있다. 바닷가재, 민물 가재, 새우, 앤초비 필레[40], 삶은 달걀, 파프리카, 카레, 토마토 등을 이용할 수 있다. 이런 재료를 찧거나 갈아서 마요네즈

40) 앤초비 필레(filet d'anchois). 소금에 절인 멸치 살에 향신료를 넣어 올리브유에 담은 것.

를 조금 추가해 걸쭉하게 섞고, 고운 체로 거른다. 그러고 나서 다시 같은 양의 마요네즈나 3분의 2분량의 마요네즈를 섞는다. 그 비율은 미각과 상상에 따른다.

샹티이[41] 소스

Sauce Chantilly, Chantilly sauce

마요네즈에 휘핑크림을 추가한 소스다. 먹기 직전에 마요네즈 250밀리리터당 휘핑크림 2큰술을 추가한다.

레포르(호스래디시, 서양고추냉이) 호두 소스

Sauce raifort aux noix fraîches, Horseradish sauce with fresh walnuts

☙ 서양고추냉이 가루 150g, 속껍질을 벗겨 곱게 빻은 호두알 150g, 소금 5g, 슈거파우더 1작은술, 빵가루 2큰술, 크렘 프레슈 200ml, 식초 또는 레몬즙 1작은술.

재료를 한꺼번에 섞어, 맛을 보면서 식초나 레몬즙을 추가한다. 연어, 송어 등의 생선 요리에 매우 잘 어울린다.

라비고트 소스/비네그레트 소스(프렌치 소스)

Sauce ravigote ou vinaigrette, French sauce

☙ 올리브유 250ml, 식초 50ml, 케이퍼 1큰술, 다진 파슬리, 다진 타라곤, 다진 처빌, 다진 차이브(chive, ciboulettes), 소금, 후추 각 1자밤씩(5g).

재료를 한꺼번에 섞는다. 변화를 원한다면 곱게 다진 양파, 머스터드, 삶아 으깬 달걀 등을 각 1술씩 추가해도 된다. 송아지 머릿고기나 족, 양 족, 차게 먹는 생선 등에 잘 어울린다.

레물라드 소스

Sauce rémoulade, Remoulade sauce

☙ 마요네즈 250ml, 디종 머스터드 2작은술, 다진 코르니숑(오이 피클) 1큰술, 다진 케이퍼, 다진 파슬리, 처빌, 타라곤, 앤초비 에센스[42] 각각 2분의 1큰술.

재료를 한꺼번에 섞어 만든다.

---

41) 샹티이는 파리 북동쪽에 있는 마을이다. 절대왕정시대에 프랑스 왕자들의 영지였고 그들이 연회를 벌이던 성이 있었다. 크렘 샹티이는 샹티이의 연회에 사용되어 그 이름으로 불린다. 크림에 슈거파우더와 바닐라설탕을 넣은 프랑스식 휘핑크림이다.

42) Essence d'anchois. 멸치를 압착해 짜낸 기름.

스웨두아즈(스웨덴) 소스

Sauce suédoise, swedish sauce

☙ 사과 마멀레이드(설탕을 넣고 끓인 사과) 250g, 머스터드 1작은술, 서양고추냉이 가루 1큰술, 마요네즈 소스 200ml.

재료를 한꺼번에 섞는다. 같은 양의 크렘 프레슈와 레몬즙을 마요네즈 대신 사용해도 된다. 주로 돼지고기, 거위 등의 구이 요리와 함께 낸다.

타르타르[43] 소스

Sauce tartare, Tartare sauce

☙ 삶은 달걀노른자 4~5개, 후추, 올리브유 300~400ml, 식초 1큰술, 마요네즈 2큰술, 다진 차이브(chive, ciboulette) 1큰술.

삶은 달걀노른자를 체로 걸러, 소금, 후추를 넣고 올리브유와 식초를 조금씩 천천히 부어 섞고, 마지막에 마요네즈와 차이브를 넣는다.

녹색 소스

Sauce verte, Green sauce

☙ 마요네즈 250ml, 시금치 50g, 크레송(워터크레스) 50g, 파슬리 30g, 타라곤과 처빌 각 30g, 카옌 고춧가루 5g.

시금치, 크레송, 파슬리, 타라곤, 처빌을 3~4분간 물에 넣고 끓인다. 건져 내 찬물에 헹구고 나서, 물기를 짜낸다. 이것들을 천으로 감싸 즙을 받아 낸다. 여기에 〈마요네즈 소스〉를 넣고 마지막에 카옌 고춧가루를 1자밤 넣어 마무리한다.

차가운 영국 소스

컴벌랜드[44] 소스

Sauce Cumberland, Cumberland sauce

☙ 포르투 포도주 100ml, 레드커런트 젤리 4큰술, 다진 샬롯 2분의 1큰술, 오렌지 겉껍질과

---

43) 좁은 의미로는 몽골의 유목민 부족을 가리켰지만, 몽골과 중앙 아시아 지역과 민족을 통틀어 유럽에서 막연히 부르는 이름으로 굳어졌다.

44) 영국 컴벌랜드 공작(1845~1923년). 영국 북서부 컴브리아의 옛 이름이기도 하다.

레몬 겉껍질 각 1큰술, 오렌지 1개의 즙, 레몬 반 개의 즙, 잉글리시 머스터드 가루 1작은술, 카옌 고추 조금, 생강 가루 2분의 1작은술.

재료를 준비해 모두 섞는다. 샬롯은 끓는 물에 잠깐 데쳐서 천으로 물기를 뺀다. 오렌지와 레몬의 겉껍질은 아주 가늘게 썰거나 잘게 써는데, 샬롯과 마찬가지로 끓는 물에 데쳐 물기를 짜내서 사용한다. 노루나 멧돼지 고기와 잘 어울린다.

민트(박하) 소스

Sauce menthe, Mint sauce

☙ 박하잎 50g, 슈거파우더 또는 백설탕 2큰술, 식초 5~6큰술, 소금.

박하잎을 곱게 다져 다른 재료와 섞는다. 주로 양고기에 곁들인다.

레포르(호스래디시, 서양고추냉이) 소스

Sauce raifort, Horseradish sauce

☙ 서양고추냉이 가루 100g, 슈거파우더 50g, 소금, 파삭한 빵가루 100g, 크렘 프레슈 약 250ml, 식초 1작은술.

서양고추냉이, 슈거파우더, 소금, 빵가루를 함께 섞는다. 크렘 프레슈를 추가해 잘 섞는다. 식초를 붓고 휘젓는다. 소고기 요리에 잘 어울리며, 차게 먹는다.

혼합 버터

혼합 버터는 그릴 구이에 소스로 이용하거나 소스 보조재로 쓰인다.

멸치 버터

Beurre d'Anchois, Anchovy butter

멸치 살을 갈아서 같은 양의 버터와 섞는다.

새우 버터

Beurre de Crevettes, Shrimp butter

새우 살을 갈아서 같은 양의 버터와 섞는다. 가재 버터도 같은 방식이다.

베르시 버터
Beurre Bercy, Bercy butter

다진 살롯 25그램과 백포도주 200밀리리터를 넣고 끓여 반으로 졸인다. 조금 녹인 버터 200그램, 다진 파슬리 1큰술, 끓는 물에 데친 소 골수 100그램, 소금 8그램, 후추 조금, 레몬 반쪽의 즙을 섞는다.

녹색 버터
Beurre colorant vert, Green colouring butter

시금치의 즙을 짜내 버터와 섞어 색을 낸다.

몽펠리에 버터
Beurre de Montpellier, Green butter

'민물고기 요리'의 연어에서 〈차게먹는 연어〉 레시피 참조(157쪽).

검은 버터
Beurre noir, Black butter

필요한 양의 버터를 팬에 넣고 짙고 누렇게 되어 연기가 나도록 가열한다. 연기가 나기 시작하면, 말린 파슬리 잎 1큰술을 넣어 즉시 사용한다.

누아제트 버터(갈색 버터)
beurre noisette. Brown butter

팬에 버터를 넣고 가열해 누아제트(헤이즐넛) 껍질처럼 갈색으로 만든다. 레몬즙 몇 방울과 다진 파슬리를 조금 뿌려 소스처럼 사용한다.

메트르도텔 버터
Beurre à la Maître-d'Hôtel

부드럽게 녹인 버터 250그램에 다진 파슬리 1큰술, 소금, 후추, 레몬즙 몇 방울을 섞는다.

반죽 버터(마니에 버터)
Beurre manié, Manied butter

버터 250그램과 밀가루 180그램을 섞어 만든 버터.

가르니튀르

요리에 올리는 가르니튀르(가니쉬)

요리(relève)에 곁들이는 가르니튀르(Garniture, Garnish)[1]는 다양하며 중요하다. 그러나 모두 바쁘다보니 수많았던 과거의 복잡한 가르니튀르는 보다 단순해질 수밖에 없다. 너무 많은 부재료는 생략하고 쓸데없는 서비스도 없애야 한다. 가장 먹음직한 것만 소량으로 알뜰하게 갖추어야 한다. 물론 이렇게 고쳐나가는 것이 사람들의 입맛에도 맞아야 한다.

가르니튀르는 두 가지를 넘지 않는 것이 좋다. 하지만 감자는 예외다. 감자는 어떤 경우든 곁들일 수 있다. 입맛을 돋우려고 곁들이는 가르니튀르는 따로 담아내는 것이 좋지만 식탁에 함께 앉은 사람들의 수가 많다면 한 접시에 함께 올려도 된다. 가능한 따끈한 그릇에 보관했다가 덜어준다. 또 도와줄 사람이 있다면, 가르니튀르의 성격에 맞추어 향이 짙은 '글라스 드 비앙드'나 〈데미글라스 소스〉를 1큰술씩 얹는다. 음식이 식기 전에 여러 사람에게 즉시 이런 식으로 소스를 둘러주는 것이 효율적이다. 하지만 삶은 콩, 파테 등은 항상 다른 그릇에 따로 담아낸다.

가벼운 앙트레를 위한 가르니튀르

가벼운 앙트레(petite entrée)를 위한 가르니튀르는 간단하다. 그러나 가볍고 산뜻한 앙트레의 가르니튀르로 들어가는 소스나 육수의 선택은 매우

1) 음식 위에 얹거나 옆에 둘러놓아 곁들이는 것. 프랑스어 '가르니튀르', 영어 '가니쉬'.

중요하다. 누아제트(noisettes, 둥근 모양으로 잘라낸 야채나 육류), 코틀레트(côtelettes, 갈비), 에스칼로프(escalopes, 얇게 썬 고기), 안심, 가금류 등을 앙트레로 삼을 때가 그런 경우이다.
이런 앙트레는 버터로 조리한 완두콩, 플라주올레 콩(flageolet)[2], 풋강낭콩(Haricot vert, Green beans), 아스파라거스 등을 가르니튀르로 올린다. 이 경우 버터 125그램당 황금색 '글라스 드 비앙드' 100밀리미터를 섞어 〈데미글라스 소스〉에 추가한다. 〈데미글라스 소스〉나 '글라스 드 비앙드'는 재료가 잘 섞이도록 윤활유 노릇을 하고 향미도 풍부하게 만든다.

여러 가지 가르니튀르

알자시엔(알자스) 가르니튀르
Garniture à l'alsacienne, Alsatian garnish

알자스 국수(슈페츨레)[3], 버터로 볶은(소테) 푸아그라, 얇게 썬 서양 송로에 마데이라 포도주를 가미한 〈데미글라스 소스〉를 조금 두른다.
암탉 필레, 소고기 필레, 투른도, 자고새, 메추라기 요리에 사용한다.

앙달루즈(안달루시아) 가르니튀르
Garniture andalouse, Andalusian garnish

붉은 파프리카를 절반으로 잘라 그릴에서 굽는다. 스페인식 볶음밥을 파프리카 안에 소로 채워넣는다. 반으로 가른 가지 그라탱에 토마토 소스를 섞은 〈데미글라스 소스〉를 붓는다. 소와 송아지 필레(안심), 양의 볼깃살, 가금 요리에 사용한다.

---

2) 1870년경 프랑스에서 슈브리에(Paul-Gabriel Chevrier)가 개량한 콩이다.
3) Nouilles à l'Alsacienne. 프랑스 알자스 지방의 국수로, 독일의 슈페츨레(Spätzle)와 같다. 밀가루에 달걀, 소금을 넣고 묽게 반죽해, 작은 구멍을 뚫은 국수틀에 반죽을 내리거나 칼로 잘게 잘라, 곧바로 끓는 소금물에 삶는다. 한국 올챙이 국수와 비슷하다. 가볍게 삶은 뒤에 건져내 물기를 빼고 버터를 넣어 바삭하게 볶거나 녹인 버터를 뿌리고 오븐에 넣어 바삭하게 만든다.

아를레지엔(아를)[4] 가르니튀르

Garniture arlésienne, Stuffed tomatoes with aubergines and rice

〈프로방살(프로방스) 토마토 파르시〉의 다른 이름이다. 식용유에 가지를 튀긴다. 사프란을 조금 넣은 필래프 볶음밥을 추가한다. 가벼운 앙트레에 사용한다.

불랑제르 가르니튀르

Garniture à la boulangère, Onion and potato garnish

감자와 꼬마 양파(pearl onion)를 얇게 썰어 버터로 12~15분 익힌다. 소금, 후추로 양념하고, 고기에 곁들여 30분 더 익힌다. 양고기 요리용이다.

부르주아즈[5] 가르니튀르

Garniture à la bourgeoise, Carrot and onion garnish

☙ 6~8인분: 베이비 당근(Baby carrot) 500g, 꼬마 양파 300g, 잘게 썬 삼겹살 125g.

이 재료들을 한꺼번에 버터로 노릇하게 익힌다. 이 가르니튀르는 요리가 거의 준비되었을 때 곁들인다. 냄비에서 모든 것을 마무리한다.

부르기뇬(부르고뉴) 가르니튀르

Garniture à la bourguignonne, Onion and mushroom garnish

☙ 꼬마 양파(펄 어니언) 300g, 4쪽으로 자른 양송이버섯 300g, 작게 토막낸 삼겹살 125g.

6~8인분이다. 모든 재료를 버터로 익힌다. 요리가 준비되면 접시 둘레에 둘러놓는다. 적포도주를 더해도 좋다. 소고기 브레제에 사용한다.

샤틀렌 가르니튀르

Garniture châtelaine, Artichoke, Mushroom and truffle garnish

아티초크 속심(heart)을 익혀 소의 혀, 양송이버섯, 서양 송로, 푸아그라를 섞은 살피콩(salpicon)[6]을 만든다. 이 모든 재료를 잘게 썰고 〈베샤멜 소스〉를 입혀, 치즈 가루와 녹인 버터를 뿌려 그라탱으로 살짝 굽는다.

---

4) 프랑스 남부 론 강 하구의 도시. 남프랑스의 전통 요리로 유명하다. 화가 고흐와 고갱이 한때 살던 곳으로도 유명하다.

5) 중산층 시민계급의 가정식을 뜻한다. 고기에 양파와 당근을 곁들이는 특징이 있다.

6) 고기나 야채를 잘게 썰어 소(파르스)나 가르니튀르로 사용하는 것.

아스파라거스[7]와 작고 둥글게 잘라낸 감자 누아제트(noisette)[8]를 버터로 익히고, '글라스 드 비앙드'에 넣고 굴려서 작은 '패티'를 만든다. 고기 요리에 아스파라거스와 아티초크 속심을 번갈아가며 둘러놓는다. '감자 누아제트'는 따로 낸다. 냄비에 남은 육수에 묽은 〈데미글라스 소스〉를 조금 추가해도 된다. 양고기와 가금 요리용이다.

치폴라타[9] 가르니튀르

Garniture chipolata, Chipolata granish

ꕤ 6~8인분: 익힌 치폴라타 소시지 10개, 볶은 꼬마양파 20개, 콩소메(맑은 국물)에 삶은 밤 20개, 잘게 썰어 노릇하게 익힌 삼겹살 150g, 껍질 벗겨 버터로 익힌 베이비 당근 20개.

고기를 담은 접시에 둘러놓거나 별도의 접시에 내기도 한다. 콩소메를 넣은 〈데미글라스 소스〉와 함께 낸다. 육류와 가금 요리에 곁들인다.

슈아지[10] 가르니튀르

Garniture Choisy, Braised lettuce garnish

양상추를 반으로 길게 잘라 데친다. 버터를 두른 접시에 올려 치즈 가루를 뿌리고, 토마토를 조금 가미한 〈소 골수 소스〉로 덮는다. 버터로 익힌 뒤 '글라스 드 비앙드'에 넣고 굴려서 옷을 입힌 감자를 추가한다. 냄비에 남아있는 육즙에 〈데미글라스 소스〉를 조금 섞어 따로 내놓기도 한다. 가벼운 앙트레에 곁들인다.

파보리트 가르니튀르

Garniture favorite, Foie gras garnish

푸아그라에 밀가루를 입혀 버터로 볶은 것이다. 얇게 썬 서양 송로와 아스파라거스도 올린다. 튀길 때 나온 기름진 국물에 맑은 육수(퐁 블랑/화이트 스톡) 몇 술과 '글라스 드 비앙드'와 버터를 조금 추가해 소스로 사

7) 아스파라거스의 봉우리 부분(pointes d'asperges, asparagus tip)을 사용한다.
8) 누아제트는 야채나 육류를 지름 3센티미터의 둥근 형태로 잘라내는 것을 뜻한다. 감자 누아제트는 숟가락이나 전용 도구로 동그랗게 파내서, 버터나 기름에 익혀 소금을 뿌린 것이다. 여기에 글라스 드 비앙드를 바르면 '파리지엔 감자(pommes parisienne)'가 된다.
9) 프랑스 소시지. 이탈리아 치폴라타(cipollata) 소시지와 비슷하지만 더 가늘고 작다. 이탈리아산은 양파가 주재료지만 프랑스산은 돼지고기 위주에 향신료를 많이 넣는다.
10) 슈아지는 프랑스 남동쪽 알프스 산기슭의 작은 마을. 목축지로 유제품이 유명하다.

용한다. 이 가르니튀르는 암탉 필레나 양고기 누아제트 요리에 곁들인다.

피낭시에르 가르니튀르
Garniture financière, Veal quenelles garnish

☙ 소금물에 삶은 송아지나 닭고기 크넬[11] 18개, 버터에 익혀 레몬즙을 뿌린 양송이버섯 15개, 수탉의 볏 12, 암탉의 간 12개, 씨를 뺀 올리브 20개. 얇게 썬 송로(트뤼프) 75g,

모든 재료를 냄비에 넣고 〈데미글라스 소스〉로 덮고, 마데이라 포도주를 붓는다. 이 경우 가르니튀르는 따로 내는 것이 좋고, 요리에는 냄비에 남은 육수를 조금 붓는다. 소고기 필레와 가금 요리에 곁들인다.

플라망드(플랑드르) 가르니튀르
Garniture flamande, Vegetable Garnish

순무와 당근을 마늘 모양으로 깎아, 육수(맑은 부이용)에 삶아 버터로 볶는다. 양배추는 삶아 둥근 모양으로 만들고, 줄무늬 선명한 삼겹살도 함께 삶아 길게 토막 낸다. 둥글게 썬 세르블라(새버로이) 소시지[12] 한 줄을 추가한다. '영국식으로 삶은 감자'[13]는 따로 낸다. 고기를 구운 냄비에서 우러난 육즙을 소스로 사용한다. 육류 요리용이다.

포레스티에르(산림 감시원) 가르니튀르
Garniture forestière, Mushroom and potato garnish

냄비에 올리브유와 버터를 같은 분량으로 넣고 볶은 양송이버섯에, 파슬리를 뿌린다. 감자는 작게 깍둑썰기해서 버터로 볶아, '글라스 드 비앙드' 몇 숟을 끼얹는다. 서양 송로를 얇게 썰어 소금, 후추를 치고, 고기 구울 때 우러난 육즙을 바짝 졸여서 섞은 〈데미글라스 소스〉를 입힌다. 이 가르니튀르는 육류와 가금류용이다.

자르디니에르 가르니튀르
Garniture jardinière, Mixed vegetable garnish

순무와 당근을 네모지게 또는 둥글게 썰어 육수(퐁 블랑/화이트 스톡)에

---

11) Quenelle. '완자'와 유사한 '크넬'은 기본적으로 여러 재료를 밀가루 등 곡물 반죽으로 섞어 빚어 물에 살짝 삶아 익힌 것이다. 프랑스 특히 리옹 지방의 전통 음식이다.

12) Servelas, Saveloy. 조금 굵고 길이는 짧으며 겉은 붉은색인 돼지고기 소시지.

13) 타원형으로 일정하게 깎아서 소금물에 삶은 감자.

삶아 건져 버터로 볶는다. 완두콩, 플라주올레 콩, 잘게 자른 꼬투리 강낭콩도 버터로 익힌다. 콜리플라워(꽃양배추)도 마찬가지로 조리한다. 각 야채들의 색깔이 두드러지도록 섞어 〈올랑데즈 소스〉를 1작은술 넣고 접시에 올린다. 이 가르니튀르는 육류 요리용이다.

마세두안[14] 가르니튀르
Garniture macédoine, Macedoine of vegetable
야채 가르니튀르와 같은 방법이지만 야채를 한꺼번에 버터로 볶는 점이 다르다. 묽은 〈데미글라스 소스〉를 곁들인다. 이것은 육류 요리용이다.

메나제르(가정식) 가르니튀르
Garniture ménagère, Pea and potato garnish
☙ 프랑스식으로 익힌 풋완두콩[15], 양상추 브레제, 마케르 감자[16]나 감자 그라탱.
고기 구울 때 우러난 육즙과 감자와 완두콩은 따로 낸다. 이 가르니튀르는 소고기 안심 푸알레(poêlé)용이다.

마리 루이즈[17] 가르니튀르
Garniture Marie Louise, Artichokes with mushroom puree garnish
☙ 양송이버섯 퓌레, 아티초크 속심, 버터, 치즈 가루, 글라스 드 비앙드, 서양 송로(트뤼프), 아스파라거스.
익힌 아티초크 속심에 버섯 퓌레를 곁들여 버터와 치즈 가루를 뿌린다. 얇게 썬 서양 송로를 버터와 '글라스 드 비앙드'로 익혀 아티초크 속심마다 올린다. 버터로 볶은 아스파라거스는 야채 접시에 별도로 낸다. 고기 구울 때 나온 육즙을 곁들인다. 이 가르니튀르는 소고기 안심, 양 등심, 가금류를 위한 것이다.

---

14) 야채나 과일을 주사위 모양으로 깍둑썰기해서 섞은 것을 말한다. 마케도니아 지역식.
15) 완두콩, 양파, 상추, 버터를 넣고, 물을 조금 붓고, 뚜껑을 덮어 중간 불로 익힌다.
16) Pommes Macaire, 또는 Pommes de terre Macaire. 오븐에서 구운 감자의 속을 파낸 뒤 양념하고 버터로 지져서 파낸 감자의 빈 자리에 다시 넣은 것.
17) 프랑스 나폴레옹 황제의 두 번째 부인.

마르키즈(후작 부인) 가르니튀르

Garniture marquise, Macaroni and shrimp garnish

굵은 마카로니를 소금물에 삶아, 버터를 두르고 파르메산 치즈를 뿌리고, 서양 송로를 얇게 썰어 올린다. 크림을 조금 추가한 〈베샤멜 소스〉를 입힌 가재(또는 새우) 몇 마리에 '새우 버터'로 마무리한다. 이 가르니튀르는 은접시에 따로 내는데 〈쉬프렘 소스〉를 끼얹는다. 가금류용이다.

피에몽테즈(피에몬테)[18] 가르니튀르

Garniture piémontaise, Mushroom and tomato garnish

양송이버섯과 토마토를 얇게 썰어, 올리브유에 10~12분 함께 볶는다. 치즈, 소금, 후추 가루를 뿌리고, 다진 마늘 아주 조금과 파슬리를 조금 다져 추가한다. 뚜껑을 덮어 두었다가 식탁에 올리기 전에 한 번 더 데운다. 리소토와 함께 낸다. 육류와 가금 요리용이다.

포르튀게즈(포르투갈)[19] 가르니튀르

Garniture portugaise, Stuffed tomato and courgette garnish

토마토 파르시(소박이)를 만든다. 얇게 썬 주키니(zucchini) 호박을 식용유에 튀겨 소금, 후추, 다진 마늘 조금과 파슬리를 조금 넣는다. 필래프 볶음밥을 준비한다. 고기를 조리하면서 우러난 냄비 안의 육즙을 곁들인다. 〈데미글라스 소스〉를 조금 곁들여도 된다. 필래프 볶음밥과 주키니 호박은 따로 낸다. 이 가르니튀르는 육류와 가금 요리용이다.

프로방살(프로방스) 가르니튀르

Garniture provencal, Stiffed tomatoes with cepes garnish

ꕥ 프로방스식 토마토 파르시, 기름에 볶은 양송이버섯, 파슬리 조금.

조리한 냄비에 남아있는 육즙에 프로방스식 〈데미글라스 소스〉를 곁들인다. 풋강낭콩이나 감자를 소금물에 삶아서 곁들여도 좋다. 이 가르니튀르는 소고기, 양고기용이다.

---

18) 이탈리아 북서부의 프랑스와 스위스 접경 지역. 송로와 양송이버섯, 리소토용 쌀, 브리 치즈와 고르곤졸라 치즈, 피에몬테 포도주로 유명하다.

19) 토마토를 재료로 이용하는 것을 포르투갈식이라고 부른다.

르네상스 가르니튀르

Garniture renaissance, Spring vegetable carnish

4월과 5월, 싱싱한 햇야채가 나올 때 만든다. 어떤 햇야채라도 재료가 된다. 접시 한가운데 놓인 요리 둘레에 꽃다발처럼 둘러놓는다. 요리의 육즙을 조금 뿌려 곁들인다. 육류 요리용이다.

리슐리외[20] 가르니튀르

Garniture Richelieu, Stuffed tomato, mushroom and lettuce garnish

☙ 토마토 파르시, 구운 양송이버섯, 데친 양상추, 버터로 구워 글라스 드 비앙드를 조금 입힌 햇감자.

조리하면서 나온 육즙이나 〈데미글라스 소스〉를 조금 곁들인다. 토마토가 가장 중요하다. 리슐리외 추기경의 모자를 상징하기 때문이다. 이 가르니튀르는 육류 요리용이다.

로시니[21] 가르니튀르

Garniture Rossini, Noodles and foie gras garnish

파르메산 치즈를 섞은 이탈리아 국수, 소금과 후추를 뿌리고 버터로 볶아 얇게 썬 푸아그라, 〈데미글라스 소스〉를 입힌 얇게 썬 서양 송로 조각들에 시칠리아 마르살라(marsala) 포도주를 살짝 두른다. 육류와 가금용이다.

시실리엔(시칠리아) 가르니튀르

Garniture sicilienne, Semolina and sweetbread garnish

☙ 세몰리나로 빚은 작은 반죽 10개, 송아지 스위트브레드 작은 10토막.

세몰리나 밀가루 반죽을, 로마식 뇨키[22]처럼 둥글납작하게 작은 크기로 빚는다. 밀가루를 뿌리고, 버터를 넣은 팬에서 양쪽을 노릇하게 굽는다. 작고 둥글납작한 이 뇨키들을 접시에 둘러놓고 그 위에 송아지 스위트브레드를 하나씩 얹는다. 〈베샤멜 소스〉로 덮고 치즈 가루를 조금 뿌려 그라

---

20) Richelieu(1585~1642년). 리슐리외 추기경. 프랑스 국왕 루이 13세 시대의 재상. '마요네즈'라는 소스 이름을 만드는 등 미식가로서 많은 일화를 남겼다.

21) 이탈리아 작곡가. 파리에서 활동하는 동안, 여러 예술가, 귀족과 어울리면서 만찬에 빠지지 않기로 유명했다. 식도락 취미 덕에 숱한 일화를 남겼다.

22) 이탈리아 음식인 뇨키(gnocchi)는 통밀가루 세몰리나(semoule) 반죽을 작고 동글게 빚어 소금물에 끓인 뒤 버터와 치즈로 버무린 것이다. 찐 감자를 으깨 넣어 빚기도 한다.

탱으로 노릇하게 굽는다. 그 접시 한복판에 영국식[23]으로 삶은 풋완두콩을 조금 올린다. 닭은 별도의 접시에 담는다. 닭고기 육즙은 바짝 졸인 다음 버터를 섞어 양념으로 삼는다. 이것은 주로 가금용이다.

탈레랑[24] 가르니튀르

Garniture Talleyrand, Macaroni, truffle and foie gras carnish

☙ 마카로니 250g, 버터 150g, 그뤼예르 치즈 가루 50g과 파르메산 치즈 가루 50g, 가늘게 썬 서양 송로(트뤼프) 100g, 또는 두툼하게 썬 푸아그라 파르페 100g.

마카로니를 소금물에 삶아내서, 그뤼예르(gruyère) 치즈와 파르메산 치즈, 나머지 재료를 섞는다. 닭고기 육즙을 졸여 토마토 소스를 조금만 섞은 〈데미글라스 소스〉 100밀리리터를 추가해 양념한다. 이 마카로니 가르니튀르는 주로 가금류용인데 고기와 별도로 낸다.

툴루젠(툴루즈) 가르니튀르

Garniture toulousaine, Kidney and sweetbread garnish

☙ 수탉의 볏 10개, 수탉의 콩팥 12개, 양송이버섯 200g, 서양 송로(트뤼프) 100g, 어린 양 스위트브레드 100g, 마데이라 포도주.

재료를 한꺼번에 냄비에 넣고 마데이라 포도주를 몇 술 넣는다. 센 불로 가열해 익혀, 〈파리지엔 소스〉 또는 〈알망드 소스〉를 뿌린다. 이 가르니튀르를 곁들일 삶은 닭고기에도 같은 소스를 붓는다. 쌀을 넣은 닭고기 요리를 위한 이 가르니튀르는 별도의 접시에 담아낸다.

야채는 고기 요리에 항상 곁들여야 한다. 계절에 따라 야채 가르니튀르는 많은 변화를 줄 수 있다. 가정식에서도 고기에는 한 가지의 야채 가르니튀르를 올린다. 그러나 감자는 보통 어느 고기 요리에나 곁들인다.

---

23) 끓는 소금물에 완두콩을 삶는다. 물기를 뺀 뒤 버터를 두른다.

24) Charles-Maurice de Talleyrand-Périgord(1754~1838년). 프랑스 정치인, 외교관, 카톨릭 교회 성직자. 보통 탈레랑으로 통한다. 특히 앙투안 카렘 등 최고의 요리사들을 고용해 수많은 화려한 외교 만찬을 마련해 프랑스 요리의 위상과 명성을 드높인 미식가이다.

파나드, 파르스

파나드

우유나 달걀, 밀가루, 빵, 버터 등을 섞어 만든 반죽을 뜻하는 파나드(Panade)는 생선 요리의 '소(파르스)'로 이용한다.

빵 파나드

Panade au pain, Bread panada

☙ 우유 300ml, 눅눅해진 흰 빵 250g, 소금 5g.

끓는 우유에 소금을 넣고, 빵의 부드러운 조각을 담가 우유가 완전히 흡수되게 한다. 냄비를 센 불로 가열해, 주걱으로 저어서 달라붙지 않을 정도의 된 반죽으로 만들어 매마르게 한다. 버터 두른 접시에 올려 식힌다.

밀가루 파나드

Panade à la farine, Flour panada

☙ 물 300밀리g, 체로 거른 밀가루 150g, 소금 5g, 버터 50g.

냄비에 물과 소금과 버터를 넣고 끓인다. 불을 끄고 밀가루를 추가한다. 다시 센 불에 올려 나무주걱으로 저어서 반죽을 건조시킨 다음 식힌다.

프랑지판[25] 파나드

Panade à la frangipane, Frangiani panada

☙ 우유 250ml, 밀가루 125g, 달걀노른자 4, 녹인 버터 90g, 소금, 후추, 너트멕 가루.

냄비에 밀가루와 달걀노른자를 넣고 휘저어 섞는다. 녹인 버터를 넣고, 소금과 후추를 1자밤씩 넣고, 너트멕 가루도 조금 넣는다. 끓인 우유를 조금씩 부어가며 풀어준다. 센 불에서 5~6분간 저어주며 거품을 내면서 끓여서 걸쭉해지면 접시에 담아 식힌다. 이 파나드는 가금류와 생선 요리에 이용한다.

---

25) 아몬드를 넣은 제과, 제빵용의 달콤한 크림이다. 식물학자, 연금술사, 향수 개발자인 이탈리아의 프란지파니(Muzio Frangipani)의 이름에서 비롯되었다. 그는 향수의 원조인 건식의 향 주머니와 아몬드향 등을 개발했다. 그가 이용했던, 향기가 좋은 플루메리아(Plumeria) 꽃을 프랑지파니 꽃이라고도 부른다.

파르스(소)[26]

크넬

Quenelles

‘크넬’(완자)은 숟가락으로 모양을 빚는다. 버터 두른 냄비에 넣고 조심스레 맑은 육수(부이용)나 끓인 소금물을 부어 완전히 잠기게 한다. 냄비뚜껑을 덮고 오븐에 넣어 크넬을 뭉근히[27] 익힌다. 특히 국물이 끓지 않도록 조심해야 한다. 이렇게 하면, 가벼우면서도 단단해서 퍼지거나 터지지 않는 크넬을 만들 수 있다. 작은 틀에 버터를 두르고 재료를 부어서 만들 수도 있다. 냄비에 물을 붓고 틀을 넣어 삶는데, 물이 끓지 않도록 한다. 크넬이 익으면 틀에서 떨어져 물 위로 떠오르기 때문이다.

크림을 넣은 닭고기 파르스

Farce fine de volaille à la crème, Fine forcemeat of chicken with cream

☙ 뼈를 발라낸 닭고기 500g, 달걀흰자 2, 더블 크림[28] 600~700ml, 소금 10g, 흰 후추 1자밤.

이 파르스(소)는 포타주용 크넬이나 무스, 무슬린에 이용한다.

닭고기를 양념과 함께 분쇄한다. 달걀흰자를 조금씩 붓고, 고운 체로 거른다. 접시에 담아 얼음 위에 1시간 동안 놓아둔다. 얼음 위의 접시에 조금씩 더블 크림을 풀어 넣는다. 이와 같은 방법으로 꿩, 거위, 토끼, 오리는 물론 소고기까지 크림 파르스를 만들 수 있다.

버터와 파나드를 넣은 파르스(크넬용 파르스)

Farce à la panade et au beurre, Forcemeat with butter for quenelles

☙ 송아지 안심이나 등심 500g, 밀가루 파나드 250g, 소금 6g, 후추 2g, 너트멕 5g, 버터 250g, 달걀 2, 달걀노른자 4.

일반적인 크넬에 이용한다. 고기를 잘게 썰고 양념해 갈아준다. 밀가루 파나드도 갈아서 고기를 넣고 버터와 섞는다. 달걀과 노른자를 하나씩 차

---

26) Farces, Forcemeats. 속에 넣는 재료, 우리의 만두나 소박이용 ‘소’와 거의 같다.

27) 지속적으로 이어지는 세지 않은 불기운.

28) 보통 크림의 유지방 함량은 18% 이상이다. 더블 크림(Creme epaisse, Creme double)은 유지방 48% 이상의 크림이다. 미국식 헤비 크림(Heavy cream)의 유지방은 36%이다.

례로 넣어 섞고, 체로 걸러, 그릇에 받아 주걱으로 고르게 다듬는다.

크림을 넣은 파나드식 닭고기 파르스

Farce de volaille à la panade et à la creme, Chicken forcemeat with panada and cream

🙞 영계 살코기 500g, 프랑지판 파나드 200g, 달걀흰자 3, 소금 8g, 백후추 5g, 너트멕 5g, 크렘 프레슈 600~700ml.

달걀흰자를 하나씩 차례로 넣어가면서 닭고기를 갈아준다. 파나드를 추가하여 섞는다. 고운 체로 걸러 '소퇴즈(sauteuse)'라는 버터 구이 전용의 얕은 냄비에 담는다. 주걱으로 반듯하게 고른 다음 얼음 위에 올려 45분쯤 기다린다. 크렘 프레슈를 조금씩 추가하고 필요한 만큼 기다린다. 조류와 생선도 같은 방식으로 만든다. 크넬을 만들기 전에 반죽을 조금 떼어내, 뜨거운 물에 익혀서 맛을 보는 것이 좋다.

크림을 넣은 소고기 양념 다짐 '고디보'

Godiveau à la crème, Veal forcemeat for quenelles to serve with vol-au-vent

🙞 송아지 넓적다리 살코기(Noix de veau) 500g, 소 콩팥 지방(비프 수이트, Beef Suet)[29] 500g, 달걀 2, 크림 300ml, 소금 15g, 후추와 너트멕 가루 각 2자밤(10g).

소고기와 소의 콩팥 지방을 각각 다져, 한꺼번에 갈아준다. 양념과 달걀을 넣는다. 이튿날까지 얼음 위에 올려둔다. 이튿날, 얼음을 넣어 차갑게 식혀서, 다시 한번 고디보(소고기 양념 다짐)를 갈아서, 크림을 조금씩 섞는다. 반죽을 조금 떼어 크넬을 미리 만들어 맛을 본다. 크림은 같은 분량의 얼음물로 대신해도 된다.

고디보가 들어간 크넬은 주로 뜨겁게 먹는 '볼오방'에 가르니튀르로 올린다. 둥글고 작게 손으로 굴려 빚어 소금물에 삶아 건진다.

뜨거운 파테에 넣는 '그라탱 파르스'

Farce à gratin pour pâtés chauds ordinaires, Gratin forcemeat for ordinary hot, raised pies

---

29) 콩팥 지방(Graisse de rognon). 영어로 수이트(Suet)는 소나 양의 콩팥을 둘러싸고 있는 지방질에서 얻은 흰색의 고체형 지방. 전통적인 영국식 푸딩에 주로 사용한다. 끓는점이 라드나 쇼트닝보다 높아 튀김에도 이용한다.

ᘓ 파르스 500g의 재료: 돼지비계(lard gras) 120g, 송아지 넓적다리 살코기(noix de veau) 125g, 송아지 간 125g(이 고기들 모두 작은 크기로 자른다), 서양 송로(트뤼프, 트러플), 달걀노른자 3, 소금 10g, 후추 1자밤(5g), 월계수 잎 반쪽, 타임, 다진 샬롯 2, 버터 80g, 마데이라 포도주 100ml, 바짝 졸여 식힌 데미글라스 소스 4큰술.

소테팬에 버터 40그램을 뜨겁게 가열해 비계를 넣고 빠르게, 노릇하게 볶은 뒤 송아지고기를 추가한다. 조금 노릇해지기 시작하면 간, 서양 송로, 타임, 다진 샬롯을 넣고, 소금과 후추를 넣는다. 간이 노릇해지도록 빠르게 볶아 전체를 쟁반에 쏟는다. 마데이라 포도주를 소테팬에 부어 그 속에 남은 재료와 잘 섞는다. 고기를 곱게 갈고 나머지 버터 40그램과 달걀노른자, 소테팬 속의 즙, 〈데미글라스 소스〉를 넣는다. 체로 걸러, 주걱으로 매끄럽게 다듬는다. 송아지 간을 돼지 간이나 오리, 거위의 간으로 대신해도 된다.

‘소시지 고기’라고 부르는 돼지고기 파르스(양념 다짐육)

Farce de porc dite *chair à saucisses*, Pork forcemeat, *Sausage meat*

돼지 살코기와 비계(기름진 삼겹살)를 다져 같은 비율로 섞고, 소금, 후추, 혼합 향신료(épices)[30]로 양념한다. 이 파르스는 파테(파이)와 테린 요리 및 여러 가지 요리에 사용한다.

송아지와 돼지고기 파르스

Farce veau et porc, Veal and pork forcemeat

ᘓ 파르스 1kg 분량의 재료: 송아지 살코기 250g, 사각형으로 잘게 썬 돼지 살코기 250g, 비계 500g, 달걀 2, 양념 소금 10g.

각각의 고기를 따로 다져 한꺼번에 넣고 곱게 갈아준다. 양념 소금과 달걀을 넣고 마지막에 코냑 2큰술을 부어 섞은 다음, 고운 체로 거른다.

이 파르스는 갈랑틴, 파테, 테린에 이용한다.

양념 소금(Sel épicé)

곤소금 100그램, 후추 20그램, 혼합 향신료 20그램을 섞어 통에 넣어 뚜

---

30) 프랑스식 또는 파리식 4가지 혼합 향신료(Quatre epices, Epices Parisiennes). 너트멕, 생강, 정향, 흰 후추의 가루를 섞은 것.

껑을 잘 막아 건조한 곳에 보관한다.

닭고기와 송아지고기와 돼지고기 파르스

Farce de volaille, veau et porc, Chicken, veal and pork forcemeat

☙ 닭고기 250g, 송아지 살코기 100g, 돼지 살코기 100g, 생삼겹살 400g, 달걀 2, 양념 소금 30g, 코냑 100ml.

각각의 고기를 따로 다져서, 양념을 넣고 곱게 분쇄한다. 달걀을 하나씩 천천히 넣고, 마지막에 코냑을 섞어 체로 거른다.

뒥셀, 미르푸아, 살피콩, 혼합 허브

뒥셀(습기를 없앤 뒥셀)[31]

Duxelles sèche, Dry Duxelle

☙ 녹인 버터와 올리브유 혼합 1큰술, 잘게 다진 양파 1큰술. 잘게 다진 버섯 4큰술, 소금, 후추, 너트멕, 다진 파슬리 1작은술.

올리브유와 버터를 넣고 가열해 다진 양파를 볶는다. 잘게 다진 버섯은 천으로 감싸고 눌러서 물기를 짜낸 뒤에 넣는다. 센 불로 가열해 야채의 습기를 완전히 증발시킨다. 소금, 후추, 너트멕 가루와 다진 파슬리를 뿌려서 고루 섞는다. 기름종이를 덮어 보관한다. 이것이 보통의 '뒥셀'이다. 모든 종류의 버섯으로 뒥셀을 만들 수 있다.

파르스용 뒥셀

Duxelles pour légumes farcis, Duxelle for stuffed vegetables

습기를 없앤 '뒥셀' 100그램, 으깬 마늘 1자밤을 팬에 넣고, 〈토마토 데미글라스 소스〉 100밀리리터, 백포도주 50밀리리터 붓고 졸여서 야채 요리의 소(파르스) 등으로 이용한다. 더 걸쭉하게 만들려면 흰 식빵 25그램을 함께 넣고 졸인다.

---

31) 프랑스 쥐라 지역에 있는 윅셀의 후작(marquis d'Uxelles) 이름이다. 그의 요리사 프랑수아 피에르 라 바렌(François Pierre La Varenne, 1615-1678년)이 만들었다.

파테와 가르니튀르용 뒥셀

Duxelles pour garnitures diverses

습기를 없앤 '뒥셀'과, 소시지 고기(돼지고기 양념 다짐)를 절반씩 섞어, 파테 등에 가르니튀르로 이용한다.

미르푸아

Mirepoix

ω 삼겹살 30g, 양파 30g, 당근 50g, 타임, 월계수 잎 1개, 파슬리, 버터 30g.

프라이팬에 삼겹살(또는 염장한 베이컨)을 잘게 썰어 넣고 가열한다. 네모나게 썬 당근과 양파에 버터, 타임, 월계수 잎을 넣고 볶는다.

살피콩

Salpicon

소고기, 돼지고기, 버섯 등을 주사위 모양으로 썰어서 사용하는 것을 말한다. 한 가지 재료 또는 몇 가지를 혼합하기도 한다.

혼합 허브(핀제르브)

Fines Herbes, Mixture of fresh or dried herbs

같은 양의 파슬리, 타라곤(tarragon, estragon), 처빌(chervil, cerfeuil), 차이브(chive, ciboulettes)을 다져서 섞는다.

포타주

프랑스에서는 오래 전부터 국물이 있는 포타주(Potages)[1]를 좋은 음식으로 개발했다. 포타주는 거의 끓고 있는 음식처럼 따끈해야 한다.
포타주는 진한 것과 맑은 것 두 가지가 있다. 고기를 넣느냐 마느냐에 따라 다르다. 뛰어난 '포토푀'는 소고기로 만든다. 프랑스 특유의 수프이다. 깔끔한 '콩소메(맑은 국물)'는 매우 세심하게 만든다.
오늘날 우리는 '프티트 마르미트(작은 냄비)'에 포타주를 담아 사치스런 최고급 요리로 내놓는다. 프랑스 국왕 앙리 4세[2]의 '풀로포(poule-au-pot)', 또는 루이 필립 왕[3]의 '풀로리(poule au riz)'가 프티트 마르미트의 바탕이다.

기본적인 포타주 — 포토푀, 프티트 마르미트

포토푀

Pot-au-feu, French beef stew, Pot on the fire

프랑스에서 포토푀는 가정 생활의 상징이다. 이 훌륭한 국물 맛을 제대로 내려면 고기와 야채가 신선해야 한다. 소고기는 목살(paleron)과 설도(넓적다리 살, gite a la noix), 양지(가슴살, poitrine), 갈비(plat de cotes), 우둔살(볼깃살, pointe de culotte)이 좋다. 국물과 함께 고기도 식탁에 올려야

1) 맑은 포타주(Potages Clairs)와 걸쭉한 포타주(Potages Liés)로 크게 분류한다.
2) Henri IV(1553~1610년). 프랑스 부르봉 왕조의 시조. 그와 결혼한 이탈리아 메디치 가문 출신인 마리 드 메디치 왕비는 이탈리아 르네상스 문화를 프랑스에 들여왔다.
3) Louis-Philippe I(1773~1850년). 프랑스 대혁명 뒤 왕정 복고 시대의 왕.

할 경우라면 갈비와 우둔살이 적합하다.
8인~10인분을 위한 재료와 조리법은 다음과 같다.
☙ 우둔살 1.5kg, 갈빗살 600g, 토막낸 뼈 250g, 물 5리터, 소금 30g, 통후추 4, 당근 4, 무 또는 순무 2, 리크 2, 파스닙(parsnip, 설탕 당근) 1개, 정향 2개를 박은 양파 1, 양상추 1, 부케 가르니(셀러리, 처빌, 월계수 잎 1, 마늘 1쪽), 8~10분간 삶은 양배추 반쪽.
채소를 다듬어 깨끗이 씻는다. 양배추와 마늘은 넣지 않아도 된다. 큰 도기 또는 냄비에 물을 붓고, 소금을 뿌리고, 고기를 묶어 뼈와 함께 넣는다. 끓기 시작하면, 떠오른 기름을 걷어내고, 물 200밀리리터를 붓고 다시 끓어오르면 기름을 또 걷어낸다. 푹 끓인 후, 뚜껑을 조금 열어 덮어둔다. 45분쯤 그렇게 놓아두었다가 채소류와 부케 가르니를 넣고 3시간~3시간 30분을 더 끓인다. 끓이는 시간이 육질을 좌우한다.
고기와 야채를 조심스레 건져낸다. 채소는 조금 썰어, 수프 그릇(수피에르)[4]에 넣고 오븐이나 토스터로 구운 작은 빵 조각들을 조금 추가한다. 나머지 채소는 고기 주변에 둘러놓는다. 국물에서 기름을 걷어내고 고운 체로 걸러 수프 그릇에 붓는다.
작은 오이, 코르니숑(오이 피클), 머스터드, 굵은 소금, 〈토마토 소스〉, 〈디아블 소스〉, 〈서양고추냉이 소스〉 등을 곁들여도 된다.

프티트 마르미트
Petite Marmite, French stew, 'Little pot'

포토푀와 같은 조리법으로 끓이지만, 영계의 살코기나 닭의 내장 등을 추가한다. 양배추를 끓는 물에 8~10분간 삶아서 식힌다. 포토푀 국물을 따로 덜어내 양배추를 삶는다. 당근과 순무는 마늘 크기로 작게 자르고, 리크는 4센티미터 길이로 자른다. 이 맛국물에 야채와 닭고기를 잘게 썰어 넣어 포타주를 만든다.
프티트 마르미트에는 골수와 작은 바게트(플뤼트, flûte)를 조금 썰어넣는다. 소고기는 네모진 작은 토막으로 썰어 별도의 접시에 양배추와 함께 낸다. 포타주에 곁들이는 것이다. 파르메산 치즈 가루를 조금 뿌린다.

4) 뚜껑이 있는 커다란 수프 그릇. Soupière.

프로방스 포토푀

Le pot-au-feu en Provence, Provencal pot-au-feu

옛날 프로방스 시골에서는 소고기가 귀해, 양고기로 포토푀를 만들었다. 소고기의 유통이 쉽지 않았던 시절이다. 그러다가 이 풍습이 사라지지 않았고, 많은 사람이 양고기 포타주를 더 즐기게 되었다. 육질이 좋은 어린 양 고기는 매우 뛰어난 국물 맛을 만든다. 살코기도 먹기 좋다. 살코기는 목살, 갈비, 가슴살을 이용한다. 이런 양고기 포토푀는 주말에 가족들이 오후 내내 여유롭게 즐기는 푸짐한 점심의 단골 요리였다. 조리법은 다음과 같다.

ↂ 중간 크기 양배추 1개, 올리브유 4큰술, 다진 양파 2큰술, 다진 삼겹살 150~200g, 쌀 200g, 다진 파슬리 1자밤, 다진 마늘, 소금, 후추, 달걀 2, 치즈 가루 3~4큰술(선택).

양배추의 질긴 겉잎은 떼고, 좋은 겉잎 몇 장을 다듬어 끓는 물에서 8~10분간 부드럽게 익힌다. 건져내서 무슬린 천에 올려 물기를 뺀다. 겉잎을 떼어냈던 양배추를 4쪽으로 잘라 소금물에서 10분간 끓이고 건져내 잘게 다진다. 기름을 가열하고 양파와 삼겹살을 넣고 몇 분간만 노릇해지지 않게 볶는다. 다진 양배추를 추가하고 몇 분 더 볶는다. 불을 끄고 쌀을 넣고, 몇 초간 끓인 뒤 물을 따라 버리고, 다진 파슬리와 마늘을 조금씩 넣고, 소금, 후추를 넣는다. 달걀을 깨어 넣고 치즈 가루를 뿌린다. 전체를 잘 섞는다.

이렇게 섞은 재료를 양배추 잎마다 올리고, 잎 모서리를 접어 작은 양배추 모양을 만들고, 실로 묶는다. 이런 작은 양배추 소박이들을 고기와 함께 익힌다. 국물에 넣어 끓이며 기름을 걷어내면서 고기가 익을 때까지 기다린다. 양배추를 뜨거운 접시에 올리고 실을 푼다.

고기는 별도의 접시에 올려 야채를 둘러놓는다. 국물에서 가능한 기름을 걷어내고 체로 걸러 수피에르 그릇에 받는다. 그릴에서 구운 빵을 썰어 조금 넣는다. 이 포타주는 양배추를 곁들인 소고기와 함께 먹는다.

앙리 4세 풀로포[5]

La poule au pot du roi Henri IV, The poule au pot of king Henri IV

포토푀에, 소를 넣은 암탉, 삼겹살, 쌀밥을 추가한 것이다.

ଔ 닭에 넣는 소의 재료: 기름기 적은 삼겹살 125g 다진 것, 빵가루 100g, 다진 마늘 조금, 다진 파슬리와 다진 타라곤 각 1자밤, 신선한 달걀 2, 소금, 후추, 너트멕 가루.

모든 재료를 잘 섞어 영계의 뱃속에 넣고 닭을 실로 묶는다. 냄비에 넣어 끓인 후, 영계를 꺼내 끈을 풀고 타원형 접시에 담아 소고기, 삼겹살, 야채를 주변에 둘러놓는다. 국물을 수피에르 그릇에 담는다. 앙리 4세 포타주 또는 풀로포는 요즘 식당에서 '프티트 마르미트' 요리로 내며, 육수로 지은 쌀밥을 따로 낸다.

루이 필립 풀로리

La poule au riz du roi Louis Philippe, Chicken Louis Philippe with rice

루이 필립의 풀로리는 전설에 불과하다. 닭이라는 말은 아마 왕의 약속에 지나지 않았을 것이다. 왕에게 충성한다면 백성은 닭을 받게 되고 주일에 소박한 포토푀와 큰 그릇에 닭고기도 얹게 될 것이라고. 하지만 그렇게 닭고기를 먹는 백성은 얼마나 운이 좋을까.[6] 어쨌든 역사에서 전하는 사실은 없다. 풀로리의 재료는 〈앙리 4세 풀로포〉 재료와 거의 같다. 다만, 쌀이 두 배 들어가서 국물이 걸쭉하다.

맑은 포타주용 국물(콩소메, 부이용)

'콩소메(consommé)'는 '맑게 거른 부이용(bouillons, 조리용 국물)'이라는 뜻으로 '맑은 포타주'를 만드는 국물이다. 국물을 맑게 하려면 양배추는

---

5) 앙리 4세(1553-1610년)는 프랑스 브르봉 왕가의 시조이다. "내 왕국의 농민들이 일요일에는 냄비에 든 닭고기를 먹을 수 있도록 하겠다."는 그의 말에서 유래했다.

6) 루이 필립은 1830년 7월 혁명으로 프랑스 왕이 되었다. 절대적 왕정이 아닌 입헌 왕정이었지만 극소수 상류층에게만 선거권이 있었다. 앙리 4세가 200년 전에 말했던 닭고기를 마침내 먹을 수 있겠다는 노래도 지어 부르면서 민중은 변화를 기대했지만 형편은 더 악화되었다. 또 다른 혁명으로 루이 필립은 왕위에서 밀려났다.

넣지 않아야 한다. 그렇지만 맑은 국물은 미묘한 향미는 부족하다.

맑은 포타주용 콩소메

Consommés pour potages clairs, Clarified consomme for clear soups

ↀ 콩소메 3리터 만들기

소고기 800그램을 곱게 다진다. 여기에 닭 내장, 가능하면 구운 닭고기 등을 넣고 함께 다진다. 큰 냄비에 넣고 달걀흰자 2~3알과 물 500밀리리터를 붓고, 차가운 국물(부이용) 4리터를 천천히 부어가며 희석한다. 처빌과 셀러리를 조금 넣는다. 중간 불에 올려 저어주면서 한소끔 끓인다. 뚜껑을 덮고 35~40분간 더 끓인다. 체로 국물을 거른다. 식지 않게 보관한다. 식탁에 내면서 가르니튀르를 추가한다.

즉석 콩소메

Consommé rapide, Quick consomme

ↀ 소고기 1kg, 닭고기 내장 조금, 리크 1, 당근 1, 얇게 썬 셀러리, 양상추, 처빌, 물 4리터, 정향 2개를 박은 양파 1, 소금 30g, 흰 후추 5~6개.

고기와 닭 내장을 잘게 다져 냄비에 넣는다. 리크, 당근, 셀러리, 양상추도 모두 곱게 다져 처빌과 함께 넣는다. 물을 붓고 저어주며 한소끔 끓인다. 양파, 소금, 후추를 추가한다. 50분간 약한 불로 끓인다. 고운 체로 거르고, 기름기를 걷어낸다.

시원한 국물(육수)/부이용 7)

Bouillon rafraichissant, Cooling broth

ↀ 송아지 살코기 800g, 물 2리터, 소금 3g, 양상추 1, 오이 씨, 처빌 2~3개.

고기를 다져 냄비에 넣고, 물을 붓고 소금을 넣어 끓인다. 기름기를 걷어낸다. 오이씨를 추가하고 45분간 약한 불로 끓인다. 다진 양상추와 처빌을 넣고 20분을 더 끓인다. 체로 걸러, 기름은 가능한 걷어낸다.

다른 방식의 시원한 국물

ↀ 송아지 정강이(사골과 살코기) 300g, 닭다리(암탉 1마리의 다리), 닭 내장, 물 2리터, 보

---

7) 스톡(Fonds, Stock)은 고기, 야채와 함께 뼈를 오랫동안 우려내 젤라틴을 포함한다. 보통의 부이용은 뼈를 오래 우려내지 않고, 소금과 야채, 살코기를 넣고 끓인 국물이다.

리 4~5큰술, 양상추와 당근, 양파 각 1, 호박씨 몇 개, 처빌.

고기를 닭 내장과 함께 냄비에 넣고 물을 붓는다. 천천히 끓이는 동안 기름을 조심해서 걷어낸다. 다른 재료를 한꺼번에 넣고 뚜껑을 덮어 약한 불로 1시간 30분 동안 더 끓인다. 고운 체로 거른다.

허브 국물

Bouillon d'herbs, Herb broth

ଔ 양파 1개, 리크 1개, 보리 4큰술, 작은 양상추 1개, 처빌, 크레송(워터크레스)과 수영(소렐)과 쇠비름(퍼슬린) 각 50g, 물 1.5리터, 소금 5g.

리크, 양파, 양상추, 허브들을 씻어 다진다. 한꺼번에 냄비에 넣고 물을 붓고, 소금을 뿌린다. 30분간 끓인다.

쌀 국물/보리 국물

Eau de riz, Rice water / Eau d'orge, Barley water

ଔ 쌀 125g, 물 2리터, 레몬과 오렌지 조금, 설탕 5g.

쌀을 씻고 물을 부어 30분간 끓인다. 레몬과 설탕을 넣은 주전자에 담아둔다. 보리 국물은 쌀 국물과 같은 방법으로 만든다. 쌀 대신 보리를 넣고 시간을 30분 더 늘려 1시간 끓인다.

감초와 치커리 국물

Eau de réglisse et chicorée sauvage

ଔ 감초 뿌리 60g, 야생 치커리 잎 5g, 레몬 몇 쪽.

소스냄비에 감초 뿌리와 치커리를 넣고 물을 부어 30분간 끓인다. 레몬을 넣은 주전자에 담아둔다.

비프 티(소고기 육즙)

Beef-Tea, Suc de viande de boeuf

ଔ 소고기 넓적다리 살 500g, 물, 소금 5g.

비계가 없는 살코기를 곱게 다진다. 뚜껑이 있는 중탕용 그릇에 넣고 4큰술의 물을 조금씩 붓고 소금을 넣는다. 뚜껑을 덮고 30분쯤 기다렸다가 고기를 나무주걱으로 가끔 눌러준다. 다진 고기를 담은 그릇을 커다란 냄비에 넣고 3시간 동안 끓인다. 끓는 물이 줄어들지 않도록 때때로 물을 붓는다. 그릇을 꺼내 다진 고기를 체로 걸러, 육즙을 받는다.

소고기 젤리 육즙
Suc pour Gelée de viande

〈비프 티〉와 같은 방식이다. 다진 소고기 살코기에, 송아지 정강이 살코기 100그램, 송아지 족(pied) 살코기 60그램을 더 넣는다. 고기를 잘라 물 8큰술을 넣는다. 몇 분간 끓여 식힌다. 체로 걸러 받는다. 소고기 육즙과 젤리 육즙을 만들면서 닭다리 1~2개를 추가할 수도 있다.

포타주에 넣는 파스타, 루아얄

1. 맑은 포타주에 넣는 이탈리아 파스타, 쌀밥 등

이탈리아 파스타
Pâtes dites d'*Italie*

밀가루 반죽 60그램당 콩소메 또는 포토푀용 육수(부이용) 1리터가 필요하다. 밀가루 반죽의 양에 따라 10~12분간 익힌다. 가느다란 국수, 베르미첼리(vermicelli)를 만드는 법과 같다. 반죽은 끓는 소금물에 잠깐 동안 담갔다가 꺼내 육수로 삶는다.

사구(사고)와 타피오카[8]
Le sagou, le tapioca, Sago and tapioca

콩소메 1리터당 65~70그램을 넣는다. 15~18분간 익힌다.

타피오카 펄[9]
Perles du Japon, Japanese pearls

콩소메 1리터당 타피오카 펄 70그램을 넣는다.

---

8) 사고는 사고 야자나무에서 얻은 녹말, 타피오카는 카사바에서 얻은 녹말.

9) 타피오카로 만든 작은 알갱이로 포타주와 디저트 등에 넣는다. '일본 진주'라고도 부른다.

쌀밥

Le riz, Rice

콩소메 1리터당 쌀 50~60그램을 넣는다. 조리 시간은 20~25분. 쌀은 소스팬에 넣고 물로 끓여야 한다. 2분간 끓인 다음 건져내, 육수(부이용)에 넣고 끓여 익힌다. 이렇게 지은 밥을 콩소메에 넣어서 가르니튀르로 이용한다.

세몰리나

La semoule, Semolina

콩소메 1리터당 세몰리나 3큰술이 필요하다. 조리 시간은 18~20분.

2. 콩소메에 넣는 달걀 반죽 - 루아얄 [10)]

콩소메용 보통 루아얄

Royale ordinaire pour consommé, Ordinary royale for consomme

☙ 달걀 1, 달걀노른자 3, 200ml의 콩소메(맑은 국물) .

달걀들을 풀어 천천히 콩소메에 넣는다. 고운 체로 거른다. 작은 틀이나 다리올(dariole) 빵틀에 붓는다. 중탕할 수 있는 그릇에 넣고 12~15분간 익힌다. 중탕기의 물은 끓어오르지 않도록 한다. 루아얄이 굳으면, 틀에서 빼내 차가운 곳에서 식힌다. 그다음 작은 네모 토막 등 일정한 꼴로 잘라 냄비에 넣고 콩소메를 넉넉히 붓는다. 따뜻한 곳에 보관했다가 먹기 직전에 포타주에 넣는다.

3. 포타주에 넣는 프로피트롤

프로피트롤(profitroles)은 크림을 넣어, 호두 크기의 작은 빵처럼 만든 것을 가리킨다. 밀가루 반죽은 '슈 반죽'을 이용한다.

---

10) Royale. 야채나 가금류 고기를 다져 달걀 반죽으로 빚은 것. 작게 잘라서 맑은 포타주에 넣는 일종의 경단이다.

슈 반죽

Pâte à chou ordinaire, Ordinary choux paste

☙ 고운 밀가루 300g, 물 500ml, 버터 100g, 소금 5g, 달걀 6개.

냄비에 물, 버터, 소금을 넣고 한소끔 끓인다. 끓어오르면 불을 끄고 밀가루를 넣고 나무주걱으로 섞는다. 다시 불에 올려 반죽이 냄비 안쪽 벽에서 떨어질 때까지 젓는다. 식힌 다음 달걀을 깨 조금씩 천천히 넣으며 저어준다.

크림을 넣은 루아얄

Royale à la crème, Cream royale

☙ 달걀 1개, 달걀노른자 3, 크림 200ml, 소금, 너트멕 가루.

달걀을 풀어 크림을 섞고, 양념한다. 고운 체로 걸러 중탕한다.

쌀 크림을 넣은 루아얄

Royale de crème de riz, Cream of rice royale

☙ 쌀가루 100g. 우유 4~5큰술, 곤소금 1자밤, 달걀노른자 4.

쌀가루를 우유와 부드럽게 섞어, 곤소금을 넣고, 달걀노른자를 풀어 넣는다. 고운 천으로 걸러 〈콩소메용 보통 루아얄〉처럼 중탕한다.

토마토 퓌레를 넣은 루아얄

Royale de tomate, Royale of tomato puree

☙ 토마토 퓌레 100ml, 크렘 프레슈 70ml, 소금, 후추, 설탕, 달걀 1개, 달걀노른자 3.

토마토 퓌레, 크렘 프레슈, 설탕을 한꺼번에 섞는다. 달걀을 천천히 풀어 넣는다. 버터 두른 다리올 빵틀에 부어 중탕한다.

닭고기 루아얄

Royale de volaille, Royale of chicken puree

☙ 닭고기 60g, 베샤멜 소스 2큰술, 크렘 프레슈 2큰술, 너트멕 가루, 달걀 1, 달걀노른자 2.

익힌 닭고기를 갈아, 소스, 크렘 프레슈, 너트멕을 넣는다. 달걀도 풀어 넣는다. 고운 체로 걸러 루아얄을 만드는 방식으로 중탕한다.

루아얄은 꿩, 자고새, 토끼 고기로도 만든다. 가금과 똑같은 방법이지만 〈베샤멜 소스〉를 바짝 졸인 〈데미글라스 소스〉 4큰술로 대신한다. 다리올 빵틀에 넣어 중탕한다. 특히 가금류 루아얄은 어린이나 노약자에 좋다. 이 경우, 틀에서 꺼내 맑은 소스나 짙은 소스를 조금 입히고 강낭콩이나 치커리, 아스파라거스로 만든 퓌레를 곁들인다.

콩소메 — 맑은 포타주

닭 날개 콩소메

Consommé aux ailerons de volaille, Consomme with chicken wing tips

닭 날갯살을 다져 넣은 〈프티트 마르미트〉 콩소메이다.

옛날식 콩소메

Consommé à l'ancienne, Old fashioned consomme

〈프티트 마르미트〉 콩소메다.

플뤼트(작은 바게트) 빵을 얇게 썰어서, 바닥이 조금 깊은 냄비 안에 둘러 놓는다. 얇게 썬 빵 조각마다 〈프티트 마르미트〉에서 건져낸 야채를 조금씩 올린다. 그 위에 콩소메를 흩뿌리듯 끼얹고 6~8분간 조금 노릇하게 익힌다. 이것을 다른 접시에 담아낸다.

오로라 콩소메

Consommé aurore, Consomme with tomato puree

〈프티트 마르미트〉 콩소메의 4분의 1 분량의, 체로 곱게 내려 받은 토마토 퓌레와 소량의 타피오카를 추가한 것이다. 삶은 달걀노른자 2~3알을 체로 걸러, 먹기 직전에 가르니튀르로 얹는다.

본팜[11] 콩소메

Consommé dit *à la bonne femme*, Consomme with vegetables

ↂ 6인분: 양 목살 1kg, 보리 200g, 소금 1작은술, 다진 야채(당근, 양파, 셀러리) 총량 250g, 부케 가르니(월계수 잎 1, 파슬리), 후추.

---

11) '본팜'이라는 말은 옛날에 여성 환자를 돌보거나 산후조리를 하는 산파를 가리켰다. 부엌일을 거드는 하녀나 이웃 여자, 친한 아주머니 또는 할머니를 가리키는 말이기도 했다. 위계적 의미는 없는 친근한 호칭으로 요리에서는 소박한 가정식을 뜻한다.

뼈에 붙은 고기를 발라내 묶는다. 뼈와 함께 큰 냄비에 넣고 물 3리터를 붓는다. 가열해 끓기 시작하면 기름을 걷어낸다. 씻은 보리와 소금을 넣는다. 〈포토푀〉처럼 은근한 불로 삶는다. 절반쯤 익어갈 때, 다진 야채와 부케 가르니를 넣는다. 식탁에 올릴 준비가 되면 고기를 그릇에 넣고 끈을 풀어 버린다. 뼈와 부케 가르니를 건져내고 후추를 조금 뿌린다.

콩소메 브뤼누아즈[12]

Consommé brunoise, Consomme with vgetables and chervil

☙ 콩소메(맑은 국물) 2리터 재료: 당근 300g, 순무 200g, 리크 흰 뿌리 3, 셀러리 1, 양파 1개, 버터 50g, 소금 5g, 설탕 1작은술, 물 500ml, 처빌, 삶은 완두콩 3~4큰술(선택).

야채를 작은 사각형으로 썰어(브뤼누아즈 썰기), 버터와 함께 냄비에 넣고, 소금과 설탕을 뿌린다. 뚜껑을 덮고 20분간 약한 불로 볶는다. 맑은 국물(콩소메)을 붓고, 더 불을 낮춰 익힌다. 알맞게 끓었을 때 야채와 처빌을 넣는다. 삶은 완두콩을 추가할 수도 있다.

쌀을 넣은 콩소메 브뤼누아즈

Consommé brunoise au riz, Consomme with vegetables, chervil and rice

식탁에 올리기 직전에 콩소메 1리터당 쌀밥 4큰술을 추가한다. 쌀을 콩소메와 함께 익히거나 별도로 밥을 지어도 된다. 쌀밥을 보리, 타피오카, 파스타로 대신해도 된다. 이 콩소메에는 달걀노른자, 크림 또는 야채 퓌레, 다양한 콩 퓌레를, 콩소메의 3분의 1 분량으로 추가하거나 〈쉬프렘 소스〉를 추가해 걸쭉하게 만들 수도 있다.

카르멘 콩소메

Consommé Carmen, Consomme with tomato puree and sweet red pepper

〈프티트 마르미트〉를 끓여, 식탁에 올리기 30분 전에 가르니튀르를 준비한다.

☙ 5~6인분: 다진 양파 1큰술, 버터 30g, 쌀 100g, 토마토 퓌레 4큰술, 붉은 파프리카 1개, 콩소메(맑은 국물) 200ml.

---

12) 브뤼누아즈(Brunoise)는 3밀리미터 크기의 정사각형으로 야채 등을 써는 방법. 이 책에서는 이와 같은 썰기를 '작은 사각형으로 썰기'로 옮겼다.

양파를 버터로 노릇하게 볶고, 쌀을 넣어 잠깐 저으며 섞는다. 토마토 퓌레와 붉은 파프리카를 추가한다. 파프리카는 불에 구워 껍질을 벗기고 네모지게 썬다. 콩소메를 붓고, 뚜껑을 덮어 20분간 끓인다. 〈프티트 마르미트〉를 만들었던 닭고기를 잘게 썰어 수피에르 그릇에 쌀밥과 함께 넣는다. 식탁에 내면서 육수(부이용)를 수피에르 그릇에 붓는다.

신데렐라 콩소메

Consommé Cendrillon, Chicken consomme with truffles and kidneys

6인분: <마드릴렌 콩소메> 2리터.

프롱티냥(Frontignan) 백포도주로 서양 송로 50그램을 익혀 가늘게 썬다. 콩소메에 6큰술의 쌀을 넣을 넣고 밥을 짓는다. 닭의 콩팥 12개를 껍질을 벗겨 콩소메에 삶아낸다.

샤쇠르 콩소메

Consommé chasseur, Game consomme flavoured with port

〈프티트 마르미트〉 콩소메에 꿩이나 자고새를 추가한 것이다.

콩소메(맑은 국물) 2리터의 가르니튀르: 잘게 썬 셀러리 3큰술, 보리밥 6큰술.

꿩이나 자고새의 가슴살을 얇고 길쭉하게 썰어 수피에르 그릇에 셀러리, 콩소메로 지은 보리밥과 함께 넣는다. 〈프티트 마르미트〉 콩소메를 끓여 수피에르 그릇에 붓는다.

콜베르 콩소메

Consommé Colbert, Consomme with spring vegetables

맑은 콩소메로, 간단하게 내는 〈프티트 마르미트〉이다. 1인당 반숙한 달걀 1개, 햇야채를 삶아 자른 것, 영국식으로 소금물에 삶은 완두콩, 처빌 몇 잎을 가르니튀르로 추가한다.

쿠르트오포 콩소메

Consommé croûte-au-pot, Petite marmite

〈프티트 마르미트〉 콩소메다. 당근, 순무, 리크의 흰 뿌리를 썰어 넣는다. 플뤼트(flute, 작은 바게트) 빵 껍질들을 야채 위에 뿌린다.

디아블로탱[13] 콩소메

Consommé aux diablotins, Petite marmite with diablotins

디아블로탱을 올린 〈프티트 마르미트〉 콩소메다.

작은 바게트(플뤼트)를 둥글게 썰어 묽은 〈베샤멜 소스〉를 덮고 치즈 가루와 카옌 고춧가루를 1자밤 뿌린다. 살짝 구워 포타주에 올린다.

도미니켄(도미니크 수도회) 콩소메

Consommé dominicaine, Consomme with pasta and peas

〈프티트 마르미트〉에 파스타, 소금물에 삶은 완두콩, 치즈 가루를 넣는다. 달걀노른자로 이 콩소메를 진하게 할 수도 있다. 야채나 콩 퓌레, 닭고기로 준비한 〈블루테 소스〉로도 걸쭉하게 만들 수 있다.

에코세즈(스코틀랜드) 콩소메

Consommé à l'écossaise, Scotch broth

양의 목살로 〈포토푀〉를 만든다. 프로방스식이다. 고기가 익으면 뼈를 발라내고, 살코기를 둥근 모양으로 작게 썰어(누아제트 썰기), 소스팬에 넣고 보리밥 4큰술과 〈콩소메 브뤼누아즈〉 2큰술을 추가한다. 이런 재료라면 1리터 분량의 콩소메가 된다. 식탁에 내기 직전에 고기와 야채를 수피에르 그릇에 담고 필요한 만큼의 육수(부이용)를 붓는다.

플라마리옹[14] 콩소메

Consommé Flammarion, Consomme with star shaped pasta

소금물에 삶은, 별 모양의 이탈리아 파스타(스텔리네, stelline)와 영국식으로 소금물에 삶아낸 풋완두를 넣은 콩소메이다. 즉석에서 치즈를 가루로 갈아 넣는다.

---

13) 작은 악마라는 뜻도 있지만, 요리에서는 콩소메 국물 위에 올리는(토핑, topping) 리솔이나 바케트 빵 조각 등을 가리킨다.

14) 프랑스 천문학자 까미유 플라마리옹(Nicolas Camille Flammarion, 1842~1925년). 그의 아내(Gabrielle Renaudot Flammarion, 1877~1962년)도 유명한 천문학자였다. 이 레시피에 별 모양의 파스타를 이용하기 때문에 붙여진 이름이다.

프랑시용[15] 콩소메

Consommé Francillon, Consomme with beef marrow

〈프티트 마르미트〉이다.

작은 양상추를 절반으로 잘라서 찐다. 깊은 접시에 담고, 육수(부이용)에 잠깐 데친 소 골수를 가늘게 썰어 올린다. 치즈 가루를 뿌리고 〈토마토 소스〉 몇 술을 넣는다. 〈토마토 소스〉에는 그 3분의 1분량의 '글라스 드 비앙드'를 섞는다. 각 1인분의 접시마다 양상추를 올린다. 작은 바게트(플뤼트) 3~4조각을 오븐에서 구워 곁들인다. 콩소메를 끓여 그 위에 붓는다.

엘렌[16] 콩소메

Consommé Hélène, Chicken consomme with tomato juice

☙ 가르니튀르: 다리올 빵틀에 넣어 중탕한 루아얄, 치즈 프로피테롤.

토마토 즙을 넣은 닭고기 콩소메이다. 가르니튀르는 다리올 빵틀에 넣어 중탕한 루아얄을 만들어 파르메산 치즈 가루 50그램을 뿌린다.

이자벨라 콩소메

Consommé Isabella, Chicken consomme with quenelles of creamed chicken

닭고기 콩소메이다. 작은 숟가락으로 빚은 닭고기 크넬과 완두콩, 아주 가늘게 썬 서양 송로(트뤼프)를 가르니튀르로 올린다.

자네트 콩소메

Consommé Jeannette, Consomme with poached eggs

〈프티트 마르미트〉 콩소메이다. 달걀 반숙, 완두콩, 소금물에 삶은 이탈리아 파스타를 가르니튀르로 올린다.

쥘리엔 콩소메

Consommé julienne, Conssomme with root vegetables

☙ 콩소메(맑은 국물) 2리터

☙ 가르니튀르: 당근 125g, 순무 100g, 양배추 1개(70g), 리크 흰 뿌리 1, 셀러리 1개, 양파 반쪽, 버터 2큰술, 곤소금과 가루설탕 각 5g, 가늘게 썬 처빌, 양상추, 수영 각 1큰술.

---

15) 프랑스 중부 루아르 강 중류, 앵드르 지방의 마을이다.

16) Princess Hélène d'Orléans(1871~1951). 프랑스 왕족의 공주. 이탈리아 왕족 아오스타 공작과 결혼했다. 에스코피에가 엘렌을 위해 만든 콩소메다.

〈프티트 마르미트〉 콩소메다. 가르니튀르의 재료를 '쥘리엔(julienne) 썰기'로, 가늘게 썰어서 만든다. 모든 야채들을 고르게 같은 굵기로 썬다. 당근, 순무, 리크, 셀러리는 길게 썬다. 양파는 얇게 썬다(émincer). 야채를 버터와 함께 냄비에 넣고 설탕과 소금을 넣는다. 뚜껑을 덮어 15분쯤 익힌다. 콩소메 500밀리리터를 붓고, 끓는 소금물에 양배추를 10분간 삶아서 가늘게 썰어 추가한다. 야채가 부드러워질 때까지 삶는다. 식탁에 올릴 준비가 되면, 끓인 콩소메 1.5리터를 붓고, 가늘게 썬 양상추와 수영과 처빌을 넣는다.

로레트 콩소메

Consommé Lorette, Consomme with partridge puree

〈프티트 마르미트〉 콩소메다. 보통의 루아얄 또는 자고새 퓌레. 또는 프롱티냥 백포도주를 조금 붓고 살짝 데쳐낸 양송이버섯이나 가늘게 썬 서양송로를 가르니튀르로 올린다.

마드릴렌 콩소메

Consommé Madrilnèe, Chicken consomme with tomatoes

닭고기 콩소메에 고기 450그램당 완숙 토마토 3~4개를 다져 넣은 것이다. 이때 토마토 껍질은 벗기지 않는다. 그래야 콩소메 빛깔이 고운 장밋빛을 띤다. 뜨겁게 또는 차게 먹어도 되는데 컵에 담아 먹는 것이 좋다. 뜨겁게 먹을 때는 파르메산 치즈를 조금 뿌려 곁들인다. 차게 먹을 때는 젤리를 덮어 굳히는데, 더운 날씨에는 시원한 콩소메가 된다.

미레유 콩소메

Consommé Mireille, Consomme with egg yolks and cream

☙ 콩소메(맑은 국물) 1리터당 크렘 프레슈 2큰술, 달걀노른자 3

〈프티트 마르미트〉에 달걀노른자, 크렘 프레슈를 추가해, 되게 만든 것이다. 오븐에서 구운 바게트 조각에 치즈 가루를 뿌려 곁들인다.

나나 콩소메

Consommé Nana, Potaufeu with bread and cheese

☙ 포토푀, 플뤼트 빵, 치즈, 달걀 반숙.

육수(부이용)으로 포토푀를 만든다. 플뤼트 빵을 어슷하게 잘라 오븐에서 굽는다. 그뤼예르 치즈와 파르메산 치즈 가루를, 자른 빵들의 층간에 뿌려주며 수피에르 그릇에 쌓아올린다. 맨 위에 1인당 1알씩의 달걀 반숙을 올리고, 뜨거운 육수(부이용)를 붓는다. 포토푀에 토마토 퓌레 2~3큰술을 추가해도 된다.

소꼬리 콩소메

Consommé ou potage à la queue de boeuf, *à ma façon*, Oxtail soup

☙ 소꼬리 1kg, 송아지 정강이 600g, 송아지 족 1개, 양파와 당근 각 150g, 프롱티냥 백포도주 4분의 1병, 물, 토마토 퓌레 200ml, 부케 가르니(파슬리, 셀러리, 월계수 잎 1, 마늘 1쪽), 후춧가루, 소금 20g.

소꼬리를 8조각 낸다. 송아지 정강이 살코기는 호두 크기로 잘게 자른다. 송아지 족은 몇 분간 물에 삶는다. 고기 전부와 자른 뼈를 한꺼번에 커다란 냄비에 넣고 다진 당근과 양파도 넣는다. 포도주 4분의 1병과, 같은 분량의 물도 붓는다. 뚜껑을 덮어 4분의 3으로 줄어들 때까지 약한 불로 끓인다. 그다음, 물 500밀리리터를 더 붓고 다시 국물이 거의 다 졸아들 때까지 끓인다. 여기에 다시 뜨거운 물 3리터, 토마토 퓌레, 부케 가르니, 소금, 후추를 넣고 4시간 더 삶는다.

소꼬리를 건져 수피에르 그릇에 담는다. 송아지 족은 작은 토막으로 잘라 넣고 따끈하게 보관한다. 뼈 조각과 부케 가르니, 야채를 고운 체로 걸러내고 수피에르 그릇에 담는다. 남은 국물에서 기름이 떠오를 때까지 잠시 기다린다. 떠오른 기름을 모두 걷어내고 다시 끓인 다음, 고기를 담아둔 수피에르 그릇에 붓는다. 취향에 따라 맛국물에 익힌 보리를 몇 술 추가해도 된다.

햇야채 콩소메

Consommé printanier, Chicken consomme with carrots and turnips

이것은 닭고기 콩소메이다.

☙ 가르니튀르: 1.5센티미터 길이로 가늘게 썬 햇당근, 맑은 국물에 삶은 순무, 끓는 소금물에 익힌 풋완두콩과 흰 강낭콩 퓌레, 깍둑썰기해서 삶은 양상추, 처빌.

가르니튀르 재료를 한꺼번에 수피에르 그릇에 넣고, 끓인 콩소메를 붓는다. 닭고기 크넬, 갖가지 루아얄, 달걀 반숙 등을 더해도 된다. 그다음 '크넬 햇야채 콩소메', '루아얄 햇야채 콩소메'라고 부르면 된다. 닭고기 크넬을 곁들인 것을 옛날에는 '황후 햇야채 콩소메'라고 불렀다. 햇야채 콩소메에 달걀노른자, 크림 또는 크림을 섞은 블루테를 추가해 더욱 진하게 만들 수도 있다. 콩 퓌레를 더 섞는 방법도 있다.

닭고기 크넬 콩소메

Consommé aux quenelles de volaille et moelle, Consomme with chicken quenelles and marrow

〈프티트 마르미트〉 콩소메다. 육수에 삶은 닭고기 크넬, 네모지게 썬 삶은 소 골수, 처빌을 가르니튀르로 올린다. 닭고기 크넬 대신 다리올 빵틀에 넣어 중탕한 닭고기 루아얄을 둥글게 빚어 올려도 된다. 아스파라거스나 완두콩을 소금물에 삶아 추가해도 된다.

르네상스 콩소메

Consommé Renaissance, Consomme with fresh vegetables an cock's kidneys

ca 콩소메 2리터의 가르니튀르: 당근과 순무 각 125g(잘게 썰어 콩소메에 넣고 삶는다), 수탉의 볏 18개(콩소메에 삶아 껍질을 벗긴다), 삶은 달걀노른자(으깨서 체로 거른다), 처빌 몇 잎.

볏은 닭고기 크넬로 대신할 수 있다. 그 대신 볏 모양으로 빚는다. 이 모두를 수피에르 그릇에 담고 끓는 콩소메를 붓는다.

사라 베르나르[17]를 위한 콩소메

Consommé favori de Sarah Bernhardt, Sarah bernhardt's favorite consomme

ca 6인분: 닭고기 콩소메 1리터.

ca 가르니튀르: 삼겹살 3~4쪽, 베이비 당근 1, 양파 1, 송아지 정강이 살코기(사태살) 300g, 녹인 버터 2큰술, 콩소메(맑은 국물) 500ml, 부케 가르니(파슬리, 월계수 잎 반쪽, 타임), 소금, 토마토 퓌레를 섞은 블루테 소스.

---

17) Sarah Bernhardt(1844~1923년). 연극과 초기 무성영화의 주연을 맡았던 프랑스 여배우. 사라 베르나르와 친분이 있었던 에스코피에가 그녀를 위해 만든 레시피이다.

삼겹살을 10분간 물에 삶아 건져낸다. 식혀서 소스냄비에 넣는다. 당근과 양파를 얇게 썰고, 송아지 정강이 살코기도 작게 토막을 내어 함께 넣고 버터를 넣는다. 콩소메 250밀리리터를 붓고 약한 불로 3분의 2로 졸인다. 콩소메 250밀리리터를 더 붓고 부케 가르니를 넣는다. 뚜껑을 덮고 중간 불로 계속 삶는다. 고기가 반죽 상태가 될 정도로 삶는다. 부케 가르니를 건져내 버리고, 나머지 재료를 고운 체로 거르고, 소금을 조금 넣은 토마토 블루테 소스를, 같은 양만큼 붓는다.
나머지 콩소메에 이탈리아 국수, 베르미첼리를 삶는다. 버터와 파르메산 치즈 가루를 뿌려, 다른 접시에 따로 낸다.

솔랑주 콩소메

Consommé Solange, Consomme with pearl barley and chicken meat
〈프티트 마르미트〉 콩소메다.

☙ 가르니튀르: 맑은 국물에 삶은 보리, 데쳐서 작게 깍둑썰기한 양상추, 냄비에서 익혀 가늘게 썬 닭고기 가슴살.

재료를 한꺼번에 수피에르 그릇에 넣고, 끓인 콩소메를 붓는다.

탈레랑 콩소메

Consommé à la Talleyrand, Consomme with quenelles of pheasant
반쯤 익힌 꿩고기를 넣은 〈프티트 마르미트〉 콩소메다.

☙ 가르니튀르: 숟가락 크기로 빚은 꿩고기 크림 크넬(1인당 2개), 프롱티냥 백포도주로 익힌 아주 가늘게 썬 서양 송로(트뤼프).

크넬과 서양 송로를 수피에르 그릇에 담고, 끓인 콩소메를 붓는다. 구운 파르메산 치즈를 곁들여 먹는다.

블라디미르 콩소메

Consommé Wladimir, Chicken consomme with cheese quenelles
따뜻하게 먹는 닭고기 콩소메다.

☙ 치즈 크넬의 재료: 흰 치즈 125g, 곤소금, 부드러운 버터 125g, 달걀 2, 밀가루 125g, 크렘 프레슈 2큰술, 파르메산 치즈 가루, 녹인 버터.

치즈를 그릇에 넣고 으깬다. 소금, 버터, 달걀노른자, 밀가루, 크렘 프레슈를 넣고 섞는다. 달걀흰자도 풀어 넣는다. 숟가락으로 크넬을 빚어, 끓기 직전인 물에 살짝 반숙하듯 익힌다. 크넬을 건져 접시에 담는다. 파르메산 치즈 가루와 녹인 버터를 뿌린다. 오븐에 몇 분간 넣어둔다. 치즈 크넬은 닭고기 크림 크넬로 대신해도 된다.

진한 포타주 — 비스크, 퓌레, 크림, 블루테

포타주 국물을 짙고 걸쭉하게 하는 데는 달걀과 크렘 프레슈와 버터가 최상이다. 밀가루, 보리, 쌀가루, 귀리, 옥수수가루, 파나드 등을 바탕으로 블루테를 넣어 끓일 수 있지만, 여기에 달걀, 버터와 크림 또는 크렘 프레슈를 넣어 더욱 진하게 할 수도 있다. 포타주 1리터당 버터 50그램이나 크렘 프레슈 100밀리리터를 넣는다. 갖가지 콩을 갈아 만든 퓌레에 섞어도 된다. 콩처럼 건조한 야채로 끓인 국물은 경제적이지만 영양분은 생채를 곁들여야 높아진다. 양상추와 리크, 당근과 셀러리 등. 취향에 따라 크렘 프레슈 100밀리리터를 추가해도 된다.

비스크[18], 퓌레[19]

민물 가재 비스크

Bisque ou coulis d'écrevisses, Crayfish soup

☙ 중간 크기 민물 가재 20~25마리, 버터, 미르푸아(사각형으로 잘게 썬 당근과 양파 각 40g), 월계수 잎, 잘게 자른 타임과 파슬리, 소금, 후추, 코냑 2큰술, 백포도주 150ml, 육수(맑은 부이용) 1.8리터, 쌀 크림 150g, 붉은 고춧가루.

민물 가재의 중간 부분을 살짝 뒤틀어 내장을 제거한다. 냄비에 버터 2큰술을 녹이고, 미르푸아를 넣고 야채가 노릇해지도록 익힌다. 가재를 넣고, 소금, 후추를 넣고 몇 분간 볶는다. 코냑과 백포도주를 붓고,

18) 비스크는 가재, 새우, 게로 만든 걸쭉한 수프이다.
19) 퓌레는 야채나 고기를 갈아서 체로 거른 수프이다.

조금 졸인다. 육수 200ml를 붓고 10분간 더 끓인다. 가재를 건져내 속살을 파내고, 꼬리(몸통)와 머리 6~8개의 껍질을 버터 50g과 함께 갈아준다. 남아있는 육수를 냄비에 추가해 끓인다. 쌀 크림을 추가하고, 찬 육수를 조금 붓고, 15분간 더 끓인다. 갈은 가재 껍질에 붉은 고춧가루를 조금 넣고 1분간 더 끓인다. 여과기로 내려 받아 중탕기에 넣어 따끈하게 보관한다.

게 비스크
Bisque de crabs, Crab soup

〈민물 가재 비스크〉와 같은 조리법이지만 가재 대신 작은 게를 사용한다. 게는 찬물에 1~2시간 담갔다가 조리한다.

새우 비스크
Bisque de crevettes roses, Shrimp soup

살아 있는 새우 700그램을 〈민물 가재 비스크〉와 같은 방법으로 준비한다. 국물을 진하게 하려면 크림 대신 쌀 크림 300그램을 넣어도 된다. 쌀가루를 맑은 국물(콩소메)에 20분간 끓여 쌀 크림을 만든다.

바닷가재 비스크
Bisque de homard, Lobster soup

작은 바닷가재(700그램)를 준비한다. 가재들을 잘라 미르푸아를 넣고 익힌다. 〈새우 비스크〉와 같은 방법으로 조리한다. 국물에서 바닷가재 살코기를 조금 건져내, 가르니튀르로 올린다.

셀러리악(셀러리 뿌리) 퓌레
Purée de céleri rave, Celeriac puree

☙ 셀러리악 500g, 버터 3큰술, 육수(부이용) 또는 물 1리터, 감자 200g, 우유, 크렘 프레슈(선택).

셀러리악을 가늘게 썰어 몇 분간 소금물에 끓인다. 건져서 물기를 빼고 냄비에 넣는다. 버터 1큰술을 추가한다. 뚜껑을 덮고 약한 불로 10분간 익힌다. 물이나 육수를 쓰는데, 물을 사용한다면 소금(8~10그램)을 넣는다. 감자는 얇게 썰어 넣는다. 뚜껑을 덮고 야채가 부드러워질 때까지 끓인다. 체로 걸러 냄비에 받는다. 마음에 드는 농도로 우유를 충분히 붓고 한

소금 끓인다. 버터 또는 크렘 프레슈 2큰술을 넣어 마무리한다.

가르니튀르는 버터로 튀긴 작은 크루통(croûton)[20]을 곁들인다. 다진 처빌도 괜찮다. 콜리플라워(꽃양배추), 순무, 돼지감자도 똑같은 방법으로 퓌레를 만든다.

크레시[21] 퓌레

Purée Crécy, Carrot puree

☙ 당근 500g, 쌀 125g, 버터 4큰술, 양파 1, 소금, 슈거파우더, 육수(부이용) 1리터.

냄비에 버터 2큰술을 녹인다. 양파, 당근을 얇게 썰어 넣는다. 소금과 설탕을 넣고 몇 분간 볶는다. 다른 냄비에 쌀과 육수를 붓고 뚜껑을 덮어 쌀이 익을 때까지 끓인다. 다 익으면 당근을 볶았던 냄비에 넣는다. 육수를 적당히 추가하고 다시 가열한다. 버터 2큰술을 더 넣어 마무리한다. 가르니튀르는 버터에 튀긴 크루통이 좋다. 먹기 직전에, 끓인 크림 200밀리리터를 〈크레시 퓌레〉에 섞으면 〈크레시 크림〉이 된다.

파르망티에[22](감자) 퓌레

Purée Parmentier, Potato puree

☙ 감자 600g, 버터 90g, 리크 흰 뿌리 2개, 물 1.5리터, 소금, 후추, 우유 또는 육수(부이용), 크림 150ml, 소금, 후추.

냄비에 버터 30그램를 녹인다. 얇게 썬 리크를 넣고 몇 분간만 노릇해지지 않도록 볶는다. 감자를 4쪽으로 잘라 넣고, 물을 붓고 삶는다. 익은 감자를 으깨, 체로 거른다. 냄비에 쏟고 우유나 육수를 부어 걸쭉하게 만든다. 양념하여 다시 가열한다. 먹기 직전에 크림과 남은 버터를 추가한다. 버터로 튀긴 크루통을 가르니튀르로 올리거나, 이탈리아 파스타를 따로 낸다. 토마토 퓌레를 조금 추가해 맛이 뛰어난 포타주로 만들 수도 있다.

---

20) 식빵을 작은 사각형으로 잘라, 기름에 튀기거나 버터를 넣고 오븐에서 구운 것. 빵 껍질은 크루트(croûte)라고 한다.

21) 프랑스 북부 피카르디의 크레시(Crécy-en-Ponthieu)는 당근으로도 유명하다. 크래시식은 당근을 곁들이는 요리를 말한다.

22) Antoine Augustin Parmentier(1731~1813년). 프랑스 농학자. 가축 먹이로 이용하던 감자를 사람들의 식재료로 권장하고 보급하여 대체 식량 확보에 기여했다. 이후 파르망티에(Parmentier)는 감자를 재료로 하는 요리를 지칭하는 용어가 되었다.

완두콩 퓌레 또는 생제르맹 포타주
Purée de pois frais, Potage Saint-Germain, Fresh pea puree

첫 번째 방법

완두콩 1리터를 소금물에 잠깐 삶아, 고운 체로 거른다. 냄비에 붓고 맑은 육수(부이용)를 조금 붓는다. 이 방법은 퓌레에 고운 빛깔을 낸다.

두 번째 방법

ᘓ 완두콩 1리터, 버터 75g, 작은 양상추 1, 설탕 1자밤, 양파 2, 소금 6g, 물 200ml.

모든 재료를 한꺼번에 익힌다. 완두콩이 다 익을 때까지. 고운 체로 걸러 냄비에 쏟고, 육수(부이용)를 조금 부어 한소끔 끓인다. 이런 식으로 끓이면 퓌레의 빛깔은 덜 맑지만 향미는 더 풍부하다.

두 가지 경우 모두 버터를 먹기 직전에 추가하고, 가르니튀르는 삶은 콩이나 잘게 다진 박하 또는 처빌을 올린다. 이 퓌레에 크렘 프레슈 200밀리리터를 섞어 〈크림 완두콩 수프〉를 만들 수 있다.

부르주아즈 호박 퓌레
Purée de potiron à la bourgeoise, Pumpkin puree with vermicelli

ᘓ 둥글고 큰 호박 500g, 물 500ml, 소금 2분의 1작은술, 설탕 1작은술, 우유, 베르미첼리 75g, 버터 50g, 크렘 프레슈 100ml.

소금과 설탕을 푼 물에 껍질을 벗긴 큰 호박을 잘게 잘라서 삶아낸다. 고운 체로 거른다. 호박 퓌레에 걸맞게 적당한 양의 우유를 끓여 붓는다. 베르미첼리 또는 이탈리아 파스타를 넣고, 파스타가 익을 때까지 삶는다. 버터와 크렘 프레슈를 추가해 마무리한다.

메나제르(가정식) 호박 퓌레
Purée de potiron à la ménagère, Pumpkin puree with harico beans

〈부르주아즈 호박 퓌레〉에, 그 3분의 1분량의 흰 강낭콩 퓌레를 추가한다.

쌀밥 호박 퓌레
Purée de potiron au riz, Pumpkin puree with rice

〈부르주아즈 호박 퓌레〉와 같은 방법으로 준비하지만, 면은 육수(부이용)로 지은 밥으로 대신한다. 둥근 호박에 같은 분량의 감자 퓌레를 더해도 좋은 포타주가 된다.

렌(여왕) 영계 퓌레

Purée de poulet à la reine, Chicken puree

☙ 영계(1.2kg), 육수(맑은 부이용) 1.5리터, 쌀밥 250g, 달걀노른자 3, 크림 150ml, 버터 100g.

닭을 육수에 삶는다. 익으면 뼈를 발라내고 살코기 일부는 가르니튀르용으로 놓아둔다. 나머지를 빻거나 갈고, 쌀밥과 닭고기에 닭을 삶았던 국물을 추가한다. 체로 걸러 냄비에 받고, 육수를 부어 한소끔 끓인다. 먹기 직전에 달걀노른자, 크림을 넣어 걸쭉하게 저어주고, 버터를 넣는다. 가르니튀르용 닭고기는 작게 썬다. 밥을 쌀가루로 대신해도 된다. 쌀가루 3큰술에 물이나 육수 1리터를 붓는다.

바그라시옹[23] 포타주

Potage Bagration, Chicken puree with veal

〈렌 영계 퓌레〉와 같은 재료를 준비하고 송아지 살코기 500그램을 잘게 썰어 넣는다. 달걀노른자 2알과 파르메산 치즈 가루 3큰술을 섞어 추가한다. 2센티미터 길이의 작은 마카로니를 육수(부이용)에 삶아 가르니튀르로 곁들인다.

포르튀게즈(포르투갈) 퓌레

Purée portugaise, Tomato puree with herbs

☙ 토마토 600g, 버터 30g, 삼겹살 50g, 당근과 양파 각 1개, 월계수 잎 반쪽, 타임, 파슬리, 다진 마늘 1자밤, 쌀 250g, 육수(부이용) 1.5리터.

버터를 가열해, 토막 썬 삼겹살과 다진 당근과 양파를 넣고 살짝 노릇하

23) Catherine Bagration(1783~1857년). 본명은 예카테리나 스카브론스카(Ekaterina Skavronska)로 러시아 상트 페테르부르크 최고의 미녀로 유명했다. 그루지아를 합병한 러시아 황제가 그루지아 왕족인 바그라시옹에게 강제로 결혼시켰지만 5년 뒤 남편을 떠나 프랑스 파리에서 자유롭게 살았다. 속이 비치는 흰 드레스에 속옷을 입지 않고 파티에 참석하는 것을 즐겨서 '예쁜 누드 천사'라고 불리며 더욱 유명해졌다. 그녀의 연회는 최고의 요리사 앙투안 카렘이 맡았다. 발자크 소설《나귀 가죽》의 아름다운 여인의 실제 모델이며, 빅토르 위고의《레미제라블》에도 그녀의 이름이 등장한다. 괴테는 그의 문학적 자서전《시와 진실》에, "그녀는 아름답고, 멋지고, 매혹적이었다."는 회상을 남겼다.

게 데친다. 씨를 빼고 다진 토마토와 허브들과 마늘을 조금 추가한다. 토마토가 부드럽게 퍼질 때까지 익혀 고운 체로 냄비에 내려 받는다. 쌀과 육수를 붓고 약한 불에서 25분쯤 끓인다.

크림, 크림 수프

쌀, 보리, 귀리를 갈아서 가루로 만든다. 우유로 끓이고 양념해, 크림 수프의 기본 재료로 사용한다. 4~5인분을 기준으로 소개한다.

쌀 크림

Crème de riz, Cream of rice

☙ 쌀가루 4큰술, 우유 1.5리터, 정향 2개를 박은 꼬마 양파(펄 어니언) 1개, 소금 12g, 통후추, 부케 가르니(파슬리 2, 타임 1, 월계수 잎 반쪽), 크렘 프레슈 200ml.

냄비에 우유와 부케 가르니를 넣고 양념을 하고 한소끔 끓인다. 찬 우유에 쌀가루를 풀어 넣고 잘 젓는다. 약한 불로 20분간 끓여, '차이나 캡(china cap, chinois)'이라고 불리는 여과기로 거른다. 크렘 프레슈를 추가하면 더욱 맛이 좋다. 보리와 귀리 크림도 같은 조리법이다. 가르니튀르로 버터로 튀긴 작은 크루통을 곁들인다.

아스파라거스 크림

Crème d'asperge, Cream of asparagus

☙ 아스파라거스 400g, 버터 1큰술, 쌀 크림 1.5리터, 크렘 프레슈 100ml.

아스파라거스를 소금물에 삶아 데친다. 봉우리 부분(아스파라거스 팁) 4분의 1은 가르니튀르용으로 떼어둔다. 나머지는 냄비에 버터와 함께 넣고 몇 초만 살짝 볶는다. 여기에 〈쌀 크림〉을 추가한다. 고운 체로 걸러, 사용하기 직전에 크렘 프레슈를 다시 가열한다. 그러나 끓이지는 않는다. 가르니튀르는 떼어둔 아스파라거스 봉우리 부분을 사용한다.

셀러리 크림

Crème de celeri, Cream of celery

☙ 셀러리악(셀러리 뿌리) 300g, 버터 2큰술, 소금, 후추, 설탕, 쌀 크림 1리터.

셀러리악을 소금물에 삶아내 냄비에 담고, 버터를 넣는다. 뚜껑을 덮고 10분쯤 놓아두었다가 양념을 한다. 고운 체로 거르고, 〈쌀 크림〉을 추가한다. 버터로 튀긴 크루통이나 쌀밥 몇 술, 타피오카 펄을 가르니튀르로 곁들인다.

돼지감자 크림

Crème de topinambours, Cream of Jerusalem artichoke

〈셀러리 크림〉과 같은 방법으로 만든다.

양송이버섯 크림

Crème de champignons, Cream of mushrooms

ꕤ 양송이버섯 250g, 쌀 크림 1.5리터, 크렘 프레슈 200ml.

버섯(흰 양송이가 좋다)을 갈아서 거친 체로 거른다. 〈쌀 크림〉을 섞는다. 먹기 직전에 크렘 프레슈를 추가한다. 가르니튀르는 버터에 튀긴 크루통, 버터로 익힌 가늘게 썬 양송이버섯과 서양 송로, 맑은 콩소메에 삶은 이탈리아 파스타 등.

카레 크림

Crème au curry, Cream of curry

ꕤ 카레와 버터 각 1작은술, 쌀 크림 1리터, 크렘 프레슈, 육수(부이용).

카레 가루와 버터, 각각 1작은술을 몇 초만 볶는다. 크렘 프레슈 3~4큰술과 육수를 조금 붓는다. 〈쌀 크림〉을 추가한다. 가열해 식탁해 올리기 전에 크렘 프레슈 200밀리리터를 더 넣는다. 가르니튀르는 물기가 적어 고들고들한 인도식 쌀밥, 베르미첼리, 이탈리아 파스타 등이다.

에코세즈(스코틀랜드) 크림

Crème écossaise, Scotch cream

〈카레 크림〉처럼 준비하지만, 〈쌀 크림〉을 같은 분량의 보리 크림으로 대신한다. 가르니튀르는 버터와 육수로 익혀 네모지게 잘게 썬 야채.

양상추 크림

Crème de laitue, Cream of lettuce

ꕤ 양상추 300g, 버터 2큰술, 쌀 크림 1리터, 크렘 프레슈 70ml.

양상추를 끓는 소금물에 데쳐, 곱게 다진다. 냄비에 버터와 함께 넣고 몇 분간 볶는다. 〈쌀 크림〉을 추가하고 15분쯤 삶아 고운 체로 거른다. 먹기 직전에 다시 가열해 크렘 프레슈를 추가한다. 가르니튀르는 타피오카, 닭고기 크넬, 보통 루아얄.

파프리카 크림
Crème au paprika rose, Cream of paprika

〈카레 크림〉과 같은 방법으로 준비한다. 카레 대신 달콤한 붉은 파프리카 가루를 사용하는 점만 다르다. 가르니튀르도 같다.

닭고기 크림
Crème de volaille, Cream of chicken

☙ 닭고기 300g, 쌀 크림 1리터, 크렘 프레슈.

닭고기를 삶아서 분쇄한다. 가금류 요리 100밀리리터와 미리 준비한 〈쌀 크림〉을 조금 섞는다, 고운 체로 걸러, 나머지 〈쌀 크림〉을 모두 넣는다. 가열해 크렘 프레슈를 섞는다.

닭고기 크림을 만드는 다른 방법
〈닭고기 크림〉 방식과 같지만, 포타주 1리터당 넣는 크렘 프레슈 200ml를, 달걀노른자와 버터로 대체한다. 가르니튀르는 아스파라거스, 삶은 완두콩, 야채 브뤼누아즈, 가늘게 썬 서양 송로, 닭 가슴살, 양송이버섯 크넬 등등. 가르니튀르의 이름에 따라 크림의 이름도 달라진다. 예컨대, 아스파라거스 닭고기 크림, 완두콩 닭고기 크림, 크넬 닭고기 크림 등이다. 타피오카 펄과 작은 이탈리아 파스타도 좋은 가르니튀르가 된다.

블루테

블루테(velouté) 포타주는 보통 달걀노른자 2~3알, 버터 60그램으로 농도를 맞춘다. 때에 따라 크림이나 우유를 달걀노른자에 섞기도 한다. 5~6인분을 기준으로 소개한다.

ᘓ 5~6인분: 닭 내장이 들어간 포토푀, 송아지 정강이 800g, 소고기 800g, 버터 200g, 밀가루 125g, 육수(부이용) 1.5리터, 달걀흰자 2알, 크림 70ml.

포토푀가 준비되면, 버터 125그램을 가열해 같은 양의 밀가루를 섞어 5~6분간 아주 약한 불로 가열하면서 나무주걱으로 저어가며 〈갈색 루〉를 만든다. 준비해둔 육수 1.5리터를 붓고, 달걀흰자를 엉겨붙지 않도록 넣는다. 한소끔 끓인 다음 30분간 더 끓인다. 깔때기 모양의 여과기(차이나 캡)로 블루테를 걸러 소스냄비에 붓고 그 위에 버터를 조금 올린다. 그래야 막이 생기지 않는다. 따뜻하게 놓아둔다.

포타주를 식탁에 내기 직전에 블루테 3큰술에, 크림을 섞은 달걀노른자 2알을 추가한다. 잘 저어 다시 가열해 한소끔 더 끓인다. 나머지 버터 75그램을 넣고 다시 여과기로 거른다. 가능한 뜨겁게 먹는다.

블루테의 가르니튀르는 다양하다. 버터에 튀긴 크루통, 쌀밥, 보리밥, 콩소메로 삶은 타피오카, 닭 가슴살, 닭고기 크넬, 아스파라거스, 서양 송로, 양송이버섯 등이다. 닭고기 블루테의 가르니튀르는, 포토푀에 영계를 추가해 마찬가지 방법으로 조리한다.

육수(부이용) 없이 블루테를 만드는 방법

ᘓ 버터 120g, 양파, 송아지고기 600g, 부케 가르니(월계수 잎 반쪽, 타임, 파슬리), 뜨거운 물 1.5리터, 보리나 쌀가루 4큰술, 달걀노른자 2~3알, 크림 70ml.

냄비에 버터 60그램을 녹인다. 얇게 썬 양파와 작게 자른 송아지고기를 넣고, 약한 불로 10~12분간 볶는다. 부케 가르니를 추가하고 뜨거운 물을 붓고 한소끔 끓인다. 보리 가루를 물에 풀어 수프에 섞어 저어주고 40~50분간 끓인다. 체로 걸러, 중탕기에 뜨겁게 보관한다. 식탁에 올리기 직전에 달걀노른자, 크림, 남은 버터를 추가한다.

곡물 가루 크림 블루테 만들기

ᘓ 육수(맑은 부이용) 1.25리터, 보리 가루 또는 쌀가루나 옥수수 가루 4큰술, 찬물, 달걀노른자 2~3알, 버터, 크림 70ml.

찬물에 곡물 가루를 풀어 육수에 붓고 계속 저어주면서 20~25분간 끓인다. 체로 거르고, 버터를 조금 얹는다. 중탕기에 보관한다. 식탁에 내기 직전에 달걀노른자, 크림, 버터를 추가한다. 따끈하게 먹는다.

카레와 파프리카 블루테

Velouté au curry et au paprika, Curry and paprika veloute

앞에서 설명한 것처럼 준비하지만, 육수를 우유로 대신한다. 마지막에 달걀노른자 2알에 크림 100밀리리터를 더해 걸쭉하게 저어준다. 〈카레 파프리카 블루테〉에는 크림은 반드시 넣지만 버터는 생략한다. 가르니튀르는 육수(부이용)로 익힌 쌀밥 또는 보리밥이 좋다.

토마토 블루테

Velouté de tomates, Tomato veloute

〈곡물 가루 크림 블루테〉와 같은 분량의 토마토 퓌레를 섞는다. 버터 75그램 또는 크렘 프레슈 몇 술을 추가해 마무리한다. 〈토마토 블루테〉에도 달걀노른자를 사용한다. 가르니튀르는 쌀밥, 보리밥, 타피오카, 타피오카 펄, 이탈리아 파스타, 베르미첼리 등이 잘 어울린다.

생선 카레 블루테

Velouté de poisson au curry, Curry flavoured fish veloute

ℛ 화이팅(명태 또는 민대구) 4~5마리(약 500g), 버터 50g, 양파, 카레 가루 2작은술, 부케 가르니(파슬리, 월계수 잎 1, 타임), 소금 16g, 후추, 사프란 1자밤(5g), 뜨거운 물 1.5리터, 곡물 가루 크림 블루테 750ml.

생선을 작게 토막 낸다. 곱게 다진 양파를 노릇해지지 않을 정도로 버터에 볶는다. 카레 가루, 생선, 부케 가르니를 넣고 소금, 후추로 양념한다. 뜨거운 물을 붓는다. 한소끔 끓어오르면 10분간 더 끓인다. 〈곡물 가루 크림 블루테〉를 추가하고 다시 한소끔 끓여 체로 걸러 받아둔다. 식탁에 올리기 직전에 따끈하게 데워 버터를 조금 더 넣는다. 가르니튀르는 쌀밥, 베르미첼리, 얇게 썰어 오븐에서 구운 작은 바게트.

여러 나라의 수프

코카리키(스코틀랜드 닭고기 수프)

Potage coky-lecky, Cock-a-leekie soup

☞ 영계, 갈색 퐁드보(빌 스톡) 2리터, 리크 흰 뿌리 4~5개, 버터 3g, 닭고기 육수 500ml.

퐁드보 또는 육수(부이용)에 닭을 삶는다. 리크는 아주 가늘게 썰어 버터로 몇 분 볶아 닭고기 육수를 붓고 끓인다. 육수를 체로 거르고, 닭고기를 가늘게 썰어, 아주 가늘게 썬 리크와 함께 넣는다.

미네스트로네(이탈리아 수프)

Potage Minestra, Italian soup, *Minestrone*

☞ 삼겹살 60g, 돼지비계 40g, 물 1리터, 소금 16g, 당근 2, 순무 1, 셀러리 1, 감자 2, 토마토 2~3개, 양배추 속잎 100g, 완두콩과 강낭콩 각각 1작은술, 쌀 또는 스파게티 100g, 으깬 마늘 1쪽, 바질과 다진 처빌 각 1자밤(5g).

삼겹살과 돼지비계를 잘게 다져 큰 냄비에 넣고 몇 분간 가열한다. 물과 소금을 넣고 한소끔 끓인다. 당근, 순무, 셀러리, 감자를 모두 얇게 썰고, 가늘고 길게 썬 양배추, 다진 토마토와 함께 추가한다. 뚜껑을 덮고 30분쯤 끓인다. 완두콩과 풋강낭콩 각각 한 줌씩을 쌀(또는 스파게티)과 함께 넣고 약한 불로 35~40분 삶는다. 으깬 마늘, 바질, 처빌을 다져 넣어 마무리한다. 제철 야채를 다양하게 사용할 수도 있다.

멀리거토니(영국 수프)

Potage mulligatawny, Mulligatawny soup

인도식을 개량한 영국 수프이다.

☞ 중간 크기 암탉 1마리, 버터 60g, 양파 1개, 카레 가루 1~2작은술, 육수(부이용) 2리터, 부케 가르니(파슬리, 셀러리), 쌀가루 1큰술, 사워크림(크렘 프레슈) 150ml.

닭고기를 잘게 자른다. 커다란 냄비에 버터를 넣고 가열해, 곱게 다진 양파를 넣고 살짝 노릇하게 볶고, 닭고기와 카레 가루를 쏟아붓고 10분쯤 볶는다. 육수, 부케 가르니를 넣고 한소끔 끓인다. 쌀가루를 찬 육수에 천천히 풀어 수프에 부어 잘 젓는다. 뚜껑을 덮고 약한 불로 40분쯤 끓인다. 냄비에서 닭고기를 건져내고 더 잘게 잘라 국물에 담가 식지 않게 보관한다. 고운 체로 수프를 걸러 또다른 소스냄비에 받아 빨리 한번 끓인 다음, 크림을 뿌려 마무리한다.
닭고기는 큰 그릇에 담고 끓인 수프를 그 위에 붓는다. 인도식 쌀밥을 곁들인다. 닭 대신 토끼를 사용해도 된다.

시치(러시아 수프)
Potage Stschy, Russian Cabbage Soup, *Shchi*
러시아식 양배추 수프이다.

☙ 버터 1큰술, 다진 양파 4큰술, 밀가루 1큰술, 슈크루트(소금에 절인 양배추) 200g, 육수(맑은 부이용) 2리터, 소 양지머리(가슴살) 300~400g, 파슬리 1, 월계수 잎, 후추 1자밤.

버터로 양파를 살짝 노릇하게 볶는다. 밀가루를 추가하고 1분간 익힌다. 소금에 절인 양배추를 뜨거운 물에 씻은 뒤 물기를 빼서 썰어 넣고, 육수를 붓는다. 소고기를 5~6분간 삶아서 추가한다. 허브와 후추를 넣는다. 뚜껑을 덮고 2시간 30분~3시간 끓인다.
식탁에 올리기 직전에 고기를 꺼내 큼직하게 썰어서 수프 그릇에 담는다. 수프에 떠오르는 기름을 건져 고기 위에 붓는다. 파슬리, 월계수 잎은 건져내서 버린다. 사워 크림을 곁들인다. 슈크루트가 없다면, 중간 크기 양배추를 썰어서 5~6분간 삶은 뒤에 식혀서 사용하면 된다.

윈저 수프(영국 수프)
Potage Windsor, Windsor soup

☙ 6~8인분: 송아지 족 2개, 송아지 정강이 살코기(사태살) 500g, 미르푸아(당근과 양파 각 125g, 잘게 썬 파슬리, 월계수 잎 1개, 타임), 백포도주 200ml, 콩소메(맑은 국물) 2리터, 토마토 퓌레 150ml, 쌀 크림 4큰술, 마데이라 포도주 100ml, 후추, 거북이 수프용 허브[24).]

송아지 족을 한소끔 끓여 뼈를 발라내고 고기만 찬물에 넣어둔다.
당근과 양파를 깍둑썰기해서 허브들과 함께 냄비에 넣고 버터로 조금 노릇하게 볶는다. 송아지 족에서 발라낸 고기와 큼직하게 썬 정강이 살코기를 추가한다. 뚜껑을 덮고 잠깐 익힌다. 백포도주를 조금 붓고 가열해 완

---

24) Herbs for turtle soup. 1930년대 영국에서 포장 판매했던 혼합 향신료. 세이지, 바질, 로즈마리, 레몬 밤, 백리향, 처빌 등의 혼합물.

전히 졸인다.
콩소메와 토마토 퓌레를 냄비에 붓는다. 냄비 뚜껑을 완전히 닫지 않고 조금 틈을 열고 덮어서 고기가 익을 때까지 끓인다. 고기는 건져내서 2센티미터의 네모꼴로 썰어 식지 않게 놓아둔다. 쌀가루를 육수에 풀어서 만든 쌀 크림을 냄비에 추가해서 15~20분 졸인 뒤에 국물을 체로 거른다.
수프(국물)에서 기름을 건져내고, 썰어 놓은 고기를 넣고, 마데이라 포도주를 추가한다. 거북이 수프용 허브를 우려낸 소량의 용액과 후추 가루를 뿌린다. 이 수프의 토핑으로 작은 크넬을 올려도 된다.

다른 방식의 갈색 윈저 수프
먼저 고기를 썰어 넣고 갈색에 가까울 정도로 버터로 볶은 뒤에 채소들을 넣고, 카레 가루[25] 2작은술을 추가해 끓인다. 이 경우, 크넬 대신 고들고들한 인도식 쌀밥을 곁들인다. 송아지 족을 다른 소고기로 대신할 수도 있다.

마크 터틀 수프(가짜 거북 수프, 영국 수프)
Mock turtle soup
송아지 머릿고기로 만든 윈저(Windsor) 수프. 가짜 거북[26]이라는 뜻이다.

25) 일반적으로는 카레 가루 대신 밀가루를 조금 넣고 걸쭉하게 만든다.
26) 과거 영국, 미국에서 즐겨 먹었던 바다 거북 수프를 대체한 수프.

야채 수프, 포테, 가르뷔르, 콩 퓌레, 기타 포타주

야채 수프, 포테

알비주아즈(알비)[27] 수프

Soupe à l'albigeoise, Albigeoise soup

☙ 10인분: 프티트 마르미트 조리법을 따른다. 소고기 넓적다리살과 송아지 정강이, 훈제 장봉(햄) 1, 소시지, 거위 콩피(통조림).

가르니튀르로, 당근, 순무, 리크, 양배추를 모두 가늘게 썬다. 야채 2배 분량의 콩을 준비한다. 약한 불에서 함께 삶아, 국물과 야채를 수피에르 그릇에 붓는다. 그릇 바닥에는 구운 빵과 거위 고기를, 얇게 썰어 놓는다. 햄의 염도를 감안해 소금 양념은 신중하게 한다.

오베르냐트(오베르뉴)[28] 수프

Soupe à l'auvergnate, Auvergnat soup

돼지 머릿고기를 찬물에 재웠다가 '포테(potée, 돼지고기 야채 수프)'를 만든다. 가르니튀르는, 당근과 순무, 리크, 감자, 양배추 1통을 모두 가늘게 썬다. 렌틸콩 1.5리터를 추가해 은근한 불로 삶는다. 야채와 국물을 큰 그릇에 쏟아붓는다. 수피에르 그릇에는 미리 돼지 머릿고기의 큼직한 토막들과 구운 빵을 얇게 썰어 깔아둔다. 돼지고기를 이용한 이런 야채 수프는 지역마다 다르지만 '시골식 포토푀'라는 점은 같다. 강낭콩이나 완두콩을 추가하는 지역도 있다.

본팜 수프

Soupe à la bonne femme, Leek soup

☙ 5~6인분: 리크(leek) 흰 뿌리 3~4개, 버터 135g, 뜨거운 물 1.75리터, 감자 400g, 소금 15g, 작은 바게트.

리크를 가늘게 썰어 버터 60그램을 넣고 중간 불로 볶는다. 뜨거운 물을

---

27) 알비는 프랑스 남서부 미디피레네 지방의 문화유적이 많은 관광 및 산업 도시.

28) 오베르뉴는 프랑스 중남부의 고원 지방. 루아르 강 상류의 깊은 산골로 산업 및 목축으로 여러 가지 치즈와 육식 요리가 유명하다.

붓고, 얇게 썬 감자를 넣고 소금을 친다. 중간 불로 익힌다. 식탁에 올리기 직전에 남은 버터 75그램을 넣고, 수피에르 그릇에 붓는다. 그릇 바닥에 오븐에서 구운 작은 바게트(플뤼트)를 얇게 썰어서 미리 깔아둔다.

도피누아즈(도피네) 수프

Soupe dauphinoise, Turnip and pumpkin soup

ꕥ 5~6인분: 순무와 감자 각 140g, 버터 2큰술, 물 1리터, 끓인 우유 500ml, 소금, 베르미첼리 70g, 처빌 1자밤.

야채를 가늘게 썰어 몇 분간 버터로 볶는다. 물과 끓인 우유를 붓고 뚜껑을 덮어 중간 불로 익힌다. 조리가 끝나기 20분쯤 전에 베르미첼리를 넣는다. 처빌은 식탁에서 뿌린다.

가르뷔르, 아이고 부이도

베아르네즈(베아른) 가르뷔르[29]

Garbure à la béarnaise, Vegetable and preserved goose soup

'포테(돼지고기 야채 수프)'부터 만든다. 삼겹살, 거위 콩피(통조림), 순무, 감자, 양배추, 흰 강낭콩으로 물을 붓고 소금을 약간 넣고 2시간 30분 ~3시간 약한 불로 끓인다. 야채를 건져 삼겹살과 소량의 거위 콩피와 함께 코코트(Cocotte) 도기 냄비에 넣는다. 둥글게 썬 플뤼트(작은 바게트) 빵 조각들로 위를 덮고 치즈 가루를 뿌린다. 조금 기름진 육수 몇 술을 두르고 15분간 끓인다. 이렇게 만든 포테의 국물을 수피에르 그릇에 부어, 코코트 냄비와 함께 식탁에 올린다.

양파 가르뷔르

Garbure à l'oignon, Onion soup

ꕥ 양파 250g, 버터 60g, 밀가루 2큰술, 육수(부이용) 2리터, 베샤멜 소스, 둥글게 썬 바게트, 치즈 가루, 녹인 버터 50ml.

29) 가르뷔르는 야채를 넣고 걸쭉하게 끓인 프랑스 가스코뉴(Gascogne)식 포타주.

양파를 얇게 썰어 버터로 노릇하게 볶는다. 밀가루를 추가해 갈색 '루'가 될 정도로 조금 더 노릇하게 익힌다. 육수를 붓고 10~12분간 끓인다. 체로 걸러, 식지 않게 보관한다. 냄비에 남은 양파를 건져 〈베샤멜 소스〉를 조금 섞는다. 체에서 누르면서 걸러, 둥글게 썬 빵 조각 위에 뿌린다. 치즈 가루를 뿌리고 오븐에서 그라탱으로 만든다. 육수 조금과 녹인 버터를 조금 뿌리고, 몇 분간 기다렸다 식탁에 올린다.

이 수프는 수피에르 그릇에 담아 플뤼트 빵을 썰어 곁들인다. 식당에서는 양파 포타주를 큰 그릇에 담아 직접 익히기도 한다. 그런 경우에는 빵을 썰어 둥근 슬라이스를 손님의 입맛에 따라 포타주 표면에 얹는다. 그 위에 다시 치즈 가루와 녹인 버터를 붓고 센 불로 잠깐 동안 익힌다.

투랭[30] 포타주

Potage Tourin, Tourin soup

우유로만 끓인 양파 포타주로, 막바지에 달걀노른자 2~3알, 크렘 프레슈 100밀리리터, 버터를 조금 섞어 걸쭉하게 젓는다. 치즈 가루와 오븐에서 구운 바게트를 썰어서 곁들인다. 양파를 날것으로 곁들여도 된다.

페이잔[31] 수프

Soupe paysanne, Peasant soup

☙ 8~10인분: 당근 300g, 순무 200g, 리크 흰 뿌리 2개, 셀러리 1개, 버터 100g, 육수(맑은 부이용) 2리터, 완두콩 퓌레(생제르맹 포타주).

채소를 얇고 작게 썰어서 버터로 몇 분 볶는다. 육수를 붓고 뚜껑을 덮어 계속 끓인다. 식탁에 올리기 전에 수프의 3분의 1분량의 〈완두콩 퓌레〉를 추가한다. 바게트를 썰어서 곁들인다.

아이고 부이도(프로방스 마늘 수프)

Soupe provençale, *Aigo bouido*, Provencal garlic soup

☙ 마늘 8쪽, 물 2리터, 올리브유 200ml, 소금 16g, 후추 1자밤, 월계수 잎 1, 타임 1, 세이지

---

30) 양파, 마늘, 토마토 등이 들어가는 포타주. 프랑스 남서부, 페리고르, 보르도, 툴루즈 지역에서 즐겨 먹는다.

31) 단어의 일차적인 뜻은 '시골식'이지만, 감자, 당근, 순무 등의 뿌리 채소를 썰어 넣는 것을 뜻한다. 가로와 세로 약 1센티미터로 썬다.

1, 다진 파슬리.

모든 재료를 함께 넣고 끓인다. 체로 걸러 수프 그릇에 받는다. 다진 파슬리를 뿌린다. 수프 그릇 바닥에는 바게트를 미리 썰어서 깔아놓는다. 빵 조각 위에 수란을 추가하기도 한다.

콩 퓌레

렌틸콩 퓌레

Purée de lentilles, Lentil soup

❧ 렌틸콩 500g, 물 2리터, 줄무늬 선명한 삼겹살 50g, 당근와 양파 각 1, 잘게 썬 파슬리, 월계수 잎 반쪽, 소금 8g, 버터 60~75g.

렌틸콩을 씻어 물을 붓고 천천히 끓인다. 작은 사각형으로 썬 당근, 양파, 삼겹살, 월계수 잎, 파슬리를 넣고 버터로 노릇하게 볶아 '미르푸아'를 만든다. 소금을 넣는다. 냄비뚜껑을 덮고 콩이 다 익을 때까지 삶는다. 그 국물을 체로 내려받고, 콩도 체에 눌러 거른다. 이 걸쭉한 콩 퓌레를 냄비에 쏟고, 국물을 부어 농도를 조절한다. 마지막에 버터를 추가한다. 가르니튀르는 버터로 튀긴 크루통을 곁들인다. 쌀밥이나 이탈리아 파스타도 좋다. 가르니튀르는 어떤 것이든 별도의 국물에 익힌다.

흰 강낭콩 퓌레

Purée de haricots blancs, White haricot bean soup

❧ 흰 강낭콩 500ml, 미지근한 물 2리터, 깍둑썰기한 당근 1개, 정향 2개를 박은 양파 1개, 부케 가르니(파슬리, 월계수 잎 반쪽), 소금 1작은술, 버터 100g 또는 크렘 프레슈 150ml.

콩을 미지근한 물(0.5리터)에 몇 시간 담갔다가 꺼내, 냄비에 넣고 미지근한 물 1.5리터를 붓는다. 한소끔 끓여, 야채와 부케 가르니를 넣고 뚜껑을 덮어 계속 삶는다. 절반쯤 익었을 때 소금을 넣는다. 콩이 말랑말랑하게 익으면, 건져내고 국물은 보관한다. 콩을 갈아, 그 반죽을 국물에 붓고, 다시 고운 체로 거른다. 퓌레의 농도는 남은 국물로 맞춘다.

식탁에 올리기 직전에 버터 또는 크렘 프레슈를 추가한다. 수프 전체의

3분의 1분량의 토마토 퓌레를 더 넣으면 더욱 맛이 좋다. 이탈리아 파스타, 베르미첼리를 육수(부이용)에 삶아 가르니튀르로 곁들인다.

으깬 완두콩 퓌레
Purée de pois cassés, Split pea soup

ↂ 으깬 완두콩 500ml, 물 1.25리터, 소금 10g, 렌틸콩 퓌레와 같은 야채, 리크 2개의 푸른 부분, 버터 3~4큰술.

완두콩을 씻어 냄비에 넣고 물을 붓는다. 소금과 야채, 잘게 썬 리크를 넣는다. 뚜껑을 덮고 콩이 익을 때까지 중간 불로 삶는다. 전체를 체로 걸러, 으깬 완두콩을 냄비에 받는다. 국물을 부어 농도를 조절한다. 식탁에 올리기 직전에 버터를 추가한다. 버터에 튀긴 크루통을 가르니튀르로 곁들인다. 육수(부이용)로 익힌 쌀밥, 타피오카, 파스타도 좋다. 총량의 3분의 1의 토마토 퓌레를 추가하면 맛이 더욱 뛰어나다.

포타주 앙바사되르
Potage ambassadeur, Ambassador soup

'크루트오포'에 그 3분의 1분량의 완두콩 퓌레를 추가한 것이다.

그 밖의 포타주

포타주 더비
Potage Derby, Oxtail and tomato soup

ↂ 5~6인분: 소꼬리 브레제 600g, 쌀밥 100g, 토마토 퓌레 2리터.

소꼬리의 살을 발라내 작게 썬다. 브레제로 익혀서 지방을 걷어내 고운 체로 걸러 고기에 섞는다. 고기와 쌀밥을 수프 그릇에 담고, 버터를 조금 넣어 끓인 토마토 퓌레를 붓는다.

포타주 포본
Potage Faubonne, White haricot bean soup with vegetables

〈흰 강낭콩 퓌레〉 1리터에 콩소메로 삶은 가늘게 썬 야채 4큰술을 넣는다.

포타주 페미나
Potage fémina, Chicken soup thickened with egg and cream

닭고기 퓌레 1리터에 달걀노른자 3알, 크림 100밀리리터를 섞어 걸쭉하게 만든다. 신선한 야채를 콩소메에 삶아 가르니튀르로 올린다.

포타주 제르미니
Potage Germiny, Chicken consomme with sorrel

☙ 수영(소렐) 잎 200g, 버터 30g, 닭고기 콩소메 1리터, 달걀노른자 6, 크렘 프레슈 150ml, 버터 75g.

수영을 버터로 몇 분간 익혀, 체로 거르고, 닭고기 국물을 붓는다. 달걀, 크렘 프레슈를 추가해 걸쭉하게 만든다. 버터는 맨 나중에 넣어 마무리한다. 익히는 동안 절대로 국물이 끓지 않도록 한다. 오븐에서 구운 바게트를 썰어 곁들인다.

포타주 조르제트
Potage Georgette, Chicken consomme with asparagus puree

〈포타주 제르미니〉와 같은 방법이지만, 수영을 아스파라거스 퓌레로 대신한다. 가르니튀르는 닭고기 크넬.

앵발리드[32] 수프
Invalid soupe, Invalid soup

☙ 닭 가슴살 250g, 우유 650ml, 달걀노른자 3~4알, 프롱티냥 포도주 100ml.

육수(부이용)에 삶은 닭 가슴살을 분쇄한다. 끓인 우유 250밀리리터를 붓고 체로 거른다. 이 반죽(퓌레)을 냄비에 담고, 끓는 우유 400밀리리터를 더 붓는다. 달걀노른자와 포도주를 추가해 걸쭉하게 만든다.

포타주 쥐빌레
Potage Jubilé, Jubilee soup

닭고기 크넬을 추가한 〈완두콩 퓌레/생제르맹 포타주〉이다.

---

32) 앵발리드는 전쟁에서 부상당한 상이용사라는 뜻으로 원호병원 등에 붙기도 하는 이름이다. 앵발리드는 환자의 회복을 위해 부드럽게 끓인 일종의 닭죽이다.

포타주 샹파뉴[33)]

Potage champenois, Root vegetables soup

당근이나 순무로 만든 뿌리 채소 퓌레(포타주 쥘리엔, Potage Julienne)에 같은 분량의 〈파르망티에(감자) 퓌레〉를 섞는다.

포타주 랑발

Potage Lamballe, Green pea soup with tapioca

완두콩 퓌레 2와, 타피오카 콩소메 1의 비율로 섞은 것이다.

포타주 마들롱

Potage Madelon, Madelon soup

베르미첼리를 넣은 토마토 수프.

포타주 콜레트

Potage Colette, Colette soup

〈파프리카 블루테〉에 육수로 조리한 쌀밥 몇 술을 넣은 것이다.

포타주 들리지아

Potage Delisia, Delysia soup

타피오카를 넣은 바닷가재 크림.

포타주 레잔[34)]

Potage Réjane, Spring chicken and leek soup

☙ 영계 1마리, 육수(부이용) 2리터, 리크 흰 뿌리 2개, 버터 50g, 감자 200g.

닭을 육수에 삶는다. 리크를 반으로 잘라 끓는 물에 1분간 데쳐 냄비에 넣고, 노릇해지지 않을 정도로 버터로 볶는다. 얇게 썬 감자를 넣고, 닭을 삶은 물을 붓고 야채가 익을 때까지 삶는다. 닭 가슴살을 길게 잘라 약간의 버터과 함께 수프에 넣는다. 오븐에서 구운 바게트를 썰어 곁들인다. 닭고기의 나머지 부위는 다른 요리를 준비할 때 이용한다.

---

33) 상파뉴는 프랑스 북부 지방의 지명이다.

34) Gabrielle Réjane(1856~1920년). 프랑스 여배우. 사라 베르나르와 함께 연극과 초기 영화의 주인공이었다. 에스코피에는 그녀의 이름을 붙인 '레잔 샐러드'도 만들었다.

포타주 드 상테(건강식 수프)

Potage de santé, Health soup

〈파르망티에(감자) 퓌레〉 1.5리터에 버터를 두른 수영(소렐) 잎 60그램을 추가한다. 먹기 직전에 버터 60그램과 처빌을 한 잎 더 넣는다. 오븐에서 구운 바게트를 썰어서 곁들인다.

오르되브르

오르되브르(Hors-d'œuvre, 식사 전에 나오는 간단한 요리)는 절이거나 훈제한 생선을 포함한다. 양념을 진하게 한 샐러드도 포함된다. 그래야 미각을 자극해서 그다음에 나오는 포타주가 부드럽게 느껴질 수 있다. 그래서 수프는 따끈해야 좋다. 만찬에 굴 요리를 오르되브르로 내놓는다면 포타주는 생략한다.

뜨거운 오르되브르와 차가운 오르되브르

포타주를 전후해서 나오던 뜨거운 오르되브르는 오늘날 완전히 사라졌다. 러시아 캐비아 같은 고품질 상품이 등장하고, 식당의 유행이 변하면서 그렇게 되었다. 신선한 캐비아는 분명 최고급 오르되브르지만 그 참맛을 보기 어렵다. 훈제 연어도 세련된 오르되브르에 포함시킬 만하다. 물떼새 알, 작은 새우, 굴은 영양과 향미가 풍부해 만찬의 서막에 잘 어울린다. 이런 오르되브르가 성공하려면 반드시 그윽한 백포도주를 함께 내야 한다. 그래야 그다음의 국물 맛을 음미하기 좋다.
그러나 안타깝게도 만찬 때 차가운 오르되브르가 남용되고, 양념이 많이 들어간 음식들이 끼어들었다. 프랑스 요리에서 몹시 유감스런 일이다. 차가운 오르되브르가 만찬에 항상 잘 어울리는 것만은 아니지만, 오찬에는 필수적이다. 뜨거운 오르되브르는 점심 식사에서 차가운 것 다음에 내기도 한다. 그러나 뜨거운 오르되브르는 조금 간소한 만찬에서 알뜰한 앙트레(entrées) 몫을 할 수 있다.

차가운 오르되브르

푸아브롱(피멘토) 앤초비

Anchois aux poivrons, Anchovy with red pimento

ᘓ 붉은 피망(피멘토, pimento) 2개, 소금, 후추, 식초 1큰술, 올리브유 2큰술, 파슬리, 앤초비 필레, 완숙 달걀.

크고 붉은 피망(피멘토)을 구워 껍질을 벗기고 절반으로 가른다. 씨를 빼고 길게 자른다. 소금과 후추, 식초와 올리브유로 양념하고 다진 파슬리를 뿌린다. 오르되브르 접시에 담는다. 파프리카를 둥글게 감아, 앤초비 필레를 올리고 삶은 달걀과 파슬리를 다져, 그 바깥에 둘러놓는다. 붉은 파프리카 대신 감자 퓌레를 말려, 면발이 가는 국수처럼 틀에서 뽑아낸 다음 비네그레트(식초) 소스를 조금 뿌려도 된다.

파프리카와 백포도주 장어

Anguille au vin blanc et paprika, Eels with white wine and paprika

ᘓ 껍질 벗겨 5센티미터 길이로 자른 장어 1.5kg, 얇게 썬 양파 2개, 부케 가르니(월계수 잎 1, 타임, 파슬리, 마늘 2쪽), 소금 10g, 후추 1자밤, 단맛의 파프리카(헝가리 파프리카) 가루 1작은술, 백포도주 1리터.

모든 재료를 한꺼번에 냄비에 넣는다. 장어가 다 잠길 정도로 백포도주를 붓는다. 뚜껑을 덮고 한소끔 끓인다. 장어의 크기에 따라 20여 분 더 끓인다. 백포도주에 송아지 족을 우려낸 젤리를 추가해도 된다. 장어가 익으면, 도기 접시에 올리고 국물을 체로 걸러 위에 붓는다. 차갑게 보관했다가 작은 오르되브르 접시에 담아낸다. 카레를 넣은 장어도 같은 방법인데, 단맛의 파프리카는 카레 가루로 대신한다.

프로방살(프로방스) 장어

Anguille à la provençale, Eels in the provence fashion

ᘓ 껍질 벗긴 장어, 올리브유 4큰술, 다진 양파 2큰술, 소금, 후추 1자밤, 백포도주 200ml, 토마토 6개, 다진 파슬리 1큰술, 으깬 마늘 3분의 1쪽 , 월계수 잎, 단맛의 파프리카.

앞의 조리법처럼 장어를 자른다. 냄비에 올리브유를 두르고 다진 양파를 넣는다. 노릇해질 듯하면, 장어 토막들을 넣고, 소금과 후추를 치고 백포도주를 붓는다. 껍질 벗겨 씨를 빼고 다진 토마토, 파슬리, 마늘, 월계수 잎을 추가한다. 소스냄비 뚜껑을 덮고 중간 불로 20~25분 가열한다. 단맛이 나는 파프리카 1~2개를 구워 껍질을 벗기고 가늘게 썰어 추가해도 된다. 다 익으면, 장어를 접시에 담고 국물을 끼얹어 식힌다. 조리를 끝내자마자 사프란 가루나 잎을 장어 위에 뿌려도 좋다.

그레크(그리스) 아티초크

Artichauts à la grecque, Greek style artichokes

☙ 작은 아티초크 40개.

☙ 마리나드(양념해서 재우기) 재료: 물 1.2리터, 올리브유 200ml, 소금 12g, 레몬 3개의 즙, 후추, 고수 씨, 부케 가르니(회향, 타임, 파슬리, 셀러리, 월계수 잎 1).

재워 둔 마리나드 재료를 모두 소스 냄비에 넣고 한소끔 끓인다. 아티초크는 호두 크기의 작은 것을 고른다. 잎을 자르고 손질해 끓고있는 냄비에 넣는다. 20분 더 끓이고 아티초크를 건져내 도기 접시에 담고 양념을 부어, 식혀 재워둔다. 만약 아티초크가 달걀 크기라면 4쪽을 낸다. 크든 작든 부드러워야 한다.

꼬마 양파(펄 어니언)도 똑같은 방법으로 만든다. 굵은 양파는 양념에 재우기 전에 소금물에 삶는다. 셀러리와 회향은 4쪽으로 자른다. 리크는 6센티미터 길이로 자른다. 치커리 또는 엔다이브의 속잎도 같은 방법이지만 양념에 재우기 전에 10여 분 소금물에 삶아 데친다. 마무리는 아티초크와 같다. 양배추, 콜리플라워, 양상추 등도 이렇게 그리스식으로 조리할 수 있다.

여러 가지 채소 고갱이

Moelle de végétaux divers, Vegetable hearts

양배추, 양상추, 엔다이브, 치커리, 아티초크, 콜리플라워(꽃양배추)의 고갱이(부드러운 속잎)로 뛰어난 오르되브르를 만들 수 있다. 〈그레크 아티초크〉와 같은 방법으로 조리해 다양한 양념을 얹는다.

바르케트

가장자리가 톱니처럼 들쑥날쑥하고, 쪽배(끝이 뾰족한 타원) 모양인 밀가루로 구운 것(크루트)[1]에 담아내는 바르케트(Barquette)를 오르되브르에 애용한다. 작은 타르트(타르틀레트)[2]도 비슷한 크루트를 사용하지만 동그란 모양이며, 작은 먹을거리인 프리볼리테(frivolités)용이다.

바르케트와 타르틀레트용 크루트(파이 크러스트)

Pâte pour tartelettes et barquettes, Paste for tartlets and barquettes

☙ 밀가루 450g, 녹녹한 버터 230g, 달걀노른자 2, 소금 12g, 설탕 1자밤, 물 150ml.

반죽 판에 밀가루를 곱게 체를 쳐서 펼친다. 그 한가운데를 비우고 버터, 달걀노른자, 소금, 설탕을 넣는다. 물을 붓고 반죽해 둥근 공처럼 빚고, 천으로 싸서 차가운 곳에 2시간쯤 놓아둔다.

얇은 반죽을 틀에 넣어 그릇처럼 만든, 이 타르틀레트 또는 바르케트용 크루트(파이 크러스트/파이지/타르트지)의 안쪽 바닥에 강낭콩[3]들을 올려 놓고 오븐에서 굽는다. 다 익으면 틀에서 꺼내 식힌다.

바르케트와 타르틀레트용 푸아그라 무스

Mousse de foie gras pour barquettes et tartelettes, Foie gras mousse for tartlets and barquettes

☙ 서양 송로(트뤼프) 섞은 푸아그라 450g, 버터 170g, 크렘 프레슈 200ml.

푸아그라를 고운 체로 눌러, 그 반죽을 넓적한 그릇에 받는다. 녹녹한 버터를 넣고 나무주걱으로 휘저어 부드럽게 반죽하면서 크렘 프레슈를 조금씩 붓는다. 이것으로 바르케트를 채운다. 조심해야 할 점이 있다. 크렘 프레슈가 섞인 무스는 2~3시간 넘게 보관하지 않아야 한다.

---

1) Croûte, 밀가루를 빚어 구워, 타르트 등의 받침이나 껍질로 이용하는 것(파이 크러스트, 파이지, 타르트지).

2) 작은 크기의 타르트(Tart)를 타르틀레트(Tartelette)라고 한다.

3) 바닥을 포크로 가볍게 골고루 찔러주고 콩알들을 올려 바닥을 눌러주면, 굽는 동안 반죽이 부풀어올라 터지는 것을 방지한다.

오르되브르용 퓌레, 무스, 사탕무

닭고기 퓌레

Purée de volaille, Chicken puree

ଔ 닭 가슴살 230g, 닭고기 블루테 또는 베샤멜 소스 4~5큰술, 푸아그라 무스.

닭고기를 갈아, 소스를 섞고 고운 체로 거른다. 앞의 레시피와 같은 푸아그라 무스를 추가한다.

햄과 혀 퓌레

Purée de jambon et de langue, Ham and tongue puree

〈닭고기 퓌레〉와 같은 방법이지만, 닭고기 대신, 같은 분량의 장봉(햄)과 소의 혀를 사용한다.

자고새 퓌레

Purée de perdreaux, Partridge puree

ଔ 구운 자고새 2마리, 백포도주 1잔, 샬롯 1, 혼합 향신료와 후추 각 1자밤(5g), 월계수 잎, 글라스 드 비앙드를 조금 섞은 데미글라스 소스 200ml.

자고새 살코기를 갈아준다. 내장과 간과 뼈는 다져 냄비에 넣고 백포도주를 붓고, 얇게 썬 샬롯, 향신료와 검은 후추와 월계수 잎을 넣는다. 포도주가 3분의 2로 졸아들도록 끓인다. 소스를 붓고 몇 분간 더 끓여서 체로 걸러 살코기와 섞는다. 다시 고운 체로 걸러 푸아그라 무스와 섞는다. 꿩, 멧도요, 오리 등도 같은 방법으로 조리한다.

가금류 간 무스

Mousse de foies de volaille, Chicken liver mousse

ଔ 닭의 간 15개, 삼겹살 60g, 소금과 후추, 혼합 향신료, 파슬리 2~3개, 다진 샬롯, 버터 60g, 녹인 버터 125~150g, 크렘 프레슈 100ml.

간에서 쓸개는 떼어내 버린다. 터지지 않도록 조심한다. 간에 양념하고 파슬리와 다진 샬롯을 섞는다. 삼겹살과 버터를 냄비에 넣고 세게 가열한다. 간을 넣고 5~6분간 볶는다. 간을 꺼내서 갈고, 고운 체로 거른다. 여기에 녹인 버터를 넣고 나무주걱으로 저어주고, 크렘 프레슈도 넣는다. 이렇게 만든 무스를 바르케트에 넣어 오르되브르로 낼뿐만 아니라 앙트레로 내기도 한다. 이 경우, 젤리 틀에 무스를 붓고 차갑게 식혀 접시에 쏟는다. 바르케트를 오르되브르로 낼 때에는 무스 위에 젤리를 살짝 덮는다.

달걀 무스

Mousse d'oeufs, Egg mousse

☙ 달걀 8개, 부드러운 버터 150~200g, 크렘 프레슈 100ml.

8분간 삶은 달걀의 노른자만 거른다. 버터를 조금씩 넣으면서 나무주걱으로 휘젓는다. 크렘 프레슈를 넣고 마무리한다. 앤초비 버터, 훈제 연어 버터 등을 추가해 향미를 달라지게 할 수 있다. 오르되브르에 들어가는 버터는, 기본 버터에 여러 가지 맛을 추가해서 만든다.

오르되브르와 샐러드용 비트(사탕무)

사탕무(비트)는 물에 삶거나 증기로 찌거나 오븐에서 굽기도 한다. 사탕무는 가늘게 또는 얇게 썰거나 깍둑썰기해야 좋다. 보통 소금, 후추, 식초, 올리브유, 다진 파슬리, 처빌 등으로 양념한다. 잉글리시 머스터드 1큰술을 추가하거나 서양고추냉이 몇 술을 추가해도 된다. 잘게 다져 볶은 양파도 곁들일 수 있다.

크림 샐러드 비트

Betterave en salade à la crème, Beetroot in a cream salad dressing

비트를 가늘게 썰어 크렘 프레슈를 섞는다. 크림에 잉글리시 머스터드를 조금 넣고 레몬즙을 뿌리고, 소금과 후추를 조금 넣는다.

프로방살(프로방스) 비트

Betterave à la provençale, Beetroot provencal style

☙ 오븐에 익힌 비트 300g, 중간 크기의 양파 2, 앤초비 에센스 1작은 술, 잉글리시 머스터드 1작은술, 식초 1큰술, 올리브유 3큰술, 소금, 후추 1자밤.

비트는 정사각형으로 깍둑썰기한다. 소스는 다음과 같이 만든다.

소스 만들기
양파를 갈아서 고운 체로 거른다. 나머지 재료를 모두 집어넣고 섞는다. 앤초비 에센스가 짜기 때문에 소금을 너무 많이 넣지 않도록 한다. 비트를 소스와 잘 버무린다.

카나페

카나페(canapé)나 토스트(toast)는 식빵을 1센티미터 두께로 썰어서 만든다. 정제한 맑은 버터[4]에 튀겨도 되지만, 그릴에서 살짝 구워 뜨거울 때 버터를 바르는 것이 좋다. 그래야 부드럽다. 카나페에는 육류와 생선, 갑각류 등의 퓌레를 버터로 버무린 것이 가르니튀르로 잘 어울린다.

앤초비 카나페
Canapé d'anchois, Anchovy canapes
앤초비 버터를 얇게 바르고, 길게 반쪽을 낸 새우를 얹는다. 그다음에는 다른 카나페와 같은 방법을 따른다.

캐비아(철갑상어 알)
Caviare, Caviar
바닥에 얼음을 깔아서 특별한 그릇에 담아낸다. 러시아 팬케이크 블리니(Blini)[5] 또는 버터 바른 얇은 빵을 곁들인다. 다진 양파와 레몬즙을 추가하기도 한다. 그러나 신선한 캐비아는 맛이 좋아 다른 양념이 필요 없다. 염장한 통조림 캐비아를 오르되브르로 내기도 한다.

4) Beurre Clarifié(Clarified Butter). 약한 불에서 버터를 끓여 우유의 고형분과 수분을 제거한 맑은 버터 기름이다. 일반 버터의 발연점은 섭씨 160도, 정제 버터는 섭씨 250도이다. 일반 버터로 요리하면 요리가 완전히 익기 전에 우유 성분이 타버리지만, 정제 버터를 이용해 요리하면 우유 성분이 쉽게 타는 것을 막아 버터의 향미를 살릴 수 있다.
5) 메밀 가루와 밀가루로 얇고 둥글게 부친다. 캐비아, 연어 등을 얹어 먹는다.

여러 가지 오르되브르

세프 버섯 마리네(절임)

Cèpes marines, Marinated mushrooms

신선한 버섯을 고른다(작은 세프 버섯, 양송이, 표고 등). 끓는 물에 몇 초간 데쳐 물을 완전히 짜내서 올리브유로 볶는다. 소금과 후추를 치고, 다음과 같은 양념에 재운다.

☙ 마리나드 재료: 버섯 1kg, 식초 250ml, 백포도주 250ml, 식용유 100ml, 간 마늘 2쪽, 타임, 월계수 잎 2, 후추, 곱게 간 고수(coriander) 씨, 회향, 파슬리.

마리나드(재우기) 재료를 한꺼번에 10분간 끓여 버섯 위에 붓고 10일간 재워둔다. 여기에서 우러난 양념을 뿌려서 먹는다.

셀러리악

Céleri-rave, Celeriac

날것이든 익힌 것이든 셀러리악(셀러리 뿌리)를 길게 썰고, 머스터드를 넣은 식초로 양념한다.

깜짝[6] 체리

Cerises en surprise, Puree of foie gras with chaudfroid sauce

푸아그라를 반죽으로 걸쭉하게 으깨, 체리 크기로 빚는다. 이것들을 단맛의 붉은 파프리카 가루를 섞은 〈쇼프루아 소스〉에 넣었다가, 작은 판 위에 올린다. 소스가 굳기 시작하면 젤리로 덮는다. 냉장실에 넣어둔다. 자연 그대로의 체리 송이들을 덧붙여 큼직한 다발을 빚어도 된다. 그러나 항상 신선한 체리를 구할 수 있는 것은 아니므로, 말린 체리들을 뜨거운 물에 30분간 담갔다가 건져, 천에 올려 물기를 빼고, 삶은 완두콩을 갈아서 체로 거른 퓌레를 섞은 버터에 살짝 굴려준다.

이런 〈깜짝 체리〉들을 타르틀레트 크루트(작은 파이 크러스트)에 담고, 푸아그라 또는 닭고기 등의 무스로 줄무늬를 쳐주면 진짜 체리를 먹는 기분을 낼 수 있다. 이렇게 빚은 독특한 체리들의 틈새에 녹색 버터[7]를 조금

6) 쉬르프리즈(surprise)는 놀랄 정도의 특별한 것, 특선 요리라는 뜻으로 사용했다.
7) 시금치의 즙을 짜내 버터와 섞어 녹색으로 만든 버터.

끼워 넣고 작은 바구니 모양의 과자를 만들 수 있다.

아스픽 젤리
Aspic Jelly
젤라틴을 이용한 단순한 방법

ᴂ 당근, 양파, 순무, 셀러리, 레몬 각 1개, 타라곤 식초(또는 칠리 식초) 50ml, 통후추 3~4개, 셰리 50ml, 소금, 젤라틴 50g, 육수 900ml, 달걀흰자 2, 달걀 껍질.

야채를 다듬고 당근, 순무, 양파를 4쪽으로 자른다. 셀러리는 다진다. 전부 커다란 냄비에 쏟아붓는다. 아주 가늘게 썬 레몬 겉껍질과 레몬즙, 식초, 통후추, 셰리, 소금, 젤라틴, 달걀흰자, 으깬 달걀 껍질을 넣는다. 한소끔 끓어오를 때까지 계속 저어준다. 거품이 위로 올라오면 냄비 가장자리로 거품을 걷어내고 5분쯤 놓아둔다. 젤리백에 넣어 걸러낸다.

식초 체리
Cerises au vinaigre, Vinegar cherries

ᴂ 체리 900g, 계피 2.5센티미터, 너트멕 가루, 정향 4, 타라곤 2개, 식초 1리터, 갈색설탕(cassonade blonde) 200g.

체리는 모렐로 체리[8]를 사용한다. 너무 무르익지 않은 것이 좋다. 체리의 위쪽에 바늘구멍을 낸다. 체리를 정향, 계피, 너트멕, 타라곤과 함께 단지에 담는다. 식초와 갈색설탕을 끓여 완전히 식힌 다음 항아리에 붓는다. 15~20일쯤 재워둔다. 우러난 즙은 체리를 먹을 때 뿌린다.

풋포도즙 호두
Cerneaux au verjus, Green walnuts in verjuice

8월부터 9월 중순까지 오르되브르로 낼 수 있다. 호두가 완전히 익었을 때다. 호두를 깨고 과육이 부서지지 않도록 조심해서 통째로 꺼낸다. 즉시 차가운 물에 담근다. 오르되브르 접시에 담고 상큼한 풋내 나는 포도즙과 굵은 소금을 조금 뿌린다. 만약 풋포도즙을 구하기 어려울 때는, 포도로 담근 식초를 몇 방울 넣는다.

---

8) Morello. 프랑스에서 '그리오트'라고 부르는 시큼한 맛이 나는 체리.

백포도주 양송이버섯

Champignons de couche au vin blanc, Mushrooms with white wine

☙ 양송이버섯 500g, 올리브유 4~5큰술, 소금과 후추, 다진 양파와 파슬리 각 1, 레몬 2, 백포도주 100ml.

양송이버섯을 손질하고 깨끗이 씻어 물기를 뺀다. 소스냄비에 기름을 두르고 가열해, 버섯과 나머지 재료를 한꺼번에 넣고, 뚜껑을 덮어 3분간 볶는다. 식힌 다음, 오르되브르 접시에 담아 소스를 붓는다. 취향에 따라, 잉글리시 머스터드 1큰술을 소스에 넣어도 된다.

토마토 양송이버섯

Champignons de couche à la tomate, Mushrooms with tomato

☙ 양송이버섯 450g, 올리브유 4~5큰술, 다진 양파 1큰술, 소금과 후추, 다진 마늘, 다진 파슬리, 식초 3~4큰술, 백포도주 100ml, 토마토 퓌레 8큰술.

양송이버섯은 작은 것들로 고른다. 소스냄비에 기름을 가열하고, 양파를 넣고 노릇해지기 시작할 때 버섯을 넣는다. 1~2분간 볶는다. 소금, 후추, 다진 마늘 아주 조금, 다진 파슬리도 조금 넣고, 식초, 백포도주, 토마토 퓌레를 붓는다. 냄비뚜껑을 덮고 센 불로 3~4분 익힌 다음, 식혀서 오르되브르 접시에 담는다. 토마토는 오르되브르에서 항상 중요한 노릇을 한다. 여러 가지 응용으로 재미를 더할 수 있다.

그레크(그리스) 콜리플라워

Choufleur à la grecque, Cauliflower in the greek manner

콜리플라워(꽃양배추)를 아주 가늘게 썰어 소금물에 4~5분간 삶는다. 건져내 〈그레크 아티초크〉[9]와 같은 방법으로 익힌 후 식탁에 올린다.

그레크(그리스) 리크

Poireaux à la grecque, Creek style leeks

리크(poireaux, leek)의 흰 부분을 약 8센티미터로 잘라 끓는 소금물에 8~10분간 삶은 다음, 〈그레크 아티초크〉와 같은 양념에 재운다.

9) '차가운 오르되브르'에서 '그레크(그리스) 아티초크' 참고.

붉은 양배추
Choux rouges, Red Cabbage

붉은 양배추를 아주 가늘게 썰어 식초에 몇 시간 재운다. 건져낸 다음, 보통의 샐러드처럼 양념한다. 머스터드를 더해도 된다.

풋양배추 포피에트
Choux verts en paupiettes, Paupiettes of green cabbage

ᘛ 풋양배추잎, 쌀, 앤초비 필레 3~4, 달걀노른자 1~2, 검은 올리브, 올리브유.

양배추의 부드러운 잎만 사용한다. 끓는 소금물에 데쳐, 식힌 뒤에 작고 네모지게 자른다. 쌀밥과 앤초비 필레, 완숙 달걀노른자를 섞어 양념한다. 이렇게 섞은 것을 각각의 양배춧잎에 올려놓고 감싸서 둥글게 만다. 오르되브르 접시에 담아, 검은 올리브를 두르고 올리브유를 조금 뿌린다.
'포피에트(paupiette)'는 야채로 속을 채워 둥글게 말아서 만든 고기 요리를 가리킨다.

오이
Concombres, Cucumbers

오이 껍질을 벗기고, 길게 반으로 가른다. 씨를 빼고 얇게 썬다. 소금을 뿌려 25분간 재워둔다. 이렇게 숨을 죽여 너무 많이 나온 물은 따라 버리고, 후추를 넣고, 식초, 올리브유, 다진 처빌을 뿌린다.
이렇게 조리한 오이를 영국인들은 연어 요리에 곁들인다. 이 오이를 기초로 여러 가지 샐러드를 만들 수 있다. 토마토를 얇게 썰어 추가하거나, 다진 양파, 앤초비 필레(멸치살 절임), 참치, 바닷가재 토막, 얇게 썬 서양 송로, 닭 가슴살, 완숙 달걀, 쌀밥 등을 섞을 수 있다.

오르되브르 크림
Crèmes pour hors d'oeuvre, Creams for hors d'oeuvre

ᘛ 훈제 연어(또는 삶은 닭고기, 절인 참치 살, 삶은 달걀) 125g, 버터 60g, 크렘 프레슈 3~4큰술

재료 한 가지를 골라 다진다. 버터를 섞고 크렘 프레슈 3~4큰술을 천천히 추가해 고운 체로 거른다. 양념은 선택한 재료에 따른다. 이 크림을 작은

다리올 빵틀에 넣거나 작은 바르케트에 올린다. 설탕을 넣지 않은 슈 반죽으로 만드는 작은 에클레르(éclair) 속에 넣어도 된다.

바다 빙어 절임

Eperlans marinés, Marinated smelts

ɞ 바다 빙어 24마리, 소금, 후추, 올리브유 100ml, 백포도주 식초 100ml, 물 100ml, 월계수 잎 1, 파슬리, 타임, 중간 크기 양파 1개.

빙어를 기름에 튀겨 접시에 담는다. 소금과 후추를 치고 올리브유를 끼얹는다. 냄비에 백포도주 식초와 물을 붓고, 월계수 잎, 파슬리, 타임, 양파를 넣는다. 한소끔 끓어 오르면 8~10분 더 끓인다. 빙어 위에 붓고 24시간 재워둔다. 재워둔 국물과 함께 먹는다.

무화과

Figues, Figs

무화과를 포도 잎에 얹어 얼음을 둘러준다. 아주 얇게 썬 훈제 장봉(햄)을 곁들인다. 이탈리아 사람들은 '보타르고(다랑어 어란)'를 곁들인다.

프리볼리테

Frivolités, Frivolities

'프리볼리테'는 오르되브르로 내는 작은 먹을거리를 이르는 말이다. 바르게트, 타르틀레트, 푸아그라 곁들인 체리, 작고 달콤한 능금 등.

바다 열매(조개류, 해물)

Fruits de mer, Sea fruit

굴을 제외한 나머지, 바다에서 나는 조개류를 뜻한다.

굴

굴은 최상급 오르되브르로 점심, 저녁 어느 때든 좋다. 차게 먹어야 좋다. 바게트 빵을 얇게 썰고, 버터를 곁들인다. 샬롯을 다지고 후추와 식초를 섞은 소스를 곁들인다. 레몬을 곁들여도 좋다. 굴은 일단 껍질을 벌리고 나면 절대로 씻지 않아야 한다.

굴 칵테일
Huîtres cocktails, Oyster cocktails

사람 수에 맞게 칵테일 잔을 준비한다. 칵테일 잔에 생굴 6개씩을 넣는다. 타바스코(Tabasco) 소스 2~3방울, 토마토 케첩 1큰술, 우스터셔 소스 몇 방울, 레몬즙 6방울을 넣는다. 아주 차갑게 먹어야 좋다.

양념 굴
Huîtres marinés, marinated oysters

생굴을 백포도주와 향신용 허브를 섞은 쿠르부이용에 넣고 1분간 데친다. 그대로 쿠르부이용에 넣은 채 식힌 다음 오르되브르 접시에 담아 〈라비고트 소스〉를 조금 두른다. 소스에 쿠르부이용 몇 술을 추가한다.

청어, 고등어

디에푸아즈(디에프)[10] 청어
Harengs à la dieppoise, Dieppe style herrings

☙ 마리나드(재우기) 재료: 백포도주 500ml, 식초, 둥글게 썬 당근, 얇게 썬 양파와 샬롯, 타임, 월계수 잎, 파슬리.

청어를 약한 불로 12분간 뭉근히 삶는다(포셰). 준비한 재료를 붓고 재운다. 식혀서 차게 먹는다. 당근, 양파, 레몬 등을 얇게 썰어 곁들인다.

양념 고등어
Maquereaux marinés, Marinated mackerels

작은 고등어를 준비한다. 〈디에푸아즈 청어〉와 같은 조리법이다.

청어 필레
Filets de harengs, Fillets of herring

청어 필레(살코기)를 우유에 넣고 1시간 재워둔다. 그래야 짠맛이 덜하다. 오르되브르 접시에 올리고 올리브유를 끼얹는다.

---

10) 프랑스 북단, 영불 해협 대서양 연안의 항구 도시.

리보니엔(리보니아)[11] 청어

Harengs à la livonienne, Herrings with potatoes and apples

커다란 훈제 청어를 마련해, 살코기를 발라내고 대가리와 꼬리는 버리지 않는다. 껍질을 벗겨 토막으로 자른다. 살코기와 같은 분량의 삶은 감자와 사과를 깍둑썰기해서 섞는다. 파슬리, 처빌, 타라곤, 회향을 다져 뿌린다. 소금과 후추로 양념하고 올리브유와 식초를 조금 넣는다. 대가리와 꼬리를 붙여 물고기 모양을 만들어서 접시에 올린다.

뤼카스 청어

Harengs Lucas, Smoked herrings with sauce

훈제 청어를 뜨거운 물에 담갔다가, 우유에 1시간을 다시 담가둔다. 염분을 줄이는 과정(해감)이다.생선 살코기를 도려내 길게 잘라 오르되브르 접시에 담는다.

소스: 달걀노른자 완숙 2알에 소금, 후추, 머스터드를 섞는다. 식초를 넣고, 올리브유 5큰술을 조금씩 부어 젓는다. 다진 코르니숑(오이 피클), 다진 샬롯, 처빌을 넣는다. 이렇게 만든 소스를 청어 살코기에 붓는다.

청어 말이

Harengs roulés, Rolled herrings

☙ 분홍빛 도는 싱싱한 청어, 머스터드, 다진 양파, 식초 500ml, 부케 가르니, 정향 1개를 박은 양파 1개, 통후추 조금, 올리브유 100ml.

청어 살을 발라내고 알을 떼어낸다. 넓은 살코기에 머스터드를 조금 바르고 다진 양파를 넣고 포피에트처럼 둥글게 말아, 천으로 감싼다. 접시에 어란과 함께 담는다. 식초에 부케 가르니, 양파, 통후추를 넣고 끓여, 말아 놓은 생선 위에 붓고 식힌다. 어란을 꺼내 고운 체로 거른다. 식초를 넣고 올리브유를 추가한다. 살코기 위에 붓는다. 2~3일간 재운 뒤 오르되브르 접시에 올린다.

---

11) 리보니아(Livonia)는 현재 라트비아의 동북부에서 에스토니아 남부에 걸친 지역.

올리브

올리브는 어떤 종류든 오르되브르의 좋은 재료이다. 통조림으로 저장한 것도 좋다.

올리브 파르시

Olives farcies, Stuffed olives

굵은 올리브를 골라 씨를 제거한다. 그 빈 속에 참치, 앤초비 필레, 훈제 연어, 정어리 버터 등을 채워넣는다.

검은 올리브

Olives noires, Black olives

오르되브르 접시에 담아낸다. 올리브유를 두르고, 후추를 갈아 조금 뿌린다. 앤초비 필레를 곁들이기도 한다.

토마토

제노아즈(제노아) 토마토

Tomates à la génoise, Tomatoes with tunny fish

너무 단단하지 않은 것을 골라 얇게 썰어서, 접시에 얇게 썬 참치살과 번갈아 둘러놓는다. 삶은 감자를 2센티미터 두께로 썰어 그 둘레에 곁들이고, 앤초비 에센스를 조금 넣은 〈비네그레트 소스〉를 끼얹는다.

토마토 판타지

Tomates fantaisies, Fancy tomatoes

단단한 중간 크기의 토마토를 골라 껍질을 벗기고 위를 둥글게 도려내 씨를 뺀다. 물기도 빼고 소금과 후추를 친다. 삶은 달걀노른자를 버터와 크림에 버무려 토마토 속을 채운다. 이렇게 소박이가 굳을 때까지 기다렸다가 6쪽으로 갈라 장미꽃처럼 벌어진 틈새에 작은 양상추 잎을 올린다. 야채 또는 고기를 익혀 마요네즈에 버무려 소로 넣어도 된다. 이 경우에는 작은 토마토를 자르지 않고 사용한다.

오르되브르를 위한 토마토 소스

Tomate sauce pour hors-d'œuvre, Tomato sauce for hors-d'œuvre

☙ 토마토 1kg, 소금, 후추, 다진 파슬리 1작은술, 마늘 조금(4분의 1쪽), 올리브유 100ml.

토마토를 절반으로 자르고 씨를 뺀 후에 냄비에 나머지 재료와 함께 넣는다. 뚜껑을 덮고 약한 불에서 30분간 뭉근히 익힌다.

다른 방법

☙ 토마토 1kg, 올리브유 100ml, 다진 양파 2큰술,식초 200ml, 소금, 후추, 다진 파슬리 1작은술, 마늘.

토마토를 앞의 방법으로 준비한다. 올리브유로 양파를 볶다가 노릇해지기 시작하면 식초를 붓는다. 조금 졸인 뒤, 토마토와 나머지 재료를 넣는다. 뚜껑을 덮고 세지 않은 불에서 30분간 뭉근히 익힌다. 토마토에는 토마토 퓌레를 몇 술 섞어도 된다.

티롤리엔(티롤) 송어

Truites tyroliennes, Trout with tomato sauce

작은 송어들에 밀가루옷을 입혀 식용유에 튀긴다. 소금을 치고 접시에 올려 〈토마토 소스〉를 끼얹는다. 24시간 재워주었다가, 파이앙스(Faience, 도자기)나 사각형 도자기 접시에 담아낸다. 장어도 같은 방법으로 토막 내어 조리할 수 있다. 특히 정어리는 이 조리법이 〈토마토 소스〉에 재워두는 것보다 훨씬 더 좋다.

*

멜론 칵테일

Melon cocktail

멜론을 2센티미터 크기로 깍둑썰기해 그릇에 담는다. 설탕을 뿌려 얼음 위에 올려둔다. 식탁에 낼 때, 키르슈(kirsch, 체리 증류 술)나 마라스키노(maraschino) 또는 포르투(porto) 포도주나 코냑을 조금 넣어 맛을 낸다. 은제 샴페인 잔에 넣어 식탁에 올린다. 더운 날씨라면 멜론에 '오렌지 아이스' 1큰술을 추가해도 좋다.

포르투 멜론

Melon frappé au porto, Chilled melon with port

캉탈루(cantaloup, 칸탈루프) 멜론을 이용한다. 윗부분을 지름 5~8센티미터로 도려낸다. 숟가락으로 속의 씨를 파내, 설탕과 포르투 포도주를 섞고, 다시 과일 속에 넣는다. 얼음을 둘러 냉장고에 2시간 넣어둔다. 차가운 접시에 얼음을 놓고 멜론을 얹는다. 포르투 대신 코냑이나 퀴라소를 사용해도 된다. 오렌지 아이스 몇 술을 추가해도 좋다.

작은 멜론 피클

Melon, petits, confits au vinaigre, Small pickled melons

작고 푸른 멜론을 잘라, 소금을 뿌려 10시간 놓아둔다. 식초 섞은 물(물 3분의 1, 식초 3분의 2)로 씻는다. 항아리에 넣고 꼬마 양파(펄 어니언), 타라곤, 작고 붉은 피망을 조금 넣는다. 식초 1리터에 설탕 100그램을 풀어 넣고 끓여, 멜론에 붓는다. 식초는 뜨겁든 차갑든 상관없다. 항아리에 넣고 밀봉해 10~12일 재워둔다.

홍합

Moules, Mussels

홍합을 익혀 속살을 빼낸다. 머스터드를 넣은 〈라비고트 소스〉를 두른다. 소스에 물을 조금 붓는다. 조리하기 전에 사프란을 조금 넣으면 쿠르부이용 맛이 훨씬 더 좋다. 홍합이 다 익었을 때 건져놓고, 국물을 계속 끓여 절반으로 졸여 홍합 위에 붓는다. 먹기 전에 식힌다. 홍합 껍질을 절반만 떼내고 절반은 속살에 그냥 붙은 채로 조리해도 된다.

소 머릿고기

Museau et palais de boeuf, Ox muzzle and palate

소 머릿고기를 데쳐, 육수(퐁 블랑/화이트 스톡)에 넣고, 월계수 잎, 타임, 파슬리, 후추를 조금씩 넣고 삶아 식힌다. 얇게 썰어 〈라비고트 소스〉와 함께 먹는다. 머릿고기는 매우 대중적이었지만, 요즘은 드물게 먹는다. 조리하기 전에 차가운 소금물에 6~8시간 담가둬야 한다.

달걀 파르시
Oeufs farcis, Stuffed eggs

완숙 달걀을 길게 자른다. 노른자만 꺼내 체로 걸러, 소금과 후추를 치고 똑같은 분량의 버터를 섞는다. 이렇게 섞은 반죽을 다시 흰자 안의 노른자 자리에 넣는다. 〈마요네즈 소스〉를 덮어 오르되브르 접시에 올린다. 앤초비 필레, 훈제 연어, 참치나 정어리 버터를 노른자에 더해서 색다른 맛을 낼 수 있다. 상상을 발휘한다면 달걀 완숙의 오르되브르는 끝이 없다.

달콤하고 붉은 파프리카
Poivrons rouges doux, Sweet red paprika

단맛의 붉은 파프리카(헝가리 파프리카)를 그릴에서 살짝 구운 다음, 졸아든 껍질을 벗겨버린다. 반으로 자르고, 씨를 빼내고, 가늘게 썰어 올리브유와 소금, 후추를 뿌린다. 오르되브르 접시에 담는다. 앤초비 필레, 검은 올리브, 프로방스식 토마토 볶음도 파프리카와 함께 내놓으면 좋다.

오리엔탈 양파
Oignons à l'orientale, Onions with sultanas

☙ 껍질 벗긴 꼬마 양파(pearl onion) 1kg, 물 1리터, 식초 200ml, 올리브유 4큰술, 토마토 퓌레 100ml, 설탕 125g, 술타나 건포도 150g, 소금 1작은술, 붉은 고춧가루 1자밤, 부케 가르니(월계수 잎 1, 타임, 파슬리).

재료를 한꺼번에 소스냄비에 붓고 뚜껑을 덮어 중간 불로 40~50분간 삶는다. 그 시간쯤 되면 양파는 거의 익고 국물은 3분의 1쯤으로 줄어든다. 졸아든 국물로 양파와 술타나(Sultana) 건포도[12]에 넉넉히 두를 정도여야 한다. 마치 검붉은 〈토마토 소스〉처럼 보인다.

훈제 거위 가슴살
Poitrines d'oie fumées, Smoked goose breast

가능한 얇게 썬다. 파슬리 줄기를 둘러준다.

---

12) 터키, 그리스, 이란 등에서 재배하는 씨 없는 술타나 청포도를 말린 것.

숭어 부타르그[13)]

Boutargue de mulet, Grey mullet roe, Bottarga

이탈리아인들이 매우 좋아한다. 말린 숭어 알, '부타르그(푸타르그)'를 가능한 얇게 썰고 올리브유와 레몬즙을 뿌린다. 제철이면 무화과를 곁들이면 더 좋다. 어란의 영양가는 캐비아(철갑상어알)와 같다.

분홍 무

Radis roses, Pink radishes

단단한 것을 고른다. 고운 빛깔 때문에 오르되브르에 주로 장식으로 곁들인다.

검정 무

Radis noirs, Black radishes

검정 무의 껍질을 벗기고 얇게 썰어 고운 소금을 뿌려 20분간 재워둔다. 건져내, 후추, 올리브유와 식초로 양념한다.

오리엔탈 루제

Rougets à l'orientale, Red mullet oriental style

ᘓ 작은 크기 루제, 소금과 후추, 식용유, 백포도주, 토마토 콩카세, 회향, 타임, 파슬리, 월계수 잎, 마늘, 사프란.

루제를 냄비에 넣고 소금, 후추를 친다. 식용유를 살짝 끼얹고, 백포도주를 붓는다. 토마토 콩카세(concassées, 껍질 벗겨 네모꼴로 썬 것)와 허브들을 넣고 마늘과 사프란도 조금씩 추가한다. 한소끔 끓어오르면 8~10분 더 끓인다. 끓이는 시간은 생선 크기에 맞춰 조절한다.

참치 타르틀레트

Tartelettes de thon, Tunny fish tartlets

참치를 가볍게 다지고 마요네즈에 버무려, 타르틀레트 크루트(작은 파이 크러스트)에 담은 것이다. 가르니튀르는 다진 완숙 달걀, 앤초비 필레를 올린다. 파슬리를 조금 뿌린다.

---

13) 소금에 절인 뒤 가볍게 압착해서 햇볕에 말린 숭어 알. 푸타르그(poutargue)라고도 한다. 이탈리아에서는 보타르가(bottarga)라고 부른다. 참치 알을 사용하기도 한다.

오르되브르 샐러드

오르되브르로 내는 샐러드는 다양하다. 쌀이 주재료가 될 때가 많다. 쌀은 소금물에 16~18분간 삶아 밥을 짓는다. 물을 따라내고 식혀서 먹는다. 이렇게 지은 밥은 고들고들하다.

베르주레트 샐러드

Salade Bergerette, Rice, egg and chive salad

쌀밥, 얇게 썬 삶은 달걀, 다진 처빌, 소금과 후추를 조금 넣고 크림을 섞는다. 서양고추냉이 또는 머스터드를 조금 추가해도 된다.

브라질 샐러드

Salade brésilienne, Brazilian salad

고들고들한 쌀밥을 지어 식힌 후, 깍둑썰기한 파인애플과 함께, 크림에 버무려 소금과 레몬즙을 뿌린다.

카탈루냐 샐러드

Salade catalane, Catalonian salad

쌀밥, 오븐에서 익혀 깍둑썰기한 스페인 흰 양파, 그릴에서 구워 껍질을 벗기고 네모나게 자른 붉은 피망, 앤초비 필레를 〈비네그레트(식초) 소스〉로 버무린다

니수아즈(니스) 샐러드

Salade niçoise, Salad nice

올리브유에 절인 참치, 토마토, 앤초비를 모두 잘고 네모나게 썰어 〈비네그레트 소스〉를 두른다. 타라곤, 처빌, 차이브 가루들을 뿌린다. 머스터드를 조금 더할 수도 있다.

미디네트(처녀) 샐러드

Salade des midinettes, Rice and pea salad

쌀밥과 푸른 완두콩, 1대 1의 분량을 〈비네그레트 소스〉로 버무린다. 처빌, 타라곤을 뿌린다.

오트로 샐러드

Salade Otero, Sweet red paprika salad

구워서 껍질 벗겨 길게 썬 붉은 파프리카, 껍질을 벗기고 4쪽으로 자른 토마토, 앤초비 필레, 오븐에 익혀 깍둑썰기한 흰색 스페인 양파를 머스터드를 넣은 〈비네그레트 소스〉에 버무린다.

파리지엔(파리) 소고기 샐러드

Salade de boeuf parisienne, Beef and potato salad

얇게 저민 소고기 수육과 얇게 썬 삶은 감자에 〈비네그레트 소스〉를 붓는다. 소스에 타라곤, 차이브, 처빌 가루나 다진 잎들을 뿌려도 된다. 완두콩, 토마토, 완숙 달걀, 크레송 등을 추가해도 좋다.

이탈리엔(이탈리아) 샐러드

Salade italienne, Italian salad

쌀밥, 소금물에서 삶은 완두콩, 깍둑썰기한 당근에 〈비네그레트 소스〉를 두른다. 이 재료들의 빛깔이 이탈리아 국기의 색과 같다,

프로방살(프로방스) 시골 샐러드

Salade de paysan provençal, Provencal peasant salad

4쪽으로 자른 토마토, 다진 양파, 얇게 썬 오이, 앤초비 필레에 식초, 올리브유, 소금, 후추를 넣는다.

레잔 샐러드

Salade Réjane, Rice, cucumber and chicken salad

쌀밥, 소금물에 데쳐 물기를 짜낸 뒤 얇게 썬 오이, 길게 썬 닭 가슴살, 가늘게 썬 서양 송로를 올리고 〈비네그레트 소스〉를 두른다. 허브를 뿌려주면 좋다.

훈제 햄, 소고기, 소시지, 살라미, 생선 통조림 등 오르되브르 재료를 가게에서 쉽게 구할 수 있다.

달걀 요리

달걀 조리법은 매우 다양하다. 물에 삶고, 버터로 부치고, 굽고, 튀기고, 수란을 만들고, 반숙하고, 틀에 넣어 익히고, 코코트 도기 냄비에 찌고, 단단히 삶고, 스크램블드에그, 오믈렛을 만든다.

오븐 달걀, 달걀프라이, 튀긴 달걀

여기에서 이용하는 달걀은 2알을 기본으로, 양념은 소금이다.

쉬레드 에그(도기에 담아 오븐에서 구운 달걀)

Oeufs sur le plat, Egges on th dish, Shirred eggs, Baked eggs)

도자기 그릇[1] 바닥에 녹인 버터를 2작은술 두른다. 달걀 2알을 접시에 깨어 넣고 오븐에 넣고 흰자가 익으면 꺼내서 소금을 뿌린다. 구운 달걀(baked eggs)이라고도 한다.

달걀 프라이(프라이팬을 이용한 달걀)

Oeufs à la poêle, Fried eggs

프라이팬에 버터 2작은술을 둘러 가열한다. 달걀 2알을 깨어 넣는다. 포크 끝으로 달걀을 살짝 터트려 섞는다. 다 익으면 소금으로 양념한다.

아메리칸(미국식) 달걀

Oeufs à l'américaine, American style eggs

달걀 2알을 프라이팬에 익혀, 구운 베이컨 2조각과 구운 토마토 1개를 올

---

1) 소형 오븐용 도기, 래머킨(Ramekin)을 이용한다.

린다.

앙글레즈(영국식) 달걀
Oeufs à l'anglaise, English style eggs

달걀 2알을 프라이팬에 익혀, 구운 식빵(토스트)에 올린다.

베이컨 달걀
Oeufs au bacon, Eggs and bacon

얇은 베이컨 2조각을 팬에서 익혀 오븐용 도기에 넣고 팬에 남은 베이컨 기름을 두른다. 베이컨에 달걀 2알을 깨어 올려 오븐에 넣어 익힌다.

베르시[2] 달걀
Oeufs Bercy, Eggs with sausages and tomato sauce

오븐용 도기(래머킨, Ramekin)에 버터 조각을 뿌려 녹인다. 노른자가 터지지 않도록 달걀 2~3개를 깨어 넣는다. 소금으로 양념하고 노른자에 버터를 뿌려 오븐에서 익힌다. 버터로 윤기를 내는 방식이다. 그릴에서 구운 소시지 조각들을 노른자들 사이에 올리고 〈토마토 소스〉를 두른다.

검은 버터 달걀
Oeufs au beurre noir, Eggs with black butter

버터 20그램을 프라이팬에서 가열해 버터가 거의 검은색이 될 때까지 태운다. 양념을 하고, 달걀 2알을 깨어 넣는다. 식초 몇 방울을 뿌린다.

클뤼니[3] 달걀
Oeufs Cluny, Eggs with chicken croquettes

〈베르시 달걀〉과 같지만 소시지 대신 닭고기 크로켓(croquette)을 올린다.

디아블(매운) 달걀
Oeufs à la diable, Devilled eggs

프라이팬에 버터를 녹인 뒤 달걀 2알을 깨어 넣고 뒤집어 익힌다. 소금을 뿌려 접시에 올린다. 버터로 튀긴 빵의 부드러운 속 조각과 머스타드 가루를 뿌리고, 식초를 냄비에서 잠깐 가열해 달걀에 붓는다.

---

2) 프랑스 파리 베르시 지역. 포도주 저장고가 많은 곳이었다.

3) 프랑스 부르고뉴 지방의 마을로 중세 유럽 최대의 수도원이자 카톨릭 중심지였다.

잔 그라니에[4] 달걀

Oeufs Jeanne Granier, Eggs with asparagus tips and truffles

1큰술의 아스파라거스 팁[5], 크림, 얇게 썬 서양 송로(트뤼프)를, 버터를 두른 도기(Ramekin)에 넣는다. 그 위에 달걀 2알을 깨어 넣고 오븐에서 익힌다. 달걀노른자 사이에 아스파라거스와 얇게 썬 서양 송로를 올린다.

미스트랄 달걀

Oeufs Mistral, Steamed eggs with truffles

도기 바닥을 마늘로 문지르고, 얇게 썬 서양 송로를 한 층 깔아준다. 양념하고 올리브유 1큰술과 '글라스 드 비앙드' 1큰술을 넣는다. 그 위에 달걀 4알을 깨어 넣는다. 도기를 물이 끓는 큰 냄비에 넣고, 뚜껑을 완전히 덮어 증기로 익힌다.

미레유 달걀

Oeufs Mireille, Steamed eggs with truffles and cream

도기 바닥에 버터를 두르고, 얇게 썬 서양 송로를 깔고 소금과 후추를 뿌린다. '글라스 드 비앙드' 1큰술과 끓인 크렘 프레슈 4큰술을 넣는다. 달걀 4알을 깨어 넣고, 앞의 조리법처럼 찐다.

파르메산 달걀

Oeufs au parmesan, Eggs with parmesan cheese

도기(Ramekin)에 버터를 두른다. 크렘 프레슈를 바닥에 얇게 붓는다. 달걀 2알을 깨어 넣고, 파르메산 치즈 가루를 뿌리고 녹인 버터를 끼얹는다. 오븐에 넣어 익힌다.

포르튀게즈(포르투갈)[6] 달걀

Oeufs à la portugaise, Baked eggs with tomatoes

올리브유 1작은술을 넣고, 소금, 후추, 마늘(또는 다진 양파)을 넣는다. 토마토의 껍질을 벗겨 씨를 빼고 다져 넣는다. 토마토 위에 달걀을 깨 올린

4) 프랑스 배우 겸 소프라노 가수(1852~1939년).
5) 아스파라거스의 위쪽 부드러운 끝 부분(tip).
6) 토마토를 재료로 이용하는 것을 포르투갈식이라고 부른다.

다. 오븐(또는 중탕기)에서 10분쯤 익힌다. 나머지 다진 토마토를 얹고 다진 파슬리를 뿌린다.

프로방살(프로방스) 달걀
Oeufs provençal, provencal style eggs
토마토를 반으로 자르고 씨를 뺀다. 팬에 올리브유를 가열해 토마토의 자른 쪽이 바닥에 닿도록 넣고 몇 분간 익힌다. 뒤집어 양념하고, 빵가루를 뿌리고 파슬리, 마늘도 조금 추가한다. 조금만 익혀서 도기에 쏟는다. 달걀들을 토마토 위에 깨어 넣고 오븐에 넣어 더 익힌다.

튀긴 달걀

영국이나 미국에 달걀 프라이는 있지만 프랑스식으로 튀긴 달걀은 없다.

프랑세즈(프랑스) 달걀 튀김
Oeufs frits à la Française, French fried eggs
올리브유 100밀리리터를 살짝 연기가 피어오를 정도로 팬을 가열한다. 접시에 달걀 하나를 깨어 넣고 소금을 쳐서 팬에 넣는다. 팬을 기울인 채 나무주걱을 이용해 노른자를 달걀흰자로 덮어 천천히 튀긴다. 반드시 한 번에 1알씩 튀긴다.
이렇게 만든 달걀 프라이는 소스를 추가해 여러 종류의 요리에 가르니튀르로 사용한다. 토마토, 카레, 파프리카, 시금치, 보르들레즈, 〈베아르네즈 소스〉를 곁들인다. 다양한 방식의 쌀밥을 곁들여도 좋다.

카부르[7] 달걀 튀김
Oeufs frits Cavour, Fried eggs with piemonte risotto
토마토를 반쪽으로 잘라 씨를 빼고 올리브유로 익힌다. 접시에 올려 리소토를 곁들인다. 각 토마토마다 튀긴 달걀을 올린다. 또 그 위에 토마토즙을 조금 추가한 퐁드보(빌 스톡)를 살짝 끼얹는다.

7) 카부르는 이탈리아 북서단 피에몬테 지방의 프랑스에 인접한 산간 마을이다.

세르브(세르비아) 달걀 튀김

Oeufs frits à la serbe, Eggs fried in the serbien manner

필래프 볶음밥에 기름에 볶은 가지들을 섞는다. 밥 위에 튀긴 달걀 몇 개를 올리고 구운 장봉(햄)을 작게 썰어 틈틈이 뿌린다. 〈파프리카 소스〉를 따로 준비해 곁들인다.

수란, 반숙 달걀

수란

Oeufs pochés, Poached eggs

물 1리터에 소금 10그램, 식초 1큰술을 넣는다. 물이 끓으면 달걀들을 깨어 넣는다. 불을 줄여 끓지 않는 물에서 2~3분간 익힌다. 달걀들을 국자로 건져 찬물에 넣는다. 달걀들을 따뜻한 소금물 속에 넣어두거나 필요할 때까지 육수(부이용)에 담가둔다.

반숙 달걀

Oeufs mollets, Soft boiled eggs

끓는 물에 달걀들을 넣고 3~4분간 뭉근히 삶는다. 식혀서, 껍질을 벗겨 따끈한 소금물에 담가둔다. 다음의 달걀 요리들 가운데 반숙(흰자만 익힌) 달걀은 이것을 이용한다.

오로라 수란

Oeufs pochés à l'aurore, Poached eggs with aurora sauce

수란에 버터에 튀긴 크루통을 뿌리고, 〈오로라 소스〉를 곁들인다.

베네딕틴(베네딕트 수도원)[8] 수란

Oeufs Bénédictine, Poaches eggs with cod and cream sauce

대구 살을 마늘과 함께 갈아 올리브유, 크림, 다진 서양 송로를 조금 넣는

---

8) 잉글리시 머핀에 햄과 수란을 얹고 올랑데즈 소스를 덮는 미국식 에그 베네딕트(Eggs Benedict)와는 다른 것이다. 에그 베네딕트는 프랑스 출신인, 미국 뉴욕의 요리사 랜호퍼(Ranhofer, 1836~1899년)가 그의 고객인 베네딕트 부부를 위해 처음 만들었다.

다. 그 위에 수란을 올리고 〈크림 소스〉로 덮는다.

부르기뇬(부르고뉴) 수란

Oeufs pochés Bourguignonne, Poached eggs with wine sauce

☙ 달걀 4개, 적포도주 250ml, 부케 가르니(월계수 잎 반쪽, 타임, 파슬리 , 마늘 1~2), 양파 2, 크루통, 버터 1큰술, 밀가루 1작은술.

적포도주 250밀리리터에 부케 가르니와 둥글게 썬 양파를 넣고 5~6분 끓이고, 고운 체로 걸러 다른 냄비에 받는다. 이 포도주 국물에 달걀을 깨어 넣고 뭉근히 삶는다. 달걀을 건져내 물기를 없앤다. 버터로 튀긴 크루통을 깔고 수란들을 올린다. 포도주를 절반으로 졸여 버터와 밀가루를 섞어 소스를 만들어 수란 위에 붓는다.

카르디날(추기경) 수란

Oeufs pochés cardinal, Poaches eggs with diced lobsters in bechamel sauce

바닷가재 살을 네모지게 잘게 썰어, 서양 송로를 잘게 다져 섞는다. 〈베샤멜 소스〉를 조금 끼얹는다. 잘 구운 타르틀레트 크루트(작은 파이 크러스트)[9]에 수란을 담는다. 〈베샤멜 소스〉를 다시 한 번 끼얹는다.

샤틀렌 달걀

Oeufs châtelaine, Poached eggs on chestnut puree

수란 또는 반숙 달걀을 밤 퓌레에 올린다. 버터를 조금 더 넣어, 바짝 졸인 퐁드보(빌 스톡)로 덮어준다.

콜레트 수란

Oeufs Colette, Poached eggs with asparagus tips

크림을 섞은 아스파라거스를 깔고, 수란이나 반숙 달걀들을 그 위에 올린다. 버터를 살짝 풀어준, 묽은 '글라스 드 비앙드'로 덮는다.

다누아즈(덴마크) 새우 수란

Oeufs aux crevettes roses à la danoise, Poached eggs with shrimps

채소와 살짝 익힌 새우를 충분히 넣은 탱발(timbale)[10]을 준비한다, 수란이

---

9) 둥근 받침 그릇처럼 만든, 파이용 빵 껍질(Croûte de tartelette, Tartlet crust, Pie crust).
10) 고기, 가재류와 소스를 넣고 익히는 틀. 탱발에 넣어 조리한 것을 말하기도 한다.

나 반숙 달걀을 올린다. 크림을 넣은 〈베샤멜 소스〉로 덮는다. 퍼프 페이스트리(Pâte feuilletée, puff pastry)를 달걀 주위에 놓는다.

플로랑틴(피렌체)[11] 수란

Oeufs pochés florentine, Poaches eggs with spinach

시금치 250그램을 소금물에 삶고, 소금물은 버린다. 시금치를 거칠게 썰어서 냄비에 넣고, 몇 분간 버터로 볶아 물기가 사라지게 한다. 접시처럼 만든 밀가루 반죽의 바닥에 시금치를 깔아놓는다. 달걀 6~8개의 수란을 시금치 위에 얹고, 크림을 조금 섞은 〈베샤멜 소스〉로 덮는다. 치즈 가루, 녹인 버터를 뿌리고, 조금만 노릇하게 그릴에서 그라탱처럼 굽는다.

그랑 뒥 달걀

Oeufs pochés grand duc, Eggs with truffles and shrimps

버터에 튀긴 크루통을 깔고, 그 위에 수란이나 반숙 달걀들을 올린다. 각 달걀에 얇게 썬 서양 송로를 올리고, 새우도 1~2마리 올린다. 크림을 조금 섞은 〈베샤멜 소스〉를 입힌다. 치즈 가루와 녹인 버터를 가볍게 뿌린다. 조금만 노릇한 그라탱처럼 샐러맨더 그릴[12]에서 굽는다. 버터로 볶은 아스파라거스를 가르니튀르로 놓는다.

맹트농[13] 수란

Oeufs pochés Maintenon, Poached eggs with semolina and soubise sauce

세몰리나 밀가루를 반죽해, 뇨키(gnocchi)처럼 만들어 버터로 지진다. 그 위에 수란 몇 개를 올린다. 〈수비즈 소스〉에 닭 가슴살과 서양 송로를 아주 가늘게 썰어넣어, 이 소스로 수란을 덮는다. 치즈 가루를 뿌리고, 샐러맨더 그릴에 올리거나 오븐에 넣어서 빠르게 굽는다.

---

11) 피렌체 스타일은 시금치를 접시에 깔아놓는 방식이다. 피렌체의 메디치 가문 출신인 프랑스 왕비, 카트린 드 메디치(Catherine de' Medici, 1519~1589년)가 즐겼던 방식이다.

12) Salamander. 위에서 열을 가해, 익히거나 구워서 윤을 낼 때 사용하는 그릴.

13) 맹트농(1635~1719년)은 프랑스 국왕 루이 14세의 애첩이며 여성 교육자. 그녀가 쓴 서한집은 궁궐 생활과 풍습, 사회상을 보여주는 자료이다. 숱한 잔치를 준비했기에 음식에 대한 일화도 풍부하다. 그녀는 많은 역사서와 소설의 주인공이었다.

마농[14] 수란

Oeufs pochés Manon, Poaches eggs with whitebait

☙ 수란 6~8개, 다진 양파 2큰술, 리크(서양 대파) 1, 올리브유 2큰술, 카레 1작은술, 토마토 2, 통마늘 1, 파슬리와 타임 각 1, 월계수 잎 1, 끓는 물 1리터, 소금 10g, 후추, 뱅어(치어) 500g, 사프란, 크루통.

냄비에 기름을 뜨겁게 가열해 다진 리크 흰 뿌리와 다진 양파를 노릇하게 데친다. 카레 가루, 토마토, 마늘, 허브들을 넣는다. 뚜껑을 덮고 10분간 볶다가 끓는 물을 붓는다. 소금과 통후추를 넣는다. 몇 분 더 끓이고 나서 뱅어와 사프란을 추가한다. 다시 10~12분간 끓이고, 체로 거른 뒤, 따뜻하게 놓아둔다. 식용유에 튀긴 흰 빵이나 크루통을 접시에 깔고 그 위에 수란들을 올리고 쿠르부이용을 조금 끼얹는다.

모르네 또는 그라탱 수란

Oeufs pochés à la Mornay ou gratin, Poached eggs with cheese sauce

그라탱 그릇에 버터를 두르고, 〈베샤멜 소스〉를 얇게 한 층 깔아준다. 그 위에 수란 몇 개를 가지런히 올리고 치즈 가루를 뿌린다. 〈베샤멜 소스〉를 조금 더 끼얹고, 치즈를 뿌리고 노릇한 버터를 조금 추가한다. 그라탱처럼 노릇하게 만든다.

니수아즈(니스) 수란

Oeufs pochés niçoise, Poached eggs with parmasan cheese

깊은 접시에 버터를 조금 두르고 수란 몇 알을 넣는다. 파르메산 치즈를 뿌리고 토마토 퓌레를 섞은 〈데미글라스 소스〉를 몇 술 끼얹는다. 달걀에만 파르메산 치즈를 조금 더 뿌린다. 남은 소스를 걸쭉하게 졸여 달걀에 붓는다. 뚜껑을 덮고 따끈한 곳에 2~3분간 놓았다가 먹는다.

오를레앙 수란

Oeufs pochés à la d'Orléans, Poached eggs with chicken breasts

몇 개의 타르틀레트 크루트(작은 파이 크러스트)에 작게 토막 낸 닭 가슴살을 담고 〈쉬프렘 소스〉를 몇 술 덮어 접시에 올린다. 타르틀레트마다 수

14) 프랑스 오페라 작곡가 쥘 마스네(Jules Massenet)의 오페라.

란을 얹고, 소스를 조금 더 입힌다. 얇게 썬 서양 송로를 '글라스 드 비앙드'에 적신 후, 하나씩 수란에 올리고 가능한 따끈할 때 먹는다.

렌(여왕) 수란
Oeufs pochés à la reine, Poached eggs with macaroni and cheese
마카로니를 잘게 부숴 삶아 익힌다. 물에서 건져 물기를 빼고, 아주 가늘게 썬 서양 송로와 버터, 치즈 가루, 크림을 조금씩 추가한다. 마카로니를 접시에 넣고 그 위에 수란들을 올린다. 〈베샤멜 소스〉로 덮고, 치즈를 뿌리고 먹기 전에 '루'를 조금 끼얹는다.

스탠리 달걀 반숙
Oeufs Stanley, Soft-boiled eggs with soubise sauce
반숙 달걀들을 접시에 담는다. 〈수비즈 소스〉 500밀리리터당 카레 가루 1큰술을 넣어 달걀들을 덮는다. 가늘게 썬 서양 송로를 카레 가루 대신 조금 넣을 수도 있다. 인도식 쌀밥과 함께 먹는다.

빌루아 달걀
Oeufs à la Villeroy, Fried cold poached eggs
수란 몇 알을 만든다. 조심스레 물기를 빼고, 〈빌루아 소스〉를 덮는다. 식힌 후 밀가루, 달걀물, 고운 빵가루를 입힌다. 몇 분 동안 기다렸다가 뜨거운 버터에서 노릇하게 튀긴다. 〈토마토 소스〉를 곁들인다.

코코트 달걀찜, 틀에 넣어 익힌 달걀

코코트 달걀찜

고열에 견디는 작은 코코트(cocotte) 도기 냄비에 달걀을 넣고 익힌다. 냄비 형태는 원형 또는 타원형이다. 코코트 냄비 달걀은 특이하게 삶는 여러 가지 방법이 있다. 기본적으로 크림을 넣고 조리하지만, 종종 그 변형으로 크림 대신 여러 가지 소스, 적포도주, '글라스 드 비앙드', 다진 가금

고기, 아스파라거스 등을 사용하기도 한다. 접시에 덜지 않고, 코코트 냄비를 받침에 얹어 식탁에 바로 올린다.

크림을 넣은 코코트 달걀찜

Oeufs cocotte à la crème, Eggs in cocotte with cream

코코트 냄비를 가열해 호두 크기의 버터 덩어리를 넣는데, 버터 덩어리 1개당 달걀 1알을 함께 넣는다. 소량의 소금과 끓인 크림 1큰술을 넣는다. 중탕기에 넣어 삶거나, 높이가 낮은 넓은 냄비에 넣고 끓는 물을 냄비의 2분의 1높이까지 붓고, 이것을 오븐에 넣어 약한 불에서 찐다. 흰자가 거의 익고, 노른자가 윤기를 띠면 다 익은 것이다.

미레유 코코트 달걀찜

Oeufs cocotte Mireille, Eggs in cocotte with truffles

코코트 냄비를 데운다. 호두알 크기의 버터 한 덩어리에, '글라스 드 비앙드' 2작은술, 껍질을 벗기고 다듬어 다진 서양 송로 1작은술, 달걀 1알, 소금, 끓인 크림 1큰술을 넣는다. 중탕기에 넣는다.

라셸 코코트 달걀찜

Oeufs cocotte Rachel, Eggs in cocotte with asparagus tips

〈미레유 코코트 달걀찜〉과 같은 방법이지만, 달걀을 찔 때, 버터로 볶은 아스파라거스를 반 큰술 얹는다.

로즈몽드 코코트 달걀찜

Oeufs cocotte Rosemonde, Eggs in cocotte with bechamel sauce

코코트 냄비에 버터를 두르고, 크림을 조금 섞은 〈베샤멜 소스〉 반 큰술을 넣는다. 그 위에 달걀 1개를 넣는다. 소금 극소량과 파르메산 치즈 1작은술을 갈아 넣는다. 〈베샤멜 소스〉를 조금 더 덮고, 치즈 가루를 뿌리고, 노릇하게 지진 버터를 조금 넣고, 냄비를 오븐에 넣고 약한 불로 끓인다. 냄비 뚜껑을 덮지 않은 채 오븐에서 4분간 더 익힌다. 다진 서양 송로를 〈베샤멜 소스〉에 추가한다.

토마토를 넣은 코코트 달걀찜

Oeufs cocotte à la tomate, Eggs in cocotte with tomatoes

달걀 6~8개, 토마토 3~4개, 올리브유 1큰술, 소금, 후추, 파슬리, 마늘(선택).

껍질 벗겨 씨를 빼고 다진 토마토를 올리브유(또는 버터) 두른 냄비에 넣는다. 다진 파슬리를 넣는다. 뚜껑을 덮고 12~15분간 끓인다. 이렇게 끓인 묽은 반죽을 냄비에 넣고 달걀과 소금, 후추를 친다. 중탕기에 넣어 익힌다. 달걀이 익으면, '글라스 드 비앙드'를 조금 끼얹어도 된다.

틀에 넣어 익힌 달걀

작고 다양한 모양의 틀에 넣어 달걀을 익힌다. 틀에 버터를 바르고, 접시에 맞춰 장식한다. 달걀은 틀에 직접 깨넣거나, 으깨거나 중탕을 해서 넣어도 된다. 틀에서 꺼낸 일정한 모양의 달걀은 버터에 튀긴 크루통 위에 올린다. 그러나 크루통 없이, 접시에 달걀을 곧바로 올려도 된다. 크루통 대신 통밀로 만든 '뇨키'로 대신할 수 있다. 뇨키는 작은 크기로 빚어 밀가루옷을 입힌 뒤에 버터로 튀긴다.

세실리아 달걀

Oeufs moulés Cécilia, Mouled eggs with sauce supreme

작은 케이크 틀 몇 개에 버터를 두텁게 바르고 서양 송로를 잘라 장식한다. 틀 안쪽 둘레에 〈크림을 넣은 닭고기 파르스〉를 넣는다. 각 틀마다 달걀 1알씩을 깨어 넣고, 중탕기에 넣어 익힌다. 또는 소스냄비에 넣고 뚜껑을 닫아서 끓는 물이 넘쳐 들어가지 않도록 한다. 익은 달걀을, 퍼프 페이스트리(Pâte feuilletée, Puff pastry)의 한가운데 쏟아붓고, 〈쉬프렘 소스〉를 덮는다. 소스에 '글라스 드 비앙드'를 몇 술 끼얹어도 좋다.

닭고기 대신 생선 등을 사용해 소를 만들어서 다른 이름을 붙인다. 소스도 카레, 단맛의 붉은 파프리카, 적포도주, 토마토, 버터, 묽은 '글라스 드 비앙드' 등 여러 가지로 대신할 수 있다.

크림을 넣은 닭고기 파르스

☙ 영계 살코기 500g, 달걀흰자 2, 더블크림[15] 600~700ml, 소금 10g, 흰 후추 조금.

닭고기를 양념과 함께 갈아준다. 달걀흰자를 조금씩 붓고, 고운 체로 거른다. 접시에 담아 얼음 위에 1시간 동안 놓아둔다. 얼음 위의 접시에 조금씩 더블크림을 풀어 넣는다.

폴리냐크[16] 달걀

Oeufs moulés Polignac, Moulded eggs with chateaubriand sauce

작은 케이크 틀에 버터를 두툼하게 바른다. 각 틀의 바닥에 얇게 썬 서양송로를 깔고, 달걀을 한 알씩 깨어 넣고 소금을 살짝 뿌린 뒤, 뚜껑을 닫지 않은 중탕기에서 찐다. 다 익은 달걀들을 접시에 하나씩 쏟아 둥글게 올린다. 〈샤토브리앙 소스〉를 두른다. 〈새우 소스〉로 대신해 '샹베르탱 달걀' 등의 이름을 붙이기도 한다.

스크램블드에그

스크램블드에그는 세심하게 준비하면 세련된 요리가 된다. 스크램블드에그는 크림처럼 부드러워야 한다. 보통 은제 접시에 올리거나 타르틀레트 크루트(파이 크러스트)에 담는다. 예전에는 버터에 튀긴 크루통이나 작은 마름모꼴을 넣은 퍼프 페이스트리(pâte feuilletée)와 함께 냈다. 그러나 요즘에는 조리 시간이 급해지면서, 곁들이던 것이 생략되어 안타깝다. 옛날에는 스크램블드에그를 중탕기로 만들었다. 맛이 더 좋지만 시간이 많이 걸린다. 약한 불에서는 이와 비슷한 효과를 낼 수 있다. 달걀이 부드러우려면 가능한 천천히 익혀야 한다. 가장 올바른 방법은 다음과 같다.

바닥이 두꺼운 프라이팬을 준비한다. 팬을 조금만 가열해 버터 60그램을 녹이고 달걀 6~8알을 깨어 넣는다. 소금, 후추를 조금 친다. 불을 적당히

15) 보통 크림의 유지방 함량은 18% 이상이다. 더블크림(Creme epaisse, Creme double)은 유지방 48% 이상의, 된 크림이다. 미국식 헤비크림(Heavy cream)의 유지방은 36%이다.

16) 프랑스 고대 귀족가문. 15세기에 몰락한 뒤에도 일부 후손이 여러 분야에서 활약했다.

올려 나무주걱으로 계속 휘저어 바닥에 눌어붙지 않게 달걀을 익힌다. 버터 50그램을 추가하고 숟가락으로 계속 저어준다. 이 스크램블드에그에는 크림을 넣지 않아도 된다. 아스파라거스, 서양 송로, 치즈, 토마토, 버섯, 송아지와 양의 콩팥, 버터로 볶은 닭의 콩팥, 새우 등 다양한 가르니튀르를 올릴 수 있다.

카트리네트 스크램블드에그

Oeufs brouillés Catherinettes, Scrambled eggs with cheese and truffles

달걀을 휘저어 익힌다. 치즈 가루 2큰술과, 얇게 썬 서양 송로를 조금 추가해 접시에 담고 버터에 튀긴 크루통을 올린다. 접시 한복판에 닭의 콩팥을 버터로 살짝 노릇하게 볶아 '글라스 드 비앙드'를 끼얹는다.

조르제트 스크램블드에그

Oeufs brouillés Georgette, Scramled eggs with truffles and shrimps

스크램블드에그를 만들어, 파르메산 치즈 가루 2큰술, 얇게 썬 서양 송로 몇 쪽, 새우 몇 마리를 추가한다. 접시에 담아 '글라스 드 비앙드' 몇 술을 끼얹는다. 버터에 튀긴 크루통을 올린다.

그랑메르(할머니식) 스크램블드에그

Oeufs brouillés grand'mère, Scambled eggs with criutons and ham

스크램블드에그를 만든다. 작은 크루통 몇 술과 작게 썬 장봉(햄) 조각들을 버터에 살짝 노릇하게 데쳐 섞는다.

삿갓버섯 스크램블드에그

Oeufs brouillés aux morilles, Scrambled eggs with morels

스크램블드에그를 만들어 접시에 담고, 크림을 두른 삿갓버섯을 올리고 '글라스 드 비앙드' 몇 술을 끼얹는다. 여기에 얇게 썬 서양 송로를 가르니튀르로 얹으면, '페리고르딘(périgourdine) 스크램블드에그'가 된다.

마들롱 스크램블드에그

Oeufs broillés Madelon, Scrambled eggs Madelon

스크램블드에그를 만들고, 치즈 가루 2~3큰술을 추가해 접시에 담는다. 그 한복판에 양의 콩팥을 반으로 길게 잘라 버터로 볶아 올린다. '글라스 드 비앙드' 1큰술, 토마토 퓌레 2큰술, 버터 1큰술을 섞어 소스로 붓는다. 버터로 튀긴 크루통을 곁들여도 된다.

아스파라거스 스크램블드에그

Oeufs brouillés aux pointes d'asperges, Scrambled eggs with asparagus tips

스크램블드에그를 만들어, 아스파라거스 몇 개를 버터에 볶아 장식으로 얹는다. 버터에 튀긴 크루통이나 작은 크루아상을 가르니튀르로 올려도 된다.

라셸 스크램블드에그

Oeufs brouillés Rachel, Scrambled eggs with trffles and asparagus tips

스크램블드에그를 만든다. 얇게 썬 서양 송로들을 섞어 접시에 담는다. 한가운데에 아스파라거스를 푸짐히 올리고, '글라스 드 비앙드' 1큰술에 살짝 데친 서양 송로를 입힌다. 버터에 튀긴 크루통이나 퍼프 페이스트리를 가르니튀르로 올려도 된다.

토마토 스크램블드에그

Oeufs brouillés tomates, Scrambled eggs with tomates

스크램블드에그를 만든다. 껍질 벗겨 씨를 빼고 다진 토마토 2~3개를 버터에 볶아, 섞는다.

베로니크 스크램블드에그

Oeufs brouillés Véronique, Scrambled eggs with cheese and noodles

스크램블드에그를 만들고 치즈 가루 2~3큰술을 섞는다. 접시에 담고, 버터로 볶은 국수를 올린다. 어떤 종류의 면이라도 버터로 튀긴 크루통을 대신하는 별미가 된다.

빅토르 엠마뉘엘[17] 스크램블드에그

Oeufs brouillés Victor Emmanuel, Scrambled eggs with piemontese truffles

스크램블드에그를 만든다. 파르메산 치즈 가루를 3~4큰술 넣고 따끈한 접시에 담는다. 그 위에 피에몬테 서양 송로를 얇게 썰어 올리고 소금과

---

17) 비토리오 에마누엘레(1820~1878년), 통일 이탈리아 최초의 국왕.

치즈 가루를 뿌리고, '글라스 드 비앙드' 몇 술을 끼얹는다. 접시에 뚜껑을 덮는다. 달걀이 뜨겁다면 그 열기로 서양 송로가 익는다.

반숙과 완숙 달걀

반숙 달걀

반숙 달걀(œufs à la coque, soft boiled eggs)은 앞에서도 설명했다. 반숙의 정도에 관한 시간은 개인의 입맛에 따라 다르다. 누구는 1분으로 충분하지만, 4분까지 삶아야 좋다는 사람도 있다. 암탉이 먹는 곡물이 달걀 맛을 상당히 좌우한다.

완숙 달걀

달걀을 너무 오래 삶으면 맛이 떨어진다. 달걀 크기에 따라 다르지만 보통 7~8분 삶아야 적당하다. 익었다 싶으면 즉시 찬물에 넣어야 껍질이 쉽게 벗겨진다.

완숙 달걀(oeufs durs, hard boiled eggs)은 오르되브르와 샐러드에서 큰 몫을 차지한다. 완숙 달걀로 튀김이나 고기 코틀레트(커틀릿)도 만들 수 있다. 달걀 코틀레트는 소고기, 양고기, 닭고기 코틀레트에 종종 가르니튀르로 올린다. 완숙 달걀은 〈베샤멜 소스〉에도 이용한다. 시금치, 수영, 치커리 등을 삶은 반죽, '퓌레'에도 가르니튀르로 올린다.

달걀 코틀레트[18)]

Côtelette d'oeufs, Egg cutlets

ᘓ 완숙 달걀 6개, 달걀노른자 3, 서양 송로(트뤼프) 2큰술, 베샤멜 소스 8~10큰술, 크림, 밀가루, 튀김용 빵가루. 정제한 맑은 버터.

---

18) 프랑스어 코틀레트(côtelette)는 원래 소, 돼지, 양의 갈빗살(côte)을 잘라낸 덩어리를 가리킨다. 둥글납작한 고깃덩어리 또는 이것에 빵가루를 입혀 튀긴 요리를 가리키는 두 가지 뜻이 있다.

완숙 달걀을 잘게 썰고, 서양 송로도 껍질을 벗겨 잘게 썬다. 크림을 조금 추가한 〈베샤멜 소스〉에 달걀을 버무린다. 여기에 달걀노른자를 추가한다. 이렇게 섞은 반죽을 접시에 올려 표면을 고른다. 달걀 한 알 크기의 조각으로 작게 코틀레트 모양을 만들어, 밀가루를 가볍게 묻히고, 달걀물, 빵가루를 입힌다. 맑은 버터에서 금빛이 될 정도까지 앞뒤를 뒤집으며 튀긴다. 소스는 자유롭게 준비한다.

달걀 크로메스키[19]

Cromesquis d'oeufs, Hard boiled eggs in batter

〈달걀 코틀레트〉처럼 재료를 섞는다. 작은 공 크기로 반죽을 빚어 가볍게 두드려준다. 먹기 직전에 〈튀김용 반죽〉[20]을 가볍게 입혀 팬에서 튀긴다. 건져내 파슬리를 뿌린다. 〈토마토 소스〉를 따로 낸다.

트리프(양곱창식)[21] 달걀

Oeufs *à la tripe*, Hard boiled eggs with béchamel sauce

완숙 달걀들을 얇게 썰어놓고, 크림을 추가한 〈베샤멜 소스〉로 덮는다. 소스에는 버터로 살짝 볶아, 아주 연한 빛깔인 양파를 넣는다. 소스 500밀리리터당 양파 1큰술이다.

완숙 달걀 파르시

Oeufs durs farcis, Stuffed hard boiled eggs

☙ 삶은 달걀 6개, 베샤멜 소스, 다진 파슬리 1작은술, 앤초비 에센스 1작은술, 소금과 후추, 너트멕 5g, 다진 차이브 1작은술, 버터, 치즈 가루.

완숙 달걀들을 길게, 반으로 자른다. 노른자를 빼내 곱게 체로 거른다. 그것을 작은 그릇에 넣고 〈베샤멜 소스〉 2큰술, 파슬리, 앤초비 에센스, 소금, 후추, 너트멕 가루, 버터에 살짝 데친 차이브를 넣어 반죽을 만든다. 이 반죽을 달걀노른자를 빼낸 빈 자리에 채워 〈베샤멜 소스〉로 덮고, 치즈 가루를 뿌리고 녹인 버터를 두른다. 접시에 담아 시금치나 치커리, 또는

---

19) 러시아식 크로메스키(kromeski)에서 나왔다. 반죽을 작은 공 모양으로 빚어, 튀김용 반죽을 입혀 튀긴다. 러시아식은 대망막으로 감싸 튀긴다.

20) '반죽과 파티스리'에서 튀김옷 참조.

21) 달걀을 덮고 있는 소스 때문에 소의 위장(양, tripe)처럼 보인다.

수영을 넣은 〈토마토 소스〉를 곁들여도 된다.

달걀 볼오방

Vol-au-vent d'Oeufs, Egg volauvent

☙ 삶은 달걀 6~8개, 서양 송로(트뤼프) 2~3쪽, 버터 75~100g, 베샤멜 소스 500ml, 볼오방 그루트(크러스트) 1개.

완숙 달걀을 4쪽으로 자르고, 서양 송로를 얇게 썬다. 〈베샤멜 소스〉에 버터를 추가해, 달걀과 서양 송로에 붓는다. 잘 섞어서 볼오방 크루트에 넣는다. 서양 송로 대신 새우를 넣어도 된다. '새우 버터'로 마무리한다.

오믈렛

오믈렛(오믈레트, Omelette) 만들기는 쉽다. 그래도 제대로 만들려면 많은 연습이 필요하다. 완벽한 오믈렛은, 달걀을 고르게 풀어주어야 한다. 버터가 조금 노릇해진 뒤에 프라이팬에 달걀을 부어야 한다. 달걀이 버터와 잘 섞여야 견과 같은 맛이 난다. 또 노르스름한 금빛도 입맛을 당긴다. 보통 1인분에 달걀 2알이 기준이지만 3인분은 5알이다. 달걀은 8~10알을 넘지 않아야 좋다.

각 조리법마다 달걀 수를 반복하지 않으려고, 아래의 조리법들은 달걀 5알을 기준으로 삼았다. 양념은 소금과 후추를 아주 조금씩 넣는다. 후추는 제외할 수도 있다. 버터는 30그램으로 한다.

기본 오믈렛

Omelette simple, Plain omelet

뜨거운 버터에 달걀들을 붓고 즉시 프라이팬을 앞뒤로 흔들어 달걀을 고루 퍼트려 익힌다. 아니면, 포크로 휘젓는다. 팬의 손잡이 반대쪽으로 기울이면서 포크를 이용해 둥글게 말아준다. 오믈렛을 따뜻한 접시에 올리고 찢어지지 않도록 한다. 오믈렛의 속은 크림처럼 묽고 부드럽지만, 겉은 금빛이 돌고 단단해야 한다.

아티초크 오믈렛

Omelette aux artichauts, Artichoke omelet

아티초크 고갱이(속잎)를 얇게 썰고, 버터에 지진다. 달걀을 넣고 〈기본 오믈렛〉 방법으로 만든다. 여기에 감자를 얇게 썰어 넣어도 된다.

양송이버섯 오믈렛

Omelette aux champignons, Mushroom omelet

중간 크기의 버섯들을 버터에 빠르게 살짝 볶아, 소금, 후추, 다진 파슬리를 넣는다. 여기에 달걀들을 섞어 오믈렛을 만든다. 차이브 조금과 프로방스식[22]으로 볶은 토마토 2큰술을 추가하기도 한다.

시금치 오믈렛

Omeletteaux épinards, Spinach omelet

시금치를 삶아 물기를 빼고, 성글게 자른다. 버터로 데쳐 물기를 없앤다. 소금, 후추, 달걀들을 섞어, 마늘을 문질러준 프라이팬에 붓는다.

에스파뇰(스페인) 오믈렛

Omelette à l'espagnole, Spanish omelet

달걀들을 풀고, 버터로 살짝 데친 얇게 썬 양파 1큰술을 넣고, 소금과 후추, 다진 파슬리를 넣는다. 오믈렛을 팬케이크 모양으로 만든다.

허브 오믈렛

Omelette aux fines herbes, Omelet aux fine herbs

달걀들을 풀어, 다진 파슬리, 차이브, 처빌, 타라곤을 총 1큰술 섞는다.

치즈 오믈렛

Omelette au fromage, Cheese Omelet

달걀들을 풀어, 그뤼예르 치즈 가루, 파르메산 치즈 가루를 각 1큰술씩 섞는다. 크림 1큰술을 추가해도 된다. 나머지는 다른 오믈렛과 같다.

그랑메르(할머니) 오믈렛

Omelette grand'mère, Omelet with croutons and parsley

달걀들을 풀고, 익기 직전에 버터로 튀긴 크루통 3큰술, 다진 파슬리를 넣

---

22) à la provençale. 토마토에 마늘, 올리브유를 이용한다.

는다.

장봉 오믈렛

Omelette au jambon, Ham Omelet

돼지 뒷다리 고기(jambon)는 훈제 또는 조리된 것 무엇이든 괜찮다. 고기는 잘게 썰거나 아주 곱게 다져, 풀어놓은 달걀에 넣기 전에 버터로 데친다. 그다음은 〈기본 오믈렛〉 만들기와 같다. 감자, 버섯 등을 곱게 썰어 버터에 데쳐 사용하거나 올리브유로 볶은 가지 또는 다진 파슬리, 차이브 등을 넣기도 한다.

프티 살레 오믈렛

Omelette au lard, Petit-salé omelet

프티 살레(petit salé, 소금에 절인 돼지고기) 60그램을 네모지게 또는 가늘게 자른다. 버터로 1분간 노릇하게 지지다가 달걀을 붓는다. 즉시 오믈렛을 만든다. 다른 방법은, 〈기본 오믈렛〉을 만들고 그 위에 아주 뜨겁게 구운 베이컨 4~5쪽을 올리는 것이다.

삿갓버섯 오믈렛

Omelette aux morilles, Omelet with morels

삿갓버섯 12개를 반씩 잘라, 버터에 데쳐 수분을 뺀다. '글라스 드 비앙드' 2큰술, 크림 3큰술을 붓는다. 소금, 후추를 넣고, 소스냄비를 잘 흔들어 '글라스 드 비앙드'가 완전히 섞여 스며들도록 한다. 〈기본 오믈렛〉을 만들어 한가운데를 조금 갈라, 준비한 삿갓버섯을 넣는다.

무슬린 오믈렛

Omelette mousseline, Mousseline Omelet

그릇에 달걀 2알을 풀고, 노른자 3알을 더 넣고, 소금을 뿌리고, 더블크림(crème épaisse) 2큰술을 붓고 휘저어 섞는다. 달걀흰자 3알을 휘저어 넣는다. 전체를 섞고, 버터 60그램을 넣은 뜨거운 프라이팬에 붓는다. 세게 저어 둘레에 있는 재료를 한가운데로 모은다. 이 오믈렛은 반으로 접어도 된다. 치즈 가루, 아스파라거스 등을 넣어도 된다.

낭튀아[23] 오믈렛

Omelette Nantua, Shrimp omelet

〈기본 오믈렛〉을 만든다. 오믈렛 한가운데를 조금 벌려, 조금 된 '글라스드 비앙드'를 섞은 민물 가재(또는 새우나 바닷가재) 2~3큰술과 더블크림 또는 크림을 넣은 〈베샤멜 소스〉 3~4큰술을 붓고 섞는다.

수영 오믈렛

Omelette à l'oseille, Sorrel omelet

다진 수영 2~3큰술을 버터로 익히고, 달걀을 풀어 오믈렛을 만든다.

리오네즈(리옹) 양파 오믈렛

Omelette à l'oignon à la lyonnaise, Onion omelet

얇게 썬 양파 2큰술을 버터로 노릇하게 볶고, 달걀을 풀어, 오믈렛을 만든다. 넓게 펼치거나 둥글게 말아서 접시에 올린다.

파르망티에[24] 오믈렛

Omelette Parmentier, Potato omelet

감자를 작게 썰어 버터에서 천천히 익힌다. 노릇해질 때까지 익힌다. 여기에 달걀과 다진 파슬리를 넣고 즉시 오믈렛을 만든다.

프로방살(프로방스) 오믈렛

Omelette provençale, Provencal style omelet

팬 바닥에 마늘 1쪽을 비벼준다. 올리브유 2큰술을 붓고 뜨겁게 가열한다. 껍질 벗겨 씨를 뺀 토마토를 썰어, 2큰술 넣고, 다진 파슬리를 뿌린다. 몇 분간 익혀 달걀물을 붓고 오믈렛을 만든다.

참치 오믈렛

Omelette au thon, Tunny fish omelet

작게 자른 참치살 4큰술, 다진 파슬리를 달걀에 넣는다. 〈기본 오믈렛〉처럼 만든다. 소스 그릇에 앤초비 버터를 넣어 따로 곁들인다.

---

23) 낭튀아는 가재 버터를 섞은 붉은 소스이다. 짙은 붉은색의 작은 민물 가재를 이용한다.

24) Antoine Augustin Parmentier(1731~1813년). 프랑스 농학자. 가축 먹이로 이용하던 감자를 사람들의 식재료로 권장하고 보급했다. 대체 식량 확보에 크게 기여했다. 이후 파르망티에(Parmentier)는 감자를 재료로 하는 요리를 지칭하는 용어가 되었다.

로시니 오믈렛
Omelette Rossini, Truffle omelet with foie gras

오믈렛을 만들어, 그 위에 신선한 푸아그라를 밀가루를 입힌다. 버터에 살짝 지져 작은 스캘럽[25]을 만들어 올린다. 오믈렛 둘레에 버터 1큰술을 추가한 〈데미글라스 소스〉 몇 술을 끼얹는다.

아스파라거스 오믈렛
Omelette aux pointes d'asperges, Omelet with asparagus tips

아스파라거스 봉우리쪽 팁(tip)부분만을 잘라 소금물에 삶아내, 몇 분간 버터로 볶아 달걀과 섞는다. 오믈렛을 만들어 한복판을 벌린 뒤, 아스파라거스를 넣는다.

메나제르 오믈렛
Omelette à la ménagère, Housewife's omelet

굵은 마카로니 또는 이탈리아 파스타를 조금 소금물에 삶는다. 너무 오래 삶지 않고 단단할 때 건져 식힌다. 큰 냄비에 라드(saindoux, lard)[26] 또는 버터 4큰술을 넣고 가열해, 마카로니를 넣고 노릇하게 익힌다. 달걀 5~6알을 풀어 넣고, 소금과 후추로 간을 한다. 포크로 저어주면서 오믈렛을 만들어, 크고 둥근 접시에 쏟는다. 나는 이 오믈렛을 가장 좋아한다.

크레프 오믈렛
Omelette crêpe, Pancake omelet

달걀 2알을 풀어, 크림 1큰술을 붓고, 소금을 뿌린다. 팬에 버터 10~12그램을 가열한다. 팬을 세게 흔들어 오믈렛을 뒤집고, 빠르게 팬케이크처럼 익힌다. 그 위에 가늘게 썰어 구운 베이컨 2조각을 올린다.

---

25) 부채꼴이나 물결 모양의 장식.

26) 돼지고기의 지방 조직을 녹여서 정제한 반고체 상태의 식용 기름. 19세기에는 버터처럼 즐겨 사용했다. 20세기에 가공 기술의 향상으로 크게 유행했다.

차가운 달걀 요리

날달걀, 반숙, 완숙을 차갑게 식혀 다양하게 이용한다. 예술적 상상력이 필요하다. 장식도 가미한다. 깊고 네모진 은제나 도기 접시가 젤리 상태로 달걀을 낼 때에 좋다. 이런 접시는 젤리의 신선한 상태를 유지해준다.

수란 또는 젤리식 반숙 달걀의 기본 조리법

수란 몇 알의 물기를 없애고 〈흰색 쇼프루아 소스〉를 바른다. 각각의 알 한가운데에 얇게 썬 서양 송로 조각을 하나씩 얹는다. 접시를 얼음 위에 올리고, 닭고기 젤리를 약 1센티미터 높이로 깔아준다. 여기에 달걀을 올리고 다시 젤리로 덮는다. 잠시 재워둔다. 식탁에 올릴 때, 더 큰 접시에 뒤집어 올리고, 얼음 조각들을 둘러준다.

차게 먹는 달걀 요리의 소스와 가르니튀르는 매우 다양하다. 〈흰색 쇼프루아 소스〉에 단맛의 붉은 파프리카 가루, 토마토 퓌레, 새우 버터를 추가해 다양하게 응용할 수 있다. 달걀을 젤리에 얹기 전에 소스를 반드시 입혀야 하는 것은 아니다. 수란에는 여러 가지 '무스'를 올릴 수 있다. 토마토, 민물 가재, 장봉, 푸아그라, 닭고기, 파프리카, 샹베르탱 등으로 만든 무스이다. 달걀에 올리는 가르니튀르를 여러 가지로 만들어 재미있는 이름을 붙인다. 기본 재료에서 따오거나 적당한 설명이 되는 이름을 지어주는 것이 좋다.

알자시엔(알자스) 수란

Oeufs à l'alsacienne, Poached eggs with paprika chaudfroid sauce

파프리카를 넣은 〈쇼프루아 소스〉를 입힌 수란을 자유롭게 장식해 푸아그라 위에 올린다. 수란 사이사이를 벌려 닭 가슴살이나 아주 가늘게 썬 서양 송로를 끼워 넣는다.

앙달루즈(안달루시아) 수란

Oeufs à l'andalouse, Aspic of poached eggs and chicken mousse

수란에 〈흰색 쇼프루아 소스〉를 입히고, 사프란 우려낸 물을 조금 끼얹어 엷은 노란색으로 만든다. 접시를 얼음 위에 올리고 단맛의 붉은 파프리카 가루를 넣은 닭고기 무스를 반쯤 채우고, 그 위에 수란을 올려, 아주 가늘게 썬 서양 송로를 끼워 넣는다. 그다음에 닭고기 젤리로 완전히 덮는다.

오말[27] 수란

Oeufs à la d'Aumale, Aspic of poached eggs and ham mousse

〈앙달루스 수란〉과 같은 방법이지만, 파프리카 닭고기 무스 대신 장봉(햄) 무스를 사용한다. 또 수란에도 장봉을 잘게 썰어 끼워 넣는다.

젤리식 수란 또는 반숙

Oeufs pochés ou mollets à la gelée, Poached or soft boiled eggs in jelly

수란의 물기를 빼고, 닭고기 젤리를 깐 접시에 올린다. 취향대로 장식하고 젤리로 덮는다. 덮기 전에 향미를 더하려면 수란 사이에 장봉(햄), 닭가슴살 등을 끼워 넣어도 된다. 끼워 넣는 재료는 아주 가늘게 썬다. 아스파라거스나 콩을 추가해도 된다. 수란에, 〈러시아 샐러드〉, 〈라셀 샐러드〉, 제철 야채로 준비한 샐러드를 곁들일 수 있다. 쪽배 모양의 소스 그릇에 마요네즈를 담아 곁에 놓는다.

리슐리외 수란

Oeufs Richelieu, Poached eggs with crayfish mousse

수란에 크림을 넣은 〈쇼프루아 소스〉를 입히고, 각 달걀 위에 얇게 썬 서양 송로를 올린다. 이것을 민물 가재 또는 새우와 아스파라거스를 넣은 민물 가재 무스 위에 올린다. 그 위에 아스픽 젤리를 얹는다.

리골레트 수란

Oeufs Rigolette, Poached eggs with chicken mousse

수란에 쇼프루아 오로라 소스를 입히고, 닭고기 무스 위에 올린다. 무스는 묽은 육수에 삶은 수탉의 콩팥을 잘라 섞는다. 접시 중앙에 아스파라거스를 한 다발 올리고, 젤리를 얹는다. 부활절이나 아이들 생일날 단단히 삶은 달걀에 여러 가지 장식을 곁들인 달걀을 재미있고 장난기 넘치는 달걀이라는 뜻으로 '리골로' 달걀이라고 부른다.

---

27) 프랑스 북부 오트 노르망디 도의 도시.

민물고기 요리

쿠르부이용(생선 조리용 국물)

식초 쿠르부이용

Court-Bouillon au vinaigre

ↂ 3리터 재료: 물 3리터, 식초 120ml, 굵은 소금 35g, 다진 당근 350g, 다진 양파 300g, 타임 1, 월계수 잎 1, 파슬리, 통후추 12g.

통후추만 제외하고 나머지 재료를 냄비에 넣는다. 한소끔 끓인 다음 1시간 동안 더 끓인다. 끝내기 12분 전에 통후추를 넣는다. 다 끓이고 나서 체로 걸러 송어, 연어 등의 어패류 조리에 사용한다.

백포도주 쿠르부이용

Court-Bouillon au vin blanc

ↂ 3리터 만들기: 백포도주 120ml, 물 120ml, 다진 양파 300g, 타임, 굵은 소금 35g, 통후추 9g.

통후추만 제외하고 나머지 재료를 냄비에 넣고 30분 가량 끓인다. 끝내기 12분 전에 통후추를 넣고, 다 끓으면 체로 거른다. 생물 생선을 삶거나 조리할 때 사용한다.

간단한 쿠르부이용

Court-Bouillon Simple

ↂ 물 2리터, 소금 7g, 우유 300ml, 레몬 1쪽.

우유, 레몬, 소금을 넣은 찬물에 생선을 넣고 가열해 아주 천천히 끓어오르게 한다.

생선 조리법

생선은 다음과 같은 방식으로 조리한다.

— 끓이기: 소금물이나 쿠르부이용에 생선 토막을 끓여내 물기를 뺀다.

— 튀기기: 밀가루에서 굴리듯이 뒤집으며 생선에 밀가루를 입힌 뒤에(밀가루옷을 입히기 전에 소금을 넣은 우유에 담글 때도 있다), 뜨거운 기름에 넣어 튀긴다.

— 빵가루를 입히는 영국식(paner à l'Anglaise): 밀가루를 입히고, 달걀물에 적셔, 흰 빵가루를 입혀 튀긴다.

— 뫼니에르 방식(à la Meuniere): 생선에 양념을 하고 밀가루를 뿌려, 프라이팬에서 버터를 가열해 익힌다. 큰 생선은 정제한 맑은 버터를 이용한다. 아래쪽이 충분히 익으면 뒤집어서 다른 쪽(위쪽)을 익힌다.

— 포셰(Pocher): 버터를 넣고, 생선 퓌메를 붓고 약한 불에서 뭉근히 삶는다. 포셰로 조리한 생선은 항상 소스와 함께 낸다.

— 브레제(Braiser): 포도주와 생선 퓌메를 이용한다.

— 구이: 흰살 생선과 말린 생선의 구이는, 밀가루를 입히고 버터나 기름을 겉에 발라, 굽는 생선에 노릇한 금빛을 낸다.

— 그라탱: 오븐에 넣어 노릇하게 굽는다.

생선 수프

프로방살(프로방스) 생선 수프

Soupe de poissons, mode provençale, Provençal style fish soup

☙ 잉어 또는 퍼치(농어과 민물고기), 양파 2, 리크 2, 토마토 2~3개, 마늘 2쪽, 다진 파슬리 5g, 월계수 잎 1, 셀러리 1, 물, 소금, 후추, 흰 빵.

생선을 깨끗이 씻어 토막 낸다. 프라이팬에 다진 양파, 다진 리크 흰 뿌리 부분, 껍질을 벗겨 씨를 빼고 다진 토마토, 곱게 간 마늘, 다진 파슬리, 다진 셀러리와 월계수 잎을 넣는다. 물을 가득 붓고 소금, 후추, 사프란을 넣고 15분간 센 불에 끓인다.
그릇에 빵을 넣는다. 접시에 생선을 올리고 국물을 조금 붓는다. 나머지 국물은 큰 그릇에 붓는다. 이 수프는 생선에 따라 차이는 있지만, '프로방스 버터'라고 하는 '아이올리(Aïoli) 소스'를 곁들이기도 한다.

메나제르(가정식) 퍼치 수프

Soupe de perches à la ménagère, Perch soup

ꕤ 퍼치 250g짜리 1.5kg, 물 2리터, 양파 1, 월계수 잎 1, 마늘 2쪽, 파슬리, 소금 16g, 후추, 올리브유 4큰술, 토마토 5~6, 쌀 300g, 사프란 1자밤(5g), 양파 2개.

생선을 토막 내어, 냉장고 등 서늘한 곳에 보관한다. 넓은 냄비에 뼈와 대가리 등 서덜[1]을 넣고 물을 가득 붓는다. 얇게 썬 양파, 월계수 잎, 마늘, 파슬리를 추가하고 소금, 후춧가루를 친다. 20분간 끓여 고운 체로 거른다. 이것을 맑은 생선 육수, '쿠르부이용'이라고 한다.
냄비에 기름을 넣고 가열해, 리크 흰 부분을 길게 잘라 넣고 껍질 벗겨 씨를 빼고 다진 토마토를 넣는다. 몇 분간 지지고, 맑은 국물(쿠르부이용)을 붓는다. 한소끔 끓여 쌀과 사프란을 넣고 25~30분간 끓인다. 이 국물은 걸쭉해야 하고, 쌀은 잘 익어야 한다. 쌀 대신 국수, 마카로니, 감자를 넣을 수 있다. 또는 빵 조각 위에 국물을 부어도 된다. 모캐(대구과의 민물고기), 잉어, 민물 꼬치고기로도 같은 방식의 수프를 끓인다.

민물 농어, 장어, 강꼬치고기, 잉어, 민물 아귀

민물 농어(퍼치)

퍼치(perche, perch)는 작은 것을 튀긴다. 보통의 크기의 퍼치는 버터 구이, 또는 포도주로 익히는 '마틀로트' 방식으로 조리한다. 큰 퍼치는 쿠르

1) 생선의 살을 발라내고 난 나머지 부분. 뼈, 대가리, 껍질 따위를 통틀어 이르는 우리말.

부이용으로 삶거나 오븐에서 굽는다. 농어과 민물고기는 생선살에 양념을 하고, '뫼니에르' 방식으로 밀가루를 입혀 식용유나 버터로, 팬에서 튀긴다. 또는 밀가루를 입혀서 달걀과 빵가루를 더 묻혀 버터나 식용유에 튀긴다. 〈토마토 소스〉를 곁들인다.

민물 장어[2)]

민물 장어(뱀장어/장어)는 기름에 튀기거나, 포도주로 익히거나, 밀가루를 입혀 튀긴다. 흐르는 물에 잘 씻는 것이 중요하다. 특이한 냄새를 없애야 한다.

장어 튀김

Anguillle frite, Fried eel

작은 민물 장어를 골라 껍질을 벗기고 잘 씻어 토막 낸다. 소금과 후추를 치고 밀가루옷을 입혀 뜨거운 기름에 넣어 튀긴다.

장어 마틀로트

Aguille matelote, Eel stew

포도주를 넣고 끓인 생선 요리를 항상 '마틀로트'라고 부른다.

☙ 장어 1kg, 적포도주 1.25리터, 코냑 또는 브랜디 100ml, 버터 100g, 밀가루 60g, 양송이버섯, 꼬마 양파(pearl onion) 2, 부케 가르니(파슬리, 월계수 잎 1, 타임), 마늘 2~3쪽, 통후추, 소금 8~10g.

중간 크기의 뱀장어를 고른다. 껍질을 벗기고 토막 낸다. 깊은 냄비에 담고, 얇게 썬 꼬마 양파, 부케 가르니, 마늘을 넣고 소금과 통후추를 뿌린다. 적포도주를 붓고 가열한다. 끓어오르기 시작하면 코냑을 부어 불을 붙여 태우고 나서, 뚜껑을 덮고 장어가 부드러워질 때까지 익힌다.

다 익은 생선 토막을 접시에 담고 버터에 살짝 노릇하게 볶은 양파와 버섯을 둘러놓는다. 버터와 밀가루를 섞어 걸쭉해지면 장어에 붓고 버터로

2) 뱀장어(장어)는 민물고기, 갯장어, 먹장어(곰장어), 붕장어는 바닷물고기다.

튀긴 크루통을 곁들인다. 포도주는 백포도주나 적포도주 어느 것을 사용해도 된다.

장어 뫼니에르[3)]

Anguille meunière, Eels meuniere

중간 크기의 장어를 토막 내어, 소금과 후추를 치고, 밀가루를 입혀 팬에서 버터를 가열해 튀긴다. 접시에 올려 레몬즙과 다진 파슬리를 뿌린다. 팬에 버터를 조금 넣고 끓여서, 곧바로 장어에 소스로 뿌린다. 버터로 볶은 버섯을 다 익힌 장어 위에 올려도 된다.

풀레트[4)] 장어

Anguille à la poulette, Eels with poulette sauce

☙ 장어 1kg, 버터 75g, 밀가루 60g, 백포도주 200ml, 물 200ml, 꼬마 양파(펄 어니언) 12개, 부케 가르니(파슬리, 타임, 월계수 잎), 소금 8g, 후추, 버섯, 달걀노른자 3, 크림 4~5큰술, 다진 파슬리.

장어 껍질은 벗겨서 버리고 토막 내어 냄비에 넣는다. 물을 붓고 몇 초간 끓인다. 장어를 건져내 식힌다. 버터에 밀가루를 섞어 넣고 가열해 '루'를 만들며 몇 분간 노릇해지지 않도록 젓는다. 장어를 넣고 나무주걱으로 저어서 '루'와 섞는다. 백포도주와 물을 더 붓고, 꼬마 양파, 부케 가르니를 넣고 소금, 후추를 친다. 30분쯤 약한 불에서 끓인다.

깊은 접시에 장어와 버터로 볶은 꼬마 양파와 버섯을 담는다. 달걀노른자와 크림을 섞은 소스를 체로 걸러 장어에 붓는다. 다진 파슬리를 살짝 뿌린다. 〈풀레트 장어〉에는 항상 삶은 감자를 곁들인다.

프로방살(프로방스) 장어

Anguilles à la provençale, Provencal style eels

☙ 장어 1~1.5kg, 소금과 후추, 밀가루, 올리브유 5큰술, 다진 양파 4큰술, 백포도주 200ml, 토마토 750g, 다진 파슬리와 다진 마늘 각 1자밤.

---

3) 밀제분업자 부인이라는 뜻으로, 밀가루를 입혀 프라이팬에서 버터로, 양쪽을 뒤집어주며 튀기는 조리법이다. 간단한 버터 소스를 뿌린다.

4) 풀레트 소스 방식의 조리법. 풀레트 소스는 알망드 소스(블루테 소스+달걀노른자), 버섯, 버터, 파슬리 등을 넣어 만든다.

장어의 껍질을 벗기고 살코기를 토막 내어, 끓는 물에 몇 초간 담갔다가 건져 물기를 빼고, 소금, 후추를 치고 밀가루를 입힌다. 올리브유를 가열해 양파를 넣고, 양파가 노릇해지기 시작하면 장어 토막을 넣는다. 노릇해질 때까지 튀기고, 포도주를 붓고 절반으로 졸인다. 다진 토마토를 추가하고, 소금, 후추, 다진 파슬리와 다진 마늘을 아주 조금 뿌린다. 뚜껑을 덮어 30분쯤 더 끓인다. 토마토와 함께 감자를 조금 추가해도 된다. 훌륭한 점심감이다. 중간 크기의 장어는 백포도주와 허브를 넣은 쿠르부이용으로 끓여 식히면 훌륭한 오르되브르감이다.

타르타르 장어

Anguille tartare, Eels tartare

ᘛ 토막 낸 중간 크기 장어, 백포도주 쿠르부이용, 밀가루, 달걀, 빵가루, 버터.

백포도주를 넣은 쿠르부이용으로 장어를 익힌 뒤 건져내 식힌다. 밀가루를 입히고, 달걀물을 적시고, 빵가루를 묻혀 튀긴다. 〈타르타르 소스〉를 곁들인다.

완두콩과 감자로 뛰어난 장어 라구(스튜)를 만들 수 있다.

ᘛ 작은 장어, 소금, 후추, 밀가루, 버터, 꼬마 양파(펄 어니언), 완두콩, 햇감자, 부케 가르니.

장어를 토막 내어 소금과 후추를 치고 밀가루를 입혀 버터로 몇 분간 튀긴다. 꼬마 양파, 완두콩, 감자를 넣는다. 물을 붓고 부케 가르니를 넣고 양념을 한다. 뚜껑을 덮고 30여 분 중간 불로 익힌다. 감자는 넣지 않을 수도 있다. 완두콩도 작두콩으로 대신할 수 있다.

강꼬치고기(브로쉐, 파이크)

브로쉐 필래프

Pilaw de brochet, Pilaf of pike

ᘛ 브로쉐 1.5~2kg, 소금, 후추, 밀가루, 물 600ml, 파슬리, 타임, 월계수 잎 1, 양파, 버터 60g, 얇게 썬 양파 1큰술, 쌀 250g.

생선살을 호두만한 크기의 정사각형으로 잘라 소금, 후추를 뿌리고 밀가루를 입힌다. 생선 서덜(잡고기)은 냄비에 물과 함께 넣고, 타임, 파슬리, 월계수 잎, 양파, 통후추를 넣고 소금을 친다. 15분간 삶아 체로 건져 쿠르부이용으로 사용한다. 냄비에 버터를 녹여 다진 양파를 볶다가 노릇해지면 쌀을 붓고 잘 섞는다. 쿠르부이용 3분의 1을 붓고 뚜껑을 덮어 18분간 끓이는데, 오븐에 넣는 편이 더 좋다. 이렇게 밥을 짓는 동안, 밀가루옷을 입혀둔 생선 몇 토막을 버터에 튀겨, 밥이 다 되면 넣는다. 〈토마토 소스〉, 〈카레 소스〉 또는 〈파프리카 소스〉를 곁들인다.

브로쉐 쿠르부이용
Brochet au courboillon, Pike in court bouillon

〈백포도주 쿠르부이용〉을 만든다. 식초를 넣지 않아야 국물로 사용할 수 있다. 이 국물에 살짝 졸인 생선을 뜨겁게 먹을 때는 〈케이퍼 소스〉, 〈올랑데즈 소스〉를, 차갑게 먹을 때는 〈마요네즈〉 또는 〈라비고트 소스〉를 곁들인다. 리옹에서는 이 생선살로 크넬을 만든다.

적포도주 브로쉐
Brochet au vin rouge, Pike with red wine

ᔕ 작은 브로쉐 1마리, 적포도주, 양파 1, 파슬리, 타임, 월계수 잎 1, 셀러리 1, 마늘 2쪽, 통후추, 소금.

얇게 썬 양파, 허브, 생선을 함께 넣는다. 생선이 다 잠길 정도로 적포도주를 넉넉히 붓고 소금을 넣는다. 생선이 익을 때까지 끓인다.

잉어

적포도주 잉어
Carpe au vin rouge, Carp with red wine

ᔕ 6~8인분: 잉어 1마리, 적포도주, 양파 1, 파슬리, 타임, 월계수 잎 1, 셀러리 1, 마늘 2쪽, 통후추, 소금. 버터 150g, 밀가루 75g, 앤초비 에센스 2작은술, 버터와 설탕을 녹여 입힌 꼬마 양파(펄 어니언) 글라세, 버섯.

잉어를 손질해 〈적포도주 브로쉐〉와 같은 방식으로 허브와 적포도주를 넣고 끓인다. 소스는 다음과 같이 만든다.

버터와 밀가루로 '루'를 만든다. 밀가루를 몇 분 익힌 뒤, 불을 끄고 생선 삶은 국물을 조금 붓는다. 약 20분 끓여 체로 걸러 소스냄비에 받고, 남은 버터와 앤초비 에센스를 넣는다. 익은 생선을 접시에 담고, '꼬마 양파 글라세'와 버섯을 둘레에 조금 올리고 소스를 조금 끼얹는다. 나머지 소스는 다른 그릇에 담아낸다.

잉어는 백포도주를 섞은 생선육수에 졸여, 뜨겁게 먹거나 차게 먹는다. 이렇게 익힌 것을 '소모네(saumonée)'라고 한다. 〈라비고트 소스〉 또는 〈서양고추냉이 소스〉를 곁들이면 훌륭한 점심감이다.

잉어 마틀로트

Matelote de carpe, Carp stew

〈장어 마틀로트〉와 같은 방법으로 조리한다.

앙글레즈(영국)[5] 잉어 필레

Filets de carpe à l'anglaise, English style fillets of carp

잉어에 소금, 후추를 치고 밀가루, 달걀물, 빵가루를 입혀 뜨거운 기름이나 정제한 맑은 버터로 튀긴다. 메트르도텔 버터를 곁들인다.

잉어알(곤이)

Laitance de carpe, Carp's roes

소금물에 잠깐 삶아 물기를 빼고, 소금, 후추를 치고 밀가루를 입혀 버터로 튀긴다. 따끈한 접시에 담고 레몬즙과 다진 파슬리를 뿌린다. 밀가루, 달걀물, 빵가루를 입혀 버터에 튀겨 노릇하게 만들 수도 있다. 메트르도텔 버터나 〈베샤멜 소스〉가 어울린다. 삶은 계란을 얇게 썰어 가르니튀르로 올려도 좋다.

페리고르딘 잉어알

Laitance périgourdine, Carp's roes with truffles

어란을 소금물에 삶아 건져낸다. 물기를 빼고 버터에 몇 분 익힌다. 접시

5) 밀가루, 달걀물, 빵가루를 입혀 튀기는 방식은 영국식이다.

에 담아 〈베샤멜 소스〉를 얇게 덮는다. 서양 송로 몇 쪽도 올린다. 다시 〈베샤멜 소스〉를 덮고 치즈 가루를 뿌리고, 녹인 버터를 조금 붓고 샐러맨더 그릴이나 오븐에서 연한 그라탱처럼 조금만 노릇하게 만든다.

주앵빌 잉어알

Laitances de carpes Joinville, Carp's roes with crayfish and truffles

앞의 레시피와 같지만, 민물 가재 꼬리(몸통)살을 잘라 서양 송로와 함께 첨가하는 것만 다르다. 가재를 구하기 어려우면 새우로 대신한다.

플로랑틴(피렌체)[6] 잉어알

Laitances de carpes à la florantine, Carp's roes with spinach

어란을 소금물에 뭉근히 삶는다. 건져내 물기를 빼고 버터로 지진다. 데친 시금치를 다져 물기를 빼고, 버터로 볶아 접시에 깔고 그 위에 어란을 올린다. 〈베샤멜 소스〉를 덮고 치즈 가루를 뿌린 다음 녹인 버터를 조금 두르고 오븐이나 샐러맨더 그릴에서 살짝 노릇하게 굽는다.

민물 아귀

뒤글레레[7] 민물 아귀

Lotte à la Dugléré, Burbot with tomatoes and wine

☙ 민물 아귀 500g, 소금, 후추, 밀가루, 다진 양파 1큰술, 토마토 3~4개, 파슬리, 백포도주 70ml, 버터 50g, 레몬즙.

생선살을 잘라 소금과 후추로 양념한다. 밀가루를 입혀서 버터를 넣은 소테용 팬에 넣는다. 다진 양파, 껍질 벗겨 씨를 빼고 다진 토마토, 다진 파슬리를 추가하고 포도주를 붓는다. 센 불로 익힌다. 조리한 생선을 접시에 올리고 버터와 레몬즙을 소스에 추가해 뿌린다.

---

6) 피렌체 스타일은 시금치를 접시에 깔아놓는 방식이다. 다른 요리에서도 동일하다.

7) Adolphe Dugléré(1805~1884) 프랑스 요리사. 거장 카렘의 제자였다. 그의 부친 장 뒤글레레도 주방장이었다. 유명한 '카페 앙글레' 등을 거쳐 '루트 다르장'에서 일했다. 미식가로 유명하던 작곡가 조아키노 로시니는 뒤글레레를 '요리의 모차르트'라고 불렀다.

프로방살(프로방스) 민물 아귀

Lotte à la provençale, Provencal style burbot

☙ 민물 아귀 500g, 소금과 후추, 밀가루, 다진 양파 2큰술, 토마토 4~5개, 파슬리, 다진 마늘 조금, 사프란 한 자밤, 올리브유 4~5큰술, 백포도주 1잔, 물 1잔, 토스트.

뒤글레레식으로 생선을 준비해 소테용 팬에 담는다. 양파, 다진 토마토, 다진 파슬리, 마늘, 사프란을 넣는다. 올리브유, 백포도주, 물을 차례로 붓는다. 뚜껑을 덮고 20분쯤 센 불에 익힌다. 토스트에 생선살을 올리고 소스를 얹는다. 토스트 대신 필래프 볶음밥을 곁들여도 좋다.

뫼니에르 민물 아귀

Lotte à la meuniere, Burbot meuniere

☙ 민물 아귀, 소금, 버터, 레몬즙.

생선살을 길쭉하게 잘라 소금, 후추를 치고 밀가루를 입혀 팬에서 버터로 튀긴다. 접시에 담아 레몬즙을 뿌린다. 팬에 남은 버터에 조금더 버터를 넣고 센 불로 살짝 녹여 생선에 붓는다. 삶거나 볶은 감자, 시금치를 곁들인다. 이 레시피와 똑같은 방법을 '뫼니에르 생선 요리' 어느 것에나 응용한다. 민물 아귀는 콩, 가지 등과 함께 찜을 해도 좋다.

연어, 송어

연어는 보통 통째로 쿠르부이용으로 삶는다. 쿠르부이용에 식초와 다진 양파, 당근, 파슬리, 월계수 잎, 타임, 소금과 통후추를 추가한다. 뚜껑을 덮어 한소끔 끓으면 약한 불로 삶는다. 이렇게 조리한 연어에 적당한 소스는 케이퍼, 새우, 올랑데즈, 굴, 무슬린, 라비고트, 베네티엔 소스 등이다.

코키유[8] 연어

Coquilles de saumon, Scalloped salmon

연어 살코기를 익혀 〈베샤멜 소스〉를 두른 다음 가리비 껍데기에 올린다. 치즈 가루와 녹인 버터를 뿌려 그라탱처럼 굽는다. 버섯을 얇게 썰어 올

8) 조개 껍데기를 접시로 이용해 조리한 것을 말한다.

리면 좋다. 삶은 계란도 얇게 썰어 올릴 수 있다.

연어 코틀레트(커틀릿)

Côtelettes de saumon, Salmon cutlets

ꝏ 익힌 연어 300g, 버섯 100g, 서양 송로(트뤼프) 30g, 달걀노른자 2, 짙은 베샤멜 소스 300~400ml, 달걀물, 빵가루, 버터, 튀긴 파슬리.

생선살을 얇게 썬다. 버섯과 서양 송로를 곱게 다져 넣고, 달걀노른자를 넣고 〈베샤멜 소스〉로 함께 버무린다. 같은 크기의 코틀레트(뼈가 붙은 갈빗살 토막) 모양으로 빚는다. 달걀물, 빵가루를 입혀 버터로 튀긴다. 튀긴 파슬리를 가르니튀르로 올린다. 크림 카레 소스를 곁들여도 된다.

포자르스키 연어 코틀레트

Côtelettes de saumon Pojarski, Salmon cutles Pozharsky

ꝏ 익힌 연어 300g, 버터 60g, 빵가루 60g, 크림 1~2큰술, 소금과 후추, 튀김용으로 정제한 맑은 버터.

생선살을 얇게 썬다. 버터를 섞고 빵가루를 입혀 크림을 조금 추가한다. 전체를 잘 섞어 소금, 후추로 양념한다. 코틀레트 모양으로 5~6쪽으로 썰어 밀가루가 깔린 판에 놓는다. 먹기 직전에 정제한 맑은 버터로 양쪽을 고루 노릇하게 튀긴다. 접시에 둥글게 담고 한복판에 새우, 굴, 버섯, 오이를 가르니튀르로 올리고 〈베샤멜 소스〉나 〈노르망드 소스〉를 조금 끼얹는다. 파프리카 볶음밥이나 카레 볶음밥을 곁들여도 된다.

연어 그릴

Saumon grillé, Grilled salmon

연어를 약 2.5센티미터 두께로 썬다. 소금을 치고 식용유를 뿌려 그릴에서 중간 불로 굽는다. 메트르도텔 버터, 앤초비 버터 또는 〈베아르네즈 소스〉를 곁들인다.

연어 다른[9)]

Darnes de saumon, Salmon steaks

연어의 가운데 부분 살을 다양한 두께로 자른다. 쿠르부이용으로 삶는데,

---

9) 연어 등의 생선살을 얇거나 두껍게 잘라낸 조각. 스테이크.

통째로 조리할 때와 같은 방법과 소스를 사용한다. 내 경험으로는 이 방법에서 식초를 넣지 않아야 좋다.

샹보르 연어 다른

Darne de saumon Chambord, Salmon steak with herbs and red wine

☙ 넓게 발라낸 두둠한 연어 살코기 1덩어리, 다진 양파와 당근 조금, 버터, 파슬리 1, 월계수 잎 1, 타임 1, 적포도주, 소금, 통후추.

튀김용 팬에 연어 살코기를 넣는다. 당근과 양파를 버터로 노릇하게 볶아 넣은 미르푸아를 뿌린다. 파슬리, 월계수 잎, 타임을 넣고, 적포도주를 생선을 다 덮을 만큼 붓는다. 소금, 통후추를 조금 넣는다. 뚜껑을 덮고 약한 불로 끓인다. 이렇게 익힌 살코기를 타원형 접시에 올린다. 가르니튀르는 생선 크넬, 버섯, 양념해 버터로 익힌 잉어 어란, 버터로 튀긴 크루통, 민물 가재 가운데 선택한다. 〈부르기뇬 소스〉를 따로 낸다.

도몽 연어 다른

Darne de saumon Daumont, Salmon steak with herbs and white wine

앞의 〈샹보르 연어 다른〉과 똑같이 조리하지만, 적포도주 대신 백포도주를 붓는다. 타원형 접시에 담은 연어 살코기에 앞의 레시피와 같은 가르니튀르를 올리는데, 버터를 넣고 익힌 새우나 어란을 볼오방에 넣어 곁들이기도 한다. 〈노르망드 소스〉와 잘 어울린다.

레장스 연어 다른

Darne de saumon régence, Salmon steak with fish quenelles

〈도몽 연어 다른〉과 같은 방법이다. 가르니튀르도 같다. 작은 굴 패티를 올리기도 한다. 〈노르망드 소스〉를 곁들인다.

연어 루아얄 다른

Darne de saumon royale, Salmon steak with moussline quenelles of fish

〈도몽 연어 다른〉과 같은 방법으로 조리한다. 가르니튀르로 생선 크넬과 서양 송로에, 특수 도구로 둥글게 썬 감자를 소금물에 삶아 푸짐하게 얹는 점이 다르다. 〈노르망드 소스〉를 곁들인다.

뫼니에르 연어

Saumon à la meunière, Salmon meuniere

너무 두껍지 않은 연어 살코기 조각에 소금을 치고 밀가루를 입혀 팬에서 뜨거운 버터로 튀긴다. 접시에 담고 레몬즙을 뿌린다. 냄비에 남은 버터에 다시 버터 1큰술을 넣고 가열해, 버터가 거품을 내며 끓기 시작하면 곧바로 접시 위의 연어 스테이크에 붓는다.

차게 먹는 연어

Saumon froid, Cold salmon

차게 먹는 연어는 가능한 통째로 또는 살코기를 두툼하게 자른다. 쿠르부이용에 재워 식힌다. 연어를 차게 먹을 때는 〈몽펠리에 버터〉만 적합하다. 야채 샐러드는 어느 것이든 무난하다.

몽펠리에 버터

Beurre de Montpellier, Monpellier butter

ɷ 크레송 잎 50g, 파슬리, 처빌, 타라곤, 차이브, 다진 샬롯 각각 20g, 시금치 잎 6장, 다진 케이퍼 1술, 코르니숑(오이 피클) 100g, 마늘 1쪽(3~4g), 앤초비 필레 3마리 분량, 버터 750g, 삶은 달걀노른자 3알, 날 달걀노른자 2알, 올리브유 200ml, 소금, 카옌 고춧가루.

냄비에 물을 끓여, 크레송, 파슬리, 처빌, 타라곤, 샬롯, 다진 차이브, 시금치를 넣고 뚜껑을 덮고 2분간 끓인다. 식혀서 물기를 뺀다. 케이퍼, 코르니숑, 앤초비와 마늘을 넣고 갈아서 반죽을 만든다. 여기에 버터, 달걀노른자들를 모두 넣고, 올리브유를 천천히 부어가며 섞는다. 고운 체로 거르고, 소금, 후추, 카옌 고춧가루를 조금 뿌려 만든다. 이 몽펠리에 버터를 생선 살의 겉에 바를 경우에는 달걀노른자와 올리브유는 제외한다.

푸른 송어

Truit au bleu, Blue trout

소금과 식초를 넣은 물을 끓인다. 약 150~200그램짜리 송어는 몇 분이면 익는다. 송어를 손질하고 식초를 뿌려 끓는 물에 넣는다. 잠시 후에 살이 둥글게 말리면 건진다. 파슬리를 뿌린다. 삶은 감자, 녹인 버터, 〈올랑데즈 소스〉를 따로 낸다.

뫼니에르 송어

Truite à la meunière, Trout meuniere

송어에 칼집을 2~3군데 내고, 소금을 치고 밀가루를 입혀, 양쪽을 노릇하게 뒤집으면서 팬에서 버터로 튀긴다. 접시에 담고 레몬즙과 다진 파슬리를 뿌린다. 팬에 버터를 조금 더 넣어, 버터가 거품을 내며 끓어오르면, 송어에 소스로 붓는다. 민물 송어는 쿠르부이용에 졸여도 좋다. 적포도주 또는 백포도주를 쿠르부이용에 조금 추가해 졸인다.

적포도주 송어

Truite de rivière au vin rouge, River trout with red wine

☙ 송어, 버터, 당근과 양파, 파슬리, 월계수 잎, 후추, 적포도주, 버터 100g, 밀가루 30g, 앤초비 에센스, 토스트(얇게 썰어 살짝 구운 식빵).

송어를 손질해 버터 두른 오븐용 그릇에 담는다. 얇게 썬 당근과 양파, 파슬리, 월계수 잎을 추가하고 소금과 후추를 뿌린다. 송어를 다 덮을 정도로 적포도주를 붓는다. 뚜껑을 덮어 오븐에서 굽는데 때때로 우러난 국물을 끼얹는다.

조리했던 국물을 작은 냄비에 붓고 3분의 1로 졸인다. 버터 30그램을 밀가루와 섞어 걸쭉하게 만든다. 이것을 깨끗한 냄비에 체로 걸러 받아, 남은 버터와 앤초비 에센스를 추가해 소스를 만든다. 토스트에 생선을 올리고 이 소스를 붓는다.

본팜 송어

Truite de rivière à la bonne femme, River trout with vegetables

☙ 송어 200g, 소금과 후추, 버터 60g, 양파와 당근 각 2개, 셀러리 1개, 물, 백포도주, 월계수 잎, 다진 파슬리 5g, 버터 80g, 밀가루 1작은술.

송어에 소금과 후추를 뿌려 내열 접시에 담는다.

냄비에 버터를 넣고 가열해 양파와 당근과 셀러리를 모두 길게 썰어 넣고 물 200밀리리터를 붓는다. 뚜껑을 덮어 약한 불로 20여 분간 삶는다. 건져낸 다음 야채를 생선 위에 올린다.

물과 백포도주를 1대 1로 섞어 생선에 붓고 월계수 잎과 파슬리를 추가한다. 뚜껑을 덮어 오븐에서 익히면서 바닥의 육수를 때때로 끼얹는다. 생선을 접시에 담는다. 육수는 3분의 1로 졸인다. 버터와 밀가루를 섞어 육수에 조금씩 부어가며 섞어서, 생선에 쏟아붓는다.
삶은 감자를 곁들인다. 새우나 야채 샐러드를 속에 넣은 토마토 파르시, 삶은 달걀, 참치나 정어리, 앤초비 퓌레를 넣은 바르게트, 작은 양상추 등을 가르니튀르로 사용한다. 작은 잉어나 대왕넙치도 같은 방법으로 조리할 수 있다. 점심 메뉴로 좋다.

연어 무스와 크림 무슬린

Mousse de Saumon et mousselines à la crème, Salmon mousse and cream mousseline

무스, 무슬린은 파르시에 매우 좋은 재료다. 무스는 큰 틀에 넣어 굳혀 만들고 무슬린은 조리용 큰 숟가락으로 빚어서 만든다.

ଔ 파르스(소)의 재료: 연어 살코기 300g, 소금, 후추, 크렘 프레슈 300ml.

연어 살코기를 분쇄한다. 소금과 후추를 치고 고운 체로 걸러 그릇에 내려받는다. 그릇을 얼음 위에 올려 최소한 1시간 놓아둔다. 얼음 위에 놓아둔 채 크렘 프레슈를 조금씩 붓는다. 나무주걱으로 잘 저어준다. 필요할 때까지 얼음 위에 놓아둔다.

무스 만들기

무스 틀 안쪽에 버터를 두른다. 서양 송로 조각들을 둘러놓는다. 3분의 2쯤에 준비한 살코기 파르스를 채우고 중탕기에 넣는다. 중탕기 뚜껑을 덮고 물의 온도를 95도 이하로 유지해 끓지 않으면서 무스가 익도록 한다. 보통 1리터 분량의 무스가 들어가는 틀이라면 30여분 중탕한다. 무슬린은 큰 숟가락으로 빚는다. 큰 크넬 빚는 방법과 같다. 숟가락으로 떠서 버터를 두른 팬에 넣는다. 뜨거운 소금물을 붓는다. 뚜껑을 덮고 15분쯤 삶는다. 세게 끓지 않도록 한다. 이 무스는 가벼우면서도 단단하다. 무슬린도 작은 틀에 넣어 중탕해도 된다.

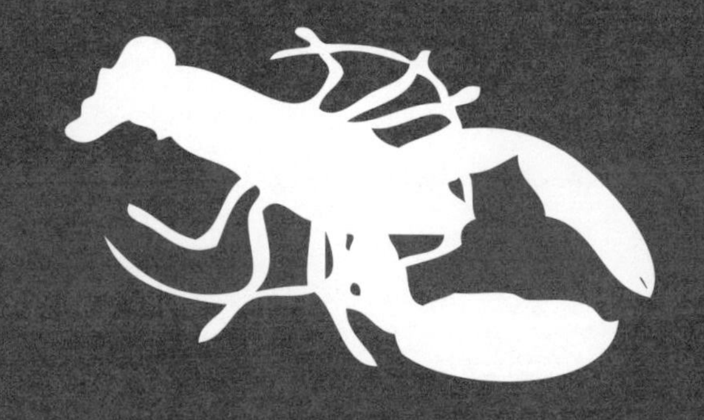

바닷물고기 요리

뱅어, 부야베스, 바다 장어, 농어, 감성돔

치어와 뱅어

영국의 템즈 강과 북해 연안에 풍부한 치어(whitebait)는 지중해의 뱅어(blanchaille)와 거의 같다. 이들과 비슷한 '노나(nonnats)'도 지중해에 산다. 치어는 영국에서 크게 애용하는데, 큰 만찬이나 파티에서 생선의 두 번째 코스로 반드시 들어갔다.

조리하려면, 밀가루를 잘 입혀야 한다. 통에 넣고 흔들어 너무 많은 밀가루는 털어낸다. 라드(saindoux, lard)[1]나 올리브유를 가열해, 생선을 넣고 1분~5분 튀긴다. 너무 오래 튀기지 않도록 한다. 올리브유에서 튀겨 건져낸 뒤, 고운 소금과 카옌 고춧가루로 양념하고, 냅킨 또는 종이 접시에 담아, 튀긴 파슬리를 얹는다. 뱅어의 조리법도 마찬가지다.

노나는 다른 치어만큼 무르지 않다. 버터나 기름에 튀기듯이 지져서(소테), 오믈렛과 함께 먹기도 한다. 노나는 몇 분간 맑은 국물(쿠르부이용)에 졸여 식힌 다음 샐러드로 먹기도 한다.

---

1) 돼지 고기의 지방 조직을 녹여서 정제한 반고체 상태의 식용 기름. 19세기에는 버터처럼 즐겨 사용했다. 20세기 초에 가공 기술의 향상으로 크게 유행했다. 이후 대체용으로 미국에서 쇼트닝(shortening)이 개발되었다.

니수아즈(니스) 시금치 노나

Nonats aux épinards à la niçoise, Nonats and spinach

ↀ 노나 200g, 올리브유 4~5큰술, 시금치 500g, 맑은 국물, 달걀 2알, 소금과 후추, 빵가루.

팬에 올리브유를 붓고 가열해, 시금치를 넣어 빠르게 익혀 습기를 제거한다. 그릇에 쏟고, 노나를 넣고, 맑은 국물(쿠르부이용)로 1분간 졸인다. 달걀 몇 개를 깨어 넣고 소금, 후추를 친다. 전체를 잘 젓고, 버터를 두른 냄비에 쏟아붓는다. 표면을 부드럽게 고르고, 빵가루와 올리브유을 조금 뿌린다. 20분간 오븐에 넣어 그라탱을 만든다.

부야베스

마르세예즈(마르세유) 부야베스[2]

Bouillabaisse à la marseillaise

내 친구, 카이야의 레시피이다.

ↀ 10인분: 6종류 이상의 모두 다른 지중해 생선(모두 2kg), 양파 125g, 리크 흰 뿌리 50g, 토마토 2, 간 마늘 2쪽, 다진 파슬리 1작은술, 사프란 5g, 올리브유 100ml, 월계수 잎, 세이보리 1, 회향, 물, 소금, 후추, 바게트.

큰 생선은 토막 낸다. 작은 생선은 통째로 사용한다. 리크, 양파, 토마토와 마늘은 갈아서 큰 냄비에 넣는다. 여기에 파슬리, 사프란, 올리브유, 월계수 잎, 세이보리, 회향을 넣는다. 숭어나 작은 대구 같은 부드러운 생선은 아무것도 버릴 것이 없다. 생선이 잠길 만큼만 물을 붓고 소금과 후추를 넣는다. 7~8분간 끓이고, 나머지 생선을 넣고 15분간 더 센 분에서 끓인다. 바게트를 잘라 크고 깊고 큰 그릇에 담는다. 그 위에 끓인 것을 붓는다. 생선을 따로 건져 먹는다.

2) 부야베스는 프랑스 남부 지중해 연안의 항구 도시인 마르세유의 전통 스튜로 유명하다. 여러 종의 지중해산 생선만 사용한다.

건대구 부야베스

Bouillabaisse de morue, Bouillabaisse of salt cod

ᨎ 8~10인분: 소금에 절여 말린 대구 1.2kg, 다진 양파 4큰술, 다진 리크(서양 대파) 2큰술, 올리브유 150ml, 다진 마늘 1쪽, 물 2리터, 소금, 후추, 사프란 각 5g, 부케 가르니(파슬리, 월계수 잎, 타임), 감자 5~6개, 올리브유 4큰술, 다진 파슬리 1작은술, 토스트.

양파와 리크, 다진 마늘에 기름을 둘러 몇 분간 노릇하게 볶는다. 물을 붓고 소금, 후추를 치고 사프란과 부케 가르니를 넣는다. 이것이 끓기 시작하면, 얇게 자른 감자를 넣고 12~15분간 더 끓인다.

생선의 비늘을 긁어내고 손질해 5~6센티미터 크기로 토막을 낸다. 올리브유와 쿠르부이용을 추가한다. 생선과 토마토가 푹 익을 정도로 센 불에서 익힌다. 다 익기 전에 파슬리를 넣는다. 마늘빵을 쿠르부이용에 적셔 함께 먹는다.

멸치, 농어, 바다 장어, 감성돔

멸치

Anchois, Anchovy

소금에 절인 멸치(Anchois salés)는 주로 오르되브르에 이용하거나 요리에 향미를 더하는 데 사용한다. 싱싱한 생멸치는 튀김을 만든다.

농어

Bar, Loup de mer, Bass

큰 농어는 소금물에 끓여 연어나 송어 요리와 같은 소스를 이용한다. 작거나 중간 크기의 농어는 '뫼니에르' 방식, 즉 밀가루를 입히고 팬에서 버터로 튀긴다. 내열 접시에 올려, 소금, 후추로 양념해 올리브유를 두르고, 빵 조각을 뿌려 오븐에서 굽는 방법은 크기에 상관없다. 오븐에 넣기 전에, 생선에 한두 번 칼집을 내준다. 메트르도텔 버터나 앤초비 버터, 또는 〈베아르네즈 소스〉, 〈레물라드 소스〉를 두르기도 한다.

바다 장어

Congre, anguile de mer, conger eel, sea eel

맑은 국물(쿠르부이용)로 조리해 〈케이퍼 소스〉에 삶거나 튀긴 감자를 곁들여 먹을 수 있다. 물론 〈토마토 소스〉, 〈타르타르 소스〉도 무방하다.

감성돔

Dorade, sea bream

최상급은 눈가가 노르스름하다. 가장 좋은 방법은 구이다. 또는 기름을 겉에 바르고 고운 빵가루를 입혀 오븐에서 익힌다. 〈베아르네즈 소스〉, 메트르도텔 버터, 앤초비 버터, 〈토마토 소스〉 등과 어울린다.

대구, 청어, 고등어, 건대구

대구

대구는 끓는 물에 익힌다. 대왕넙치와 어울리는 소스라면 어떤 것이든 대구에도 무난하다.

끓인 대구

Cabillaud bouilli, Boiled cod

통째로 또는 두툼한 토막으로 잘라 끓는 소금물에 조리한다. 소금물에는 감자 전분을 넣는다. 먹을 때, 버터를 두르고, 곱게 다진 파슬리와 삶은 달걀 또는 〈올랑데즈 소스〉를 곁들인다.

대구 구이

Cabillaud grillé, Grilled cod

3센티미터 두께로 대구살을 발라낸다. 소금, 후추를 치고 밀가루를 뿌린다. 버터나 올리브유를 겉에 바르고, 중간 불에서 굽는다. 메트르도텔 버터 또는 앤초비 버터, 또는 〈베아르네즈 소스〉와 함께 먹는다.

대구 튀김

Cabillaud frit, Fried cod

2센티미터 정도로 대구살을 발라낸다. 양념을 하고 밀가루를 입혀 튀긴다. 접시에 올리고 튀긴 파슬리와 레몬 조각을 올린다. 토마토 또는 〈타르타르 소스〉와 함께 먹는다.

프로방살(프로방스) 대구

Cabillaud à la Provençale

☙ 대구 1kg, 올리브유 70ml, 다진 양파 2큰술, 소금과 후추, 밀가루, 토마토 4~5개, 파슬리, 다진 마늘 조금, 월계수 잎 1, 백포도주 1잔.

대구를 2센티미터 두께로, 3토막을 내어 뼈를 발라낸다. 프라이팬에 기름을 가열해, 양파를 넣고 몇 분간 익힌다. 생선살에 소금, 후추로 양념을 해서, 밀가루를 입혀 팬에 넣는다. 몇 분간 익혀 뒤집고, 다진 토마토, 곱게 다진 파슬리, 다진 마늘 조금과 월계수 잎을 넣고, 백포도주를 붓는다. 뚜껑을 덮고 12~15분간 익힌다. 삶은 감자를 곁들인다.

포르튀게즈(포르투갈) 대구

Cabillaud à la portugaise, Cod with sweet pepper and tomatoes

☙ 대구 1kg, 다진 양파 2큰술, 파프리카 2~3개, 올리브유 70ml, 소금과 후추, 토마토 5~6개, 파슬리, 월계수 잎 1.

앞의 〈프로방스 대구〉처럼 생선 살을 발라낸다. 뜨거운 기름에 다진 양파, 파프리카를 몇 분간 지진다. 생선 살을 넣고 소금, 후추, 다진 토마토, 곱게 다진 파슬리, 월계수 잎을 넣는다. 뚜껑을 덮고 12~15분간 익힌다. 크레올[3] 볶음밥을 곁들인다.

---

3) 크레올(Créole)은 식민지 신대륙 카리브 해의 섬에 사는 스페인인과 프랑스인의 후손 및 흑인 혼혈이다. 크레올 볶음밥은 후추와 토마토 등을 넣어 만든다.

청어

청어는 보통 구이로 먹는다. 메트르도텔 버터를 곁들이지만, 〈머스터드 소스〉를 둘러 먹기도 한다.

앙글레즈(영국) 청어 필레

Filets de harengs à l'anglaise, Fillets of herring in the english manner

ଓ 청어, 소금, 후추, 버터, 달걀, 빵가루.

청어 살을 깨끗이 씻고 곤이, 어백 등 내장을 들어낸다. 이것들 모두 소금과 후추로 양념한다. 버터를 겉에 바르고 달걀과 빵가루를 입혀, 팬에서 버터로 튀긴다. 곤이 등도 함께 익힌다. 뜨거운 접시에 생선살과 곤이 등을 올리고, 메트르도텔 버터를 각각 얹는다.

청어 파르시

Harengs farcis, Stuffed herrings

ଓ 청어, 소금, 후추, 빵가루, 우유, 파슬리, 너트멕 가루 5g, 샬롯 1, 버섯 2~3개, 버터, 레몬즙.

청어를 손질하고 등뼈를 발라내고 어란을 꺼낸다. 소금, 후추를 조금 뿌린다. 깊은 냄비에 어란을 넣고, 우유에 적신 빵가루 2큰술을 넣고, 다진 파슬리와 너트멕을 넣는다. 샬롯과 버섯을 다져 버터를 넣고 살짝 볶는다. 어란에 양념을 조금 더 하고 모든 것을 함께 섞는다. 이렇게 섞은 어란을 1술씩 듬뿍 각 청어마다 올려 모양을 잡는다. 이렇게 파르스를 채운 생선을 내열 접시에 올리고, 노릇한 버터를 붓으로 바르고 빵가루를 뿌린다. 오븐에서 중불로 굽는다. 식탁에 올리기 전에 다진 파슬리와 레몬즙을 뿌린다. 〈토마토 소스〉를 따로 낸다.

훈제 청어(블로터)

Bloaters, bloater herring

소금에 절여 훈제한 청어는 아침에 먹는다(특히 영국과 독일 북부와 덴마크 등에서 즐겨 먹는다). 그릴에 구우면 아주 좋다.

고등어

앙글레즈(영국) 고등어

Maquereau à l'anglaise, Mackerel in the english manner

고등어를 길쭉하게 잘라 쿠르부이용으로 뭉근히 삶는다. 육수에 회향을 몇 개 넣는다. 오렌지 겉껍질 퓌레와 함께 낸다.

고등어 구이

Marquereau grillé, Grilled mackerel

고등어 대가리를 잘라낸다. 등쪽을 갈라 등뼈를 잘라내고 살은 반으로 나누지 않고 통째로 놓아둔다. 어란은 버터 두른 접시에 올려둔다. 살에 양념해, 녹인 버터를 바르고, 그릴에서 은근하게 굽는다. 어란에도 양념을 하고 굽는다. 뜨거운 접시에 올리고 어란과 메트르도텔 버터 1큰술을 고등어에 얹어 가지런히 모양을 잡아준다.

홍합 고등어

Filets de maquereau aux moules, Fillets of mackerel with mussels

ᘓ 고등어 3마리, 소금과 후추, 밀가루, 버터, 파슬리, 홍합 1.5리터, 파슬리, 물 140ml.

뼈를 발라낸 생선 토막을 양념해, 밀가루를 입혀 버터를 넉넉히 두른 그라탱 그릇에 넣는다. 다진 파슬리를 뿌린다. 씻은 홍합을 냄비에 넣고 얇게 썬 양파, 파슬리 한 줄기와 잎, 물, 후추를 넣는다. 뚜껑을 덮고 홍합이 벌어질 때까지 끓인 뒤, 냄비에 우러난 국물을 생선을 담은 그라탱 그릇에 붓는다. 그라탱 그릇의 뚜껑을 덮고 오븐에서 익힌다. 홍합 살만 생선에 올린다. 생선이 다 익으려면 국물이 꽤 졸아들어야 한다.

프로방살(프로방스) 고등어

Maquereau à la provençale, Provencal style mackerel

ᘓ 고등어 2마리, 소금, 후추, 밀가루, 올리브유 3큰술, 다진 양파 2큰술, 백포도주 1잔, 토마토 5~6개, 파슬리 1자밤 , 다진 마늘 조금, 사프란 5g(선택).

고등어를 토막 낸다. 소금, 후추를 넣고 밀가루를 입힌다. 팬이나 테린 냄비에 올리브유를 넣고 가열한다. 양파를 넣고 노릇하게 지져 고등어 토막을 넣는다. 백포도주를 붓고, 껍질 벗겨 씨를 발라내고 다진 토마토를 넣고, 다진 파슬리와 마늘을 넣는다. 15~18분간 끓인다. 끓이는 동안 생선 토막을 뒤집어 고루 익힌다. 필래프 볶음밥을 곁들인다.

고등어 튀김
Maquereau frit, Fries Mackerel

고등어를 토막 내어 소금을 뿌리고, 밀가루를 입혀, 기름 속에 깊이 넣어 튀긴다. 〈토마토 소스〉 또는 〈타르타르 소스〉와 함께 먹는다.

소금에 절여 말린 대구

건대구(소금에 절여 말린 대구)는 조리하기 전에 24시간을 물에 담가두어야 한다. 흐르는 물이 더 좋다. 그렇지 않다면 넓은 수조에 담가놓고 물을 자주 갈아준다. 6~7인분은 건대구 1킬로그램이 적당하다.

앙글레즈(영국) 건대구
Morue à l'anglaise, Salt cod in the english manner

건대구를 150~200그램 단위의 정사각형으로 잘라 냄비에 넣고 차가운 물을 붓는다. 물이 끓기 시작하면 불을 줄이고 15분간 익혀 대구가 퍼지지 않도록 한다. 건져낸 후, 파슬리를 뿌린다. 삶은 감자나 파스닙 또는 삶은 달걀을 으깨, 버터를 두르거나 〈크림 소스〉를 둘러 곁들인다.

베네딕틴(베니딕트 수도원) 건대구
Morue à la bénédictine, Salt cod with potatoes

☙ 건대구 1kg, 감자 퓌레 500g, 올리브유 150ml, 끓인 우유 200ml, 빵가루.

건대구를 끓는 물에 익혀 건져낸 다음, 뼈와 껍질을 제거하고 찧는다. 올리브유와 우유를 조금씩 부어가면서 감자와 완전히 섞는다. 이렇게 섞은 것은 아주 물렁해야 한다. 이것을 버터 바른 내열 접시에 담고, 표면을 부드럽게 고르고, 고운 빵가루를 뿌리고, 기름을 조금 붓고, 오븐에 넣어 노릇하게 익힌다.

검은 버터 건대구

Morue au beurre noir, Salt cod with black butter

☙ 건대구, 파슬리, 레몬즙, 검은 버터 150g.

무게 약 200그램 크기의 정사각형으로 건대구를 잘라, 약한 불에서 뭉근히 삶는다(포셰). 건져내 껍질을 벗긴다. 접시에 올리고 파슬리, 레몬즙을 뿌리고 검은 버터로 덮는다.

검은 버터

Beurre noir, Black butter

버터를 짙고 누렇게 되어 연기가 나도록 가열한다. 연기가 나기 시작할 때, 말린 파슬리잎 1큰술을 넣는다.

베샤멜 소스 건대구

Morue à la bechamel, Salt cod with bechamel sauce

건대구를 삶아 물기를 빼고 껍질을 벗기고, 〈베샤멜 소스〉를 두른다. 소스에는 버터와 크림 몇 술을 추가한다. 삶은 감자와 함께 먹는다.

건대구 튀김

Morue frite, Fried salt cod

건대구를 정사각형으로 잘라 8~10분간 뭉근히 삶는다(포셰). 건져내 물기를 빼고 밀가루를 입혀 식용유 또는 버터를 넣고 가열해 팬에서 튀긴다. 고기 양쪽이 고루 익도록 뒤집으며 튀긴다. 팬의 바닥을 마늘로 살짝 문질러준다. 익은 대구는 접시에 담고, 식초 몇 방울과 다진 파슬리를 뿌린다. 생선을 구운 냄비에 버터 2큰술을 넣고 가열해 노릇해지기 시작하면 생선에 붓는다.

리오네즈(리옹) 건대구

Morue à la lyonnaise, Salt cod lyonnaise

☙ 건대구 1kg, 양파 2개, 버터, 후추, 파슬리, 식초 2큰술.

건대구를 뭉근히 삶아(포셰) 물기를 빼고 껍질을 벗긴다. 프라이팬에 양파를 곱게 다져 넣고 버터로 볶는다. 양파가 조금 노릇해지면 삶은 생선을 프라이팬에 넣고 후추와 다진 파슬리를 조금 뿌리고 몇 분간 튀기듯이 지진다(소테). 식초 몇 방울을 뿌려 마무리한다.

프로방살(프로방스) 건대구

Morue à la provençale, Provencal style salt cod

ℴ 건대구 1kg, 올리브유 4~5큰술, 양파 1개, 토마토 5~6개, 으깬 마늘, 후추, 검은 올리브 125g, 크고 붉은 파프리카 2개(선택).

건대구를 뭉근히 삶아(포셰) 물기를 빼고 껍질을 벗긴다. 팬에 올리브유를 붓고 가열해, 곱게 다진 양파를 넣고 노릇해지기 시작하면, 토마토 콩카세(껍질 벗겨 씨를 빼고 다진 토마토)를 넣고 으깬 마늘 조금과 후추를 넣는다. 대구와 검은 올리브를 넣는다. 붉은 파프리카를 넣으려면 구운 뒤 껍질을 벗겨 씨를 빼고 썰어 넣는다. 20분간 약한 불로 천천히 졸인다. 삶은 감자 또는 크레올 볶음밥이 잘 어울린다.

건대구 브랑다드

Brandade de morue, Brandade of salt cod

ℴ 건대구 1kg, 식용유 300ml, 다진 마늘, 끓인 우유 200ml.

건대구를 크게 토막 내서 8분만 삶는다. 물이 끓어오르지 않는 상태로 뭉근히 삶는다(포셰). 건져내 물기를 빼고 껍질과 뼈를 발라낸다.

팬에 식용유 250밀리리터를 붓고 가열해 뜨거워지면 생선을 넣고 힘차게 저어 부드러운 반죽으로 만든다. 불을 끄고, 다진 마늘을 조금 넣고 남은 기름을 방울방울 떨어뜨리면서 계속 세게 휘젓는다. 때때로 끓인 우유를 2~3술 부어가면서 완전히 녹아들게 한다. 조리가 끝나면 감자 퓌레처럼 노릇하고 걸쭉해야 한다. 작은 삼각형으로 잘라 식용유에 튀긴 크루통을 둘러준다.

트뤼프 건대구 브랑다드

Brandade de morue truffée, Truffed brandade of salt cod

〈건대구 브랑다드〉를 준비해 서양 송로(트뤼프) 150~200그램을 다지거나 길게 썰어 넣는다. 접시에 담아내면서, 서양 송로로 장식한다.

플로랑틴(피렌체) 시금치 건대구

Morue aux épinards à la florentine, salt cod with spinach

ↂ 살짝 삶아서 껍질 벗긴 건대구 1kg, 버터 4~5큰술, 익힌 시금치 500g, 소금과 후추, 너트멕, 베샤멜 소스. 녹인 버터, 치즈 가루.

팬에 버터를 넣고 가열해 성글게 썬 시금치를 넣고 소금, 후추, 너트멕을 뿌린다. 시금치의 물기가 마를 때까지 익혀, 내열 접시로 옮겨 붓는다. 표면을 고르고 시금치 위에 대구를 올린다. 소스를 덮고 치즈 가루와 녹인 버터를 뿌리고 오븐이나 샐러맨더 그릴에서 그라탱을 만든다.

소금 없이 말린 대구

스톡피시[4] 또는 노르베주(노르웨이) 건대구

Stockfish ou morue de norvège sechée, Stockfish or dries norwegian cod

니스식 조리법

Mode nicoise

ↂ 8~10인분: 스톡피시 1kg, 내장 100g, 양파 1개, 리크 1개, 올리브유 200ml, 부케 가르니(파슬리, 타임, 월계수 잎, 회향, 바질), 마늘 1쪽, 토마토 콩카세 2kg, 소금, 후추, 작은 감자 1kg, 검은 올리브 150g.

건대구를 잘 두드려서 3토막으로 잘라 차가운 물에 3~4일 담가둔다. 물을 수시로 갈아준다. 조리에 들어가기 전날, 내장은 흐르는 물에 따로 넣어둔다. 이렇게 세척해, 생선 껍질을 벗기고 뼈를 발라내 손질한다.

얇게 썬 리크와 양파를 올리브유로 노릇하게 볶아, 부케 가르니, 마늘을 으깨어 넣고, 토마토 콩카세, 생선 살코기와 내장을 모두 함께 넣는다. 소금과 후추를 뿌리고, 뚜껑을 덮어 1시간 45분쯤 약한 불에서 은근히 익힌다. 토마토에 수분이 있어 물은 필요 없다. 익기 30분 전에, 감자와 올리브를 넣는다.

4) 노르웨이 대구 껍질을 벗겨, 소금을 뿌리지 않고 말린 것. 바이킹의 전통 방식이다.

홍어, 붉은 숭어, 정어리, 명태

홍어

검은 버터 홍어 구이
Raie au beurre noir, Skate with black butter

여러 종의 홍어 가운데 깨알홍어(thornback ray)[5]가 최고다. 영국, 벨기에, 네덜란드에서는, 홍어를 자르고 손질해서 판매한다. 그래서 조리하기 쉽다. 아무튼, 솔로 깨끗이 씻어 토막을 낸다. 소금물에 익히는데. 물 1리터당, 소금 12그램, 식초 150밀리리터를 넣는다.

익으면 건져내 물기를 빼고, 껍질을 벗겨 접시에 올려 검게 태운 버터를 붓는다. 버터에는 숭숭 다진 파슬리를 뿌린다. 버터를 녹였던 냄비에 식초 2~3술을 넣고 가열해 홍어에 붓는다. 작은 홍어는 물에 삶지 않고, '뫼니에르' 방식, 즉 밀가루를 입혀 팬에서 버터로 튀겨도 좋다.

앙글레즈(영국) 홍어 간
Foie de raie à l'anglaise, Skate liver in the english manner

쿠르부이용에서 홍어 간을 뭉근히 삶는다. 꺼내서 물기를 빼고 길쭉하게 썬다. 밀가루, 달걀물, 빵가루를 입혀 뜨거운 버터에서 튀긴다. 감자 퓌레, 〈토마토 소스〉 또는 〈베아르네즈 소스〉를 곁들인다.

붉은 숭어(루제)

몸통이 붉은색이라서 붉은 숭어(Rouget, Red mullet)라고도 하는 '루제'에는 방광이 없어서 아가미만 제거하고 통째로 조리한다. 칼집을 내지도 않고 조리하지만 이 방법은 그다지 유용하지는 않다. 이 물고기의 맛은 매우 독특하다. 소화도 잘 된다. 지중해산 붉은 숭어가 가장 인기 있다. 루제

---

5) 다이버들이 자주 마주치는 홍어이다. 다 큰 홍어는 길이가 1미터에 달한다. 프랑스 요리에서도 깨알홍어가 큰 인기를 누린다. 한국, 일본에서도 잡힌다.

의 참맛을 살리려면 그릴로 굽거나, 팬에서 버터 또는 올리브유로 익히거나 내열 접시에 올려 오븐에서 굽는다. 구이에는 메트르도텔 버터가 잘 어울린다.

보르들레즈(보르도) 붉은 숭어

Rouget à la bordelaise, Red mullet bordelasie sauce

150~200그램 무게의 붉은 숭어를 고른다. 이것이 1인분으로 알맞다. 생선의 등뼈를 따라 갈라놓는다. 소금과 후추를 치고, 기름을 겉에 바르고 굽는다. 접시에 담아 파슬리를 가르니튀르로 올린다. 〈보르들레즈 소스〉를 곁들인다.

붉은 숭어 케스(포일)

Rougets en caisse, Red mullet in foil

붉은 숭어는 보통, 기름 또는 정제한 맑은 버터를 뿌리고 그릴에서 굽는다. 더 특별하게 조리할 때는 〈이탈리엔 소스〉를 조금 끼얹고, 다진 파슬리를 뿌리고, 붉은 숭어를 조리용 포일(종이나 은박지)로 싼다. 약한 불로 몇 분간 익혀 뜨겁게 낸다.

붉은 숭어 그라탱

Rougets au gratin, Red mullet au gratin

☙ 1인분: 루제 1마리, 버섯 5~6개, 백포도주 70ml, 소금, 후추, 빵가루, 녹인 버터, 레몬즙, 다진 파슬리, 뒥셀(Duxelles) 소스.

붉은 숭어를 버터 두른 접시에 올리고 얇게 썬 버섯을 두르고 백포도주를 뿌리고, 소금과 후추를 넣고 '뒥셀' 소스로 덮는다. 빵가루를 뿌리고, 녹인 버터를 겉에 바르고 오븐에 넣어 약한 불에서 10~12분간 익힌다. 먹기 직전에 레몬즙과 다진 파슬리를 뿌린다.

뒥셀 소스

Sauce Duxelle

식용유와 버터를 넣고 가열해 다진 버섯, 양파, 샬롯을 넣고 양파가 노릇해지기 시작할 때까지 볶는다. 백포도주를 붓고(2작은술) 졸여, 다진 파슬리를 뿌린다.

낭테즈(낭트) 붉은 숭어

Rougets à la nantaise, Red mullet with wine and shallots

ꕥ 150~200g짜리 붉은 숭어 5~6마리, 소금과 후추, 식용유, 백포도주 100ml, 샬롯 2, 버터 1작은술, 후추 5g, 글라스 드 비앙드 4큰술, 버터 100g, 레몬즙, 다진 파슬리 5g.

생선을 손질하되, 간을 버리지 않고 소금, 후추, 식용유를 뿌리고 그릴에서 굽는다. 냄비에 샬롯과 버터를 넣고 포도주를 붓는다. 포도주가 3분의 1이 될 때까지 졸인다. '글라스 드 비앙드'와 버터를 조금 추가한다. 간을 으깨 버터를 넣어서 소스를 만든다. 레몬즙 몇 방울과 다진 파슬리를 조금 뿌려 몇 분간 더 익힌다. 생선을 뜨거운 접시에 담아 소스를 끼얹는다.

프로방살(프로방스) 붉은 숭어

Rougets à la provençale, Provencal style red mullet

붉은 숭어 5~6마리를 그릴이나 프라이팬에서 구워 뜨거운 접시에 올리고 다음의 소스를 붓는다.

ꕥ 소스: 토마토 4~5개, 올리브유 3큰술, 소금, 후추, 다진 마늘 조금, 파슬리 각 5g.

토마토를 다져 소스팬에 넣고 올리브유를 두르고 소금, 후추를 친다. 다진 마늘 아주 조금과 다진 파슬리를 추가한다. 15~20분 끓인다.

정어리

정어리는 여러 요리에 널리 쓰인다. 내 친구는 정어리로 150가지 요리를 만들기도 했다. 정어리 요리의 가장 쉬운 방법은 직화 구이, 또는 버터와 기름으로 굽는 방법이다. 메트르도텔 버터가 잘 어울린다.

프로방살(프로방스) 시금치 정어리

Sardines aux épinards à la provençale, Sardine with provencal style spinach

ꕥ 6인분: 정어리 1kg, 소금, 후추, 빵가루, 앤초비 에센스 1~2큰술, 혼합 허브(파슬리, 차이브, 타라곤, 처빌), 물, 시금치 1.2kg, 올리브유 4큰술, 다진 마늘, 달걀 2, 치즈 가루.

정어리를 손질한다. 대가리와 등뼈를 발라내고 소금과 후추를 친다. 빵가루, 후추, 앤초비 에센스, 허브들을 고루 섞고 물을 조금 붓는다. 이렇게 섞은 재료로 생선 속을 채운다. 올리브유를 가열하고 다진 마늘 조금과 시금치를 넣고 시금치가 부드럽게 건조될 때까지 익힌다. 소금, 후추를 넣고 달걀을 풀어 넣는다. 시금치를 내열 접시에 담고 그 위에 정어리를 얌전히 올린다. 빵가루, 치즈 가루를 뿌려 잘 섞는다. 오븐에 넣어, 올리브유를 끼얹어주면서 정어리가 노릇해질 때까지 굽는다.

명태(메를랑)[6]

명태(또는 유럽 민대구)는 굽거나 끓는 물에 삶아 버터를 두른다.

앙글레즈(영국) 명태

Merlans à l'anglaise, Whiting in the english manner

명태를 등쪽에서 갈라 뼈를 발라낸다. 양념하고 살코기에 가볍게 밀가루를 뿌리고, 달걀물, 고운 빵가루를 입혀, 정제한 맑은 버터에서 튀긴다. 뜨거운 접시에 올려, 조금 묽은 메트르도텔 버터를 두른다.

베르시 명태

Merlans Bercy, Whiting with white wine

ᴄᴙ 명태 4마리, 다진 샬롯 1작은술, 백포도주 반 잔, 물 반 잔, 소금과 후추, 레몬즙, 버터, 다진 파슬리.

명태를 반으로 갈라 뼈를 발라내고 넓게 편다. 내열 접시에 버터를 두르고 그 위에 올려 다진 샬롯을 넣고, 백포도주와 물을 붓는다. 소금, 후추, 레몬즙을 뿌린다. 작은 버터 조각들을 올려 오븐에서 중불로 구우면서 우러나는 국물을 자주 끼얹어 생선이 퍽퍽해지지 않도록 한다[7]. 다 익으면 국물은 완전히 졸아든다. 식탁에 올리며 다진 파슬리를 뿌린다.

콜베르 명태

Merlans Colbert, Whiting with maitre d'hotel butter

명태를 등쪽에서 갈라 뼈를 발라내고 벌려 소금을 치고 우유에 담가 적신

---

6) 미국에서는 은명태(銀明太, silver hake)라고도 한다.

7) 조리 중에 재료가 마르지 않도록 육수나 기름을 끼얹어주기. Arrosant(Basting).

다음 밀가루를 입힌다. 달걀물, 빵가루를 입혀 튀긴다. 뜨거운 접시에 올려, 메트르도텔 버터를 얹는다.

디아블(매운) 명태
Merlans diable, Devilles whiting

〈앙글레즈(영국) 명태〉와 같은 방법이지만, 메트르도텔 버터에 '글라스 드 비앙드'와 붉은 고춧가루를 조금 넣는 점이 다르다.

디에푸아즈(디에프) 명태
Merlans dieppoise, Whiting with wine, mushrooms and mussels

ↂ 명태 4마리, 백포도주 반 잔, 버섯, 홍합.

명태의 등쪽을 갈라 펼쳐서 프라이팬에 넣고, 백포도주, 버섯 우린 국물, 홍합 삶은 국물을 넣는다. 명태를 익혀 접시에 올리고 버섯과 홍합을 가르니튀르를 올린다. 생선을 익힌 육수를 졸여 생선 위에 붓는다.

홍합을 삶은 국물에 백포도주를 섞어 명태를 익혀도 된다. 명태는 내열 접시에 버터를 충분히 두르고 육수를 부은 다음 오븐에서 익히면서 자주 육수를 끼얹는다. 생선이 다 익으면 육수는 거의 졸아들어 사라진다. 홍합을 껍질 속의 살만 빼내 가르니튀르로 얹는다.

혼합 허브 명태
Merlans aux fines herbes, Whiting aux fines herbs

ↂ 명태 4마리, 소금, 후추, 밀가루, 버터, 백포도주 반 잔, 물 반 잔, 파슬리, 래몬 1개.

명태의 등쪽을 갈라 뼈를 발라낸다. 명태를 펼치고 소금, 후추를 치고, 밀가루를 입혀 버터를 넉넉히 두른 내열 접시에 올린다. 백포도주, 물, 레몬즙을 붓는다. 오븐에서 중불로 8~10분 익힌다. 국물이 완전히 졸아들 때까지 익힌다. 다 익으면 버터를 조금 더 두르고 다진 파슬리를 뿌린다.

메나제르 명태 그라탱
Merlans au gratin *à la menagére*, Whiting au gratin

ↂ 명태 4마리, 밀가루, 소금, 후추, 다진 파슬리, 레몬즙, 버터, 다진 샬롯 2, 다진 버섯 100g, 백포도주 1잔, 빵가루, 토마토 소스 4~5큰술.

명태의 등쪽을 갈라 뼈를 발라낸다. 밀가루를 입히고, 버터 두른 내열 접시에 올린다. 소금과 후추를 치고 다진 파슬리, 레몬즙을 뿌린다.

버터 2큰술을 가열하고, 샬롯과 다진 버섯을 넣고 몇 분 저어주면서 익힌다. 양념을 하고 백포도주를 붓는다. 5~6분 끓이고, 빵가루 4큰술, 〈토마토 소스〉를 추가한다. 이 소스를 생선 위에 붓고 빵가루를 조금 더 뿌리고, 녹인 버터를 조금 끼얹는다. 오븐의 중불로 10~12분간 익힌다. 식탁에 올리기 전에 다진 파슬리를 뿌린다.

오븐 구이 명태

Merlans sur le plat, Baked whiting

☙ 명태 4마리, 소금, 후추, 밀가루, 양파 1개, 파슬리, 월계수 잎 반쪽, 통후추, 물 250ml, 백포도주 70ml, 레몬즙.

명태 대가리를 잘라내고 등쪽을 갈라 뼈를 발라낸다. 소금, 후추를 치고, 밀가루를 입혀 버터를 두른 오븐 그릇 속에 납작하게 눌러 놓는다. 냄비에 대가리와 뼈, 내장 등의 서덜, 곱게 다진 양파, 파슬리, 월계수 잎, 통후추와 함께 넣고 물을 부어 12~15분간 끓인다. 고운 체로 걸러내 생선 위에 붓는다. 백포도주, 레몬즙을 붓는다. 중불에서 익히면서 자주 국물을 끼얹는다. 생선이 다 익으면 국물은 완전히 걸쭉해진다.

명태 무스

Mousse de merlan, Whting mousse

☙ 명태 500g, 소금, 백후추, 달걀흰자 2, 짙은 크림 500ml, 서양 송로(트뤼프).

명태 살을 곱게 갈아서 양념한다. 달걀흰자를 천천히 붓고, 전체를 고운 체로 거른다. 걸러낸 반죽을 통에 넣고 얼음 위에 30분간 얹어둔다. 여기에 아주 천천히 크림을 붓는데, 나무주걱으로 얌전히 저어준다. 반죽은 계속 얼음 위에 두는데. 걸쭉하게 굳은 듯하고 색이 밝아야 한다.

젤리를 굳히는 틀에 버터를 두른다. 측면에는 서양 송로를 얇게 썰어 조금 둘러 놓는다. 준비한 반죽을 틀에 넣는다. 틀을 소스 냄비에 넣고 틀의 절반까지 차오르도록 물을 붓는다. 뚜껑을 덮고 25~30분간 끓여 중탕한다. 틀 속의 내용물은 끓어오르면 안 된다.

둥근 접시에 올리고, 〈백포도주 소스〉, 〈카레 소스〉, 〈카르디날 소스〉, 〈파프리카 소스〉 가운데 하나를 곁들인다.

명태 크넬 볼오방

Vol-au-vent de Merlans dieppoise, Vol-au-vent of quenelles of whiting

ꕥ 크림 섞은 명태 크넬, 같은 분량의 가재 꼬리(몸통), 새우 버터, 서양 송로(트뤼프).

재료에 〈베샤멜 소스〉를 섞어 새우 버터로 마무리한다. 볼오방 크루트 안에 넣고 서양 송로를 몇 쪽 올린다.

가자미

가자미(sole)[8] 껍질을 벗기고 대가리를 비스듬히 쳐내고 지느러미를 잘라 버린 다음 깨끗이 씻는다. 가자미를 쉽게 조리하려면, 칼끝으로 벗겨낸 껍질에 붙은 뼈에서 살을 조심스레 떼어내면 된다. 2인분에 가자미 250그램이 필요하다.

아를레지엔(아를) 가자미

Sole arlésienne, Poached sole with onions and tomatoes

ꕥ 가자미 1마리, 다진 양파 1큰술, 파슬리 5g, 백포도주 3큰술, 물 3큰술, 레몬즙, 토마토 2개, 소금, 후추, 버터 1큰술, 가르니튀르용 가지, 밀가루, 올리브유.

오븐용 냄비에 버터를 두르고, 양파와 파슬리를 바닥에 깐다. 그 위에 가자미를 올리고 백포도주, 물, 레몬즙을 붓는다. 토마토 콩카세(껍질 벗겨 씨를 빼고 다진)를 넣고 소금, 후추를 넣는다. 뚜껑을 덮고 오븐에 넣어 중불에서 12~15분간 익힌다. 가자미를 접시에 담고, 남은 국물을 붓는다. 밀가루를 입혀 올리브유에 튀긴 가지를 곁들인다.

본팜 가자미

Sole à la bonne-femme, Sole bonne-femme

ꕥ 가자미 1마리, 다진 샬롯 1, 파슬리 5g, 버섯 50g, 백포도주 4큰술, 뜨거운 물 4큰술, 소금, 후추, 레몬 반쪽, 버터, 밀가루 1작은술.

---

8) 가자미 또는 서대기. 도버 가자미(Dover sole)라고도 부른다. 지중해 및 북유럽 노르웨이 남부, 스코틀렌드 북부에서 아프리카 중부인 세네갈까지의 대서양 연안에 서식한다.

냄비 바닥에 버터를 두르고 다진 샬롯, 파슬리, 다진 버섯을 바닥에 깔아 놓는다. 그 위에 가자미를 올리고 백포도주와 뜨거운 물을 붓고 레몬의 즙을 짜 넣는다. 뚜껑을 덮어 5분간 뭉근히 삶고, 밀가루를 넣고 다시 10~12분간 익힌다. 접시에 가자미를 담고, 국물에 버터 50그램을 섞어 가자미 위에 붓는다. 오븐이나 샐러맨더 그릴에서 열을 가해 윤을 낸다.

샹베르탱 가자미

Sole Chambertin, Sole with chambertin wine

앞의 〈본팜 가자미〉와 같은 방법이지만, 백포도주 대신, 적포도주를 넣고 물을 넣지 않는다. '샹베르탱' 적포도주를 넣는 이 방법을 왕넙치, 명태, 바르뷔[9] 요리에도 이용한다. 본팜 소스[10]를 곁들이는데, 토마토, 버섯 등 취향에 따라 수많은 부재료를 추가해 다양하게 응용한다.

콜베르 가자미

Sole Colbert, Sole fried in egg and breadcrumbs

가자미 껍질을 벗기고 칼끝으로 등뼈를 따라 길게 가르고 꼬리 끝과 대가리 끝을 잘라낸다. 작은 뼈에 붙은 살까지 조금 벌려 느슨하게 한다. 등뼈를 잘라 가자미가 익었을 때 쉽게 제거되도록 한다. 가자미를 우유에 적셔 밀가루, 달걀물을 입히고, 빵가루를 묻혀 등뼈로부터 살을 조금 느슨하게 뒤집어준다. 가자미를 튀긴 뒤, 등뼈를 발라내고, 그 빈 자리에 메트르도텔 버터를 부어 아주 뜨거운 접시에 올린다.

뒤글레레 가자미

Sole Dugléré, Sole poached in white wine, butter and tomatoes

☙ 가자미 400g, 버터 2큰술, 다진 양파 1작은술, 다진 파슬리 5g, 소금과 후추, 백포도주 70ml, 밀가루 1작은술, 레몬즙.

가자미를 손질해 껍질을 벗겨버린다. 4토막을 내고, 얇은 냄비에 버터 절반을 두르고, 양파, 껍질 벗겨 씨를 빼고 다진 토마토, 파슬리를 넣고 소금, 후추를 치고, 포도주를 붓는다. 10~12분간 끓인다. 생선을 파이앙스

---

9) Barbu. 브릴(Brill). 도다리와 비슷하지만 더 네모진 도다리를 '유럽 가자미'라고도 한다.
10) 백포도주에 샬롯, 버섯, 레몬즙을 넣어 만든다.

접시에 올리고. 나머지 버터를 밀가루와 섞은 뒤, 냄비에 남은 국물을 붓는다. 레몬즙과 추가하고 생선 위에 붓는다.

플로랑틴(피렌체) 가자미

Sole à la florentine, Poached sole with spinach and cheese

ᘓ 가자미 1마리, 버터 1큰술, 백포도주 4큰술, 소금, 후추, 시금치, 베샤멜 소스, 치즈 가루.

얕은 냄비에 버터를 넣고 가자미, 포도주, 같은 양의 물을 넣고 끓인다. 소금, 후추로 양념을 한다. 조금 끓는 물에서 데친 시금치를 거칠게 다져 버터로 볶아 접시에 올린다. 가자미가 다 익으면 뼈를 발라내고, 접시에 놓은 시금치 위에 원래 가자미 모양처럼 살코기만 올린다. 남은 국물에 〈베샤멜 소스〉를 섞어 덮어준다. 치즈 가루를 뿌리고 오븐에 넣거나 샐러맨더 그릴에서 열을 가해 노릇하게 윤을 낸다.

가자미 그라탱

Sole au gratin, Sole au gratin

ᘓ 가자미 300g, 녹인 버터, 소금, 후추, 백포도주 70ml, 버섯, 뒥셀 1큰술, 빵가루, 토마토 소스를 섞은 데미글라스 소스 6~8큰술, 레몬, 다진 파슬리 1자밤.

가자미를 손질해 검은 껍질을 벗기고 척추를 따라 살을 갈라놓는다. 버터 두른 접시에 껍질 벗긴 부분이 밑으로 가도록 놓는다. 소금, 후추, 포도주를 넣고 곱게 다진 버섯을 뿌린다. 〈토마토 데미글라스 소스〉에 뒥셀(duxelles)을 섞어 생선 위에 붓는다. 빵가루, 녹인 버터를 뿌려 오븐에서 약한 불로 굽는다. 먹기 직전에 레몬즙과 다진 파슬리를 조금 뿌린다.

가자미 구이

Sole grillé, Grilled sole

가자미를 씻어 껍질을 벗긴다. 양쪽으로 살짝 칼집을 내고 소금, 후추를 친다. 올리브유를 겉에 바르고 그릴에서 굽는다. 먹기 전에 레몬즙을 뿌리고, 파슬리를 잘라 얹는다. 메트르도텔 버터나 〈베아르네즈 소스〉 또는 〈타르타르 소스〉나 〈디아블 소스〉가 어울린다.

뤼트시아[11] 가자미

Sole Lutetia, Baked sole with truffles

300그램 짜리 가자미를 손질해, 버터를 넉넉히 두른 내열 파이앙스 접시에 담는다. 소금, 후추를 치고 뜨거운 물 3큰술을 넣는다. 오븐에 넣어 10~12분 가량 중간 불에서 익힌다. 때때로 물을 적셔준다. 오븐에 넣었던 접시째 그대로 식탁에 올린다. 아주 가늘게 썬 서양 송로와 버섯을 가르니튀르로 올리고 크림과 '글라스 드 비앙드'를 조금 넣는다.

메나제르(가정식) 가자미

Sole ménagère, Baked sole with red wine

☙ 가자미 400g, 양파 1, 월계수 잎 1, 파슬리, 통후추 6~8알, 버터 1큰술, 밀가루 1~2작은술, 소금, 후추.

가자미를 내열 접시에 담는다. 알맞게 덮일 만큼 포도주를 붓고 얇게 썬 양파, 월계수 잎, 파슬리와 통후추를 넣는다. 오븐에 넣어 중불로 익힌다. 가자미를 식탁 접시에 덜고 육수는 작은 소스냄비에 옮겨 부어 조금 졸인 다음, 버터와 밀가루를 넣고 섞어 걸쭉해지도록 저어준다. 양념을 해서 가자미에 붓는다.

뫼니에르 가자미

Sole à la meunière, Sole meuniere

가자미에 소금을 치고, 우유에 적신 후, 밀가루를 입혀 버터로 익힌다. 뜨거운 접시에 담고, 레몬즙과 파슬리를 뿌린다. 소테용 팬에 버터 1큰술을 넣고 빠르게 가열해, 끓어오르면 생선 위에 붓는다. '가지를 곁들인 뫼니에르 가자미', '주키니 호박을 곁들인 뫼니에르 가자미'를 꾸밀 수 있다.

모르네 가자미

Sole Mornay, Sole Mornay

☙ 가자미 1마리, 소금, 버터, 물 70ml, 베샤멜 소스, 그뤼예르 치즈 가루, 파르메산 치즈 가루.

버터를 바른 내열 접시에 생선을 담고, 소금을 치고, 버터 1큰술과 물 3~4큰술을 넣는다. 오븐에 넣고 중간 불로 10~12분 익힌다. 그릇에 우러

---

11) 파리 시내 중심가 생제르맹 데 프레에 자리잡은 아르 데코 풍의 호텔 겸 레스토랑.

난 육수를 소스냄비에 넣고 조금 졸인 다음 〈베샤멜 소스〉 6~8큰술을 넣는다. 이 소스 절반을 식탁에 올릴 접시에 부어 가자미를 위에 얹고, 나머지 소스를 다시 붓는다. 치즈 가루와 녹인 버터를 뿌리고 샐러맨더 그릴이나 오븐에 넣고 열을 가해 노릇하게 윤을 낸다.

뮈라 가자미

Sole Murat, Sole with potato and artichoke bottoms

☙ 가자미 1마리, 감자 1개, 아티초크 속심 2개, 버터, 레몬, 파슬리, 글라스 드 비앙드.

가자미를 튀기는 방식이지만, 감자와 아티초크 고갱이(속심)를 깍둑썰기해 각각 버터에 튀겨 함께 섞는다. 이 재료 대신 토마토를 썰어 사용해도 되는데, 토마토에 소금, 후추 양념을 하고, 밀가루를 입혀 식용유로 튀기듯이 지져 익힌다(소테, sauté)[12]. 가자미는 뜨거운 접시에 담고, 감자, 아티초크 또는 토마토를 가르니튀르로 곁들인다. 생선에는 레몬 반쪽의 즙, 다진 파슬리를 뿌리고 '글라스 드 비앙드'를 조금 넣는다. 냄비에 남은 육수에 버터를 약간 넣고 한 번 더 가열한 뒤 가자미에 붓는다.

노르망드(노르망디) 가자미

Sole à la normande, Sole with wine, oysters and crayfish

☙ 2인분: 가자미 300g, 양파, 파슬리, 월계수 잎, 레몬 반쪽, 소금, 후추, 백포도주 반 잔, 물 1컵, 버터, 홍합 20, 굴 4, 버섯 4개, 검은 망둥이, 달걀, 빵가루, 작은 민물 가재 2마리, 쿠르부이용, 밀가루, 달걀노른자 3, 크렘 프레슈 2큰술, 버터로 튀긴 크루통.

가자미 껍질을 벗겨 대가리를 떼고 칼집을 낸다. 가늘게 썬 양파, 파슬리 줄기, 월계수 잎을 내열 접시에 담고 레몬즙을 뿌린다. 가자미를 넣고 소금, 후추를 친다. 포도주, 물, 버터 몇 조각을 넣는다. 뚜껑을 덮고 오븐에서 12~15분간 중간 불에서 익히며 때때로 물을 끼얹는다.

얇게 썬 양파, 파슬리, 후추를 갈아 넣고 홍합을 익힌다. 굴을 삶고 버섯은 버터로 볶는다. 망둥이는 달걀물에 적셔 빵가루를 묻혀 튀긴다. 가재는 쿠르부이용에서 삶는다. 가자미가 익으면, 접시에 담고 껍데기를 뗀 홍합 살, 굴, 버섯을 둘러놓고 식지 않게 보관한다.

---

12) 소테, 소량의 식용유(또는 버터)만 넣고 고열의 프라이팬에서 튀기듯이 지지기.

생선과 홍합을 삶은 육수를 냄비에 붓고 약 140밀리리터로 졸인다. 버터와 밀가루를 각각 반 큰술씩 섞어 몇 분간 끓인 다음 불을 끄고, 달걀노른자와 크렘 프레슈를 넣고 잘 섞는다. 체로 거르고, 버터 1큰술을 넣어 마무리한다. 끓이지 않고 살짝 가열해 생선에 붓는다. 튀긴 망둥이와 가재, 버터로 튀긴 크루통을 올린다.

가자미 오븐 구이

Sole sur le plat, Baked sole with wine and lemon juice

☙ 가자미 300~350g, 소금과 후추, 백포도주 반 잔, 물 반 컵, 레몬 반쪽.

가자미 껍질을 벗기고 대가리를 버린다. 껍질 벗긴 쪽에 칼집을 낸다. 버터를 넉넉히 두른 내열 접시에 껍질을 벗긴 부분이 밑으로 가도록 놓는다. 소금, 후추를 넣고, 포도주, 물을 붓고 레몬즙을 뿌린다. 오븐에 서 중간 불로 굽는다. 가자미가 다 익을 때까지 때때로 물을 끼얹는다.

가자미 홍합 구이

Sole sur le plat au moules, Baked sole with mussels

☙ 홍합, 가자미 1마리, 소금, 후추, 백포도주 반 잔, 물 70ml, 레몬 반쪽, 샬롯 1, 파슬리, 빵가루 1큰술.

홍합을 삶아 껍데기에서 살을 발라낸다. 육수에 넣어 식지 않게 놓아둔다. 가자미는 앞의 오븐 구이와 같은 방법으로 손질해 버터 두른 내열 접시에 담아 양념을 하고, 포도주와 물을 붓고, 레몬즙을 짜넣고, 샬롯도 곱게 다져 넣는다. 홍합 삶은 국물도 조금 추가한다.

오븐에 넣고 중간 불로 익히면서 자주 물을 끼얹는다. 가자미가 익으면, 접시에 올리고, 홍합을 둘러놓고 파슬리와 빵가루를 생선에 뿌려 2분간 더 오븐에 넣어둔다.

리슐리외 가자미

Sole Richelieu, Fried sole with maitre d'hotel butter and truffles

☙ 가자미 300g, 우유, 밀가루, 달걀, 빵가루, 버터, 메트르도텔 버터, 서양 송로(트뤼프), 고기 젤리.

가자미 대가리를 떼고, 껍질을 벗겨 칼집을 낸다. 우유에 푹 적신 후 밀가루, 달걀물, 빵가루를 입혀 정제한 맑은 버터로 튀긴다. 튀긴 생선을 접시에 올리고, 등뼈를 발라내고 메트르도텔 버터를 조금 얹는다. 잘게 썬 송로에 '글라스 드 비앙드'를 조금 둘러 메트르도텔 버터 위에 가르니튀르로 올린다.

뤼스(러시아) 쿠르부이용 가자미

Sole au court-bouillon à la russe, Sole in court bouillon, in the russian manner

❧ 가자미 300g, 버터 25g, 물, 당근 3~4개, 양파 1개, 파슬리 2, 레몬즙, 버터 1큰술.

버터를 녹이고 당근과 양파를 가늘게 썰어 넣고, 파슬리 줄기를 추가해 몇 분간 볶는다. 물 100밀리리터를 넣고 약한 불에서 야채가 부드러워질 때까지 뭉근히 삶는다. 야채를 도기에 쏟고 그 위에 손질한 가자미를 얹는다. 오븐에 넣고 중간 불에서 자주 물을 끼얹으며 익힌다. 생선이 다 익으면, 육수를 절반까지 졸이고 레몬즙을 뿌리고 버터를 추가한다. 이 소스는 다른 그릇에 담아낸다.

생제르맹 가자미

Sole Saint-Germain, Grilled sole with bearnaise sauce

가자미에 양념하고, 녹인 버터에 적셔 빵가루를 입힌다. 넓적한 것으로 잘 눌러준다. 녹인 버터를 발라 그릴에서 부드럽게 굽는다. 버터로 구운 작은 감자들을 가자미에 올린다. 〈베아르네즈 소스〉를 곁들인다.

백포도주 가자미

Sole au vin blanc chez soi, Sole in white wine

❧ 가자미 300g, 양파 1개, 파슬리, 소금과 후추, 백포도주 3큰술, 뜨거운 물 3큰술, 버터 2큰술, 레몬, 밀가루 1작은술, 달걀노른자 2.

양파를 얇게 썰어 파슬리와 함께 담는다. 손질한 가자미를 그 위에 올리고 소금, 후추를 친다. 백포도주, 뜨거운 물, 버터 1큰술과 레몬즙을 추가한다. 뚜껑을 덮어 약한 불로 뭉근히 삶는다. 익은 생선을 접시에 담는다. 남은 버터 1큰술에 밀가루를 섞고 생선을 익혔던 국물을 붓는다. 몇 분간 끓여, 국물 1큰술에 달걀노른자를 섞어 소스를 만든다. 이것을 체로 걸러 가자미에 붓는다. 홍합, 굴, 버섯, 어백(이리)이 가르니튀르로 좋다.

가자미 필레(살코기)

가자미는 원래 모습대로 넓적하게 조리해 내놓는다. 하지만 살코기를 접거나 둥글게 말아 요리하기도 한다. 껍질 바로 밑에 한 겹 더 붙은 조직 때문에 익는 동안 살코기가 오징어처럼 말리거나 위축될 수 있다. 살코기 양쪽에 가볍게 칼집을 내주면 이런 현상을 피할 수 있다. 칼집은 살짝 내야 한다. 가자미 살코기는 약한 불로 뭉근히 삶는다(포셰). 물이 끓어오르지 않도록 한다. 세게 끓이면 살코기가 둥글게 말린다.
가자미 필레는 다음과 같은 쿠르부이용 또는 생선 퓌메[13]로 조리한다.

쿠르부이용 또는 생선 퓌메

Court-bouillon ou Fumet de poisson, Fish fumet(White fish stock)

☙ 뼈를 발라내고 손질한 가자미(300~350g짜리) 3마리, 다진 양파 1, 파슬리 2, 월계수 잎 1, 통후추와 소금 조금씩, 레몬즙, 백포도주 100ml, 물 500ml.

재료를 모두 냄비에 넣는다. 12~15분간 끓여서 체로 거른다. 이 쿠르부이용 또는 생선 퓌메(Fumet)는 백포도주를 넣은 노르망드 가자미 등의 요리에 〈블랑슈 소스〉로 사용한다.

블랑슈 소스(생선요리용 흰 소스)

Sauce blanche, White sauce

☙ 버터 1큰술, 밀가루 1큰술, 쿠르부이용 250ml, 달걀노른자 1~2, 크렘 프레슈 1큰술, 버터 1큰술.

버터를 가열해 밀가루를 넣는다. 노릇해지지 않도록 몇 초간 섞고, 쿠르부이용을 천천히 붓고 힘차게 휘젓는다. 12~15분간 끓여, 체로 걸러 냄비에 받는다. 달걀노른자와 크렘 프레슈를 추가해 걸쭉하게 만들어, 마지막

---

13) 생선 육수의 일종으로 흰 살 생선뼈를 사용한다. 맛, 색 등이 좋아지려면 파와 레몬, 백포도주를 조금 넣어 짧은 시간에 완성해야 한다. 향신료를 추가하면 훌륭한 생선 육수가 된다. 비린내가 없고 색이 맑으며 맛이 진해야 좋다.

에 버터를 넣는다. 끓이지는 않고 뜨거운 곳에 놓아둔다.

블랑슈 소스를 만드는 다른 방법
쿠르부이용(250ml)이 끓기 시작하면 버터와 밀가루를 1큰술씩 섞는다. 8~10분간 끓여, 체로 걸러, 달걀노른자 1~2알을 앞의 조리법처럼 넣는다.

아메리칸 가자미 필레
Filets de sole à l'américaine, Fillets of sole in the american manner
가자미 살코기에 소금, 후추를 조금 넣는다. 냄비에 넣고 쿠르부이용 4~5큰술을 두르고, 버터 1큰술도 추가한다. 뚜껑을 덮고 10~12분간 끓여 접시에 둥글게 모양을 잡아 쏟는다. 접시 한복판에 〈미국식 바닷가재〉를 올리고 바닷가재 소스로 덮는다.

앙글레즈(영국) 가자미 필레
Filets de sole à l'anglaise, Fillets of sole, english fashion
가자미 살코기에 소금을 조금 넣고 밀가루, 달걀물, 빵가루를 묻혀 버터에서 익힌다. 뜨거운 접시에 담아 '메트르도텔 버터'를 얹는다.

안토넬리 가자미 필레
Filets de sole Antonelli, Fillets of sole with a truffle risotto
가자미 살을 길게 썰어 소금을 조금 치고, 밀가루에 묻혀 버터에 튀기듯이 지져 익힌다(소테). 이탈리아의 피에몬테 흰 서양 송로를 넣은 리소토(밥)를 준비한다. 리소토를 깊은 접시에 담고, 튀긴 가자미 살코기를 그 한복판에 올린다. 피에몬테 흰 서양 송로를 구하기 어렵다면, 프랑스 페르고르(Périgord) 검은 서양 송로로 대신한다. 훌륭한 점심감이다.

벨 뫼니에르 가자미 필레
Filets de sole belle-meunière, Fillets of sole meuniere with provencal style tomatoes
밀가루를 입혀 튀기는 뫼니에르 방식으로 조리한다. 얇게 썰어 버터로 데친 양송이버섯을 접시에 깔고, 프로방스식으로 살짝 익힌 토마토를 둘러놓는다. 살코기를 올리고 조리했던 냄비에 남아있는 버터를 뿌린다.

바나나 가자미 필레
Filets de sole caprice, Grilled filletsof sole with bananas

가자미 살코기를 녹인 버터에 넣고 빵가루를 묻힌다. 넓직한 칼로 빵가루를 눌러준다. 녹인 버터를 바르고, 그릴에서 은근하게 굽는다. 버터에 익힌 바나나를 잘라 살코기마다 올린다. 〈토마토 소스〉를 곁들인다.

카르디날(추기경) 가자미 필레
Filets de sole cardinal, Fillets of sole with fish forcemenat

ര 가자미 살코기, 쿠르부이용, 버터 1~2큰술, 빵가루, 바닷가재, 베샤멜 소스, 바닷가재 버터.

ര 파르스(소) 반죽: 명태 125g, 다진 차이브, 다진 파슬리, 다진 처빌, 소금, 후추, 너트멕, 달걀 1, 빵가루, 밀가루, 버터 1큰술.

명태 살코기를 갈아서 파르스 재료들과 함께 섞는다. 가자미 살코기마다 반죽한 파르스를 조금씩 바르고, 가자미 살코기를 접어서, 쿠르부이용 몇 술을 붓고 버터를 넣고, 뭉근히 삶는다(포셰). 버터로 튀긴 크루통 위에 살코기를 올리고 그 위에 바닷가재 꼬리(몸통)을 하나씩 올린다. 바닷가재 버터를 넣은 〈베샤멜 소스〉를 붓는다. 앞의 〈카르디날 소스〉 참고.

카탈란(카탈루냐) 가자미 필레
Filets de sole à la catalane, Fillets of sole with tomatosauce and pilaf of rice

ര 가자미 살코기 4토막, 생선 퓌메, 버터, 레몬 반쪽, 토마토 2개, 글라스 드 비앙드 1큰술, 토마토 소스 2큰술, 버터 1큰술, 필래프 볶음밥, 붉은 파프리카(스페인 파프리카).

살코기를 발라낸다. 생선 퓌메를 붓고, 버터 조금과 레몬즙을 추가해 뭉근히 삶는다(포셰). 토마토를 다듬어 절반씩 잘라 소금과 후추를 치고, 프로방스식으로 약한 불에 익힌다. 접시에 붓고 살코기를 왕관처럼 올린다. 생선 퓌메를 졸이고, 글라스 드 비앙드, 〈토마토 소스〉, 버터를 추가해서 생선 위에 붓는다. 그릴에 구운 붉은 파프리카를 껍질을 벗겨 가늘게 썰어서 필래프 볶음밥에 곁들인다.

샤틀렌 가자미 필레
Filets de sole châtelaine, Fillets of sole with macaroni and cheese

ര 6인분: 가자미 300g짜리 2마리, 소금, 후추, 뜨거운 물 100ml, 레몬 반쪽, 파슬리, 베샤멜

소스 400ml, 마카로니 250g, 그뤼예르 치즈 가루 2큰술, 파르메산 치즈 가루 2큰술, 서양 송로(트뤼프), 녹인 버터.

가자미 껍질을 벗겨 살코기만 발라내 반으로 접어 살짝 두드려준다. 버터를 넉넉히 넣은 팬에 넣고, 소금과 후추를 치고, 뜨거운 물, 레몬즙, 파슬리를 추가한다. 뚜껑을 덮고 중간 불에서 10~12분간 익힌다.

마카로니를 소금물에 삶아내, 치즈 가루 2큰술씩을 뿌리고 길게 썬 서양 송로를 넣는다. 후추를 치고, 버터 2큰술, 〈베샤멜 소스〉 3~4큰술을 추가한다. 익힌 마카로니를 파이앙스 접시에 담고, 그 위에 생선 살코기들을 얹는다.

생선을 익혔던 팬에 남은 육수를 나머지 〈베샤멜 소스〉와 섞어, 생선 위에 붓는다. 치즈 가루, 녹인 버터를 조금 더 뿌리고 오븐에서 조금 노릇하게 굽는다. 대구, 연어 스테이크 등도 같은 방법으로 조리한다.

쇼샤 가자미 필레

Filets de sole Chauchat, Poached fillets of sole with mornay sauce

☙ 가자미 살코기, 생선 퓌메, 버터, 레몬즙, 모르네 소스, 둥글게 깎아서 익힌 감자.

생선 퓌메를 붓고 버터와 레몬즙을 조금 추가해, 가자미 살코기를 뭉근히 삶는다(포셰). 접시에 〈모르네 소스〉를 깔아준다. 그 위에 살코기 토막들을 올리고, 둥글게 깎아서 익힌 작은 감자를 둘러놓는다. 전체에 다시 〈모르네 소스〉[14]를 덮고, 뜨거운 오븐에 넣어서 노릇하게 윤을 낸다.

디에푸아즈(디에프) 가자미 필레

Filets de sole dieppoise, Poached fillets of sole with normandy sauce

☙ 300g짜리 가자미 1마리, 소금, 후추, 쿠르부이용 2큰술, 삶은 홍합, 노르망드 소스.

냄비에 버터를 두르고 가자미 살코기를 담는다. 소금, 후추를 치고, 쿠르부이용과 홍합 삶은 물 2큰술을 붓는다. 뚜껑을 덮고 10여분간 뭉근히 삶는다. 때때로 육수를 끼얹는다. 다 익으면, 살코기를 파이앙스 접시에 올리고, 살짝 익힌 홍합과 새우를 둘러놓고 〈노르망드 소스〉를 붓는다. 조리한 냄비를 그대로 식탁에 올리는 방법도 있다. 그렇지만, 생선에서 우러난

---

14) 모르네 소스는 오븐에 넣어 윤을 낼 때에 이용한다.

육수에 버터 반 큰술, 밀가루 반 큰술을 섞어 걸쭉하게 한 뒤 붓는다.

도리아 가자미 필레
Filets de sole Doria, Fries fillets of sole with cucumber

뫼니에르 방식으로, 양념을 한 뒤에 밀가루를 뿌려 입히고, 팬에 버터를 넣고 가자미를 뒤집어주며 튀긴다. 가르니튀르는 올리브 모양으로 둥글게 깎은 오이를, 끓는 물에서 몇 분간 데친 다음 건져내, 물기를 빼고 소금을 뿌려 올린다.

가자미 에피그람
Filets de sole en épigrammes, Fillets of sole with fish forcemeat

가자미 살코기 한 쪽에 파르스를 바르고, 반으로 접어 쿠르부이용에 넣고 끓인다. 꺼내 식힌 다음, 달걀물과 빵가루를 묻혀, 정제한 맑은 버터로 노릇한 금빛이 될 정도로 익힌다. 소테 또는 푸알레 조리법으로 익힌다. 가자미 요리에 올리는 가르니튀르는 어느 것이든 무방하다.

플로랑틴(피렌체) 가자미 필레
Filets de sole à la florentine, Fllets of sole with spinach and cheese

☙ 가자미 살코기, 버터를 넣은 쿠르부이용, 시금치, 베샤멜 소스, 녹인 버터, 치즈 가루.

버터를 넣은 소량의 쿠르부이용에, 살코기를 넣고 뭉근히 삶는다(포셰). 시금치를 데치고 숭숭 잘라 약한 불에서 버터로 볶는다. 접시 바닥에 시금치를 깔고 그 위에 살코기를 올리고 소스를 붓는다. 치즈 가루와 녹인 버터를 뿌리고, 오븐에서 조금만 노릇하게 만든다.

그랑 뒥 가자미 필레
Filets de sole grand duc, Poached fillets of sole witt crayfish tails and truffles

☙ 가자미 살코기 4, 쿠르부이용, 버터, 민물 가재 2마리, 서양 송로(트뤼프) 1쪽, 베샤멜 소스, 치즈 가루, 아스파라거스.

가자미 살코기를 발라낸다. 버터를 넣고 쿠르부이용을 부어 뭉근히 삶는다(포셰). 접시 한가운데에 왕관처럼 세운다. 민물 가재 꼬리(몸통) 2개, 얇게 썬 서양 송로 1쪽을 얹는다. 소스를 입히고, 치즈 가루와 녹인 버터를 뿌리고 오븐에 넣어 조금만 노릇하게 굽는다. 식탁에 내놓기 직전에 아스파라거스에 버터를 둘러 한가운데 올린다.

본팜 가자미 필레 그라탱
Filets de sole au gratin à la bonne femme, Fillets of sole au gratin

ಡ 가자미 1마리(또는 작은 가자미 2마리), 소금, 후추, 밀가루, 파슬리, 샬롯, 쿠르부이용 3~4큰술, 버섯 50g, 올리브유 1큰술, 토마토 소스 3큰술, 빵가루 1큰술, 버터, 레몬즙, 파슬리.

가자미 살코기에 소금, 후추로 양념해, 밀가루를 입혀 버터를 바른 오븐용 그릇에 담는다. 샬롯과 파슬리를 조금 다져 추가한다. 쿠르부이용을 끼얹는다. 올리브유로 버섯을 볶아, 소금, 후추를 치고 〈토마토 소스〉를 추가해 생선에 붓는다. 빵가루와 버터 조각을 조금 뿌려 오븐에서 중간 불로 굽는다. 레몬즙을 뿌리고, 다진 파슬리를 조금 뿌린다.

카레 가자미 필레
Filets de sole au curry, Curried fillets of sole

ಡ 가자미 400g, 소금과 후추, 버터, 쿠르부이용, 다진 양파 1작은술, 카레 가루 1작은술, 블랑슈 소스, 쌀.

가자미 살코기를 반으로 잘라 양념한다. 버터를 넣고 쿠르부이용을 붓고 뭉근히 삶아(포셰) 접시에 담는다. 버터로 양파를 노릇하게 볶아 카레 가루를 넣고 잘 섞는다. 이것을 '블랑슈 소스'에 넣어서 생선에 붓는다. 고들고들한 인도식 쌀밥을 곁들인다.

주앵빌 가자미 필레
Filets de sole Joinville, Poached fillets of sole with shrimps

ಡ 가자미 살코기, 소금, 후추, 쿠르부이용, 버터, 민물 가재(또는 새우), 얇게 썬 식빵 슬라이스, 서양 송로(트뤼프) 1쪽, 노르망드 소스, 민물 가재 버터, 새우 12마리.

가자미 살코기를 발라내 소금과 후추를 치고, 버터를 넣고 쿠르부이용을 부어 뭉근히 삶는다(포셰). 작은 민물 가재 토막을 각 살코기 위에 얹어, 하트 모양으로 자른 팽드미(pain de mie)[15] 식빵 슬라이스를 깔아놓은 접시에 담는다. 각 살코기에 서양 송로와 민물 가재 꼬리(몸통)를 얹는다. 민물 가재 버터를 섞은 〈노르망드 소스〉를 붓는다. 나머지 〈노르망드 소

15) 샌드위치용 식빵(풀먼 식빵)과 비슷한 프랑스식 식빵.

스〉는 다른 그릇에 따로 담아낸다. 이 소스에 새우와 서양 송로를 잘게 썰어 넣는다.

마르그리[16] 가자미 필레

Filets de sole Marguery, Poached fillets of sole with white wine sauce

ര 가자미 400g, 소금과 후추, 쿠르부이용 2큰술, 홍합, 새우, 백포도주 소스.

도기에 버터를 두르고 생선 살코기를 넣는다. 양념을 하고 쿠르부이용을 붓는다. 뚜껑을 덮고 중간 불에서 8~10분간 뭉근히 삶는다(포셰). 홍합과 새우는 살짝 익히고, 가자미 위에 〈백포도주 소스〉를 두른다. 샐러맨더 그릴에 넣어 노릇하게 윤을 낸다.

메나제르(가정식) 가자미 미뇨네트

Flets de sole mignonette à la ménagère, Fillets of sole with noodles and tomato sauce

가자미 살코기를 잘라 소금과 후추를 치고, 밀가루를 입혀 버터로 튀기듯이 지져 익힌다(소테). 생선과 같은 분량의 면(파스타, 국수)을 삶아 버터로 볶는다. 생선과 면을 함께 섞는다. 〈토마토 소스〉를 곁들인다.

뮈라 가자미 필레

Filets de sole Murat, Fillets of sole with potato and artichoke bottoms

ര 가자미 400g, 감자 1개, 아티초크 속심 2개, 소금, 후추, 버터, 토마토 6쪽, 파슬리, 글라스 드 비앙드 2큰술.

감자와 아티초크 속심 1개를 깍둑썰기한다. 양념해 각각 따로따로 버터로 볶는다. 가자미 살을 자르고 양념해 버터로 튀기듯이 지져 익힌다(소테). 이렇게 익힌 생선과 야채를 접시에 쏟는다. 토마토를 두껍게 썰고 양념해 올리브유로 볶는다. 파슬리, '글라스 드 비앙드', 레몬즙을 뿌리고, 살짝 끓인 버터를 조금 부어 마무리한다.

뉴버그 가자미 필레

Filets de sole Newburg, Fillets od sole with lobster Newburg

ര 바닷가재 500~600g, 가자미 400g, 버터, 생선 퓌메(쿠르부이용).

---

16) 니콜라 마르그리(Nicolas Marguery, 1834~1910년). 프랑스 요리사.

〈뉴버그 바닷가재〉를 만들어 꼬리(몸통)를 4등분한다. 뜨겁게 보관한다. 나머지 가재 살을 네모진 토막으로 썰어 소스에 넣는다. 가자미 살코기를 발라내, 버터를 넣고 생선 퓌메를 붓고 뭉근히 삶는다(포셰). 접시에 담고, 각 살코기마다 길쭉한 가재 살을 올린다. 뉴버그식 소스(뉴버그 바닷가재 참고)를 끼얹는다.

오리엔트 가자미 필레

Filets de sole à l'orientale, Fillets of sole in the oriental manner

〈뉴버그 가자미 필레〉와 같지만, 소스에 카레 가루를 넣는다. 가자미를 접시에 담고, 소스를 붓는다. 인도식 쌀밥을 곁들인다.

노르망드(노르망디) 가자미 필레 페르미에르[17]

Filets de sole à la Normande, *mode de la fermière,* Normandy style fillets of sole

☙ 가자미 400g, 버터, 소금과 후추, 시드르(Cidre)[18] 50ml, 레몬즙, 크렘 프레슈 100ml.

버터를 넉넉히 바른 파이앙스 그릇에 가자미 살코기를 담는다. 소금, 후추를 넣고 시드르, 레몬즙 몇 방울을 뿌린다. 뚜껑을 덮어 8~10분 익힌다. 크렘 프레슈를 추가해 몇 분간 더 익힌다. 버터로 볶은 감자를 곁들인다.

오트로 가자미 필레

Filets de sole Otero, Poached fillets of sole on baked potatoes

☙ 가자미 400g, 익힌 감자 4개, 새우 4큰술, 베샤멜 소스, 쿠르부이용, 녹인 버터, 치즈 .

익힌 감자를 길게 반쪽을 내고 속을 파낸다. 새우에 〈베샤멜 소스〉를 조금 섞어, 1큰술씩 감자 속에 넣는다. 가자미 토막에 〈튀김용 반죽〉을 입혀 버터를 조금 섞은 생선 퓌메에서 뭉근히 삶는다. 감자 위에 올린다. 〈베샤멜 소스〉로 덮는다. 치즈 가루와 녹인 버터를 뿌려 오븐이나 샐러맨더 그릴에서 노릇하게 윤을 낸다. 생선 살을 둥글게 말아도 된다. 속을 파낸 감자는 따로 조리해 곁들여도 된다.

---

17) à la fermière. '농민 스타일'의 뜻으로, 농장에서 나는 채소류 등을 넣는다.

18) 노르망디 사과술, 알콜 도수 5도. 탄산이 들어 있으며 차게 마신다.

튀김용 반죽(튀김옷)

Pâte à frire, Frying batter

밀가루 250그램, 미지근한 물 200밀리리터, 소금 넉넉한 1줌, 올리브유 2큰술을 넣고 섞어 1시간 놓아둔다. 1시간 뒤에 달걀흰자 2개를 휘저어 추가한다.

오를리 가자미 필레

Filets de sole Orly, Batter fried fillets of sole

가자미 살코기에 반죽을 입혀 튀길 때는, 먼저 생선 퓌메와 버터를 넣고 뭉근히 삶는 것이 좋다. 조금 식힌 뒤, 〈튀김용 반죽〉을 입혀, 식탁에 올리기 직전에 튀긴다. 튀긴 파슬리를 가르니튀르로 얹고 〈토마토 소스〉를 곁들인다.

가자미 필레 포피에트

Filets de sole en paupiettes, Fillets of sole paupiettes

가자미 살코기를 살짝 두드려서, 조리하는 동안 오그라들지 않도록 한다. 파르스를 바른다. (김밥처럼) 둥글게 만다. 조리하는 동안에 모양이 흐트러지지 않도록 바짝 붙여 놓고 익힐 수 있는 냄비를 고른다. 쿠르부이용을 살짝 붓고 뭉근히 삶는다(포셰). 가자미 살코기 요리에 곁들이는 가르니튀르는 모두 이 요리에 잘 어울린다.

페이잔 가자미 필레

Filets de sole à la paysanne, Fillets of sole cooked peasant fashion

☙ 300g짜리 가자미 1마리, 소금, 후추, 양파와 베이비 당근(Baby carrot) 각 2개, 셀러리 1, 버터, 뜨거운 물 50ml, 파슬리, 소금, 설탕, 풋완두콩 2큰술.

가자미 살코기에 양념해, 2토막을 내고, 버터 두른 내열 접시에 담는다. 야채를 작은 네모꼴로 작게(페이잔 야채 썰기) 썰어 냄비에 넣고, 버터를 넣고 뜨거운 물을 붓는다. 다진 파슬리, 소금, 설탕도 넣는다. 몇 분간 끓여, 풋완두콩을 넣고 부드러워질 때까지 익힌다. 모두 생선에 붓고, 버터 조각을 조금 뿌려 오븐에서 중간 불로 익힌다.

가자미 필레 필래프

Filets de sole en pilaw, Pilaf of fillets of sole

가자미 살코기에 양념해 버터로 튀기듯이 지져 익힌다(소테). 필래프 볶음밥을 섞는다. 〈토마토 소스〉 또는 〈카레 소스〉를 곁들인다.

폴리냐크 가자미 필레

Filets de sole Poilgac, Poached fillet of sole in white wine sauce

ca 가자미 1마리, 버터, 쿠르부이용, 버섯 4~5개, 버터 1작은술, 레몬즙, 백포도주 소스 100ml, 글라스 드 비앙드.

가자미 살코기를, 버터를 넣은 쿠르부이용에 뭉근히 삶는다(포셰). 버섯은 길게 썰어 버터와 함께 넣고 레몬즙을 몇 방울 뿌린다. 1~2분간 삶고, 생선 육수를 부어 조금 더 삶아서, 길게 썬 서양 송로를 넣고 〈백포도주 소스〉를 5~6큰술을 넣는다. 뜨거운 접시에 생선을 담고, 소스를 끼얹고, '글라스 드 비앙드'를 올려, 샐러맨더 그릴에서 노릇하게 만든다.

프로방살(프로방스) 가자미 필레

Filets de sole provençale, Fillets of sole provencal

ca 다진 양파 1큰술, 버터, 다진 토마토 2개, 소금과 후추, 다진 마늘 조금, 다진 파슬리, 가자미 300g, 백포도주 70ml.

양파를 버터에 살짝 볶고, 토마토 콩카세를 넣고 소금, 후추, 다진 마늘, 파슬리를 넣고 15분 동안 약한 불로 익힌다. 오븐용 그릇에 올리브유를 조금 두르고 가자미 살코기를 길게 앉혀 소금, 후추를 넣고 포도주를 끼얹는다. 토마토 콩카세로 덮어준다. 오븐에 넣고 중간 불로 10~12분간 익힌다. 꺼내면 다진 파슬리를 뿌려 즉시 식탁에 올린다.

생 제르맹 가자미 필레

Filets de sole Saint-Germain, Fillets of sole Saint Germain

가자미 살코기를 양념해 녹인 버터에 담갔다가, 빵가루를 묻히고 넓적한 칼로 잘 눌러둔다. 버터를 조금 더 뿌려, 그릴에서 은근한 불로 굽는다. 뜨거운 접시에 살코기를 올리고 버터에 구운 작고 둥근 감자를 둘러놓고 '글라스 드 비앙드' 2큰술을 둥글게 끼얹는다. 양념을 짙게 한 〈베아르네즈 소스〉를 곁들인다.

라셸[19] 가자미 필레

Filets de sole Rachel, Poached fillets of sole with white wine sauce

ꕤ 가자미 400g, 버터, 생선 퓌메, 서양 송로(트뤼프), 백포도주 소스, 아스파라거스.

가자미 살코기를 절반으로 잘라, 생선 퓌메 몇 술을 뿌리고, 버터를 넣고 뭉근히 삶는다. 뜨거운 타원형 접시에 올린다. 각 토막마다 얇게 썬 서양 송로 조각을 올리고 소스로 덮는다. 접시 한쪽에 버터로 살짝 익힌 아스파라거스를 곁들인다. 생선을 파삭한 크루통 위에 올리기도 한다.

베로니크[20] 가자미 필레

Filets de sole Véronique, Poached fillets of sole with grapes

가자미 살코기에 소금, 후추를 치고, 생선 퓌메 2큰술과 버터를 넣고 뭉근히 삶는다. 뜨거운 접시에 담아, 껍질 벗긴 신선한 머스캣 포도를 올린다. 〈백포도주 소스〉를 끼얹어 샐러맨더 그릴에서 윤기를 내준다.

마리 발레브스카[21] 가자미 필레

Filets de sole Marie Walewska, Poached fillets of sole with prawns and mornay sauce

ꕤ 가자미 살코기 4토막, 쿠르부이용 3~4큰술, 소금과 후추, 새우 4마리, 서양 송로(트뤼프) 8쪽, 소금, 후추, 모르네 소스, 치즈 가루, 녹인 버터.

버터 두른 접시에 살코기를 담고, 쿠르부이용을 끼얹고 소금, 후추를 친 다음 뚜껑을 덮어 8~10분간 익힌다. 길쭉한 접시에 담고, 길게 반쪽을 낸 새우들과 얇게 썬 서양 송로로 둘러싸고 〈모르네 소스〉로 덮는다. 치즈 가루와 녹인 버터를 뿌린 뒤, 샐러맨더 그릴에 넣어 윤기를 낸다.

---

19) 라셸 펠릭스(Rachel Félix, 1821~1858년). 프랑스 여배우. 라신, 코르네이유의 작품을 주로 연기했다. 뛰어난 미모와 연기력으로 대중의 사랑을 받았다.

20) 프랑스의 오페라 작곡가 앙드레 메사제(André Messager)의 오페레타. 이 작품의 성공 축하 연회에서 에스코피에가 처음 선보인 요리다.

21) 마리 발레브스카(Marie Walewska). 폴란드 귀족. 19세에 발레브스카와 결혼했지만 다음 해에 나폴레옹을 만나 연인이 되었다. 나폴레옹의 아들을 낳았지만 아들은 남편의 성을 따랐다. 31세에 사망했다. 나폴레옹과 마리의 이야기를 담은 책이 출판되어 널리 알려질 무렵, 그녀의 이름을 따서 에스코피에가 이 레시피를 만들었다.

빅토리아 가자미 필레

Filets de sole Victoria, Poached fillets of sole with truffles and crayfish butter

✿ 가자미, 생선 퓌메, 바닷가재 2큰술, 서양 송로(트뤼프), 베샤멜 소스, 바닷가재 버터, 치즈 가루, 녹인 버터.

가자미 살코기를 생선 퓌메로 뭉근히 삶는다. 버터 두른 접시에 늘어놓는다. 바닷가재와 서양 송로를 작은 토막으로 썰어 올리고 〈베샤멜 소스〉를 덮는다. 소스에는 민물 가재 버터를 조금 넣는다. 치즈 가루와 녹인 버터를 뿌리고 중간 정도의 그라탱으로 굽는다.

그리말디 가자미 탱발

Timbales de filets de sole Grimaldi, Timbale of fillet of sole

✿ 가자미 살코기 12토막, 탱발 크루트(파이 크러스트), 작은 민물 가재 36마리, 미르푸아, 서양 송로(트뤼프), 버터, 마카로니 150g, 파르메산 치즈, 베샤멜 소스 300ml, 크림, 생선 파르스, 소금, 후추.

1. 탱발 크루트를 준비한다. 높이보다는 폭이 넓어야 한다.
2. 백포도주를 넣은 미르푸아에, 가재들을 넣어 익힌다. 익힌 가재의 꼬리(몸통)를 반으로 자른다. 버터 1큰술과 얇게 썬 서양 송로를 넣어 식지 않게 놓아둔다.
3. 가재 껍질을 곱게 빻고 버터 200그램을 섞어 소스팬에 담아 중탕기에 넣는다. 버터가 녹으면 체로 걸러, 얼음 몇 덩어리와 물이 조금 담긴 둥근 그릇에 받는다. 버터가 굳으면 꺼내 쟁반 위에 놓는다.
4. 마카로니를 잘라 소금물에 삶는다. 너무 풀어지지 않게 조심한다. 다 익으면 물기를 빼 냄비에 다시 붓고 버터 2큰술, 파르메산 치즈 가루 조금과 크림, 〈베샤멜 소스〉 몇 술을 추가한다. 얇게 썬 서양 송로를 넣고 따뜻하게 보관한다.
5. 서양 송로를 섞은 생선 살(파르스)을 가자미 살코기 12토막에 올려, 살코기를 둥글게 말아 포피에트(paupiette)를 만들어 생선 퓌메에서 졸인다.
6. 앞의 가재(2번)에 크림을 넣은 〈베샤멜 소스〉 200밀리리터와 가재 버터(3번)를 넣고 가열해, 소금과 후추로 양념한다.

7. 탱발 크루트 바닥에, 앞의 마카로니(4번)를 깔고 둥글게 만 가자미 포피에트(5번)를 올린다. 가재 꼬리(6번)를 가르니튀르로 올린다. 탱발 크루트의 덮개를 덮는다.

리슐리외 가자미 탱발

Timbale de filets de sole Richelieu, Timbale of fillet of sole Richelieu

앞의 〈그리말디 가자미 탱발〉과 같은 방법으로 준비한다. 마카로니 대신 시금치가 들어간 라비올리를 사용한다.

차게 먹는 가자미

Filets de sole froids, Cold fillets of sole

가자미 살코기에 버터를 넣고 레몬즙을 조금 뿌려 뭉근히 삶는다. 식혀서 〈황금색 쇼프루아 소스〉를 살짝 입힌다. 각 살코기 토막을 타라곤 잎, 토마토, 서양 송로, 삶은 달걀, 앤초비 등으로 장식한다. 큰 얼음덩어리 위에 사각접시를 얹고, 고기 젤리를 얇게 썰어 한 층 깔고, 살코기들을 그 위에 한 층 얹고, 빈 틈에는 주사위 모양으로 썰어서 섞은 야채들를 채운다. 아스파라거스나 새우, 민물 가재 꼬리(몸통)를 추가한다. 살코기에 가르니튀르를 올리고 그 전체를 고기 젤리를 덮는다.

토마토 무스 가자미 필레

Filets de sole sur mousse de tomate, Fillets of sole on tomato mousse

〈차게 먹는 가자미〉와 같은 방법이다. 얼음 위에 접시를 올리고 토마토 무스로 채운다. 그 위에 생선 토막을 올리고 〈토마토 무스〉로 덮는다.

젤리 가자미 포피에트

Paupiettes de sole à la gelée, Paupiettes of sole in jelly

가자미 살코기 한 쪽 면에 서양 송로를 섞은 생선 살코기 파르스 반죽을 바르고 포피에트로 둥글게 말아, 생선 퓌메로 뭉근히 익혀서 식힌다. 다 식으면 건져 물기를 빼고 끝을 잘라내고 4쪽으로 자른다. 여기에 〈토마토 무스〉를 얹는다. (토마토 무스는 '채소와 버섯 요리'에서 토마토 참고)

다랑어, 대왕넙치

다랑어

다랑어(thon, tuna)는 썰어서, 향채(허브)를 바닥에 깔고 익힌다. 시금치, 수영, 토마토, 홍당무, 순무, 완두콩 등을 가르니튀르로 올린다.

대왕넙치[22]

대왕넙치(turbot)는 가장 큰 넙치로서 눈이 크고, 껍질이 희고, 살집이 두툼한 것을 최고로 친다. 주로 생선 퓌메로 졸여 파슬리를 얹는다.

조리법

등뼈 밑으로 생선을 갈라 살코기를 느슨하게 벌려놓는다. 1시간 30분간 차가운 물에 담가 불순물을 빼낸다. 생선조리용 냄비에 담아 차가운 물을 붓는다. 물 1리터당 소금 약 6~10그램 정도를 풀고, 우유 100밀리리터를 넣고 껍질과 씨를 뺀 레몬을 다져 넣는다. 생선 냄비를 불에 올려 뭉근히 익힌 뒤, 오븐에서 아주 약하게 익힌다. 물이 끓어오르기 시작하면, 생선이 1킬로그램짜리라면 약 12~15분 더 삶는다.

대왕넙치 살코기

대왕넙치 살코기를 등뼈 쪽을 따라 가르고, 뼈를 발라내 길쭉하게 또는 물결이나 부채꼴로 자른다. 쿠르부이용으로 졸인다. 통째든 토막이든 대왕넙치는 삶은 통감자가 잘 어울린다. 소스는 〈올랑데즈〉, 〈케이퍼〉, 〈카르디날〉, 〈새우〉, 〈베네치아 소스〉 등을 곁들인다.

22) '대문짝넙치, 제주광어, 찰광어, 흰광어' 등으로 불린다. 북대서양, 지중해에서 잡히는 가장 큰 종의 넙치이다. 영어로 터봇이라고 하는데, 프랑스어 '튀르보'에서 나온 말이다. '팽이'처럼 생겼다는 뜻이다. 고대 로마에서는 황제에게 바치는 황제물고기로 통했다.

대왕넙치 케저리[23]

Cadgery de turbot, Turbot kedgeree

☙ 익힌 대왕넙치 500g, 카레 섞은 베샤멜 소스, 필래프(볶음밥) 500g. 삶은 달걀 5~6개.

뼈와 껍질은 제거한다. 필래프에 소스 3~4큰술, 삶은 달걀을 썰어 넣는다. 접시에 생선 살코기와 달걀 섞은 필래프를 올리고, 소스를 두른다.

대왕넙치 크림 그라탱

Turbot crème gratin, Turbot with Cream au gratin

☙ 뒤세스 감자, 베샤멜 소스, 익힌 대왕넙치, 소금, 후추, 우유, 녹인 버터, 치즈 가루.

〈뒤세스 감자〉[24] 1개를, 버터 두른 도기에 가운데가 빈, 탑처럼 올린다. 그 위에 1.5센티미터 두께로 감자반죽을 소용돌이 모양으로 감아올린다. 이 높이는 3센티미터 정도이다. 가운데 빈 공간에 〈베샤멜 소스〉를 조금 붓고, 대왕넙치 살을 넣고 우유와 버터를 조금 섞어 양념한다. 소스로 생선을 덮고 치즈 가루를 뿌린다. 녹인 버터를 감자 반죽에 바르고 오븐에 넣고 중간 불로 구워 금빛으로 만든다. 감자 반죽 대신 그냥 삶은 감자를 둥글게 썰어 생선 둘레에 겹치게 둘러놓아도 된다.

코키유 대왕넙치 그라탱

Coquilles de turbot au gratin, Scallopes of turbot au gratin

커다란 가리비 껍질 바닥에 버터를 넣는다. 이미 익힌 뜨거운 대왕넙치 작은 토막들을 그 위에 얹고 〈베샤멜 소스〉로 덮는다. 치즈 가루와 녹인 버터를 뿌려 그라탱을 만든다.

리슐리외 대왕넙치

Turbot Richelieu, Turbot with normandy sauce

☙ 대왕넙치 3kg, 쿠르부이용, 백포도주, 녹인 버터, 쿠르부이용에 삶은 바닷가재 1, 노르망드 소스, 버섯, 서양 송로(트뤼프), 민물 가재 버터.

포도주를 섞은 쿠르부이용에 대왕넙치를 삶아 접시에 담는다. 녹인 버터

---

23) 여러 가지로 표기한다. kitcherie, kitchari, kidgeree, kedgaree, kitchiri. 인도식 볶음밥이다. 14세기 인도에서 강낭콩이나 렌틸콩을 섞어 지은 쌀밥에서 유래했다. 모로코 대여행가 이븐 바투다의 1340년경 여행기에도 '키슈리'라는 이와 비슷한 밥이 등장한다.

24) 감자 크로케트 반죽을 과자처럼 오븐에서 구운 감자.

를 조금 더한다. 쿠르부이용에 삶은 바닷가재 살을, 부서지지 않게 조심해서 올린다. 바닷가재 살 위에 버섯, 얇게 썬 서양 송로를 올린다. 민물가재 버터를 조금 추가한 〈노르망드 소스〉를 뿌린다. 감자를 둥글게 썰어 끓는 소금물에 삶아내, 녹인 버터를 뿌려 곁들인다.

차게 먹는 대왕넙치
Turbot froid, Cold turbot

지나치게 차갑게 하지는 않는다. 이 생선 살코기는 젤라틴 성분이 많아 너무 차가우면 좋지 않다. 적당히 차가워지면 여기에 어울리는 차가운 소스를 곁들인다. 차갑게 먹는 연어나 숭어처럼 준비한다.

새우, 가재, 조개류 요리

게, 새우, 민물 가재

게

앙글레즈(영국) 게

Crabe à l'anglaise, English style crab

☙ 게 1마리, 잉글리시 머스터드 2작은술, 카옌 고춧가루, 올리브유, 식초, 파슬리, 완숙 달걀 1~2개, 앤초비 필레.

게를 소금물에 삶아내 식힌다. 껍질을 깨고 속살을 집게로 꺼낸다. 내장은 그릇에 담는다. 머스터드와 카옌 고춧가루, 또 올리브유 조금과 식초를 뿌리고 집게와 다리에서 꺼낸 살코기도 넣는다. 이렇게 조리한 것을 등껍질에 둥글게 쌓아올린다. 둘레에 다리들을 가지런히 놓고 파슬리, 완숙 달걀, 앤초비 필레 등으로 장식한다.

새우

새우[1)](crevette)는 종종 오르되브르나 샐러드 등에 곁들인다. 그러나 새우만으로도 다양한 요리를 만들 수 있다.

---

1) 중하(중간 크기 새우)를 말한다. 영국에서는 프라운(prawn), 미국에서는 쉬림프(shrimp)라고 부른다. 대하(큰 새우)는 강바스(gambas)라는 스페인 이름으로 통한다.

코키유 새우

Coquilles de crevettes, Shrimps in the scallop shells

가리비 껍데기를 〈뒤세스 감자〉[2]와 함께 한 줄로 늘어놓는다. 새우를 〈베샤멜 소스〉에 적셔 그 한가운데에 담는다. 치즈 가루와 녹인 버터를 뿌려 오븐이나 샐러맨더 그릴에 넣어 노릇하게 굽는다.

카레 새우

Crevettes au curry, Curried shrimps

☙ 새우 500g, 버터 50g, 다진 양파 3큰술, 카레 가루 1작은술, 베샤멜 소스, 노르망드 소스.

버터를 가열해 양파를 넣고 살짝 노릇하게 볶는다. 카레 가루를 넣어 잘 섞는다. 생새우를 넣고 양파를 더 넣어 함께 잘 섞어 다시 가열해서 익힌다. 소스를 뿌리고, 인도식 쌀밥을 곁들인다.

파프리카 새우

Crevettes au paprika rose, Shimps with paprika

〈카레 새우〉와 같은 조리법이다. 카레 대신 달콤한 붉은 파프리카 가루 1작은술을 넣고 필래프 볶음밥을 곁들인다.

새우 튀김

Crevettes frites, Fried shrimps

작은 새우를 껍질을 벗기지 않고 통째로 밀가루를 묻혀 식용유로 튀긴다. 건져내 기름기를 빼고 소금, 카옌 고춧가루를 조금 뿌린다.

차게 먹는 새우 무스

Mousse froide de crevettes, Cold mousse of shrimps

☙ 6~8인분: 분홍색 생새우 500g, 미르푸아, 백포도주, 코냑 또는 브랜디, 버터 60g, 블루테 200ml, 크렘 프레슈 200ml, 젤리 200ml.

멋지게 만들기 위해서는 새우와 함께 무스가 분홍색을 내는 것이 중요하다. 블루테에 미르푸아(여러 가지 야채 다짐)를 넣고, 포도주와 코냑을 붓고, 비스크처럼 새우를 익힌다. 익힌 새우의 껍질을 벗긴다. 버터에 그 껍질을 넣고 찧는다. 새우를 익혔던 블루테를 끓여, 찧은 껍질들을 섞은 버

---

2) '채소와 버섯 요리'에서 감자 참고.

터 반죽을 넣는다. 잠깐 더 끓이고 고운 체로 걸러, 얼음 위에 올려 놓는다. 여기에 젤리를 넣고 휘저어 섞는다, 크렘 프레슈를 추가한다. 컵이나 접시에 부어, 얼음 위에 올려 무스를 완성한다. 무스 위에 익은 새우들을 올리고, 새우 위에 젤리를 조금 덧씌운다.

민물 가재

민물 가재(écrevisse, 에크레비스)[3]는 항상 마지막에 조리한다. 내장은 작은 칼로 제거하고 깨끗이 세척한다.

보르들레즈(보르도) 민물 가재[4]

Écrevisse à la bordelaise, Crayfish with vegetables in white-wine sauce

ᘓ 가재 24마리, 미르푸아(당근과 양파 각 50g), 장봉 50g, 버터, 소금, 후추, 파슬리 2, 월계수 잎, 타임 1, 카옌 고춧가루, 코냑 2잔, 백포도주 1잔, 글라스 드 비앙드 3큰술.

양파와 당근을 다져 냄비에 넣고, 파슬리, 월계수 잎, 타임, 장봉(햄)을 다져 넣고 버터 2큰술을 넣는다. 야채가 부드러워질 때까지 가볍게 볶는다. 가재를 넣고 소금, 후추를 넣고 센 불로 2분간 가열한 후, 코냑과 포도주를 붓고 뚜껑을 덮어 10분간 더 익힌다. 가재를 탱발에 담는다. 조리한 냄비의 소스에 '글라스 드 비앙드'와 버터 125그램을 넣고 휘저어 데친다. 다진 파슬리를 뿌리고 가재 위에 소스를 붓는다.

코키유 민물 가재

Coquilles d'écrevisses cardinal, Scallops of crayfish with shrimp butter

소스에 새우 버터를 조금 추가해 가리비 껍데기에 조금 넣는다. 각 껍데기마다 민물 가재 6마리와 서양 송로 1~2쪽을 올리고 소스를 더 덮는다. 치즈 가루와 녹인 버터를 뿌리고, 그라탱을 만들어 윤을 낸다.

---

3) 비스크에는 30~40그램 크기, 가르니튀르에는 50~60그램 크기, 민물가재 요리에는 80~100그램 정도의 큰 것을 이용한다.

4) 보르도식 가재 요리는 프랑스에서 고급 레스토랑 메뉴이다. 에크레비스 가재는 민물 가재라고 하지만 지롱드 강 하구와 그 앞 바다를 오가며 서식한다.

나주[5] 민물 가재

Écrevisses à la nage, Crayfish in court bouillon

ↂ 민물 가재, 당근과 양파 각 50g, 샬롯 3, 파슬리, 월계수 잎 1, 타임, 백포도주 200ml, 물 200ml, 소금, 카옌 고춧가루 1자밤, 통후추.

양파와 홍당무를 둥글게 썰고, 샬롯을 다져 냄비에 넣는다. 파슬리, 월계수 잎, 타임을 넣고, 포도주와 물을 붓고 소금, 고춧가루, 통후추로 양념한다. 10분간 끓인다. 가재를 넣고 은근한 불로 10분간 더 익힌다.

뷔송(쌓아올린) 민물 가재

Écrevisse en buisson, Crayfish in a bush

〈나주 민물 가재〉처럼, 민물 가재를 쿠르부이용으로 끓여 익힌다.

플로랑틴(피렌체) 민물 가재 수플레

Soufflé d'écrevisse à la florentine, Crayfish souffle

파르메산 치즈를 넣은 수플레(Soufflé au Parmesan)[6]용 반죽(혼합물)을 준비해, 민물 가재 버터 2작은술을 섞는다. 이 반죽을 버터 두른 수플레 접시에 담고, 아주 가늘게 썬 서양 송로와 가재 몇 마리를 추가하고, 반죽을 한 층 더 올린다. 오븐에서 20분쯤 익힌다.

피에몽테즈(피에몬테) 민물 가재 수플레

Soufflé d'écrevisses à la piemontaise, Crayfish souffle

앞의 수플레와 같은 방법이지만, 검은 서양 송로 대신 흰 피에몬테 송로를 얇게 썰어서 사용한다.

민물 가재 탱발

Timbales de queues d'écrevisses, Timbale of crayfish tails

ↂ 8인분: 민물 가재 50마리, 마카로니 500g, 버터 2큰술, 파르메산 치즈 가루 4큰술, 크림 베샤멜 소스 3큰술, 코냑 2잔, 백도포주 2잔, 서양 송로(트뤼프), 소금, 후추, 카옌 고춧가루, 탱발 크루트(파이 크러스트), 민물 가재 버터.

너무 풀어지지 않게 마카로니를 삶아 버터를 두르고, 치즈 가루를 뿌리

---

5) 나주 스타일(à la nage)은 쿠르부이용에 익히는 것을 뜻한다. 백포도주 등을 첨가한다

6) 우유에 밀가루를 붓고 양념해서 끓인 후, 파르메산 치즈 가루와 달걀노른자를 섞고, 휘저은 달걀흰자를 섞는다. 이것을 오븐에서 구으면 파르메산 수플레가 된다.

고, 베샤멜 소스 3큰술을 넣는다. 가재를 버터에 몇 분간 볶고, 코냑과 포도주를 붓고 10~15분간 더 튀기듯이 지져 익힌다(소테). 벗긴 껍질은 갈아서 민물 가재 버터의 재료로 사용한다. 민물 가재 살과 얇게 썬 서양 송로 75~100그램을 냄비에 넣고 소금, 후추, 고춧가루로 양념한다. 소스 500밀리리터에 민물 가재 버터를 조금 추가해 냄비에 부어 함께 섞는다. 다시 약한 불에 올린다.
마카로니 3분의 2를 탱발 크루트에 담고, 그 위에 조리한 가재를 올리고 다시 남은 마카로니 3분의 1로 덮는다. 얇게 썬 송로와 민물 가재 살을 얹어 뜨겁게 먹는다.

민물 가재 볼오방

Vol-au-vent de queues d'écrevisses, Vol-au-vent of crayfish tails

☙ 민물 가재 60마리, 버터, 코냑, 백포도주, 서양 송로(트뤼프) 100g, 소금, 후추, 볼오방 크루트, 크림 베샤멜 소스, 가자미 크넬 18.

민물 가재를 버터에 볶고, 코냑과 포도주를 붓고 10~15분 더 익힌다. 가재 껍질을 벗겨 냄비에 넣고 잘게 썬 서양 송로, 버터, 소금, 후추를 넣고 따뜻하게 놓아둔다. 접시에 볼오방 크루트를 놓고 그 바닥에 소스 몇 술을 넣고, 크넬, 가재 꼬리(몸통), 송로를 차례로 올린다.

민물 가재 무스

Mousse d'écrevisses, Crayfish mousse

☙ 6~8인분: 민물 가재 40마리, 고기 젤리 150ml, 미르푸아, 코냑, 백포도주, 버터 75g, 맑은 닭육수와 짙은 닭육수 각 200ml, 타라곤잎, 크렘 프레슈 250ml.

수플레 용기 바닥에 고기 젤리를 조금 깔아서 냉장고에 넣는다. 가재에 미르푸아를 섞고, 코냑과 포도주를 부어 앞의 레시피처럼 익힌다. 다 익으면 가재 껍질을 벗긴다. 버터와 가재 살을 섞는다. 육수를 가재 삶은 국물에 붓는다. 가재 껍질들을 갈아서 여기에 넣고 2분간 끓이고, 고운 체로 걸러 냄비에 받는다. 냄비를 얼음 위에 올리고 고기 젤리를 휘저어, 되게 굳는 듯하면 반쯤 크렘 프레슈를 추가한다. 이것을 수플레 용기에 즉시 붓고 냉장고에 넣어 굳힌다. 가재를 맨 위에 얹고, 타라곤 잎을 올린다.

고기 젤리를 얇게 한층 더 덮어 냉장고에서 다시 굳혀 먹는다.

바닷가재(랍스터)

아메리칸(미국식) 바닷가재

Homard américaine, American lobster

ᘓ 바닷가재 1kg, 버터 250g, 소금과 후추, 올리브유 4큰술, 코냑 4~5큰술, 백포도주 200ml, 샬롯 2, 토마토 6개, 다진 파슬리, 다진 마늘 조금, 소금, 후추, 카옌 고춧가루, 글라스 드 비앙드 4~5큰술, 데미글라스 소스 4~5큰술, 레몬 반쪽.

살아 있는 가재를 구하는 것이 중요하다. 길게 갈라 머리쪽에 붙은 작은 모래주머니를 제거한다. 이 주머니 주변의 연두빛 가재 알을 떼어내 버터 1큰술과 함께 섞는다(나중에 소스로 사용한다). 다리도 떼어내 껍데기를 깨고 살을 뽑아낸다. 익히면 쉽게 나온다. 반쪽을 낸 몸통은 3~4조각으로 잘라 소금, 후추 등으로 양념한다.

팬에 올리브유 4큰술과 버터 30그램을 가열해 녹인 뒤, 토막 낸 몸통과 다리들을 모두 넣고 가재가 붉어질 때까지 튀기듯이 지져 익힌다(소테). 코냑, 백포도주, 껍질 벗겨 씨를 빼고 다진 토마토, 다진 샬롯, 다진 파슬리, 다진 마늘 아주 조금, 카옌 고춧가루도 아주 조금, '글라스 드 비앙드', 〈데미글라스 소스〉를 추가해, 뚜껑을 덮어 센 불로 18~20분 익힌다. 가재 토막들을 깊은 접시에 담는다. 냄비에 남은 국물에 산호를 넣고 몇 초만 익힌다. 불에서 꺼내 남은 버터를 조금 넣고 레몬즙을 뿌린다. 이 소스를 가재 위에 붓고 다진 파슬리를 뿌린다.

아메리칸 가재 살

Homard à l'américaine sans carapace, American style lobster without shell

앞의 〈아메리칸 바닷가재〉와 같은 방법으로 준비한다. 몸통과 다리의 껍데기를 깨고 속살만 접시에 담아 소스로 덮는다. 몸통 껍데기는 가재 버터를 만들 때 사용하거나 포타주를 끓여도 된다.

보르들레즈(보르도) 바닷가재

Homard à la bordelaise, Lobster with red wine and mushrooms

여러 가지 방법이 있지만, 〈아메리칸 바닷가재〉처럼 소테로 조리해 백포도주 대신 보르도 적포도주를 사용하고, 곱게 다진 버섯 4~5큰술을 추가하는 것이 최상이다. 가재가 익으면, 접시에 살과 껍질을 함께 올린다. 앞에서처럼 버터 섞은 산호를 소스에 넣어서 가재 위에 붓는다.

카르디날(추기경) 바닷가재

Homard cardinal, Losbter with cardinal sauce

ଔ 바닷가재 1마리, 녹인 버터, 서양 송로(트뤼프), 카르디날 소스, 치즈 가루, 파슬리.

바닷가재를 쿠르부이용으로 익혀 2쪽으로 자른다. 껍질과 다리에서 살만 뽑아내 자르고 녹인 버터 조금, 얇게 썬 서양 송로를 섞어 뜨겁게 보관한다. 가재 살을 잘라 〈카르디날 소스〉를 붓고, 가재 껍질 위에 다시 올리고 서양 송로 조각들을 위에 올린다. 〈바닷가재 소스〉를 조금 끼얹는다. 치즈 가루도 뿌리고, 녹인 버터로 조금 더 끼얹는다. 이렇게 반쪽을 접시에 담고 오븐에 넣어 살짝 익힌다. 파슬리 줄기들을 올린다.

클라랑스 바닷가재

Homard Clarence, Lobster with wine and brandy

앞의 〈아메리칸 바닷가재〉와 같은 방법으로 준비하지만, 포도주와 코냑을 넣기 전에 카레 가루 1작은술을 추가한다. 여기에 버터 50그램, 크렘 프레슈 4큰술을 더해 소스를 완성한다. 가재는 껍질을 곁들여도 되고 살만 올려도 된다. 인도식 쌀밥과 함께 먹는다.

모르네 바닷가재

Homard en coquilles à la Mornay, Scallops of lobster with cheese

ଔ 바닷가재 1마리, 큰 가리비(Great scallop) 껍데기, 녹인 버터, 베샤멜 소스 1큰술, 치즈 가루 1작은술, 송로(트뤼프), 소금, 후추.

가리비 껍데기에 버터를 바르고 각각의 껍데기 바닥에 〈베샤멜 소스〉, 치즈 가루를 뿌린다. 익힌 바닷가재의 살을 얇게 썰어 소스냄비에 넣고 그 4분의 1분량의 서양 송로를 썰어 넣는다. 소금과 후추를 아주 조금만 뿌린다. 가재와 송로를 가리비 껍데기에 얹고 〈베샤멜 소스〉를 덮는다. 치즈 가루와 녹인 버터를 조금씩 붓고 오븐에서 센 불에서 빠르게 굽는다.

크림 바닷가재

Homard à la crème, Creamed lobster

ᘓ 바닷가재 1마리, 버터, 올리브유, 코냑 70ml, 백포도주 반 잔, 엷은 크림, 소금, 카옌 고춧가루, 서양 송로(트뤼프), 글라스 드 비앙드 4큰술, 레몬즙 몇 방울.

〈아메리칸 바닷가재〉 방식으로 가재를 잘라 버터와 올리브유를 섞은 것으로 조리한다. 가재 살이 익고 껍질이 붉어지면, 포도주와 코냑을 붓는다. 국물이 졸아들 때를 기다렸다가 크림을 붓고, 소금과 카옌 고춧가루를 뿌린다. 뚜껑을 덮고 조금 더 익힌다.

껍질에서 살을 뽑아내고, 접시에 올린다. 그 3분의 1분량의 얇게 썬 서양 송로를 뜨거운 버터에 잠깐 데친다. 크림을 절반으로 졸여 '글라스 드 비앙드'와 레몬즙을 추가한다. 졸인 크림에 〈베샤멜 소스〉 2~3큰술을 넣어도 된다. 소스는 고운 체로 걸러 가재 살에 쏟아붓는다.

바닷가재 크로케트(크로켓)

Croquettes de homard, Lobster croquettes

ᘓ 바닷가재 1마리, 쿠르부이용, 버섯, 서양 송로(트뤼프), 베샤멜 소스, 달걀노른자 1~2, 빵가루, 파슬리, 버터, 카레 소스 또는 바닷가재 소스.

바닷가재를 쿠르부이용으로 익혀 작게 자른다. 가재의 3분의 1쯤 분량의 버섯과 송로를 깍둑썰기한다. 넉넉하게 〈베샤멜 소스〉를 둘러 전체를 섞고, 달걀노른자로 걸쭉하게 만든다. 접시에 깔아 펼치고 식힌다. 식은 것을 크로케트 모양으로 나눈다. 달걀과 빵가루를 묻혀 튀긴다. 튀긴 파슬리를 올리고, 〈카레 소스〉나 〈바닷가재 소스〉는 따로 담아 곁들인다.

올랑데즈 바닷가재

Homard à la hollandaise, Boiled lobster with parsley

쿠르부이용에 가재를 익힌다. 다 익으면 꺼내 2조각을 낸다. 접시에 담고 파슬리를 얹는다. 삶은 감자를 곁들이고, 녹인 버터를 소스 그릇에 담아 낸다. 소스에 삶은 달걀을 으깨 넣기도 한다.

프랑세즈(프랑스) 바닷가재

Homard à la française, Lobster in the french way

🙞 1kg짜리 바닷가재 1마리, 버터, 소금, 후추, 백포도주 200ml, 코냑 70ml, 홍당무, 양파, 파슬리, 생선 퓌메 100ml, 블루테 400~500ml, 달걀노른자 3, 크림 60ml.

바닷가재를 잘라 소테용 냄비에 넣고 소금, 후추, 뜨거운 버터 2큰술을 넣는다. 가재 살이 살짝 익으면 포도주와 코냑을 붓는다. 버터로 볶은 가늘게 썬 양파와 홍당무 각 3큰술, 파슬리, 생선 퓌메, 블루테를 추가한다. 뚜껑을 덮고 18~20분간 익힌다. 가재를 접시에 올린다.

달걀노른자와 크림을 섞어 걸쭉하게 만들고, 버터 100그램을 더 넣는다. 이렇게 만든 소스를 가재 위에 붓는다.

바닷가재 구이

Homard grillé, Grilled Lobster

바닷가재를 잘라, 소금과 후추를 치고 그릴에서 약한 불로 굽는다. 쿠르부이용으로 반쯤 익혀서 구우면 날것을 바로 구울 때보다 덜 질기다. 쿠르부이용에서 꺼내 반으로 자르고, 녹인 버터를 겉에 바르고, 그릴에서 완전히 굽는다. 접시에 올리기 전에, 껍질을 떼고, 살만 발라내고 파슬리를 얹는다. 녹인 버터를 곁들인다. 카옌 고춧가루를 조금 넣거나 〈디아블 소스〉를 넣기도 한다.

뉴버그[7] 바닷가재

Homard à la Newburg, Lobster with brandy and madeira

1) 살아 있는 바닷가재

🙞 1kg짜리 바닷가재 1마리, 버터 50g, 소금과 후추, 코냑 2큰술, 마데이라 포도주 150ml, 크림 300ml, 달걀노른자 3.

바닷가재를 반으로 잘라 다시 2~3토막을 낸다. 머리쪽의 작은 주머니를 떼낸다. 내장을 들어내 버터 25그램과 함께 갈아준다. 나머지 버터 25그

---

7) 요리사 랜호퍼(Charles Ranhofer, 1836~1899년)가 미국 뉴욕의 레스토랑에서 선보였다. 버터, 크림, 코냑, 셰리, 달걀, 카옌 고추로 조리한 바닷가재 요리로, 처음 만든 사람은 Ben Wenberg인데, 랜호퍼가 레스토랑 메뉴로 à la Wenberg로 소개한 것이 이후에 변형되어 Newberg가 되었다.

램을 팬에 넣고 가열한다. 가재 토막들을 넣고, 소금, 후추를 친다. 껍질이 붉어지고 가재 살이 익을 때까지 볶는다. 코냑과 마데이라 포도주를 붓고 3분의 2까지 졸인다. 크림을 붓고, 뚜껑을 덮어 15~20분간 끓인다. 가재 토막을 건져내 냄비에 넣고 뚜껑을 덮어 식지 않게 보관한다.
크림과 달걀노른자를 섞어 소스에 추가하고, 버터, 갈은 내장을 섞는다. 끓지 않을 정도로 가열해 먹기 직전에 가재 위에 붓는다.

2) 익힌 바닷가재

ꝏ 1kg짜리 바닷가재 1마리, 쿠르부이용, 소금, 후추, 마데이라 포도주 150ml, 크림 150ml, 달걀노른자 3, 버터 60g.

바닷가재를 쿠르부이용에 넣고 20~25분간 끓여 익힌다. 꼬리의 살을 꺼내고, 다리 살들을 얇게 자른다. 버터를 넉넉히 두른 소테용 팬에 넣고, 소금, 후추를 치고, 센 불에서 한 번 뒤집는다. 마데이라 포도주를 붓고 3분의 2로 졸인다. 식탁에 올리기 직전에 달걀노른자와 크림을 섞는다. 팬에 버터 60그램을 조금씩 넣은 다음 잠시 기다린다. 달걀노른자가 익으면, 소스가 걸쭉해진다. 즉시 뜨거운 접시에 담아낸다.

테르미도르[8] 바닷가재

Homard thermidor, Lobster thermidor

바닷가재를 길게 2쪽으로 자른다. 소금, 후추를 뿌리고 그릴에서 약하게 굽는다. 껍질에서 살을 빼낸다. 길게 자른 2쪽의 가재 껍질 안쪽에 크림을 넣은 〈베샤멜 소스〉를 엷게 바른다. 이 소스에 잉글리시 머스터드를 넣는다. 가재 살을 가재 껍질 안에 채워넣고 소스를 조금 더 뿌린다. 녹인 버터를 끼얹고 오븐이나 샐러맨더 그릴에 넣고 센 불로 구워 윤을 낸다.

빅토리아 바닷가재

Homard Victoria, Lobster with normandy sauce

ꝏ 1kg짜리 바닷가재 1마리, 버터, 소금과 후추, 서양 송로(트뤼프), 마데이라 포도주 70ml,

---

8) 프랑스 혁명력 11월(7월 19일-8월 17일)로 '뜨거운 달'을 뜻한다. 루이 16세를 처형하며 공포 정치를 했던 로베스피에르가 테르미도르 쿠데타로 처형당했다. 이 레시피는 에스코피에가 개발해 널리 알려졌다. 끓는 소금물에 바닷가재를 익혀 살을 빼내도 된다.

노르망드 소스 150g.

〈뉴버그 바닷가재〉와 같은 방법으로 조리한다. 버터를 넉넉히 두른 접시에 가재 토막들을 올려 소금, 후추를 치고 센 불에서 한 번 뒤집어 익힌다. 양념한 서양 송로 조각들, 마데이라 포도주와 〈노르망드 소스〉, 소량의 버터를 차례로 넣는다.

뜨겁게 먹는 바닷가재 무스

Mousse de homard, Hot lobster mousse

☙ 8인분: 1kg짜리 바닷가재 1마리, 소금 10g, 카옌 고춧가루, 달걀흰자 3, 크렘 프레슈 500ml, 블루테 3큰술(차가운 것) 또는 베샤멜 소스.

바닷가재를 반으로 자르고 살코기를 꺼내, 소금, 카옌 고춧가루, 달걀흰자와 함께 섞어 가능한 곱게 갈아준다. 여기에 〈블루테〉를 넣어서 고운 체로 거른다. 가재가 암컷이라 알이 있으면 이것을 살코기에 섞는다. 체로 받은 반죽을 둥근 그릇에 넣고 30분간 얼음 위에 올려둔다. 그 다음에 크렘 프레슈를 아주 천천히 조금씩 붓는다.

적당한 크기의 젤리 틀에 넣어 반숙한다. 매우 조심해서 반숙한다. 소스 냄비 바닥에 소스 그릇을 앉히고, 그 위에 틀을 올리고 끓는 물을 틀의 절반쯤 차게 붓는다. 소스냄비를 덮고 물이 절대로 끓어오르지 않도록 중탕한다. 보통은 증기통에서 익힌다. 25~30분. 다 익으면 틀을 접시 위에 뒤집어 쏟는다. 〈카르디날 소스〉, 〈카레 소스〉, 〈파프리카 소스〉 또는 〈굴 소스〉. 어느 것이든 잘 어울린다.

차게 먹는 바닷가재

바닷가재 무스

Mousse de homard, lobster mousse

백포도주와 코냑을 미르푸아에 붓고 바닷가재를 넣어 익힌다. 〈민물 가재 무스〉와 마찬가지 방법이다. 가재의 꼬리살을 빼내어 육즙과 마요네즈를 1대 1로 섞은 소스에 적신다. 〈쇼프루아 소스〉를 적셔도 된다. 무스 위에 올려 가르니튀르로 장식하고 젤리로 덮는다.

바닷가재 아스픽[9]

Aspic de homard, Lobster in aspic

깊은 접시 바닥에 젤라틴 젤리를 얇게 한 층 깔고, 접시를 얼음 위에 올린다. 여기에 가재 토막과 잘게 썬 서양 송로를 얹는다. 그 위에 다시 타라곤 몇 잎을 올려 젤리로 덮는다. 접시에 담아 얼음덩어리들을 둘러놓는다. 〈마요네즈〉, 또는 〈라비고트 소스〉, 푸른 샐러드를 곁들이면 된다.

뤼스(러시아) 바닷가재 아스픽

Aspic de homard à la russe, Russian style lobster in aspic

젤리와 마요네즈를 같은 비율로 섞는다. 바닷가재 껍질을 잘게 썰어 걸쭉하게 만든다. 젤리를 바닥에 깔고, 서양 송로, 피망, 타라곤으로 장식한다. 가재 사이에 〈러시아 샐러드〉를 놓고 전체를 젤리로 덮는다. 접시 둘레에 얼음 덩어리들을 놓는다. 〈러시아 샐러드〉 대신 삶은 달걀, 올리브 파르시, 앤초비 필레 또는 다랑어를 곁들여도 좋다.

여러 가지 소스 바닷가재

Homard aux sauces diverses, Lobster with various sauces

바닷가재를 쿠르부이용에 익혀 꺼낸다. 식힌 다음 길게 반쪽으로 자른다. 껍질을 부숴 가재 살을 꺼내 양념을 하고 파슬리 줄기를 얹는다. 〈마요네즈 소스〉 또는 그것을 바탕으로 〈레뮬라드 소스〉, 〈타르타르 소스〉, 〈라비고트 소스〉를 곁들여도 된다.

마요네즈 바닷가재

Mayonnaise de homard, Lobster mayonnaise

바닷가재를 쿠르부이용으로 익혀서 식힌다. 살을 발라내고 소금, 후추를 조금 친다. 식초와 올리브유도 몇 방울 뿌린다. 샐러드 그릇에 다진 상추를 조금 넣고 가볍게 양념한다. 그 위에 가재 살을 올린다. 〈마요네즈 소스〉를 덮고, 앤초비, 케이퍼, 씨를 뺀 올리브, 4쪽으로 자른 삶은 달걀, 양

9) 젤리로 싸서 차갑게 굳힌 요리.

상추 속잎을 올린다.

대하, 홍합, 가리비

대하[10]

차가운 것이든 뜨거운 것이든, 바닷가재 요리는 모두 대하(Languste, Spiny lobster)에 응용할 수 있다.

뤼스(러시아)와 파리지엔(파리) 대하
Langouste à la parisienne et à la russe, Spiny lobster parisian and russian style
파리식은 가재 토막 살에 젤리를 입히고, 러시아식은 젤리에 마요네즈를 섞은 것이다. 요즘에는 대체로 〈쇼프루아 소스〉를 입힌다.

☙ 대하 1.5kg, 쿠르부이용, 서양 송로(트뤼프), 고기 젤리, 아티초크 속심, 마요네즈에 버무린 야채 샐러드, 완숙 달걀, 양상추.

대하의 꼬리를 잘 펴서 작은 판에 묶는다. 쿠르부이용에 익혀 식힌다. 머리에서 꼬리 쪽으로 길게 껍질을 자른다. 그렇게 해야 껍질을 부수지 않고 살을 꺼낼 수 있다. 대하 살을 같은 크기로 토막 썰고 얇게 썬 서양 송로 조각을 하나씩 올리고 고기 젤리를 여러 번 입혀 완전히 덮는다.
대하 껍질 안에 버터를 바르고, 살을 채워넣는다. 주위에 야채 샐러드와 아티초크 속심, 양상추 속잎을 둘러놓고 완숙 달걀을 올린다.

랑구스틴(더블린 만 대하/스캄피)
Langoustines, Dublin bay prawns, Scampi
지중해 근해에서 잡히는 랑구스틴은 무게가 250그램이 넘지 않는 대하들이다. '더블린 만 대하'라고 부른다. 조리는 어떤 바닷가재 조리법을 응용

---

10) 닭새우, 바위가재. 집게 발이 없고 껍질과 긴 더듬이에 날카로운 돌기가 있다.

해도 된다. 하지만, 큰 것은 큰 민물 가재만큼 아주 크다. 이것도 민물 가재나 바닷가재 조리법 무엇이든 적용할 수 있다.

홍합

조리하기 전에 미리 다음과 같이 홍합을 준비한다.

홍합을 깨끗이 씻어 냄비에 넣고 얇게 썬 양파, 파슬리 줄기, 거칠게 간 후추, 물 반 컵을 추가한다. 뚜껑을 덮고 몇 분간 삶는다. 홍합의 껍데기가 벌어질 때까지만 삶는다. 이렇게 삶고, 불에서 꺼내 각 껍데기의 한 쪽을 떼어 버리고 속살이 붙은 나머지 한 쪽들만 그릇에 담는다. 조리하면서 나온 국물을 홍합에 부어준다.

마리니에르[11] 홍합

Moules à la mariniére, Mussels with white wine sauce

☙ 홍합 2리터, 백포도주 200ml, 다진 샬롯 2큰술, 바케트 조각 5~6큰술, 버터 60g, 다진 파슬리 5g, 레몬 반쪽의 즙.

삶은 홍합의 열린 껍데기를 한 쪽만 남겨 접시에 올린다. 백포도주와 다진 샬롯을 포도주가 3분의 2로 줄어들 때까지 졸인다. 홍합을 삶은 국물 200밀리리터와 빵 조각을 넣는다. 이 소스에 홍합들을 넣고 몇 분간 볶는다. 버터, 다진 파슬리, 레몬즙을 넣는다. 야채 접시에 담아낸다.

풀레트 홍합

Moule à la poulette, Mussels with allemande sauce or poulette sauce

☙ 홍합 2리터, 알망드 소스 200ml, 레몬, 파슬리.

백포도주에 익히는 〈마리니에르 홍합〉과 같은 방법이다. 국물을 100밀리리터쯤 남도록 졸여 〈알망드 소스〉를 추가한다. 여기에 홍합을 넣고 몇 분간 볶아 레몬즙을 뿌린다. 야채 접시에 올리고 다진 파슬리를 뿌린다.

---

11) 마리니에르는 '어부'라는 뜻이지만, 요리에서는 백포도주를 이용하는 조리법으로 백포도주 소스를 가리킨다. 이 레시피에서 백포도주와 샬롯, 양파를 넣고 홍합 삶은 국물을 섞은 것이 백포도주 소스이다.

툴로네즈(툴롱) 홍합

Moules à la toulonnaise, Mussels with sauce allemand and rice

ↂ 홍합 2리터, 블루테 200ml, 쌀, 생선 육수, 사프란 5g.

껍데기에서 속살만 빼낸다. 냄비에, 홍합 익힌 국물 1큰술을 넣은 블루테와 속살을 넣는다. 따뜻하게 놓아둔다. 달걀노른자 2~3알과 버터를 조금 넣을 수도 있다. 홍합 국물과 생선 육수를 1대 1로 섞어 쌀밥을 짓는다. 익은 밥에 사프란 가루를 뿌리고 접시에 둥글게 둘러놓는다. 그 한복판에 홍합을 붓는다.

큰 가리비

코키유 생자크(큰 가리비)[12]

Coquilles Saint-Jacques, Great scallop or King scallop

ↂ 큰 가리비 12개, 버터 2큰술, 백포도주 100ml, 레몬즙 1, 소금, 후추, 파슬리, 버섯 3~4큰술.

가리비를 불에 올려 껍데기가 벌어질 때까지 놓아둔다. 넓적한 칼로 조갯살을 떼어낸다. 조갯살을 냄비에 넣고, 물을 붓고 6~8분간 익혀 건져낸다. 둥근 모양의 흰 조개관자[13]는 얇게 썰고, 산호빛 알과 내장은 잘게 토막 낸다. 이것들 모두 냄비에 붓고 버터, 백포도주, 레몬즙을 넣고 소금, 후추, 잘게 썬 버섯을 넣는다. 뚜껑을 덮어 15~18분간 익힌다.

코키유 생자크(큰 가리비) 크림 그라탱

Coquilles Saint-Jacques crème gratin, Great scalop with gratin sauce

ↂ 큰 가리비 12개, 크림 베샤멜 소스, 치즈 가루, 녹인 버터.

가리비를 씻어 익힌다. 육수를 3분의 2까지 졸이고, 소스 200밀리리터를 추가한다. 이 소스를 껍데기들 안에 조금씩 넣고 관자와 알과 내장을 썰어 올린다. 소스를 조금 더 입혀 치즈 가루와 녹인 버터를 뿌리고, 그라탱을 만들어 윤을 낸다. 얇게 썬 서양 송로를 올려도 된다.

---

12) 10~20센티미터 크기로 지중해와 노르망디 연안의 수심이 깊은 곳에 서식한다.

13) 조개의 뚜껑을 열고 닫는, 위 아래 두 개의 패각근. 조갯살 가운데 희고 둥근 부분이다.

프로방살(프로방스) 코키유 생자크(큰 가리비)

Coquilles Saint-Jacques à la provençale

☙ 큰 가리비 12개, 밀가루, 버터 2큰술, 올리브유 3큰술, 다진 양파 2큰술, 백포도주 1잔, 토마토 7~8, 다진 마늘 조금, 다진 파슬리, 소금과 후추.

가리비를 익혀 입을 벌린다. 조개 관자만 두툼하게 썰어 밀가루(또는 빵가루)를 입힌다. 올리브유, 버터 30그램을 가열하고 관자와 양파를 넣고 노릇하게 볶는다. 포도주, 껍질 벗겨 씨를 빼고 다진 토마토, 다진 마늘 조금과 파슬리를 넣고 소금, 후추를 뿌리고 내장을 넣는다. 뚜껑을 덮어 20여분 끓인다. 버터를 조금 추가해 깊은 접시에 담아낸다.

소고기 요리

소고기 수육(삶은 소고기)

삶은 소고기(Boeuf bouilli) 요리는 영국에서는 환대받지 못한다. 그렇지만 잘 끓인 소고기 포토푀는 좋은 요리이다. 가정에서 쉽게 즐길 수 있다. 소고기를 삶는 방식은 다양하지만 쉽게 이해할 수 있는 중요한 것만 소개한다. 차게 먹는 소고기 수육은, 익힌 뒤에 간단하게 굵은 소금을 치고 차갑게 보관했다가 다음날 먹는다.

아를레지엔(아를) 소고기

Boeuf à l'arlésienne, Beef with aubergines and tomatoes

☙ 삶은 소고기, 양파 2개, 올리브유 4~5큰술, 가지 3~4개, 토마토 700g, 붉은 파프리카 4개, 소금, 후추, 마늘, 파슬리.

1센티미터 두께로 얇게 썬 소고기 슬라이스들을 그라탱 그릇에 넣는다. 얇게 썬 양파를 올리브유를 두른 팬에서 볶는다. 양파가 노릇해지기 시작하면, 껍질을 벗겨 얇고 동그랗게 썬 가지를 넣고 7~8분간 약한 불에서 천천히[1] 볶는다. 껍질을 벗기고 씨를 빼서 다진 토마토를 넣는다. 그릴에서 구워 껍질을 벗긴 뒤, 가늘게 썬 붉은 파프리카를 넣는다. 소금과 후추를 넣고, 다진 파슬리와 마늘을 조금 넣는다. 18~20분간 약한 불로 천천히 졸인다. 이것을 그라탱 그릇의 소고기 슬라이스 위에 붓는다. 오븐에 넣고 은근한 불로 몇 분간 굽는다.

---

1) 미조테(Mijoter), 약한 불에서 천천히 익히다.

소고기 그라탱

Boeuf au gratin, Beef au gratin

☙ 다진 소고기 500g, 다진 양파 , 버터, 소금과 후추, 너트멕, 토마토 소스 200ml, 파슬리, 마늘, 감자 퓌레, 빵가루 1큰술, 치즈 가루 1큰술, 녹인 버터.

다진 양파 3큰술을 버터에 살짝 볶는다. 소고기를 다져 넣고 소금, 후추를 조금 넣고, 너트멕을 뿌린다. 〈토마토 소스〉와 다진 파슬리와 마늘을 조금 넣고 7~8분 약한 불에서 천천히 졸인다. 이것을 깊은 그라탱 그릇에 쏟아붓는다. 그라탱 그릇의 깊이는, 고기가 4분의 3 높이를 채울 정도가 좋다. 그 위에 감자 퓌레를 덮고 빵가루와 치즈를 듬뿍 얹는다. 녹인 버터를 엷게 입히고, 오븐에 넣어서 노릇하게 그라탱을 만든다.

소고기 미로통[2]

Boeuf miroton, Boiled beef with sauce

☙ 삶아서 말린 소고기 500g, 양파 3개, 버터 2큰술, 밀가루 1큰술, 육수(부이용) 300~400ml, 식초 2큰술, 소금과 후추, 부케 가르니(월계수 잎, 파슬리, 타임, 정향, 마늘 반쪽), 코르니숑(오이 피클) 또는 케이퍼, 빵가루, 녹인 버터.

팬에 양파를 넣고 버터로 조금 노릇하게 볶는다, 밀가루, 육수, 식초를 넣고 몇 분간 끓인다. 소금, 후추, 부케 가르니를 넣고 10~12분간 익힌다.

소고기를 삶아 하루쯤 말린 뒤, 얇게 썰어 그라탱 그릇에 넣는다. 양파를 볶아 만든 소스에 코르니숑을 얇게 썰어 넣는다. 케이퍼를 넣어도 된다. 이 소스를 그라탱 그릇 안의 고기에 붓는다. 빵가루를 뿌리고, 녹인 버터를 몇 방울 뿌려, 오븐에서 노릇하게 그라탱을 만든다.

리오네즈(리옹) 소고기 소테

Boeuf sauté lyonnaise, Saute of beef with onions

☙ 삶은 소고기 500g, 양파 2개, 버터 4큰술, 소금, 후추, 식초 2큰술, 다진 파슬리.

양파를 얇게 썰어 프라이팬에 넣고, 버터를 넣는다. 노릇해지기 시작하면, 삶은 소고기를 얇게 또는 작은 덩어리로 썰어, 소금과 후추를 넣고, 약한 불에서 7~8분간 튀기듯이 지져 익힌다(소테). 먹기 직전에 식초와 다

---

2) 얇게 썬 소고기에 양파를 넣은 요리.

진 파슬리를 뿌린다.

파르망티에(감자를 넣은) 소고기 소테

Boeuf sauté parmentier, Saute of beef with saute potatoes

☙ 삶은 소고기 500g, 양파 2개, 버터 1큰술, 소금, 후추, 볶은 감자 500g, 파슬리.

가늘게 썬 양파를 버터를 넣고 볶는다. 얇게 저민 소고기를 넣고 소금과 후추로 양념을 하고 7~8분간 익힌다. 여기에 볶은 감자를 넣고, 잠깐 더 볶는다. 다진 파슬리를 뿌린다.

프로방살(프로방스) 소고기

Boeuf provençal, provencal style beef

☙ 삶은 소고기 500g, 토마토 1kg, 올리브유 4~5큰술, 소금, 후추, 파슬리, 다진 마늘.

토마토 껍질을 벗기고 씨를 빼고 자른다. 올리브유를 두른 냄비에 넣고 소금, 후추, 다진 파슬리, 다진 마늘을 조금 넣는다. 뚜껑을 덮고 약한 불에서 12분간 뭉근히 익힌다. 호두 크기의 정사각형으로 자른 소고기 덩어리들을 추가해 12~15분간 약한 불로 천천히 졸인다. 검은 올리브나 푸른 올리브, 또는 곱게 다져 기름에 볶은 버섯을 더 넣어도 된다. 감자 퓌레 또는 마카로니, 국수를 곁들일 수도 있다.

티롤리엔(티롤) 소고기

Boeuf à la tyrolienne, beef in the tyrol fashion

☙ 삶은 소고기 500g, 양파 2개, 올리브유 2큰술, 식초 4큰술, 토마토 7~8개, 소금과 후추, 파슬리, 마늘.

소고기를 얇게 저며 그라탱 그릇에 담는다. 얇게 썬 양파를 올리브유에 볶으면서 식초를 조금 넣고 약간 졸인다. 얇게 썬 토마토, 소금, 후추, 다진 파슬리, 마늘을 조금 넣는다. 약한 불에서 15~18분간 익힌다. 이 소스를 고기 위에 붓고 그라탱 그릇을 오븐에 넣어 중불에서 7~8분간 익힌다. 오븐에서 꺼내, 먹기 직전에 다진 파슬리를 더 뿌린다. 토마토, 마카로니를 곁들이기도 한다.

메나제르(가정식) 소고기 팔레[3]

Palets de boeuf à la ménagère, Beef with potatoes and chives

ᘓ 삶아서 식힌 소고기 500g, 감자 500g, 달걀 2, 소금, 후추, 너트멕, 다진 차이브(시블레트) 1큰술, 버터(또는 라드).

삶은 소고기를 다져 냄비에 넣는다. 다진 소고기에 감자 퓌레를 섞는다. 삶아서 으깬 달걀을 넣고, 소금과 후추 등으로 양념한다. 전체를 고루 섞는다. 이 반죽을 달걀 크기로 나눈다. 작은 공처럼 빚어 납작하게 누른다. 버터를 넣고 노릇하게 양쪽을 뒤집어가며 지진다.

소고기 샐러드

Salade de boeuf, Beef salad

ᘓ 삶아서 식힌 소고기 500g, 머스터드 가루 2작은술, 소금, 후추, 식초 3큰술, 올리브유 7~8큰술, 처빌과 타라곤 조금씩, 삶은 달걀 2.

삶아서 식힌 소고기를 얇고 잘게 썰어 샐러드 그릇에 넣는다. 소금, 후추, 식초, 올리브유, 달걀 등을 섞는다. 양념을 고기에 붓고 30분간 재워두었다가 먹는다. 이 샐러드에 강낭콩, 감자, 토마토, 오이 등을 더 넣어도 된다. 곱게 다진 샬롯 또는 양파를 옆에 따로 놓기도 한다.

3) 팔레는 프랑스 브르타뉴 지방에서 둥글고 두툼한 과자를 가리키는 이름이다.

등심 — 알루아요, 콩트르필레, 앙트르코트

알루아요(등심)

알루아요(Aloyau, Sirloin)[4]는 마지막 갈비뼈에서 엉덩이까지의 요추와 안심 부위를 포함한다. 알루아요(등심)는 주로 구이를 만든다. 또 살짝 설익혀 굽는다. 등심에는 어떤 야채도 잘 어울린다. 오븐에서 등심을 구울 때는 주의가 필요하다. 그 육즙을 소스로 이용한다. 이 소스는 두툼한 고기를 구울 때 흘러나온 육즙에 육수(부이용)이나 뜨거운 물을 추가한 것이다. 이 소스에는 기름기가 꽤 있어야 한다. 등심은 차게도 먹는다. 고기 젤리와 여러 가지 샐러드를 곁들인다.

콩트르필레(포필레, 등심살)

콩트르필레(Contre-filet, Faux filet)[5]는 등심 위쪽과 등뼈 위쪽 일부분이다. 살코기처럼 취급한다. 살코기 조리법을 어느 것이나 여기에 응용할 수 있다. 그러나 뼈가 있든 없든, 구이(Rôtir, Roasting)를 선호한다.

앙트르코트(등심)

앙트르코트(Entrecôte, Fore rib)는 두 개의 갈비 사이의 살코기이다. 등심 쪽에서 도려내는 것이 좋다. 즉 스테이크[6]용 갈빗살(등심)이다.

앙트르코트는 그릴로 굽거나 소테 방식으로 팬에서 익힌다. 2인분은

---

4) 영미식의 설로인(Sirloin)과는 조금 다르다. 고기는 자르는 관례에 따라, 나라마다 이름과 가리키는 부위에 차이가 있다. 특히 프랑스와 영국과 미국이 다르다. 이 책에서는 프랑스 원전에 충실하면서 우리에게 익숙한 구분법을 사용했다.

5) 콩트르필레는 프랑스에만 있는 이름이다. 포필레(faux-filet)라고도 하며 안심 다음 가는 최상급 부위로 친다. 필레와 등심 반대쪽 부위다. 형태와 조직, 맛 모두 필레와 다르다.

6) 스테이크(steak)는 두툼하게 자른 고깃덩어리 또는 굽거나 지진 것을 모두 뜻한다.

175~200그램. 두께는 2.5센티미터쯤 되야 한다. 앙트르코트의 큰 두 덩어리는 350~400그램 가량이다. 얇게 썬 것의 무게는 약 100그램이다. 고기를 굽거나 프라이팬에서 익히려면 육질이 좋아야 한다. 큰 고깃덩어리든, 보통 크기의 고깃덩어리든 너무 두껍지 않아야 한다. 고기를 두드릴 필요가 없어야 한다. 고기는 심하게 두드리면 섬유질이 파괴되고, 익혔을 때 피가 살에서 빠져나가 향미가 떨어진다. 구이나 소테 방식 모두, 고기를 가볍게 두드려야 한다.

베아르네즈(베아른) 앙트르코트

Entrecôte bearnaise, Steak bearnaise

등심 스테이크용 고기에 버터나 올리브유를 바르고 소금을 뿌려 그릴에서 굽는다, 길쭉한 접시에 담아, '글라스 드 비앙드' 1큰술과 버터 1큰술을 추가한다. 〈베아르네즈 소스〉와 함께 먹는다.

스테이크 옆에 나란히 또는 별도로, 수플레 감자(부풀려 튀긴 감자), 감자 프렌치 프라이를 곁들여도 된다. 그릴에서 구운 스테이크는, 베르시(Bercy) 버터[7]나 〈보르들레즈 소스〉 또는 허브를 뿌린 버섯이나, 굽거나 볶은 토마토와 함께 먹어도 좋다. 작은 고깃덩어리는 그릴에서 빠르게 구워 뜨거운 접시에 올려 바로 먹어야 한다.

버섯 앙트르코트

Entrecôte aux champinons, Steak with mushrooms

2인분: 등심 스테이크용 소고기, 버터, 마데이라 포도주 또는 백포도주 50ml, 작은 송이버섯(단추버섯), 데미글라스 소스 100ml.

스테이크용 소고기를 소테용 팬에 넣고 버터로 익힌다. 다른 팬에 고기에서 우러난 육즙과 포도주를 섞고, 버섯을 넣고, 포도주를 조금 더 붓고, 소스를 붓는다. 1~2분간 졸인다. 버섯을 스테이크에 올리고, 소스를 고운 체로 거른 뒤, 버섯 위에 붓는다. 감자 퓌레를 곁들이는 것이 가장 좋다.

---

7) 베르시 버터는 백포도주에 다진 샬롯을 넣고 졸여서 버터를 섞은 것.

앙트르코트 미라보[8]

Entrecôte Mirabeau, Steak with anchovy filets and olive

스테이크용 소고기를 그릴에 구워 둥근 접시에 올린다. 앤초비 필레를 격자 모양으로 올리고 끓는 물에서 몇 초 동안 데친 타라곤 잎을 뿌린다. 올리브를 스테이크 옆에 둘러놓는다. 앤초비 버터와, 수플레 감자, 감자튀김을 곁들인다.

갈비

갈비(갈비뼈에 붙은 살)

소갈비(Côte de boeuf, Rib of beef)는 보통 구워 먹는다. 조리 시간은 갈빗대에 붙은 고기의 크기와 질에 따라 달라진다. 500그램당 약 15~20분 정도다. 갈빗살은 붉은빛이 변하지 않도록 보관해야 한다. 소갈비는 브레제 요리를 해도 좋는데, 이 경우 2~3대 크기로 자른다.

갈비 브레제

Côte de bœuf braisée, Braised ribs of beef

☙ 소갈비, 우족 1개, 양파, 당근, 기름기 없는 삼겹살, 소금과 후추, 돼지 기름(graisse), 백포도주 500ml, 육수(부이용), 부케 가르니.

갈비는 뼈를 발라낸 뒤, 살코기를 둘둘 말아 끈으로 묶는다. 냄비 바닥에 얇게 썬 양파, 당근, 삼겹살을 놓는다. 고기에 양념하고 돼지 기름을 조금 넣어, 약한 불에 냄비를 올린다. 백포도주를 붓고 약한 불에서 바짝 졸인 뒤에 뼈를 발라낸 송아지 족, 부케 가르니를 넣고 육수를 넉넉히 붓는다. 냄비 뚜껑을 덮고 오븐에 넣어 중간 불로 익히면서 '글라스 드 비앙드'나 버터를 자주 끼얹는다. 고기가 익은 상태는 꼬챙이로 찔러 확인한다. 다 익었으면 냄비에서 꺼내 송아지 족과 함께 뜨겁게 보관한다.

8) 앤초비 필레, 올리브, 타라곤을 곁들이는 요리를 뜻한다(à la mirabeau).

우러난 육수는 고운 체로 거른다. 기름이 가라앉을 때까지 기다린다. 이 육수가 묽다면, 원래 양의 3분의 1까지 더 졸인다. 칡가루 같은 전분을 이용하고 싶으면, 500밀리리터당 칡가루 1큰술 분량을 넣거나, 또는 토마토 소스를 조금만 섞은 〈데미글라스 소스〉를 2~3큰술 추가한다. 고기는 식탁에 올릴 접시에 담고, 송아지 족은 작게 썰어, 그 위에 육수를 끼얹는다. 다시 오븐에 몇 분간 넣어둔다. 가르니튀르로 당근, 양상추, 셀러리, 순무, 버터와 설탕을 녹여 입힌 양파 글라세, 감자 퓌레, 양배추 등을 곁들인다. 마카로니, 스파게티, 라자냐 등의 파스타는 갈비 브레제 잘 어울린다.

옆구리 갈빗살(등심과 옆구리 사이 갈비 아래쪽 살)

'앙프 또는 옹글레(Hampes ou onglées, Breast or lower ribs)'는 옆구리 또는 갈비 아래쪽 살 부위로 부드럽고 육즙이 풍부하다. 비프스테이크와 포피에트에 좋은 재료이다. 작고 네모나게 토막 내어, 버터에 익힌다(소테). 그릴에서도 굽는다. 어떤 경우든 껍질과 연골을 제거해야 한다.

갈빗살(갈비와 가슴 사이에 붙은 살)

갈비에 붙은 살(Plat de côté, Short ribs)은 소고기 가운데 가장 미묘한 맛이 나는 부위이다. 삶았을 경우에는 삶았던 육수에 서양고추냉이를 넣은 〈크림 소스〉를 곁들인다. 최상급 식탁에 어울린다. 약 60그램짜리 갈비 1대로 〈굴라슈〉나 부르고뉴식 또는 프로방스식 소테를 만들면 좋다.

양지머리(소 가슴살)

소 가슴살(Poitrine de boeuf)은 갈비와 같은 방법으로 조리한다. 삶거나 소금을 치거나, 뜨겁게든 차갑게든, 다 훌륭한 요리가 된다.

안심, 비프스테이크, 비톡스, 샤토브리앙, 필레 미뇽, 투른도

소고기 안심인, 필레(Filet de boeuf, Fillet of beef)는 최상의 부위다. 보통은 안심살에 비계를 조금 찔러 넣어[9] 조리한다. 서양 송로를 끼워 넣을 때는 얇은 비계로 감싼다. 안심은, 구이(Rôtir, 로스팅)를 하거나, 냄비를 오븐에 넣어 푸알레(poêler)[10] 방식으로 익힌다. 어느 경우든, 살코기에 항상 엷은 분홍빛이 돌아야 한다.

프랑스 푸줏간에서는 소고기를 다음과 같이 자른다. 가장 윗부분은 비프스테이크(beefsteak, 180그램, 2인분), 중간 부분은 샤토브리앙(chateaubriand, 300그램, 3~4인분), 안심(filet de détail, 180그램, 2인분), 가장 얇은 끝부분이 투른도[11](tournedos, 150그램, 2인분), 필레 미뇽(filet mignon, 150그램, 2인분)이 나온다. 안심은 자르기에 따라 맛이 달라지므로 조심해서 다룬다.

소고기 안심(필레)- 푸알레

로스트비프(영국식 소고기 구이)
Rotis de boeuf a l'Anglaise, Roast beef

영국식 소고기 구이(로스트비프, 프랑스어로 '로티 드 뵈프')는 항상 푹 익히는 편이다. 항상 〈요크셔 푸딩〉을 곁들인다.

쇠꼬챙이로 굽지 않고, 오븐에서 냄비로 굽는 방식(푸알레)을 소개한다. 오븐용 냄비에 양파, 얇게 썬 당근, 부케 가르니, 셀러리를 바닥에 깔고 녹인 버터를 뿌린다. 냄비 뚜껑을 덮고, 오븐에서 중간 정도의 온도로 익힌다. 다 익기 전에 소금을 친다.

---

9) 비계를 찔러 넣는 라딩(larding). 현재는 축산업의 발전으로 과거에 비해 마블링 상태가 좋은 고기가 생산되고, 저지방을 선호하는 식습관이 등장하면서 쇠퇴한 방식이다.

10) '팬에서 굽다'는 뜻으로, 냄비에서 고기의 겉을 먼저 구운 뒤, 야채를 볶고. 겉을 구운 고기와 버터를 넣고, 냄비를 오븐에 넣어, 국물이 거의 없이 익히는 조리법.

11) 투른도는 얇은 비계에 둘러싸인 안심 부위의 일종이다. 주로 구이나 볶음 요리에 재료로 사용한다. '투르니도' 등으로도 부른다. 이 책에서는 프랑스어 표기를 따랐다.

무엇보다 야채가 타지 않도록 한다. 익자마자 고깃덩어리부터 꺼내 따뜻하게 놓아둔다. 야채를 덜어낸 냄비에 마데이라 포도주나 백포도주 한 잔을 붓는다. 육수(그레이비, 스톡)도 조금 넣는다. 그 분량은 고기의 크기에 맞춘다. 몇 초간 끓이고 나서 체로 걸러, 기름기를 걷어낸다. 힘줄과 기타 지방 덩어리를 제거한 고기를 가르니튀르로 둘러싸고, 육수(그레이비, 스톡)를 조금 추가한다. 진한 〈데미글라스 소스〉를 추가해도 된다.

아를레지엔(아를) 필레
Filet de boeuf à l'arlésienne, Pot roast with aubergines

가지와 토마토 파르시를 곁들인다. 조리 중에 나온 육즙은 따로 사용한다. 토마토 소스를 조금 섞은 〈데미글라스 소스〉를 추가한다.

피낭시에르 소고기 필레
Filet de boeuf financière, Pot roast

안심 고깃덩어리에 잘게 썬 비계를 찔러 넣고 냄비에 넣어 '푸알레'로 익힌다. 접시에 덜어낸 뒤, 그 둘레에 〈피낭시에르 가르니튀르〉를 둘러놓는다. 가르니튀르 위에도 피낭시에르 소스[12)]를 조금 끼얹는다,

고다르 소고기 필레
Filet de beouf Godard, Pot roast fillet of beef with godard garnish

안심 고깃덩어리에 잘게 썬 비계와 혀를 찔러 넣고 냄비에 넣어 '푸알레'로 익힌다. 〈고다르 가르니튀르〉를 준비해서 고기가 익으면 접시에 올린다. 접시 양쪽에 부드러운 크넬을 올리고, 가르니튀르의 나머지는 작은 더미처럼 쌓아올린다. 그 위에 소스를 조금 두른다. 냄비에 남은 육즙을 졸인다. 이것을 나머지 소스에 붓는다.

야채 소고기 필레
Filet de boeuf jardinière, Roast fillet of beef with vegetables

안심에 잘게 썬 비계를 찔러 넣고 오븐에서 굽는다. 고기를 조리한 냄비 안에 우러난 육즙을 몇 술만 적셔준다. 기름기를 걷어내지는 않는다. 버

12) 마데이라 포도주와 송로 즙을 넣은 데미글라스 소스.

터로 익힌 야채, 매우 졸인 육즙을 조금 더 뿌리기도 한다.

마드릴렌(마드리드) 소고기 필레

Filet de boeuf Madrilène, Fillet of beef with stuffed tomatoes and rice

안심 덩어리에 얇은 비계를 찔러 넣고 냄비에서 '푸알레'로 익힌다. 토마토 파르시를 필래프 볶음밥과 함께 곁들인다. 졸인 육수에 토마토 소스를 조금 섞은 〈데미글라스 소스〉를 붓고, 구워서 껍질을 벗긴 붉은 파프리카를 가늘게 썰어서 곁들인다. 소스는 별도의 그릇에 담아낸다.

니베르네즈(니베르네)[13] 소고기 필레

Filet de bœuf Nivernaise, Pot roast fillet with glazed carrots and onions

안심에 얇은 비계를 찔러 넣고 냄비에서 '푸알레'로 익힌다. 접시에 올릴 때, (버터와 설탕을 녹여 입힌) '양파 글라세(glacé)'와 '당근 글라세'를 번갈아 놓는다. 조리하면서 나온 육즙을 체로 걸러 기름기를 걷어내고 조금 더 졸여, 별도의 그릇에 담아낸다.

탈레랑 소고기 필레

Filet de boeuf à la Talleyrand, Fillet of beef with truffles and madeira

서양 송로를 안심에 꽂아 마데이라 포도주를 붓고 7시간 동안 재운다. 고기에 비계를 찔러 넣고 끈으로 묶어, 냄비에 마데이라 포도주를 조금 부어 '푸알레'로 익힌다. 접시에 쏟아붓고 육수(스톡)를 조금 끼얹는다.

마카로니 150그램을 삶아 물을 덜어내고, 소량의 버터와, 그뤼예르 치즈, 파르메산 치즈 가루, 길게 썬 서양 송로 50그램, 네모 토막으로 자른 푸아그라 75그램을 넣는다. 〈데미글라스 소스〉는 다른 그릇에 따로 담아낸다. 마데이라 포도주 조금과 아주 가늘게 썬 서양 송로를 넣어도 좋다. 가르니튀르는 다양하다. 계절과 취향에 따른다. 감자는 항상 어떤 음식과도 잘 어울린다. 어떻게 조리하든, 안심 요리에 곁들이는 것으로 최상이다.

---

13) 프랑스 중부 지방 르와르 강변이다. 파이앙스(도자기)로 유명하다. 1578년경 이탈리아 유약 기술이 들어와 유약을 바른 도기 생산의 역사적인 중심지가 되었다. 요리 용어로 쓰일 때에는 당근이나 양파에 버터, 설탕을 넣고 가열해 녹여 입히는 것을 말한다.

차게 먹는 소고기 안심(필레)

소고기 안심은 오븐 구이 또는 냄비에서 푸알레(poêlér) 방식으로 익힌 것을 차게 먹을 수도 있다. 살짝 익혀서 젤리로 덮거나 '글라스 드 비앙드'를 얇게 바른다.

식힌 안심에는 여러 샐러드를 곁들일 수 있고, 양념한 아티초크 속심을 두를 수도 있다. 가르니튀르는 다진 서양 송로를 얹은 아스파라거스도 좋다. 토마토 파르시나 가지도 잘 어울린다. 어떤 가르니튀르를 올리든 차게 먹는 고기에는 차가운 '글라스 드 비앙드'나 젤리로 덮는다. 영국인들은 차게 먹는 소고기 안심에 뜨거운 감자를 곁들인다. 여러 가지 야채 절임도 곁들인다. 크림을 넣은 〈서양고추냉이 소스〉도 좋아한다.

비프스테이크

원칙적으로, 비프스테이크는 안심의 위쪽 끝부분이다. 그러나 콩트르필레(Contrefilet)나 테트 달루아요(Tête d'aloyau) 부위를 사용하기도 한다. 원래 영어에서 '잘라낸 소고기 덩어리'를 가리키는 말이어서 특정한 부위를 가리키지는 않는다. 비프스테이크는 앙트르코트와 거의 비슷하다.

아메리칸 비프스테이크(타르타르 스테이크)[14]

Beefsteak à l'américaine, Beefsteak with raw egg, *Steak tartare*

비프스테이크를 잘게 다져 소금과 후추를 친다. 접시에 다진 고기를 둥글넓적한 덩어리로 만들어놓고, 덩어리 위쪽 한가운데를 움푹하게 만들어 달걀노른자를 날것으로 올린다. 다진 케이퍼, 양파, 파슬리를 주위에 둘러놓는다.

---

14) 1894년 프랑스 출신의 미국 요리사 랜호퍼(Charles Ranhofer)가 타르타르 함부르크 스테이크로 소개했다. 육회처럼 소고기를 날것으로 먹기 때문에 근거 없이 타르타르(몽골, 몽고식)라는 이름을 붙였다. 프랑스에서는 이것을 미국식 스테이크라고 불렀다.

앙부르주아즈(함부르크) 비프스테이크[15]

Beefsteak à la hambourgeoise, Hamburger steak

잘게 다진 비프스테이크에, 날달걀 1알, 버터로 갈색이 되도록 볶은 다진 양파 1작은술, 소금, 후추, 너트멕을 섞는다. 다진 고기를 둥근 모양으로 만들고 밀가루를 입혀 정제한 맑은 버터로 튀기듯이 지져 익힌다. 그 위에 버터로 볶은 다진 양파 1작은술을 올린다.

러시아 비프스테이크

Beefsteak à la russe, Russian style beefsteak

〈함부르크 스테이크〉와 같은 방법이지만, 양파를 올리지 않고 달걀 부침을 고기 모양에 맞춰 둥글게 올린다.

비톡스

러시아 요리이다. 러시아 미트볼(meatballs), 러시아 햄버거 등 여러 별명으로 통하는 간편식이다.

러시아 비톡스

Bitokes à la rusee, Russian rissoles

ɞ 기름기 없는 소고기 약 450g, 버터 100g, 흰 빵가루 100g, 소금, 후추, 너트멕, 밀가루, 정제한 맑은 버터, 사워크림 100ml, 데미글라스 소스(또는 글라스 드 비앙드).

소고기를 얇게 썰고, 연골을 제거해, 버터, 크림에 가볍게 적신 빵 조각, 소금, 후추, 너트멕을 넣는다. 이것들을 잘 섞는다. 이렇게 섞은 반죽을 7~8덩어리로 나눈다. 밀가루를 입히고, 정제한 맑은 버터로 튀긴다. 둥근 접시에 둥글게 둘러놓는다.

튀겼던 냄비 안에 남아있는 버터는 버리고, 사워크림을 넣고 몇 초 동안 졸인 다음, 바짝 졸인 〈데미글라스 소스〉 2~3큰술을 추가한다. 이것 대신

15) 독일 북부 함부르크를 가리킨다. 1800년대에 전세계를 연결하는 무역 항구였다. 이곳에서 다진 고기를 이용하는 동유럽이나 독일식 방법이 미국으로 전파되었다. 미국의 햄버거(함부르크식)는 이 스테이크를 빵 사이에 끼워넣는 것으로 발전한 것이다. 일본에서 '함박스테이크'라고 불러서 한국에서도 일본식으로 부르는 것에 익숙하다.

'글라스 드 비앙드' 2~3큰술을 넣어도 된다. 소스를 체로 걸러 다른 그릇에 따로 담아내고, 감자튀김도 다른 접시에 곁들인다. 만약 사워크림이 없다면, 소스에 레몬 반쪽의 즙을 짜넣는다. 비톡스 반죽은 튀기기 전에 달걀이나 빵가루를 입혀도 된다.

샤토브리앙

구이용 등심과 투른도 사이의 2~4센티미터 두께 부위. 비계에 둘러싸여 있을 때도 있다. 샤토브리앙 부위는 안심의 중심 부분인데, 정확한 크기를 짐작하기 어렵다. 안심의 두께에 좌우되기 때문이다. 어쨌든 소 한 마리에서 약 400그램 정도의 분량이 나온다.

샤토브리앙[16]
Chateaubriand, Chateaubriand steak
과거에는 항상 샤토브리앙에, '글라스 드 비앙드'를 넣고, 메트르도텔 버터를 '글라스 드 비앙드'보다 2배 더 넣었다. 그리고 버터에 튀긴 감자를 곁들였다. 하지만 요즘에는 일반적인 투른도와 안심 구이에 어울리는 소스와 가르니튀르를 무엇이든 사용한다.

샤토브리앙 소스
Sauce Châteaubriant, Chateaubriand sauce
다진 샬롯 2큰술, 버섯 2큰술, 타임, 월계수 잎, 백포도주 120밀리리터를 붓고 거의 완전히 졸인다. '글라스 드 비앙드' 250밀리리터를 넣고 끓여 4분의 1이 될 때까지 졸인다. 체로 걸러 메트로도텔 버터 120그램과 다진 타라곤을 넣는다.

16) 샤토브리앙은 감자를 곁들이는 안심 구이 또는 소테 요리이다. 티본과 포토하우스 스테이크감과 부위 이름은 다르지만 거의 비슷하다. 고기는 주로 두툼하게 썰어 사용한다. 조리 시간이 짧아 빠른 식사로 내기에 적합하다. 어원에 두 가지 설이 있다. 낭만주의 문인 샤토브리앙의 요리사 몽미레유(Montmireil)의 작품이라는 것. 또는 과거에 'chateaubriant'으로(d가 아니라 t로 끝나는 이름으로) 널리 표기되었던 점으로 미루어 대서양 연안의 목초지가 기름진 샤토브리앙 마을에서 나왔다고도 한다.

소고기 안심(필레)- 소테 또는 그릴

그릴 구이(Grillés)나 소테(Sautés)용 안심 부위는 소의 안심 바깥쪽 150그램 정도를 잘라낸 것이다. 갈빗살이나 투른도처럼 요리한다. 가르니튀르와 소스도 마찬가지다.

필레 미뇽

소고기 필레 미뇽(Filets mignons)은 안심 한복판 부위다. 이 부위를 절반으로 길게 갈라 납작한 삼각형으로 자른다. 소금과 후추를 조금 치고, 녹인 버터를 바르고, 빵가루를 입혀서 버터를 조금 더 바른 뒤에 굽는다. 〈베아르네즈 소스〉, 〈디아블 소스〉 또는 〈쇼롱 소스〉 등에 어떤 야채든지 가르니튀르로 곁들일 수 있다. 〈쇼롱 소스〉는 〈베아르네즈 소스〉에 토마토 퓌레를 조금 넣은 것이다.

필레 미뇽 슈브뢰유

Filets mignons en chevreuil, Heart shaped fillets mignons

☙ 안심 6~7덩어리, 비계, 통후추, 당근과 양파 각 1개, 월계수 잎 1, 파슬리 1, 타임 1, 식용유 50ml, 식초 2큰술, 적포도주 100ml, 버터나 기름에 튀긴 크루통, 푸아브라드 소스나 샤쇠르 소스.

가장 두툼한 고기 위에 얇게 썬 비계를 찔러 넣고 큰 그릇에 넣는다. 통후추, 가늘게 썬 당근과 양파, 월계수 잎, 파슬리, 타임을 넣고, 식용유, 식초, 적포도주를 붓는다. 뚜껑을 덮고 24시간 냉장고에 넣어 재운다. 그다음에 고기를 건져 물기를 빼고, 뜨거운 식용유로 튀기듯이 지져 익힌다(소테). 버터 또는 기름에 튀긴 크루통 위에 고기를 올린다. 고기를 재웠던 양념 육수는 3분의 2로 졸여 체로 걸러, 〈푸아브라드(후추 맛) 소스〉 또는 〈샤쇠르 소스〉를 추가한다. 소스 외에, 밤, 렌틸콩, 붉은 강낭콩, 고구마 퓌레 등을 곁들인다.

투른도

투른도(Tournedos, Tenderloin Steaks)는 소고기 안심의 작고 얇은 부위를 두툼하고 둥글게 썬 것[17]이다. 무게는 약 150그램 정도이다. 그릴에 굽거나, 팬에서 버터를 센 불로 가열해 튀기듯이 지져 익힌다(소테). 이전에는 크루통 위에 올렸지만, 이 방법은 차츰 사라졌다. 크루통을 버터로 볶아서 사용하고 또 그 위에 '글라스 드 비앙드'를 덮으면 고기와 크루통 조각들 사이에 열이 차단되어, 빵이 고기의 육즙을 제대로 흡수하기 어렵다.

버터와 레몬즙 몇 방울을 넣은 '글라스 드 비앙드'나 〈샤토브리앙 소스〉는 투른도 소테에 반드시 곁들이는데, 버터로 익힌 야채 또는 아스파라거스 등을 가르니튀르로 삼는다. 소스는 야채를 고루 섞기에 좋지만, 마데이라 포도주나 백포도주 소스를 사용할 때는 이런 장점이 없다. 서양 송로, 송이버섯, 그물버섯, 상추, 셀러리를 가르니튀르로 올린다.

앙달루즈(안달루시아) 투른도

Tournedos andalouse, Tournedos with aubergines and red peppers

ଔ 안심(투른도) 120g짜리 4~6덩어리, 식용유, 다진 양파 120g, 가지 240g, 토마토 240g, 붉은 피망 2개, 소금, 후추, 파슬리, 다진 마늘 조금, 버터.

양파를 식용유 2큰술로 볶는다. 얇게 썬 가지, 다진 토마토, 그릴에 구워 껍질 벗겨 길게 썬 붉은 피망, 파슬리와 마늘을 아주 조금 넣는다. 은근한 불로 20~25분간 익혀 접시에 담아내 따뜻하게 놓아둔다.

팬에 올리브유와 버터를 같은 비율로 넣고 가열해, 투른도를 익혀(소테), 접시에 담아둔 야채 위에 올린다. 냄비에 남아있는, 고기를 튀기면서 나온 기름 섞인 육수에 '루'를 추가해서 고기에 붓는다. 크레올 볶음밥을 곁들인다.

아를레지엔(아를) 투른도

Tournedos arlésienne, Tournedos with aubergines and tomatoes

〈앙달루즈 투른도〉와 같은 재료를 준비하지만, 피망은 넣지 않는다. 삶은

---

17) 지름 약 10센티미터, 길이 2~20센티미터의 원통형으로 자른 고깃덩어리.

감자를 곁들인다.

베아르네즈(베아른) 투른도
Tournedos béarnaise, Tournedos with bearnaise sauce

투른도를 구워 뜨거운 접시에 담는다. 작은 공 모양으로 파낸 감자, '감자 누아제트'를 기름에 익혀서, 묽은 '글라스 드 비앙드'를 두른다. 〈샤토브리앙 소스〉를 고기에 붓고, 〈베아르네즈 소스〉를 곁들인다.

보르들레즈(보르도) 투른도
Tournedos bordelaise, Tournedos with poaches beef marrow

투른도를 구워 뜨거운 접시에 담는다. 삶은 소 골수를 크고 길게 썰어 고기 위에 올리고 파슬리를 뿌린다. 〈보르들레즈 소스〉를 따로 준비해 둔다. 어떤 식으로든 익힌 감자를 곁들이는 것이 좋다.

버섯 투른도
Tourendos champignons, Tournedos with mushrooms

팬에 버터를 넣고 가열해 튀기듯이 지져 익힌다(소테). 둥근 접시에 올린다. 버터에 볶은 버섯 3~4개를 고기 한 점마다 올린다. 버섯을 볶으면서 남은 국물에 마데이라 포도주와 버섯을 조금 더 넣고 〈데미글라스 소스〉를 넉넉히 부어 뚜껑을 덮고, 몇 초만 익힌 다음, 고기 위에 붓는다. 감자 퓌레를 곁들인다.

샤쇠르 투른도
Tournedos chasseur, Tournedos with brandy and white wine

ꕤ 투른도 4덩어리, 소금, 후추, 버터, 코냑, 백포도주, 샬롯 1, 버섯 12, 토마토 추가한 데미글라스 소스 100ml, 글라스 드 비앙드 1큰술, 다진 파슬리 5g.

투른도를 양념해, 팬에 버터를 넣고 가열해 튀기듯이 지져 익힌다(소테). 둥근 접시에 올린다. 냄비에 남은 침전물에 코냑과 백포도주를 조금 붓고 잘 섞어서 얇게 썬 샬롯과 버섯을 넣고 버터로 볶는다. 〈데미글라스 소스〉, '글라스 드 비앙드', 파슬리를 넣는다. 몇 초만 끓여 고기 위에 붓는다.

쇼롱 투른도

Tournedos Choron, Tournedos with artichoke bottoms

ꕤ 투른도 4덩어리, 버터, 소금, 후추, 아티초크 속심 4개, 아스파라거스 또는 콩, 감자 누아제트, 글라스 드 비앙드, 백포도주, 갈색 육수(브라운 스톡) 50ml.

고기에 양념을 하고, 팬에 버터를 넣고 익혀서(소테), 접시에 올린다. 가르니튀르로 아티초크 속심, 아스파라거스, 버터로 데친 콩, 버터로 볶아 '글라스 드 비앙드'를 바른 작고 둥근 감자를 곁들인다. 고기를 익힌 팬에 남아있은 침전물에 육수와 백포도주를 조금 붓고 끓여서, 고기에 붓는다. 〈쇼롱 소스〉라고 불리는 '토마토를 넣은 베아르네즈 소스'와 함께 낸다.

타라곤 투른도

Tournedos à l'estragon, Tournedos with tarragon

고기에 소금,후추를 넣고, 팬에 버터를 넣고 튀기듯이 지져서(소테) 접시에 담는다. 고깃덩어리마다 뜨거운 물에 데친 타라곤 몇 잎을 얹는다. 고기를 구워낸 냄비에 남아있는 육수와 버터에 〈데미글라스 소스〉와 백포도주를 조금 붓고, 잠깐 끓여서 다진 타라곤 잎을 넣고 고기 위에 붓는다. 감자 튀김이나 감자 퓌레 또는 '마케르 감자'를 곁들인다.

푸아그라 투른도

Tournedos favorite, Tournedos with foie gras and truffles

ꕤ 투른도, 양념한 푸아그라, 버터, 소금, 후추, 데미글라스 소스, 서양 송로(트뤼프).

고기에 양념을 하고, 팬에 버터를 넣고 튀기듯이 지져(소테) 뜨거운 접시에 담는다. 푸아그라를 작게 잘라 버터에 튀겨 고깃덩어리에 올리고 〈데미글라스 소스〉를 덮는다. 얇게 썬 서양 송로 조각들을 곁들인다. 버터에 익혀 '글라스 드 바앙드'에 넣고 굴려서 옷을 입힌 〈감자 누아제트〉, 버터에 살짝 볶은 아스파라거스를 함께 낸다.

투른도 쥐딕

Tournedos Judic, Tournedos with truffles and kidney

투른도 고기를 소금, 후추로 양념해, 팬에서 버터로 튀기듯이 지져 익힌다(소테). 익은 고기를 접시에 올리고 데친 양상추를 얹는다. 얇게 썬 서양 송로, 수탉의 볏과 콩팥을 고기 위에 올린다. 마데이라 포도주를 섞은 달콤한 〈데미글라스 소스〉를 가볍게 입힌다.

투른도 미스탱게트[18]
Tournedos Mistinguett, Tournedos with herbs and wine

ᘓ 투른도 6덩어리, 당근 30g, 양파 15g, 돼지 살코기 30g, 타임 5g, 월계수 잎 1, 버터, 코냑 1잔, 백포도주 50ml, 글라스 드 비앙드 4큰술, 파슬리, 소금과 후추, 서양 송로(트뤼프) 섞은 푸아그라 125g.

곱게 다진 당근, 양파, 돼지고기, 타임, 월계수 잎을 넣고 천천히 버터로 볶아 '미르푸아'를 준비한다. 약 30분쯤 볶는다. 코냑, 포도주, '글라스 드 비앙드'를 붓고 다진 파슬리를 뿌린다. 푸아그라에 버터 50그램을 섞어 체로 거르고, 소스를 추가한다. 고기를 소금, 후추로 양념해, 팬에서 버터로 튀기듯이 지져 익힌다(소테). 뜨거운 접시에 올리고, 소스를 끼얹는다. '마케르 감자'와 함께 먹는다.

투른도 몽팡시에[19]
Tournedos Montpensier, Tournedos with pate de foie gras croutons

투른도 고기에 소금, 후추로 양념해, 버터로 튀기듯이 지져 익힌다(소테). 크루통을 버터로 튀겨 푸아그라와 함께 냄비의 바닥에 깔고 '글라스 드 비앙드'를 조금 붓는다. 고기를 크루통 위에 얹고, 바짝 졸여서 걸쭉해진 〈데미글라스 소스〉를 붓고 송로를 얇게 썰어 올린다. 아스파라거스와 버터를 함께 낸다.

니수아즈(니스) 투른도
Tournedos niçoise, Nicoise stlye tornedos

ᘓ 투른도, 버터, 식용유, 토마토 소스.

고기를 양념해서 버터 반, 식용유 반을 팬에 넣고 튀기듯이 지져서 익힌다(소테). 접시에 올리고 프로방스식 〈토마토 소스〉를 붓는다. 버터나 올리브유에서 살짝 익힌 풋강낭콩을 곁들인다.

---

18) 프랑스 여가수(1875~1956년). 물랭루즈 쇼의 노래와 춤으로 최고의 인기를 누렸다.
19) 몽팡시에는 프랑스 중부 오베르뉴 지방 도시. 전통 가문의 이름이기도 하다.

프로방살(프로방스) 토마토 소스
Sauce tomate à la Provençale

☙ 올리브유 4큰술, 완숙 토마토 5~6개, 소금, 후추, 파슬리, 다진 마늘 조금.

올리브유를 가열해, 다진 토마토들을 넣고, 소금, 후추, 다진 파슬리, 다진 마늘을 넣는다. 뚜껑을 덮고 아주 약한 불로 15~18분간 익힌다.

피에몽테즈(피에몬테) 투른도
Tournedos piémontaise, Pietmont style tournedos

☙ 투른도, 버터, 소금, 후추, 백포도주 70ml, 토마토 주스 70ml.

고기에 양념하고, 팬에서 버터로 튀기듯이 지져서(소테) 접시에 담는다. 냄비에 남은 버터와 앙금에 백포도주와 토마토 주스를 끼얹어 몇 초 동안 졸인 다음 고기에 붓는다. 이탈리아 리소토에 다진 흰 송로를 추가해 곁들인다.

라쉘 투른도
Tournedos Rachel, Tournedos with bordolaise sauce

투른도 4덩어리에 양념을 하고, 팬에서 버터를 가열해 빠르게 튀기듯이 지져 익힌다(소테). 접시에 담아 소 골수 4쪽을 고기에 올리고 〈보르들레즈 소스〉로 덮는다. 삶은 아티초크 속심 4개와 아스파라거스를 올린다. 감자를 추가로 곁들여도 된다.

로시니 투른도[20]
Tournedos Rossini, Tournedos with truffles and noodles

☙ 투른도 4덩어리, 버터, 소금, 후추, 버터에 튀긴 크루통, 글라스 드 비앙드, 푸아그라 4쪽, 마데이라 포도주, 서양 송로(트뤼프), 데미글라스 소스.

양념한 고기를, 팬에서 버터로 튀기듯이 지져 익힌다(소테). '글라스 드 비앙드'에 적셔 버터에 튀긴 크루통 위에 고기를 올린다. 이것을 접시에 담는다. 푸아그라도 버터로 튀겨 고기 위에 올린다. 마데이라 포도주를 고기를 튀긴 냄비에 붓고 끓여, 얇게 썬 서양 송로를 넣고 〈데미글라스 소

---

20) 작곡가 로시니를 위해 앙투안 카렘이 1823년에 처음 만들었다. 크리스마스에 내는 요리다. 이후 에스코피에를 통해 고전적인 요리로 발전했다.

스〉를 추가한다. 이 소스를 고기 위에 붓는다. 국수 등을 따로 낸다. 국수에는 버터를 두르고 파르메산 치즈 가루를 뿌린다.

티롤리엔(티롤) 투른도

Tournedos tyrolienne, Tournedos with tyrolean sauce

☙ 투른도 4덩어리, 버터, 티롤리엔 소스.

양념한 고기를 버터로 빠르게 튀기듯이 지져 익힌다(소테). 뜨거운 접시에 올리고 '티롤리엔 소스'를 붓는다.

티롤리엔 소스

Sauce Tyrolienne

☙ 양파 1개, 밀가루, 올리브유 1큰술, 버터 1큰술, 식초 2큰술, 토마토 4~5개, 소금, 후추, 다진 마늘 조금, 파슬리.

양파를 얇게 썰어 밀가루를 입혀 올리브유와 버터를 섞은 기름에서 살짝 튀긴다. 식초를 넣고 김이 날 때까지 끓인다. 껍질 벗겨 씨를 빼고 다진, 토마토 콩카세(concasser)를 넣는다. 양념을 하고, 다진 마늘을 조금 넣고 다진 파슬리를 뿌린다. 약한 불에서 15분간 익힌다.

목살, 우둔살 — 뵈프 브루기뇽, 럼프 스테이크

목살(목심)

어깨 근처에서 가장 좋은 목살 부위가 팔르롱(Paleron, Chuck)이다. 삶아서 수육을 만들거나 포타주, 도브(Daube, 스튜), 뵈프 부르기뇬(bœuf bourguignonne)[21], 에스투파드(estouffade)를 만든다.

우둔(소 볼깃살, 우둔살)

우둔의 위쪽으로 뼈가 붙은 부위(Pointe de culotte ou culotte, Rump, topside)는 수육이나 브레제(Braisés)감이다. 큰 덩어리는 약 1.5~2킬로그램이다. 이 고기를 삶은 육수로 야채를 익혀 곁들이거나, 양배추 브레제, 쌀밥을 넣은 파르시, 〈토마토 소스〉, 〈서양고추냉이 소스〉 등을 곁들인다. 당근, 셀러리 잎, (버터와 설탕을 녹여 입힌)양파 글라세, 엔다이브, 상추 브레제, 감자 퓌레, 완두콩, 강낭콩 또는 모든 파스타, 즉 마카로니, 스파게티, 국수, 라자냐 등도 잘 어울린다.

뵈프 부르기뇽/부르기뇬(부르고뉴) 우둔육

Pièce de boeuf ou culotte de boeuf à la bourguinonne, *Bœuf bourguignon*

고깃덩어리에 비계를 찔러넣고, 코냑의 일종인, 아르마냑(armagnac)을 끼얹는다. 혼합 향신료, 다진 파슬리를 뿌린다. 월계수 잎, 타임, 적포도주를 넣고, 다시 또 아르마냑 몇 술을 추가해 2시간 동안 재워둔다.

〈갈비 브레제, Côte de bœuf braisée〉처럼 조리하는데, 백포도주(500ml) 대신 그 2배의 적포도주(1리터)를 붓고 약한 불에서 거의 완전히 졸인다. 고기를 재우는, 마리나드 용액에도 적포도주를 더 붓는다.

---

21) 1903년 에스코피에가 처음으로 소개해 널리 알려졌다. 이후 변형된 레시피들이 등장했다. 1961년 미국의 줄리아 차일드(Julia Child)가 가장 맛있는 소고기 요리로 소개하면서 더욱 유명해졌다. 목살이나 우둔살을 이용한 소고기 요리다. 원래의 표기는 부르기뇬(bourguinonne)이다. 최근에는 부르기뇽(bourguinon)으로도 표기한다.

냄비뚜껑을 덮고, 오븐에 넣어서 약한 불에서 익힌다. 익히는 동안 계속 육수를 끼얹는다. 원하는 정도로 고기가 익으면, 냄비에서 꺼내 접시에 올리고 육수를 끼얹어, 곧바로 다시 오븐에 넣어 식지 않게 한다.
고기를 익힌 국물을 여과기에 내려, 기름기를 걸러내고 납작한 냄비에 받는다. 국물 양의 3분의 1쯤 되는 〈데미글라스 소스〉를 추가한다 (또는 찬물 2~3작은술에 칡가루를 풀어서 국물에 넣는다). 이것을 걸쭉하게 졸여 소스로 만든다.
꼬마 양파 글라세, 조금 크고 네모지게 썬 삼겹살과 버섯을 버터로 노릇하게 볶아, 접시에 올린 고깃덩어리 주위에 가르니튀르로 둘러놓는다. 그 위에 소스를 끼얹고, 나머지 소스는 따로 담아낸다.

에카를라트(붉은) 우둔육

Pièce de boeuf à l'écarlate, Pickled topside of beef

4킬로그램 정도의 우둔육 덩어리를, 8~10일 소금물에 재워둔다. 그다음, 맑은 물에서 당근, 정향을 박은 양파, 부케 가르니를 넣고 삶는다. 우둔육 요리에는 슈크루트가 잘 어울린다.

플라망드(플랑드르) 우둔육

Pièce de boeuf à la flamande, Topides of beef with vegetables

고기는 〈갈비 브레제〉와 같은 방법으로 준비한다. 비계를 고기에 찔러 넣고 조리해 접시에 담고, 삶은 양배추, 당근, 둥글게 잘라 버터에 지진 순무, 삶은 감자, 마늘이 들어가지 않은 긴 소시지를 둥글게 둘러놓고, 양배추와 함께 삶은 삼겹살 몇 쪽을 곁들인다. 〈플라망드 가르니튀르〉이다. 고기를 삶아낸 육수를 고기에 끼얹어 오븐에 넣고 몇 분간 익힌다. 육수는 다른 그릇에 담아낸다.

알라모드(신식) 소고기

Pièce de bœuf à la mode, Beef with spices and parsley

❧ 우둔육 2kg, 돼지비계 250g, 코냑, 혼합 향신료, 파슬리, 버터, 적포도주 1병, 우족 2, 양파 1, 정향 2개, 부케 가르니(파슬리, 월계수 잎 1, 타임), 육수(부이용), 베이비 당근(Baby carrot) 500g, 버터와 설탕을 녹여 입힌 꼬마 양파(펄 어니언) 글라세 20개.

돼지비계를 1센티미터 얇은 폭으로 길게 잘라서 고깃덩어리에 찔러 넣는다. 코냑에 담가 혼합 향신료를 조금 뿌리고, 다진 파슬리를 넣어 재워둔다. 고기를 꺼내 다시 한 번 가볍게 양념을 하고, 실이나 끈으로 잘 묶어 큰 냄비에 넣고 녹인 버터를 조금 뿌린다. 포도주와 코냑 100밀리리터를 넣고 뚜껑을 덮어 약한 불에서 3분의 2까지 졸인다.
그다음, 껍질과 뼈를 발라낸 우족을 넣고 돼지비계를 잘라냈던 돼지 껍질, 정향을 박은 양파, 허브와 베이비 당근을 넣는다. 육수를 넉넉히 붓고 뚜껑을 덮어 1시간 동안 끓인다. 양파를 추가하고 다시 뚜껑을 덮고 고기가 푹 익도록 계속 삶는다.
접시에 올리기 전에 끈을 잘라내 버린다. 고기를 오븐에서 5~6분간 육수를 계속 끼얹어가며 익힌다. 오븐에서 꺼내 접시에 담고, 베이비 당근, 알맞게 자른 우족, 꼬마 양파 글라세를 고기 주위에 둘러놓는다. 조리한 육수에서 기름기를 걷어내, 3분의 1로 졸이고, 체로 걸러 고기와 가르니튀르 위에 붓는다. 모든 과정에서 매우 조심스럽게 고기를 다루어 잘 익혀야 한다.

차게 먹는 알라모드(신식) 소고기
Boeuf à la mode froid, Cold beef a la mode
이 요리는 점심이나 특히 소풍갈 때 좋다. 앞의 〈알라모드 소고기〉와 같은 방법으로 조리한다. 다 익은 고기는 육수에 완전히 담가둔다. 요즘에는 며칠 전에 조리해 냉장고에 넣어 육수를 젤리처럼 굳힌다.

테트 달루아요(롬스테크, 럼프 스테이크)

테트 달루아요(Tête d'aloyau, Rumsteck)는 우둔육의 제일 끝부분이다. 즉 허리 위쪽 등심 최상육의 끝부분이다. 굽거나 튀기듯이 지져 익힌다(소테). 영국인들이 스테이크로 구워먹는 럼프(Rump)와 같은 부위다. 프랑스인들은 이 부위를 '콩트르 필레'라고 하는데 이는 틀린 말이다.

럼프스테이크

Rumpsteak grillé à l'Anglaise, English Rumpsteak

럼프 스테이크(우둔살 스테이크)가 준비되면 뜨거운 접시에 담고, 그 위에 얇게 썰어 구운 콩팥을 올린다. 서양고추냉이와 함께 먹는다.

소꼬리, 양, 우설, 골수, 머릿고기

소꼬리

오베르냐트(오베르뉴) 소꼬리

Queue de boeuf à l'auvergnate, Ox tail auvergne style

소꼬리를 5~8센티미터 길이로 토막 낸다. 그릇 바닥에 양파와 당근을 얇게 썰어 깔고, 부케 가르니를 넣는다. 가볍게 양념해 백포도주를 붓고 삶는다. 〈갈비 브레제〉를 할 때와 같다. 그다음, 깊은 접시에 담아 육수로 삶은 양파와 밤을 나란히 놓는다. 삶은 육수는 고운 체로 거르고, 졸여서, 소꼬리 고기 위에 붓는다. 밤 퓌레를 곁들여도 된다.

치폴라타 소꼬리

Queue de boeuf chipolata, Ox tail with chipolatas

앞의 〈오베르냐트 소꼬리〉와 같은 방법으로 조리한다. 고기가 뼈에서 떨어져나오기 시작할 때, 소꼬리 토막들을 깊은 접시에 담고 버터로 데친 베이비 당근(Baby carrot) 몇 개를 넣고 육수(부이용)를 붓는다. 볶은 양파, 맑은 국물(콩소메)에 삶은 밤과 치폴라타 소시지를 넣는다.

여과기(차이나 캡)로 소꼬리를 삶은 육수를 걸러 기름을 걷어내, 〈데미글라스 소스〉 200밀리리터를 붓고 졸여, 소꼬리에 붓는다.

소꼬리 파르시

Queue de boeuf farcie, Stuffed ox tail

☙ 큰 소꼬리 1개, 소금, 후추, 혼합 향신료, 당근, 양파, 부케 가르니, 백포도주 200ml, 데미글라스 소스 200ml, 칡 가루 1큰술.

ℴ 파르스 재료: 소고기 300g, 소시지 고기(돼지고기 양념 다짐육) 300g, 우유 적신 빵가루 100g, 달걀 2, 다진 서양 송로(트뤼프) 2큰술, 너트멕. 이 재료를 모두 섞는다.

소꼬리의 가는 뼈 부분을 잘라 버린다. 굵은 부분이 부서지지 않게 조심한다. 뼈 안쪽에 소금과 후추를 치고 준비한 소(파르스)를 넣는다.

소꼬리 그릴

Queue de boeuf grillé, grilled ox tail

7~8센티미터 길이로 소꼬리를 자른다. 월계수 잎, 통후추, 파슬리 한 줄기를 넣은 소금물에 꼬리를 넣고 푹 삶는다. 삶아낸 꼬리 토막들을 녹인 버터에 넣었다가 빵가루를 입혀 그릴에서 약한 불로 굽는다. 야채 퓌레나 〈디아블 소스〉, 〈토마토 소스〉 중에서 골라 곁들인다.

소꼬리 오슈포(잡탕)

Queue de boeuf à la hochepot, Ox tail hotchpotch or ragout of beef

ℴ 소꼬리 1개, 돼지 족 2개, 돼지의 귀 1개, 물, 소금, 작은 양배추 1개, 꼬마 양파(펄 어니언) 12개, 베이비 당근(Baby carrot) 20개, 작은 순무 10개, 치폴라타 조금.

소꼬리를 잘라 냄비에 넣고 돼지 족도 4토막을 내고, 돼지 귀는 통째로 함께 넣는다. 물에 재료가 잠기도록 넉넉히 붓고, 물 1리터당 소금 반 큰술을 넣는다. 2시간 약한 불로 삶는다.

4양배추, 양파, 당근, 순무를 썰어 넣고 다시 2시간을 삶는다. 긴 접시에 꼬리를 올리고 그 한복판에 야채를 올린다. 구운 치폴라타, 돼지 족과 귀를 길게 잘라 둘러놓는다. 삶은 감자는 다른 그릇에 담아낸다.

소의 양(胖), 트리프

트리프(Tripes)는 소의 위 안쪽 부분[22]이다. 이것은 요리를 화사하게 만들고 영양을 풍부하게 한다. 소의 양 요리는 모두 '그라 두블(Gras-double)'이라고 부른다. 잘 씻어 냄비에 넣고 물을 붓는다. 끓이고 나서 물을 따라

22) 소의 위 4개 가운데 양은 첫 번째 위로, 짙은 갈색 융기들이 있다.

버리고, 다시 뚜껑을 덮고 물을 한 번 더 붓는다. 또다시 끓어오르면 약한 불에서 2시간 푹 삶는다.

앙글레즈(영국) 그라 두블

Gras-double à l'anglaise, English style tripe

ಐ 삶은 소의 양 1kg, 스페인 양파 2개, 버터 60g, 끓인 우유 1리터, 소금과 후추, 부케 가르니(파슬리, 월계수 잎 1), 밀가루 2큰술.

익힌 소의 양을 가로세로 4센티미터로 자른다. 얇게 썬 양파와 버터를 냄비에 넣고 뚜껑을 덮어 양파가 노릇해지지 않도록 아주 약한 불로 익힌다. 15분 뒤 양을 넣고, 뚜껑을 덮어 15분간 더 익힌다. 끓는 우유를 붓고 소금, 후추, 부케 가르니를 넣는다. 5분간 끓이고, '루'를 조금 추가해 15~18분 더 끓인다. 접시에 담기 전에 부케 가르니는 꺼내서 버린다.

제누아즈(제노바)[23] 그라 두블

Gras-double à la génoise, Tripe with tomato sauce

ಐ 소의 양 1kg, 올리브유 5큰술, 육수l, 토마토 소스 500ml, 파르메산 치즈.

삶은 소의 양을 가로세로 5~6센티미터로 자른다. 팬에 올리브유를 붓고 가열한다. 양을 넣고 습기가 날아갈 때가지 몇 분간 볶는다. 여기에서 나온 육수를 절반으로 졸여 〈토마토 소스〉를 추가한다. 접시에 양을 담고, 소스를 추가한 육수를 붓고 치즈 가루를 뿌린다.

리오네즈(리옹) 그라 두블

Gras-double à la lyonnaise, Tripe and onions

ಐ 소의 양 1kg, 버터(또는 라드), 소금, 후추, 양파 2개, 식초 1큰술, 파슬리.

익힌 소의 양을 길쭉하게 자르고, 버터 또는 라드(lard)로 튀기듯이 지져 익힌다(소테). 소금과 후추를 넣는다. 다른 냄비에 곱게 다진 양파를 데친다. 데친 양파를 양과 함께 넣고 노릇하게 볶는다. 양과 양파를 접시에 담는다. 가열한 식초와 다진 파슬리를 뿌린다.

---

23) 이탈리아 북부의 지중해 연안 항구 도시.

프로방살(프로방스) 그라 두블

Gras-double à la provençale, Provencal style tripe

ଔ 소의 양 1kg, 밀가루, 올리브유 4~5큰술, 소금과 후추, 토마토 800g. 파슬리, 마늘.

익힌 양을 얇게 썰어 밀가루를 살짝 뿌린다. 올리브유로 다진 양파를 데친다. 노릇해지면 양과 소금, 후추를 넣고, 몇 분간 더 볶는다. 다진 토마토, 다진 파슬리, 다진 마늘을 조금 넣는다. 소금, 후추를 조금 더 넣고 15~18분간 끓인다. 삶거나 튀긴 감자를 곁들인다.

티롤리엔(티롤) 그라 두블

Gras-double à la tyrolienne

앞의 프로방스식과 같은 방법이지만, 토마토를 넣기 전에 식초를 3~4큰술 더 넣는다. 삶거나 튀긴 감자 또는 마카로니를 곁들인다.

캉 트리프

Tripe à la mode de Caen, Tripe in the Caen manner

노르망디 캉의 양 조리법은 매우 특별하고 까다롭다. 그래서 간편한 표준 조리법으로 소개하기 어렵다. 직접 찾아가서 배워야 한다.[24)]

우설(소의 혀)

'랑그 드 뵈프'(Langue de boeuf), 소의 혀는 날것이나 소금에 절인 것을 사용한다. 날것일 경우, 미리 24시간쯤 소금물에 담가둬야 좋다. 염장한 혀는 맹물로 삶는다. 날것은 물에 허브를 넣고 삶는다.

우설 수육

Langue de boeuf bouille, Boiled ox tongue

ଔ 소 혀, 양파 2, 정향 2, 부케 가르니(파슬리, 월계수 잎 2, 타임, 마늘 1쪽), 통후추, 12알.

---

24) 캉의 소의 양 조리법은 위의 모든 부분을 사용하는 것이 특징이다. 우족도 넣는다. 중세 초 노르망디 공작으로 영국을 정복한 기욤 시대에 이미 사과즙을 곁들인 트리프 요리가 알려져 있었다. '캉 트리프'는 캉 수도원 수사로서 주방 담당이던 시두안 브누아 Sidoine Benoît 의 요리로 여겨진다. 원래 토기로 만든 '트리피에르'라는 냄비에 넣고 뚜껑을 밀반죽으로 봉해 단단히 덮고 오래 곰삭히는 식으로 조리했다.

물과 소금(물 1리터에 소금 6g 사용).

소의 혀를 차가운 물에 1시간 담가둔다. 냄비에 넣고 맑은 물을 붓는다. 정향을 박은 양파, 허브, 마늘, 소금, 후추를 넣는다. 뚜껑을 덮고 삶는다. 1시간 30분 뒤, 혀를 꺼내 껍질을 벗기고, 다시 냄비에 넣어 완전히 익힌다. 이렇게 삶은 우설 수육은 〈디아블 소스〉, 〈토마토 소스〉 또는 〈이탈리엔 소스〉를 곁들인다. 토마토 퓌레 또는 콩 퓌레가 잘 어울린다.

우설 브레제

Langue de boeuf braisée, fraiche ou demi salee, Fresh or half salted braised tongue

☙ 우설, 당근, 양파, 삼겹살, 부케 가르니, 백포도주 500ml, 육수(부이용), 데미글라스 소스 100ml.

〈우설 수육〉과 같은 방식으로 준비한다. 1시간 30분쯤 걸린다. 껍질 벗긴 혀를 냄비에 넣는다. 냄비에는 얇게 썬 야채, 삼겹살, 허브를 바닥에 깔아 놓는다. 백포도주를 붓고 3분의 2로 졸인다. 혀를 삶은 육수와 소고기 육수를 1대 2의 분량으로 붓는다. 뚜껑을 덮어 오븐에 넣고, 혀가 익을 때까지 익힌다. 긴 접시에 혀를 올리고, 조리하고 남은 육수를 체에 걸러 3분의 1까지 졸인다. 〈데미글라스 소스〉를 추가해 걸쭉하게 만든다. 혹은 칡가루 등 구근 가루(또는 감자 가루) 1큰술을 찬물에 풀어 추가한다. 혀에 소스를 엷게 덮고, 몇 분간만 오븐에서 더 익힌다. 당근, 양파, 양배추 절인 것을 곁들인다. 〈우설 브레제〉에는 〈우설 수육〉과 똑같은 야채나 면을 함께 내도 무방하다.

차게 먹는 우설

Langue de boeuf froid, Cold ox tongue

우설을 차게 먹으려면 소금물에 열흘 정도 보관해야 한다. 어떤 발효작용도 피해야 하기 때문이다. 차가운 물에 몇 분간 담갔다가 맑은 물에서 3~4시간 익힌다. 삶아내서 껍질을 벗긴다. 기름종이에 싸서 식힌다. 식으면, 원래 모양으로 잡아주고 '글라스 드 비앙드'를 붓는다. 긴 접시에 담는다. 가르니튀르는 마세두안(Macédoine, 잘게 썬 야채) 또는 〈러시아 샐러드〉를 작은 그릇에 따로 담고 젤리를 오려 장식한다.

소 골수와 골(뇌)

골수(amourette, moelle)는 보통 뇌와 함께 판매한다. 함께 조리하지만 별도로 조리하기도 하고 특별한 요리나 가르니튀르를 만든다. 물에 여러 번 잘 씻어, 주변에 붙은 것들을 제거한다. 골수와 뇌는 묽은 쿠르부이용에 식초를 조금 넣고, 부케 가르니를 넣어 익힌다. 크기에 따라 조리 시간이 다르지만, 보통 20~25분이다.

골수 튀김

Fritot d'amourette, Beef marrow friter

☙ 소 골수, 레몬즙, 식용유, 소금과 후추, 파슬리, 튀김옷, 토마토 소스.

골수를 7센티미터 길이로 잘라, 20분간 레몬즙과 식용유 조금, 소금, 후추, 다진 파슬리를 뿌려 재워둔다. 〈튀김용 반죽〉을 입혀 빠르게 튀겨내, 기름을 빼고, 〈토마토 소스〉를 얹는다. 튀긴 골수를 잘고 네모지게 잘라, 다진 서양 송로를 추가해, 〈베샤멜 소스〉를 끼얹으면 크넬에 곁들이는 훌륭한 가르니튀르가 된다.

부르기뇬(부르고뉴) 세르벨(골)

Cervelles à la bourguignonne, Burgundy style brains

익힌 송아지 골을 가늘게 자른다. 버섯과 꼬마 양파 글라세를 냄비에 넣고 〈부르기뇬 소스〉라고 부르는 적포도주 소스로 덮고 넣고 7~8분간 끓인다. 버터에 튀긴 크루통을 하트 모양으로 놓는다.

세르벨 크레피네트

Crépinettes de cervelles, Brain crepinettes

송아지 골을 잘게 썰어, 같은 분량의 소시지 고기(돼지고기 양념 다짐)와 섞는다. 다진 서양 송로를 조금 넣고, 소금, 후추를 친다. 작은 덩어리로 나누고 두드려서 고깃덩어리 모양으로 빚는다. 녹인 버터를 적시고, 빵가루를 입히고, 다시 한 번 더 버터를 위에 바르고 그릴에서 굽는다. 감자 퓌레, 완두콩 퓌레, 강낭콩 퓌레 함께 〈디아블 소스〉를 두른다.

소 머릿고기

흔히 소 머릿고기라고 부르는 소의 주둥이(Museau de boeuf) 부위는 샐러드로만 사용한다. 6시간 동안 묽은 소금물에 넣고 약한 불로 천천히 푹 삶아 건져내 식초를 조금 뿌린다.

영국식 소고기 파이와 푸딩

비프스테이크[25] 파이

Pâté de biftecks, Beefsteak pie

ᘓ 소고기 1kg, 소금, 후추, 너트멕, 다진 양파 1작은술, 파슬리 5g, 감자 300g, 작은 페이스트리, 달걀노른자.

소고기를 1센티미터 두께로 썬다. 소금, 후추, 너트멕 가루를 뿌린다. 양파와 파슬리를 추가한다. 타르트에 깔개용 밀가루 반죽(퐁세 반죽, pâte à foncer)을 깔고, 얇게 썬 고기를 넣고, 한가운데에 올리브 모양으로 자른 감자를 놓는다. 고기가 덮일 정도로 물을 붓는다. 깔개용 반죽 가장자리를 물기로 적시고 밀가루 반죽을 둘레에 붙인다. 깔개용 반죽이나 접기형 밀가루 반죽(푀이타주, feuilletage)으로 덮는다. 마음에 드는 모양으로 장식하고, 달걀노른자를 입힌다. 오븐에 넣어 약한 불에 2시간 굽는다.

비프스테이크 푸딩

Poudding de biftecks, Beefsteak pudding

ᘓ 파테의 재료: 밀가루 1kg, 다진 비프 수이트(Beef Suet, 소 콩팥지방) 600g, 소금, 물 200ml.

ᘓ 소의 재료: 소고기 1kg, 소금, 후추, 너트멕, 다진 양파 1작은술, 다진 파슬리, 물.

---

25) 구운 요리로서의 비프스테이크가 아닌, 고깃덩어리를 말한다.

밀가루 반죽을 빚어 3분의 1은 푸딩을 덮을 때 쓰도록 남겨둔다. 굽이 없는 영국 푸딩용 둥근 그릇에 나머지 반죽을 바른다. 〈비프스테이크 파테〉를 만들 때처럼 소고기를 얇게 썰어 양념한다. 이 고기를 그릇에 층층이 담고 물을 붓는다. 떼어 두었던 반죽으로 덮고 테두리에도 반죽을 붙여 막는다. 버터를 두른 천 한가운데에 그릇을 뒤집어 올리고 천으로 동여맨다. 푸딩을 끓는 물에 넣고 삶거나 압력 용기에서 익힌다. 삶는 시간은 3시간~3시간 30분이다. 천을 걷어내고 그릇을 식탁 냅킨 위에 올린다. 이 방법은 꿩과 가금에도 응용할 수 있다.

비프스테이크와 굴 푸딩

Poudding de biftecks et d'huitres, Beefsteak and oyster pudding

앞의 레시피와 같은 방법으로 조리하지만 생굴 36개를 추가한다.

카르보나드, 도브, 에스투파트, 프리카델

플라망드(플랑드르) 카르보나드[26]

Carbonade à la flamande, Flemish carbonades of beef

☙ 소고기(옆구리살 또는 목살) 1kg, 소금과 후추, 버터, 굵은 양파 4~5개, 부케 가르니, 맥주 1병, 갈색 육수(브라운 스톡), 갈색 '루' 100g, 갈색설탕 50g.

고기를 작은 조각으로 얇게 썬다. 소금, 후추를 치고 올리브유를 몇 방울 두르고 팬에서 빠르게 굽는다. 팬에 버터를 조금 두르고, 다진 양파를 넣고 살짝 노릇하게 볶는다. 고기와 볶은 양파를 번갈아 층층이 냄비에 넣고, 한가운데에 부케 가르니를 올린다.

앙금이 남은 팬에 맥주를 부어 디글레이징을 하고, '루'를 부어 걸쭉하게 만들고 설탕을 넣는다. 이 소스를 냄비에 붓는다. 냄비뚜껑을 덮고, 오븐에서 약한 불로 2시간 30분~3시간 천천히 익힌다.

---

26) 양파와 맥주를 넣어 익힌 소고기 요리.

프로방살(프로방스) 도브[27]

Daube à la provençale, Provencal style daube beef

☙ 소고기 목살과 우둔살 2kg, 돼지비계, 다진 파슬리, 양념한 간 마늘, 양파 4개, 당근 2~3개, 소금, 후추, 혼합 향신료, 적포도주 1리터, 포도주 식초 1잔, 코냑 또는 브랜디 2~3큰술, 올리브유 4~5큰술, 부케 가르니(파슬리, 타임, 월계수 잎, 오렌지 겉껍질 조금, 마늘 3쪽).

소고기를 100그램 크기의 정사각형으로 자른다. 다진 파슬리에 양념한 간 마늘을 얇은 비계와 섞어 고기에 사이에 끼운다. 4쪽으로 자른 양파 2개, 다진 당근, 소금과 후추, 혼합 향신료, 고깃덩어리들과 함께 냄비에 넣는다. 포도주, 식초, 꼬냑을 냄비에 부어 4~5시간 재워둔다.

내열 냄비에 비계 100그램을 다져 넣고 올리브유를 붓는다. 비계를 녹이고, 남은 양파 2개를 잘라 넣고 노릇하게 볶는다. 재워두었던 고기와 야채를 건져 냄비에 넣는다. 고기가 누렇게 익을 때까지 때때로 저어주면서 익힌다.

고기를 재웠던 국물(포도주, 부케 가르니)을 다 쏟아 붓고 절반으로 졸인 뒤, 끓는 물 500밀리리터를 붓는다. 냄비뚜껑을 단단히 덮고 약한 불에서 천천히 5시간 익힌다(브레제). 버섯을 추가해도 좋다. 마카로니, 라자냐를 곁들이면 좋은데, 치즈 가루를 조금 뿌리고 조리한 육수를 끼얹는다.

프로방살(프로방스) 에스투파드[28]

Estouffade à la provençale, Provencal stew

☙ 소의 목심 살코기 500g, 갈빗살 500g, 밀가루, 삼겹살 250g, 버터 또는 식용유, 양파 3~4개, 소금과 후추, 적포도주 1병, 육수(부이용) 또는 물 500ml, 부케 가르니(파슬리, 월계수 잎 1, 타임, 마늘 1쪽), 버섯 250g.

목살(paleron)과 갈빗살(plat-de-côte)을 약 80~100그램 무게의 정사각형으로 잘라 밀가루를 입힌다. 팬에서 버터나 올리브유로 익힌다. 삼겹살을 잘게 토막 내어 몇 분간 끓는 물에 넣고, 갈색이 되기 시작하면 삼겹살을

---

27) La daube, les daubes 표기는 단수 또는 복수로 한다. 소고기를 적포도주로 익히는(브레제), 프로방스 지방에서 처음 시작한 방법이다.

28) 에스투파드는 고기를 살짝 익힌 뒤에, 포도주에 재워 브레제로 익히는 요리법이다. 뚜껑을 단단히 덮고 소량의 육수로 오래 삶는다.

꺼내 물기를 빼서, 쟁반에 올려놓는다.

4쪽으로 자른 양파, 정사각형으로 썬 고깃덩어리들을 넣고, 소금과 후추를 치고 몇 분간 버터(또는 식용유)로 볶는다. 적포도주를 붓고 절반으로 졸인다. 끓는 육수나 물을 붓고, 부케 가르니를 넣는다. 뚜껑을 덮고 2시간 30분~3시간쯤 약한 불에서 익힌 뒤, 체로 거른다.

걸러 받은 소고기 덩어리들을 팬에 넣고, 삼겹살과 4쪽으로 자른 버섯을 추가하고 버터나 식용유로 튀기듯이 지져 익힌다(소테). 기름을 걷어내고, 냄비에 다시 넣고 18~20분 약한 불에서 더 끓인다.

토마토 퓌레 2~3큰술, 검은 올리브 몇 개를 추가해도 된다. 감자 퓌레, 또는 여러 가지의 면, 마카로니, 라자냐, 뇨키 등도 잘 어울린다.

날고기 프리카델[29]

Fricadelle avec viande cru, Fricadelles with raw meat

ꕤ 소고기 600g, 버터(또는 비계) 300g, 빵 조각 250g, 우유, 달걀 3, 버터로 볶은 다진 양파 3큰술, 소금, 후추, 너트멕.

소고기를 잘 다져 버터 약 300그램과 완전히 섞는다. 빵 조각을 우유에 적셔 추가하고, 달걀, 양파, 소금, 후추, 너트멕 가루를 넣는다. 이 모든 것을 잘 섞은 반죽을 12개 덩어리로 나누어 밀가루를 뿌린 쟁반이나 대리석 판에 올려 둥글게 빚는다. 프라이팬에서 버터로 익힌다. 고루 노릇하도록 뒤집어주며 익힌다. 〈디아블 소스〉, 〈토마토 소스〉를 두른 야채 퓌레는 어느 것이든 어울린다.

익힌 소고기 프리카델

Fricadelle avec viande cuite, Fricadelle with cooked meat

ꕤ 삶은 소고기 600g, 삶은 감자 250g, 다진 양파 3큰술, 다진 파슬리 1큰술, 달걀 2, 소금, 후추, 너트멕, 버터(또는 비계).

고기를 다져 부재료들과 섞는다. 나머지는 앞의 조리법과 같다. 소스 없이 먹어도 되지만, 시금치, 치커리 등을 곁들여도 좋다.

---

29) 다진 소고기와 돼지고기 등을 소시지 모양으로 빚어, 프라이팬에서 버터로 익힌다. 벨기에, 네덜란드(frikandel), 덴마크(frikadeller), 독일(frikadellen) 등에서도 즐겨 먹는다.

에멩세, 헝가리 굴라슈, 아쉬, 포피에트, 염장 및 훈제

소고기 에멩세

에멩세(Emincés)는 구이나 브레제에서 남은 자투리 고기를 이용하는 방법이다. 소고기, 양고기 등을 얇게 썰어 이용한다.

구운 소고기 에멩세
Viandes rôties
구운 고기를 얇게 저미듯 썬다. 버터를 조금 두른 접시에 올린다. 소스를 끼얹고, 끓여 익힌 가르니튀르를 곁들인다. 한 번 구운 고기는 다시 끓이거나 삶지 않는다. 질겨지기 때문이다.

브레제 소고기 에멩세
Viandes braisées
익힌 고기를 얇게 썰어 접시에 올리고 다음의 소스 가운데 하나를 끼얹는다. 〈이탈리엔 소스〉, 〈푸아브라드 소스〉, 〈티롤리엔 소스〉, 〈토마토 소스〉. 뚜껑을 덮어 잠시 놓아둔다. 익힌 감자, 야채 퓌레, 크림 소스에 무친 치커리, 완두콩, 다양한 이탈리아 파스타는 무엇이든 곁들여도 좋다.

굴라슈

굴라슈 또는 구야시(goulash)[30]는 파프리카 덕분에 대성공을 거두었다. 파프리카가 중요하다. 어떤 파프리카는 맵다. 제대로 된 굴라슈 맛을 내려면 장밋빛에, 달콤한 파프리카(스위트 파프리카)를 골라야 한다.

옹그루아즈(헝가리) 굴라슈/구야시
Goulash à la hongroise, Hungarian Goulash, *Goulash*
☙ 소고기(갈빗살이 좋다) 1kg, 버터(또는 라드) 4큰술, 다진 양파 3~4큰술, 소금, 후추, 파

30) 소고기, 양파, 붉은색의 '헝가리 파프리카' 가루를 넣은 헝가리 스프. 헝가리어로 '구야시'라고 한다.

프리카 가루 1작은술, 토마토 콩카세 300~400g, 뜨거운 물, 부케 가르니, 감자 600g.
고기를 75~100그램 단위의 정사각형으로 자른다. 냄비에 버터를 넣고 가열해, 고깃덩어리와 양파를 넣고 중불에서 조금 노릇하게 볶는다. 다른 냄비에 옮겨 담는다. 양념을 하고 파프리카, 다진 토마토, 뜨거운 물 0.5리터, 부케 가르니를 넣는다. 뚜껑을 덮어 오븐에 넣고 1시간 30분 동안 약한 불로 익힌다. 4토막을 낸 감자를 넣고, 필요할 경우 감자를 다 덮을 정도로 물을 조금 더 붓는다. 다시 1시간 동안 더 익힌다. 고기와 감자가 부드럽게 익을 때까지만 익힌다.

아쉬

소고기 다짐(hachis)이다. 다진 고기는 양고기가 더 좋다.

☙ 소고기 500g, 버터 2큰술, 다진 양파 2큰술, 소금, 후추, 너트멕, 토마토 데미글라스 소스 70ml.

고기를 다진다. 버터를 가열하고 다진 양파를 넣고 노릇해지면 고기를 넣는다. 소금, 후추, 너트멕으로 양념하고 불을 세게 올려 때때로 저어준다. 소스를 넣어 마무리하고, 접시에 붓고 파슬리를 뿌린다. 〈토마토 데미글라스 소스〉 대신, 버터로 볶은 감자를 올려도 된다. 달걀 반숙이나 달걀부침을 올릴 수 있는데, 이 경우에는 〈토마토 데미글라스 소스〉를 곁들인다. 타라곤도 뿌린다.

포피에트[31)]

☙ 등심, 소시지 고기(돼지고기 양념 다짐), 빵가루, 우유 또는 육수(부이용), 파슬리, 샬롯 1개, 소금, 후추, 너트멕, 당근, 양파, 삼겹살, 데미글라스 소스 몇 술.

포피에트(paupiettes)는 등심을 얇게 썰어 만든다. 100~110그램 단위로,

---

31) 얇은 소고기에 소를 넣어 둥글게 말아서, 익힌다. 포피에트의 일종인 로저 팅켄은 벨기에에서 맥주로 삶아 익힌다. 양배추, 당근, 치콘 등을 곁들인다.

가로세로 5×10센티미터 크기쯤 되도록 두드려 편다. 〈소시지 고기〉와 또 그 3분의 1의 빵가루를 섞어 우유나 육수를 적시고, 다진 파슬리, 다진 샬롯, 소금과 후추, 너트멕 가루를 뿌린다. 이것들을 함께 섞어 고기에 바른다. 고기를 코르크 마개처럼 둥굴게 말고 천으로 단단히 눌러준다. 이것을 다시 얇은 삼겹살로 감싼다.

냄비 바닥에, 삶은 삼겹살과 얇게 썬 양파, 당근을 깔고 그 위에 둥굴게 만 고기를 올린다. 육수를 조금 붓고 브레제 방식으로 익힌다. 식탁에 올리기 전에, 고기 바깥에 둘렀던 삼겹살을 걷어내고 둥근 접시에 올린다. 또 그 육수에 남은 기름을 따로 3분의 1로 졸여, 고기에 붓는다. 〈데미글라스 소스〉를 추가해도 된다. 콩, 시금치, 치커리 또는 국수, 리소토를 곁들인다.

로저 팅켄

Loose-Tinken ou oiseaux sans tête, Loose-tinken, or birds without heads

양념한 커다란 삼겹살로, 다진 고기를 둥글게 말아서 만드는 벨기에식 요리이다. 〈플라망드 카르보나드〉와 같은 방법으로 준비한다. 로저 팅켄은 포피에트의 벨기에식 이름이다.

염장 및 훈제 소고기

소금에 절인, 염장 소고기나 훈제 소고기(Bœuf salé et fumé)는 조리하기 전에 꽤 오랫동안 물에 담가 두어야 한다. 나중에 물을 넉넉히 넣고 삶는다. 소고기 훈제도 같은 방법이다. 흰 양배추나 붉은 양배추 슈크루트 또는 감자 퓌레, 콩을 넣은 양배추 브레제 등이 어울린다.

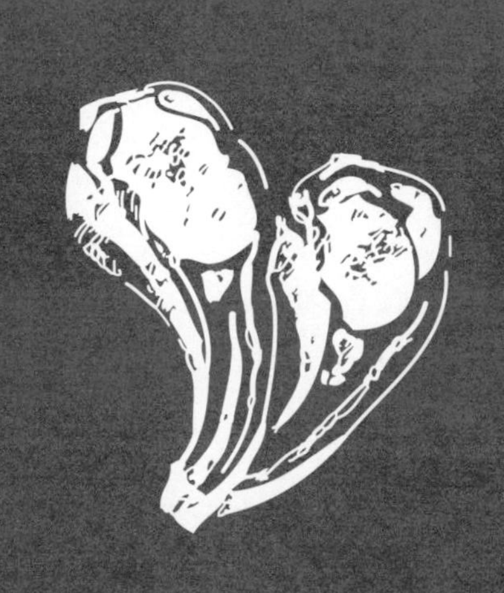

송아지고기 요리

송아지 주요 부위별 요리

송아지 갈비(코트 드 보)

송아지 갈비(Côte de veau)는 주로 굽지만, 튀기기도 한다. 소테(sautée) 방식을 먼저 소개한다.

보르들레즈(보르도) 송아지 갈비

Côte de veau Bordelaise, Veal chops with artichoke bottoms

ᘓ 송아지 갈비, 백포도주 1잔, 육수(맑은 부이용) 2큰술, 글라스 드 비앙드 1큰술, 버터와 설탕을 녹여 입힌 꼬마 양파(pearl onion) 글라세 6개, 깍둑썰기한 감자 2~3큰술, 아티초크 속심, 튀긴 파슬리.

팬에 버터를 넣고 가열해 갈비를 튀기듯이 지져서(소테) 접시에 올린다. 팬에 남은 버터에 백포도주, 육수, '글라스 드 비앙드'를 붓는다. 버터가 '글라스 드 비앙드'와 잘 섞이지 않으면, 물이나 육수 1~2큰술을 더 끼얹는다. 갈비 옆에 꼬마 양파 글라세, 버터 구이 감자, 얇게 썰어 버터에 볶은 아티초크 속심을 둘러놓는다. 조리하고 남은 육즙을 갈비에 붓는다. 튀긴 파슬리를 가르니튀르로 얹는다.

페이잔 코코트 송아지 갈비

Côte de veau en cocotte à la paysanne, Stewed veal chops with vehetables

ᘓ 송아지 갈비, 버터, 육수(부이용) 또는 물 1~2큰술, 꼬마 양파(펄 어니언) 4개, 당근 4개, 감자 4개, 부케 가르니(파슬리. 월계수 잎 반쪽) 소금 5g, 풋완두콩 4큰술, 버터 1큰술.

갈비를 버터로 튀기듯이 지져 익힌다(소테). 코코트 냄비에 넣고 육수나 물을 조금 붓고 끓인다. 다른 냄비에 꼬마 양파, 당근, 부케 가르니, 소금, 풋완두콩, 감자, 버터 1큰술을 넣는다. 감자는 큰 올리브처럼 동그랗게 깎아서 넣는다. 이것들이 잠길 만큼 물을 붓고 뚜껑을 덮어 약한 불로 익힌다. 다 익으면 부케 가르니를 건져내고, 갈비가 들어있는 코코트 냄비에 붓는다.

차게 먹는(프루아드) 송아지 갈비
Côte de veau froide, Cold veal chops

이것은 점심 메뉴로 알맞다. 갈비를 도기 냄비에 넣고 브레제 방식으로 익힌다. 돼지 껍질, 얇게 썬 당근과 양파, 허브 다발을 넣고 소금을 조금 친다. 육수 200밀리리터를 붓고 완전히 졸인다. 고기의 절반쯤 차오르도록 육수를 더 붓고 몇 분간 끓인다. 뚜껑을 덮고 오븐에 넣어, 육수를 자주 추가하면서 익힌다. 익힌 고기를 접시에 담고, 조리할 때 나온 육즙을 체로 걸러 고기에 뿌린다. 눌어붙은 이런 육즙 또는 젤리는 최상의 가르니튀르다. 샐러드를 곁들여도 된다.

마르키즈(후작부인) 송아지 갈비
Côte de veau marquise, Veal cutlets with madeira and truffle

ᘓ 송아지 갈비, 버터, 마데이라 포도주 2큰술, 서양 송로(트뤼프) 1, 글라스 드 비앙드 1작은술, 크렘 프레슈 3큰술, 푸아그라 파르페 1큰술, 버터로 볶은 아스파라거스.

갈비를 버터로 튀기듯이 지져서(소테) 접시에 담는다. 냄비에 남은 버터에 마데이라 포도주를 붓고, 가늘게 썬 서양 송로, '글라스 드 비앙드', 크렘 프레슈를 넣는다. 몇 초 동안 끓여 푸아그라를 넣는다. 이것을 고운 체로 걸러, 갈비에 붓는다. 아스파라거스를 가르니튀르로 올린다.

밀라네즈(밀라노) 송아지 갈비
Côte de veau milanaise, Milanaise style veal chop

송아지 갈비에 달걀물, 빵가루를 입혀 정제한 맑은 버터에 튀겨 접시에 담는다. 버터 조금, 파르메산 치즈 가루, 삶은 마카로니와 섞어, 아주 가늘게 썬 송로, 버섯과 길게 썬 혀를 추가해 갈비 옆에 놓고 〈토마토 소스〉를 끼얹는다.

송아지 갈비 파네[1)]

Côte de veau panée, Veal chop with breadcrumbs

ↂ 송아지 갈비, 소금, 밀가루, 달걀, 빵가루, 버터, 글라스 드 비앙드 1큰술, 육수(부이용) 2큰술, 버터 1큰술, 정제 버터.

갈비에 소금을 뿌리고 밀가루를 입히고 달걀물에 적셔, 빵가루를 입힌다. 정제한 맑은 버터로 튀겨 접시에 올린다. 작은 냄비에 '글라스 드 비앙드'를 녹이고, 육수와 버터 1큰술을 넣고 잘 저어 갈비 위에 붓는다. 시금치, 치커리, 버터로 데친 완두콩, 토마토 퓌레, 당근, 국수, 스파게티, 밤 퓌레 등을 곁들이면 좋다.

송아지 갈비 소테

Côte de veau sauté, Sauted veal chop

ↂ 송아지 갈비, 소금, 밀가루, 버터, 육수(부이용) 50ml.

갈비에 소금을 치고, 밀가루를 입혀 버터로 양쪽을 살짝 노릇하게 튀기듯이 지져 익힌다. 약한 불로 익히는데, 버터가 타지 않도록 조심한다. 갈비를 익힌 뒤 팬 바닥에 남은 버터에 육수를 조금 추가하면 뛰어난 소스가 된다. 이것을 갈비에 붓는다. 시금치, 치커리, 버터로 볶은 완두콩, 토마토 퓌레, 당근, 익힌 토마토, 국수 등 무엇이든 잘 어울린다.

포자르스키[2)] 송아지 갈빗살

Côte de veau Pojarski, Pozharsky cutlets veal chops

ↂ 송아지 갈비, 버터, 빵가루, 크림, 소금, 달걀, 정제한 맑은 버터.

갈빗대에서 살만 도려낸다. 껍질과 연골도 제거한다. 고기를 다져, 그 4분의 1분량의 버터, 같은 양의 빵가루를 크림에 적셔 넣는다. 소금을 치고, 반죽한 고기를, 갈비뼈에 붙은 고깃덩어리처럼 둥글넓적하게 빚는다. 달걀과 빵가루를 입혀, 정제한 맑은 버터를 가열해 튀긴다.

---

1) Paner, 파네는 파삭한 빵 조각이나 빵가루를, 재료에 익히기 전에 입혀준다는 조리 용어.

2) 다진 닭고기를 둥글납작하게 빚어 튀기는 러시아 요리(Pozharskie Kotlety). 1612년 폴란드와의 전쟁에서 승리한, 러시아 영웅 드리트리 포자르스키 공작의 이름을 붙인 것이다.

트뤼프 송아지 갈비

Côte de veau aux truffles, Truffles veal chop

ᘓ 갈비, 버터, 마데이라 포도주 2큰술, 육수(부이용) 2큰술, 서양 송로(트뤼프), 글라스 드 비앙드 1큰술.

버터를 가열해 갈비를 튀기듯이 지져서(소테) 접시에 올린다. 팬에 남은 버터에 마데이라 포도주와 육수를 붓고, 얇게 썬 서양 송로와 '글라스 드 비앙드'를 추가한다. 2초만 끓여, 버터 1큰술을 추가한다. 이 소스를 갈비에 붓는다. 아스파라거스, 버터로 데친 아티초크, 감자 퓌레, 밤 퓌레, 셀러리 퓌레 또는 국수를 곁들이면 좋다.

송아지 안심(필레 미뇽)

필레 미뇽은 등뼈 끝에 붙은 안심(filet) 아래쪽을 가리킨다.

코코트 송아지 안심

Filet de veau en cocotte au jus, Fillet of veal en cocotte

버터를 가열해 안심을 익힌다. 노릇해지기 시작하면 물 1큰술을 붓는데, 육즙이 걸쭉해질 때까지 반복해서 붓는다. 익은 고기를 코코트 도기 냄비에 담고 육즙도 붓는다. 버섯 또는 서양 송로, 〈프로방스 소스〉나 〈티롤리엔 소스〉를 곁들인다. 야채와 파스타는 어느 것을 곁들여도 무방하다.

송아지 등심

송아지 등심(Longe de veau)은 소의 등심과 같다. 뒷다리에서 첫 번째 갈빗대까지의 부위다. 굽거나 브레제를 한다. 어떤 야채를 곁들여도 좋다. 오이, 치커리, 시금치, 수영, 콩, 상추, 토마토 등.

송아지 목살(에폴 드 보)

송아지 목살 파르시

Epaule de veau farcie, Stuffed shoulder of veal

☙ 송아지 목살, 소금, 후추, 야채.

☙ 파르스(소)의 재료: 소시지 고기(돼지고기 양념 다짐) 750g, 빵가루 200g, 육수(부이용), 달걀 2, 소금, 후추, 너트멕, 파슬리.

송아지 목살에 소금과 후추를 친다. 〈소시지 고기〉, 육수에 축인 빵가루, 달걀, 양념, 너트멕과 다진 파슬리를 섞은 반죽(파르스)을 한 겹, 고기 표면에 바른다. 반죽이 안쪽으로 가도록 목살을 둥글게 말아 끈으로 묶고, 야채를 깐 냄비에 넣어 브레제 방식으로 익힌다. 콩 퓌레, 익히면서 나온 육수와 함께 먹는다.

부르주아즈 송아지 목살 파르시

Epaule de veau farcie à la bourgeoise, Stuffed shoulder of veal

☙ 송아지 목살과 파르스(앞의 조리법과 같다), 꼬마 양파(펄 어니언), 햇당근, 부케 가르니, 육수(부이용), 감자 전분 2큰술, 물.

앞의 방식으로 파르스를 바른 고기를 준비한다. 냄비에 야채를 깔고, 고기를 조금 익힌(브레제) 다음, 양파, 당근, 부케 가르니를 넣고, 고기의 3분의 2정도를 채울만큼 육수를 붓는다. 뚜껑을 덮고 오븐에서 중간 불로 익힌다. 찬물에 푼 감자 전분을 조금 육수에 넣어 걸쭉하게 한다.

송아지 정강이

페이잔 송아지 정강이

Jarrets de veau paysanne, Knuckle of veal with vegetables

☙ 송아지 정강이 1.5kg, 소금, 후추, 밀가루, 버터, 꼬마 양파(펄 어니언) 18개, 베이비 당근 24개, 부케 가르니, 육수(부이용), 작은 햇감자 24개, 완두콩 500ml.

5~6센티미터 두께로 자른 정강이(뼈와 고기가 붙어 있는)에 소금, 후추를 치고, 밀가루를 입혀, 팬에서 버터를 가열해 양쪽을 고루 노릇하게 튀

기듯이 지져 익힌다(소테). 꼬마 양파, 당근, 부케 가르니를 넣고 야채가 잠길 만큼 넉넉히 육수를 붓는다. 뚜껑을 덮고 약한 불에서 30분간 끓인다. 감자와 콩을 추가하고, 필요하면 육수를 조금 더 붓는다. 뚜껑을 덮고 40~50분간 더 끓인다.

오소부코[3](이탈리아 찜)

Jarret de veau Ossi-buchi, *Ossobucco*

☙ 송아지 정강이 1.5kg, 백포도주 반병, 소금, 후추, 밀가루, 라드, 양파 150g, 토마토 1kg, 육수(맑은 부이용), 부케 가르니, 다진 파슬리.

앞의 〈페이잔 송아지 정강이〉처럼 조리한다. 소금, 후추를 치고 밀가루를 입혀, 라드(lard)로 노릇하게 지진다. 노릇해지기 시작하면, 다진 양파를 넣고 살짝 볶는다. 껍질 벗겨 씨를 빼고 다진, 토마토 콩카세를 넣고 백포도주를 붓는다. 고기의 절반쯤이 잠길 만큼 육수를 붓는다. 부케 가르니를 넣고 1시간 30분 동안 끓인다. 고기를 건져 접시에 담고, 조리했던 육수를 붓고, 다진 파슬리를 뿌린다.

송아지 넓적다리

송아지 넓적다리 브레제

Noix de veau braisée, Braised topside of veal

☙ 송아지 넓적다리 고기, 돼지비계, 당근, 양파, 부케 가르니, 소금, 육수(부이용).

고기를 적당한 크기로 잘라 도기 냄비에 넣는다. 돼지비계, 얇게 썬 당근과 양파, 부케 가르니를 넣고 소금을 조금 친다. 육수 200밀리리터를 붓고 완전히 졸인다. 고기의 절반쯤이 차도록 다시 육수를 붓고 몇 분간 끓인다. 뚜껑을 덮고 오븐에 넣어 육수를 자주 추가하면서 익힌다. 다 익어갈 때쯤 뚜껑을 열고 고기가 노릇하게 윤이 나도록 육수를 뿌려준다. 브레제 육수를 곁들여 낸다. 당근, 콩, 시금치, 치커리, 수영, 오이, 셀러리,

---

3) 밀라노 전통 요리로 오소부코는 '속이 빈 뼈'를 뜻하는데, 뼈 속의 골수 구멍을 가리킨다.

상추, 찐밤, 버터 두른 국수 등 모두 어울린다.

송아지 넓적다리 쉬르프리즈(깜짝 브레제)

Noix de veau en surprise, Topside of veal with truffles

☙ 송아지 넓적다리 고기, 육수(퐁드보), 서양 송로(트뤼프), 크림을 넣은 베샤멜 소스.

고기를 너무 오래 익히지 않고 적당히 삶아(브레제) 몇 분간 식힌다. 고깃덩어리 높이의 4분의 1정도를 옆에서 잘라 뚜껑으로 삼는다. 4분의 3인 덩어리 가운데를, 2센티미터 두께의 바닥과 테두리를 남겨두고 속을 둥글게 도려내서 둥근 그릇처럼 만든다. 도려낸 고기를 얇게 썰고, 얇게 썬 서양 송로를 섞고 〈베샤멜 소스〉를 둘러, 도려낸 빈 자리에 채운다. 4분의 1로 잘라둔 고기를 덮어 접시에 올린다. 조리한 육수를 체로 걸러 소스 그릇에 담아낸다. 아스파라거스, 크림 두른 오이, 버섯 등 계절 야채를 곁들인다. 수많은 응용법이 있는데 여기 소개한 것이 가장 독창적이다.

차게 먹는 송아지 넓적다리 살코기

젤리식 넓적다리

Noix de veau à la gelée, Topside of veal with jelly

☙ 송아지 넓적다리 고기, 돼지비계, 송아지 족, 백포도주 100ml, 햇당근, 육수(맑은 부이용), 버터, 타르틀레트 크루트, 아스파라거스.

송아지 넓적다리 고기에 얇게 썬 돼지비계를 찔러 넣는다. 이것을 큰 냄비에서 삶고, 껍질 벗긴 송아지 족을 추가해 8~10분간 더 끓여 작게 썰고 백포도주를 넣는다. 다 익으면 도기에 담아, 조리한 육수를 붓고 이튿날까지 재워둔다. 식탁에 낼 때, 고기 담은 도기를 뜨거운 물에 담가놓았다가, 도기 안의 고기를 큰 타원형 접시에 건져놓는다. 그 접시 둘레에 맑은 육수(부이용)와 버터로 익힌 햇당근을 올리고, 싱싱한 아스파라거스를 얹은 타르틀레트 크루트(작은 파이 크러스트)를 줄지어 둘러놓는다. 마요네즈를 두른 〈마세두안〉, 〈러시아 샐러드〉, 참치 샐러드를 올린 작은 토마토, 앤초비 필레, 삶은 달걀 등을 곁들일 수 있다.

에스칼로프, 프리캉도, 그르나댕, 누아제트

에스칼로프(커틀릿)

송아지고기 에스칼로프(얇게 썬 고기, Escalope, Cutlet)는 안심이나 넓적다리 고기를 사용한다. 100그램 정도로 고깃덩어리를 둥글게 자른다. 달걀물과 빵가루를 입혀 튀긴다면 납작하게 두드려줘야 한다. 뼈에 붙은 넓적다리 살이나 볼깃살(우둔살)을 사용한다면 조금만 두드려도 된다.

앙글레즈(영국) 송아지고기 에스칼로프

Escalopes de veau à l'anglaise, Escalopes of veal in the english way

얇게 썬 송아지고기에 소금, 후추로 양념해 밀가루를 입힌다. 달걀물을 적시고, 빵가루를 입혀, 정제한 맑은 버터에 튀긴다, 버터로 볶은 얇게 썬 돼지고기와 교대로 둥글게 올려서 낸다. 완두콩 또는 야채 퓌레를 곁들인다.

밀라네즈(밀라노) 송아지고기 에스칼로프

Escaolpes de veau milanaise, Milanese style escalopes of veal

앞의 〈앙글레즈 송아지고기 에스칼로프〉와 같은 방법이지만, 빵가루에 파르메산 치즈 가루를 조금 섞는 점이 다르다. 접시에 둥글게 올리고 한복판에 마카로니를 가르니튀르로 얹는다.

송아지 에스칼로프 소테

Escalopes de veau sautées, Sauteed escalopes of veal

ᖇ 살코기 2덩어리, 소금, 후추, 밀가루, 버터, 육수(부이용) 3큰술, 글라스 드 비앙드 2큰술.

고기를 양념해 밀가루를 입혀 버터로 양쪽을 뒤집어가며 튀기듯이 지진다(소테). 버터가 타지 않도록 조심한다. 접시에 올리고, 냄비에 남은 버터에 육수와 '글라스 드 비앙드'를 붓고 잠깐 끓여 고기 위에 붓는다. '글라스 드 비앙드'는 생략할 수도 있다. 치커리, 시금치, 완두콩, 아스파라거스, 풋강낭콩, 감자 퓌레, 튀긴 감자, 크림 감자, 밤 퓌레, 〈샤쇠르 소스〉나 〈티롤리엔 소스〉 등 어떤 것을 곁들여도 무방하다.

프리캉도

송아지 넓적다리 살코기를 얇게 썬다. 두께 4센티미터를 넘지 않도록 한다. 살코기의 표면을 조금 두드리고, 육수를 조금 부어, 고기를 충분히 익힌다. 가르니튀르는 〈송아지 넓적다리 브레제〉와 같다.

차게 먹는 프리캉도
Fricandeau froid, Cold fricandeau

점심용으로 좋다. 고기를 삶아 즉시 접시에 올린다. 익힐 때 나온 육수를 체로 걸러 걸쭉한 젤리 상태로 고기에 붓는다. 싱싱한 야채와 함께 낸다.

그르나댕

그르나댕(Grenadins)은 일반적으로 튀길 때보다 살코기를 조금 두껍게 썬다. 프리캉도처럼 브레제로 익혀서(Braisage) 마지막에 글레이징[4]을 한다. 송아지 구이나 튀김에 어울리는 가르니튀르면 그르나댕에 무난하다. 차게 먹는 것이 좋다. 훌륭한 앙트레이다.

송아지 누아제트와 미뇨네트

누아제트와 미뇨네트(Mignonnettes)[5]는 송아지 안심을, 작고 둥글고 얇게 썰어 준비한다. 버터로 익힌다(소테 조리법). 송아지 에스칼로프를 위한 가르니튀르라면 어느 것이든 잘 어울린다.

---

4) 브레제 고기의 윤내기. '프랑스 요리의 조리법'에서 갈색 브레제 부분 참조.

5) 일반적으로 미뇨네트는 거칠게 간 후추를 뜻한다. 때로는 커틀릿용으로 자른 고깃덩어리를 뜻하기도 한다. 여기서는 누아제트처럼, 둥근 고깃덩어리라는 뜻으로 쓰였다.

송아지 기타 부위

송아지 가슴 살코기

송아지 가슴 살코기(poitrine de veau)는 보통 뼈를 발라내고 작게 썰어, 삶아 소을 채워 묶는다. 가슴 살코기용 고기 파르스(소)는 다음과 같이 만든다.

☙ 소시지 고기(돼지고기 양념 다짐) 1kg, 육수에 적신 빵가루 200g, 다진 파슬리와 타라곤, 달걀 1~2, 소금, 후추, 혼합 향신료.

재료를 한꺼번에 섞는다. 브레제로 익힌다. 살코기 5킬로그램당 3~4시간 찐다. 야채 퓌레, 마카로니, 스파게티 등이 잘 어울린다.

탕드롱(양지머리 연골)

탕드롱(tendron de veau)은 갈비뼈 끝에서 잘라낸 부위다. 갈빗살을 잘라내는 곳에서 흉골까지 걸친 부분이다. 가슴살의 넓적한 폭이 포함되는 부분만이 '탕드롱'이다. 보통 네모진 토막으로 삶거나 튀긴다. 탕드롱은 프리캉도처럼 준비하지만 냄비에 넣고 버터로 익힌다. 육즙은 매우 조심해서 익혀야 얻을 수 있다. 어떤 식으로 조리하든 탕드롱에 잘 어울리는 가르니튀르는, 작은 햇당근, 상추와 함께 조리한 완두콩, 〈샤쇠르 소스〉, 〈토마토 소스〉, 또는 파스타나 감자 퓌레이다.

송아지 '콰지'와 '루엘'

콰지(Quasi de veau)는 우둔육, 루엘(Rouelles de veau)은 길고 두툼한 다리살이다. 이 고기들은 버터를 넣고 자주 뒤집어가며 천천히 구워 익힌다. 버터가 타지 않도록 조심한다. 버터가 녹기 시작하면 뜨거운 물을 1큰술 부어 버터가 타지 않도록 한다. 송아지 넓적다리 살코기 요리에 올리는 가르니튀르면 무엇이든 무난하다.

송아지 볼깃살(셀 드 보)

송아지 볼깃살(Selle de veau)은 송아지 엉덩이의 제일 끝 살코기 부위다. 굽거나 브레제로 익히거나 푸알레로 조리한다.
브레사주(braisage, 브레제)는 육수를 적신 습식 조리법이므로 육수(스톡)을 자주 끼얹어야 한다. 브레사주 시간은 평균 3시간이다.
볼깃살을 냄비에 넣어 푸알레 또는 구이를 할 때는 아주 약한 불로 익혀야 한다. 우러난 기름을 종종 끼얹어 기름이 타지 않도록 특히 조심한다. 기름이 과열되지 않도록 물 몇 술을 넣어도 좋다. 어떻게 조리하든 완전히 익혀야 한다. 신선한 야채와 퓌레가 가르니튀르로 무난하다.

셀 드 보 메테르니히

Selle de veau Metternich, Saddle of veal with paprika and truffle

☙ 송아지 볼깃살, 베샤멜 소스, 파프리카, 서양 송로(트뤼프), 녹인 버터.

고기를 냄비에 넣고 찜 하듯이 익힌다(브레제). 다 익으면 고깃덩어리의 전후좌우를 1.5센티미터 깊이로, 칼로 찔러준다. 살코기를 뼈에서 쉽게 발라낼 수 있다. 발라낸 고기는 얇게 어슷한 조각으로 썬다. 고기를 잘라낼 때 파인 자리에 파프리카를 섞은 〈베샤멜 소스〉를 몇 술 둘러주면서 고기 조각들을 원래 모습으로 다시 겹쳐 쌓는다. 고기 사이마다 얇게 썬 서양 송로 2쪽씩을 얹는다. 마지막으로 같은 소스를 더 덮고 녹인 버터를 뿌려 그릴에서 재빠르게 윤을 낸다. 주걱으로 고기를 조심스럽게 들어 접시에 담는다. 우러난 육즙에서 기름을 걷어내고 다시 졸여 소스로 곁들인다. 필래프 볶음밥을 '탱발'로 모양을 내 곁들인다.

셀 드 보 비스콘티

Selle de veau Visconti, Saddle of veal with macaroni and truffle

〈탈레랑 셀 드 보〉처럼 준비한다. 고기를 쪄서(브레제) 접시에 올리고, 졸인 육수를 붓는다. 나머지 육수는 따로 낸다. 마카로니 접시에 크림과 파르메산 치즈, 가늘게 썬 서양 송로를 넣는다.

셀 드 보 올로프[6]

Selle de veau Orloff, Saddle of veal with soubise and mornay sauce

ℴ 송아지 볼깃살, 수비즈 소스, 서양 송로(트뤼프), 모르네 소스, 치즈 가루, 녹인 버터.

송아지 볼깃살을 〈셀 드 보 메테르니히〉 방식으로 찐다(브레제). 안심과 같은 모양이 되었을 때 〈수비즈 소스〉 1작은술과 얇게 썬 서양 송로 2쪽씩을 각 고기 조각에 올린다. 고기 위에 〈모르네 소스〉를 덮는다. 〈모르네 소스〉는, 소스 양의 4분의 1의 〈수비즈 소스〉를 미리 섞은 것이다. 치즈 가루를 살짝 뿌리고, 녹인 버터를 바르고, 오븐에 넣어 잠깐 노릇하게 윤을 낸다. 우러난 육수를 바짝 졸여 따로 낸다.

탈레랑 셀 드 보

Selle de veau à la Talleyrand, Saddle of veal studdes with truffle

ℴ 송아지 볼깃살, 얇은 삼겹살, 토마토 데미글라스 소스, 서양 송로(트뤼프), 버터, 파르메산 치즈 가루, 익힌 마카로니, 푸아그라.

볼깃살의 길쭉한 토막들 사이에 서양 송로를 길게 썰어 평행으로 끼워 넣는다. 그 위에 삼겹살을 덮고, 묶어서 찐다(브레제). 다 익기 직전에 삼겹살을 건져낸다. 살코기를 접시에 올린다. 삶은 육수를 다시 졸여 체로 걸러 물기를 빼고 접시 둘레에 조금 붓는다.

나머지 육수에 〈토마토 데미글라스 소스〉를 조금 추가하고 바짝 졸여 서양 송로에 입힌다. 버터 조금과 파르메산 치즈 가루를 마카로니에 섞고, 그 위에 치즈 가루를 조금 더 뿌린 뒤, 푸아그라 퓌레를 덮고 고기와 별도의 그릇에 담아낸다.

차게 먹는 송아지 볼깃살

Selle de veau froid, Cold saddle of veal

차갑게 먹는 볼깃살 편육은 훌륭한 뷔페 음식이다. 야채든 무엇이든 곁들여도 좋다. 아티초크 속심, 마요네즈를 얹은 〈마세두안〉, 허브, 다양한 방법으로 익힌 토마토, 가지 파르시 등. 볼깃살은 '글라스 드 비앙드'를 굳힌

---

6) Alexeï Fiodorovitch Orlov(1787~1862년). 러시아 외교관. 그의 전속 요리사로 일했던 위르뱅 뒤부아(Urbain Dubois)가 개발해 올로프의 이름을 붙인 요리들이 있다.

젤리를 얇게 썰어 장식한다. 조리한 육수도 이용한다. 기름을 걷어내고 젤리로 굳힌다.

송아지 머릿고기

송아지 머리

Tête de veau, Calf's head

☙ 송아지 머리, 밀가루 1큰술, 소금 6g, 레몬, 양파 1개, 정향 1, 부케 가르니.

송아지 머릿고기를 가로세로 6~7센티미터의 사각형으로 자른다. 소스팬에 넣고 물을 붓고 끓인다. 끓인 후 건져내어 고깃덩어리들을 찬물에 넣고 완전히 식힌다. 냄비에 밀가루, 소금, 레몬즙을 넣고 찬물 1리터를 붓는다. 잘 저으며 끓인다. 정향울 박은 양파, 부케 가르니를 넣고, 고깃덩어리들을 넣는다. 물에서 삶는 동안 고깃덩어리들이 뒤집히면서 바깥 공기와 만나지 않도록 조심한다. 천을 덮어주는 것도 좋은 방법이다. 고기가 부드러워질 때까지 은근한 불에 삶아 익힌다.

송아지 족

송아지 족(Pieds de veau)은 뼈를 발라내고, 차가운 물에 넣고 몇 분간 끓여야 한다. 식힌 것을 육수로 삶거나 찐다. 송아지 족을 우려내려면, 소금을 넣지 않은 맹물에 레몬즙을 뿌려 족을 삶는다. 송아지 족의 고기 젤리는 이제 상품으로 나와서 주방에서는 거의 만들지 않는다.

신데렐라 송아지 족

Pieds de veau Cendrillon, Calf's foot with truffles and sausage meat

☙ 송아지 족 2개, 서양 송로(트뤼프) 3~4큰술, 소시지 고기 3~4큰술, 녹인 버터, 빵가루.

앞에서 말한 대로 우족을 삶는다. 작은 조각으로 자르고 다진 서양 송로, 소시지 고기(돼지고기 양념 다짐)를 섞는다. 60~70그램 크기의 작은 덩어리를 만들어 대망막(크레핀, Crépine,)으로 감싼다. 녹인 버터를 바르고, 빵가루를 입혀서 그릴에서 은근하게 굽는다. 감자 퓌레를 곁들인다.

송아지 족 구이
Pieds de veau grillés, Grilled calf's feet

족을 삶아내 머스터드를 조금 뿌린다. 녹인 버터를 바르고, 빵가루를 입혀 천천히 굽는다. 〈피캉트 소스〉나 〈디아블 소스〉를 곁들인다.

프로방살(프로방스) 송아지 족
Pieds de veau provençale, Provencal style feet

ᘓ 송아지 족 2개, 밀가루, 올리브유 100ml, 백포도주 1잔, 토마토 1kg, 다진 마늘 조금, 파슬리, 소금과 후추.

족을 잘라 밀가루를 입힌다. 몇 분간 올리브유로 노릇하게 지진다. 백포도주, 다진 토마토, 다진 마늘 아주 조금, 곱게 다진 파슬리, 소금과 후추를 넣는다. 30~35분간 아주 약한 불로 끓인다. 삶은 감자와 함께 먹는다.

티롤리엔(티롤) 송아지 족
Pieds de veau tyrolienne, Tyrolean style calf's feet

ᘓ 송아지 족 2개, 밀가루, 다진 양파 4큰술, 올리브유 100ml, 식초 반 잔, 토마토 1kg, 다진 마늘 조금, 파슬리, 소금, 후추.

족을 잘라 밀가루를 입힌다. 올리브유로 양파를 조금 노릇하게 데친다. 족을 넣고 몇 분간 굽는다. 식초를 붓고 조금 졸이고, 다진 토마토, 다진 마늘 조금, 파슬리를 넣고 양념해, 약한 불로 30분쯤 끓인다.

송아지 족 오르되브르
Pieds de veau pour hors-d'oeuvre, Calf's feet as hors-d'oeuvre

족을 작고 길게 썰어 소금과 후추를 넣는다. 차게 먹을 것이라도 가르니튀르는 따끈해야 한다. 그다음에 식혀 먹는다. 프로방스와 티롤식 송아지 족은 차게 먹으면 훌륭한 오르되브르가 된다. 족은 잘 익혀야 하고, 검은 올리브 열매를 곁들이면 좋다.

내장(심장, 간, 흉선 부위 등)

송아지 염통(심장)

옹그루아즈(헝가리) 송아지 염통
Coeur de veau à la hongroise, Hungarian style calf's heart
⊙ 송아지 염통 1개, 송아지 기름 또는 버터, 소금과 후추, 포도주 1잔, 꼬마 양파(펄 어니언) 12개, 베이비 당근 24개, 파슬리 2, 월계수 잎 반쪽, 타임 2, 육수.
버터 또는 송아지 기름으로 염통을 노릇하게 지지고 소금과 후추를 치고, 포도주를 붓고, 허브들을 넣고 육수를 넉넉히 붓는다. 냄비뚜껑을 덮고 1시간 30분 동안 삶는다.

송아지 간

앙글레즈(영국) 송아지 간
Foie de veau à l'anglaise, English style calf's liver
송아지 간을 75~100그램 단위로 자른다. 소금과 후추를 치고 밀가루를 입혀 버터로 튀기듯이 지져 익힌다(소테). 접시에 올리고 영국식 베이컨 몇 쪽을 구워 곁들인다. 베이컨을 구울 때 나온 기름을 간에 끼얹는다.

보르들레즈(보르도) 송아지 간 소테
Foie de veau sauté à la bordelaise, Calf's liver with cepes and tomato sauce
간을 얇게 썰어 소금, 후추를 치고 밀가루를 입혀 버터로 튀기듯이 지져 익힌다(소테). 접시에 둥글게 놓고 한복판에 보르도 그물버섯(또는 표고버섯)을 가르니튀르로 올린다. 양념을 더한 〈토마토 소스〉를 간에 끼얹는다. 감자 퓌레와 튀김, 메트르도텔 버터 등을 곁들인다. 〈이탈리엔 소스〉, 〈티롤리엔 소스〉, 〈피캉트 소스〉, 〈샤쇠르 소스〉가 어울린다.

리오네즈(리옹) 송아지 간 소테

Foie de veau sauté lyonnaise, Lyonnaise style calf's liver

간을 버터에 익혀 접시에 둥글게 담는다. 접시 한가운데에, 얇게 썰어 약한 불에서 버터로 살짝 데친 양파를 가르니튀르로 놓는다. '글라스 드 비앙드'도 조금 추가한다. 따끈한 식초를 조금 뿌린다.

송아지 간 꼬치

Brochettes de foie de veau, Skewered calf's liver

송아지 간을 가로세로 2~3센티미터, 두께 1.5센티미터의 사각형으로 썬다. 소금, 후추를 치고, 버터를 넣고 재빨리 노릇하게 데친다. 데친 조각들을 꼬치로 꿰는데, 얇게 썬 삼겹살, 버터로 데친 버섯을 함께 끼운다. 마른 빵가루를 조금 묻혀 굽는다. 매콤한 소스는 어느 것이든 좋다.

송아지 간 샤를로트

Pain de foie de veau, Calf's liver loaf

ɞ 송아지 간 500g, 빵가루 125g, 끓인 우유 70ml, 다진 양파 1큰술, 버터, 후추, 소금, 너트멕, 달걀 3, 달걀노른자 3, 크렘 프레슈 200ml.

우유를 적신 빵가루, 버터로 데친 양파를 간과 함께 갈아서 체로 거른다. 이렇게 받아낸 반죽에 소금과 후추를 넣고, 달걀과 크렘 프레슈를 넣어 잘 섞는다. 버터 두른 샤를로트 틀에 넣고 중탕한다. 접시에 쏟아, 바짝 졸인 퐁드보(빌 스톡)를 추가한 〈토마토 소스〉를 두른다.

리(스위트브레드/췌장과 흉선)[7]

송아지의 '리(Ris de veau, Sweetbread)'는 맛이 미묘해 다양하게 조리한다. 핏자국이 없는 흰 것을 골라야 한다. 흐르는 물에 한동안 담가두거나 물을 자주 갈아준다. '리'는 모양과 질이 다른 두 부분으로 구성된다. '누아' 부분은 거의 둥글며, 심장 가까이 붙어 있다. 가늘고 긴 부분 '고르주(목)'는 목쪽에 가까이 붙어있다.

7) 두 내장 기관 췌장과 흉선으로 고급 레스토랑의 메뉴로 등장하는 식재료이다.

'리(스위트브레드)'는 조리하기 전에 먼저 데쳐야 한다. 커다란 냄비에 넣고 물을 부어 완전히 잠기도록 한다. 끓기 시작하면 차가운 물을 더 붓는다. 작게 토막 내어 천으로 감싸고 묵직한 것으로 눌러둔다. 얇은 비계나 얇은 삼겹살로 감싼다. 서양 송로, 장봉(햄), 혀 등의 조각을 끼워 넣기도 한다. 맑은 육수(화이트 스톡)나 갈색 육수(브라운 스톡)를 붓고, 졸이면서 익힌다. 많이 먹는 편은 아니지만 차게 먹어도 좋다.

본 마망(어머니) 스위트브레드

Ris de veau bonne maman, Sweetbreads with vegetables

셀러리와 야채를 폭은 넓고, 길이는 길게 썬다. 그 위에 스위트브레드를 올리고 퐁드보(빌 스톡)를 붓고, 졸이듯 익힌다. 야채와 육수를 곁들인다.

스위트브레드 갈색 브레제

Ris de veau braisés a brun, Braised sweetbreads, brown

ↂ 스위트브레드 2~3개, 소금, 양파, 당근, 돼지 껍질, 육수(갈색 퐁드보, 빌 스톡) 200ml, 부케 가르니.

냄비에 잘게 썬 야채들, 소금, 돼지 껍질 조금을 넣는다. 그 위에 스위트브레드를 올리고 진한 퐁드보를 붓는다. 냄비뚜껑을 덮고 육수가 졸아들 때까지 끓인다. 냄비에 3분의 2가량 육수를 추가하고 부케 가르니를 넣는다. 다시 뚜껑을 덮고 오븐에서 익히면서 자주 육수를 끼얹는다. 다 익었을 때쯤 뚜껑을 열고 육수를 끼얹어 갈색으로 만든다.

스위트브레드 흰 브레제

Ris de veau braisés à blanc, Braised sweetbreads, white

조리법은 앞과 같지만, 육수를 너무 졸이지 않고 육수를 붓지도 않는다. 〈스위트브레드 갈색 브레제〉는 올리브, 버섯, 서양 송로 등을 곁들여 피낭시에르식으로 가르니튀르를 올린다. 또는 면, 마카로니, 쌀밥, 푸른 야채, 야채 퓌레와 밤 퓌레 등을 곁들인다. 〈스위트브레드 흰색 브레제〉는 툴루즈식 가르니튀르가 좋다. 크림 코킬레티, 서양 송로, 버터로 볶은 국수를 곁들인다. 아스파라거스는 어떤 브레제에도 항상 잘 어울린다.

스위트브레드 에스칼로프

Escalopes de ris de veau, Escalopes of sweetbread

송아지 스위트브레드를 데쳐서 눌러두었다가 얇게 썬다. 소금과 후추를 넣고 밀가루를 입혀 버터로 익힌다.

파보리 스위트브레드 에스칼로프

Escalopes de ris de veau favorite, Sweetbread with madeira sauce

〈데미글라스 소스〉를 되게 졸인다. 여기에 마데이라 포도주를 넉넉히 붓고 다시 조금 걸쭉하게 만든다. 스위트브레드를 데쳐 눌러 두었다가 얇게 썬다. 소금과 후추를 뿌린다. 푸아그라도 같은 수만큼 썬다. 이렇게 썬 것들에 밀가루를 입혀 버터로 볶는다. 스위트브레드를 고리처럼 둥글게 둘러놓고 그 위에 푸아그라를 올린다. 서양 송로 몇 쪽을 소스에 넣어 그 위에 붓는다. 한복판에는 버터로 살짝 볶은 아스파라거스를 올린다.

그랑뒥(대공) 스위트브레드 에스칼로프

Escalopes de ris de veau grand-duc, Escalopes of sweetbread with semolina

앞에서 소개한 브레제 방법대로 만든다. 작은 세몰리나 반죽들을 팬에서 버터로 구워, 접시 위에 둥글게 둘러놓고, 각각에 삶은 스위트브레드를 얇게 썰어 올리고 그 위에 얇게 썬 서양 송로를 올린다. 〈베샤멜 소스〉로 덮고, 치즈 가루를 뿌린다. 버터를 겉에 바르고 오븐에서 노릇하게 윤을 낸다. 버터로 데친 아스파라거스를 곁들인다.

마레샬(대장군) 스위트브레드 에스칼로프

Escalopes ris de veau maréchal, Escaopes of sweetbreads with asparagus

삶은 스위트브레드를 썰어, 달걀물을 적시고, 빵가루를 묻혀 정제한 맑은 버터로 금빛이 돌도록 튀긴다. 접시에 둥글게 둘러놓는다. 묽은 '글라스 드 비앙드'에 버터를 조금 섞어 위에 붓는다. 중앙에 버터로 볶은 아스파라거스를 올린다. 〈쉬프렘 소스〉에 서양 송로를 넣어 곁들인다.

몽슬레[8] 스위트브레드
Ris de veau Monselet, Sweetbreads with truffles

스위트브레드를 삶아 테린(Terrine)[9]에 담는다. 얇게 썬 서양 송로로 덮고 삶은 육수를 붓는다. 뚜껑을 덮고 밀가루 반죽을 띠처럼 둘러 붙여 뚜껑을 막는다. 오븐에 7~8분 넣어두었다 꺼내 버터 두른 마카로니, 푸아그라, 파르메산 치즈와 함께 먹는다.

스위트브레드 구이
Ris de veau grillés, Grilled sweetbreads

스위트브레드를 삶아 눌러 놓는다. 반으로 자른다. 소금과 후추를 뿌리고, 녹인 버터에 적셔 굽는다. 구운 베이컨과 〈디아블 소스〉, 〈베샤멜 소스〉 또는 메트르도텔 버터를 곁들인다. 끓는 소금물에 삶아내 버터를 두른 영국식 풋완두콩도 잘 어울린다.

미레유 스위트브레드 누아제트
Noisettes de ris de veau Mireille, Noisettes of sweetbreads

세몰리나로 빚은 동글납작한 작은 반죽을 버터로 굽는다. 반죽의 양쪽이 고루 노릇해지면 접시에 둥글게 펼쳐 놓는다. 그 위에 삶은 스위트브레드를 얹고, 버터로 볶은 송아지 누아제트를 올린다. 얇게 썬 서양 송로 몇 조각을 올리고 〈베샤멜 소스〉를 끼얹는다. 치즈 가루와 녹인 버터를 뿌리고, 오븐이나 샐러맨더 그릴에서 노릇하게 만든다. 버터로 볶은 아스파라거스를 곁들인다.

빅토리아 스위트브레드 누아제트
Noisettes de ris de veau Victoria, Noisettes of sweetbreads with mushroom

버터로 구운 작은 세몰리나 반죽들 위에 스위트브레드와 누아제트를 내열 접시에 둥글게 올려놓는다. 다진 서양 송로와 으깬 버섯을 섞어 덮는다. 치즈 가루와 녹인 버터를 뿌리고 오븐이나 샐러맨더 그릴에 넣어 노

---

8) Charles Monselet(1825~1888년). 프랑스 작가, 시인. '식도락의 왕'이라는 별명으로 통했다. 40여 권의 소설 등을 남겼다. 레니에르와 함께 식도락의 선구자로 꼽힌다.

9) 뚜껑이 있는 도제나 내열 금속제 용기. 테린에 담아 조리한 요리를 가리키기도 한다.

룻하게 윤을 낸다. 접시 한복판에 아스파라거스를 올린다.

피낭시에르 스위트브레드 볼오방

Vol-au-vent de ris de veau financière, Sweetbread vol-au-vent

갈색 육수(브라운 스톡)에 스위트브레드를 넣고 삶아 얇게 썬다. 냄비에 넣고 크넬 몇 개, 익힌 버섯, 얇게 썬 서양 송로와 올리브를 넣는다. 〈데미글라스 소스〉에 스위트브레드를 삶은 육수를 추가하고 걸쭉하게 졸인다. 스위트브레드에 이 소스를 붓고 버터를 조금 넣고, 잘 구운 볼오방 안에 채워 넣는다. 볼오방의 빵 뚜껑을 덮어서 낸다.

송아지 콩팥

송아지 콩팥(Rognons de veau)을 볶으려면, 지방과 막을 제거하고, 또 너무 얇게 썰지 않도록 한다. 그렇지 않으면 너무 질겨진다. 구울 것이라면, 지방층을 남겨두는 식으로 손질해 자른다. 길게 2조각으로 잘라 꼬치에 모양을 살려 꽂는다.

송아지 콩팥 버섯 소테

Rognon sauté aux champignons, Saute of kidneys with mushrooms

☙ 송아지 콩팥 1개, 소금, 후추, 버터, 백포도주 100ml, 작은 버섯 10개, 데미글라스 소스, 레몬즙.

콩팥을 잘게 자르고 소금과 후추를 친다. 빠르게 버터로 튀기듯이 지져 익힌다(소테). 냄비에 버섯을 넣고 백포도주를 끼얹고, 포도주가 줄어들 때까지 졸인다. 〈데미글라스 소스〉 몇 술을 넣고, 몇 초만 더 졸인다. 불에서 꺼내 콩팥을 넣고 버터 80그램과 레몬즙을 뿌린다. 즉시 먹는다.

카스롤(도기 냄비) 송아지 콩팥

Rognon de veau en casserole, Calf's kidney casserole

☙ 송아지 콩팥 1개, 소금, 후추, 버터 50g, 백포도주 70ml, 갈색 퐁드보(빌 스톡).

콩팥을 자른다. 엷은 지방층은 걷어내지 않는다. 냄비에 버터와 함께 넣어 약한 불의 오븐에서 30분쯤 자주 뒤집어가며 익힌다. 먹기 직전에 포도주, 갈색 퐁드보를 몇 술 끼얹는다. 냄비째 올려놓고 먹는다. 감자 퓌레와 밤 퓌레, 아스파라거스, 감자튀김, 마케르 감자 등을 곁들인다.

크림 송아지 콩팥

Rognon de veau à la crème, Calf's kidney with cream

☙ 송아지 콩팥 1개, 소금과 후추, 밀가루, 버터, 마데이라 포도주 1큰술, 글라스 드 비앙드 2큰술, 크렘 프레슈 100ml.

콩팥을 자르되, 주변의 얇은 지방층은 그대로 둔다. 5~6쪽으로 자른다. 소금과 후추를 넣고, 밀가루를 입혀 버터로 빠르게 볶는다. 냄비에서 덜어 따뜻한 곳에 올려놓는다. 마데이라 포도주를 버터에 붓고 냄비에 남은 것과 함께 잘 섞는다. 크렘 프레슈와 '글라스 드 비앙드'를 추가해 2~3분간 끓인다. 콩팥을 따끈한 접시에 올리고 소스를 붓는다. 버터에 튀긴 크루통에 콩팥을 올려도 된다.

송아지 콩팥 꼬치구이

Rognon de veau grillé, Grilled calf's kidney

콩팥을의 지방층을 제거하지 않는다. 완전히 2쪽으로 자르지 않고 갈라서 벌려둔다. 꼬치를 끼워, 벌린 상태를 유지한다. 소금, 후추, 녹인 버터를 뿌리고 그릴에서 은근하게 굽는다. 메트르도텔 버터를 곁들인다.

여러 가지 송아지고기 조리법

옛날식 송아지 블랑케트[10)]

Blanquette de veau à l'ancienne, Blanquette of veal

☙ 송아지고기 600~700g, 베이비 당근 2개, 정향 1개를 박은 양파, 부케 가르니(파슬리, 월계수 잎 1, 타임), 버터 135g, 밀가루 3큰술, 버섯과 꼬마 양파(선택), 달걀노른자 3, 레몬즙, 너트멕.

송아지 블랑케트는 앞가슴살, 목살, 갈빗살 등을 사용한다, 고기는 50그램 단위로 잘라 소스팬에 넣고 물을 넉넉히 붓는다. 물 1리터당 6그램의

---

10) 블랑케트는 맑게 끓인 스튜이다.

소금을 넣는다. 끓어오르면 잘 저으면서 떠오르는 기름과 찌꺼기를 건져 낸다. 당근, 양파, 부케 가르니를 넣는다. 뚜껑을 덮고 1시간 30분 동안 약한 불로 익힌다. 버터 75그램을 넣고 밀가루를 추가한다. 노릇하지 않도록 몇 초만 익힌다. 퐁드보(빌 스톡)를 조금씩 붓고 끓어오를 때까지 저어주고, 12~15분간 거품을 걷어내면서 계속 끓인다.
접시에 고깃덩어리들을 올리고 육수(퐁 블랑/화이트 스톡)로 익힌 꼬마 양파와 버섯을 가르니튀르로 추가해도 된다. 식지 않게 보관한다. 버터 60그램과 달걀노른자로 소스를 걸쭉하게 만들어 레몬즙 몇 방울과 너트멕 가루를 뿌린다. 소스를 고운 체로 걸러 고기 위에 붓는다. 볶음밥, 면, 스파게티 어느 것을 곁들여도 송아지 블랑케트와 잘 어울린다.

송아지 프리카세[11]

Fricassée de veau, Fricasse of veal

ﻫ 송아지고기 700g, 버터 3큰술, 소금, 후추, 밀가루 3큰술, 물, 부케 가르니, 달걀노른자 3, 크림 3큰술, 너트멕, 레몬즙.

냄비에 버터를 녹이고, 잘게 자른 고기, 얇게 썬 양파를 넣고 소금 후추를 뿌린다. 뚜껑을 덮고 약한 불에 12~15분 올려둔다. 밀가루를 넣고 잘 섞어서 뜨거운 물을 고기가 잠길 정도만 붓는다. 끓어오르면 젓는다. 부케 가르니를 넣고 다시 뚜껑을 덮어 1시간 30분간 더 끓인다. 고기가 익으면 건져, 접시에 담아둔다. 허브는 건져내고 냄비에 남은 육수에 달걀노른자와 크림을 넣어 걸쭉하게 섞는다. 너트멕 가루와 레몬즙, 소금과 후추를 넣고, 고운 체로 걸러 고기 위에 붓는다. 블랑케트에 올리던 방식의 버섯과 꼬마 양파를 가르니튀르로 올린다.

송아지 마틀로트

Matelote de veau, Veal with red wine

ﻫ 송아지고기 700g, 버터 3큰술, 꼬마 양파(펄 어니언), 적포도주, 육수, 소금, 후추, 부케 가르니(월계수 잎, 타임, 으깬 마늘 1쪽), 버섯 20, 버터 125g, 밀가루 3큰술, 코냑 1잔.

송아지고기를 잘게 썬다. 버터를 녹여 고기와 양파 2개를 다져 넣고 노릇

11) 프리카세는 송아지나 닭고기에 버터를 넣고 가열한 뒤에 끓인 스튜.

하게 볶는다. 포도주와 육수를, 포도주 3분의 2, 육수 3분의 1비율로 붓는다. 소금, 후추, 으깬 마늘과 부케 가르니를 넣는다. 뚜껑을 덮고 약한 불로 1시간 30분 동안 끓인다. 익은 고기를 꺼내 접시에 담고, 양파와 버섯을 쏟아붓는다.

고기 삶은 육수를 3분의 1로 졸인다. 버터와 밀가루를 섞어 육수가 졸아들 때쯤 조금 부어 걸쭉하게 만들어, 코냑 1잔을 붓고 고기와 가르니튀르에 끼얹는다. 감자 퓌레, 버터로 볶은 국수를 곁들이면 좋다.

팽드보(송아지 빵)

Pain de veau, Veal loaf

매우 친근한 가정식 요리로 구이나 찜(브레제)을 식혀 만든다.

☙ 빵가루 200g, 우유, 얇게 썰어 익힌 송아지고기 700g, 달걀 3, 소금, 후추, 너트멕.

빵가루에 끓인 우유를 조금 부어 촉촉하게 적신 다음 고기를 넣는다. 달걀들을 깨어 넣고, 소금과 후추를 넣고, 너트멕 가루를 뿌린다. 전체를 잘 섞는다. 이것을 버터를 바른 틀에 넣고 중탕기에 넣어 익힌다. 〈토마토 소스〉를 곁들인다. 빵가루 대신 감자 퓌레를 사용해도 된다.

송아지 포피에트

Paupiette de veau, Paupiette of veal

☙ 송아지 넓적다리살, 삼겹살, 당근, 양파, 버터.

고기를 얇게 두드리고, 길이 10~12센티미터 폭 5센티미터로 썰어서 파나드식 파르스(소)를 넣고 둥글게 만다. 기름진 삼겹살로 한 겹 더 감싸서 실이나 끈으로 묶는다. 얇게 썬 당근, 양파를 냄비 바닥에 깔고 끓이거나, 약한 불에서 버터로 천천히 익힌다. 때때로 물을 한 술씩 끼얹는다. 그래야 너무 시커멓게 타지 않고 노릇한 금빛이 난다.

파나드(반죽) 스타일의 파르스(소) 만들기

☙ 빵가루 40g, 우유 또는 크림 150g, 소시지 고기(돼지고기 양념 다짐), 달걀 1알, 소금, 후추, 너트멕 가루, 다진 파슬리.

빵가루에 우유나 크림을 조금 넣고 나머지 재료와 섞는다.

포피에트의 가르니튀르는 완두콩, 시금치, 치커리, 밤 퓌레, 삶은 콩, 버터로 볶은 국수, 〈토마토 소스〉, 프로방스식 토마토 소테, 〈샤쇠르 소스〉가 무난하다.

송아지고기 소테

송아지고기 소테(Sauté de veau)는 주로 앞가슴살과 목살, 갈비 등의 부위를 사용한다.

송아지고기 버섯 소테

Sauté de veau aux champignons, Saute veal with mushrooms

☙ 송아지고기 600~800g, 올리브유 3큰술, 버터, 소금, 후추, 백포도주 1잔, 갈색 육수(브라운 스톡) 500ml, 데미글라스 소스 400ml, 부케 가르니, 버섯 300g.

올리브유와 버터 2큰술을 가열해, 잘게 썬 고기를 넣고 노릇하게 익힌다. 소금과 후추, 포도주, 갈색 육수, 〈데미글라스 소스〉와 부케 가르니를 추가한다. 뚜껑을 덮고 약한 불로 1시간 30분 정도 익힌다. 또다른 프라이팬에 버터로 버섯을 볶는다. 소스를 3분의 2정도로 졸여 고기와 버섯 위에 붓는다. 12~15분간 더 졸여 움푹한 접시 또는 탱발에 담아낸다.

메나제르 송아지고기 소테

Sauté de veau à la ménagère, Saute veal with wine and tomatoes

☙ 송아지고기 700g, 소금, 후추, 밀가루, 식용유 3큰술, 버터 2큰술, 양파 2개, 백포도주 1잔, 토마토 1kg, 파슬리, 다진 마늘, 파프리카, 가지.

고기를 잘게 썰어 소금과 후추를 넣고, 밀가루를 입힌다. 식용유와 버터를 섞어 가열하고, 고기와 다진 양파를 쏟아붓고 튀기듯이 지져 익힌다(소테). 여기에 포도주를 붓고, 껍질을 벗기고 씨를 빼서 다진 토마토, 파슬리, 다진 마늘을 조금 넣는다. 뚜껑을 덮고 1시간 30분 끓인다. 소스가 너무 되면, 뜨거운 물을 간간히 조금씩 끼얹는다. 둥근 토막으로 썰어 식용유에 볶은 가지, 또는 길쭉하게 썰어 후추를 쳐서 구운 파프리카를 곁들인다.

메나제르 송아지고기 국수 소테

Sauté de veau aux nouilles à la ménagère, Saute veal with buttered noodles

☙ 송아지고기 700g, 소금, 후추, 밀가루, 식용유 3큰술, 버터 2큰술, 양파 1개, 백포도주 1잔, 토마토 퓌레 200ml, 부케 가르니, 다진 마늘 1자밤, 육수(부이용) 또는 물 500ml.

송아지고기를 잘게 썰고 소금과 후추를 넣고, 밀가루를 입힌다. 식용유와 버터를 섞은 것에 고기와 다진 양파를 넣고 튀기듯이 지져 익힌다(소테). 포도주를 붓고, 토마토 퓌레, 부케 가르니와 다진 마늘을 조금 넣고 육수를 붓는다. 뚜껑을 덮어 1시간 30분 동안 끓인다. 국수에 버터를 두르거나 치즈 가루를 뿌려 곁들인다.

송아지고기 햇야채 소테

Sauté de veau printanier, Saute veal with spring vegetables

☙ 송아지고기 700g, 소금, 후추, 밀가루, 버터, 육수(퐁 블랑/화이트 스톡) 500ml, 부케 가르니(파슬리, 파임, 월계수 잎 1), 꼬마 양파(펄 어니언) 12개, 베이비 당근 18개, 작은 감자 18개, 완두콩 500g.

고기를 잘게 썰어 소금과 후추를 넣고, 밀가루를 입혀 버터로 튀기듯이 지져 익힌다. 육수(화이트 스톡)를 붓고 부케 가르니를 넣는다. 뚜껑을 덮어 은근한 불에서 반 시간 정도 더 끓인다. 꼬마 양파, 당근, 감자, 완두콩을 추가하고 다시 30분쯤 약한 불에 익힌다.

페이잔 송아지고기 소테

Sauté de veau paysanne, Saute veal with onions and carrots

☙ 송아지고기 700g, 소금, 후추, 밀가루, 비계 100g, 양파 3, 당근 400g, 부케 가르니, 육수(부이용) 또는 육수(퐁 블랑/화이트 스톡).

고기를 잘게 썰어 소금, 후추를 넣고, 밀가루를 입힌다. 팬에 비계를 다져 넣고 고기를 튀기듯이 지져 익힌다. 고기를 건져내고 팬에 얇게 썬 당근, 양파, 부케 가르니를 넣고 물 200밀리리터를 붓는다. 고기를 야채 위에 다시 올리고, 뚜껑을 덮어 국물이 모두 증발할 때까지 끓인다. 육수 또는 뜨거운 물을 고기가 잠길 만큼 붓는다. 다시 뚜껑을 덮고 천천히 1시간가량 고기가 부드러워질 때까지 익힌다. 감자 퓌레를 곁들인다.

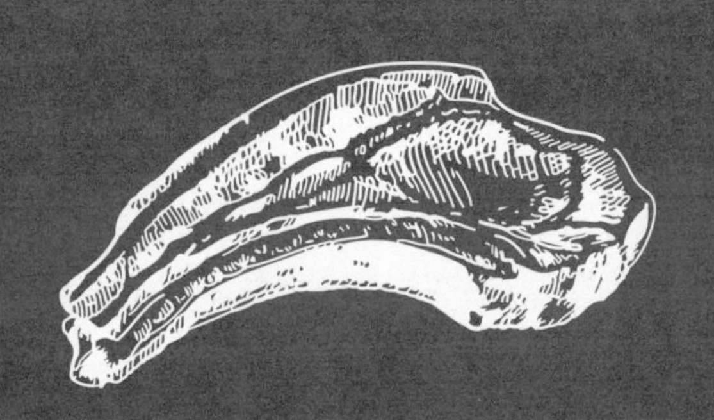

양고기 요리

요리에서는 양을 세 종류로 나눈다. '무통(mouton)'은 다 자란 양이다. '아뇨(agneau)'는 젖을 떼었지만 아직 다 자라지 않은 어린 양이다. '아뇨 드 레(agneau de lait)'는 젖먹이 양이다. 풀을 먹지 못한다. 프랑스에서는 포이약[1] 종을 최상으로 꼽는다. 바닷가의 풀을 뜯어먹으며 자란 어린 양(프레 살레, pré-salé)은 다 큰 양보다 부드럽고 냄새도 좋다. 조리법은 일반 양과 같다. 어린 양 조리밥은 특별하다. 그 살코기는 희고 또 결도 다르다. 프랑스에서 어린 양 요리는 흔하지만, 영국과 미국에서는 드물다.

양의 부위별 요리

어린 양의 대접살과 뒷다리

'바롱 다뇨(baron d'agneau)'는 어린 양의 등심과 다리를 이용한다. 하체 거의 전부다. 이 요리는 코스 요리 가운데 가장 뛰어난 것으로 통한다. '두불 다뇨(double d'agneau)'는 뒷다리 한 쌍으로 구성된다. 주로 해변의 풀을 먹고 자란 양을 구이로 조리한다. 구이를 할 때는 반드시 '데글라사주(디글레이징)'[2]를 하는데 일반 육수나 뜨거운 물을 조금 추가한다.

1) Pauillac. 프랑스 남서부 아키텐 지방. 포도원이 유명하다. 중세에 영국인들이 살았다.
2) 고기를 구운 뒤 팬의 바닥에 눌어붙은 것을 포도주 등으로 녹여서 이용하는 것을 말한다. 영어로는 디글레이징(deglazing). 바닥에 기름기, 당분, 탄수화물 등이 남는다. 엉겨붙은 육즙 또는 바닥에 붙은 갈색의 울퉁불퉁한 피막(glaze)을 긁고, 용액을 추가해 녹인다.

양의 등심

양의 등심(carré du mouton)[3]은 껍질과 뼈를 제거한다. 갈비를 손질할 때와 같은 방법이다. 그다음 살코기와 비계를 떼어낸다. 등심에 대접살과 다리살의 가르니튀르를 어떤 것이든 응용할 수 있다. 양고기는 여러 샐러드, 가르니튀르와 함께, 차게 먹는 훌륭한 요리가 된다. 영국인들은 다진 민트(박하)잎에, 설탕과 식초를 섞어 만든 〈민트 소스〉를 주로 곁들인다.

양갈비

양갈비(코틀레트 côtelettes, 영어 cutlets)는 소테 조리법으로 익히기도 하지만, 주로 그릴에서 굽는 것이 최상의 방법이다. 양갈비를 소테 방식으로 익히려면, '빵가루를 묻히는 영국식(paner à l'Anglaise)'으로 한다. 밀가루를 가볍게 입히고, 달걀물을 적시고, 빵가루를 묻혀, 정제한 맑은 버터로 튀긴다. 양갈비에는 일반적으로 따뜻한 것들을 곁들이는데, 감자, 야채, 여러 가지 퓌레, 토마토, 파테, 마카로니, 국수 등도 무방하다.

샹발롱 양갈비

Côtelettes Champvallon, Lamb chops Champvallon

ᨒ 양갈비 12대, 소금, 후추, 버터, 꼬마 양파(펄 어니언) 3개, 육수(퐁 블랑/화이트 스톡), 부케 가르니(파슬리, 타임, 월계수 잎), 으깬 마늘 1쪽, 감자 600g.

양갈비에 소금, 후추를 치고, 버터로 양쪽을 가볍게 고루 지져 건져놓는다. 남은 버터로 양파를 노릇해지지 않을 정도로 잠깐 볶는다. 건져놓았던 갈비를 넣고, 육수를 넉넉히 붓는다. 부케 가르니와 마늘을 으깨 넣는다. 뚜껑을 덮고 오븐에서 20분 굽는다. 감자를 썰어 넣고 소금, 후추를 치고 다시 오븐에 넣어서 자주 육수를 부어가며, 감자가 익을 때까지 굽는다.

---

3) 양의 등심은 갈비뼈를 밖에서 둘러싸고 있는, 살이 얇은 등살을 가리킨다. 소고기로 치면, 알루아요, 갈비 부위가 포함된다.

맹트농 양갈비

Côtelettes Maintenon, Cutlets with truffles

☙ 양갈비, 버터, 크루통, 글라스 드 비앙드, 푸아그라, 버섯, 서양 송로(트뤼프), 익힌 닭 가슴살, 알망드 소스, 빵가루, 녹인 버터.

갈비의 한쪽 면만 버터로 튀기듯이 지져 익힌다(소테). 바닥에 버터에 튀긴 크루통을 깔고 '글라스 드 비앙드'(또는 푸아그라 퓌레)로 덮는다. 그 위에 갈비를 올린다. 버섯, 서양 송로, 닭 가슴살을 길고 가늘게 썰어 〈알망드 소스〉를 넣고 잘 섞는다. 이렇게 섞은 재료를 갈비마다 한 술씩 올리고, 평평하게 표면을 고른 뒤, 고운 빵가루를 살짝 뿌리고, 녹인 버터를 뿌려 잠깐 동안 샐러맨더 그릴에서 노릇하게 만든다.

〈샤토브리앙 소스〉를 곁들인다. 버터로 볶은 완두콩이나 아스파라거스를 곁들이기도 한다.

몽글라 양갈비

Côtelettes Monglas, Cultets with demi-glace sauce

〈맹트농 양갈비〉와 같은 방법으로 만든다. 소스만 〈데미글라스 소스〉로 대체한다. 가르니튀르에 소 혀를 추가할 수도 있다. 소스에 버터 조금, 마데이라 포도주도 조금 넣어 바짝 졸여 사용한다.

파리지엔(파리) 양갈비

Côtelettes à la parisienne, Parisian style cutlets

갈비를 이어붙여 왕관 모양을 만들어 그릴에서 굽는다. 동그랗게 자른 파리지엔 감자[4]와 야채를 버터로 익혀 '글라스 드 비앙드'를 바른다. 프랑스식 클라마르(Clamart)[5]로 작은 완두콩을 삶아서 곁들인다.

프로방살(프로방스) 양갈비/옛날식

Côtelettes de mouton à la provençale, ancienne mode, Mutton cutlets

양갈비를 식용유에 튀기듯이 지져 익힌다(소테). 식용유에 튀긴 크루통을 내열 접시 바닥에 깔고 '글라스 드 비앙드'로 덮는다. 갈비들을 〈수비즈

4) 숟가락으로 작은 공처럼 감자를 둥글게 파내 버터에 익혀 소금을 뿌리고 글라스 드 비앙드를 바른다.

5) 클라마르는 프랑스 요리에 완두콩을 이용해 장식적으로 곁들이는 것을 뜻한다.

소스〉로 적시고, '루'를 조금 뿌린다. 오븐에 넣어 몇 분간 가열하고 갈비마다 버터를 조금 넣은 얇게 썬 서양 송로 1쪽씩을 올린다. 그릴에서 굽거나 올리브유로 익힌 버섯 또는 마케르 감자를 곁들여도 좋다.

리폼 양갈비

Côtelettes Réforme, Cutlets with minced ham and Reform sauce

갈비를 조금 납작하게 잘라 밀가루, 달걀, 빵가루를 입힌다. 빵가루의 3분 1분량으로, 기름기가 적은 돼지고기를 얇게 썰어 추가한다. 정제한 맑은 버터에 갈비를 익혀 접시에 둥글게 놓는다. 〈리폼 소스〉를 곁들인다. 〈리폼 소스〉는 〈푸아브라드 소스〉와 〈데미글라스 소스〉를 반씩 섞어 만든다. 가르니튀르는 코르니숑(오이 피클), 달걀흰자, 버섯 2개, 서양 송로 20그램, 30그램의 혀를 썰어서 올린다.

머튼 촙(영국식 양갈비)

Côtelettes de mouton anglaise, Mutton chop

갈빗대 쪽으로 고기를 말고 작은 꼬치에 끼워 굽는다. 거의 그릴에서 굽는다. 감자, 콩 등을 곁들인다.

양의 목살

에폴(목살) 블랑제르

Epaule boulangère, Shoulder of mutton with potatoes and onions

양 목살, 소금, 후추, 삼겹살, 감자, 양파 3~4개, 파슬리, 육수 몇 술.

고기를 소금, 후추로 양념해, 오븐용 접시에 올린다. 삼겹살을 추가하고 오븐에 넣는다. 20분 뒤에, 잘게 썬 감자와 양파를 버터로 살짝 익혀 넣는다. 육수를 계속 부어주며 익힌다. 식탁에 올리기 전에 다진 파슬리를 뿌린다. 우러난 국물에 육수를 추가해 걸쭉하게 만든다. 뼈는 반드시 발라내지 않고 조리한다. 식탁에서 뼈를 발라내는 것이 번거로워도 고기 맛은 뼈가 붙어있어야 훨씬 좋다.

양의 넓적다리

앙글레즈 양 넓적다리(지고)[6]

Gigot à l'anglaise, Boiled leg of mutton

☙ 양 넓적다리, 물, 당근, 정향 1개씩을 박은 양파 2개, 부케 가르니(파슬리, 월계수 잎 1, 타임, 마늘 1쪽).

뼈에서 고기를 잘라낸다. 냄비에 넣고 물을 가득 붓는다. 물 1리터당 소금 8그램을 넣는다. 둥글게 썬 당근과 정향을 박은 양파, 부케 가르니를 넣고, 고기 1킬로그램당 30분에 해당하는 시간에 맞춰 약한 불로 삶는다. 익은 고기는 접시에 올려 당근, 양파를 둘러놓는다. 〈케이퍼 소스〉가 어울린다. 셀러리 또는 감자 퓌레 등을 곁들여도 된다.

양 넓적다리 구이

Gigot de mouton roti avec sauce menthe, Roast leg of mutton

프랑스보다는 영국에서 거의 절대적으로 이용하는 조리법이다. 뜨겁든 차갑든, 항상 〈민트 소스〉를 곁들인다. 프랑스에서 넓적다리 구이는 생채나 건채, 또는 야채 퓌레를 주로 곁들인다. 또는 엔다이브 샐러드도 곁들인다. 샐러드에는 마늘빵 가루를 추가한다.

양 가슴살

양의 가슴살(Poitrine de mouton)은 주로 삶거나 브레제로 이용한다. 굽기도 한다. 〈디아블 소스〉에 감자 퓌레나 콩 퓌레를 곁들인다.

양 가슴살 구이

Poitrine grillé, Grilles breast of mutton

양 가슴살을 육수(부이용)에 삶거나 찐다. 다 익으면 건져내 뼈를 발라내고 고기를 길게 썰거나 '하트' 모양으로 자른다. 녹인 버터를 겉에 바르고, 빵가루를 입혀 굽는다.

---

6) 양의 나이에 따라 다르지만 보통 1.5~4킬로그램 정도의 부드러운 살코기.

양의 족(발)

풀레트 양 족

Pieds de mouton à la poulette, Sheep's trotters with Poulette sauce

☙ 삶은 양의 족 6~8개, 버터, 밀가루 2큰술, 끓인 물 500ml, 소금, 후추, 버섯 25g, 달걀노른자 3, 레몬즙.

냄비에 넣고. 버터와 밀가루를 넣는다. 끓는 물을 조금씩 붓는다. 몇 분간 더 저어주며 끓인다. 소금과 후추를 친다. 양의 족은 〈풀레트 소스〉와 가장 잘 어울린다. 〈알망드 소스〉로 대신해도 된다.

풀레트 소스

Sauce poulette

버섯 우린 국물(버섯 에센스)에, 달걀노른자 몇 알을 넣고 잘 섞어 걸쭉하게 만든다. 여기에 버터 약 100그램 정도를 천천히 부으며 섞어, 한 덩어리가 되도록 저어준다. 레몬즙을 뿌려 마무리한다.

〈알망드 소스〉 500밀리리터를 몇 분간 끓인 뒤, 버섯 에센스 1작은술, 버터 60그램, 레몬즙, 다진 파슬리를 넣어 만들 수도 있다.

양 족 크레피네트

Pieds de mouton en crépinette, Sheep's trotters sausages

☙ 양 족, 양파, 당근, 부케 가르니, 물, 소시지 고기, 트뤼프, 대망막, 녹인 버터, 빵가루.

양의 족이 부드러워질 때까지 삶는다. 족을 건져내 냄비에 넣는다. 냄비 바닥에는 당근과 양파를 썰어서 깐다. 부케 가르니를 넣고 물을 붓는다. 은근한 불에서 계속 삶아낸다. 족을 얇게 썰고, 같은 분량의 소시지 고기(돼지고기 양념 다짐)와 섞고, 얇게 썬 서양 송로도 추가한다. 모두 섞어 돼지 대망막(crépine)으로 감싸서 소시지 처럼 만든다. 녹인 버터를 뿌리고 빵가루를 묻혀 약한 불에서 굽는다. 또는 이렇게 섞은 재료로 갈비 모양을 만들어, 녹인 버터를 겉에 바르고, 마른 빵가루를 입혀 그릴에서 은근하게 굽는다. 감자 퓌레와 〈페리괴 소스〉와 함께 낸다.

양의 볼깃살

양의 볼깃살(Selle de mouton)은 주로 구이로 먹는다. 브레제(braisé)는 하지 않는 편이지만 질 좋은 볼깃살의 브레제는 미식가의 박수를 받을 만하다. 〈불랑제르 가르니튀르〉가 잘 어울린다. 데친 양상추, 당근, 순무, 토마토 파르시, 완두콩이나 강낭콩 퓌레, 감자 퓌레 등을 곁들여도 좋다.

양의 필레 미뇽

양의 필레 미뇽은 등심 밑쪽의 다리 부분으로 이어지는 작은 부위다. 굽거나, 팬에서 튀기듯이 튀기듯이 지져 익힌다(소테). 가르니튀르는 소의 갈비와 투른도에 올리는 것과 같다.

누아제트

양의 누아제트(noisette)는 안심이나 갈빗살에서 잘라낸다. 첫 번째부터 다섯 번째 갈빗대에 붙은 살이다. '코트 드 누아'라고 한다. 특히 어린 양의 누아제트는 최상급 앙트레로 꼽힌다. 누아제트는 소테 방식으로 익힌다. 구이는 거의 하지 않는다. 투른도의 가르니튀르를 올리면 된다.

누아제트 다뇨 소테

Noisettes d'agneau sautées au beurre, Noisettes of lambs sauteed in butter

☙ 어린 양의 누아제트 6점, 소금, 버터, 글라스 드 비앙드 100ml.

누아제트에 소금을 살짝 뿌리고 버터 25그램으로 빠르게 팬에서 튀기듯이 지져 익힌다. 때때로 뒤집어주면서 고루 익힌다. 무엇보다 버터가 너무 노릇하거나 시커멓게 타지 않도록 조심한다. 누아제트를 접시에 올린다. 냄비에 남은 기름에 '글라스 드 비앙드'를 섞는다. 냄비를 힘차게 흔들어주면서 몇 초만 끓인다. 불을 끄고, 버터 몇 조각을 넣는다. 버터가 '글라스 드 비앙드'와 섞이지 않고 따로 놀면, 뜨거운 물 2큰술을 넣고 냄비를 잘 흔들어준다. 이 소스를 누아제트 위에 붓는다. 아스파라거스, 완두콩, 서양 송로, 푸아그라, 파리지엔 감자를 곁들이면 좋다.

콩팥

양의 콩팥은 기본적으로 튀기듯이 지져 익히거나(소테) 굽는다.

양 콩팥 버섯 소테

Rognons sautés aux champignons, Sheep's kidneys sauteed with mushrooms

ↀ 콩팥 4개, 소금, 후추, 버터, 백포도주 70ml, 버섯 12개, 데미글라스 소스 200ml, 레몬즙.

콩팥의 껍질을 벗기고 2토막을 내어 얇게 썬다. 소금과 후추를 넣고, 버터를 넣고 빠르게 튀기듯이 지져 익힌다(소테). 건져내 식지 않게 보관한다. 소테팬에 남은 버터에 백포도주를 붓고 잘 젓는다. 버섯과 소스를 추가하고, 한소끔 끓인 다음 몇 분간 졸인다. 불을 끄고, 콩팥을 쏟아붓는 동시에 버터 25그램을 함께 넣는다. 레몬즙을 넣고 즉시 접시에 담아낸다. 백포도주 대신 마데이라 포도주, 버섯 대신 서양 송로를 넣어도 된다.

콩팥 꼬치

Rognons brochette, Sheep's kidney on a skewer

ↀ 양의 콩팥 몇 개, 소금, 후추, 녹인 버터, 메트르도텔 버터, 빵 조각.

콩팥의 껍질을 벗기고 가운데를 중심으로 2조각으로 길게 갈라 완전히 떨어지지 않도록 벌려놓는다. 벌어진 채로 꼬치에 꽂는다. 소금과 후추로 간을 하고, 녹인 버터를 겉에 바르고 굽는다. 각 콩팥마다 호두 크기로 메트르도텔 버터를 올린다. 굽기 전에 빵 껍질 또는 빵가루를 입히기도 한다. 굽는 동안 콩팥에서 육즙이 빠져나가지 않을만큼 조금 두툼한 빵 껍질을 입히면 더욱 맛이 뛰어나다.

피에몽테즈(피에몬테) 콩팥 왕관

Turban de rognon à la piémontaise, Kidney with rice

ↀ 피에몬테 쌀밥, 콩팥 3~4개, 소금, 후추, 버터, 피에몬테 서양 송로(트뤼프), 토마토 소스, 데미글라스 소스.

사바랭[7] 또는 둥근 고리 모양으로, 왕관처럼 생긴 틀에 버터를 두르고 리소토(볶음밥)를 채워 넣는다. 콩팥을 절반으로 잘라 소금과 후추를 넣고, 버터로 빠르게 볶는다. 리소토를 틀에서 꺼내, 그 위에 콩팥과 얇게 썬 서양 송로 조각들을 차례로 돌아가며 올린다. 〈데미글라스 소스〉를 바짝 졸여 〈토마토 소스〉를 조금 추가해 콩팥에 붓는다.

여러 가지 양고기 조리법

카술레

카술레(cassoulet)[8]는 흰 강낭콩 라구(ragoût, 스튜)이다. 프랑스 남부 랑그도크(Languedoc) 지방의 전통 요리로 매우 까다롭다. 양의 넓적다리는 흰 강낭콩을 조리하는 동안 삶아야 한다.

☙ 어린 양 다리 1, 흰 강낭콩 1리터, 돼지 껍질 250g, 삼겹살 300g, 마늘 소시지 1, 양파 1, 정향 2, 부케 가르니(파슬리, 마늘 2), 뜨거운 물, 소금, 후추, 토마토 퓌레 1~2큰술, 빵가루.

콩을 5~6시간 삶는다. 돼지 껍질과 기름진 삼겹살을 그릇에 담아 끓인 물을 넉넉히 붓고 10분쯤 놓아둔다. 물을 버리고 식힌다. 삶은 콩과 식힌 삼겹살을 냄비에 넣고, 마늘을 넣은 소시지, 정향을 박은 양파, 부케 가르니를 추가한다. 뜨거운 물을 붓고 소금과 후추를 조금만 넣는다. 뚜껑을 덮어 약한 불로 삶는다. 그동안, 양의 다리를 다른 냄비에서 약 20분간 삶는다. 다 익으면 조리한 육수를 조금 넣고, 그대로 담가 따뜻하게 놓아둔다. 육수는 큰 냄비에 붓고 기름기를 걷어내고, 토마토 퓌레를 부어 섞는다. 콩을 건져 물기를 뺀다. 소시지, 삼겹살, 돼지 껍질, 양파, 부케 가르니를

---

7) 원래는 '바바 오 럼(baba au rhum)'이다. 사바랭이라고도 한다. 증류주, 특히 럼주를 섞은 과자를 말한다. 프랑스 루이 15세의 왕비로 시집간 딸을 따라서 프랑스에 왔던 폴란드 스타니슬라스 왕의 제과장의 후손 니콜라 스토레르(Nicolas Stohrer)가 과거에 넣던 술을 럼주로 바꿔 새롭게 하면서 널리 퍼졌다.

8) 강낭콩에 소시지, 삼겹살 등 다른 고기를 섞어 만든 것으로, 통조림으로도 애용한다.

모두 건져낸다. 삼겹살은 고기와 함께 넣고, 콩은 토마토 퓌레 섞은 육수에 넣는다. 육수가 너무 걸쭉하면 콩을 삶았던 물을 부어 희석해 20여분 더 끓인다. 돼지 껍질을 가로세로 5센티미터 크기로 잘라, 넓고 깊은 접시에 올린다. 접시 바닥에 얇게 썬 소시지의 둥근 조각들과 콩을 깔아놓는다. 조리한 육수를 조금 붓고 빵가루(chapelure)를 뿌린다. 오븐에 넣고 5~6분간 빵가루가 노릇해질 정도로만 굽는다. 꺼내서 식탁에 바로 올린다. 이 카술레에 거위 넓적다리를 추가해도 된다.

도브

아비뇨네즈(아비뇽) 도브

Daube à l'avignonnaise, Mutton cooked in red wine

소고기로 만드는 프로방스식 도브와 같은 방법이지만, 소고기 대신 양의 넓적다리 고기를 사용한다. 가르니튀르도 대체로 같다. 그러나 최상의 맛을 내려면 작고 흰 강낭콩이 좋다. 기름진 삼겹살과 마늘 소시지와 함께 삶는다.

아쉬

양고기 다짐(Hachis de mouton)은 여러 요리의 기본 재료이다.

ɷ 구운 양고기 500g, 버터 2큰술, 다진 양파 2큰술, 소금, 후추, 너트멕, 토마토 데미글라스 소스 70ml.

고기를 잘게 잘라 다진다. 버터를 가열하고 다진 양파를 넣고 노릇해지면 고기를 넣는다. 소금, 후추, 너트멕으로 양념하고, 불을 세게 올려 때때로 저어준다. 소스를 넣어 마무리하고, 접시에 부어 파슬리를 뿌린다.

〈토마토 데미글라스 소스〉 대신 마케르 감자나 감자 퓌레를 올려도 된다. 달걀 반숙이나 달걀 프라이를 올릴 수도 있는데, 그럴 경우에는 〈토마토 데미글라스 소스〉를 곁들인다. 타라곤도 뿌린다.

메나제르(가정식) 아쉬
Hachis ménagère, Mutton hash with potatoes

고기를 다져, 감자 퓌레를 섞어 걸쭉하게 한다. 그라탱 그릇에 붓고 치즈 가루를 섞은 빵가루을 뿌린다. 녹인 버터를 바르고 오븐에서 그라탱을 만든다.

프로방살(프로방스) 아쉬
Hachis à la provençale, Mutton hash provencal style

ꕤ 양고기 500g, 데미글라스 소스, 토마토 10개, 올리브유 50ml, 소금과 후추, 파슬리, 빵가루, 치즈 가루.

고기를 다지고 데미글라스 소스를 섞어서 걸쭉한 다짐을 만든다. 토마토 꼭지 부분을 얇게 도려낸 다음 살짝 눌러 씨와 즙을 빼내서 버린다. 냄비에 올리브유를 가열해 토마토를 넣고 8~10분간 아주 약한 불로 익힌다. 익은 토마토를 뒤집고 소금과 후추, 다진 파슬리를 뿌린 뒤, 내열 접시에 잘라낸 쪽이 위로 가도록 담는다. 그 속에 다짐육을 채우고 빵가루와 치즈 가루를 뿌린다. 토마토를 익힌 냄비에 남아있는 올리브유를 조금 두르고 그릴에서 노릇하게 굽는다.

튀르크(터키) 아쉬
Hachis à la turque, Turkish style mutton hash

ꕤ 쌀 100g으로 지은 필래프 볶음밥, 양고기 400g, 토마토 소스, 가지 2개, 올리브유, 빵가루, 파슬리.

필래프 볶음밥을 만는다. 앞의 레시피처럼 다짐육을 만들지만 〈데미글라스 소스〉 대신 〈토마토 소스〉를 넣는다. 쌀밥과 고기를 잘 섞는다. 가지를 2조각으로 잘라 칼집을 내서, 올리브유에 살짝 지져 익힌다. 과육을 파내 곱게 다져 고기와 섞는다.

가지 껍질을 접시에 올린다. 가지 과육과 섞은 고기를 채우고 빵가루을 뿌린다. 올리브유 몇 방울을 추가하고 오븐에서 10여 분 중간 불로 굽는다. 먹기 전에 파슬리 가루를 뿌린다.

그랑메르(할머니식) 아쉬

Le Hachis de mouton de grand'mère, Grandmother's mutton hash

ca 양고기 다짐 500g, 감자 10개, 버터, 소금, 후추, 빵가루, 녹인 버터, 치즈 가루.

큰 감자의 윗부분을 조금 자르고 속을 파내, 버터 조금, 소금, 후추를 섞어, 파낸 자리의 절반을 채운다. 그 위에 다진 고기를 넣는다. 빵가루와 치즈 가루를 섞어 뿌리고, 녹인 버터를 뿌려 오븐에서 그라탱을 만든다.

기타 양고기 요리

옛날식 양고기 강낭콩

Haricot de mouton à l'ancienne, Haricot of mutton the old fashioned way

ca 양 목살이나 가슴살 1kg, 삼겹살 150g, 밀가루, 라드, 꼬마 양파(펄 어니언) 15개, 뜨거운 물 750ml, 소금, 후추, 부케 가르니(파슬리, 월계수 잎, 타임, 마늘 1쪽), 토마토 퓌레 2~3큰술, 삶아낸 흰 강낭콩 500ml.

양고기를 썰어 밀가루를 입힌다. 라드를 가열해 삼겹살과 꼬마 양파를 넣고 노릇하게 볶는다. 접시에 쏟아놓고, 남은 라드에 양고기를 넣고 노릇하게 지진다. 라드를 걷어내고 뜨거운 물을 붓고 소금과 후추, 부케 가르니를 넣는다. 한소끔 끓인 뒤, 뚜껑을 덮고 45분간 약한 불에 익힌다.

양고기를 냄비에 옮겨 담고 삼겹살과 꼬마 양파를 넣는다. 냄비에 남은 육즙에 토마토 퓌레를 섞어 고기 위에 붓는다. 뚜껑을 덮고 오븐에서 중간 불로 익힌다. 식탁에 올리기 전에 삶은 흰 강낭콩을 추가해서 잠시 약한 불에 데운다.

아이리시(아일랜드) 스튜

Irish stew

ca 양 가슴살 또는 목살 1.2kg, 감자 1kg, 스페인 양파 4개, 부케 가르니, 소금, 후추, 물 750ml.

고기를 잘게 썰고, 양파와 감자는 얇고 둥글게 썬다. 모두 큰 냄비에 쏟아붓고, 부케 가르니, 소금과 후추를 넣고, 물을 추가한다. 뚜껑을 단단히 덮고 오븐에서 1시간 30분쯤 약한 불로 익힌다. 식탁에 올릴 때는 테린에 담아서 뜨겁게 낸다.

무사카
Moussaka

그리스와 터키 등 옛 오스만 제국의 테린 요리인 무사카의 조리법은 다양하다. 그중 한 가지를 소개한다.

ꝏ 다진 양고기, 토마토 소스를 섞은 데미글라스 소스, 가지 6개, 소금, 후추, 밀가루, 식용유, 파슬리, 토마토(선택).

양고기를 다져 〈토마토 데미글라스 소스〉로 버무린다. 가지 껍질을 벗기고 길쭉하고 두툼하게 잘라, 소금과 후추를 넣고, 밀가루를 입혀 식용유에 튀긴다. 이것을 테린에 고기와 번갈아 층층이 담는다. 테린을 뜨거운 물을 넣은 큰 그릇에 담아, 15~20분간 오븐에서 너무 높지 않은 온도로 익힌다. 식탁에 올리며 다진 파슬리를 뿌린다. 토마토를 자르고 볶아서 가르니튀르로 둥글게 올려도 좋다.

나바랭 또는 라구
Navarin ou Ragout de mouton, Ragout of mutton

ꝏ 양 가슴살이나 목살 1.5kg, 버터, 라드, 소금과 후추, 설탕 5g, 밀가루 2큰술, 물 750ml, 토마토 퓌레 4~5큰술(선택), 부케 가르니(파슬리, 월계수 잎 1, 으깬 마늘 1쪽), 꼬마 양파(pearl onion) 15개, 감자 20개.

고기를 꽤 큼직하게 잘라 정제한 돼지 기름(라드)을 넣고 센 불로 노릇하게 잠깐 볶는다. 소금, 후추, 설탕을 뿌린다, 밀가루를 섞어 몇 분 더 볶은 뒤, 물, 토마토 퓌레, 부케 가르니를 넣는다. 주걱으로 저어주면서 한소끔 끓어오르면 1시간 더 삶는다.

고기를 꺼내 냄비에 담고 버터로 노릇하게 볶은 꼬마 양파, 작고 동그랗게 자른 감자를 추가한다. 고기를 삶았던 육수를 체로 걸러 냄비에 붓는다. 뚜껑을 덮고 오븐에 넣어 30~40분 중간 불로 계속 더 익힌다. 다 익으면 5~6분 기다렸다가 기름을 걷어낸 다음 식탁에 올린다.

햇야채 나바랭
Navarin printanier, Navarin of mutton with carrots and turnips

ᴓ 재료는 앞의 레시피와 같지만, 작은 감자 300g, 감자와 같은 크기로 둥글게 썬 당근과 순무 각 20쪽, 완두콩 250g.

앞의 나바랭과 같은 방법이지만, 조리 막바지에 육수를 야채에 계속 끼얹어주는 것만 다르다.

튀르크(터키) 양고기 필래프
Pilaw de mouton à la turque, Turkish pilaf of mutton

ᴓ 양의 목살이나 넓적다리살 1.5kg, 물 1.5리터, 양 꼬리 비계 250g 또는 버터나 올리브유 70ml, 다진 양파 4~5큰술, 소금, 후추, 부케 가르니(파슬리, 월계수 잎 1, 타임, 으깬 마늘 2쪽), 붉은 피망 2개, 육수(부이용), 토마토 퓌레 5~6큰술, 쌀 400g, 사프란.

양고기를 달걀보다 조금 작은 크기로 썬다. 냄비에 뼈와 함께 넣고 물을 붓는다. 비계도 잘게 다져 넣는다. 버터나 올리브유를 넣어도 된다. 다진 양파를 추가하고 15~20분간 끓인다. 소금과 후추, 부케 가르니와 붉은 피망을 다져 넣는다. 육수와 토마토 퓌레를 추가해 뚜껑을 덮고 1시간 15분쯤 중간 불로 끓인다. 쌀을 씻어 넣고 사프란을 조금 넣어 25분 더 끓인다.

프랑세즈(프랑스) 양고기 라구
Ragoût de mouton au riz à la Française, Mutton ragout with rice

ᴓ 양 가슴살이나 목살 1.5kg, 라드, 다진 양파 4큰술, 소금, 후추, 물 1.5리터, 부케 가르니, 토마토 퓌레 2~3큰술, 미국쌀 400g.

고기를 큼직하게 썰어 라드로 노릇하게 익힌다. 양파를 넣고 소금, 후추를 친다. 고기가 노릇해지면 물을 붓고 부케 가르니와 토마토 퓌레를 추가해 뚜껑을 덮어 1시간 30분 끓인다. 쌀을 넣고 25분간 더 끓이고, 조금 식힌 뒤 기름을 걷어내고 식탁에 올린다.

양고기 필래프나 라구는 매우 다양하다. 튀긴 가지, 주키니 호박, 감자, 그릴에 구워 길게 썬 파프리카, 베이비 당근(Baby carrot) 등 여러 재료를 고기와 섞어도 된다. 완두콩이나 플라주올레 콩을 따로 내기도 한다.

어린 양 부위별 요리

어린 양 등심(카레 다뇨)

어린 양의 등심(Carré d'agneau)은 푸알레로 익히거나 그릴에서 굽는다. 양고기에 곁들이는 어떤 가르니튀르도 무방하다.

본팜 어린 양 등심

Carré d'agneau bonne femme, Loin of lamb with onions and potatoes

ɷ 어린 양 등심, 소금, 후추, 버터, 꼬마 양파(펄 어니언) 10개, 삼겹살 50g, 작은 사각형이나 둥근 모양으로 썬 감자 2개.

등심을 버터에 노릇하게 5~분 지져 도기에 담는다. 버터로 볶은 꼬마 양파와 감자, 삼겹살을 썰어 넣고. 오븐에서 중간 불로 익히면서 때때로 녹인 버터를 끼얹는다. 먹기 직전에 바짝 졸인 걸쭉한 육즙을 몇 술 두른다.

어린 양 등심 구이

Carré d'agneau grillé, Grilled loin of lamb

등심을 작게 자르고, 소금과 후추를 넣고, 녹인 버터를 바르고 그릴에서 은근하게 굽는다. 거의 익었을 때, 빵가루를 뿌리고 노릇하게 더 굽는다. 가르니튀르는 자유롭게 고른다.

미레유 어린 양 등심 구이

Carré d'agneau Mireille, Loin of lamb with potatoes and artichokes

ɷ 어린 양 등심, 버터, 감자, 아티초크 속심, 갈색 육수(브라운 스톡) 70ml.

앞의 레시피처럼 굽는다. 타원형 토기 접시에 등심을 담고 버터를 적셔 오븐에서 7~8분 굽는다. 등심을 꺼내놓고, 둥글고 얇게 썬 감자를 접시 바닥에 한 층 깔아준다. 아티초크 속심도 감자의 3분의 1분량으로 얇게 썰어 넣는다. 그 위에 등심을 다시 올리고, 버터를 두르고 오븐에서 약한 불로 굽는다. 식탁에 올리며 갈색 육수 몇 술을 두른다.

미스트랄 어린 양 등심

Carré d'agneau mistral, Loin of lamb with potatoes, artichokes and truffles

앞의 〈미레이유 어린 양 등심〉과 같은 방법이지만, 육수를 추가하지 않고, 갈색 육수(브라운 스톡)에 살짝 데친 얇게 썬 서양 송로 몇 쪽을 넣는다. 크렘 프레슈를 몇 술 끓여 넣어도 된다.

어린 양 갈비(코틀레트 다뇨)

어린 양의 코틀레트(Côtelettes d'agneau, 갈비)는 주로 버터로 익히는 소테 방식으로 조리한다. 영국식으로 밀가루와 달걀물과 빵가루를 입혀 정제한 맑은 버터에 튀기기도 한다. 가르니튀르는 버터로 데친 아스파라거스, 완두콩, '글라스 드 비앙드'를 바른 아티초크 속심, 감자, 크림 섞은 버섯 퓌레, 밤 퓌레, 치커리, 시금치, 크림을 두른 곰보버섯.

크레피네트 어린 양 갈비

Côtelettes d'agneau en crépinettes

☙ 어린 양 갈비, 버터, 대망막, 소시지 고기(돼지고기 양념 다짐), 서양 송로(트뤼프).

팬에 버터를 넣고 센 불에서 양갈비를 튀기듯이 지져 익힌다(소테). 다진 서양 송로를 섞은 〈소시지 고기〉로 아주 얇게 2겹으로 각각의 갈비를 감싼 뒤, 크레핀(대망막, Crépine, Caul fat)[9]으로 삼각형으로 감싼다. 녹인 버터를 뿌려, 그릴에서 은근하게 굽는다. 감자 퓌레와 〈페리괴 소스〉를 곁들인다. 대망막이 없다면, 갈비를 버터에 살짝 구워 〈소시지 고기〉에 서양 송로를 조금 다져 넣고, 갈비 양쪽에 얇게 눌러 입힌다. 버터를 겉에 바르고, 그릴에서 천천히 굽는다. 가르니튀르는 같다.

9) 소, 양, 돼지의 위를 둘러싸고 있는 반투명, 거미줄 모양의 얇은 지방 막. 재료를 감싸서 수분과 향미를 보존하는 용도로, 돼지 대망막을 주로 사용한다. 대망막(크레핀)으로 감싼 작은 소시지 고기 덩어리를 크레피네트라고 부른다.

마레샬(대장군) 어린 양 갈비

Côtelettes d'agneau maréchal, Lamb cutlets in egg and breadcrumbs

☙ 어린 양 갈비, 달걀, 빵가루, 버터, 송로(트뤼프), 글라스 드 비앙드, 아스파라거스.

갈비를 달걀물에 적시고 빵가루를 입힌 뒤 정제한 맑은 버터로 익힌다. 뒤집어가며 노릇하게 고루 익힌다. 접시에 둥글게 올리고 얇게 썬 서양 송로를 한 쪽씩 얹어, 버터를 조금 섞은 '글라스 드 비앙드'를 붓는다. 접시 한가운데에 버터로 데친 아스파라거스를 올린다.

사라 베르나르 어린 양 갈비

Côtelettes d'agneau Sarah Bernhardt, Lamb cutlets with foie gras puree

☙ 어린 양 작은 갈비 12대, 버터, 푸아그라 퓌레, 글라스 드 비앙드, 알망드 소스, 밀가루, 달걀, 빵가루.

갈비를 센 불에서 버터로 익힌다. 갈비 양쪽에 푸아그라 퓌레를 조금 입히고 〈알망드 소스〉를 조금 섞은 '글라스 드 비앙드'로 덮는다. 영국식으로 밀가루, 달걀물, 빵가루를 입혀 정제한 맑은 버터에서 튀긴다. 접시에 올려 〈샤토브리앙 소스〉를 엷게 덮는다. 아티초크 속심, 얇게 썬 서양 송로를 데쳐 〈알망드 소스〉를 끼얹어 가르니튀르로 올린다.

토스카[10] 어린 양 갈비

Côtelettes d'agneau Tosca, Lamb cutlets with foie gras and ham

〈사라 베르나르 어린 양 갈비〉와 같은 방법이지만, 푸아그라 퓌레에 돼지고기를 곱게 다져 몇 술 넣는다. 영국식으로 밀가루, 달걀물, 빵가루를 입혀 정제한 맑은 버터에서 튀긴다. 갈비를 접시에 둥글게 올리고 약간의 버터를 섞고 레몬즙 몇 방울을 두른 '글라스 드 비앙드'를 조금 뿌린다. 접시 한가운데 올리는 가르니튀르도 앞의 방법을 따른다.

탈레랑 어린 양 갈비

Côtelettes d'agneau à la Talleyrand Périgord, Lamb cutlets with braised sweetbread

10) 빅토리앵 사루두의 희곡. 1887년 프랑스 파리에서 처음 공연했다. 이 연극의 여주인공 사라 베르나르는 에스코피에의 고객이었다. 1890년 푸치니가 오페라로 작곡했다.

〈사라 베르나르 어린 양 갈비〉와 같은 방법으로, 빵가루를 입히고 버터로 튀기듯이 지져 익힌다(소테). 갈비마다 삶은 스위트브레드를 작고 길쭉하게 잘라 얹고 버터를 조금 섞은 '글라스 드 비앙드' 몇 술을 끼얹는다. 스위트브레드 삶은 국물을 조금 넣은 〈데미글라스 소스〉를 얇게 썬 서양 송로에 입혀 가르니튀르로 올린다.

어린 양의 가슴 살코기

어린 양 가슴 살코기(poitrine)는 구이로 요리한다. 주로 '에피그람(얇게 저민 가슴살)'으로 사용한다. 양 가슴살 구이를 참고한다.

어린 양 에피그람

Epigrammes d'agneau, Epigrams of lamb

ⓖ 6인분: 어린 양의 가슴 살코기 1덩어리, 갈비 6, 육수(부이용), 베샤멜 소스, 달걀, 빵가루, 버터, 갈색 퐁드보(빌 스톡) 70ml, 글라스 드 비앙드 2큰술, 레몬즙.

에피그람

어린 양 가슴 살코기를 미리 육수에서 찌거나 삶는다. 뼈를 발라낸다. 쟁반이나 접시 두 개 사이에 고기를 눌러놓는다. 그다음 코틀레트 크기로 6쪽으로 자른다. 〈베샤멜 소스〉를 살짝 두르고 달걀물에 적셔 빵가루를 입혀 정제한 맑은 버터에서 뒤집어가며 익힌다.

이렇게 에피그람을 만들고 갈비도 굽는다. 가슴 살코기 에피그람을 접시에 갈비와 나란히 담는다. 아스파라거스, 완두콩, 누에콩 등을 가르니튀르로 올린다. 냄비에 남은 버터에 퐁드보 몇 술을 섞어 소스를 만든다. '글라스 드 비앙드'를 추가하고 잘 저어주며 끓인다. 버터를 조금 더 추가하고 레몬즙을 뿌린다. 이 소스는 다른 그릇에 담아낸다.

어린 양의 리(스위트브레드)

어린 양의 '스위트브레드'는 흐르는 찬물에 1시간 씻어야 한다. 그다음에 물에 넣고 한소끔 끓여 건져내 식힌다. 버터에서 익히거나 송아지 스위트브레드 방식인 '브레제' 또는 '풀레트' 방식으로 조리한다.

어린 양 스위트브레드 풀레트

Ris d'agneau poulette, Lamb's sweetbreads with onions and mushrooms

☙ 스위트브레드 250g, 버터, 소금, 후추, 밀가루 1큰술, 백포도주, 육수(맑은 부이용), 꼬마양파(펄 어니언), 부케 가르니, 달걀노른자 2, 크림 50ml, 익힌 버섯, 레몬즙.

냄비에 버터 2큰술을 녹이고 스위트브레드를 넣고 잠깐 볶는다. 소금, 후추를 치고 밀가루를 1큰술 넣고 2분간 더 볶는다. 백포도주 반 잔을 넣고, 육수나 뜨거운 물을 스위트브레드가 잠길 정도만 붓는다. 양파와 부케 가르니를 추가해 25분 가량 약한 불로 끓인다. 스위트브레드와 양파를 냄비에서 건져내, 다른 냄비에 넣고 익힌 버섯 몇 송이를 넣고, 따뜻하게 놓아둔다. 앞의 냄비에서 부케 가르니를 건져내 버리고, 달걀노른자, 소스 또는 크림 몇 술을 넣고 섞어 스위트브레드 위에 붓는다. 소스에 버터 몇 조각을 더 얹고 레몬 몇 방울을 넣는다. 버터 볶음밥이나 면을 곁들인다.

라츠빌 어린 양 스위트브레드 탱발

Timbale de ris d'agneau à la Radzivill

☙ 어린 양 스위트브레드 500g, 익힌 민물 가재, 나폴리 마카로니 150g, 콩소메(맑은 국물), 서양 송로(트뤼프), 민물 가재 버터, 파르메산 치즈 150g, 데미글라스 소스 4큰술.

스위트브레드를 손질해 냄비바닥에 얇게 썬 당근과 양파를 깔고 그 위에 얹는다. 부케 가르니를 넣고 백포도주를 한 잔 붓고, 갈색 퐁드보(빌 스톡)로 스위트브레드 높이까지 채운다. 뚜껑을 덮어 20여 분 오븐에서 익힌다. 백포도주를 섞은 쿠르부이용으로 민물 가재를 익혀 꼬리(몸통)만 떼어둔다. 머리가슴은 갈아서 가재 버터 120그램 만든다. 그사이, 마카로니를 소금물에 10분간 삶아 건져내 냄비에 넣고, 끓인 콩소메 국물을 부어 불지 않게 익힌다. 다시 건져내 가재 버터와 섞고 파르메산 치즈를 뿌린다. 다 익은 스위트브레드를 조심해서 꺼내 냄비에 넣고 버터 몇 조각과 껍질을 벗겨 얇게 썬 서양 송로, 민물 가재를 추가한다.

스위트브레드를 익힌 냄비에 갈색 퐁드보로 졸인 〈데미글라스 소스〉를 섞어 스위트브레드와 가르니튀르 위에 붓는다. 은제 탱발에 마카로니 3분의 2를 담고, 그 위에 스위트브레드와 민물 가재 꼬리 몇 개를 얹고 나머지 마카로니를 더 얹어 파르메산 치즈를 뿌린다. 남은 민물 가재 꼬리 위에 얇게 썬 서양 송로를 올리고 소스를 뿌린다.

어린 양 스위트브레드 볼오방

Vol-au-vent ris d'agneau, Lamb's sweetbreads vol-au-vent

☙ 6~8인분: 어린 양 스위트브레드 500g, 버터, 알망드 소스, 익힌 버섯 15, 서양 송로(트뤼프) 120g, 마데이라 포도주 70ml, 볼오방 크루트 1.

스위트브레드를 냄비에 넣고 버터로 살짝 익혀, 버섯, 얇게 썬 서양 송로를 섞고 마데이라 포도주를 끼얹는다. 버터를 조금 넣은 〈알망드 소스〉로 전체를 덮는다. 볼오방 크루트 안에 넣는다. 〈알망드 소스〉가 없을 때는 크림 섞은 〈베샤멜 소스〉로 대신한다.

그 밖의 어린 양 요리

어린 양 카레

Currie d'agneau, Lamb curry

☙ 어린 양 목살 1, 소금, 후추, 버터 30g, 다진 양파 2큰술, 카레 가루 1작은술, 밀가루 1큰술, 육수(부이용) 200ml, 더블 크림 100ml.

고기를 호두 크기만큼 잘게 잘라 소금과 후추를 친다. 냄비에 버터를 가열해 천천히 볶는다. 그사이 양파를 버터에 노릇하게 볶은 다음 카레와 밀가루를 추가해 몇 분 더 익힌다. 육수를 붓고 잘 저어 8~10분 끓인다. 고기에 붓고 더블 크림을 추가한다. 인도식 쌀밥을 곁들인다.

어린 양 필래프

Pilaw d'agneau, Pilaf of lamb

☙ 어린 양 목살, 버터, 다진 양파 2큰술, 쌀 200g, 콩소메(맑은 국물) 400ml.

어린 양의 목살을 작은 호두 크기로 잘라 소금과 후추를 넣고, 버터에서 천천히 익힌다. 양파를 곱게 다져 버터에 노릇하게 볶는다. 미지근한 물로 씻은 쌀을 양파와 섞고 주걱으로 버터가 쌀에 잘 스며들도록 저어준다. 콩소메를 붓고 냄비뚜껑을 덮고 18분간 밥을 짓는다.
밥에 고기를 섞어 식탁에 올린다. 〈토마토 소스〉를 따로 낸다.

어린 양 완두콩 소테
Sauté d'agneau aux petits pois
어린 양의 목살을 작은 달걀 크기로 잘라 소금과 후추를 넣고, 버터에서 튀기듯이 지져 익힌다(소테). 프랑스식으로 삶은 완두콩(완두콩, 양파, 상추, 버터를 넣고, 물을 조금 붓고, 뚜껑을 덮어 중간 불로 익힌다.) 0.5리터를 고기와 섞는다.

샤쇠르 어린 양 소테
Sauté d'agneau chasseur, Saute of lamb with wine
☙ 어린 양 목살, 소금, 후추, 버터(올리브유), 버섯 150~200g, 샬롯 2개, 코냑 1잔, 백포도주 반 잔, 토마토 소스 3큰술, 데미글라스 소스 100ml.
목살을 작은 달걀 크기로 잘라 소금, 후추를 치고 버터나 올리브유로 천천히 익힌다. 다 익으면 고기를 꺼내고 버섯을 썰어 넣는다. 잠시 익힌 뒤에 다진 샬롯, 코냑과 백포도주를 넣는다. 〈토마토 소스〉, 〈데미글라스 소스〉를 추가해 졸인 다음, 고기를 다시 넣고 파슬리를 뿌린다.
탱발에 담아낸다. 프로방스식 토마토 소테, 티롤리엔 소스, 버터에서 익힌 플라주올레 콩을 곁들여도 된다.

돼지고기 요리

돼지고기 주요 부위

앙트레로 내는 돼지고기는 주로 등심, 안심을 구이로 이용하는데, 두 조각(덩어리)이 좋다. 얹는 야채는 양배추, 붉은 양배추, 방울양배추 등이다. 감자 퓌레, 또는 파스타, 마카로니 등과 〈피캉트 소스〉, 〈토마토 소스〉도 어울린다. 돼지고기 구이에는 '사과 마멀레이드'를 곁들인다.

사과 마멀레이드
Marmelade de pommes

사과 3~4개의 껍질을 벗기고 얇게 썰어 설탕 2큰술, 물 150밀리리터를 넣는다. 뚜껑을 덮고 천천히 익힌다. 계피 가루를 조금 넣기도 한다.

돼지 등심 구이
Carré de porc roti, Roast loin of pork

다 구운 고기에 소금을 뿌려, 바로 접시에 올린다.

돼지비계에 뜨거운 물 또는 육수 200밀리리터를 붓고 절반으로 줄어들 때까지 끓인다. 이것을 고기에 조금 붓는다. 나머지는 다른 그릇에 담아 낸다. 시금치, 치커리, 감자 퓌레 또는 콩 퓌레를 곁들인다.

블랑제르 돼지 등심
Carré de porc à la boulangère, Loin of pork with vegetables

돼지 등심을 내열 접시에 담아 오븐에서 굽는다. 절반쯤 익었을 때, 얇게 썬 양파 4~5개, 얇게 썬 감자 900그램 둘러놓고 다시 계속 굽는다. 고기와 야채에 자주 육수를 끼얹는다. 다 구운 뒤, 오븐에서 꺼내 갈색 육수(브라운 스톡) 5~6큰술을 추가하고, 다진 파슬리를 섞은 야채를 뿌린다.

흰 강낭콩 돼지 등심
Carré de porc aux haricots blanc, Loin of pork with white haricot beans
돼지 등심을 내열 접시에 담아 오븐에서 굽는다. 거의 다 익었을 때쯤, 잘 삶은 흰 강낭콩 1리터를 접시 가장자리에 둘러놓는다. 접시 안에 우러난 육즙을 자주 끼얹으면서 천천히 더 굽는다.

차게 먹는 돼지 등심
Carré de porc froid, Cold loin of pork
차게 먹는 돼지고기는 점심으로 최고다. 토마토 샐러드, 가늘게 썬 붉은 양배추, 얇게 썬 사과, 푸른 야채 샐러드, 어느 것과도 잘 어울린다. 머스터드를 조금 섞은 사과 마멀레이드, 또는 크림을 추가한 〈서양고추냉이 소스〉, 〈디아블 소스〉 모두 잘 어울린다.

돼지갈비, 목살, 안심

돼지갈비(Côte de porc)는 그릴에서 굽거나 소테(Sauté) 방식으로 팬에서 튀기듯이 익힌다. 구울 때는 녹인 버터를 충분히 뿌리고 빵가루를 입혀 굽는다. 튀기듯이 익힐 때(소테)는 먼저 밀가루옷과 달걀물을 차례로 입힌 뒤에 마른 빵가루를 입힌다. 돼지 등심구이에 곁들이는 샐러드나 가르니튀르는 돼지갈비에도 잘 어울린다.

돼지 목살(Epaule de porc, Shoulder of pork)은 뼈를 발라내 소금을 치고, 덩어리처럼 둥글게 말아서 준비한다. 소금을 뿌린 목살은, 돼지고기에 야채를 넣은 포타주, '포테'에 넣는 재료로 쓰인다. 둥글게 만 돼지 목살은 등심처럼 굽는다. 가르니튀르도 같은 것을 곁들인다.

돼지 안심(Filet de porc, Tenderloin of pork)은 넓적다리에서 첫 번째 갈빗대(맨 아래쪽 갈빗대)에 걸친 부위다.

장봉(넓적다리)

장봉 익히기(포셰)

장봉(돼지 넓적다리 살코기)[1]을 찬물에 최소 6시간 담가둔다. 고기를 건져내 찬물을 붓고 뭉근히 삶는다(포셰, pocher). 끓어오르지 않도록 조심한다. 양념이나 허브는 넣지 않는다. 삶는 시간은 500그램당 약 20분이다. 프랑스 바욘(Bayonne) 장봉, 영국 요크 햄(York Ham), 체코 프라하 햄(Prague ham) 등을 사용한다. 프라하, 스페인산의 부드러운 장봉은 15분만 삶아도 된다. 차게 먹으려면 고기를 삶은 물에 담근 채로 차게 식힌다.

장봉 브레사주(브레제)

Braisage du jambon, Braised ham

뜨겁게 먹으려면, 30분 전에 찬물에서 건져놓는다. 장봉의 껍질을 벗기고 자른다. 넉넉한 냄비에 넣고 250밀리리터의 마데이라(Madeira) 포도주를 붓는다. 포르투(porto), 셰리(sherry), 마르살라(marsala), 샤블리(chablis) 등의 과실주로 대신해도 된다. 뚜껑을 덮고 오븐에 넣어 아주 약한 불로 1시간 익힌다. 포도주가 고기에 완전히 흡수되도록 한다. 마지막엔 글레이징을 한다. 소스는, 익힐 때 나온 육즙에서 기름기를 걷어내고 체로 걸러 〈데미글라스 소스〉를 추가한다. 여기에 가르니튀르를 곁들인다.

장봉 글라사주(글레이징)

Glaçage du jambon, Glazing the ham

슈거파우더(가루설탕)를 장봉에 뿌려주는 것이 최상의 방법이다. 슈거파우더를 입힌 장봉을 그릴이나 오븐에 넣는다. 슈거파우더가 카라멜처럼 녹아내리면서 황금빛 엷은 막이 된다. 슈거파우더를 녹여 윤을 낸 장봉은 보통 다음과 같은 가르니튀르를 곁들인다. 시금치, 치커리, 상추, 완두콩, 〈마세두안〉, 잠두(누에콩) 퓌레, 양배추 찜, 슈크루트, 버터 두른 국수, 리소토 등. 포도주를 졸여 〈데미글라스 소스〉에 섞는 것은 필수이다.

---

1) 돼지 뒷다리인 넓적다리 살코기를 프랑스어로 '장봉', 영어로 '햄'이라고 한다. 익히지 않은 햄, 염장한 햄, 말렸지만 딱딱하지 않고 촉촉한 햄 등이 있다.

슈크루트 장봉

Jambon à la choucroute, Ham with sauerkraut

물에 삶는 포셰 방식으로 장봉을 익힌다. 껍질을 벗기고 살코기를 자른다. 〈데미글라스 소스〉에 포도주를 조금 추가해, 이것을 접시에 조금 붓고 장봉을 올린다. 나머지 소스는 다른 그릇에 담아낸다. 슈크루트와 삶은 감자를 곁들인다.

시금치 장봉

Jambon aux épinards, Ham with spinach

장봉을 마데이라 포도주로 익힌다(브레사주/브레제). 시금치는 따로 낸다. 감자 퓌레를 곁들이기도 한다. 장봉을 졸인 국물에 〈데미글라스 소스〉를 조금 추가해 장봉에 끼얹는다.

누에콩 장봉

Jambon aux fèves de marias, Ham with broad beans

장봉을 익히고(브레제), 가루설탕으로 윤을 내서 접시에 올린다. 누에콩을 삶고 껍질을 벗겨, 버터를 조금 두르고 다진 파슬리를 뿌린다. 콩은 다른 그릇에 담고, 조리했던 육수를 조금 걸쭉하게 졸여 붓는다.

양상추 장봉

Jambon aux laitues, Ham with lettuce

마데이라 포도주로 장봉을 익혀(브레사주), 가루설탕을 입혀 윤을 낸다. 고기를 졸이고 남은 국물에 〈데미글라스 소스〉를 붓는다. 이것을 고기에 조금 붓고 나머지는 따로 담아낸다. 양상추 찜 또는 양상추에 닭고기나 쌀밥을 섞어 속을 채운 양상추 파르시를 곁들여도 좋다.

국수 장봉

Jambon aux nouilles fraîches, Ham with fresh noodles

마르살라 포도주로 장봉을 익혀(브레제) 가루설탕으로 윤을 낸다. 졸이면서 나온 국물을 조금 더 졸여 〈데미글라스 소스〉를 넣는다. 이것을 장봉 위에 조금 붓는다. 나머지는 다른 그릇에 담아낸다. 버터로 볶은 국수(생면)를 다른 접시에 담고, 그 위에 크림과 가늘게 썬 서양 송로를 올린다.

로시니 국수 장봉

Jambon aux nouilles à la Rossini, Ham with fresh noodles

앞의 〈국수 장봉〉과 같은 방법이다. 후반부만 조금 다르다. 졸인 국물에 넣는 〈데미글라스 소스〉에 〈토마토 소스〉 2~3큰술을 넣는다. 가르니튀르는 버터, 푸아그라 파르페, 파르메산 치즈, 서양 송로 등이 좋다. 국수(생면)를 콩소메에 넣고 삶아, 푸아그라, 퐁드보(빌 스톡), 치즈 가루를 조금씩 섞어 넣고 접시에 올린 뒤, 버터로 볶은 얇게 썬 서양 송로를 올린다. 전체를 다시 〈데미글라스 소스〉로 덮는다.

프라하 장봉 쿠르트

Jambon de Prague en croûte, Praque ham in pastry

☙ 장봉(체코 프라하 햄), 밀가루 반죽, 데미글라스 소스, 마데이라 포도주.

프라하 장봉을 물에 넣고 3분의 2쯤 익을 때까지 뭉근히 삶는다(포셰). 건져내 물기를 빼고, 조금 식혀 껍질을 벗긴다. 장봉에 가루설탕을 입혀 윤을 낸다. 밀가루 반죽을 둥글넓적하게 빚어 장봉을 감싼다. 덩어리를 감싼 반죽의 접합 부분이 밑으로 가도록 쟁반에 놓는다. 반죽 한가운데에 김이 빠져나갈 구멍을 뚫는다. 이것을 뜨거운 오븐에 넣고 반죽이 완전히 노릇해지도록 굽는다. 오븐에서 장봉을 꺼내 마데이라 포도주 1잔을 붓는다. 뚫었던 구멍은 밀가루 반죽으로 만든 마개로 막고, 접시에 올린다. 마데이라 포도주를 섞은 〈데미글라스 소스〉를 별도의 그릇에 담아낸다.

프라하 장봉 트뤼프

Jambon de Prague truffé, Truffed Prague ham

앞의 〈프라하 장봉〉처럼 장봉을 준비하지만, 고기를 얇게 저며서 그 틈새에 얇게 썬 서양 송로(트뤼프) 조각들을 소금과 후추를 살짝 뿌려서 끼워 넣고 밀가루 반죽으로 감싼다. 오븐에 넣고 노릇해질 때까지 익힌다. 오븐에서 꺼내 마데이라 포도주를 섞은 〈데미글라스 소스〉 100밀리리터를 끼얹는다. 밀가루 반죽으로 만든 마개로 구멍을 메운다. 소스와 함께 낸다. 버터로 볶은 아스파라거스, 밤 퓌레, 수비즈 퓌레, 셀러리 퓌레 등이 가르니튀르로 잘 어울린다.

뜨겁게 먹는, 장봉 무스와 무슬린

장봉을 파르스(소)로 이용한다. 무스(mousse)는 보통 6~8인분용 틀에 넣어 뭉근히 삶는다(포셰). 무슬린(mousseline)은 숟가락을 이용해서 만든 큰 크넬과 비슷한 달걀 크기이다.

장봉 무스와 무슬린용 파르스

Farce pour mousse de jambon chaude, Forcement for hot ham mousse

☙ 익히지 않은 장봉(살코기) 500g, 소금과 백후추 각 6g, 달걀흰자 2, 크렘 프레슈 500ml.

장봉을 곱게 갈아서 소금과 후추를 넣고, 달걀흰자를 천천히 추가해서 고운 체로 거른다. 이렇게 거른 걸쭉한 고기 반죽을 둥근 그릇에 넣고 얼음 위에 30~40분간 올려놓는다. 그다음, 크렘 프레슈를 천천히 붓다가 차츰 빠르게 마요네즈를 만들 때처럼 휘젓는다. 필요하다면, 단맛의 붉은 파프리카 가루를 섞어 고운 분홍빛을 낸다. 파프리카 즙을 사용한다면, 작은 소스냄비에 버터 1큰술과 파프리카 1큰술을 넣어 몇 초간 살짝 가열한 뒤 계속 저어준다. 크림 100밀리리터를 붓고 1분간 더 끓인다. 이것을 천에 넣고 짜낸다. 식혀서 사용한다.

장봉 무스 만들기

샤를로트 틀을 준비해 버터를 두르고 소를 넣는다. 중탕기에 넣고, 뚜껑을 덮고 익힌다. 물이 끓지 않아야 한다. 30~35분간 무스가 탄력이 있고, 좋은 빛깔이 날 때까지 익힌다. 중탕기에서 꺼내 몇 분간 식혀 굳힌 뒤, 틀을 거꾸로 뒤집어 접시에 놓는다. 1분간 기다렸다가 틀을 들어낸다. 무스에 야채 또는 피낭시에르 가르니튀르를 올릴 수 있다. 마데이라 포도주 등의 적포도주를 조금 넣은 진한 소스를 곁들인다.

알렉상드라[2] 장봉 무슬린

Mousselines de jambon Alexandra, Mousselines of ham with truffles

☙ 장봉 파르스, 서양 송로(트뤼프), 베샤멜 소스, 치즈, 녹인 버터, 아스파라거스.

숟가락으로 파르스 반죽을 떼어내 달걀 모양으로 무슬린을 만든다. 버터

---

2) 덴마크 국왕의 딸이며 영국 왕 에드워드 7세의 왕비(Alexandra of Denmark).

두른 냄비에 넣고, 끓인 소금물을 살짝 끼얹는다. 뚜껑을 덮고 물이 끓어오를 비등점 직전까지(섭씨 95도)만 약하게 가열한다. 물이 끓어오르면 안 된다. 15~18분간 이렇게 뭉근히 익혀 천으로 걸러 받는다. 버터 두른 접시에 둥글게 올리고, 각 무슬린 위에 얇게 썬 송로를 얹는다. 〈베샤멜 소스〉로 덮고, 치즈 가루를 뿌리고, 녹인 버터를 발라, 샐러맨더 그릴 또는 오븐에 넣어 센 불로 잠깐 윤을 낸다. 접시 한가운데에는 버터로 볶은 아스파라거스를 가르니튀르로 채운다.

플로랑틴(피렌체) 장봉 무슬린

Mousselines de jambon à la florentine, Ham Mousselines with spinach

☙ 장봉 무슬린, 시금치, 버터, 소금, 후추, 무슬린, 베샤멜 소스, 녹인 버터, 치즈 가루.

시금치를 데치고 썰어서, 버터를 조금 풀고 센 불에 잠깐 볶는다. 소금, 후추를 치고 접시에 쏟는다. 앞에서처럼 무슬린을 만들어 시금치 위에 둘러놓고 〈베샤멜 소스〉를 붓는다. 치즈 가루를 뿌리고, 녹인 버터를 바른 뒤 오븐에 넣어 센 불에서 윤을 낸다.

장봉 수플레

Soufflé de jambon, Ham souffle

☙ 6인분: 생고기 또는 익힌 뒤에 식힌 장봉 250g, 베샤멜 소스, 붉은 고추, 후추, 달걀노른자 3, 달걀흰자 4.

기름을 제거한 장봉 살코기, 〈베샤멜 소스〉 2큰술, 붉은 생고추를 조금 다져 넣고 곱게 간다. 〈베샤멜 소스〉를 추가하고 달걀노른자와 흰자를 넣어 섞는다. 이 반죽을 버터 두른 수플레 용기에 담아 오븐에서 익힌다. 얇게 썬 서양 송로나 파르메산 치즈 가루를 조금 더해도 된다.

알렉산드라 장봉 수플레

Soufflé de jambon Alexandra, Ham souffle with cheese and truffles

파르메산 치즈와 서양 송로를 섞어 수플레를 준비한다. 수플레 용기에 버터를 둘러 수플레 재료를 버터로 볶은 아스파라거스와 교대로 층층이 담아 올린다. 맨 위 표면을 둥근 지붕 모양으로 잡아 오븐에 넣고 중간 불로 20~25분간 익힌다.

페리고르딘 장봉 수플레
Soufflé de jambon périgourdine, Ham souffle perigourdine
〈알렉산드라 장봉 수플레〉와 같지만 아스파라거스를 넣지 않는다.

수플레 장봉 루아얄
Soufflé de jambon royale, Ham souffle with foie gras and truffles
앞의 〈페리고르딘 장봉 수플레〉와 같은 방법으로 조리하지만, 버터로 볶은 푸아그라와 서양 송로를 조금 올리는데, 여기에 마데이라 포도주를 조금 섞은 〈데미글라스 소스〉를 입힌다.

차게 먹는 장봉

돼지 넓적다리 고기를 익힌 다음 식혀야 한다. 식으면 껍질을 벗기고, 살코기를 다듬고 기름 덩어리를 제거한다. 젤리로 덮어 꽤 두툼한 층이 될 만큼 젤리로 굳힌다. 젤리를 보기 좋은 모양으로 잘라 접시에 올린다.

차가운 장봉 무스
Mousse froide de jambon, Cold ham mousse
ↂ 6~7인분: 돼지 살코기 300g, 블루테 100ml, 소금, 후추, 고기 젤리 100ml, 크렘 프레슈 200ml, 서양 송로(트뤼프).
기름기 없는 삶은 고기에 블루테를 추가해 곱게 다진다. 이것을 체로 걸러, 소금과 후추를 넣는다. 얼음 위에 몇 분간 올려놓고, 고기 젤리를 녹여 천천히 부어가며 섞는다. 다 섞이면 크렘 프레슈를 붓는다. 이 반죽을 접시 위의 탱발에 담아 굳힌다. 굳으면 그 위에 얇게 썬 서양 송로 몇 쪽을 올리고 젤리를 얇게 덮어 얼음 위에 올려놓는다.

알자시엔(알자스) 장봉 무스
Mousse de jambon à l'alsacienne, Ham mousse with foie gras
ↂ 장봉 무스, 푸아그라 파르페, 닭고기 젤리.
앞과 같은 방법으로 준비한 장봉 무스를 깊은 사각접시에 담는다. 표면을 고르고 접시를 얼음 위에 올려둔다. 무스가 굳으면, 푸아그라 파르페를 위에 올리고, 뜨거운 물에 적신 숟가락으로 푸아그라 파르테의 한복판을 도려낸다. 닭고기 젤리로 푸아그라 파르페를 덮고 굳을 때까지 기다린다. 접시에 올려 얼음을 주위에 둘러놓는다.

닭 가슴살 장봉 무스

Mousse de jambon au blanc de volaille, Ham mousse with chicken's breasts

☙ 장봉 무스, 닭 가슴살, 육수(퐁 블랑/화이트 스톡), 흰 쇼프루아 소스.

깊은 사각 접시에 장봉 무스를 절반쯤 채워 얼음 위에 올려 식힌다. 육수에 삶은 닭 가슴살을 길게 썬다. 장봉 무스를 〈흰 쇼프루아 소스〉로 덮고 닭 가슴살을 위에 올린다.

잠포네

잠포네(zampone)[3]는 이탈리아식 가공육이다. 실로 묶어 천을 덮어 익힌다. 뜨겁게 먹는다. 마데이라 포도주, 〈토마토 소스〉, 슈크루트, 양배추 찜, 강낭콩이나 감자 퓌레 등을 곁들인다. 잠포네는 차게 먹기도 한다. 주로 오르되브르로 낸다. 이때는 가능한 얇게 썰어낸다.

돼지고기 기타 부위

돼지 귀

Orilles de porc au naturel, Pig's ears

깨끗이 세척한 돼지 귀를 냄비에 넣고, 물 1리터를 붓고, 소금 약 8그램, 가늘게 썬 당근 1~2쪽, 정향 1개를 박은 양파 1개와 부케 가르니를 넣고 한 번 끓이고, 다시 약하게 삶는다. 돼지 귀는 길게 2조각으로 잘라 양배추나 강낭콩 등과 함께 익히기도 한다.

---

3) 돼지 족발의 뼈를 발라내고 그 안에 양념한 돼지고기를 채운 소시지. 날것과 익힌 것, 두 종류가 있다. 기름진 돼지 족발 껍데기까지 식용한다. 모데나 지방에서 비롯되어 잠포네 모데나(zampone di modena)라고 한다.

돼지 족 구이

Pieds de porc panés, Breadcrumbed pig's trotters

족을 삶아 2쪽으로 자른다. 비계나 버터를 바르고 빵가루를 묻혀 그릴에서 천천히 굽는다. 삶은 감자를 곁들인다.

트뤼프 돼지 족

Pieds de porc truffés, Truffled pig's trotters

ø 돼지 족 2, 돼지고기 파르스 400g, 서양 송로(트뤼프) 150g, 돼지 대망막, 녹인 버터.

앞에서와 같이 돼지 족을 익힌다. 뼈는 완전히 발라내고 삶는다. 살을 길고 네모지게 썰어 파르스와 다진 서양 송로 150그램을 섞는다. 족을 75~100그램 단위로 나누어 작은 소시지 모양으로 끝을 묶는다. 각각에 얇게 썬 서양 송로를 추가해, 돼지 대망막으로 말아 감싼다. 녹인 버터를 겉에 바르고 그릴에서 은근하게 굽는다. 다 익으면 뜨거운 접시에 올려 〈페리괴 소스〉를 곁들인다. 감자 퓌레를 곁들여도 좋다.

돼지 머릿고기

Tête de porc, Pig's head

보통 차게 먹는다. 특히, 머릿고기 편육(Fromage de Tête, Head Cheese)[4]이 그렇다. 뜨겁게 먹을 수도 있는데, 돼지 귀와 마찬가지로 조리한다.

---

4) 돼지 머릿고기를 익혀 압착한 것. 돼지머리 편육.

앙두이유, 부댕, 크레피네트, 프티 살레, 소시지

앙두이유

앙두이유/앙두이예트
Andouilles et andouillettes, Sausages and small sausage made of chitterlings
앙두이유는 돼지 곱창을 넣은 순대 또는 소시지다. 훈연해서 판매한다. 버터를 겉에 바르고 그릴에서 은근하게 굽는다. 감자 퓌레를 곁들인다. 작은 크기의 '앙두이유'는 '앙두이예트'라고 한다.

부댕

프랑스식 순대 또는 소시지, 부댕(Boudin)은 미리 조리한 것으로 유통되지만, 만드는 법을 알아두는 것도 좋다.

흰 부댕
Boudin blanc ordinaire, Ordinary white Boudin
ෂ 돼지 살코기 250g, 삼겹살 400g, 푸아그라 100g, 달걀 2개, 다진 양파 50g, 버터, 크림 100ml, 소금 15g, 백후추와 너트멕 각 5g, 돼지 창자(boyau).
돼지 살코기와 기름진 삼겹살을 다져, 푸아그라와 함께 갈아준다. 체로 거른 다음, 달걀, 버터로 살짝 볶은 양파를 추가하고, 크림을 붓고 소금과 후추를 넣는다. 이것들을 잘 섞는다. 섞은 반죽을 돼지 창자 속에 넣고 너무 세게 조이지 않도록 조심해서 묶는다. 적당한 길이로 묶어 찜통에 넣고, 물을 4분의 3쯤 채운다. 12분간 끓인 다음 물이 끓어오르지 않도록 95도 정도에서 뭉근히 삶는다. 건져내서 식힌다. 순대를 핀으로 조금씩 찔러주면 익으면서 터지지 않는다. 조리용 기름종이에 싸서 아주 약한 불의 그릴에서 굽는다. 감자 퓌레에 크림을 추가해 곁들인다.

흰 부댕(닭고기 부댕)

Boudin blanc de volailie, White chicken Boudin

☙ 닭고기 500g, 삼겹살 400g, 다진 양파 100g, 버터, 타임 5g, 월계수 잎 반쪽, 소금 1작은술, 후추와 너트멕 각 5g, 달걀흰자 4, 돼지 창자.

닭고기와 삼겹살을 잘게 썰어 따로따로 갈아준다. 함께 섞는다. 양파는 노릇해지지 않도록 살짝만 버터로 익힌다. 타임, 월계수 잎을 넣는다. 고기 반죽에 소금, 후추, 너트멕을 섞고 달걀흰자를 조금씩 넣는다. 이때 주걱으로 반죽을 세게 휘저어 섞는다. 체로 걸러, 창자 안에 넣고 뭉근히 익힌다.

검은 부댕

Boudin noir, Black Boudin

☙ 돼지 콩팥 부위 비계(panne) 500g, 돼지 피 400ml, 다진 양파 200g, 라드, 소금, 후추, 향신료, 크림 100ml, 돼지 창자.

돼지 콩팥 비계를 작은 토막으로 썰고 살코기를 조금 섞는다. 양파를 노릇해지지 않을 정도로 라드에 볶고, 재료와 함께 고루 섞는다. 이렇게 섞은 것을 창자 속에, 터지지 않게 느슨하게 채워넣고 끈으로 묶는다. 찜통에 넣고 끓는 물을 4분의 3 정도 채운다. 섭씨 95도의 은근한 불로 20분간 삶는다. 부댕이 물 위로 떠오르면 핀으로 찔러. 터지지 않도록 숨구멍을 낸다. 익은 부댕은 꺼내 식힌다. 그릴에 얹어 굽는다. 감자 퓌레나 사과 마멀레이드를 곁들인다.

크레피네트, 영국식 파이

크레피네트

Crépinettes, Small flat sausages

☙ 소시지 고기(돼지고기 양념 다짐) 1kg, 다진 파슬리 1큰술, 코냑 1잔, 대망막, 녹인 버터.

재료를 한꺼번에 잘 섞는다. 100그램 분량의 덩어리로 나누어 대망막(크레핀, crépine, caul fat)으로 감싸, 긴 타원형으로 납작하게 눌러준다. 녹인 버터를 겉에 바르고 오븐이나 그릴에서 약한 불로 굽거나, 약한 불에서 버터로 튀긴다. 사과 또는 복숭아 퓌레를 곁들인다. 서양 송로 크레피네트의 경우 다진 서양 송로 100그램 추가한다.

앙글레즈(영국) 돼지고기 파이
Pâté de porc à l'anglaise, English style pork pie

ᴓ 익히지 않은 햄(jambon cru, raw ham), 돼지고기 600g, 소금, 후추, 버섯 60g, 샬롯 2개, 파슬리, 세이지 5g, 감자 600g, 양파 1개, 물 200ml, 밀가루 반죽, 달걀.

접시에 장봉을 얇게 썰어 넣는다. 곱게 다진 버섯과 샬롯, 파슬리, 세이지, 소금과 후추로 양념한 돼지고기를 넣는다. 얇게 썬 감자와 양파를 올린다. 물을 붓고 밀가루 반죽을 뚜껑처럼 덮는다. 모서리를 잘 막고, 달걀물을 바르고, 포크로 뚜껑 위에 반죽이 갈라질 줄을 긋고(금빛으로 구워지면서, 표면이 벌어져 틈이 생긴다) 오븐에 넣어 약한 불로 2시간 굽는다.

소시지

케임브리지 소시지
Cambridge Sausage

영국 케임브리지 소시지는 프랑스 소시지처럼 그릴 또는 오븐에서 굽고, 그릴에서 구운 영국식 베이컨과 함께 아침에 낸다. 가금 구이에 곁들이기도 한다. 흰 양배추나 붉은 양배추 브레제와 함께 낸다.

프랑크푸르트 소시지, 스트라스부르 소시지
Saucisses de Francfort et de Strasbourg, Frankfurt and Strasburg sausages

소시지를 10분간 물에 뭉근히 삶는다(포셰). 더 오래 삶으면 풍미가 달아난다. 감자 퓌레, 서양고추냉이 가루를 곁들인다. 슈크루트는 종종 이런 소시지와 함께 먹는다.

백포도주 소시지
Saucisses au vin blanc, Sausages with white wine

ᴓ 작은 소시지 12개, 버터 25g, 백포도주 100ml, 데미글라스 소스 200ml, 크루통, 달걀노

른자 2, 크렘 프레슈 2큰술, 글라스 드 비앙드 2큰술.

팬에 버터를 넣고 소시지를 익혀, 팬에서 꺼내 식지 않게 오븐에 올려둔다. 팬의 바닥에 남은 버터에 포도주를 부어 섞는다(디글레이징). 저어가며 졸인다. 〈데미글라스 소스〉를 넣고 버터 25그램을 추가해 소스를 완성한다. 소시지를 버터로 튀긴 크루통 위에 올리고 소스로 덮는다. 소스에 버터를 넣지 않고, '글라스 드 비앙드' 2큰술을 넣어도 된다. 이것에 달걀노른자 2알, 크렘 프레슈 2큰술을 넣고 걸쭉하게 만든다. 감자, 밤, 완두콩 등의 퓌레, 필래프 볶음밥이나 리소토도 잘 어울린다.

프티살레

프티 살레(petit salé, 소금에 절인 삶은 돼지고기)는 소금을 넣지 않은 맹물에 오래 담가 둔다. 양배추와 함께 익힐 때에는 소금에 절인 돼지고기를 반드시 끓는 물에서 15분간 삶아 염분을 없애야 한다.

염장한 돼지고기

Poitrine de porc salé, Belly of pork

소금에 절인 돼지고기 삼겹살이나 목살 1킬로그램을 양파, 당근, 파스닙 6개와 함께 익힌다. 야채를 곁들이고 삶은 완두콩을 따로 낸다.

새끼 돼지

젖먹이 새끼 돼지[5]는 항상 통째로 요리한다. 오븐에 넣거나 쇠꼬챙이를 꽂아 커다란 꼬치로 굽는다. 돼지의 크기에 따라 익히는 시간이 다르지만, 보통 1시간에서 1시간 30분 정도 걸린다. 살찐 돼지라면 중량 500그램 정도가 늘어날 때마다 15분씩 더 굽는다. 새끼 돼지 통구이는 껍질이 파삭하고 노릇해야 한다. 기름을 계속 끼얹어가며 구워야 이런 결과를 얻는다. 걸쭉한 육즙을 소스로 삼는다.

새끼 돼지 파르스

Farce pour cochon de lait, Stuffing for sucking pig

돼지 간으로 〈그라탱 파르스〉를 준비한다. 같은 양의 소시지 고기(돼지고기 양념 다짐) 200그램, 우유를 축인 빵가루, 달걀 2알, 코냑 100밀리리터, 향신료를 추가한다. 전체를 잘 섞는다. 이렇게 만든 파르스를 새끼 돼지 안에 넣고 배를 잘 꿰메고, 오븐에 넣거나 꼬치로 굽는다.

앙글레즈(영국) 새끼 돼지 파르스

Farce à l'anglaise pour cochon de lait, English stuffing for sucking pig

ᘓ 양파 1.2kg, 빵가루 500g, 다진 비프 수이트(Beef Suet, 소의 콩팥 지방) 500g, 소금, 후추, 너트멕 각 5g, 세이지 75g, 달걀 2.

양파를 껍질째 구워 식힌 다음, 껍질을 벗겨버리고 곱게 다진다. 빵가루를 입혀 우유에 적신 다음, 나머지 재료와 함께 골고루 섞는다.

앙글레즈(영국) 새끼 돼지 구이

Cochon de lait farci et rôti à l'anglaise, English style roast stuffed sucking pig

앞에서 만든 것과 같은 소를 새끼 돼지에 넣고 꿰맨다. 돼지 전체에 올리브유를 바르고 오븐에서 굽거나 꼬치구이를 한다. 감자 퓌레, 건포도를 넣은 사과 마멀레이드(사과 소스)를 곁들인다. 건포도는 소스에 넣기 전에 뜨거운 물에 몇 분간 담가 깨끗이 씻는다.

---

5) 무게 15킬로그램 이하로, 생후 6주째 된 돼지를 통째로 요리한다. 스페인에서는 젖먹이 돼지 통구이 코치니요(cochinillo)가 널리 퍼졌다. 토기에 담아 장작불로 오래 굽는다.

생포르튀나[6] 새끼 돼지

Cochon de lait Saint-Fortunat, Stuffed sucking pig

☙ 보리 150g, 새끼 돼지의 간, 혼합 허브 2큰술, 치폴라타 소시지 200g, 찐 밤 40여 개, 코냑, 올리브유, 갈색 퐁드보(빌 스톡).

보리밥을 필래프식으로 짓는다. 간은 적당하게 네모로 토막내 버터를 넣고 볶는다. 간, 다진 허브들, 소시지, 밤을 보리밥과 섞는다. 돼지 속에 소금을 치고 코냑 몇 잔을 끼얹는다. 소를 넣고 꿰맨다. 구이통에 넣고 올리브유를 바르고, 노릇하고 파삭하게 구워질 때까지 자주 기름을 끼얹는다. 다 익으면 접시에 올리고, 냄비에 갈색 퐁드보(빌 스톡)를 조금 추가해 몇 분간 졸인다(디글레이징). 서양고추냉이를 넣은 〈구스베리 소스〉 또는 사과 마멀레이드(사과 소스)를 곁들인다.

6) 프랑스 리옹 근교의 소도시.

구이 요리

오븐 구이, 꼬치 구이

구이(rôtis)는 꼬치 구이와 오븐 구이가 있다. 구이는 꼬치 직화구이가 좋다. 그러나 항상 숯불이나 화로를 구할 수 있는 것이 아니기 때문에 오븐에서 굽는 것이 쉽다. 그렇지만 신경을 써야 한다. 특히 가금류가 그렇다. 일반적으로, 가금은 비계를 집어넣거나 비계로 감싸야 한다. 비계를 덮거나 감싸는 것은 가슴살이 너무 빨리 익는 것을 막아줄 뿐만 아니라, 다리살이 퍽퍽해지는 것도 막아준다. 따라서 가금의 배를 비계로 잘 덮어 실이나 끈으로 묶어야 한다.
돼지비계 대신 소와 송아지 비계로 덮어도 깊은 맛이 난다. 비계를 너무 깨끗이 잘라내버리면 살코기 향미의 절반은 달아난다. 그런데 프랑스 푸줏간에서는, 비곗덩어리가 살코기에 필요한 양분이라고 생각하지 않는다. 영국인들은 이 비계를 매우 중시하는데, 이는 매우 옳다.
고기는 어떤 식으로 굽든, 굽는 동안에 흘러나온 육즙만, 계속 다시 적셔줘야 한다. 절대 다른 수분이나 용액으로 보충하면 안 된다.

구이에서 나온 육즙

고기를 구우면서 나온 육즙을 무시하는 경우가 많지만 육즙은 매우 중요하다. 굽는 고기에서 우러난 육즙을 다른 국물이나 육수와 섞어 재사용하는 것이 원칙이다. 그런데 고기에 코냑을 끼얹을 때, 절대로 그 육즙을 태우지 않아야 한다. 육즙을 따로 받아 캐러멜처럼 걸쭉하게 만든다. 따라서 고기를 오븐에서 구울 때는, 흘러나온 기름이 타지 않도록 내열 접시나 철판을 사용한다.
가정에서는 큰 문제가 없지만, 식당에서는 큰 고기와 뼈를 다루는 만큼 미리 비계 기름을 받을 그릇을 갖추어야 한다. 구우면서 나온 육즙을 3분의 1로 졸인 뒤, 고운 체나 천으로 걸러 받으면, 비계 기름의 일부는 걸러낼 수 있다. 기름을 완전히 걷어내면 육즙이 맑아지기 때문에, 보기에는 좋지만 맛은 절반을 잃게 된다.
가금류에는 크레송(워터크레스) 다발을 얹곤 하는데 이는 마지막에 할 일이다. 아무튼 어떤 경우든 육즙은 다른 그릇에 담아낸다. 조류 구이는 굽거나 튀긴 빵 위에 올리고 〈그라탱 파르스〉[1]로 덮는다.
레몬은 접시에 둘러놓지 않는 것이 좋다. 별도로 낸다. 굳이 같은 접시에 레몬이나 코르니숑(오이 피클)을 가르니튀르로 놓으려면 접시가 아주 깔끔해야 한다. 북유럽에서는 구이에 항상 과일 '콩포트'를 곁들인다. 많이 달지 않은 사과 설탕 절임이나 체리, 자두, 살구 등의 설탕 절임을 내놓는다.

영국식 구이를 위한 소스와 가르니튀르

영국식 구이와 가르니튀르에는 〈사과 소스〉, 〈브레드 소스〉, 빵가루(bread-crumbs), 〈레포르(호스래디시) 소스〉, 〈크랜베리 소스〉를 이용한다. 〈크랜베리 소스〉는 특히 칠면조, 오리, 돼지 구이에 필수다.

크림 파르스
Farce à la crème, Forcemeat with cream

칠면조, 오리, 거위 구이에 사용하는 소.

☙ 양파 4개, 버터, 샐비어, 빵 조각 100g, 우유, 송아지 비계 100g, 소금, 후추.

양파 껍질을 벗기지 않고 오븐에서 익힌 뒤, 껍질을 벗겨 곱게 다진다. 버터를 두르고 다진 샐비어를 뿌린다. 빵의 부드러운 속 조각을 우유에 적

1) 가르니튀르에서 '파르스' 참조

셔 꼭 짠 뒤, 다진 송아지 비계와 양파를 섞어 소금, 후추로 양념한다. 재료의 분량은 거위, 칠면조용이다. 오리는 3분의 2로 조정한다.

빌 스터핑

Veal Stuffing, For Veal and Pork

송아지와 돼지고기 구이에 사용하는 소.

재료의 비율은 앞의 것과 같지만, 소고기 비계와 빵 조각을 체로 걸러 받고 파슬리를 다져 넣는다. 소금, 후추를 뿌린다. 너트멕 가루와 재료 1킬로그램당 달걀 2알을 추가한다.

요크셔 푸딩

Yorkshire Pudding, Pour les rôtis de Bœuf

영국인들은 소고기 구이에 항상 요크셔 푸딩을 곁들인다. 우유 1.25리터에 달걀 4알, 밀가루 500그램을 섞는다. 소금, 후추, 너트멕을 추가해 푸딩 그릇이나 큰 냄비에 넣는다. 그릇에는 소의 비계를 미리 녹여 넣는다. 이 반죽을 오븐에서 굽는다. 소고기를 꼬치로 굽는다면, 반죽을 담은 그릇을 소고기 꼬치 아래에 놓고 떨어지는 육즙을 받는다. 오븐에서 꺼내 네모 또는 마름모꼴로 잘라서 접시에 담아낸다.

소고기 구이

소갈비 구이

Côte de Boeuf, Roast ribs of beef

소갈비는 뼈를 발라내지 않고 토막으로 잘라 굽는다. 오븐에 구울 때는 고기보다 조금 더 크고 깊은 팬에 넣는다. 불의 온도는 중간 쯤에 맞춘다. 기름을 태우지 않도록 한다. 떨어지는 기름을 종종 다시 끼얹어준다. 구이는 갈비 1킬로그램당 15~18분이 적당하다. 꼬치로 구울 때는 15분쯤이다. 그러나 먼저 1시간 또는 1시간 30분쯤 갈비를 찜냄비에서 증기로 가볍게 찌는 것이 좋다. 그래야 고기 속의 육즙이 빠져나가지 않는다.

소고기 등심(콩트르필레) 구이

Contre-Filet rôti, Roast sirloin

뼈를 발라내지 않은 채 등심을 굽는다면, 등뼈는 자르지만 떼어내 버리지는 않고 누런 인대가 그대로 붙어 있어야 한다. 갈비보다 조금 센 불로 굽는다. 따라서 시간은 조금 짧아진다. 뼈를 모두 발라낸다면, 비프 수이트(소 콩밭 지방)를 길게 잘라 덮어준다. 이것이 없다면 돼지 삼겹살로 대신한다. 그러나 수이트에 비할 수는 없다. 뼈를 발라낸 고기는 1킬로그램당 12~14분을 굽는다. 뼈째로 구울 때에는 5분을 추가한다.

소고기 안심(필레) 구이

Filet de Boeuf, Filet of beef

안심을 둘러싼 신경 조직을 제거하고 비계를 찔러 넣는다. 소고기의 비계 조각으로 덮어 실로 묶어주기도 한다. 안심은 꽤 센 불로 굽는다. 고기 속이 밝은 적색이어야 한다. 오븐에서 평균 1킬로그램당 12~15분, 꼬치로 그릴에서 굽는다면 18분쯤 굽는다.

송아지고기 구이

송아지고기 등심 및 갈비(카레)

Carré de veau, Loin and ribs

송아지 등심과 비프 수이트(소의 콩밭 지방)를 냄비에 다져넣고 버터를 섞어 굽는다. 킬로그램당 약 30분 굽는데 자주 육즙을 끼얹는다.

송아지고기 등심(롱주)

Longe de Veau

송아지 등심의 또다른 부위 '롱주'는 '카레' 부위처럼 굽는다. 또는 큰 냄비에 버터를 넉넉히 넣어 굽기도 한다. 버터가 타지 않도록 조심한다. 버터를 시커멓게 타지 않게 하면서 고기를 구우려면, 고기 크기에 알맞은 냄비에 버터를 넉넉히 녹여 넣고 약한 불로 굽는다. 버터가 노릇해지기 시작하면 뜨거운 물 2큰술을 추가한다. 이런 식으로 버터가 노릇해질 때마다 계속 물을 추가하면서 굽는다. 항상 지켜보면서 구워야 하니, 단순해 보이지만 쉽지 않다. 35분쯤 걸린다.

앙글레즈(영국) 송아지 등심(롱주)과 목살(에폴)
Longe et épaule de Veau à l'Anglaise, Loin and shoulder of veal

송아지 구이용 〈빌스터핑〉을 추가해서 굽는다. 돼지고기(장봉) 수육을 곁들인다. 앞의 〈송아지고기 등심〉과 같은 방법을 따른다. 버터를 태우지 않은 것이 비결이다.

양고기 구이

어린 양 갈빗살(카레)
Carré d'agneau

뼈를 발라내고 갈빗살을 센 불로 오븐에서 굽는다. 거의 다 익었을 때 접시에 담는다. 고기를 구울 때 나온 육즙은 육수를 섞어 몇 분쯤 졸이고, 체로 걸러 받아 갈빗살에 끼얹는다. 나머지 소스는 따로 낸다.

양의 볼깃살(셀)
Selle de mouton

뼈를 발라내지도, 비계를 넣지도 않고 굽는다. 안심에 붙은 비계를 조금 잘라 고기에 덮고 칼집만 조금 내준다. 꼬치를 만들거나 실로 묶어 오븐에서 굽는다. 평균 시간은 킬로그램당 12~15분이다. 기름이 타지 않게 조심한다.

양의 허벅지 살(지고)
Gigot de mouton, Leg of mutton

양의 허벅지 살코기는 킬로그램당 15~16분 굽는다.

양의 볼깃살 및 허벅지 살(바롱)
Bas-Rond

바롱은 허벅지 살(gigot) 두 덩어리와 볼깃살(selle) 한 덩어리로 구성된다. 오븐에서 중간 불로 굽는다. 기름이 타지 않도록 조심한다. 킬로그램당

12~15분 굽는다.

양의 목살(에폴)
Epaules de mouton, Shoulder of mutton
소금과 후추를 넣고, 둥글게 말아, 실로 묶어 오븐에서 굽는다. 어린 양은 뼈를 발라내지 않는다.

돼지고기 구이

돼지의 등심과 안심은 오븐에서 센 불로 충분히 구워야 한다. 보통 킬로그램당 30분쯤 굽는다.

앙글레즈(영국) 돼지고기 구이
Rôtis de Porc à l'Anglaise, Roast pork in the english way
새끼 돼지 등심이나 안심을 사용한다. 껍질을 벗겨내지 않는다. 킬로그램당 18~20분 굽는다. 〈양파와 세이지 소스〉나 〈사과 소스〉를 곁들인다.

닭, 칠면조, 오리, 거위 구이

풀라르드(큰 암탉)[2] 구이
Poularde, Chicken
닭의 몸통 안팎에 소금, 후추르 뿌리고, 실로 묶어 오븐에서 은근한 불로 굽는다. 꼬치구이도 좋다. 1.5킬로그램 무게라면 오븐에서 45분, 그릴에서 꼬치는 50분 굽는다. 구울 때 우러나오는 육즙은 접시에 받아둔다. 그 육즙을 고기에 두르고 나머지는 크레송(워터크레스)과 함께 따로 낸다.

앙글레즈(영국) 암탉 구이
Poularde rôtie à l'Anglaise, Roast chicken in the english way
앞의 레시피처럼 굽는다. 접시에 담아 소시지와 구운 삼겹살을 닭고기 둘

2) 난소를 제거해 살찌운 암탉으로 한국 기준 닭고기 중량으로는 특대형(17호)이다.

레에 두르고 〈브레드 소스〉를 곁들인다.

트뤼프 암탉

Poularde truffee, Truffed chicken

ca 영계 1마리, 소금, 후추, 돼지비계 500g, 서양 송로(트뤼프) 400g, 너트멕, 코냑 3큰술, 삼겹살.

영계를 손질해 속을 비운다. 목의 껍질은 벗겨내지 않는다. 소금과 후추를 뿌린다. 돼지고기를 갈아서 체로 거른다. 껍질 벗긴 서양 송로를 4조각으로 잘라 냄비에 넣고, 소금, 후추, 너트멕, 돼지비계 2~3큰술을 추가하고 코냑을 끼얹는다. 닭 가슴살 껍질 밑에 서양 송로를 몇 쪽 끼워 넣고 이틀날까지 서늘한 곳에 보관한다. 다음날 닭을 삼겹살로 감싸고 버터를 먹인 종이로 한번 더 싼다. 이 종이는 열을 받아도 이상한 냄새가 나지 않는 것이어야 한다. 꼬치에 끼운 직화구이는 1시간 45분쯤 굽는다. 오븐 구이는 중간 불로 1시간 30분쯤 굽는다.

렌(여왕) 암탉[3)]

Poulet Reine, Roast chicken

닭의 안팎을 소금, 후추로 양념해, 실로 묶고 비계로 덮어, 꼬치구이 또는 오븐에서 굽는다. 꼬치는 40분, 오븐 구이는 35분이다.

칠면조 구이

Dindonneau rôti, Roast turkey

〈풀라르드 구이〉와 같다. 다리에 붙은 신경을 조심해서 제거한다.

앙글레즈(영국) 칠면조 구이

Dindonneau rôti a l'Anglaise, Roast turkey in the english way

샐비어 파르스(소)를 채워 약한 불로 굽는다. 접시에 담고 소시지와 구운 베이컨을 곁들인다.

트뤼프 칠면조

Dindonneau truffe, Truffed turkey

〈트뤼프 암탉〉과 같지만, 서양 송로(트뤼프)를 2배로 늘린다. 오븐에서

---

3) 무게 1~1.4kg. 한국의 닭고기 규격상 중대형(10~13호)으로 일반적인 크기이다.

구울 때는 냄비 뚜껑을 열어둔다. 1킬로그램당 28분 굽는다. 꼬치구이는 35분. 고기에서 우러난 육즙을 곁들인다. 엷은 〈페리괴 소스〉를 곁들여도 좋다.

낭테(낭트) 오리

Caneton Nantais, Nantes ducking

1킬로그램이나 1.2킬로그램짜리 오리는 35~40분 굽는다.

루아네(루앙) 오리

Caneton Rouennais, Rouen duckling

꼬치구이든 오븐구이든 루앙 오리는 아주 센 불로 굽는다. 2.4킬로그램짜리는 손질하면 1.4킬로그램 정도인데, 25분쯤 굽는다.

앙글레즈(영국) 에일즈베리[4] 오리

Caneton d'Aylesbury à l'Anglaise, Aylesbury dickling

프랑스 낭트 오리처럼 굽는다. 보통 샐비어와 양파 파르시를 넣는다. 〈사과 소스〉를 곁들인다. 〈크랜베리 소스〉나 비슷한 야생열매 소스를 곁들여도 된다.

앙글레즈(영국) 거위 구이

Oie rôtie à l'Anglaise, Roast goose in the english way

샐비어 파르스로 속을 채운다. 〈앙글레즈 에일즈베리 오리〉와 같은 가르니튀르를 곁들인다. 9월 29일 성 미카엘 천사장 축일에 먹는다.

멧돼지, 메추라기, 꿩 구이

멧돼지

Marcassin, Yonug wild boar

등심과 볼깃살이 최고의 구이감이다. 돼지고기 구이와 같은 방법을 따른

4) 에일즈베리는 영국 버컹엄셔의 도시이다. 에일즈베리 오리는 영국 원산이다. 크고, 털이 희고, 주둥이는 분홍색이며 갈퀴는 오렌지빛이다. 오리털 소비가 크게 늘어난 18세기부터 이 지역에서 많이 키웠다.

다. 조금 향이 짙은 육즙 또는 조금 매운 후추 소스를 곁들인다.

메추라기

Cailles, Quails

희고 기름진 메추라기를 버터 두른 포도잎으로 감싼다. 그것을 다시 삼겹살 비계로 덮어싼다. 센 불로 10~12분 굽는다. 버터에 튀긴 크루통 위에 얹고 그라탱 파르스로 덮는다. 크레송(워터크레스) 1다발과 레몬 반쪽을 둘러놓는다. 적지만, 받아둔 육즙을 따로 담아낸다.

꿩

Faisan, Pheasant

꿩을 구울 때는 항상 비계로 감싼다. 고기 사이에 찔러 넣지 않는다. 감칠맛을 낼 수 있는 가장 좋은 방법은 돼지비계 100그램을 갈고 서양 송로몇 쪽을 섞어 소를 만들어 넣거나 그냥 비계로 감싸 소금, 후추로 양념하는 방법이다. 그래야 꽤 퍽퍽한 살코기가 부드럽고 고소해진다. 25~30분 굽는다. 육즙은, 너무 많은 기름기는 걷어내고 따로 담아낸다.

칠면조, 거위, 오리 요리

칠면조, 거위, 오리, 비둘기는 닭을 포함하여 집에서 기르는 조류, 가금(家禽)류이다.

칠면조

칠면조[1]는 항상 통째로 조리한다. 늙은 칠면조만 〈프로방스 도브〉[2]처럼 조리한다. 가르니튀르도 같은 것을 사용한다. 칠면조는 구이, 찜(브레제) 또는 냄비구이(푸알레)도 하지만 일반적으로 닭고기 요리와 거의 같은 방법으로 조리한다.

치폴라타 칠면조

Dindonneau chipolata, Turkey with chipolata sausages

☙ 칠면조 1마리, 송아지고기 500g, 돼지고기 500g, 물, 소금, 후추, 혼합 향신료, 감싸기용 얇은 비계, 빵의 속 조각 150g, 미르푸아(양파, 당근, 버터, 월계수 잎 , 파슬리, 타임), 백포도주 50ml, 꼬마 양파(pearl onion) 24개, 콩소메(맑은 국물)에 삶은 밤 24개, 콩소메에 삶아 데친 베이비 당근 24개, 치폴라타 12개, 삼겹살, 데미글라스 소스 500ml.

송아지와 돼지고기를 손질해 자른다. 빵의 부드러운 속 조각을 몇 분간 물에 담갔다가, 건져내 물기를 완전히 빼낸 다음 고기와 섞고 소금, 후추, 향신료를 뿌려서, 칠면조 속에 소로 넣는다. 칠면조를 실로 묶어 가슴은 얇은 비계로 감싼다. 양파와 당근, 삼겹살을 다져 버터로 노릇하게 볶

---

1) 새끼 칠면조(Dindonneau, 생후 6~9개월, 3~4kg), 암컷, 수컷 칠면조(Dinde, Dindon, 생후 12~18개월, 6~7kg).

2) 소고기 요리에서 프로방스 도브 참고.

는다. 월계수 잎과 파슬리, 타임을 추가한다. 커다란 냄비에 이렇게 준비한 미르푸아와 칠면조를 넣고 굽는다. 백포도주를 가끔씩 끼얹는다. 칠면조가 다 익으면, 실을 풀고 접시에 올린다. 버터로 볶은 꼬마 양파와 당근, 밤, 버터로 볶은 삼겹살과 튀긴 치폴라타 소시지를 곁들인다. 칠면조를 구운 냄비에 소스를 추가하고 몇 분간 끓여 체로 내려 받는다. 그래도 남은 기름 찌꺼기를 걷어내 가르니튀르 위에 조금 붓는다. 나머지는 다른 그릇에 담아낸다.

칠면조 밤 파르시
Dindonneau farci aux marrons, Turkey stuffed with chestnuts
ↂ 칠면조 1마리, 밤 1kg, 콩소메(맑은 국물), 소시지 고기(양념 다짐육) 800g, 소금, 후추.
밤송이들을 오븐에서 약한 불로 10분간 구워 겉과 속 껍질을 벗겨 버린다. 맑은 콩소메에 삶는다. 건져낸 밤들을 〈소시지 고기〉와 섞는다. 소금, 후추로 양념한다. 칠면조의 가슴뼈를 잘라내고 소를 넣는다. 실로 묶어 중간 불로 구우면서 우러난 육즙을 자주 끼얹는다. 육즙에 남은 기름기를 걷어내고 접시에 올린다.

차게 먹는 칠면조 요리

칠면조를 차게 먹으려면 냄비에서 굽는 것이 좋다. 고기에서 우러난 육즙에 야채 국물을 추가할 수도 있다. 닭고기 레시피는 어느 것이나 칠면조에 똑같이 응용한다.

칠면조 도브
Dindonneau en daube, Turkey en daube
ↂ 칠면조 1마리, 소금, 후추, 혼합 향신료, 코냑 50ml, 올리브유 50ml, 양파 2개, 샬롯 2개, 당근 2개, 백포도주 500ml, 부케 가르니(파슬리, 타임, 월계수 잎 1, 으깬 마늘 1쪽, 오렌지 겉껍질), 돼지 껍질, 돼지비계 , 버터, 갈색 퐁드보(빌 스톡) 400ml.
칠면조를 100그램짜리 덩어리로 토막 낸다. 냄비에 담고 소금, 후추, 혼합 향신료를 조금씩 넣는다. 코냑과 올리브유를 끼얹고, 다진 야채, 부케 가르니를 넣고, 백포도주를 부어 2~3시간 재운다.

돼지 껍질을 물에 데쳐 작게 자른다. 돼지고기는 잘라 버터에 노릇하게 지진다. 테린 냄비에 칠면조 고기, 돼지 껍질, 작은 돼지비계 조각을 번갈아 넣는다. 부케 가르니를 넣고 야채를 재웠던 국물과 퐁드보를 붓는다. 뚜껑을 덮고 오븐에서 은근한 불로 약 2시간~2시간 30분간 익힌다. 부케 가르니를 건져내고 고기는 냄비에 넣은 채로 식힌다.

거위

거위[3]는 다양하게 조리할 수 있다.

알자시엔(알자스) 거위

Oie à l'alsacienne, Alsatian style goose

거위 뱃속에 〈소시지 고기〉를 넣고, 냄비나 오븐에서 굽는다. 접시에 담고, 익힌 삼겹살을 섞은 돼지고기와 슈크루트를 들러 놓는다.

앙글레즈(영국) 거위

Oie à l'anglaise, English style goose

☞ 거위 1마리, 양파와 빵 조각 각 600~700g, 육수(부이용), 후추, 너트멕, 세이지 20g.

껍질을 벗기지 않은 양파를 오븐에서 구워서 식힌 다음 껍질을 벗겨 곱게 다진다. 육수를 조금 적신 빵 조각, 소금, 후추, 너트멕 조금, 다져서 말린 세이지를 섞는다. 이렇게 준비한 소를 거위 뱃속에 채우고 실로 묶어 오븐에서 굽는다. 조금 달콤한 〈사과 소스〉를 곁들인다.

보르들레즈(보르도) 거위

Oie à la bordelaise, Boerdeaux style goose

☞ 거위 1마리, 양념 다짐육 200g, 버터에 구운 빵 조각 200g, 소금, 후추, 혼합 향신료, 다진 마늘.

돼지고기 양념 다짐육(소시지 고기)과 빵 조각을 섞는다. 소금, 후추, 향

---

3) 식용 시기와 종류: 작은 거위(Oie d'artois, 생후 8개월, 3~5kg), 큰 거위(Oie de toulouse, 8~12개월, 8~10kg).

신료 다진 마늘 조금을 섞어 거위 속에 넣는다. 오븐에서 굽는다. '글라스드 비앙드'는 따로 낸다. 버섯은 잘 어울리는 가르니튀르이다.

치폴라타 거위

Oie chipolata, Goose with chipolata sausages

〈치폴라타 칠면조〉와 같은 방법으로 조리한다.

콩피 거위

Oie en confit, Goose conserve

기름진 거위를 고른다. 기름은 1마리에서 1.25킬로그램쯤의 지방이 나오는 것이 좋다. 거위를 6토막으로 자른다. 다리와 가슴살과 몸통 각각 2쪽으로 가른다. 굵은 소금과 혼합 향신료를 바른다. 깊은 접시에 담고 소금을 뿌려서 24시간 동안 재운다. 이튿날, 우러나온 모든 지방을 걷어 냄비에 담는다. 거위 토막들을 씻어 말린 뒤, 이 기름 속에 넣고 2시간 동안 익힌다. 그다음, 고기를 건져 항아리나 단지에 담는다. 항아리는 미리 끓는 물로 씻어 둔다. 고기를 익혔던 기름을 부어 항아리를 채운다. 기름기가 굳으면 라드를 1센티미터 두께로 덮는다. 굳도록 놓아두고 기름이 새어 나가지 않도록 유산지로 꼭 덮어 닫아둔다.

마롱(밤) 거위

Oie aux marrons, Goose with chestnuts

밤으로 소를 넣은 〈칠면조 밤 파르시〉 조리법을 따른다.

거위 순무 브레제

Oie braisée aux navets, Braised goose with turnips

〈새끼 오리 순무 브레제〉의 조리법을 따른다.

거위 도브

Oie en daube, Goose in daube

〈칠면조 도브〉 조리법을 따르지만, 익히는 시간을 조금 줄인다.

오리

요리에서 오리는 세 종류이다. 루앙 오리[4], 낭트 오리(에일즈베리 오리)[5], 기타 품종의 오리들이다. 들오리는 구이와 살미(Salmis)[6]를 만든다.
루앙 오리는 구이로 낸다. 살짝 구워야 맛이 좋다. 브레제로 푹 익히지는 않는다. 루앙 오리를 잡을 때는 피가 새나가지 않도록[7] 한다. 낭트 오리는 루앙 오리보다는 살코기가 적다. 브레제, 냄비구이(푸알레) 또는 오븐 구이를 한다.

알자시엔(알자스) 국수 오리[8]

Caneton aux nouilles à l'alsacienne, Duckling with noodles in the alsatian style

오리 간과 거위 간으로 준비한 파르스(소)를 오리 몸통 속에 넣고 실로 묶는다. 냄비에 야채를 깔고 그 위에 얹어 굽는다(푸알레). 구울 때 냄비에 우러난 육즙에 퐁드보(빌 스톡)를 섞어 고기에 끼얹는다. 삶은 국수를 버터로 볶은, 알자스 국수(슈페츨레)를 함께 낸다.

슈크루트 오리

Caneton à la choucroute, Duckling and sauerkraut

앞의 레시피처럼 오리에 소를 넣고 굽는다. 삼겹살을 넣은 슈크루트 브레제를 만든다. 접시에 올린 오리에 슈크루트와 삼겹살을 둘러놓는다.

오리 순무 브레제

Caneton braisé aux navets, Braised duckling with turnips

☙ 오리 1마리, 버터, 백포도주 반잔, 데미글라스 소스 200ml, 갈색 퐁드보(빌 스톡) 200ml, 부케 가르니, 무 500g, 설탕 5g, 버터로 볶은 꼬마 양파(pearl onion) 20개.

오리를 버터로 지져 노릇하게 만든다. 이때 남은 버터는 버리고 백포도

---

4) 프랑스 루앙 지역에서 유래한 품종으로 몸집이 크다. 암컷은 몸이 갈색, 수컷은 머리와 목이 초록색이다.
5) 낭트 오리는 영국 에일즈베리 품종과 같다. 몸은 흰색, 부리와 발은 오렌지색이다.
6) 포도주를 넣고 조리한 요리.
7) 질식사시켜서 피를 보존한다. 검붉은 핏빛으로 굽는다.
8) 프랑스어 Caneton은 다 자란 오리(canard)가 아닌 새끼 오리라는 뜻이지만, 수컷이 아닌 암컷(cane)을 가리키는 뜻도 있다. 암컷은 수컷에 비해 육질이 좋다.

주를 조금 붓는다. 약한 불에서 백포도주를 완전히 졸인다. 소스, 퐁드보, 작은 부케 가르니를 넣고 약한 불로 천천히 익힌다. 무를 올리브 모양으로 썰어 버터로 노릇하게 익힌다. 설탕을 넣고 몇 분간 더 볶는다. 오리가 상당히 익으면, 냄비에 옮겨담고, 무와 양파를 얹고 그 위에 소스를 뿌린다. 뚜껑을 덮고 오븐에 넣어 다시 익힌다.

올리브 오리

Caneton aux olives, Duckling with olives

〈오리 순무 브레제〉와 같은 방법이지만, 조리하기 전에 〈데미글라스 소스〉를 조금만 졸여 추가한다. 씨를 빼고 잠깐 데친 올리브 250그램을 추가한다. 익은 오리를 접시에 담고 올리브와 소스를 두른다.

메나제르 완두콩 오리

Caneton aux petits pois à la ménagère, Duckling with green peas

ꕤ 오리 1마리, 삼겹살 250g, 버터 50g, 꼬마 양파(펄 어니언) 15개, 밀가루 1큰술, 물, 소금 6g, 후추, 완두콩 1리터, 부케 가르니.

삼겹살을 큼직하게 썰어 끓는 물에 몇 분간 삶아 건져둔다. 냄비에 버터를 녹이고, 건져둔 삼겹살을 넣고 살짝 노릇하게 볶아 다른 그릇에 쏟는다. 냄비에 오리를 넣고 골고루 노릇하게 지져 쟁반에 담는다. 냄비에 밀가루를 뿌리고 잘 저어, 물 500밀리리터를 붓고 휘저어 한소끔 끓인다. 양념을 하고 오리를 다시 넣는다. 꼬마 양파, 삼겹살 토막, 완두콩, 부케 가르니를 추가한다. 냄비뚜껑을 덮고 약한 불에서 천천히 익힌다. 접시에 올리기 전에 부케 가르니를 걷어내고 양파와 완두콩을 오리 주변에 둘러놓는다. 소스가 너무 걸쭉하면 뜨거운 물을 조금 붓는다.

다른 방법

ꕤ 오리 1마리, 당근, 돼지 껍질, 다진 양파, 얇게 썬 당근, 부케 가르니, 백포도주 200ml, 데미글라스 소스 200ml, 꼬마 양파, 라드, (프랑스 식으로 삶은) 완두콩 750ml.

냄비에 당근, 양파, 돼지 껍질과 브케 가르니를 깔고 오리를 얹어 찌거나 굽는다(브레제 또는 푸알레). 다 익으면 냄비에서 오리를 꺼내둔다. 백도주를 붓고 조금 졸여서 소스를 붓는다. 한소끔 끓어오르면 2분 더 끓여 체로 걸러 받아 몇 분간 기다린다. 기름만 걷어내고 다시 냄비에 붓는다. 오리를 냄비에 다시 넣고 익힌 완두콩을 넣는다. 작은 양파, 라드를 추가하고 몇 분 익힌다. 오리를 접시에 올리고 완두콩으로 덮는다.

오리 쉬프렘
Suprêmes de caneton, Breast of duckling

가슴 살코기는 잘라낸다. 가슴살은 오리를 익힌 다음에 자르는 것이 좋다.

로시니 오리 쉬프렘
Suprêmes de caneton à la Rossini, Breast of duckling with truffles

 오리 1마리, 당근, 양파, 부케 가르니, 코냑 70ml, 백포도주 100ml, 데미글라스 소스 200ml, 서양 송로(트뤼프) 150~200g, 소금, 후추, 푸아그라, 밀가루, 버터, 버터에 튀긴 팽드미(pain de mie)[9] 식빵.

냄비에 다진 양파, 얇게 썬 당근, 부케 가르니를 깔고 그 위에 오리를 얹어서 굽는다(푸알레). 익으면 냄비에서 오리를 꺼내 식지 않게 놓아둔다. 냄비에 남은 육수에 포도주와 코냑을 넣고 3분의 2로 졸인다. 소스를 추가해 몇 분 끓이고, 체로 걸러 작은 냄비에 받아둔다. 몇 분 기다렸다가 기름을 걷어낸다. 얇게 썬 서양 송로, 소금, 후추를 넣는다. 푸아그라는 얇게 썰어 밀가루옷을 입혀 버터로 볶아둔다. 오리 가슴살을 조각으로 자르고, 각 조각을 다시 2조각으로 자른다. 이것들을 식빵 슬라이스 위에 얹고 준비한 푸아그라를 올린다. 뜨거운 소스를 붓는다. 마카로니를 곁들인다.

피에몽테즈(피에몬테) 오리 쉬프렘
Suprêmes de caneton à la piémontaise, Piemont style breast of duckling

〈로시니 오리 쉬프렘〉과 같은 방법으로 준비하지만, 국수를 피에몬테식 쌀밥으로 대신한다.

루아네즈(루앙) 오리
Caneton Rouennaise, Rouen duckling

차갑게 먹지 않는 한, 루앙 오리는 브레제로 요리하지 않는다. 오븐 구이 또는 냄비에 넣고 오븐에서 굽는다(푸알레). 검붉은 색을 지니게 한다. '루

9) 샌드위치용 식빵(풀먼 식빵)과 비슷한 프랑스식 식빵.

앙 오리 파르스'를 넣고 굽는다.

루앙 오리 파르스

☙ 삼겹살 125g, 버터 30g, 오리 간 250g, 소금, 후추, 혼합 향신료, 다진 양파와 얇게 썬 당근 1큰술, 파슬리 5g.

삼겹살을 다져 버터와 함께 냄비에 넣는다. 오리 간에 붙은 쓸개는 조심해서 떼낸다. 간에 소금, 후추, 향신료, 양파, 파슬리를 뿌린다. 삼겹살을 센 불로 지진 다음 간에 붓고 2~3초 다시 볶는다. 조금 식힌 다음, 갈아서 체로 거른다. 이 반죽을 오리 속에 채우고 실로 묶어 굽는다.

체리 루아네즈(루앙) 오리

Caneton Rouennaise aux cerises, Duckling with cherries

☙ 오리 1마리, 데미글라스 소스 200ml, 체리 500g, 가루설탕(슈거파우더) 2큰술, 시나몬 가루 5g, 포르투 포도주 100ml, 오렌지 1개, 레드커런트 잼 4큰술.

소(루앙 오리 파르스)를 채우고 실로 묶은 오리를 냄비에 넣고 오븐에서 굽는다(푸알레). 다 익으면 실을 풀고 접시에 올려 식지 않게 보관한다. 냄비에 남은 육수에 소스를 붓고 바짝 졸여 체로 걸러 오리에 붓는다. 체리를 냄비에 넣고 가루설탕, 계피를 추가한다. 뚜껑을 덮고 5분간 끓인다. 조금 식히고 나서, 체리를 건져놓는다. 포도주, 오렌지 겉껍질과 즙을 체리즙에 추가해 절반으로 졸인다. 레드커런트즙을 추가하고 절 저어가며 섞은 다음 체리를 소스에 다시 넣는다. 소스는 따로 담아낸다.

체리는 통조림을 사용할 수도 있다. 이 경우 통조림 속의 즙은 절반만 사용한다. 포르투 포도주, 시나몬(계피) 가루, 오렌지 겉껍질 찧은 것과 즙과 섞어 완전히 졸인다. 체리는 몽모랑시 '스리즈'(체리의 프랑스어)를 구할 수 있으면 더 좋다.

샹베르탱 루아네즈(루앙) 오리

Caneton Rouennais en dodine au Chambertin, Rouen duckling with chambertin and brandy

☙ 오리 1마리, 갈색 퐁드보(빌 스톡) 200ml, 샹베르탱 포도주 200ml, 샴페인 2잔(또는 브랜디 2잔), 샬롯 2개, 후추와 너트멕 각 5g, 루앙 오리 파르스('루아네즈 오리' 참고) 3큰술,

버터 30g, 소금, 후추, 국수, 누아제트 버터, 푸아그라, 버섯.

갓 잡은 오리를 핏빛으로 물돌여 굽는 방식이다. 가슴살을 잘라서 나오는 피로 물들인다. 피가 아래로 빠져나가지 않도록 팬에 올려놓는다. 팬을 조금 덮어둔다.

다리와 선골부(엉덩이 꼬리 부분)를 잘라낸다. 잘라낸 살을 갈아서 퐁드보를 붓고 뚜껑을 덮어 중간 불로 15~20분 끓인다. 체로 거른다. 냄비에 포도주, 코냑을 붓고, 다진 샬롯, 후추, 너트멕, 월계수 잎을 넣어 센 불로 3분의 2로 졸인다. 앞서 체로 걸러 받아둔 것을 붓고, 몇 분 끓여 소스로 이용한다.

오리에 소(루앙 오리 파르스)를 넣고 버터를 넣어 오븐에서 굽는다. 가슴살은 3~4조각으로 잘라 뜨거운 접시에 담는다. 소금, 후추를 뿌린다. 버터로 볶은 작은 버섯들을 가르니튀르로 올리고 소스를 덮는다. 삶은 국수에 누아제트 버터(beurre noisette)[10]를 뿌려 곁들인다.

얇게 썬 서양 송로와 버터로 볶은 푸아그라를 가슴살에 얹어도 된다. 루앙식 파르스를 넣지 않고, '글라스 드 비앙드'를 조금 섞은 푸아그라 파르페를 체로 걸러 받은 걸쭉한 소스도 대신할 수 있다. 버터도 크림 3~4술로 대신해도 된다.

오렌지 오리

Caneton à l'orange, Duckling with orange

오븐구이, 냄비구이(푸알레) 또는 브레제도 가능하다. 오븐구이에는 퐁드보(빌 스톡)를 조금 붓는다. 오렌지 1개의 즙과 껍질(제스트)을 얇게 썰어 함께 섞은 소스를 곁들인다. 오렌지도 4쪽으로 잘라서 곁들인다.

브레제나 냄비구이(푸알레)는, 냄비에 우러난 육즙에 〈데미글라스 소스〉 200밀리리터를 추가한다. 이것을 졸이고, 갈색 퐁드보를 조금 섞는다. 체로 걸러, 오렌지 1개의 즙과 껍질, 레몬 절반의 껍질을 얇게 썰어 넣는다. 이 소스를 오리에 조금 붓고 나머지는 따로 담아낸다. 오렌지를 잘라

10) 낮은 온도에서 녹인, 헤이즐넛(누아제트) 빛깔이 된 갈색 버터. 소스처럼 이용한다.

곁들인다.

루아네즈(루앙) 오리 살미
Caneton en salmis à la rouennaise, Rouen style salmis of duckling

앞의 〈샹베르탱 루앙 오리〉 레시피를 따른다. 식빵을 1센티미터 두께로 크고 네모지게 잘라 가운데를 움푹하게 눌러주고 정제한 맑은 버터로 튀긴다. 눌린 자리에 '루앙 오리 파르스'를 넣는다. 그 위에 오리고기를 올린다. 크루통을 버터에 튀겨 루앙 소스를 엷게 입혀 오리고기 위에 얹는다. 이 레시피에 사용하지 않는 다리들은 따로 구워 곁들인다.

루아네즈(루앙) 슈미즈[11] 오리
Caneton Rouennaise en chemise, Rouen duckling en chemise

오리를 손질해 선골부를 잘라내 버린다. 냄새가 고약한 부분이다. 소(루앙 오리 파르스)를 오리 뱃속에 넣어 천으로 감싸고, 마치 갈랑틴(galantine)[12]을 만드는 방식처럼 실로 묶고, 갈색 퐁드보(빌 스톡)에 넣고 40분 정도 약한 불로 뭉근하게 삶는다(포셰). 천을 걷어내고 술장식이 붙은 작은 냅킨을 대신 덮어 마치 슈미즈를 입은 모양을 만든다. 오렌지를 4쪽으로 잘라 곁들이고 루아네즈 소스[13]를 따로 낸다.

압착식 루아네즈(루앙) 오리[14]
Caneton Rouennaise à la presse, Pressed rouen duckling

20분간 오븐에서 오리를 굽는다. 오리의 다리는 미리 떼어낸다. 다리는 사용하지 않는다. 오리의 가슴살을 얇고 길게 잘라 따뜻한 접시에 올리고 소금, 후추를 뿌린다.

나머지 오리의 뼈와 살을 잘라 전용 압착기에 넣고 붉은 포도주(보르도

---

11) 슈미즈(블라우스)를 입은 요리. 이 요리는 에스코피에가 영국에서 처음 만들어, 당시 영국인들에게 화제가 되었다.

12) 다진 살코기 등을 원통형으로 묶어 삶은 뒤에 차게 굳힌 것.

13) 루아네즈 소스는 보르들레즈 소스의 변형이다. 보르들레즈 소>에 적포도주와 오리 간을 곱게 갈아서 섞은 것이다. 소스 200밀리리터당 간 2개가 필요하다. 체로 거른 간을 추가한 뒤, 몇 분간 아주 약한 불로 다시 익힌다.

14) 압착해서 받아낸 검붉은 피를 소스로 이용한다.

또는 부르고뉴) 반잔을 붓는다. 압착기로 눌러서 골수와 피를 받아낸다. 여기에 코냑을 조금 뿌려 길게 저며냈던 가슴살에 붓는다. 보온기에 넣고 조금 데워서 식탁에 낸다.

루아네즈(루앙) 오리 수플레

Caneton soufflé Rouennaise, Rouen style duckling souffle

☙ 오리 1마리, 무슬린 파르스(오리 간, 소고기 안심 250g, 푸아그라 100g, 달걀흰자 1), 기름종이, 물, 살미 소스. 서양 송로(트뤼프).

오리를 살짝 굽는다. 프라이팬에서 구워도 된다. 가슴살을 잘라낸다. 뼈를 가위로 잘라 몸통이 상자처럼 보이도록 벌린다. 오리 간, 소고기 안심, 푸아그라, 달걀흰자로 무슬린 파르스를 만든다. 파르스를 뱃속에 넣고 원래 모습을 갖추어준다. 기름종이로 감싸 20분간 약한 불로 삶는다. 삶는 방법은 적당한 크기의 타원형 찜통 바닥에 벽돌 하나를 집어넣는다. 벽돌 3분의 2정도의 높이까지 끓는 물을 붓고 끓인다. 이 찜통에 쟁반을 넣고 오리를 올리고, 뚜껑을 덮고 온도를 95로 유지한 채 삶는다(포셰). 다 익으면 접시에 오리를 접시에 담고 〈살미 소스〉를 엷게 덮는다. 잘라둔 가슴살 등 살코기와 함께 올리고 얇게 썬 서양 송로를 얹는다. 전체를 〈살미 소스〉로 다시 덮어준다.

살미 소스

Sauce Salmis, Salmis sauce

☙ 당근과 양파 각 2개, 셀러리 2개, 버터, 다진 돼지고기 1큰술, 타임 1, 월계수 잎 반쪽, 마데이라 포도주 2큰술, 오리 고기, 오리 또는 닭의 자투리 고기, 백포도주 500ml, 데미글라스 소스 200ml, 육수 200ml.

야채를 썰어, 버터 50g에 다진 돼지고기, 타임, 월계수 잎과 함께 볶는다. 오리나 조류(새: 꿩, 식용 비들기 등)의 고기 몸통과 오리나 닭의 자투리 고기를 넣고 마데이라 포도주를 끼얹고, 함께 몇 분 익힌다. 포도주를 붓고 3분의 2까지 졸인다. 소스를 넣고 약한 불로 45분간 익힌다. 체로 잘 눌러 거른다. 냄비에 쏟고 조류나 오리 고기의 육수를 부어 1시간 정도 오븐에 넣어둔다. 끓어오르기 시작하면 농도를 조절한다. 고운 체로 걸러,

한 번 더 가열하고 버터를 조금 추가한다.

차게 먹는 오리

숟가락[15] 오리

Caneton à la cuiller, Braised duckling with carrots and onions

☙ 오리 1마리, 당근, 양파, 갈색 퐁드보(빌 스톡), 데미글라스 소스 200ml, 포르투 젤리.

당근과 양파를 얇고 썰어 테린 냄비 바닥에 깔고 퐁드보를 조금 붓는다. 오리를 넣고 익힌다(브레제). 오리를 꺼내 조금 식혀 다리와 가슴살을 발라낸다. 냄비에 남은 육수에 〈데미글라스 소스〉를 섞고 약 400밀리리터만 남을 정도로 졸여 소스로 삼는다.

테린 바닥에 소스를 한 층 깔고 살을 얹고 소스로 조금 덮는다. 가슴살을 얹고 나머지 소스를 붓고 포르투 젤리(끓인 포르투 포도주에 젤라틴을 섞은 것)로 덮는다. 차갑게 보관한다.

오리 체리 에기예트(저며낸 가슴살)[16]

Aiguillettes de Caneton aux Cerises, Aiguillette of duckling with cherries

무스 위에 오리 가슴살을 얇고 길게 잘라 얹는다. 그 둘레에 설탕과 오렌지 겉껍질과 보르도 포도주 2술로 익힌 체리를 한 줄 둘러놓는다. 포르투 포도주를 넣은 젤리로 전체를 덮는다. 얼음 조각들로 접시를 둘러싼다. 차게 굳혀서 먹는다.

오리 젤리 테린

Terrine de caneton à la gelée, Terrine of duck with jelly

☙ 오리 1마리, 소금과 후추, 코냑 4큰술, 루앙식 파르스('루아네즈 오리' 참고), 감싸기용 얇은 비계(또는 기름진 삼겹살), 글라스 드 비앙드.

오리 가슴살을 잘라내 양념하고 코냑 1술을 끼얹는다. 다리를 잘라놓고

15) 숟가락으로 젤리를 걷어내면서 먹는다.

16) 에기예트는 오리나 닭의 가슴살을 길쭉하고 얇게 썬 것.

선골부는 버린다. 뱃속에 '루앙 오리 파르스'를 채우고 냄비에 넣는다. 코냑 3술을 끼얹고 소금을 조금 뿌린다. 얇은 비계로 감싼다. 뚜껑을 닫지 않고 중탕기에 넣는다. 오븐에서 15분간 약한 불로 천천히 익힌다. 다 익은 오리를 꺼내 길쭉하고 큰 접시에 담고 뜨거운 '글라스 드 비앙드'를 덮은 뒤에 차갑게 굳힌다. 먹기 전에 숟가락으로 겉을 걷어낸다.

툴루젠(툴루즈) 오리 탱발

Timbale de Caneton à la Toulousaine, Timbale of duckling toulouse style

☙ 6~8인분: 오리 2마리, 살미 소스, 글라스 드 비앙드, 페이테 반죽, 감싸기용 얇은 비계, 소시지 고기(양념 다짐육), 달걀 1개, 루앙식 파르스('루아네즈 오리' 참고), 푸아그라 파르페, 서양 송로(트뤼프), 포르투 젤리(포르투 포도주를 끓여 젤라틴과 섞은 것).

피가 굳지 않을 만큼 살짝 오리를 굽는다. 식혀서 가슴살(보통 오리 등심이라고 한다)을 잘라낸다. 선골부는 떼어내 버리고, 다리와 몸통으로 〈살미 소스〉를 준비한다. 같은 분량의 '글라스 드 비앙드'를 추가한다. 〈쇼프루아 소스〉와 마찬가지다. 가슴살을 3~4쪽으로 길쭉하게 잘라 살미 소스를 입혀 굳힌다.

그동안, 페이테(feuilletée) 반죽으로 폭이 넓은 원통 모양의 탱발을 만든다. 그 속에 말린 콩이나 쌀을 채우고 뚜껑도 같은 반죽으로 작은 잎을 붙여 장식한다. 달걀노른자를 겉에 바르고, 오븐에서 굽는다. 완전히 식히고 나서, 조심해서 뚜껑 둘레를 칼끝으로 따서 연다. 그 내용물은 버린다. 〈살미 소스〉 3~4술에 같은 분량의 '루앙 오리 파르스'를 섞는다. 탱발 밑바닥에 꽤 두툼하게 깔아준다. 그 위에 얇고 길쭉하게 썬 가슴살 몇 쪽을 둥글게 돌려 얹고 얇게 썬 푸아그라 파르페와 서양 송로 조각들을 교대로 얹는다. 다시 〈살미 소스〉 한 층을 올리고 그 위에 가슴살과 푸아그라 파르페, 서양 송로를 한 번 더 올린다. 포르투 젤리로 덮는다. 탱발을 냉장고에 넣어 차게 굳힌다.

에스카르고, 푸아그라

에스카르고(달팽이)

에스카르고 준비

고둥이 닫힌 달팽이를 고른다. 딱딱한 얇은 막을 떼어 버리고 여러 번 물에 씻고, 굵은 소금과 식초로 또 씻는다. 흐르는 물에 다시 씻어 끈끈한 점액질을 완전히 제거하고 물에 담가 5~6분간 삶는다. 건져내 식히고, 고둥에서 속살을 빼내고 끝에 붙은 시커먼 부분을 잘라버린다. 백포도주와 물을 같은 비율로 섞어 달팽이 속살을 완전히 잠기도록 붓는다. 두툼하게 썬 당근과 양파, 샬롯과 부케 가르니를 넣는다. 물 1리터당 소금 약 6그램을 넣고 뚜껑을 덮어 약한 불로 3시간가량 삶는다. 그다음에 국물에 담은 채로 식힌다. 고둥을 씻어 물기를 빼고 따뜻한 곳에 놓아 말린다.

부르기뇬(부르고뉴) 달팽이

Escargot à la Bourguignonne, Burgundy snails

ꕥ 달팽이 50마리, 버터 250g, 다진 샬롯 25g, 간 마늘 조금, 다진 파슬리 1큰술, 소금, 후추, 빵가루.

앞에서 설명한 것처럼 달팽이를 준비해 물기를 뺀다. 그동안 양념과 허브를 섞어 부르고뉴식 버터를 만든다. 버터를 작고 동글게 잘라 각 고둥 속에 넣고, 달팽이 속살을 고둥에 집어넣고 버터를 조금 더 덮는다. 이것들을 물을 조금 담은 도기나 전용 그릇에 담고, 버터 위에 빵가루를 조금 뿌리고 오븐에서 7~8분 익힌다.

달팽이 토마토 소테

Escargot sauté aux tomates, Tossed snails with tomato

ꕤ 달팽이 48마리, 올리브유 5큰술, 양파 2큰술, 백포도주, 토마토 8~9개, 다진 마늘 조금, 파슬리.

달팽이는 앞에서 설명한 것처럼 준비한다. 냄비에 올리브유를 넣고 가열해 곱게 다진 양파를 넣는다. 양파가 노릇해지기 시작하면 달팽이 속살을 넣고 몇 분간 익힌다. 이때 백포도주 1잔을 붓고, 달팽이를 익힌 육수를 몇 술 붓는다. 이것을 절반으로 졸여, 다진 토마토, 다진 마늘과 파슬리를 넣는다. 뚜껑을 덮어 15~18분간 약한 불로 익힌다, 달팽이 속살들은 고둥에 집어넣어, 접시에 담고 필래프 볶음밥을 곁들인다.

구르망(미식가) 달팽이

Escargots à la façon d'un gourmand, Snails as the connoisseur likes them

ꕤ 달팽이, 다진 서양 송로(트뤼프), 글라스 드 비앙드, 버터, 후추, 카옌 고춧가루, 다진 마늘, 다진 파슬리, 물, 빵가루.

달팽이는 앞의 조리법처럼 준비한다. 서양 송로에 '글라스 드 비앙드'를 조금 섞어 1작은술씩 각 고둥 속에 넣고 달팽이 속살도 집어넣고, 먼저 넣은 반죽을 좀 더 얹는다.

붉은 고춧가루와 다진 마늘, 다진 파슬리를 버터에 섞어, 고둥 입구에 발라, 입구를 막는다. 움푹한 접시에 담고 바닥에 물을 조금 붓고, 오븐에 넣어 10~12분간 약한 불로 천천히 익힌다. 먹기 전에, 버터에 볶은 빵의 부드러운 속 조각을 각 고둥의 속살 위에 작은술로 1술씩 더 얹는다.

식용 개구리 뒷다리

개구리 뒷다리 허브 소테

Grenouilles sautées aux fines herbes, frog's legs tossed in parseley

조리하기 전에 팬 바닥을 마늘로 살짝 문질러준다. 개구리 뒷다리에 소금과 후추를 치고 버터로 튀기듯이 지져 익힌다. 접시에 올려 레몬즙, 다진 파슬리를 뿌린다.

개구리 뒷다리 튀김

Grenouilles frites, fried frogs' legs

개구리 뒷다리들에 레몬즙, 식용유를 두른 뒤, 소금, 후추, 다진 파슬리를 뿌려, 조리하기 전에 30분 재워둔다. 식탁에 올리기 직전, 〈튀김용 반죽〉을 얇게 입혀, 정제한 맑은 버터를 가열해, 깊이 넣어 튀긴다. 튀긴 파슬리와 함께 냅킨에 올려 기름을 뺀다.

풀레트 개구리 뒷다리

Grenouilles à la poulette, Frogs' legs with normandy sauce or poulette sauce

☙ 개구리 뒷다리 36개, 버섯 섞인 육수, 소금과 후추, 노르망드 소스 450ml, 다진 파슬리, 민물가재, 서양 송로.

개구리 뒷다리를 냄비에 넣는다. 버터 약 40그램과 버섯 에센스[1)]를 뒷다리들이 거의 잠길 정도로 붓는다. 소금, 후추를 친다. 뚜껑을 덮고 12~15분간 약한 불로 끓여 국물을 졸이면서 익힌다. 〈노르망드 소스〉와 버터를 조금더 넣는다. 접시에 담아, 다진 파슬리, 다진 버섯, 민물가재, 또는 얇게 썬 서양 송로를 넣는다.

다른 방법

☙ 개구리 뒷다리 36개, 버터, 밀가루 3큰술, 백포도주 1잔, 뜨거운 물 1.2리터, 소금, 통후추, 부케 가르니(파슬리, 월계수 잎), 달걀노른자 3, 크림 2큰술.

개구리 뒷다리들과 버터를 냄비에 넣고 몇 분간 볶는다. 그 위에 밀가루를 뿌리고 포도주와 물을 붓고, 소금, 통후추, 부케 가르니를 넣는다. 약

1) Essence de champignon(Mushroom stock). 다진 버섯에 향신료 등을 넣고 은근히 끓여 체에 걸러 조리용 육수로 사용한다.

한 불로 10~12분간 익힌다. 불에서 꺼내, 국물을 냄비에 붓고 뒷다리는 식지 않게 뜨거운 곳에 놓아둔다.
달걀노른자와 크림을 넣고 걸쭉하게 섞은 뒤, 마지막에 버터 조각 몇 개를 추가한다. 이 소스에 버터로 볶은 버섯, 다진 파슬리를 조금 넣어도 된다. 개구리 뒷다리에 이 소스를 부어 먹는다.

오로르(오로라) 요정[2]

Nymphes à l'aurore, Frogs' legs poached in white wine

백포도주를 넣은 쿠르부이용에 개구리 뒷다리를 넣고 졸여서 식힌다. 다 식으면, 건져내 물기를 뺀다. 파프리카 가루를 조금 추가한 〈쇼프루아 소스〉를 입힌다. 〈쇼프루아 소스〉의 빛깔은 마치 여명(오로라)처럼 붉으스레한 황금빛이 돌아야 한다. 깊은 접시, 유리제품이나 은제 그릇에 모젤 백포도주를 조금 섞은 '글라스 드 비앙드'를 한 층 깔아준다. 개구리 뒷다리를 접시에 담고 타라곤 몇 잎을 해초 모양으로 얹는다. '글라스 드 비앙드'를 조금 더 덮어준다. 그릇을 얼음 조각들 안에 파묻어 놓는다.

2) 에스코피에의 요리 가운데 가장 신비로운 이름을 붙였다는 평가를 받는다. 1908년 런던 사보이 호텔에서 열린, 웨일즈 왕자(훗날 영국 왕, 조지 5세)를 위한 저녁 만찬에 처음 등장했다. 개구리를 먹지 않던 영국인들을 놀라게 했지만, 큰 호응을 얻었다. 프랑스에서는 16세기부터 개구리를 식용했다.

푸아그라(거위 간)

뜨겁게 먹는 푸아그라

푸아그라(Foie gras)를 통째로 먹는 방식은 그다지 애용하지 않는다. 세 가지 방법이 있다. 포셰, 브레제, 그리고 파테에 넣어 굽는다.

푸아그라 포셰

Foie gras poché, Poached foie gras

ᅇ 푸아그라 약 600g 덩어리, 서양 송로(트뤼프), 소금, 후추, 혼합 향신료, 코냑 3큰술, 마데이라 포도주 3큰술, 감싸기용 얇은 비계 또는 삼겹살.

손질한 푸아그라에, 서양 송로를 잘라 소금, 후추, 향신료를 뿌린다. 코냑과 마데이라 포도주를 끼얹는다. 얇은 비계를 덮고 실로 묶는다. 아주 약한 불로 20여분 끓인다. 〈피낭시에르 가르니튀르〉를 곁들이거나 서양 송로를 넣은 마데이라 소스 또는 라비올리나 마카로니를 곁들인다.

푸아그라 브레제

Foie gras braisé, Braised foie gras

ᅇ 푸아그라, 서양 송로(트뤼프), 소금, 후추, 혼합 향신료, 감싸기용 얇은 비계, 당근과 양파, 삼겹살 50g, 버터, 파슬리와 타임 각 2, 월계수 잎 1, 백포도주 6큰술, 갈색 퐁드보(빌 스톡) 400ml, 감자 전분 1작은술, 데미글라스 소스.

푸아그라를 앞의 레시피처럼 준비해 실로 묶는다. 양파, 당근, 삼겹살을 잘게 썰어 버터로 노릇하게 데치고, 소금, 후추, 향신료를 뿌린다. 버터가 너무 많다면 조금 걷어낸다. 푸아그라를 넣고 백포도주를 붓고 뚜껑을 덮어 3분의 2로 졸인다. 육수(퐁드보)를 붓고 다시 뚜껑을 덮고 30분쯤 끓인다. 조리한 국물에 밀가루나 〈데미글라스 소스〉를 조금 섞어 된 소스를 만들어 부어도 된다.

푸아그라 파테

Foie gras en pâté, Braised foie gras in pastry

ᅇ 푸아그라, 서양 송로, 소금, 후추, 혼합 향신료, 코냑과 마데이라 포도주 각 3~4큰술, 파이 반죽, 감싸기용 얇은 비계, 달걀.

앞의 방식으로 파르스를 섞어 준비한다. 도기로 만든 테린 냄비에 넣고 코냑과 마데이라 포도주를 끼얹어 2시간 재워둔다. 파이 반죽을 크고 작게 각 하나씩 타원형으로 민다. 푸아그라를 얇은 비계로 감싸 말아서 작은 반죽 위에 올린다. 큰 반죽으로 덮고 테두리를 단단히 붙인다. 덮은 반죽에 구멍을 뚫어 김이 새도록 한다. 그래야 터지지 않는다. 달걀을 풀어 겉에 바르고 오븐에서 30분쯤 굽는다.

알자시엔(알자스) 푸아그라

Foie gras chaud à l'Alsacienne, Foie gras alsatian style

ᘓ 브레제로 익힌 푸아그라, 서양 송로, 데미글라스 소스 3~4큰술, 마데이라 포도주 1큰술.

푸아그라가 익으면 감쌌던 얇은 비계를 벗겨 접시에 올린다. 서양 송로 몇 쪽을 올리고, 냄비에 남은 국물을, 기름기를 걷어내고 조금 뿌린다. 마데이라 포도주를 섞은 〈데미글라스 소스〉를 붓는다. 알자스 국수(슈페츨레)를 곁들인다.

푸아그라 에스칼로프

Escalopes de Foie gras, Fried sliced foie gras

거위 또는 오리의 간을 75~100그램 단위로 길고 넓죽하게 자른다. 소금과 후추를 치고 밀가루를 입혀 버터로 볶는다(소테). 또는 밀가루, 달걀물, 빵가루를 묻혀 튀기듯이 지져 익힌다. 아스파라거스, 완두콩, 국수 또는 이탈리아 마카로니, 파리지엔 돼지감자, 크림 두른 여러 가지 버섯이나 삶은 감자 등을 곁들인다.

파보리트 푸아그라 에스칼로프

Escalopes de Foie gras Favorite, Foie gras with demiglace sauce

푸아그라를 넓적하게 썰어 밀가루를 입혀 버터에 노릇하게 굽는다. 서양 송로를 얇게 썰어 하나씩 올리고 〈데미글라스 소스〉로 덮는다. 아스파라거스를 버터에 푸룻하게 데쳐 곁들인다.

로시니 푸아그라 에스칼로프

Escalopes de Foie gras Rossini, Foie gras rossini

앞의 레시피와 같지만, 아스파라거스 대신 이탈리아 파스타를 낸다.

리슐리외 푸아그라 에스칼로프

Escalopes de Foie gras Richelieu, Foie gras richelieu

ca 푸아그라, 달걀, 빵가루, 버터, 서양 송로(트뤼프), 글라스 드 비앙드 2~3큰술, 콩소메(맑은 국물) 2~3큰술, 레몬.

얇게 썬 푸아그라에 달걀물과 빵가루를 입혀 정제한 맑은 버터에 노릇하게 익힌다. 뜨거운 접시에 담고 서양 송로를 얇게 썰어 올린다. 콩소메와 '글라스 드 비앙드'를 함께 가열한다. '글라스 드 비앙드'가 다 녹으면 버터 100그램을 넣고 주걱으로 저어주고, 레몬즙을 뿌려 마무리한다. 버터와 '글라스 드 비앙드'가 고루 섞이지 않으면 뜨거운 물 1술을 섞는다. 이 소스를 푸아그라에 붓고 버섯이나 밤 퓌레를 곁들인다.

푸아그라 미뇨네트

Mignonnettes de Foie gras

ca 익힌 푸아그라 150g, 닭고기 파르스 50g, 밀가루, 달걀, 빵가루, 버터.

푸아그라를 포크로 으깨, 파르스와 섞는다. 이렇게 섞은 반죽을 작은 과자처럼 둥글게 빚는다. 밀가루, 달걀, 빵가루를 차례로 입혀 정제한 맑은 버터로 천천히 익힌다. 접시에 둥글게 담고 아스파라거스, 완두콩, 버섯 퓌레 등을 곁들인다. 뇨키를 곁들여도 된다. 소스를 따로 낸다.

차게 먹는 푸아그라 -파르페, 파테, 푸아그라 테린

조리해서 절여둔 푸아그라는 아무리 공을 들여도 성공하기 어렵다. 가공업체에서 판매하는 푸아그라 통조림을 사용하는 것이 가장 좋다.

푸아그라 파르페

Parfait de Foie gras, Parfait of foie gras

빙과(아이스)식 〈푸아그라 파르페〉는 여러 가지 방법으로 만들 수 있지만, 기본적으로 테린에 담고 달콤한 젤리를 풍부하게 입힌다. 가장 단순한 방법은 다음과 같다.

ca 거위 또는 오리의 간 2개, 서양 송로(트뤼프), 소금, 후추, 혼합 향신료, 코냑 6큰술, 마데이라 포도주 6큰술, 삼겹살, 갈색 퐁드보(빌 스톡), 샴페인 또는 포도주를 넣은 젤리.

간에 붙은 쓸개를 떼어내 버리고 힘줄이나 신경망 등도 제거한다. 도기에 서양 송로 자른 것들과 함께 넣고, 소금, 후추, 혼합 향신료를 뿌리고, 코냑과 마데이라 포도주를 넣는다. 뚜껑을 덮고 5~6시간 재워둔다. 감싸용 얇은 비계로 감싸 둥글게 말고, 고운 천으로 다시 감싸, 실로 묶는다.

퐁드보를 붓고 20분간 약하게, 뭉근히 익힌 뒤, 꺼내지 않고 그대로 식힌다. 천과 감싸기용 얇은 비계를 걷어내고 테린에 간들을 올린다. 버섯이나 포르투 포도주를 넣은 젤리로 덮는다.

푸아그라 아스픽
Aspic de Foie gras, Foie gras in aspic

단순하거나 화려한 튜브 틀에 젤리를 입히고, 삶은 달걀흰자와 서양 송로로 장식한다. 한가운데에 〈푸아그라 파르페〉를 잘라 젤리와 얇게 썬 서양 송로(트뤼프)를 차례로 겹쳐 쌓듯 얹는다. 푸아그라는 숟가락으로 둥글게 떠서 뜨거운 물에 담갔다가 꺼내, 둥근 모양으로 만들어 넣어도 된다.

틀을 얼음 조각으로 둘러싼다. 식탁에 올릴 때 틀에서 꺼내 접시에 담는다. 접시에는 펭드미 식빵 슬라이스를 버터에 튀겨 방석처럼 깔아둔다. 그 둘레에 마데이라 포도주로 데친, 얇게 썬 서양 송로와 고기 젤리를 교대로 둘러놓는다.

푸아그라 무스
Mousse de Foie gras, Fois gras mousse

ᘓ 고기 젤리, 서양 송로(트뤼프) 200g, 버터 250g, 소금, 크렘 프레슈 6~8큰술, 푸아그라 파르페 500g.

다리올(dariole) 틀에 고기 젤리를 바르고 서양 송로를 얇게 썰어 장식한다. 〈푸아그라 파르페〉를 체로 거르고, 버터와 소금을 추가한다. 보통의 무스를 만들듯이, 크렘 프레슈를 섞는다. 즉시 다리올 틀에 부어 냉장실에 넣는다. 버터 대신 닭고기 젤리를 사용해도 되지만 바이에른 사람들이 애용하는 이 방법은 틀에서 꺼내면 젤리가 녹아내릴 위험이 크다. 타르틀레트, 바르케트, 작은 브리오슈 등을 버터 무스와 함께 곁들일 수 있지만,

이 경우에는 크림을 넣지 않는다.

파프리카 푸아그라(헝가리식)

Foie gras au paprika doux, Mode hongroise, Foie gras with paprika

ଔ 푸아그라 1, 굵은 양파 1~2개, 단맛의 붉은 파프리카(헝가리 파프리카) 가루 1큰술.

푸아그라를 썰어 소금을 치고 테린에 넣는다. 양파를 얇게 썰어 푸아그라 곁에 둘러놓는다. 특히 달콤한 파프리카 가루를 뿌려, 오븐에서 중간 불로 30여분 양파가 노릇해질 때까지 굽는다. 오븐에서 꺼내 식힌다. 이 요리는 하루 전에 만들어두었다가 으깬 감자를 곁들인다. 카레 또는 파프리카 가루를 사용할 때에는 매운 고춧가루가 얼마나 섞였는지 미리 맛을 본다. 이 레시피는 헝가리 무용가 마담 카틴코(Katinko)에게 배운 것이다.

닭고기 요리

가금(볼라이유)

프랑스 요리에서 '볼라이유(Volaille)'는 가금(家禽)의 통칭이다. 집에서 기르는 조류로, 흔히 칠면조, 거위, 오리, 비둘기, 닭을 가리킨다. 하지만 요리에서는 거의 닭[1]을 가리킨다.

1. 난소를 제거해 살찌운 큰 암탉(Poularde)과 거세한 식용 수탉(Chapon)은 통째로 낼 때는 오븐에서 굽는다. 포셰 방식으로 삶을 때에는 뱃속에 소를 넣고, 다리와 배를 레몬으로 문질러준다. 이렇게 하면 닭의 살색을 유지할 수 있다. 그리고, 반드시 얇은 비계로 덮는다. 브레제를 할 때에는 레몬으로 문지르지 않는다. 푸알레의 경우에는 얇은 비계나 삼겹살로 덮어준다.

2. 여왕(à la Reine)이라고 부르는 암탉(Poulet)은, 오븐에서 굽거나 소테 조리법으로 익힌다.

3. 영계(Poulet de grain, Young chicken)는 그릴에서 굽거나 코코트 냄비에 담아 익힌다. 영계보다 더 작은 닭은 그릴 구이, 코코트 요리, 영국식으로 빵가루를 입혀 굽기도 한다.

닭 가슴살(쉬프렘, suprême)과 날개 부위는 여왕 암탉(Poulet)이나 영계에서 얻는다. 수탉의 볏, 간, 콩팥은 가르니튀르로 이용한다.

---

1) 영계(Poulet de grain/Young small chicken): 900g~1kg
여왕 암탉(Poulet reine/Young medium chicken): 1.5kg 내외
난소를 제거해 식용으로 살찌운 암탉(Poularde): 2~2.5kg,
거세한 수탉(Chapon): 3~4kg

살찌운 큰 암탉(풀라르드)[2]

알부페라[3] 암탉

Poularde Albuféra, Chicken stuffed with rice

☙ 난소를 제거해 살찌운 암탉(이하 '풀라르드' 동일) 1마리, 쌀 100g, 감싸기용 얇은 비계(또는 기름진 삼겹살), 갈색 퐁드보(빌 스톡), 알망드 소스 1리터, 글라스 드 비앙드 100ml, 크렘 프레슈 50ml, 익힌 푸아그라, 수탉 볏과 콩팥, 서양 송로(트뤼프).

삶은 푸아그라를 크게 썰고, 익힌 서양 송로를 쌀에 섞어 암탉 뱃속에 넣는다. 두 다리를 교차해 묶는다. 감싸기용 얇은 비계(또는 삼겹살)로 덮고[4] 실로 다시 묶는다. 냄비에 넣어 퐁드보를 적시고 약한 불에서 1시간 조금 넘게 뭉근히 삶는다(포셰). 이 시간은 닭의 크기에 따라 조절한다. 익으면 냄비에서 꺼내, 실을 풀고 접시에 올린다.

'글라스 드 비앙드'와 크렘 프레슈를 〈알망드 소스〉에 추가해 닭 위에 끼얹는다. 버섯, 볏, 콩팥, 얇게 썬 서양 송로를 가르니튀르로 올린다. 〈알망드 소스〉에는 크렘 프레슈 대신 버터 75그램을 넣어도 된다.

앙달루즈(안달루시아) 암탉

Poularde à l'andalouse, Andalusian style chicken

☙ 암탉(2kg), 감싸기용 얇은 비계(또는 기름진 삼겹살), 버터, 백포도주 100ml, 토마토 소스를 섞은 데미글라스 소스 250ml, 붉은 파프리카 3개, 가지 3개, 필래프 볶음밥, 스페인 소시지(초리소)[5], 육수(부이용).

삼겹살로 닭 가슴을 감싼다. 냄비에 넣고 뚜껑을 덮어 오븐에서 버터로

---

2) 난소를 제거해 살찌운 암탉은, 한국 기준 닭고기 중량으로는 특대형(17호)이다. 에스코피에가 여기에 소개한 플라르드 요리는 거세한 식용 수탉(chapon)도 이용할 수 있다.

3) 앙투안 카렘의 수제자인 프랑스 요리사 아돌프 뒤글레레(Alphonse Dugléré, 1805~1884년)가 처음 만든 요리로, 쌀농사 지역인 스페인 알부페라 호수 지역 전투에서 영국군에게 승리한 뒤에 알부페라 공작이라고 불린 나폴레옹 시대의 장군 수쉐의 이름이다. 닭에 쌀을 넣고 송로를 이용하는 알부페라식(à la d'Albuféra) 또는 소스에 글라스 드 비앙드와 크림 또는 버터를 추가한 알부페라 소스를 가리킨다.

4) 바르드(barde de lard). 얇은 비계로 감싸서, 오븐에서 굽거나 조리하는 동안에 고기가 건조해지는 것을 막는다. 옆구리 비곗살(fatback)을 잘라서 길고 얇게 기계로 압착한 것을 사용하지만, 삼겹살도 가능하다. 소금에 절인 삼겹살, 훈제 베이컨도 이용한다.

5) 초리소(Chorizo). 돼지고기 등에 마늘, 파프리카 등을 넣은 조금 매콤한 반건조 소시지.

천천히 익힌다(푸알레). 다 익으면, 냄비에 백포도주를 1잔 부어 '디글레이징'을 한다, 〈데미글라스 소스〉를 넣는다. 버터로 볶은 가지와 파프리카 안에, 필래프 볶음밥과 소시지를 소로 넣는다. 접시에 닭고기를 올리고, 소를 넣은 가지와 파프리카를 둘러놓는다. 육수를 조금 부어서 낸다.

앙글레즈(영국) 암탉

Poularde bouillie à l'anglaise, English style boiled chicken

∽ 암탉 1마리, 삼겹살 500g, 물, 소금, 파슬리 2, 월계수 잎 1, 타임 2.

삼겹살을 물에 넣고 10분간 끓인다. 냄비에 닭고기를 넣고, 끓는 물을 닭고기가 알맞게 덮일 정도로 붓는다. 소금을 넣고(물 1리터당 6그램), 삼겹살과 허브를 추가한다. 닭고기 크기에 따라 1시간 또는 그보다 조금 더 삶는다(포셰). 고기가 부드러워지면 접시에 올려, 길게 자른 베이컨을 얹는다. 영국식 파슬리 소스와 닭을 삶아낸 국물을 조금 붓는다.

다른 방법

∽ 암탉 1마리, 허브, 당근 150g, 순무 100g, 셀러리 2.

앞의 조리법과 똑같이 닭을 조리하는데 큼직하게 썬 야채를 더 넣는 점이 다르다. 닭고기 옆에 야채를 둘러놓는다. 삶거나 찐 감자, 완두콩, 〈베샤멜 소스〉와 함께 낸다.

아르헨티나 암탉

Poularde Argentina, Chicken with macaroni and cheese

∽ 암탉 1마리, 콩소메(맑은 국물), 마카로니 150g, 버터, 녹인 버터, 치즈 가루, 베샤멜 소스, 서양 송로(트뤼프), 타르틀레트 16, 푸아그라, 아스파라거스.

〈알부페라 암탉〉처럼 닭을 조리지만 소를 넣지 않고, 맑은 콩소메에서 뭉근히 삶는다. 익히는 동안, 마카로니를 짧게 잘라 소금물에 삶는다. 마카로니를 건져내 물기를 빼고 버터를 조금 넣는다. 치즈 가루 1~2술, 〈베샤멜 소스〉 2술과 얇게 썬 서양 송로를 넣는다.

닭고기가 익으면, 조리했던 국물에 잠시 담가둔다. 마카로니를 닭고기 위에 넓게 펼쳐 올린다. 〈베샤멜 소스〉를 두르고, 치즈 가루와 녹인 버터를 뿌린다. 오븐에 넣고 노릇하게 윤을 내서 접시에 올린다.

타르틀레트 크루트(작은 파이 크러스트)에 푸아그라를 조금 길게 한 줄 넣고, 그 절반쯤에 버터로 볶은 아스파라거스를 올리고, 나머지는 얇게 썬 닭 가슴살로 채운다. 〈베샤멜 소스〉로 덮고, 얇게 썬 서양 송로를 올린다. 닭고기와 타르틀레트를 번갈아 놓는다.

오로르(오로라) 암탉

Poularde à l'aurore, Chicken stuffed rice with sauce supreme

닭의 뱃속에 쌀을 넣는다. 〈알부페라 암탉〉처럼 조리한다. 소스는 두 가지 방법이 있다. 단맛의 붉은 파프리카 가루를 조금 추가한 〈쉬프렘 소스〉를 곁들이거나, 토마토 퓌레를 조금 섞은 〈블루테 소스〉를 곁들인다. 버터에 볶은 표고버섯이나 느타리버섯을 곁들여도 좋다.

알자시엔(알자스) 암탉

Poularde alsacienne, Alsatian style chicken

ꕥ 암탉 1마리, 그라탱 소, 감싸기용 얇은 비계, 버터, 코냑 1잔, 백포도주 3큰술, 크림 200ml, 글라스 드 비앙드 70ml, 서양 송로(트뤼프) 섞은 푸아그라 150g.

닭의 뱃속에 다진 고기를 넣는다. 배를 얇은 비계로 덮고, 버터를 넣은 냄비에서 익힌다. 버터가 갈색이 되지 않도록 조심한다. 뚜껑이 잘 맞는 묵직한 냄비를 사용한다. 닭이 익으면 꺼내서 접시에 올린다.

냄비에서 넘치는 기름을 따라 버리고, 남은 육즙에 백포도주와 코냑을 붓고 섞어서(디글레이징), 조금 졸인다. 크림과 '글라스 드 비앙드'를 넣고 1분간 끓인다. 곱게 체로 거른 푸아그라를 넣고 섞는다. 닭고기 위에 소스를 조금 붓고, 나머지 소스는 따로 담아낸다. 버터로 볶은 알자스 국수(슈페츨레)를 야채용 접시에 담아낸다.

암탉에 넣는 그라탱 파르스

Farce à gratin pour une poularde, Gratin forecemeat for chicken

ꕥ 버터 50g당 각 재료의 양: 다진 비계 50g, 송아지 살코기 75g, 돼지고기 75g, 푸아그라 75g, 닭의 간, 샬롯 1, 소금과 후추, 코냑 50ml, 백포도주 반 잔, 글라스 드 비앙드 4~5큰술, 서양 송로(트뤼프).

소테용 팬에 버터와 비계를 넣고 가열한다. 송아지와 돼지고기 덩어리를 넣고 센 불로 노릇하게 익힌다. 푸아그라, 간, 곱게 다진 샬롯을 넣는다. 소금과 후추를 넣고, 몇 분간 익힌다. 팬에서 고기를 건진다. 바닥에 남은 버터에 백포도주 반 잔과 코냑을 넣고 휘저어, '글라스 드 비앙드'를 추가해 한소끔 끓인다. 건져둔 고기를 다시 팬에 쏟고, 서양 송로를 다져 넣고 섞는다. 고기가 술을 완전히 흡수하도록 한다. 고기를 찧거나 갈아서 체로 거른다. 곱게 다진 서양 송로와 그 4분의 1분량의 다진 소시지에 버터로 튀긴 빵의 부드러운 속 조각을 추가해도 된다.

샹트클레르 암탉

Poularde chanteclair, Chicken stuffed with rice with artichokes

☙ 배 속에 쌀을 넣은 암탉 1마리, 아티초크 6~8, 소금, 레몬즙, 밀가루 2~3큰술, 갈색 퐁드보(빌 스톡), 아스파라거스, 알망드 소스 200ml, 글라스 드 비앙드 4~5큰술, 버터 3큰술.

〈알부페라 암탉〉처럼 조리한다. 아티초크의 겉잎을 떼어내고 속심만 끓는 물(소금, 레몬즙, 밀가루를 넣은 물)에 넣는다. 3분의 2쯤 익었을 때 건져내 찬물에 담근다. 아티초크를 찬물에서 건져내 버터를 넉넉히 두른 소테용 팬에 넣는다. 퐁드보를 붓고 뚜껑을 덮고 아티초크가 부드러워지고 육수가 거의 다 줄어들 때까지 졸인다.

아티초크를 건져 닭과 함께 접시에 담고 버터로 데친 아스파라거스를 가르니튀르로 올린다. 팬에 남은 국물에 '글라스 드 비앙드'와 〈알망드 소스〉를 추가하고 잘 섞고 나서, 마지막으로 버터를 추가한다. 이 소스를 닭 위에 붓고 나머지 소스는 다른 그릇에 담아낸다.

샤틀렌[6] 암탉

Poularde châtelaine, Chicken casserole with brandy and white wine

☙ 암탉 1마리, 소금, 후추, 감싸기용 얇은 비계, 당근과 양파, 버터, 아티초크 8~10, 녹인 버터, 푸아그라, 혀, 서양 송로(트뤼프), 베샤멜 소스, 치즈 가루, 콩소메(맑은 국물)에 삶은 밤, 아스파라거스, 코냑 1잔, 백포도주 6잔, 갈색 퐁드보(빌 스톡) 100ml.

닭에 소금과 후추로 양념한다. 얇은 비계(또는 기름진 삼겹살)로 가슴을 덮어 묶는다. 얇게 썬 당근과 양파를 냄비 바닥에 깔고 녹인 버터를 조금

6) 샤틀렌은, 여성용 장식 사슬을 뜻한다. 요리에서는 아티초크를 이용하는 것을 말한다.

뿌리고, 오븐에 넣어 윤기를 내준다. 자주 버터를 뿌린다.
그동안 〈샹트클레르 암탉〉처럼 아티초크를 익힌다. 푸아그라, 혀, 서양 송로를 조금 다져 〈베샤멜 소스〉를 약간 두른다. 이것을 아티초크에 넣고 치즈 가루, 녹인 버터를 뿌리고 오븐에 넣어 윤기를 낸다.
닭이 익으면 오븐에서 꺼내, 끈을 풀고 접시에 올린다. 아티초크와 밤을 둘러놓고 각 아티초크마다 버터로 볶은 아스파라거스를 1작은술씩 올린다. 냄비의 남은 국물에 코냑과 포도주를 붓고 반으로 졸인 뒤, 퐁드보를 추가해 2분간 끓여 체로 곱게 거른다. 이것을 닭고기에 붓고 나머지는 별도의 그릇에 담아낸다.

드미되유[7] 트뤼프 암탉
Poularde demi-deuil, Poached chiken with trufles
얇게 썬 서양 송로(트뤼프)를 닭 가슴살과 껍질 사이에 끼우고, 얇은 비계로 감싸서 묶고, 육수(퐁 블랑/화이트 스톡)에서 뭉근히 삶는다(포셰).
〈알부페라 암탉〉처럼 조리한다. 닭고기가 익으면, 조리할 때 나온 국물을 고운 천으로 걸러내, 기름을 제거하고 4분의 1로 졸여, 〈쉬프렘 소스〉를 추가한다. 이 소스에 서양 송로 몇 쪽을 넣어도 된다. 이렇게 만든 소스를 닭고기에 조금 끼얹는다. 이 요리는 필래프 볶음밥과 함께 내도 된다.

더비 암탉
Poularde Derby, Stuffed chicken with foie gras
ঔ 8인분: 암탉 2kg, 감싸기용 얇은 비계, 소금, 후추, 크루통, 마데이라 포도주 100ml, 갈색 퐁드보(빌 스톡) 200ml, 칡가루 1작은술, 육수(부이용) 1큰술.

파르스(소) 만들기
ঔ 버터 1큰술, 쌀 75g, 뜨거운 육수(맑은 부이용) 200ml, 서양 송로(트뤼프), 푸아그라 50g, 글라스 드 비앙드 2큰술,
버터를 가열하고, 육수(맑은 부이용)와 쌀을 넣고 끓인다. 뚜껑을 덮고 18분 익힌다. 불을 끄고, 다진 서양 송로, 푸아그라, '글라스 드 비앙드'를

7) à la demi-deuil라고도 한다. 절반은 검고 절반은 흰색을 이루는 요리로 만든다.

넣는다.

닭고기에 소금과 후추로 양념하고, 뱃속에 소를 넣는다. 다리를 교차해 묶은 뒤, 가슴에 얇은 비계를 덮고 실로 단단히 묶는다. 버터를 겉에 바르고, 오븐에서 중간 불로 1시간쯤 익힌다. 자주 육수를 뿌려 버터가 타지 않도록 조심한다. 닭고기가 익으면 접시에 올려 실을 잘라내고, 얇게 썬 푸아그라와 버터로 튀긴 크루통을 섞어 그 위에 올린다. 송로의 껍질을 벗겨 마데이라 포도주를 넣고 익혀서 가르니튀르로 얹기도 한다.
조리한 냄비 안에 남은 버터에, 마데이라 포도주와 퐁드보(빌 스톡)를 붓고 주걱으로 섞으며 끓인다. 1분간 더 끓인다. 차가운 육수(부이용)에 칡가루(또는 다른 전분)를 섞어 냄비에 붓고 5~6분간 더 끓인다. 과도한 기름은 걷어낸다. 접시에 이 소스를 조금 두르고 나머지는 따로 담아낸다.

디바[8] 암탉
Poularde Diva, Stuffed chicken with paprika sauce

〈더비 암탉〉처럼 닭고기에 소를 채우고 다리를 묶는다. 감싸기용 삼겹살을 올리고 잘 묶어서, 육수(퐁 블랑/화이트 스톡)에 넣고 1시간 동안 약한 불에서 뭉근히 삶는다(포셰). 닭고기를 삶는 동안, 〈파프리카 소스〉를 만든다. 먹기 직전에 크렘 프레슈 5~6술을 〈블루테〉에 붓는다. 닭고기가 익으면, 접시에 올리고 실을 자른다. 소스를 엷게 얹고, 남은 소스는 다른 그릇에 담아낸다. 크림을 두른 버섯이 이 요리와 잘 어울린다.

에코세즈(스코틀랜드) 암탉
Poularde à l'écossaise, Scotch style chicken

ꕤ 암탉 2kg, 통보리 300g, 콩소메(맑은 국물), 버터 75g, 소시지 고기[9] 125g, 닭의 간, 소금, 후추, 너트멕, 감싸기용 얇은 비계(또는 삼겹살), 육수(퐁 블랑/화이트 스톡), 다진 당근 3큰술, 다진 셀러리 2큰술, 다진 양파 1큰술, 블루테 소스 200ml, 크렘 프레슈 100ml, 삶은

8) 에스코피에가 당대 최고의 가수 아들리나 파티를 위해 처음 만들어서 그녀에게 제공했다. 디바는 이탈리어어로 오페라 최고의 여가수를 뜻한다.
9) 돼지고기 양념 다짐육(Chair à saucisses, Sausage meat). 소시지의 속을 채우는 데 이용.

프랑스 콩 150g.

파르스(소) 만들기

콩소메에 통보리를 넣고 익힌 뒤에 국물은 버린다. 버터 75그램을 노릇하게 가열해, 통보리, 〈소시지 고기〉, 닭의 다진 간을 넣고 5~6분간 튀겨, 가볍게 소금, 후추로 양념한다.

소금, 후추, 너트멕으로 양념한 소를 닭의 뱃속에 넣고 다리를 교차해 실로 묶은 뒤, 가슴을 얇은 비계로 덮어 묶는다. 육수(퐁 블랑)를 붓고 한 시간쯤 약한 불로 뭉근히 삶는다. 닭의 크기에 따라 삶는 시간을 조절한다. 그사이, 버터를 조금 가열해 야채를 넣고 몇 분간 볶는다. 육수를 4~5술 넣고 중불로 끓인다. 야채가 부드러워지면, 닭 삶은 국물 조금과 소스를 넣는다. 크렘 프레슈와 콩을 넣어 마무리한다. 닭에 소스를 살짝 끼얹고 나머지 소스는 따로 낸다.

에드워드 7세[10] 암탉

Poularde Edouard VII, Stuffed chicken with curry sauce

닭은 〈디바 암탉〉처럼 조리한다. 〈쉬프렘 소스〉에 소스에 카레 가루 1작은술과, 맵지 않은 붉은 피망 100그램을 잘게 썰어 넣는다. 닭을 접시에 올리고 소스를 붓는다. 크림을 두른 오이를 가르니튀르로 곁들인다.

에스파뇰(스페인) 암탉

Poularde à l'espagnol, Spanish style chicken

☙ 암탉 1마리, 쌀 250g, 단맛의 붉은 피망 75g, 삼겹살 100g, 감싸기용 얇은 비계, 토마토 10개, 소금, 후추, 올리브유 3~4큰술, 파슬리, 단맛의 파프리카 가루, 양파, 육수(브라운 스톡) 70ml.

쌀밥을 짓는다. 작은 사각형으로 썬 붉은 피망을 섞어 닭 속에 넣는다. 다리를 교차해 묶고, 얇은 비계로 가슴을 감싸고 실로 묶어 내열 냄비에 넣어 오븐에서 굽는다.

토마토의 씨와 물기를 눌러 짜내고, 소금과 후추로 간을 맞춘다. 올리브

10) 영국의 왕 에드워드 7세(1841~1910년). 영국에서 활동하던 시절에 에스코피에는 에드워드 7세와 왕비인 알렉산드라를 위한 여러 가지 요리를 만들었다.

유를 가열하고, 잘린 부분이 밑으로 가도록 토마토를 넣고 약한 불에서 7~8분 굽는다. 토마토를 뒤집어 5~6분 더 굽는다. 국물을 버리고 다진 파슬리를 넣는다. 삼겹살을 구워, 파프리카 가루를 뿌린다.
접시에 닭을 올리고 토마토, 삼겹살, 양파링 튀김을 가르니튀르로 올린다. 냄비에 남은 국물에 육수를 추가해 소스 그릇에 담아낸다. 가르니튀르로 구운 가지를 추가해도 된다.

타라곤 암탉
Poularde à l'estragon, Chicken with tarragon

닭다리를 교차해 묶는다. 냄비에 넣고, 몸통이 다 잠길 정도로 퐁드보(빌 스톡)를 넉넉히 붓는다. 타라곤 다발을 넣고 냄비뚜껑을 덮고, 50~55분간 약한 불로 뭉근히 삶는다(포셰). 익은 닭을 접시에 담고, 조리하면서 우러난 국물을 3~4술 끼얹는다. 타라곤 몇 잎을 끓는 물에 데친다. 조금 식혀 닭 가슴에 올린다. 냄비의 국물을 절반까지 졸인다. 타라곤 잎 2술을 넣어 만든 소스를 다른 그릇에 담아낸다.

피낭시에르 암탉
Poularde financière, Braised chicken with madeira

닭고기를 브레제로 익힌다. 접시에 올리고 볏, 콩팥, 버섯, 얇게 썬 서양송로, 닭고기 크넬을 올린다. 〈데미글라스 소스〉 500밀리리터에, 마데이라 포도주 3~4큰술, 닭고기를 삶아낸 육수를 조금 섞는다. 닭과 가르니튀르 위에 이 소스를 조금 붓고 남은 소스는 따로 담아낸다.

고다르 암탉
Poularde Godard, Braised chicken with chicken quenelles and truffle

닭고기를 브레제로 익힌다. 〈피낭시에르 암탉〉과 같은 가르니튀르에, 서양 송로와 크넬, 소량의 삶은 송아지 스위트브레드를 추가한다. 고다르, 피낭시에르 암탉에는 민물 가재를 가르니튀르로 더 곁들여도 된다.

그랑오텔(그랜드 호텔)[11] 암탉

Poularde grand-hôtel, Chicken with madeira, white wine and brandy

☙ 암탉 1마리, 소금, 후추, 버터, 서양 송로(트뤼프) 150~200g, 마데이라 포도주 1큰술, 글라스 드 비앙드 2큰술, 백포도주 70ml, 코냑 50ml, 갈색 퐁드보(빌 스톡) 100ml.

닭을 토막으로 자르고 소금, 후추로 양념해, 중간 정도의 불에서 버터만 넣고 찜을 하듯이 익힌다. 냄비뚜껑은 덮어야 한다.

얇게 썬 서양 송로에 소금, 후추, 버터 한 술, 마데이라 포도주와 '글라스 드 비앙드'를 섞어 냄비에 넣는다. 따뜻한 불에 잠시 놓아둔다.

익은 닭을 테린에 담고 서양 송로를 위에 올린다. 냄비에 남아있는 버터에는, 포도주와 코냑을 더 넣고 '디글레이징'을 한다. 갈색 퐁드보를 더 넣어서 끓어오를 때까지 저어서 테린에 붓는다. 테린의 뚜껑을 살짝 걸치듯 덮어 약한 불의 오븐에 5~6분간 넣어둔다. 이렇게 해야 서양 송로의 향이 그윽하게 넘쳐난다. 리소토에 파르메산 치즈 가루를 더해 닭요리에 곁들인다. 버터로 볶은 면이나 치즈를 곁들이기도 한다.

굵은 소금 암탉

Poularde au gros sel, Chicken with rock salt

☙ 암탉 1마리, 기름진 삼겹살 1, 베이비 당근과 꼬마 양파(펄 어니언) 각 10개, 리크(서양 대파) 6, 육수(퐁 블랑/화이트 스톡).

닭다리를 교차해 묶는다. 배를 기름진 삼겹살로 덮고 실로 묶은 뒤, 당근, 꼬마 양파(pearl onion), 리크 흰 뿌리와 함께 냄비에 넣는다. 재료가 다 덮이도록 넉넉히 육수를 붓는다. 뚜껑을 덮고 1시간쯤, 고기가 부드러워질 때까지 삶는다(포셰). 다 익은 닭에 당근과 양파, 리크를 익혀 얹는다. 조리하면서 나온 국물을 소스 그릇에 조금 붓고 굵은 소금을 조금 친다. 이 국물로 밥을 지어 곁들여도 된다.

굴 암탉

Poularde aux huîtres, Boiled Chicken in white stock and Oysters

☙ 암탉 1마리, 감싸기용 얇은 비계, 육수(퐁 블랑/화이트 스톡), 굴 36, 쉬프렘 소스 500ml.

---

11) 모나코 몬테카를로의 그랜드 호텔에서 에스코피에가 처음 만들었다.

닭다리를 교차해 묶는다. 얇은 비계로 가슴을 감싸고 실로 묶어 냄비에 넣는다. 육수를 붓고 1시간쯤 아주 약한 불에서 끓인다. 껍데기를 깐 굴을 접시에 올린다. 닭을 삶은 육수로 〈쉬프렘 소스〉를 만들어 굴과 닭고기에 붓는다. 〈쉬프렘 소스〉에 카레 가루를 조금 섞고, 인도식 쌀밥을 곁들이면 '앵디엔(인도) 암탉(Poularde à l'indienne)'이 된다.

아이보리 소스 암탉
Poularde sauce ivoire, Chicken with ivory sauce

닭을 육수(회이트스톡)에 삶는다(포셰). 접시에 올리고 〈아이보리 소스〉를 끼얹는다. 닭을 삶아낸 육수로 쌀밥을 짓고, 버터로 볶은 오이를 한 접시 곁들인다. 〈아이보리 소스〉는 〈쉬프렘 소스〉 500밀리리터에 '글라스 드 비앙드' 70밀리리터를 넣는다.

이사벨 드 프랑스[12] 암탉
Poularde Isabelle de France, Chicken with foie gras, truffles and champagne

☙ 암탉 1마리, 쌀 100g, 육수(퐁 블랑/화이트 스톡), 파르메산 치즈 50g, 푸아그라 50g, 서양 송로(트뤼프) 60g, 쉬프렘 소스 600ml, 타르틀레트, 샴페인.

육수로 쌀밥을 짓고 치즈, 푸아그라 파르페[13], 가늘게 썬 서양 송로를 추가한다. 닭에 이렇게 섞은 쌀밥을 소로 넣은 뒤 실로 묶고, 육수에 담가 1시간쯤 약한 불에 삶는다. 익은 닭을 접시에 올리고 따끈한 오븐 곁에 놓아둔다. 그사이, 〈쉬프렘 소스〉를 만들어 닭고기 위에 붓는다. 껍질을 벗겨 샴페인에 삶은 서양 송로를 타르틀레트 크루트(작은 파이 크러스트)에 넣어 곁들이고 소스의 나머지는 따로 담아낸다.

루이즈 도를레앙[14] 암탉
Poularde Louise d'Orléans, Stuffed chicken in pastry

☙ 암탉 1마리, 소금과 후추, 푸아그라 120g, 서양 송로(트뤼프), 혼합 향신료, 마데이라 포도주 100ml, 감싸기용 얇은 비계, 갈색 퐁드보(빌 스톡), 버터, 파테 반죽, 달걀 또는 우유.

---

12) 프랑스 공주. 영국왕 리처드 2세의 부인(1389~1409년). 오를레앙 공과 재혼했다.
13) 양념한 푸아그라를 삼겹살로 말아서 육수에 삶은 뒤 젤리로 덮어서 낸다.
14) 프랑스 공주(1812~1850년). 벨기에 국왕 레오폴드 1세의 두 번째 부인으로 벨기에의 첫 번째 여왕이었다.

닭 가슴뼈를 발라내 버리고 몸통 속에 소금, 후추로 양념한다. '파테 반죽'에 서양 송로를 섞고 혼합 향신료와 마데이라 포도주를 뿌린다. 얇은 비계와 천으로 감싸 육수에서 15~20분 약한 불로 뭉근히 삶는다. 식힌 다음 천과 비계를 걷어내고 파테를 닭 속에 넣는다. 실로 묶고 아주 약한 불로 1시간 익힌다. 우러난 육즙을 자주 끼얹는다. 실을 풀고 얇게 썬 서양 송로로 덮는다. 그 위를 얇은 비계 또는 대망막(crépine)으로 다시 감싼다. 밀가루 반죽(파테 반죽)을 넓게 펼치고 닭을 가운데 놓고 반죽으로 닭을 모두 덮어싼다. 위쪽에 작은 구멍을 뚫어 김이 빠지도록 하고 과자를 굽는 판에 올린다. 달걀물이나 우유를 바르고 오븐에서 30분 정도 중간 불로 굽는다. 반죽이 익으면 된다. 뜨겁게 또는 식혀서 먹는다.

메나제르 암탉
Poularde ménagère, Boiled chicken with vegetables

☙ 암탉 1마리, 당근과 양파 각 12, 셀러리 1, 월계수 잎 1, 파슬리 2, 육수(퐁 블랑/화이트 스톡).

닭다리를 교차해 묶어 냄비에 넣고 얇게 썬 야채, 월계수 잎, 파슬리와 함께 넣는다. 재료가 모두 잠길 정도로 넉넉하게 육수를 붓는다. 끓기 시작하면서부터 1시간가량 닭고기가 부드러워질 때까지 삶는다. 이렇게 익힌 닭을 접시에 올리고 야채를 가르니튀르로 올린다. 뚜껑이 있는 커다란 포타주용 그릇에 닭고기 삶을 때 나온 국물을 붓고 야채를 약간 넣고, 버터로 튀긴 빵 조각을 조금 섞으면 그럴듯한 포타주가 된다. 쌀 75그램을 이와 같은 육수, 야채와 함께 밥을 지어서 곁들여도 좋다.

아들리나 파티[15] 암탉
Poularde Adelina Patti, Poached chicken stuffed with rice

〈디바 암탉〉처럼 암탉 안에 쌀을 소로 넣고, 송아지와 닭고기 육수(퐁 블랑/화이트 스톡)로 뭉근히 삶는다. 단맛의 붉은 파프리카 가루를 조금 추가한 〈쉬프렘 소스〉 600밀리리터를 만든다. 닭고기가 익으면, 접시에 올

---

15) Adelina Patti(1843~1919). 이탈리아 오페라 가수. 소프라노. 부모, 삼촌, 자매, 남편 등 가족 모두가 음악가였다. 뉴욕, 런던, 파리에서 도니체티 오페라의 주역으로 인기를 끌었다. 에스코피에가 자신의 레시피에 그녀의 이름을 붙였다.

리고 이 소스를 조금 끼얹는다. 버터에 살짝 볶은 아스파라거스를 올리고, 끓는 물에 살짝 데친 아티초크 속심 위에 가늘게 썬 서양 송로를 올려 가르니튀르로 삼는다. 나머지 소스는 따로 담아낸다.

피에몽테즈(피에몬테) 암탉

Poularde Piémontaise, Piedmont style chicken

☙ 암탉 1마리, 쌀 250g, 피에몬테 흰색 서양 송로(트뤼프) 75g, 감싸기용 얇은 비계, 버터, 버섯 250g, 마늘, 소금, 후추, 파슬리, 백포도주 100ml, 갈색 육수(브라운 스톡) 200ml.

쌀로 리소토를 만들어, 얇게 썬 흰 서양 송로와 함께 닭에 소로 넣는다. 다리를 교차해 묶고, 얇은 비계로 가슴을 감싸고 실로 묶는다. 약한 불에서 버터로 볶는다. 그물버섯(또는 표고)을 버터로 노릇하게 볶아 마늘, 소금, 후추를 조금 뿌린다. 다진 파슬리는 나중에 추가한다.

닭을 접시에 올리고, 그물버섯을 둘러놓는다. 조리한 냄비에 남아있는 기름을 걷어내고, 남은 육즙에 백포도주를 넣어 섞는다(디글레이징). 갈색 육수를 붓고 끓여 절반으로 졸인다. 이 소스는 따로 담아낸다.

레장스[16] 암탉

Poularde régence, Poached chicken with truffles and foie gras puree

닭다리를 교차해 묶고, 가슴을 얇은 비계로 감싸 묶는다. 맑은 송아지고기 육수와 닭고기 육수에 넣어 뭉근히 삶는다. 익은 닭을 접시에 올리고, 고기와 야채를 다져넣은 크넬을 곁들이고, 버섯 10개, 작은 서양 송로 10개, 푸아그라 퓌레를 넣은 10개의 부셰(bouchée)[17]로 장식한다.

레카미에[18] 암탉

Poularde Récamier, Poached chicken with macaroni and cheese sauce

☙ 암탉 1마리, 육수(퐁 블랑/화이트 스톡), 버터 1큰술, 서양 송로(트뤼프), 수탉의 볏 12개, 마데이라 포도주 1큰술, 쉬프렘 소스(또는 알망드 소스) 400ml, 마카로니 100g, 베샤멜 소스 500ml, 파르메산 치즈, 녹인 버터, 푸아그라, 부셰(작은 볼오방), 아스파라거스.

---

16) 섭정(왕을 대신해 나라를 다스린 권력자).
17) 지름 3센티미터 크기의 아주 작은 볼오방.
18) 줄리에트 레카미에. 나폴레옹 시대의 은행가 레카미에의 부인. 미모와 교양을 지닌 사교계의 주인공이었다. 화가 다비드와 제라르가 그린 초상화도 유명하다.

닭을 육수에 넣고 뭉근히 삶아 익힌다. 조금 식힌 뒤 가슴살을 잘라내 얇게 썬다. 냄비에 버터, 얇게 썬 서양 송로, 수탉 볏을 넣고 마데이라 포도주를 붓는다. 가열해 〈쉬프렘 소스〉를 붓고, 뚜껑을 덮어, 식지 않게 오븐 가장자리에 놓아둔다. 소금물에 삶아낸 마카로니에 〈베샤멜 소스〉 3~4큰술, 치즈 3~4큰술, 다진 서양 송로 1큰술, 푸아그라를 조금 넣는다.
닭고기의 몸통을 건져내 마카로니로 속을 채워, 원래의 모양을 낸다. 오븐용 접시에 올려 〈베샤멜 소스〉를 입히고, 치즈 가루, 녹인 버터를 뿌리고, 오븐에 넣어 약한 불에서 몇 분간 노릇하게 만든다. 접시에 올리고 아스파라거스를 얹은 '부쉐'를 둘러놓는다. 닭고기는 길쭉하게 자른다.

로시니 암탉

Poularde Rossini, Chicken stuffed with foiegras and truffles

⊙ 암탉 1마리, 소금, 후추, 푸아그라 파르페, 서양 송로(트뤼프), 감싸기용 얇은 비계, 버터, 갈색 퐁드보(빌 스톡) 200ml.

닭의 몸통 안쪽에 소금과 후추를 뿌리고, 푸아그라 파르페, 잘게 토막 낸 서양 송로를 넣는다. 얇은 비계로 닭의 배를 감싸고 실로 묶어 버터로 지진다. 자주 버터를 두른다. 버터가 검게 타지 않도록 조심한다. 닭이 익으면 건져내 타원형 접시에 올린다. 냄비에서 버터를 조금만 남기고 따라버린 뒤, 남아있는 육즙에 육수를 붓고 젓는다(디글레이징). 이것을 끓여 살짝 졸인다. 닭을 올린 타원형 접시에 이 소스를 붓는다. 남은 소스는 별도의 그릇에 담아낸다. 버터로 볶은 국수에 치즈 가루를 뿌리고, 푸아그라 파르페를 조금 추가한다.

암탉 수플레

Poularde soufflé, Chicken souffle

⊙ 암탉 1마리, 서양 송로(트뤼프), 소금, 후추, 무슬린 소 500g, 서양 송로를 섞은 푸아그라 퓌레 150g, 육수(퐁 블랑/화이트 스톡) 200ml, 쉬프렘 소스 또는 블롱드 소스 500ml.

닭을 삶아 조금 식힌다. 가슴살만 도려내 길고 얇게 썬다. 냄비에 버터를 두르고, 가늘게 썬 서양 송로를 넣고 소금과 후추로 양념해 따뜻한 곳에 놓아둔다. 곱게 다진 푸아그라 반죽을 닭 속에 넣는다. 겉에 소스를 부드럽게 뿌린다. 얇게 썬 서양 송로로 장식한다.

냄비에 육수를 붓고, 닭을 넣고, 뚜껑을 닫고, 아주 은근한 불로 삶는데, 김이 충분히 솟아, 속까지 잘 익도록 한다. 닭이 익으면 접시에 올려 소스를 엷게 입히고, 4~5술의 소스는 남겨둔다. 또다른 접시에 가슴살과 서양 송로를 올리고, 남겨둔 소스에 버터를 조금 추가해 붓는다.

수바로브 암탉

Poularde Souvarow, Pot-roasted stuffed chicken

ର 8인분: 암탉 1마리, 푸아그라 250g, 서양 송로(트뤼프), 소금과 후추, 감싸기용 얇은 비계, 버터, 마데이라 포도주 1잔, 갈색 퐁드보(빌 스톡) 100ml, 밀가루 반죽.

꽤 큰 조각으로 자른 푸아그라, 살짝 간을 맞춘 서양 송로를 닭의 뱃속에 넣는다. 닭을 잘 묶고, 배를 얇은 비계를 감싸고, 버터를 넣고 45분간 익힌 뒤 건져내서 끈을 풀고, 뚜껑 있는 테린에 넣는다. 냄비에 남은 육즙에 마데이라 포도주를 섞어 풀어준다. 한소끔 끓여 육수를 추가한다. 이것을 닭 위에 붓는다. 뚜껑을 덮고, 가장자리에 밀가루 반죽을 굵은 띠로 둘러 붙인다. 오븐에 넣고 중불에서 20~30분간 익힌다. 테린째 낸다.

스탠리 암탉

Poularde Stanley, Cassereole of stuffed chicken

ର 암탉 1마리, 쌀 100g, 육수(화이트 스톡) 1리터, 버섯 60g, 서양 송로(트뤼프) 60g, 감싸기용 얇은 비계, 양파 500g, 카레 가루 1큰술, 베샤멜 소스 500ml, 크렘 프레슈 100ml.

육수 250밀리리터에, 쌀, 버섯, 서양 송로를 넣고 밥을 지어 닭에 소로 넣는다. 다리를 교차해 묶고, 가슴을 얇은 비계로 감싸 묶는다. 양파를 얇게 썰어 몇 분간 맹물에 끓여, 물을 버리고 카레 가루를 섞는다. 이 양파를 닭과 나머지 육수와 함께 냄비에 넣는다. 뚜껑을 덮고 중간 불로 1시간쯤 익힌다. 닭이 익으면, 끈을 풀고 접시에 담는다. 냄비에 남은 재료를 체로 걸러내, 소스를 넣고 섞는다. 크렘 프레슈를 추가하고 빠르게 끓여, 소스를 걸쭉하게 졸인다. 이것을 닭고기 위에 붓는다.

탈레랑 암탉

Poularde à la Talleyrand, Pot-roasted chicken with macaroni and cheese

☙ 암탉 1마리, 마카로니, 버터 150g, 콩소메(맑은 국물), 파르메산 치즈 가루 1~2큰술, 베샤멜 소스 70ml, 푸아그라 파르페 150g, 서양 송로(트뤼프), 무슬린 250g, 육수(맑은 부이용) 200ml, 데미글라스 소스 200ml.

닭의 가슴살을 푸알레(poêler)로, 오븐에서 버터로 익힌다. 조금 식으면 주사위 모양으로 지른다. 마카로니를 잘게 잘라 콩소메에서 삶는다. 삶았던 국물은 버리고, 치즈, 〈베샤멜 소스〉, 가늘게 썬 서양 송로 60그램, 푸아그라 파르페를 넣어 섞는다. 이것을 가슴살과 섞는다. 이 마카로니 반죽으로 닭의 속을 채운다. 그 위에 무슬린을 얇게 덮는다. 육수(부이용)를 냄비에 붓고, 닭을 넣고, 뚜껑을 닫는다. 약한 불에서 뭉근히 삶는다. 닭이 익으면 아주 가늘고 썬 서양 송로를 〈데미글라스 소스〉에 넣어 접시에 조금 둘러놓는다. 닭은 그 위에 올리고 나머지 소스는 따로 담아낸다.

토스카 암탉

Poularde Tosca, Poached stuffed chicken with white sauce

☙ 암탉 1마리, 육수(퐁 블랑/화이트 스톡), 버터, 알망드 소스 500ml, 서양 송로(트뤼프), 셀러리 2~3개.

〈디바 암탉〉처럼 준비한 닭을 육수에 넣고 삶는다. 소스에 버터를 조금 넣고, 가늘게 썬 서양 송로와 육수로 데친 셀러리를 잘게 잘라 추가한다. 삶은 닭을 접시에 올리고, 소스를 엷게 끼얹고, 나머지 소스는 따로 담아낸다.

발랑시엔(발렌시아) 암탉

Poularde à la valencienne, Valencian style chicken

☙ 암탉 1마리, 버터, 스페인 소시지(초리소) 6~8개, 파프리카 가루, 삼겹살 6~8쪽, 가지 파르시 3~4개, 토마토 파르시 6~8개, 토마토 데미글라스 소스 500ml, 장봉(햄), 필래프 볶음밥.

닭을 냄비에 너호 오븐에서 구워(푸알레), 접시에 올린다. 파프리카 가루를 입힌 스페인 소시지와, 삼겹살(베이컨)을 구워, 닭고기 주위에 가지 파르시와 토마토 파르시와 함께 둘러놓는다. 소스를 닭고기에 조금 끼얹고 나머지 소스는 따로 담아낸다. 작은 네모꼴로 썬 장봉(햄)을 필래프 볶음밥에 추가해 다른 접시에 담아낸다.

빅토리아 암탉

Poularde Victoria, Stuffed pot roasted chicken with potatoes

ↄ 소를 채운 암탉 1마리(수바로브식으로 조리한다), 감자, 버터, 글라스 드 비앙드, 갈색 퐁드보(빌 스톡)150ml.

닭을 삶는 동안, 감자를 작게 잘라 약한 불에서 버터로 익히면서 '글라스 드 비앙드'를 몇 술 넣는다. 닭이 익으면 접시에 올리고 둘레에 감자를 둘러놓는다. 냄비에 남은 버터에는 퐁드보 150밀리리터를 붓고, 몇 분간 졸여서 소스 그릇에 담아낸다.

워싱턴 암탉

Poularde à la Washington, Chicken stuffed with sausage meat aand corn

ↄ 암탉 1마리, 소시지 고기 300g, 옥수수 3~4큰술, 혼합 허브 5g, 버터.

소시지 고기(돼지고기 양념 다짐), 옥수수, 혼합 허브를 버터에서 노릇하게 지진다. 이것을 닭 속에 넣고 끈으로 묶어 삶는다. 다 익으면 우러난 육수를 붓는다. 크림을 두른, 익힌 옥수수 한 접시를 곁들인다.

페리고르 암탉 또는 수탉

Poularde ou chapon fin aux perles du Périgord, Chicken or capon with truffles

ↄ 암탉 또는 수탉 1마리, 소금, 후추, 서양 송로(트뤼프), 감싸기용 얇은 비계, 송아지고기 3~4점, 돼지 껍질과 비계, 양파, 당근, 부케 가르니, 코냑 1큰술, 백포도주 1큰술, 육수(브라운 스톡) 500ml.

얇게 썬 서양 송로를 닭 속에 넣는다. 다리를 교차해 실로 묶고, 얇은 비계와 송아지 고기로 감싸, 실로 묶는다. 돼지 껍질과 비계를 냄비에 조금씩 넣고, 얇게 썬 양파와 당근을 넣는다. 그 위에 닭을 얹는다. 부케 가르니를 넣고 코냑과 포도주를 끼얹는다. 육수를 붓고 뚜껑을 덮어 50분쯤 삶는다. 자주 육수를 붓는다. 우러난 국물을 소스로 삼아 함께 낸다.

닭가슴살(필레, 쉬프렘), 코틀레트, 블랑

닭고기에서 필레(filets)와 쉬프렘(Suprêmes)[19]은 동의어일 뿐이다. 경우에 따라 적당한 것을 사용한다. 사실 최고급 가슴살을 가리킨다. 두 가지 모두 영계나 여왕(Reine)이라고 불리는 암탉(Poulet)[20]에서 나온다.

닭 가슴살은, 정제하지 않은 덩어리 버터로 튀기듯이 지져 익힌다(소테). 소금을 치고 밀가루를 입힌 다음 소테팬에 버터와 함께 넣고 약하게 가열한다. 몇 분이면 충분히 익는다. 고기가 익으면 소테팬에서 꺼낸다.

소테팬에 남아있는 버터와 육즙에, 맑은 육수(퐁 블랑/화이트 스톡)와 '글라스 드 비앙드'를 조금 붓는다(디글레이징). 이렇게 섞은 육즙은 너무 졸아들지 않도록 가열한다. 버터가 '글라스 드 비앙드'와 잘 섞이지 않을 때는 맑은 육수 한두 술을 추가하고 소테팬을 잘 흔들어주면 된다.

'코틀레트(côtelettes)'는 쉬프렘과 마찬가지로 여왕이라고 불리는 암탉이나 영계의 최고급 가슴살 부위로 날갯죽지(l'os du moignon de l'Aile)를 제거하지 않은 것이다. 코틀레트는 영국식으로 빵가루를 입혀 조리하는데, 닭 가슴살을 소금으로 양념하고 밀가루, 달걀물, 빵가루를 입혀 정제한 맑은 버터를 가열해 익히는 방식이다. 코틀레트를 그릴에서 구울 때는 달걀물을 생략한다. 빵가루를 입히기 전에 녹인 버터에 깊이 담근다.

블랑(Blanc)은, 닭을 손질해서 속에 소금을 치고 실로 묶은 뒤, 얇은 비계(또는 기름진 삼겹살)로 덮어 육수(퐁 블랑/화이트 스톡)에서 1시간쯤 삶아 익히는 방식이다. 다 익은 고기를 2~3조각으로 잘라서 식탁에 낸다.

아들리나 파티 가금 쉬프렘

Suprêmes de volaille Adelina Patti, Breast of Chicken with gnocchi

☙ 6인분: 닭 가슴살 6조각, 소금, 후추, 치즈, 뇨키 반죽 6개, 밀가루, 버터, 육수(퐁 블랑/화이트 스톡) 또는 콩소메(맑은 국물), 글라스 드 비앙드 100ml, 서양 송로(트뤼프).

닭 3마리의 가슴살을 소테 방식으로 조리한다. 밀가루를 입혀 버터에 양

19) 쉬프렘 드 볼라이유(Suprêmes de volaille). 가금의 최상급 부위라는 뜻이다. 날갯죽지 밑의 가슴살을 길고 얇게 저며낸 부분이다.

20) 무게 1~1.4kg. 한국의 닭고기 규격상 중대형(10~13호)으로 일반적인 닭 크기이다.

쪽을 중간 불에서 노릇하게 익힌다. 접시에 담고 뇨키 1개당 고기 1점씩을 올린다. 뇨키 반죽은 고기와 비슷한 크기로 자른다.
고기를 익힌 팬에 남은 육즙에, 육수를 조금 섞는다(디글레이징). '글라스 드 비앙드'와 얇게 썬 서양 송로를 넣는다. 팬의 육즙을 가열해 고기 위에 붓는다. 가르니튀르로 크림을 두른 아티초크를 곁들인다.

뇨키 반죽
냄비에 우유 1리터를 끓여 세몰리나 밀가루 250g을 넣는다. 소금, 후추, 너트멕을 넣고 20분간 약한 불로 익힌다. 냄비를 불에서 꺼내 달걀 노른자 2~3알, 치즈 가루 60g을 섞는다. 1.5센티미터 두께로 반죽을 빚는다.

샤쇠르 가금 쉬프렘

Suprème de voaille chasseur, Breast of chicken with demiglace sauce

⊗ 6인분: 닭 가슴살 6조각, 소금, 후추, 밀가루, 뇨키, 가늘게 썬 버섯 250g, 샬롯 2개, 코냑 또는 브랜디 4큰술, 백포도주 100ml, 토마토 퓌레 3큰술, 데미글라스 소스 200ml, 글라스 드 비앙드 2큰술, 파슬리.

닭 가슴살을 소금, 후추로 양념해, 밀가루를 입혀, 소테팬에서 버터로 익힌다. 빵 조각들이나 뇨키 위에 얹는다. 고기를 익힌 팬에 버섯과 다진 샬롯을 넣고 몇 분간 볶는다. 포도주와 코냑을 붓고 조금 졸인다. 토마토 퓌레, 소스, '글라스 드 비앙드', 다진 파슬리를 넣고 끓여서 고기 위에 붓는다. 감자, 필래프 또는 인도식 쌀밥을 곁들인다.

라 발리에르 가금 쉬프렘

Suprêmes de volaille La Vallière, Chicken breasts with truffles

〈샤쇠르 가금 쉬프렘〉과 같지만, 가늘게 썬 서양 송로를 추가하고 버섯에는 다진 타라곤을 뿌린다. 붉은 고춧가루를 뿌리면 매콤해서 더 좋다.

파보리트 가금 쉬프렘

Suprêmes de volaille favorite, Breast of chicken with foie gras and madeira

⊗ 6인분: 암탉 가슴살 6조각, 소금, 후추, 버터, 밀가루, 뇨키, 푸아그라 6개, 육수(퐁 블랑/화이트 스톡), 마데이라 포도주 3큰술, 글라스 드 비앙드 100ml, 서양 송로(트뤼프).

닭 가슴살을 소금, 후추로 양념하고, 밀가루를 입혀, 팬에서 버터로 튀기듯이 지져 익힌다(소테). 버터로 튀긴 크루통이나 구운 세몰리나 반죽 위에 올린다. 고깃덩어리마다 버터로 볶은 푸아그라 1쪽씩을 얹는다.
조리한 팬에 남아있는 육즙에, 육수, 마데이라 포도주, '글라스 드 비앙드'를 섞는다(디글레이징). 몇 분간 끓인다. 고기 1점당 3~4쪽의 얇게 썬 서양 송로를 넣고 2분 더 끓인 뒤, 버터 30그램을 섞어 고기 위에 붓는다. 버터로 볶은 아스파라거스를 가르니튀르로 곁들인다. '파보리트'는 어느 레시피에서든 서양 송로를 추가해서 사람들이 좋아한다는 뜻이다.

보르들레즈(보르도) 영계 쉬프렘

Suprêmes de poulet à la Bordelase, Bordeaux style chicken breasts

ↀ 6인분: 닭 가슴살 6조각, 소금, 후추, 아티초크 속심 3개, 감자 3~4개, 버터, 글라스 드 비앙드 3~4큰술, 백포도주 70ml, 갈색 퐁드보(빌 스톡) 70ml.

닭 가슴살은 버터로 튀기듯이 지져 익힌다(소테). 아티초크와 감자를 얇게 썰어 따로따로 버터로 볶고, 함께 섞어 '글라스 드 비앙드'를 조금 두른다. 코틀레트 틀에 넣고 눌러, 틀을 뒤집어 접시에 쏟고 그 위에 고기를 얹는다. 고기를 익힌 팬에 남은 버터에 포도주를 섞어 잘 저은 다음 한소끔 끓인다. 나머지 육수와 '글라스 드 비앙드'를 붓고 한 번 더 끓인 후 버터를 추가해, 고기 위에 붓는다.

옹그루아즈(헝가리) 영계 필레 또는 쉬프렘

Suprêmes ou filets de poulet à la Hongroise, Hungarian style chicken breast

ↀ 6인분: 닭 가슴살 6조각, 소금, 후추, 밀가루, 버터, 단맛의 붉은 파프리카(헝가리 파프리카) 가루 1큰술, 백포도주 100ml, 글라스 드 비앙드 4큰술, 크렘 프레슈 200ml.

닭 가슴살은 소테팬에서 버터에 익힌다. 팬에 남은 버터에 파프리카를 추가하고 잠깐 몇 초만 잘 젓는다. 포도주와 '글라스 드 비앙드'를 넣고 크렘 프레슈를 섞는다. 한소끔 끓인 후 고기 위에 붓는다. 크렘 프레슈 대신 같은 분량의 〈베샤멜 소스〉를 섞어도 되는데, 이 경우에는 버터 2~3술을 더 넣는다.

앵디엔(인도) 영계 필레 또는 쉬프렘

Suprêmes ou filets de poulets à l'indienne, Indian style chicken breasts

☙ 6인분: 닭 가슴살 6조각, 소금, 후추, 밀가루, 버터, 다진 양파 1큰술, 카레 가루 1작은술, 크렘 프레슈 또는 베샤멜 소스 250ml, 버터 3큰술.

앞의 레시피들처럼 조리하지만 접시에 담는 것이 다르다. 팬에 남은 버터에 양파를 넣고 살짝 노릇하게 볶는다. 카레 가루를 넣고 휘저어 섞는다. 베샤멜 소스(또는 크렘 프레슈)를 섞어서, 작은 팬에 붓고 한소끔 끓여 버터를 넣고 고기에 붓는다. 인도식 쌀밥을 곁들인다.

쥐딕[21] 영계 쉬프렘

Suprêmes de poulet Judic, Chicken breasts with braised lettuces

☙ 6인분: 닭 가슴살 6조각, 소금, 후추, 밀가루, 버터, 콩팥, 데친 양상추 3, 서양 송로(트뤼프), 수탉의 볏, 데미글라스 소스.

닭고기를 버터로 익혀(소테) 양상추 반쪽 위에 올린다. 얇게 썬 서양 송로를 콩팥과 함께 가르니튀르로 올리고 소스를 조금 끼얹는다. 완두콩을 조금 섞은 필래프 볶음밥을 곁들인다.

마레샬 가금 쉬프렘(또는 코틀레트)

Suprêmes ou Côtelettes de voailles à la Maréchal, Fried chicken breasts with sauce

☙ 6인분: 닭 가슴살 6조각, 소금, 후추, 밀가루, 달걀 1, 빵가루, 정제한 맑은 버터, 콩소메(맑은 국물) 또는 퐁드보(빌 스톡) 4~5큰술, 서양 송로(트뤼프), 레몬.

닭고기에 양념해 밀가루, 달걀물, 빵가루를 입혀 정제한 맑은 버터에 튀긴다. 육수를 끓인 뒤 얇게 썬 서양 송로를 넣는다. 한소끔 다시 끓여 버터 30~50그램을 천천히 추가하고 저어 레몬즙을 뿌리고 소스를 마무리한다. 고기를 접시에 담고 소스를 얹는다. 가르니튀르는 버터로 볶은 아스파라거스를 올린다.

다른 방법

닭고기에 양념해, 밀가루를 입혀, 녹인 버터에 담갔다가, 빵가루를 입힌

---

21) 안나 쥐딕(Anna Judic, 1849~1911년). 프랑스 여배우. 소프라노.

다. 약한 불에서 그릴로 굽는다. 서양 송로, 수탉 콩팥, 양송이버섯을 얇게 썰고 삶아, 마데이라 포도주 1술과 버터를 조금 넣어서 따로 낸다.

몽팡시에 가금 쉬프렘

Suprêmes de volaille Montpensier, Chicken breast with semolina cakes

ᘛ 6인분: 닭 가슴살 6조각, 소금, 후추, 밀가루, 정제한 맑은 버터, 작은 세몰리나 뇨키, 콩소메(맑은 국물) 또는 퐁드보(빌 스톡) 70ml, 글라스 드 비앙드 2~3큰술, 서양 송로(트뤼프).

닭고기를 팬에서 버터로 익혀(소테), 작은 세몰리나 뇨키에 얹는다. '아들리나 파티' 방식이다. 팬에 남은 버터에 퐁드보를 섞어 디글레이징을 한다. '글라스 드 비앙드'와 고기 1점당 얇게 썬 서양 송로 3~4쪽을 넣는다. 2분간 끓이고 버터 30그램을 넣어서, 고기에 붓는다. 버터로 볶은 아스파라거스를 가르니튀르로 올린다.

폴리냐크 가금 쉬프렘

Suprêmes de volaille Polignac, Chicken breast with sauce supreme

ᘛ 6인분: 닭 가슴살 6조각, 버터, 버터에 튀긴 크루통, 서양 송로(트뤼프), 버섯, 쉬프렘 소스 500ml, 육수(퐁 블랑/화이트 스톡) 50ml, 글라스 드 비앙드 2~3큰술.

닭고기를 버터에 익혀(소테) 크루통 위에 올린다. 버섯과 서양 송로를 썰어 소스에 섞어 고기 위에 붓는다. 팬에 남은 버터에 육수를 붓고 휘저어, '글라스 드 비앙드'를 추가해 고기 위에 조금 붓고 나머지는 다른 그릇에 담아낸다. 완두콩, 아스파라거스를 곁들여도 좋다.

포자르스키[22] 가금 코틀레트 또는 쉬프렘

Suprêmes ou côtelettes de volaille Pojarski

ᘛ 6인분: 닭 가슴살 6조각, 빵가루, 크림, 버터, 소금, 후추, 너트멕, 밀가루, 버터.

닭 가슴살을 얇게 썬다. 닭고기 500그램당 크림에 축인 빵가루 125그램, 버터 125그램을 섞는다. 소금, 후추, 너트멕 가루를 조금씩 뿌린다. 밀가루를 입혀 정제한 맑은 버터로 12분쯤, 뒤집어가며 익힌다. 가르니튀르는

22) 다진 닭고기를 둥글납작하게 빚어 튀기는 러시아 요리(Pozharskie Kotlety). 1612년 러시아 혼란기에 폴란드와의 전쟁에서 승리한, 러시아 국민 영웅 드리트리 포자르스키 공작의 이름을 붙인 것이다.

자유롭게 고른다.

로즈몽드 가금 쉬프렘

Suprêmes de volaille Rosemonde, Chicken breasts with madeira

ᴓ 6인분: 닭 가슴살 6개, 버터, 파삭한 빵 껍질, 푸아그라 퓌레, 마데이라 포도주 70ml, 맑은 육수 70ml, 글라스 드 비앙드 3~4큰술, 송로(트뤼프), 쉬프렘 소스 200ml.

닭고기를 버터에 익힌다(소테). 푸아그라 퓌레를 넓게 깔고 바삭한 빵 껍질로 덮은 뒤, 그 위에 닭고기를 올린다. 팬에 남은 버터에 마데이라 포도주를 섞어 저어주고, 육수와 '글라스 드 비앙드'를 추가해 한소끔 끓인다. 얇게 썬 서양 송로를 고기 1점당 3~4쪽씩 넣고 소스도 넣는다. 다시 한소끔 끓어오르면 고기에 붓는다. 버섯 퓌레를 곁들인다.

로시니 가금 쉬프렘

Suprêmes de volaille Rossini, Chicken breasts with foie gras and truffles

ᴓ 6인분: 닭 가슴살 6조각, 버터, 소금, 혼합 향신료, 푸아그라 6쪽, 밀가루, 버터, 마데이라 포도주 70ml, 서양 송로(트뤼프), 데미글라스 소스 200ml.

닭 가슴살을 버터로 익힌다(소테). 푸아그라에 소금, 향신료로 양념하고 밀가루옷을 입혀 버터로 익힌다. 닭고기를 접시에 담고 각 고기 한 점마다 튀긴 푸아그라를 올린다. 고기를 조리한 팬에 남은 버터에 마데이라 포도주를 섞고, 얇게 썬 서양 송로와 소스를 추가한다. 한소끔 끓여 고기에 붓는다. 버터로 볶은 면에 파르메산 치즈 가루를 뿌려 곁들인다.

베르디 영계 쉬프렘

Suprêmes de poulet Verdi, Chicken breasts Verdi

ᴓ 6인분: 닭 가슴살 6조각, 버터, 마카로니 120g, 파르메산 치즈, 베샤멜 소스 70ml, 서양 송로를 섞은 푸아그라 크림, 육수(퐁 블랑/화이트 스톡) 70ml, 글라스 드 비앙드 3~4큰술, 크렘 프레슈 150ml, 서양 송로(트뤼프).

닭 가슴살을 소테팬에서 버터에 익힌다. 마카로니를 잘게 썰어 소금물에 삶아내 버터를 조금 두르고, 파르메산 가루를 조금 뿌린 다음 푸아그라 크림을 조금 섞은 소스를 추가한다. 마카로니를 파이앙스(도기) 접시에 담고, 닭고기를 그 위에 올린다.

팬에 남은 버터에 육수를 붓고, '글라스 드 비앙드'와 크렘 프레슈를 넣는다. 2분가량 끓여 닭고기에 붓는다. 얇게 썬 서양 송로를 '글라스 드 비앙드'로 데워 각 고기 덩어리마다 올린다.

퐁트네 자작부인 가금 블랑

Blanc de volaille Vicomtesse de Fontenay, Chicken breast with semolina cakes

☙ 삶은 닭 가슴살, 작은 세몰리나 뇨키 반죽 6개(아들리나 파티 쉬프렘과 같은 것), 서양 송로(트뤼프), 크림, 베샤멜 소스, 치즈 가루, 버터.

삶은 닭 가슴살을 3쪽으로 자른다. 내열 접시에 세몰리나 뇨키 또는 두툼한 빵 조각들을 담고 그 위에 닭고기를 하나씩 나눠 올린다. 또 그 위에 얇게 썬 서양 송로를 올린다. 소스에 크림을 조금 섞어 고기 위에 붓는다. 치즈 가루와 버터 조각들을 뿌리고 샐러맨더 그릴이나 오븐에서 구워 노릇하게 윤을 낸다. 버터로 볶은 아스파라거스를 가르니튀르로 올린다.

알자시엔(알자스) 가금 블랑

Blanc de volaille alsacienne, Alsatian style chicken breasts

☙ 삶은 닭 가슴살, 버터로 볶은 푸아그라 6쪽, 서양 송로(트뤼프), 쉬프렘 소스.

닭 가슴살을 3쪽으로 길게 자른다. 푸아그라를 접시에 담고 그 위에 닭고기를 올린다. 소스에 얇게 썬 서양 송로를 섞어 닭고기 위에 부어준다. 삶은 국수를 버터로 볶은, 알자스 국수(슈페츨레)를 곁들인다.

앙줄린 가금 블랑

Blanc de voalaille Angeline, Chicken breasts with paprika sauce

☙ 삶은 닭 가슴살, 세몰리나 뇨키 6개, 서양 송로(트뤼프), 파프리카를 섞은 베샤멜 소스, 파르메산 치즈, 버터.

삶은 닭고기를 3쪽으로 길게 잘라, 뇨키 위에 얹고 얇게 썬 서양 송로도 올린다. 그 위에 파프리카를 조금 섞은 베샤멜 소스를 붓는다. 파르메산 치즈 가루, 버터 조각을 뿌리고 샐러맨더 그릴이나 오븐에서 노릇하게 굽는다. 완두콩을 조금 섞은 필래프 볶음밥을 곁들인다.

플로랑틴(피렌체) 암탉 블랑

Blanc de poulet florentine, Florence style chicken breasts

ᘓ 삶은 닭 가슴살, 버터, 소금, 후추, 시금치 250g, 너트멕 5g, 베샤멜 소스, 치즈 가루.

삶은 닭 가슴살을 2~3쪽으로 길게 자른다. 냄비에 버터 1술과 함께 넣고 양념을 가볍게 한 뒤 뜨겁게 놓아둔다. 시금치를 삶아 물기를 빼고 성글게 다져 냄비에 넣고 버터 30그램을 추가한다. 소금, 후추, 너트멕을 뿌린다. 습기가 완전히 달아날 때까지 계속 저어준다. 내열 접시에 담아 닭고기를 위에 올린다. 소스를 덮고, 치즈 가루, 버터 조각을 뿌려 오븐에서 노릇하게 굽는다.

바그라시옹 암탉 블랑

Blanc de poulet Bagration, Chicken breasts with pasta and cheese sauce

ᘓ 닭 가슴살, 버터 2큰술, 서양 송로(트뤼프), 소금, 후추, 작은 조개 모양의 파스타(코키예트, coquillettes) 300g, 너트멕 5g, 치즈 가루, 작은 서양 송로 1, 베샤멜 소스 70ml.

닭 가슴살을 2~3쪽으로 길게 잘라 뭉근히 삶는다(포셰). 냄비에 버터 2큰술, 서양 송로와 함께 넣는다. 소금, 후추를 넣고 뚜껑을 덮어 따뜻하게 놓아둔다.

파스타(코키예트)를 소금물에 삶아, 냄비에 쏟는다. 버터 1술, 너트멕 가루, 치즈 가루 3~4술을 추가한다. 소스 3~4큰술을 둘러 버무린 뒤, 얇게 썬 송로를 넣는다. 전부 잘 섞어 파이앙스(도기) 접시에 담는다. 표면을 고르고 그 위에 닭고기와 얇게 썬 송로를 얹는다. 소스를 덮고, 치즈 가루와 버터 조각을 뿌리고 오븐에 넣어 노릇하게 만든다.

미레이유 암탉 블랑

Blanc de poulet Mireille, Chicken breast mireille

앞의 〈피렌체 암탉 블랑〉과 같은 조리법이지만, 얇게 썬 서양 송로를 닭고기에 추가한다. 양념을 가볍게 하고, 냄비뚜껑을 덮어 몇 분간 따끈하게 놓아둔다. 그래야 닭고기에 서양 송로의 향이 잘 배어든다. 서양 송로와 닭고기 모두 얇게 썰어, 번갈아 시금치 위에 올린다. 〈베샤멜 소스〉로 덮는다. 치즈 가루를 뿌리고, 버터 몇 조각을 뿌려 오븐에서 노릇하게 만든다.

중간 크기 암탉과 소테

소테용 닭고기는 '여왕'으로 불리는 중간 크기의 암탉(Poulet reine)이 가장 좋다. 닭은 손질할 때 다리부터 먼저 떼낸다. 그다음에 날개, 가슴 순이다. 나머지 몸통, 내장은 2조각으로 자른다.

알리스 암탉 소테

Poulet sauté Alice, Sauteed chicken with wine and brandy

☙ 암탉 1마리, 버터 50g, 올리브유 1큰술, 소금, 후추, 버섯 100g, 샬롯 1, 코냑 2큰술, 백포도주 100ml, 글라스 드 비앙드 3큰술, 크렘 프레슈 150ml.

닭고기에 고루 묻을 정도로 버터와 올리브유를 소테팬에 넣고 가열한다. 닭고기는 껍질이 바닥에 닿도록 놓는다. 흰 살코기는 중간에, 다리는 가장자리에, 날개는 그 위에, 그 밖의 부위는 나중에 올린다. 소금, 후추를 뿌린다. 뚜껑을 덮고 약한 불로 튀기듯이 지져 익힌다(소테). 닭고기에 버터가 잘 배도록 조심해서 뒤집어주며 익힌다. 날개는 다리보다 연하므로 먼저 꺼내 식지 않게 보관한다. 다리는 몇 분 더 익힌다. 곱게 다진 버섯과 샬롯을 넣고, 코냑과 백포도주, '글라스 드 비앙드'를 추가해 절반으로 졸인다. 꺼내놓았던 날개를 다시 소테팬에 넣고 몇 초만 가열한다. 크림을 붓고 소스를 걸쭉하게 만들어 마무리한다.

알자시엔(알자스) 암탉 소테

Poulet sauté alsacienne, Saute chicken alsatian style

☙ 암탉 1마리, 버터, 알자스 백포도주 150ml, 글라스 드 비앙드 3큰술, 크렘 프레슈 3큰술, 서양 송로를 섞은 푸아그라 125g.

앞의 레시피처럼 닭고기를 손질해 튀기듯이 지져 익힌다. 포도주를 추가해 절반으로 졸인 다음 '글라스 드 비앙드'와 크렘 프레슈를 넣는다. 체로 거른 푸아그라를 더해 마무리한다. 알자스 국수(슈페츨레)를 곁들인다.

볼리외 암탉 소테

Poulet sauté Beaulieu, Saute chicken with artichokes and black olives

☙ 암탉 1마리, 백포도주 100ml, 레몬즙, 글라스 드 비앙드 3큰술, 작은 아티초크 속심 5~6개, 작은 햇감자 5~6, 버터, 검은 올리브 18.

닭고기를 〈알리스 암탉 소테〉처럼 익혀 따뜻하게 놓아둔다. 냄비에 포도주를 붓고 한소끔 끓여, 레몬즙을 뿌리고 '글라스 드 비앙드'를 넣는다. 아티초크 속심을 감자와 함께 곱게 다져 버터에 살짝 볶는다. 접시에 붓고 닭고기를 위에 얹는다. 올리브를 가르니튀르로 올리고 소스로 덮는다.

오베르뉴식 암탉 소테

Poulet sauté à la mode d'Auvergne, Saute chicken auvergne style

☙ 암탉 1마리, 다진 양파 2큰술, 백포도주 100ml, 토마토 섞은 데미글라스 소스 200ml, 삶은 밤, 작은 치폴라타 소시지.

〈알리스 암탉 소테〉처럼 익힌다. 양파를 넣고 노릇해지면 백포도주를 넣는다. 포도주를 절반으로 졸이고 몇 분간 끓인 소스를 붓는다. 닭고기를 접시에 담고 밤과 소시지를 가장자리에 둘러놓는다.

보르들레즈(보르도) 암탉 소테

Poulet sauté Bordelaise, Saute chicken with artichokes and potatoes

☙ 암탉 1마리, 버터, 아티초크 4~5, 감자 4~5, 양파 1, 백포도주 100ml, 갈색 퐁드보(빌 스톡) 70ml, 글라스 드 비앙드 3큰술, 튀긴 파슬리.

〈알리스 암탉 소테〉처럼 팬에서 버터로 튀기듯이 지져서(소테), 타원형 접시에 올린다. 아티초크, 감자, 양파를 얇게 썰어 따로따로 버터 조금에 달달 볶아 익힌다. 닭고기를 익혔던 냄비에 포도주를 넣고 절반으로 졸여서 육수(퐁드보)와 '글라스 드 비앙드'를 넣는다.

닭고기를 접시에 담고 소스를 붓는다. 가르니튀르로 야채를 푸짐하게 쌓아올리고 야채 사이에 튀긴 파슬리를 끼워 넣는다.

부르기뇬(부르고뉴) 암탉 소테

Poulet sauté bourguignonne, Saute chicken burgundy style

☙ 암탉, 돼지비계 100g, 버터, 소금, 후추, 부르고뉴 포도주 200ml, 버섯 100g, 데미글라스 소스 200ml, 버터와 설탕을 녹여 입힌 꼬마 양파(pearl onion) 글라세.

비계를 네모로 썰어 끓는 물에 몇 분 담갔다가 버터에 노릇하게 익힌다. 비계 조각들은 건져둔다. 닭고기를 버터에 익히고 양념을 조금만 한다. 익힌 날개는 따뜻하게 놓아둔다. 나머지 익힌 닭고기는 포도주를 붓고 절반으로 졸인다. 비계, 4토막으로 잘라 버터로 볶은 버섯, 소스를 추가한다. 냄비에 날개를 다시 넣고 모두 함께 몇 분간 끓인다. 접시에 올려 꼬마 양파 글라세를 곁들인다.

브레산(브레스)[23] 암탉 소테

Poulet sauté , Saute chicken with cock's kidneys

ଓ 암탉 1마리, 소금, 후추, 밀가루, 버터, 수탉의 콩팥 24, 버섯 100g, 백포도주 100ml, 크렘 프레슈 200ml.

닭을 잘라 소금과 후추를 뿌리고 밀가루를 입힌다. 버터로 약하게 익힌다. 버터가 시커멓게 타지 않도록 조심한다. 거의 다 익었을 때 콩팥과 4쪽으로 자른 버섯을 넣고 노릇하게 지진다. 백포도주를 넣고 절반으로 졸이고 나서 크렘 프레슈를 추가해 10여 분간 끓인다.

카탈루냐 페이잔 암탉 소테

Poulet sauté à la paysanne catalane, Saute chicken in catalan country style

ଓ 암탉 1마리, 소금과 후추, 밀가루, 올리브유, 다진 양파 2큰술, 붉은 파프리카 5~6, 토마토 5~6, 파슬리, 마늘, 백포도주 100ml, 소금, 후추.

닭다리를 둘로 자른다. 소금, 후추를 치고, 밀가루를 입혀 양파와 함께 올리브유로 튀기듯이 지져 익힌다(소테). 파프리카를 얇게 썰어 올리브유에 볶는다. 토마토, 다진 파슬리를 조금 넣고, 마늘과 소금, 후추를 넣는다. 20여 분 끓인다. 입맛에 따라 밀가루 입힌 가지와 얇게 썬 주키니 호박을 기름에 튀겨 토마토와 파프리카에 추가해도 된다. 야채를 접시에 담고 그 위에 닭고기를 얹는다. 닭고기를 조리했던 냄비에 포도주를 넣고 몇 분 졸인 뒤 고기 위에 붓는다. 먹기 전에 한 번 더 가열한다. 크레올 쌀밥을 곁들인다. 토끼도 같은 방법으로 요리할 수 있다.

암탉 버섯 소테

Poulet sauté aux cèpes, Saute chicken with cepes or mushrooms

ଓ 암탉 1마리, 소금과 후추, 버터 50g, 올리브유 1큰술, 백포도주 100ml, 토마토 섞은 데미글라스 소스 100ml.

---

23) 브레스는 프랑스 중동부 쥐라 산자락의 산촌이다.

닭을 손질해 소금, 후추를 치고 팬에서 올리브유나 버터로 튀기듯이 지져 익힌다. 백포도주를 붓고 절반까지 졸인다. 소스를 추가하고 몇 분간 더 끓인다. 닭고기를 접시에 쏟아붓고 소스로 덮는다. 보르들레즈 버섯 가르니튀르나 보통 버섯을 가르니튀르로 올린다.

샹포 암탉 소테

Poulet sauté Champeaux, Saute chicken champeaux

☙ 암탉 1마리, 버터, 버터로 볶은 꼬마 양파, 감자 누아제트, 백포도주 100ml, 글라스 드 비앙드 2큰술, 갈색 퐁드보(빌 스톡) 100ml.

닭고기를 잘라 버터로 튀기듯이 지져 익힌다. 접시에 담고, (버터와 설탕을 녹여 옷을 입힌) 꼬마 양파 글라세와 감자 누아제트를 추가해 따뜻하게 놓아둔다. 닭고기를 익힌 팬에 백포도주를 넣고 잘 저어주며 한소끔 끓인다. '글라스 드 비앙드'와 퐁드보를 붓고 절반으로 졸인다. 버터 50그램을 넣어 마무리한 이 소스를 닭고기에 붓는다.

샤쇠르 암탉 소테

Poulet sauté chasseur, Chicken saute chasseur

☙ 암탉 1마리, 소금과 후추, 버터 50g, 올리브유 2큰술, 버섯 100g, 다진 샬롯 2큰술, 코냑 70ml, 백포도주 100ml, 토마토 섞은 데미글라스 소스 150ml, 파슬리.

손질한 닭을 잘라 소금, 후추 양념을 하고 올리브유나 버터로 튀기듯이 지져 익힌다. 날개가 익기 시작하면 꺼내서 따뜻하게 놓아둔다. 버섯과 다진 샬롯을 넣고 2~3분간 볶는다. 백포도주와 코냑을 넣고 절반으로 졸인 다음 다진 파슬리와 소스를 추가한다. 몇 초 동안 더 졸여 소스가 되면 날개를 다시 넣는다. 닭고기를 접시에 담고 소스를 붓는다.

라 발리에르 암닭 소테(Poulet sauté la Vallière)도 같은 방법으로 요리한다. 얇게 썬 서양 송로 몇 쪽과 타라곤을 버섯에 추가하는 것만 다르다. 두 요리 모두 토마토 소박이를 가르니튀르로 곁들이면 좋다.

암탉 카레 소테

Poulet sauté au curry, Curried saute of chicken

☙ 암탉 1마리, 소금, 후추, 밀가루, 올리브유 3큰술, 다진 양파 2큰술, 카레 가루 1작은술,

데미글라스 소스 200ml, 크렘 프레슈 70ml.

닭을 작게 토막 낸다. 소금, 후추를 치고 밀가루옷을 입힌다. 소테팬에 올리브유를 넣고 가열해, 닭고기, 양파, 카레 가루를 넣고 15분 정도 익힌다. 화이트 소스(블루테 또는 데미글라스 소스)를 추가해 다시 15분 정도 고기가 부드러워질 때까지 익힌다. 크렘 프레슈를 끼얹어 마무리한다. 인도식 쌀밥을 곁들인다.

에스파뇰(스페인) 암탉 소테

Poulet sauté à l'espagnol, Chicken saute spanish style

ↄ 암탉, 소금, 후추, 라드, 다진 양파 2큰술, 쌀 250g, 작고 붉은 피망 2, 닭 육수 500ml.

닭은 잘라 손질하고 소금과 후추를 넣고, 양파와 함께 라드로 튀기듯이 지져 익힌다. 쌀과 붉은 피망을 넣고 육수를 붓는다. 냄비뚜껑을 덮고 닭고기가 익을 때까지 20분 정도 가열한다.

ↄ 소스의 재료: 토마토 6, 올리브유 4큰술, 마늘, 파슬리, 소금과 후추.

토마토를 껍질을 벗겨 다져 올리브유로 약한 불에서 익힌다. 마늘과 파슬리를 조금씩 다져 넣는다. 소금과 후추를 넣고, 닭고기에 곁들인다. 치폴라타 소시지를 닭고기에 추가해도 좋다.

암탉 타라곤 소테

Poulet sauté l'estragon, Chicken saute with tarragon

ↄ 암탉 1마리, 버터, 백포도주 100ml, 토마토 데미글라스 소스 200ml, 타라곤 5g.

닭고기를 잘라 버터로 튀기듯이 지져 익힌다. 부드럽게 익었을 때 날개를 건져내 따뜻하게 놓아둔다. 냄비에 남은 닭고기에 포도주를 넣고 절반으로 졸이고, 소스와 타라곤을 넣는다. 몇 분 동안 익힌 뒤 날개를 다시 넣고 몇 분 더 익힌다. 닭고기를 접시에 담아 〈토마토 데미글라스 소스〉를 붓는다. 감자를 곁들인다.

플로랑틴(피렌체) 암탉 소테

Poulet sauté florentine, Chicken saute florentine style

ↄ 암탉 1마리, 버터, 올리브유, 마데이라 포도주 100ml, 데미글라스 소스 200ml, 갈색 퐁드보(빌 스톡), 검은 서양 송로(트뤼프) 100g, 작은 푸아그라 6.

닭고기를 잘라 버터와 올리브유로 팬에서 익힌다. 고기가 익으면 마데이라 포도주와 소스를 붓는다. 소스에는 미리 퐁드보를 조금 섞는다. 얇게 썬 서양 송로를 넣고 전체를 몇 분 더 익힌다. 닭고기를 접시에 담고 얇게 썬 서양 송로를 올린 다음 소스를 붓는다. 파르메산 치즈를 뿌린 리소토를 곁들인다. 버터로 볶은 푸아그라도 쌀밥 위에 가르니튀르로 올린다.

옹그루아즈(헝가리) 암탉 소테

Poulet sauté hongroise, Chicken saute hungarian manner

☙ 암탉 1마리, 소금, 후추, 밀가루, 버터 30g, 다진 양파 2큰술, 단맛의 붉은 파프리카(헝가리 파프리카) 가루 2분의 1작은술, 백포도주 100ml, 토마토 2~3, 크렘 프레슈 3~4큰술.

닭을 잘라 소금, 후추로 양념해 밀가루를 입힌다. 소테팬에 버터를 넣고 가열해 닭고기와 다진 양파를 익힌다. 양파가 노릇해지면 파프리카 가루와 백포도주를 넣는다. 껍질 벗겨 씨를 빼고 다진 토마토를 추가해 마무리한다. 닭고기를 테린에 넣고 크렘 프레슈를 추가한 소스를 덮어 몇 분간 끓인다.

마티뇽 암탉 소테

Poulet sauté Matignon, Chicken saute with wine and herbs

☙ 암탉 1마리, 소금, 후추, 버터, 당근 50g, 양파 25g, 돼지고기, 타임 , 월계수 잎, 코냑 70ml, 백포도주 100ml, 글라스 드 비앙드 4큰술, 파슬리, 푸아그라, 크렘 프레슈 50ml.

닭고기를 잘라 양념하고 버터로 튀기듯이 지져 익힌다. 곱게 다진 당근과 양파와 돼지고기를 함께 갈고 타임과 월계수 잎을 넣는다. 이것을 또다른 냄비에 붓고 버터 1술을 넣고 고기가 부드러워질 때까지 익힌다. 닭고기가 익으면, 접시에 담고 익힌 야채 위에 쏟아붓는다.

닭고기를 조리한 냄비에 포도주와 코냑을 붓고 절반으로 졸인다. '글라스 드 비앙드'와 다진 파슬리를 넣고 몇 분간 끓인다. 익혀서 체로 거른 푸아그라와 크렘 프레슈를 넣는다. 소스를 닭고기에 붓는다.

마랑고 암탉 소테

Poulet sauté Marengo, Chicken suate Marengo

☙ 암탉 1마리, 올리브유, 소금, 후추, 버터 50g, 백포도주 100ml, 버섯 12, 마늘, 토마토 섞

은 데미글라스 소스 150ml, 버터에 튀긴 하트 모양의 빵 조각 4쪽, 달걀부침 4개, 쿠르부이용에 삶은 민물 가재 4마리, 파슬리.

닭을 잘라 올리브유 1술과 버터로 튀기듯이 지져 익힌다. 백포도주와 버섯을 넣고 약간의 올리브유를 두르고 마늘과 소스를 추가해 몇 분간 익힌다. 닭고기를 접시에 담고 소스와 버섯으로 덮는다. 빵 조각, 달걀, 민물 가재를 둘러놓고 다진 파슬리를 뿌린다.

메릴랜드 암탉 소테

Poulet sauté Maryland, Chicken Maryland

☙ 암탉 1마리, 소금과 후추, 밀가루, 튀김용 달걀과 빵가루, 버터 75g, 옥수수, 감자 크로켓, 구운 베이컨, 버터에 튀긴 바나나.

닭고기를 잘라 양념해 밀가루옷, 달걀물, 빵가루를 입힌다. 정제한 맑은 버터를 가열해 닭의 다리와 날개를 고루 익힌다. 접시에 담고, 버터 구이 옥수수, 감자 크로켓, 그릴에서 구운 베이컨과 바나나를 고기 옆에 둘러 놓는다. 서양고추냉이 가루를 조금 섞은 〈베샤멜 소스〉 또는 〈토마토 소스〉를 따로 담아낸다.

노르망드(노르망디) 암탉 소테

Poulet sauté à la normande, Chicken saute normandy style

☙ 암탉 1마리, 버터, 다진 양파 1큰술, 버터로 볶은 버섯 200g, 칼바도스 70ml, 크렘 프레슈 200ml, 글라스 드 비앙드 3큰술.

닭고기를 버터로 튀기듯이 지져 익힌다. 고기가 절반쯤 익으면 양파와 버섯 또는 양송이버섯을 넣고 조금 더 익힌다. 이때 양파가 너무 노릇해지지 않도록 한다. 고기가 부드러워지면 칼바도스를 두르고 3분의 2로 졸인다. 크렘 프레슈, '글라스 드 비앙드'를 추가해 몇 분간 끓인다. 닭고기를 접시에 담고 소스와 버섯으로 덮는다.

다른 방법

버섯만 제외하면, 앞의 레시피와 똑같은 방법이다. 붉은 레네트 사과 설탕절임(콩포트)을 곁들인다. 사과 설탕절임은 다음과 같이 만든다.
붉은 사과 3~4개의 껍질을 벗긴다. 얇게 썰어 냄비에 넣고 버터 한 술, 물

4~5술, 설탕, 시나몬 가루를 추가하고 레몬즙을 두른다. 냄비뚜껑을 덮고 15분쯤 끓여 익힌다.

오트로 암탉 소테

Poulet sauté Otero, Chicken saute with port wine

닭고기를 잘라 소금, 후추로 양념해 '샤쇠르'식으로 조리한다. 그렇지만, 백포도주 대신 포르투 포도주를 넣고, 소스는 불을 끄고 나서 버터 50그램을 추가해 마무리한다. 닭고기를 접시에 담고 소스를 덮은 다음, 삶은 메추리알을 얹고 버터에 튀긴 크루통을 둘러놓는다.

피에몽테즈(피에몬테) 암탉 소테

Poulet sauté piémontaise, Chicken saute piemontese style

☙ 암탉 1마리, 소금, 후추, 버터 50g, 올리브유 1큰술, 깍둑썰기해서 버터로 볶은 감자 350g, 백포도주 100ml, 갈색 퐁드보(빌 스톡) 70ml, 글라스 드 비앙드 1큰술, 파슬리.

닭고기를 잘라 양념을 하고 올리브유나 버터로 약한 불에서 튀기듯이 지져 익힌다. 거의 익었으면, 감자를 넣고 5~6분간 더 튀긴다. 닭고기를 접시에 담고 감자를 둘레에 수북이 얹어놓는다. 냄비에 포도주, 육수, '글라스 드 비앙드'를 넣고 잘 휘저어 한소끔 끓어오르면 3~4분 더 끓인다. 이것을 닭고기 위에 붓고 다진 파슬리를 뿌린다.

포르튀게즈(포르투갈) 암탉 소테

Poulet sauté portugaise, Chicken saute portuguese style

〈샤쇠르 암탉 소테〉와 똑같은 방법이지만, 토마토 파르스를 가르니튀르로 곁들인다. 크레올 볶음밥은 따로 낸다.

프로방살(프로방스) 페이잔 암탉 소테

Poulet sauté à la paysanne provençale, Chicken saute in provencal style

☙ 암탉 1마리, 소금과 후추, 밀가루, 올리브유, 다진 양파 1큰술, 백포도주 100ml, 토마토 4~5, 마늘, 파슬리, 검은 올리브 24.

닭을 잘라 소금, 후추를 치고 밀가루를 입혀 올리브유로 잠깐 튀기듯이 지져 익힌다. 양파를 넣고 볶다가 노릇해지면 즉시 백포도주를 붓고 절반으로 졸인다. 다진 토마토, 으깬 마늘, 파슬리를 추가한다. 15~18분간 더 끓인 다음 올리브를 넣어 마무리한다. 닭고기를 접시에 담고 구운 감자 등을 곁들인다.

로지타 암탉 소테

Poulet sauté Rosita, Chicken saute in butter and wine

ↂ 암탉 1마리, 소금과 후추, 버터 50g, 올리브유 1큰술, 백포도주 100ml, 토마토 데미글라스 소스 200ml. 가르니튀르(붉은 파프리카 3개, 올리브유, 마늘, 소금, 후추, 파슬리)

닭고기를 잘라 양념해서 올리브유나 버터로 튀기듯이 지져 익힌다. 백포도주를 넣고 3분의 2로 졸인 뒤 소스를 넣는다. 닭고기를 접시에 담고 소스로 덮는다. 가르니튀르는, 붉은 파프리카를 그릴에서 구워 껍질을 벗기고 씨를 빼서 반으로 가른다. 마늘을 조금 섞은 올리브유에 약한 불로 익힌다. 소금, 후추를 친다. 다진 파슬리를 뿌린다.

스탠리 암탉 소테

Poulet sauté Stanley, Chicken saute with curry sauce

ↂ 암탉 1마리, 소금과 후추, 양파 250g, 익힌 버섯 조금, 서양 송로(트뤼프), 베샤멜 소스 100ml, 크렘 프레슈 100ml, 카레 가루 1작은술, 버터 1큰술.

닭고기를 잘라 소금, 후추로 양념한다. 양파를 썰어 끓는 소금물로 3분간 데친 후 건져내, 버터 두른 소테팬에 쏟아붓는다. 닭고기들을 그 위에 놓고 뚜껑을 덮어 약 30분간 약한 불로 끓인다. 익은 닭고기를 접시에 담고 버섯과 얇게 썬 서양 송로를 얹는다.

소테팬에 양파와 함께 〈베샤멜 소스〉를 붓는다. 크렘 프레슈와 카레 가루도 넣고 잘 섞어 2분간 졸인다. 바닥을 주걱으로 잘 훑어 재료가 눌어붙지 않도록 한다. 체로 걸러 팬에 다시 내려 받는다. 센 불로 재가열한 뒤 버터를 넣어 마무리한다. 이 소스를 닭고기 위에 붓는다. 입맛에 따라 '크레올 쌀밥'을 곁들여도 좋다.

암탉 트뤼프 소테

Poulet sauté aux truffles, Chicken saute with truffles

ↂ 암탉 1마리, 소금과 후추, 버터, 서양 송로(트뤼프) 150g, 마데이라 포도주 3큰술, 데미글라스 소스 100ml.

닭고기를 잘라 양념해 버터로 튀기듯이 지져 익힌다. 고기가 익으면 서양 송로를 넣고 뚜껑을 덮어 송로의 향미가 닭고기에 배어들게 몇 분간 놓아둔다. 마데이라 포도주와 소스를 붓고 1분간 졸인다. 닭고기를 접시에 담고 서양 송로를 얹고 소스로 덮는다. 버터 두른 국수나 감자를 곁들인다.

반더빌트 암탉 소테

Poulet sauté Vanderbilt, Chicken saute Vanderbilt

☙ 암탉 1, 소금, 후추, 버터, 감자와 아티초크 각 2~3, 백포도주 50ml, 갈색 퐁드보(빌 스톡) 4작은술, 크렘 프레슈 100ml.

닭을 손질해 날개와 다리를 떼어낸다. 몸통은 절반으로 자르고 다리뼈는 발라내 버린다. 닭고기에 양념해, 중간 불에서 버터로 튀기듯이 지져 익힌다. 도기의 바닥에 버터를 넣고 얇게 썬 감자와 아티초크를 추가해 살짝 양념을 하고, 오븐에 넣어 약한 불로 익힌다. 감자와 닭고기를 동시에 조리해야 한다. 익힌 닭다리 2개와 날개 2개를 감자와 아티초크 위에 얹는다. 닭고기에 버터와 백포도주를 넣고 절반으로 졸인 다음, 육수(퐁드보)를 끼얹고 2분간 더 끓이고, 2조각으로 잘랐던 몸통을 건져낸다. 소스에 껍질을 벗겨 얇게 썬 서양 송로를 넣고 1분쯤 끓여, 크렘 프레슈를 넣어 마무리한다. 소스를 닭고기에 붓는다.

작은 암탉(영계)

그라탱, 코코트, 푸알레, 그릴

카스롤(도기 냄비) 영계

Poulet cassereole, Chicken cassereole

☙ 영계 1마리, 소금, 후추, 감싸기용 얇은 비계, 버터, 갈색 퐁드보(빌 스톡) 몇 술.

닭고기 몸통 속에 양념하고 얇은 비계로 감싼다. 도기 냄비에 넣고 오븐에서 버터로 익힌다(푸알레). 익히는 동안 버터를 뿌려준다. 익으면 비계를 걷어내고 육수(퐁드보)를 끼얹는다.

본팜 영계 코코트

Poulet cocotte bonne femme, Chicken in cocotte bonne femme

☙ 영계 1마리, 소금, 후추, 소시지 고기(양념 다짐육) 100g, 다진 닭 간, 빵가루 1큰술, 파슬리, 감싸기용 얇은 비계(또는 삼겹살), 작게 자른 삼겹살(또는 베이컨) 50g, 버터, 꼬마 양파(펄 어니언) 8~10개, 작게 깍둑썰기를 한 감자 300g, 갈색 퐁드보(빌 스톡).

닭의 안쪽에 양념을 한다. 닭의 간, 〈소시지 고기〉, 빵가루, 다진 파슬리를 섞어 몸통 속에 넣는다. 실로 묶고 얇은 비계로 가슴을 덮는다. 철제나 도기 코코트 냄비에 닭과 버터를 넣고, 약한 불 위에 올려 꼬마 양파와 작게 자른 삼겹살을 추가한다. 닭을 자주 뒤집어주면서 반쯤 익힌다(소테). 냄비에 감자를 넣고 버터와 잘 섞는다. 뚜껑을 덮고 약한 불의 오븐에서 마무리한다(푸알레). 식탁에 내면서 실을 풀어 버리고 퐁드보를 끼얹는다.

세네볼(세벤)[24] 영계

Poulet de grain cénévol, Spring chicken cevennes style

앞의 레시피와 같은 방법으로 닭을 준비해 버터와 작은 양파 10개를 코코트 냄비에 함께 넣고 익힌다. 닭고기가 익으면 묶은 실을 풀어서 냄비에 담는다. 백포도주 3술을 둘러 절반으로 졸여서, 〈데미글라스 소스〉 150밀리리터와 맑은 국물에서 삶은 밤 12알을 추가한다. 접시에 덜지 않고 냄비째로 식탁에 올린다.

---

24) 프랑스 남부 세벤(Cévennes) 산맥 지역. 요리에 밤을 즐겨 넣는다.

쌀을 넣은 탕트[25] 카트린 영계

Poulet au riz de tante Catherine, Chicken with rice as aunt catherine made it

🙞 영계 1마리, 소시지 고기 150g, 닭 간, 빵가루 1큰술, 기름진 삼겹살, 베이비 당근(Baby carrot)과 꼬마 양파(pearl onion) 각 6개, 허브, 파슬리 2, 월계수 잎 반쪽, 타임 1, 물 500ml, 닭육수 750ml, 쌀 250g.

〈본팜 영계 코코트〉처럼 닭을 준비해 실로 묶는다. 냄비에 넣고, 당근과 꼬마 양파, 허브를 추가한다. 물을 붓고 뚜껑을 덮어 약한 불로 익힌다. 물이 거의 다 증발했을 때쯤, 육수를 추가한다. 다시 뚜껑을 덮고 중간 불로 20분간 끓인다. 깨끗이 씻은 쌀을 넣고 다시 20여분 더 익힌다. 불을 끄고, 닭을 묶은 실을 풀어 접시에 올린다. 허브를 걷어내 버리고, 지은 쌀밥을 닭고기 주변에 둘러놓는다.

페이잔 완두콩 영계

Poulet de printemps aux petits pois à la paysanne, Spring chicken with peas, country style

🙞 영계 1마리, 소금, 후추, 기름진 삼겹살, 꼬마 양파(펄 어니언)와 베이비 당근과 햇감자 각 6개, 물, 파슬리 2, 완두콩 250mg, 작은 양상추 1.

닭의 안쪽을 양념해 실로 묶는다. 기름진 삼겹살로 가슴을 덮는다. 냄비에 넣고, 얇게 썬 꼬마 양파, 당근, 감자를 추가한다. 물 150밀리리터를 붓고 물이 절반으로 졸아들 때까지 약한 불로 끓인다. 파슬리, 완두콩, 양상추를 넣는다. 야채가 잠길 만큼만 끓는 물을 더 붓는다. 소금을 넣고 중간 불로 35분간 삶는다. 실을 풀고, 닭을 접시에 담고 야채를 둘러놓는다.

그라치엘라 영계

Poulet Graziella, Chicken with braised stuffed lettuce

🙞 영계 1마리, 소금, 후추, 기름진 삼겹살 1쪽, 양파와 당근 각 100g, 부케 가르니, 버터, 갈색 퐁드보(빌 스톡) 150ml, 쌀을 넣은 양상추 파르스, 데미글라스 소스 100ml.

닭의 몸통 속에 양념을 하고, 실로 묶어 기름진 삼겹살로 가슴을 덮는다. 당근과 양파를 얇게 썰어 부케 가르니와 함께 냄비에 넣고 버터 몇 조각

---

25) 아주머니, 이모, 숙모를 뜻한다. '카트린 아줌마'는 프랑스 아주머니의 대명사로 쓰인다.

도 추가한다. 육수를 붓고 냄비뚜껑을 덮어 끓이면서 우러나는 국물을 자주 닭에 끼얹는다. 35분쯤 후에 닭고기가 익으면 실을 풀고 닭을 접시에 올린다. 양상추를 데친 소를 가르니튀르로 올린다. 냄비에 남은 육수에 〈데미글라스 소스〉를 넣고 3분의 1로 졸여서 체로 걸러 받는다. 이것을 다시 데워 닭고기에 붓는다.

그랑메르(할머니) 영계
Poulet grand'mère, Stuffed chicken casserole

☙ 영계 1마리, 삼겹살 50g, 꼬마 양파(펄 어니언) 10개, 감자 300g.

☙ 파르스(소): 버터 15g을 넣고 가열한다. 양파 1큰술을 넣고 살짝 볶는다. 소시지 고기 60g, 다진 닭의 간, 다진 파슬리, 빵가루 2큰술, 소금, 혼합 향신료를 추가한다.

닭에 소를 넣고 실로 묶어, 잘게 썬 삼겹살과 양파를 냄비에 넣는다. 뚜껑을 덮고 오븐에서 약한 불로 익힌다. 닭고기와 양파가 노릇해지기 시작하면, 깍둑썰기한 감자를 넣고 더 익힌다. 냄비째 식탁에 올린다.

디아블 영계 구이
Poulet grillé diable, Grilled chicken with diable sauce

닭의 가운데를 길게 세로로 갈라 조금 두드려서 벌려준다. 소금과 후추, 소량의 녹인 버터를 뿌리고 오븐에 넣어 절반만 익힌다. 머스터드를 겉에 바르고, 빵가루를 뿌리고, 녹인 버터를 뿌려, 그릴에서 구워 마무리한다. 뜨거운 접시에 담고 〈디아블 소스〉를 낸다.

아메리칸(미국) 영계 구이
Poulet grillé américaine, Grilled chicken american style

〈디아블 영계 구이〉에서 머스터드만 제외한 방식이다. 토마토, 버섯, 구운 베이컨을 둘러놓는다. 〈디아블 소스〉나 서양고추냉이 크림을 곁들인다.

타르타랭 영계
Poulet Tartarin, Stuffed chicken casserole with wine

☙ 영계 1마리, 소시지 고기 100g, 서양 송로(트뤼프) 1큰술, 혼합 허브(fines herbes), 소금, 혼합 향신료, 기름진 삼겹살, 백포도주 3큰술, 토마토 소스 150ml, 앤초비 버터 1큰술.

〈소시지 고기〉, 다진 서양 송로, 혼합 허브를 넣고 소금, 혼합 향신료를 뿌려 닭에 넣을 파르스로 사용한다. 닭을 실로 묶고 기름진 삼겹살로 가슴을 덮고, 도기 냄비에 넣어 버터로 익힌다. 닭고기가 부드러워지면 꺼내 실을 풀고 다시 냄비에 넣는다. 포도주를 넣고 절반까지 졸인다. 〈토마토 소스〉를 추가해 몇 분간 끓이고 나서 앤초비 버터를 더해 마무리한다. 냄비째 식탁에 올리고, 버섯이나 양송이버섯을 별도의 접시에 담아낸다. 버섯은 마늘과 다진 파슬리를 조금 넣고 올리브유로 볶고, 삶은 달걀을 체로 걸러 가르니튀르로 올린다. 버섯 대신 라비올리를 곁들여도 된다.

보클뤼젠(보클뤼즈)[26] 영계

Poulet vauclusienne, Chicken casserole with vegetables

☙ 영계 1마리, 소금과 후추, 삼겹살 60g, 올리브유 2큰술, 다진 양파 2큰술, 백포도주 1잔, 토마토 5~6개, 파슬리, 마늘, 검은 올리브 24개, 가지 2개, 밀가루, 올리브유.

닭의 안쪽에을양념해, 실로 묶어 도기 냄비에 넣는다. 다진 삼겹살도 넣고 올리브유를 붓는다. 약하게 가열해 닭고기가 노릇해지기 시작하면 양파, 다진 토마토, 다진 파슬리, 마늘을 넣고 백포도주를 붓고, 소금과 후추를 조금 더 친다. 뚜껑을 덮어 약한 불로 닭고기를 부드럽게 익힌다. 검은 올리브를 추가한다. 가지를 얇게 썰어 밀가루를 입혀 올리브유에 살짝 튀긴다. 냄비에 넣고 즉시 먹는다.

비방디에르[27] 영계

Poulet vivandière, Stuffed chicken with calvados and red apples

☙ 영계 1마리, 부댕(boudin), 감싸기용 얇은 비계(또는 기름진 삼겹살), 버터, 칼바도스(calvados, 노르망디 지방의 사과 증류주) 70ml, 크렘 프레슈 100ml, 붉은 사과 2~3개, 물 60ml, 설탕 5g, 계피 가루 5g.

부댕(프랑스 순대)을 닭 몸통 속에 채우고 실로 묶어, 가슴에 기름진 삼겹

---

26) 프랑스 남동부 보클뤼즈 주. 주도는 아비뇽이다.

27) 군대에 소속된 여성. 군복을 입었고 소속 부대의 상징적 역할도 했다. 주류 등의 판매를 담당했고 세탁, 의류 수선, 간호, 요리 등도 맡았다. 당시에 프랑스 여성에게는 바지 착용을 금지했지만 이들은 빨간 바지도 입을 수 있었다. 빨간 바지는 프랑스 군대의 상징이었다. 도니제티의 오페라 '군대의 아가씨'의 주인공으로 등장하는 등 나폴레옹 시대 이전부터 1900년대 초까지 프랑스 군대의 일원이었고, 전쟁터에서 사망하기도 했다.

살을 덮어 냄비에서 버터로 익힌다. 닭고기가 익으면 실을 풀고 다시 냄비에 담는다. 칼바도스를 끼얹고 크렘 프레슈를 끓여 추가한다.
그리고, 붉은 사과(reinette, 리엔테 사과)를 얇게 썰어 냄비에 넣고 버터 1큰술, 물, 설탕, 계피 가루를 추가해 뚜껑을 덮고 약한 불로 끓인다. 닭고기를 접시에 쏟고 이것을 소스로 뿌린다. 별도의 사과도 곁들인다.

날갯살과 기타 부위

가금 내장

닭이나 가금류의 내장(Abatis, 아바티)은 일반적으로 국물이 있는 포토푀(Pot-au-Feu)나 라구(ragout, 스튜) 요리의 훌륭한 재료이다.

부르기뇬(부르고뉴) 닭 내장

Abatis à la bourguignonne, Burgundy style giblets

☙ 닭 내장 1kg, 돼지비계 200g, 버터 50g, 밀가루 3큰술, 적포도주 500ml, 물 1리터, 소금, 후추, 꼬마 양파(펄 어니언) 24개, 부케 가르니(월계수 잎 1, 타임 2 , 파슬리 2, 통마늘 1개)

돼지비계를 네모지게 썬다. 끓는 물에 몇 분 삶아 건진다. 큰 냄비에 버터를 넣고 가열한다. 돼지비계를 넣고 노릇하게 볶아 따뜻하게 놓아둔다. 내장을 다져 버터로 노릇하게 볶는다. 밀가루를 섞어 몇 분간 볶아, 포도주와 물을 붓는다. 소금, 후추를 넣고, 버터로 살짝 볶은 꼬마 양파, 부케 가르니를 추가한다. 뚜껑을 덮고 아주 약한 불로 끓인다. 마무리하기 10분 전에 닭의 간들을 집어넣는다. 감자 등 어떤 야채를 곁들이거나 버섯을 추가해도 된다. 적포도주를 백포도주로 대신해도 좋다.

날갯살

날개(ailerons)도 내장과 같은 방법으로 조리한다. 야채, 볶음밥 등을 곁들인다. 점심감으로 최고이다. 버터로 뭉근하게 익힌다. 칠면조 날개는 〈소시지 고기〉를 소로 넣으면 좋다.

날갯살 밤 퓌레 버터 구이

Ailerons au beurre à la purée de marrons, Pinions in butter with chestnut puree

☙ 닭 날개 12쪽, 버터 100g, 소금과 후추, 밀가루, 물, 밤 퓌레.

날개는 큰 가금이나 칠면조가 맛이 가장 좋다. 폭이 넓고 바닥이 두꺼운 냄비에 버터를 녹인다. 날개들이 넉넉히 들어갈 정도로 커야 한다. 날갯살에 살짝 양념을 하고 밀가루를 입혀 냄비에 담는다. 뚜껑을 덮고 아주 약하게 가열한다. 버터가 맑게 녹기 시작하면 물 1술을 끼얹으며 계속 버터가 맑아지도록 물을 때때로 끼얹는다. 그래야 조금 노릇하면서도 맛있는 소스가 된다. 날개는 부케 가르니와 양파, 당근 등의 야채를 냄비바닥에 깔고 그 위에 얹어 익혀도 된다. 익은 날갯살을 접시에 담고 소스를 뿌린다. 밤 퓌레를 곁들인다. 감자 퓌레, 시금치, 크림 치커리 또는 완두콩 퓌레가 무난하다.

닭 날개 파르시

Ailerons farcis, Stuffed pinions

날갯죽지 뼈를 발라내고 〈소시지 고기〉를 넣는다. 소시지 고기(양념 다짐육)에는 다진 서양 송로 몇 술을 더해도 된다. 야채를 바닥에 깐 냄비에 넣고 찐다(브레제). 가르니튀르는 앞의 레시피와 같다.

닭 날개 파르시 구이

Ailerons farcis et grillés, Stuffed and grilled pinions

냄비에서 찐(브레제) 닭 날개를 식혀서, 버터를 바르고 빵가루를 입혀 그릴에서 약한 불로 굽는다. 〈디아블 소스〉, 감자 퓌레, 밤 퓌레를 곁들인다.

가금의 잡뼈와 장보노[28)]

ballotines et jambonneaux de volaille

뼈는 한 다발로 묶어 사용한다. 닭의 가슴살을 발라내고 남은 몸통과 내장, 기타 부위는 〈소시지 고기〉 등과 섞어, 파르스(소)로 이용한다.

수탉의 볏과 콩팥

수탉의 볏은 껍질을 벗겨내고 찬물에 담가두었다가 아주 묽은 육수에 삶는다. 중요한 점은 희게 보여야 한다는 것이다. 콩팥은 차가운 물이나 흐르는 물에 잠깐 씻어, 조리하기 몇 분 전에 먼저 삶는다. 볏과 콩팥은 기본적으로 가르니튀르용이다. 다음과 같은 요리를 만들기도 한다.

수바로브 볏과 콩팥

Crêtes et rognons Souvarow, Crests and kidney Suvaroff

☙ 큰 볏 12개, 육수(퐁 블랑/화이트 스톡), 당근, 양파, 허브, 삼겹살, 송로(트뤼프), 마데이라 포도주 3큰술, 글라스 드 비앙드 2큰술, 데미글라스 소스 200ml, 콩팥 18개, 밀가루, 버터, 소금, 후추.

볏을 육수에 20분간 뭉근히 삶는다. 당근, 양파, 허브, 삼겹살 몇 쪽을 냄비에 깔고, 볏을 그 위에 올려 다시 익힌다. 볏을 꺼내 서양 송로를 얇게 썰어 마데이라 포도주와 '글라스 드 비앙드'와 함께 냄비에 넣는다. 볏을 조리한 냄비의 육수에 소스를 붓고 몇 분간 끓여 볏 위에 붓는다. 콩팥을 씻어 밀가루를 입히고 버터로 지진다. 소금, 후추를 넣고, 볏과 함께 놓는다. 다시 가열해 버터 1술을 추가한다. 피에몬테식 쌀밥을 곁들인다. 쌀밥에는 푸아그라 퓌레 2~3술과 파르메산 치즈 가루를 섞는다.

수탉 콩팥 꼬치

Brochettes de rognons de coq, Broiled cock's kidneys

☙ 4인분: 수탉 콩팥 24개, 밀가루, 소금, 후추, 녹인 버터, 삼겹살, 빵가루.

---

28) Jambonneau. 가금 요리에서는, 기타 부위를 파르스(소)로 사용하는 것을 뜻한다. 다진 돼지고기를 익혀서 만든 햄 같은 모양으로 사용한다.

콩팥을 물로 씻어 천으로 물기를 빼고 밀가루옷을 입힌다. 소금, 후추를 넣고 몇 분간 버터로 익힌다. 삼겹살을 얇게 썰어 콩팥을 둥글게 말아 감싼다. 실로 묶어 꼬치에 꿰고, 녹인 버터를 바르고 빵가루를 입혀 그릴에서 은근하게 굽는다. 크림 두른 감자 또는 〈베아르네즈 소스〉, 〈디아블 소스〉 등 취향에 따라 고른다. 콩팥은 물에 몇 분 이상 담가놓으면 안 된다.

오트로 수탉 콩팥

Rognons de coq Otero, Cock's kidneys, artichokes and peppers

☙ 4인분: 수탉 콩팥 20개, 밀가루, 버터, 소금, 후추, 마데이라 포도주 3큰술, 글라스 드 비앙드 3큰술, 크림 200ml, 서양 송로(트뤼프), 아티초크 속심 4개, 필래프 볶음밥, 붉은 파프리카 2개.

콩팥을 찬물에씻어 물기를 뺀다. 밀가루를 입혀 버터로 지져 익힌 뒤 소금과 후추를 치고 쟁반에 담아둔다. 콩팥을 익힌 냄비에 남은 버터에 마데이라 포도주를 끼얹고 '글라스 드 비앙드'와 크림을 추가해 몇 분간 더 끓인다. 콩팥을 소스에 넣고 아주 가늘게 썬 서양 송로를 올린다. 데친 아티초크를 접시에 담고 콩팥과 소스를 그 위에 쏟는다. 붉은 파프리카를 구워 껍질을 벗긴 후 가늘게 썰어, 필래프 볶음밥에 얹는다. 이것을 가르니튀르로 곁들인다. 콩팥은 물속에 절대로 오래 담가두지 않는다.

수탉 콩팥 파르시

Rognons de coq farci, Cock's kidneys stuffed

☙ 수탉 콩팥, 육수(퐁 블랑/화이트 스톡), 서양 송로를 섞은 푸아그라 퓌레, 쇼프루아 소스.

굵은 콩팥들을 육수에 삶아, 천에 올려 물기를 뺀다. 완전히 가르지는 않고 칼집만 내서 푸아그라 퓌레를 그 틈새에 채운다. 맑은 〈쇼프루아 소스〉를 덮고 쟁반에 담아, 얼음 위에 올려 소스가 굳을 때까지 놓아둔다. 이것은 돼지고기 무스, 토마토, 파프리카 닭고기에 가르니튀르로 올릴 수 있다. 만드는 법은 다음과 같다.

깊은 사각 접시나 둥근 유리그릇을 얼음으로 감싸고 바닥에 '글라스 드 비앙드'를 살짝 바른다. 그 위에 무스를 2센티미터쯤 덮는다. 무스가 굳기 시작하면 곧바로 콩팥들을 2센티미터 간격으로 두 줄 올리고 그 사이에 아스파라거스를 끼워 넣는다. 젤리처럼 조금 굳은 '글라스 드 비앙드'로 덮어, 이 접시를 얼음을 담은 또 다른 접시 위에 올린다.

가금 간

샤쇠르 가금 간

Foie de volaille chasseur, Chicken livers with mushrooms

☙ 닭 간 10개, 소금, 후추, 밀가루, 버터, 올리브유, 비섯 5~6개, 샬롯 1개, 코냑 1큰술, 백포도주 3큰술, 토마토 소스 3큰술, 데미글라스 소스 200ml, 파슬리, 타라곤, 레몬즙.

신선한 간을 골라 쓸개를 떼어내 버린다. 간에 소금과 후추를 치고 밀가루를 입히고 버터 또는 올리브유에 넣고 세게 가열해 튀긴다. 튀긴 간을 건져내 접시에 담는다. 버섯을 얇게 썰어 팬에 넣고 몇 초 볶아 다진 샬롯, 코냑, 백포도주를 추가해 3분의 2로 졸인다.

〈토마토 소스〉에 걸쭉한 〈데미글라스 소스〉를 넣어 섞는다. 간을 소스에 넣고 파슬리, 타라곤, 작은 버터 조각, 레몬즙을 뿌려 마무리한다. 팬을 흔들어 버터가 소스에 잘 섞이도록 한다. 접시에 수북이 담아 필래프 볶음밥을 곁들인다.

가금 간 필래프

Foies de volaille en pilaw, Chicken liver pilaf

닭의 간을 버터에 볶아 소금과 후추를 치고 같은 분량의 필래프 볶음밥과 섞는다. 쌀밥을 조금 더 많이 넣어도 된다. 〈토마토 소스〉를 곁들인다. 가지를 썰어 버터에 볶아 추가할 수 있다.

가금 간 꼬치

Brochettes de foie de volaille, Boiled chichen livers

☙ 닭 간, 소금과 후추, 버터, 파슬리, 버섯, 삼겹살, 빵가루.

간에 칼집을 내고 양념해 뜨거운 버터로 1분간 볶는다. 접시에 담고 다진 파슬리를 뿌린다. 날 버섯이나 익힌 버섯, 아주 얇게 썬 삼겹살과 간을 꼬치에 끼운다. 버터를 바르고 빵가루를 입혀 그릴에서 은근하게 굽는다.

〈디아블 소스〉를 곁들인다. 감자 퓌레도 어울린다.

프로방살(프로방스) 가금 간 소테
Foies de volaille sautés à la provençale style

ꕥ 닭 간 12개, 소금, 후추, 밀가루, 버터, 올리브유.

ꕥ 소스 재료: 토마토 5~6개, 올리브유 2큰술, 소금, 후추, 마늘, 파슬리 5g.

토마토를 다져 올리브유와 함께 냄비에 넣고 소금과 후추, 다진 마늘과 파슬리를 뿌린다. 뚜껑을 덮고 18~20분간 끓인다. 간에 칼집을 내고 밀가루를 입히고, 버터와 올리브유를 1대 1로 섞어 튀기듯이 지져 익힌다. 소스를 부어 필래프 볶음밥과 함께 낸다.

부댕, 크넬, 코키유, 에멩세, 크로케트, 마자그랑, 프리카세

가금 부댕(순대)

리숄리외 가금 부댕

Boudins de volaille à la Richelieu, Poutry pudding Richeleiu

☙ 순대용 창자, 크림을 넣은 파나드식 닭고기 파르스, 알망드 소스에 조린 서양 송로(트뤼프)와 버섯 살피콩 1작은술, 밀가루, 달걀, 빵가루, 녹인 버터.

둥글고 긴 순대용 창자 껍질에 버터를 두르고 닭고기 파르스로 설반쯤 채운다. 살피콩을 추가하고 다시 파르스를 끝까지 채우고 표면을 고른다. 이것을 냄비에 넣고 끓는 물을 부어 아주 약하게 가열해 뭉근히 삶는다. 조금 식힌 다음 천에 쏟아붓고 물기를 모두 뺀다. 밀가루, 달걀, 빵가루를 입혀, 녹인 버터로 살짝 노릇하게 익힌다. 〈페리괴 소스〉 또는 서양 송로를 섞은 〈쉬프렘 소스〉를 곁들인다.

크림을 넣은 파나드식 닭고기 파르스

☙ 영계 살코기 500g, 프랑지판 파나드 200g, 달걀흰자 3, 소금 8g, 백후추 5g, 너트멕 5g, 크렘 프레슈 600~700ml.

달걀흰자들을 차례로 넣어가면서 닭고기를 간다. 파나드를 섞는다. 고운 체로 걸러 '소퇴즈(sauteuse)'라는 버터 구이 전용의 얕은 냄비에 담는다. 주걱으로 반듯하게 고른 다음 얼음 위에 올려 45분쯤 기다린다. 크렘 프레슈를 조금씩 추가한다.

영계 파스칼린(크넬)

Pascalines de poulet, Pascalines of chicken

☙ 크림을 넣은 닭고기 파르스 500g, 치즈, 슈크림 500g, 베샤멜 소스, 서양 송로, 버터.

슈크림에 치즈 가루 4~5술과 〈크림을 넣은 닭고기 파르스〉[29]를 넣어 섞는다. 이 반죽을 삶은 달걀 반쪽 모양으로 둥글게 빚는다. 거의 끓어오를 정도의 소금물에 넣고 뚜껑을 닫아 10분간 뭉근히 익힌다.

---

29) 닭고기, 달걀흰자, 더블크림, 소금, 흰 후추를 섞는다.

접시에 〈베샤멜 소스〉를 얇게 깔고 삶은 파스칼린(크넬)을 건져 물기를 빼서 올린다. 그 위에 서양 송로를 얹고 〈베샤멜 소스〉를 조금 뿌린다. 치즈 가루를 뿌리고 버터를 엷게 발라 오븐이나 샐러멘더 그릴에서 노릇하게 굽는다. 다진 닭고기나 돼지고기를 가르니튀르에 추가해도 된다.

가금 크넬

가금 크넬(Quenelle)을 만들려면 무슬린 파르스를 항상 미리 만들어두어야 한다. 보통의 크넬을 빚듯이 조리용 숟가락이나 크고 작은 숟가락을 이용한다. 수프에 넣는 크넬이라면 별도로 작은 자루 같은 것에 넣는 것이 좋다. 무슬린 크넬은 끓기 직전의 물로 극히 조심해서 익혀야 한다. 물이 절대 끓어오르면 안 된다. 비등점 이하에서 10여분 삶는다.

크림 또는 버터 파나드식 크넬

Quenelles à la panade à la crème ou au beurre, Panada quenelles with cream

크림 파나드식으로 빚은 크넬은 주로 가르니튀르로 사용한다. 크넬용 반죽을 60~90그램의 덩어리로 가른다. 타원형 크넬들을 빚어, 약하게 끓는 소금물에 담가 8~10분간 뭉근히 익힌다. 크넬에는 다진 돼지고기나 서양 송로를 섞어도 된다. 크넬은 앙트레로 낼 수도 있다. 닭고기, 버섯 등을 얇게 썰어 올리고 〈베샤멜 소스〉나 〈쉬프렘 소스〉를 곁들인다.

부르주아즈 가금 블랑케트

Blanquette de volaille à la bourgeoise, Blanquette of chicken with vegetable

☙ 영계 1마리, 버터와 밀가루 각 3큰술, 찬물과 뜨거운 물, 소금, 후추, 꼬마 양파(펄 어니언) 20개, 통마늘 1, 월계수 잎 1, 타임과 파슬리 각 2, 버섯, 달걀노른자 2, 크림 또는 소스 2큰술.

닭을 잘라 냄비에 넣고 찬물을 붓고 한소끔 끓인다. 닭고기를 꺼내 찬물에 담가 식힌 뒤 물기를 뺀다. 냄비에 버터와 밀가루를 넣고 몇 분간 섞어 익힌다('루' 만들기와 같다). 여기에 닭고기를 넣고 버무려, 뜨거운 물을 붓는다. 천천히 한소끔 끓여, 소금과 후추를 조금 넣고 꼬마 양파를 넣는다. 꼬마 양파에는 미리 정향을 하나씩 박는다. 허브도 넣는다. 뚜껑을 덮고 1시간 끓인다. 버터로 잠깐 볶은 버섯을 추가한다.

접시에 닭고기와 양파, 버섯을 담는다. 냄비에서 허브를 꺼내 버리고, 크림 섞은 달걀노른자를 추가한다. 버터 몇 쪽을 더 넣어 만든 소스를 닭고기에 붓는다. 필래프 볶음밥이나 버터 두른 면과 함께 먹는다.

가금 카필로타드

Capilotade de volaille, Chicken capilotade

삶거나 굽거나 쪄서 닭고기를 요리한 뒤에, 남은 것을 잘게 썰어서 만드는 것을 카필로타드라고 한다. 〈이탈리엔 소스〉에 버무려 15~20분간 끓인 다음 다진 파슬리를 뿌린다.

가금 코키유

가리비 껍데기에 닭고기를 곱게 담아내는 가금 코키유(Coquilles de volaille)는 조리하고 남은 가금류의 부위를 삶거나 쪄서 만든다.

모르네 가금 코키유

Coquilles de volaille Mornay, Coquilles of chicken Mornay

조개 껍데기에 〈베샤멜 소스〉를 한 줄 깔고, 얇게 썬 닭고기를 버터에 익혀 채워놓는다. 다시 〈베샤멜 소스〉로 덮는다. 치즈 가루를 뿌리고 녹인 버터를 바른 뒤 오븐이나 샐러맨더 그릴에서 노릇하게 굽는다.

가금 크레피네트

Crépinettes de volailles, Chicken crepinettes

☙ 닭고기 500g, 돼지고기 100g, 비계 400g, 푸아그라 150g, 다진 서양 송로(트뤼프) 100g, 소금 12g, 너트멕, 후추, 코냑 1잔, 대망막(crépine), 녹인 버터, 빵가루.

닭고기와 돼지고기를 다져, 체로 거른 푸아그라, 다진 서양 송로 조금과 섞는다. 소금, 후추, 코냑을 뿌린다. 이 반죽을 약 70~80그램 정도의 납작한 타원형으로 나누어 빚는다. 그 위에 서양 송로를 얇게 썰어 올리고 대망막(크레핀)으로 말아 감싼다. 녹인 버터를 겉에 바르고 빵가루를 입힌다. 약한 불로 그릴에 올려 굽거나 버터에 튀긴다. 〈페리괴 소스〉 또는 〈쉬프렘 소스〉와 함께 감자 퓌레를 곁들인다.

가금 에멩세, 블랑

메나제르(가정식) 가금 에맹세[30)]

Emincé de volaille à la ménagère, Chicken with mushrooms and white sauce

얇게 썬 감자를 끓는 물에 데쳐, 버터로 볶아서 접시에 올린다. 요리에 사용하고 남은 닭고기들과, 데쳐 익힌 버섯들도 모두 '얇게 썰어', 감자 사이사이에 넣고 〈베샤멜 소스〉로 버무린다. 빵가루, 치즈 가루, 버터 조각들을 뿌려 오븐에서 노릇하게 굽는다. 닭고기의 양이 너무 적어 보이면, 삶은 달걀 몇 알을 얇게 썰어서 더해도 된다.

본팜 가금 에맹세

Emincé de volaille à la bonne femme, Chicken with ham and white sauce

사용하고 남은 닭고기를 얇게 썰고, 돼지고기를 그 4분의 1분량으로 얇게 썰어 추가해, 버터로 볶은 밥은 고기와 똑같은 분량을 준비한다. 전체를 잘 섞어 접시에 담고 〈베샤멜 소스〉를 끼얹는다. 치즈 가루와 버터 조각을 뿌리고 오븐에서 노릇하게 익힌다.

맹트농 가금 에맹세

Emincé de volaille Maintenon, Chicken with truffles and Madeira

삶은 닭 날개를 얇게 썰어 냄비에 넣는다. 버터 1술, 서양 송로 150그램, 마데이라 포도주 2술을 넣고 뚜껑을 덮어 닭고기를 약한 불로 한 번 더 익힌다. 〈알망드 소스〉를 두른다. 육수로 지은 '프랑스식 쌀밥'을 곁들인다.

마르키즈 암탉 블랑

Blanc de poularde marquise, Chicken with gnocchi and sauce parisienne

ᴓ 8인분: 살찌운 큰 암탉 2마리, 감싸기용 기름진 삼겹살, 육수(퐁 블랑/화이트 스톡), 버터, 마데이라 포도주 2큰술, 서양 송로(트뤼프), 소금과 후추, 알망드 소스 200ml, 뇨키, 푸아그

---

30) 에멩세는 얇게 썬 고기 또는 얇게 썰거나 저미는 것을 뜻한다.

라 파르페, 밀가루.

닭을 손질해 실로 묶고, 기름진 삼겹살을 가슴에 덮어 육수에 넣고 삶는다. 닭고기가 익으면 꺼내서 실을 푼다. 가슴살을 2조각으로 길게 자르고 냄비에 넣어 버터 1술, 닭고기 삶은 육수 2술, 마데이라 포도주, 서양 송로 200그램을 추가해 양념한다. 냄비뚜껑을 덮고 잠깐 가열해 〈알망드 소스〉를 추가하고, 남은 육수를 붓고 4분의 1까지 졸인다. 푸아그라 파르페를 섞은 '뇨키' 반죽을 만든다. 뇨키를 닭고기 덩어리들과 가능한 같은 크기의 타원형으로 빚어 밀가루를 입혀 버터로 노릇하게 굽는다. 뇨키를 접시에 담아 닭고기를 하나씩 위에 올리고, 얇게 썬 서양 송로도 올려 소스를 입힌다. 버터로 볶은 아스파라거스를 곁들인다.

암탉 메다이용 블랑

Médaillon blanc de poularde duchesse, Medaillons of chicken

☙ 살짜운 암탉 2마리, 아티초크 12개, 푸아그라, 송로(트뤼프), 베샤멜 소스, 치즈, 버터.

앞의 레시피처럼 준비해, 닭 가슴살을 작고 둥근 타원형의 3덩어리로 자른다. 아티초크 속심을 접시에 담고 가슴살을 하나씩 올린다. 남은 닭고기를 곱게 다진 푸아그라, 서양 송로와 함께 섞어, 소스로 버무려 타원형 고깃덩어리에 끼얹는다. 치즈 가루, 버터 조각을 뿌려, 오븐이나 샐러맨더 그릴에서 윤기를 낸다. 완두콩 또는 아스파라거스를 곁들인다.

가금 크로케트, 팔레, 크로메스키

가금 크로케트(크로켓)

Croquettes de volaille, Chicken croquettes

☙ 삶은 닭고기 500g, 버섯 100g, 알망드 소스 200ml, 달걀, 소금과 후추, 빵가루, 튀김용 쇼트닝, 파슬리.

닭고기, 서양 송로, 버섯을 아주 작은 토막으로 자른다. 냄비에 〈알망드 소스〉와 함께 넣고 걸쭉하게 졸아들 때까지 세게 가열해 휘젓는다. 접시에 쏟아붓고 식힌다. 밀가루를 뿌린 판에, 반죽을 같은 크기로 작게 잘라

병마개 모양으로 빚는다. 달걀에 적셔 소금과 후추를 치고 빵가루에 굴린다. 쇼트닝에 10분간 튀겨, 다진 파슬리를 가르니튀르로 올린다. 〈페리괴 소스〉, 〈토마토 소스〉, 〈카레 소스〉 등이 잘 어울린다.

가금 팔레
Palets de volaille, chicken rounds

앞과 같은 반죽을 만들지만, 곱게 썬 돼지고기를 몇 술 추가한다. 반죽이 식으면 60~70그램의 덩어리로 나누어 밀가루를 뿌린 식판에 올리고 작은 공처럼 빚었다가 눌러, 둥글고 납작하게 만든다. 달걀물을 적시고 빵가루를 입힌다. 정제한 맑은 버터에 양쪽이 모두 노릇해지도록 팬에서 튀긴다. 접시에 둥글게 둘러놓고 버터 섞은 '글라스 드 비앙드' 2~3술과 레몬즙을 뿌린다. 고기의 3분의 1을 쌀밥으로 대신해도 된다.

크로메스키
Cromesqui, Kromesky

〈가금 크로케트〉와 같은 방법으로 반죽을 준비한다. 50그램짜리 길쭉하고 둥근 막대처럼 빚어 밀가루를 깔아둔 판에 올리고 크레핀(대망막, crépine)으로 말아 감싼다. 밀가루 옷을 입혀 식용유에 넣고 튀겨, 기름을 빼고 접시에 담아 파슬리 가루를 뿌린다. 〈토마토 소스〉와 잘 어울린다.

프리카세, 마자그랑

암탉 프리카세[31]
Fricassée de poulet ménagère, Fricasse of chicken

1.5kg짜리 암탉 1마리, 버터 30g, 백포도주 100ml, 끓는 물 1리터, 꼬마 양파(펄 어니언) 20개, 부케 가르니(파슬리 2, 타임 1, 월계수 잎 1), 소금 8~10g, 후추 5g, 밀가루 2큰술, 버터로 볶은 버섯 15, 달걀노른자 3, 크림(또는 화이트 소스) 3큰술, 다진 파슬리.

닭고기를 잘라 냄비에 넣고 버터 1큰술과 백포도주를 붓고 포도주가 거

31) 버터를 넣고 약한 불로 가열해 송아지나 닭고기를 끓인 스튜.

의 증발할 때까지 가열한다. 끓는 물 1리터를 붓고, 데친 꼬마 양파, 부케 가르니, 소금, 후추를 넣고 6~8분간 끓이고, 차가운 물 몇 술에 밀가루를 풀어 냄비에 붓는다. 냄비뚜껑을 절반쯤 덮고 중간 불로 20~25분 익히고, 버터에 살짝 볶은 버섯을 추가한다. 닭고기가 익으면 부케 가르니를 건져내 버리고, 달걀노른자와 크림을 섞어 넣고, 나머지 버터를 넣고 다진 파슬리를 뿌린다. 버터로 볶은 국수, 필래프 볶음밥이나 삶은 감자를 곁들이면 좋다. 닭고기 프라카세는 서양 송로, 곰보버섯을 가르니튀르로 삼아도 된다. 이 경우 닭고기는 퐁드보를 부어 자작하게 익힌다.

가금 튀김

Fritot de volaille, Chicken fritters

닭 1마리를 삶아, 다리 2, 날개 2, 가슴 살코기 1개로 5등분한다. 다리는 다시 3등분한다. 날개와 가슴살은 2조각으로 자른다. 깊은 접시에 담고 기름을 살짝 두르고 레몬즙과 파슬리를 뿌린다. 먹기 직전에 닭고기에 튀김옷을 얇게 두르고 기름에 담가 튀긴다. 〈토마토 소스〉를 곁들인다.

가금 마자그랑[32)]

Mazagran de volaille, Mazagran of chicken

〈뒤세스 감자〉를 타원형 접시 가장자리에 둘러놓는 방식이다. 접시 한가운데에는 얇게 썬 닭고기(닭고기 에멩세), 서양 송로, 양송이버섯을 〈쉬프렘 소스〉로 버무려 놓는다. 〈뒤세스 감자〉는 삶은 감자 반죽을 둥글납작하게 빚고 달걀물을 입혀서 오븐에 넣어 노릇하게 구운 것이다. 닭고기 에멩세도 빵가루를 입혀 버터로 노릇하게 굽는다. 치폴라타 소시지를 굽거나 튀겨서 곁들여도 된다.

32) 마자그랑은 뒤세스 감자를 이용한 요리를 가리킨다. 손잡이가 없는 높은 유리잔(goblet)에 담아내는 레몬이나 술(럼)을 섞고 얼음을 넣은 달콤한 아이스 커피를 뜻하기도 한다. 마자그랑은 1840년 프랑스가 점령했던 알제리 항구도시의 요새로 이곳에서 프랑스 군이 만들어서 마셨다는 커피이다.

닭고기 무스, 탱발, 볼오방, 필래프

가금 무스와 무슬린

가금의 무스와 무슬린은 크림을 넣은 무슬린 소를 기본 재료로 만든다. 무스는 일반적으로 4인~8인분의 틀에 넣어 굳히지만, 무슬린은 1~2인분이라서 숟가락으로 빚는다.

알렉산드라[33] 가금 무슬린

Mousselines de volailles Alexandra, Chicken mousselines Alexandra

조리용 큰 숟가락으로 무슬린을 둥글게 빚어 버터 두른 냄비에 담는다. 끓는 소금 물(소량의 소금을 넣은)을 냄비에 붓는데, 무슬린의 모양이 뭉개지지 않도록 뾰족한 깔대기를 이용해 조심스럽게 붓는다. 뚜껑을 덮고 끓어오르지 않도록 조심하면서 12~15분간 불 위에 올려둔다.

건져낸 무슬린은 접시에 둥글게 놓는다. 무슬린마다 닭고기를 얇게 썰어 올리고, 서양 송로도 얇게 썰어 올려 〈베샤멜 소스〉를 붓는다. 치즈 가루와 버터 조각을 뿌리거나 녹인 버터를 바르고 오븐에 넣어 센 불로 빠르게 굽는다. 버터로 볶은 아스파라거스를 가르니튀르로 올린다.

플로랑틴(피렌체) 가금 무슬린

Mousselines de volailles à la florentine, Flornece style chicken mousselines

앞과 같은 방법으로 무슬린을 만들지만, 크게 썰어서 버터로 데쳐 양념한 시금치를 접시 바닥에 깐다. 그다음 과정은 같다.

앵디엔(인도) 가금 무슬린

Mousselines de volailles à l'indienne, Indianstyle chicken mousselines

무슬린을 삶아내 접시에 고리 모양으로 둥글게 둘러놓는다. 〈크림 카레 소스〉로 덮는다. 인도식 쌀밥을 그릇에 따로 담아낸다.

---

33) 덴마크 국왕의 딸이며 영국 왕 에드워드 7세의 왕비(Alexandra of Denmark).

파프리카 가금 무슬린
Mousselines de volailles au paprika, Chicken mousselines with paprika

앞의 인도식 레시피와 같은 방법이지만, 〈카레 소스〉를 빼고, 〈파프리카 소스〉를 사용한다. 필래프 볶음밥을 함께 낸다.

파티 가금 무슬린
Mousselines de volailles Patti, Chicken mousselines with crayfish

앞의 레시피대로 무슬린을 만들고 접시에 둥글게 둘러놓는다. 민물 가재와 민물 가재 버터, 〈쉬프렘 소스〉를 함께 섞어 접시 한복판에 담는다. 무슬린에 소스를 조금 더 입혀, 얇게 썬 서양 송로 1쪽씩을 올린다. 무슬린을 버터에 튀긴 크루통 위에 얹어도 된다.

가금 실피드[34]
Sylphides de volaille, Chicken sylphides

무슬린을 삶아낸다. 아주 가늘게 썬 서양 송로를 섞은 〈베샤멜 소스〉를 덮는다. 바르케트 크루트(파이 크러스트)의 바닥에 소스를 조금 넣고 무슬린을 얹는다. 각 무슬린마다 닭고기를 얇게 썰어 올리고 소스를 얇게 입힌다. 파르메산 치즈를 넣은 수플레용 반죽(혼합물)을 짤주머니로 짜서 덮는다. 이렇게 만든 것을 오븐에서 센 불로 4~5분간 굽는다.

낭시 위르쉴린[35]
Ursulines de Nancy, Nancy ursulines

무슬린을 삶아낸다. 여러 개의 바르케트 크루트(파이 크러스트) 안에 '글라스 드 비앙드'를 조금 섞은 푸아그라 퓌레를 채워놓는다. 바르케트마다 무슬린을 하나씩 올리고 얇게 썬 서양 송로도 올린다. 버터를 조금 섞은 '글라스 드 비앙드'를 입힌다. 접시에 둥글게 늘어놓고 한복판에 버터로 볶은 아스파라거스를 담는다. 이것을 앙트레로 낼 수도 있다. 다른 요리에 가르니튀르로 사용하기도 한다.

---

34) 날씬하고 우아한 요정의 이름. 1830년대의 프랑스 발레극의 제목이기도 하다.
35) 낭시는 프랑스 북동부 대도시로 아르 누보가 활발했고 북유럽 문화를 크게 수용했다. 위르쉴린은 가톨릭 우르술라 수녀회의 프랑스식 명칭이다.

앙글레즈(영국) 영계 파테/치킨 파이

Pâté de poulet à l'anglaise, *Chicken-Pie*

☙ 영계(작은 닭) 1마리의 닭고기, 소금, 후추, 샬롯 3, 양파 1, 버섯 50g, 파슬리, 송아지고기 조금, 베이컨(삼겹살) 200g, 삶은 달걀 4, 닭 육수(콩소메), 밀가루 반죽, 달걀. 그레이비.

닭고기에 양념한다. 샬롯, 양파, 버섯을 곱게 다져 닭고기와 함께 섞는다. 다진 파슬리를 추가한다. 얇게 썬 송아지 고기를 파이 접시(pie-dish) 바닥과 측면을 둘러 깔아준다. 닭고기를 넣는데, 다리를 밑으로 놓는다. 얇게 썬 베이컨과 삶은 달걀(반으로 썰어)을 추가한다. 파이 접시의 4분의 3을 닭고기 육수(콩소메)로 채운다. 퍼프 페이스트리(pâte feuilletée) 밀가루 반죽으로 접시를 덮고, 달걀물을 겉에 바른다. 가운데에 김이 빠져나갈 구멍을 내고 오븐에서 1시간~1시간 30분쯤 중간 불로 굽는다. 파이가 다 구워지면, 뚫었던 구멍에 진한 육수(그레이비)를 조금 붓는다.

퍼프 페이스트리 반죽을 일반적인 파테 반죽(pâte à pâté, 파이 반죽)으로 대신할 수도 있다. 파테 반죽일 경우 달걀은 넣지 않아도 된다.[36] 집에서 쉽게 만들 수 있는 좋은 방법이다.

탱발

탱발(timbale)은 밀가루 반죽을 구워 만든 것이다. 원하는 크기대로 여러 모양의 크루트(파이 크러스트)를 만들어 볼오방을 채우는 것과 같은 재료를 안에 넣는다. 탱발은 보통 원통 모양이다. 틀(탱발 크루트)은 파테용 깔깨 반죽(foncé de pâte, 퐁세 반죽)으로 빚어 말린 강낭콩이나 쌀을 속에 채워넣고 오븐에서 굽는다. 식힌 뒤에 콩이나 쌀은 꺼낸다. 뚜껑은 별도로 만든다. 틀에도 섬세하게 맛을 더하고 싶다면, 쌀이나 콩 대신 버터를 바르고 소금, 후추로 양념한 다진 고기를 조금 넘칠 정도로 채워넣어 오븐에서 구울 수도 있다. 빈곳을 채웠던 양념 다짐육은 빼낸 뒤에 원하는

36) 파테 반죽은 밀가루에 버터 조각, 달걀, 소금, 따뜻한 물을 섞어 만든다. 퍼프 페이스트리 반죽(푀이타주)은 달걀이 들어가지 않는 반죽이다.

내용물로 틀을 채운다. (틀을 구우면서 속을 채웠던 양념 다짐육은 다른 요리에 적절히 사용한다.) 식탁에 내면서 뚜껑은 제거한다.

탱발 봉투
Timbale Bontoux

ꝏ 탱발 크루트, 마카로니, 버터, 파르메산 치즈, 토마토 퓌레를 섞어 바짝 졸인 데미글라스 소스 70ml. 얇게 썬 닭고기 부댕, 익힌 수탉의 볏과 콩팥, 서양 송로(트뤼프).

마카로니를 삶아, 버터, 파르메산 치즈, 소스를 추가한다. 그리고 얇게 썬 닭고기 부댕과 수탁의 벗과 간, 서양 송로 조각을 같은 소스로 섞는다. 이것을 마카로니와 함께 탱발 크루트에 담는다.

탱발 마레샬 포슈
Timbale Maréchal Foch, Timbale filled with chicken and veal

ꝏ 닭 1마리, 소(소금, 후추, 혼합 향신료, 돼지비계 100g, 서양 송로 100g), 감싸기용 얇은 비계(또는 삼겹살), 돼지 껍질 , 양파 1, 당근 2, 송아지 정강이 살코기(사태살) 250~300g, 육수(퐁 블랑/화이트 스톡) 750ml, 마카로니 250g, 버터, 푸아그라 파르페 200g, 파르메산 치즈 60g, 마데이라 포도주 2큰술, 토마토 소스, 데미글라스 소스, 탱발 크루트.

닭에 소를 넣고, 닭다리를 뒤로 묶어 얇은 비계로 감싼다. 냄비에 돼지 껍질, 얇게 썬 양파, 당근, 토막 낸 송아지 정강이 살코기, 파슬리, 월계수 잎을 넣고 타임 가루를 뿌린다. 닭을 넣는다. 육수 250밀리리터를 붓고 뚜껑을 덮어 약한 불에서 바짝 졸인 뒤, 같은 양의 육수를 더 붓고 3분의 2까지 다시 졸여, 500밀리리터 육수를 추가한다.

냄비뚜껑을 덮고 오븐에 넣어 1시간~1시간 15분간 익히면서 우러난 육수를 때때로 끼얹는다. 다 익기 30분 전쯤, 소금물에 마카로니 250그램을 붓고 삶아내 3분의 1을 냄비에 넣고, 닭고기 육수 몇 술을 끼얹어 5분쯤 끓인 뒤, 버터 조각, 포크로 으깬 푸아그라, 파르메산 치즈 가루를 넣고 섞는다. 닭다리를 묶은 실을 잘라버리고 가슴살을 도려내, 얇고 길게 썰어 작은 냄비에 넣는다. 남아 있는 서양 송로를 추가하고 소금, 후추를 넣고 마데이라 포도주를 끼얹는다. 닭의 몸통과 다리를 떼어내고 날갯죽지를 자르고, 뒷다리를 얇게 썰어 마카로니와 섞는다.

그동안 닭에서 우러난 육수에 그 3분의 1분량의 〈토마토 소스〉와 〈데미글라스 소스〉를 추가한다. 걸쭉해지도록 졸인다. 이것을 고운 체로 걸러, 썰어놓은 닭고기와 얇게 썬 서양 송로를 넣고 잠깐 동안 끓인다.
탱발은 밀가루로 구운 크루트나 은으로 만든 틀을 사용한다. 삶아둔 마카로니 3분의 2를 탱발에 채운다. 파르메산 치즈 가루를 뿌려 썰어둔 닭고기와 서양 송로를 얹는다. 소스로 덮고, 파르메산 치즈를 한 번 더 뿌린다. 남은 마카로니로 채운다. 파르메산 치즈를 또 뿌리고 나머지 소스와 서양 송로를 더 얹는다. 탱발을 밀봉해 몇 분간 오븐이나 중탕기에 넣어둔다. 수탉 볏이나 콩팥을 가르니튀르로 추가해도 된다.

샤틀렌 탱발

Timbale châtelaine, Timbale grilled with sweetbreads and vegetables

☙ 송아지 스위트브레드 2, 야채, 데미글라스 소스 200ml, 볏과 콩팥들, 서양 송로(트뤼프), 마데이라 포도주 50ml, 삶은 마카로니 200g, 치즈 가루, 탱발 크루트.

탱발 크루트는 높이보다는 폭이 더 넓은 것을 고른다. 냄비 바닥에 야채를 깔고 스위트브레드를 넣고 찐다. 따뜻하게 보관한다. 냄비의 우러난 국물에 소스를 섞어 몇 분간 끓여 체로 거른다. 냄비에 볏과 콩팥, 얇게 썬 서양 송로를 넣고 마데이라 포도주를 끼얹어 뚜껑을 덮고 몇 초만 끓인 후, 소스를 추가한다. 마카로니를 탱발 크루트에 넣고 치즈 가루와 소스 2~3술을 뿌린다. 그 위에 스위트브레드를 둥글게 얹고 소스를 붓고 가르니튀르를 얹는다. 탱발을 봉하고 오븐에서 몇 분간 굽는다.

볼오방

볼오방 피낭시에르

Vol-au-vent financière, Chicken quenelles and calf's sweetbreads Vol-au-vent

☙ 닭고기 크넬, 버섯, 서양 송로(트뤼프), 수탉 볏과 콩팥, 송아지나 양의 스위트브레드. 볼오방 크루트

모든 재료에 〈데미글라스 소스〉를 듬뿍 붓고 버무려, 마데이라 포도주를

추가한다. 버터 몇 조각을 더 넣는다. 이것을 갓 구워낸 볼오방 크루트에 넣는다.

툴루젠(툴루즈) 볼오방
Vol-au-vent toulousaine, Toulouse style vol-au-vent

☙ 얇게 썬 닭고기, 버섯, 닭고기 크넬, 송로(트뤼프), 볏과 콩팥, 송아지 스위트브레드. 볼오방 크루트.

모든 재료를 〈쉬프렘 소스〉 또는 '알망드 소스'라고 부르는 〈블롱드 소스〉에 버무리고 달걀노른자를 추가해 걸쭉하게 만들어서 볼오방 크루트에 담는다.

가금 필래프

필래프는 아시아 지역의 민족 음식이다. 조리법이 다양하다. 일반적으로 쌀은 고기와 함께 익힌다. 그러나 닭이나 몇 가지 고기는 따로 조리해 쌀밥을 추가한다. 토마토나 걸쭉한 소스를 곁들인다.

그레크(그리스) 영계 필래프
Pilaw de poulet à la grecque, Greek chicken pilaf

☙ 작은 영계 2마리, 소금, 후추, 버터, 올리브유 2큰술, 다진 양파 1큰술, 쌀 200g, 육수(부이용) 500ml, 붉은 피망 작은 것 1개, 말린 술타나 포도(씨 없는 청포도) 100g.

닭고기를 잘게 썰어 양념하고 버터 30그램이나 올리브유로 볶는다. 그사이, 냄비에 조금 더 많은 버터를 넣고 양파를 살짝 노릇하게 데친다. 쌀을 넣고 잘 저어준다. 육수를 붓고, 다진 붉은 피망, 월계수 잎, 술타나 건포도를 추가한다. 뚜껑을 덮고 18분간 끓인다. 볶은 닭고기를 쌀밥과 섞어 〈토마토 소스〉를 곁들인다. 탱발에 담아내도 된다.

튀르크(터키) 가금 필래프
Pilaw de volaille à la turque, Turkish chicken pilaf

☙ 작은 영계 2마리, 소금, 후추, 버터 30g, 올리브유 2큰술, 다진 양파 2큰술, 토마토 3개, 월계수 잎. 육수(부이용), 사프란.

닭고기를 잘라 양념해 냄비에 넣고 버터나 올리브유로 10분간 약한 불에서 볶는다. 양파를 추가해 노릇해지기 시작하면 쌀을 넣고 잘 섞는다. 다진 토마토와 월계수 잎과 육수와 사프란을 넣는다. 뚜껑을 덮고, 닭고기가 부드럽게 익고 밥이 다 지어질 때까지 20분간 더 익힌다. 〈토마토 소스〉를 곁들인다. 얇게 썰어 올리브유에 볶거나 튀긴 가지나, 불에 구워 껍질을 벗긴 녹색이나 붉은 파프리카를 곁들여도 된다.

익힌 가금 필래프

Pilaw de volaille cuite, Cooked chicken pilaf

조리하고 남은 가금 고기들을 사용할 수 있다. 살코기를 작은 토막으로 썰거나, 얇고 넓죽하게 썬다. 냄비에 넣고 버터 한두 술을 넣고 약한 불로 가열한다. 그동안, 밥을 지어 그리스식 필래프 볶음밥을 만든다. 밥에 고기를 섞는다. 고기를 탱발에 담아내도 된다. 〈토마토 소스〉, '글라스 드 비앙드' 또는 파프리카 소스나 카레 소스를 곁들인다.

가금 수플레

가금 수플레를 만들 때에는 생고기든 익힌 것이든 상관없다.

가금 수플레

Soufflés de volaille, Chicken souffles

ca 익힌 닭고기: 닭고기 500g(삶은 것이 좋다), 차가운 베샤멜 소스 100ml, 버터 50g, 달걀노른자 5, 흰자 6.

닭고기를 갈아서, 소스와 섞어 고운 체로 거른다. 이 반죽을 약하게 가열해 버터, 달걀노른자를 넣고 양념한다. 달걀흰자를 넣어 마무리한다. 버터 두른 수플레 접시에 쏟아붓고 약한 불로 익히거나 중탕기에 넣어 익힌다. 크기에 따라 다르지만 수플레 중탕 시간은 보통 20여 분이다.

ca 생닭: 닭고기 무슬린 500g, 베샤멜 소스 70ml, 달걀노른자 3, 흰자 4.

무슬린에 들어갈 닭고기, 소스, 달걀노른자를 함께 섞고 흰자를 휘저어 추가한다. 앞의 레시피와 똑같은 방법으로 익힌다. 물론 중탕기에 넣어 찌는 것이 더 좋다. 〈쉬프렘 소스〉, 〈파프리카 소스〉, 〈낭튀아 소스〉 어느 것과도 무난하게 어울린다.

차게 먹는 닭고기 요리

샴페인 젤리 영계

Poularde en geleé au champagne, Chicken in jelly with champagne

☙ 영계 1마리, 소금, 후추, 혼합 향신료, 샴페인 반병, 푸아그라 400~500g, 서양 송로(트뤼프), 육수(화이트 스톡) 200ml, 닭고기 젤리.

푸아그라를 잘라 소금, 후추, 혼합 향신료로 양념한다. 서양 송로를 푸아그라에 박아넣는다. 닭의 배를 가르고 소금, 후추를 치고 푸아그라를 넣고, 샴페인과 육수를 부어 냄비에서 육수를 반으로 졸여 익힌다. 식힌 닭고기를 자르고 젤리를 입힌다. 얼음을 넣은 그릇에 담아낸다.

5월의 장미 영계

Poularde rose de mai, Poached chicken with tomato mousse

☙ 영계 1마리, 육수(퐁 블랑/화이트 스톡), 토마토 무스, 흰색 쇼프루아 소스, 서양 송로(트뤼프), 삶은 달걀, 글라스 드 비앙드, 바르케트 크루트 몇 개, 쌀밥.

닭을 육수에 삶는다. 식으면 가슴살과 뼈를 잘라낸다. 닭고기 위에 토마토 무스를 얹고, 〈쇼프루아 소스〉로 완전히 덮는다. 서양 송로와 삶은 달걀을 올려 장식한다. 닭 가슴살을 3쪽으로 자른다. 〈쇼프루아 소스〉를 입혀 얇게 썬 서양 송로를 얹고 '글라스 드 비앙드'로 덮어, 얼음 위에 얹어 놓는다. 바르케트 크루트에 〈토마토 소스〉를 채워 굳힌다. 접시에 쌀밥을 얇게 깔고 그 위에 닭을 얹고 바르케트들을 주위에 둘러놓는다. 이때 닭고기마다 고기 젤리를 다져 조금 높이 쌓듯 올린다.

로즈마리 영계

Poularde Rose Marie, Poached chicken with ham mousse

☙ 영계 1마리, 육수(퐁 블랑/화이트 스톡), 맑은 쇼프루아 소스, 돼지고기 무스, 단맛의 붉은 파프리카 가루, 글라스 드 비앙드, 바르케트 크루트 6~8개, 쌀밥, 서양 송로(트뤼프).

닭을 육수에 삶고 식혀서 가슴살을 잘라낸다. 가슴살을 3~4쪽으로 길게 잘라 〈쇼프루아 소스〉를 입혀 굳힌다. 닭의 배를 가르고 날개는 잘라내지 않은 채 돼지고기 무스로 다시 닭 모양을 갖추도록 한다. 꽤 단단히 굳으면, 파프리카 가루를 조금 섞은 〈쇼프루아 소스〉를 입힌다. 고기 젤리로 덮어 장식한다. 돼지고기 무스로 바르케트들을 채운다. 접시에 쌀밥을 얇게 한 층 깔아준다. 그 위에 닭을 얹는다. 둘레에 바르케트를 늘어놓고 각 바르케트마다 닭 가슴살을 얹는다. 얇게 썬 서양 송로를 올린다. 바르케트 대신 작은 다리올 빵틀에 굳힌 고기 젤리를 둘러놓아도 된다. 소의 족이나 닭고기, 소고기 등으로 만든 고기 젤리는 더욱 좋다. 이것들은 닭고기 냉육에 특히 잘 어울린다.

툴루젠(툴루즈) 아스픽(고기 젤리)

Aspic de volaille toulousaine, Chicken in aspic toulouse style

ᘓ 영계 1마리, 육수(퐁 블랑/화이트 스톡), 흰색 쇼프루아 소스, 묽은 고기 젤리, 푸아그라 파르페, 서양 송로(트뤼프), 수탉 볏, 아스파라거스.

닭을 육수에 삶아 식힌다. 가슴살은 3~4쪽으로 잘라 〈흰색 쇼프루아 소스〉를 입혀 냉장실에 넣어둔다. 묽은 젤리를 둥근 틀에 채워 얼음을 둘러놓는다. 가슴살을 틀에 넣는다. 푸아그라 파르페, 서양 송로를 얇게 썰어 사이를 채운다. 틀을 젤리로 마저 채워서 굳힌다. 굳으면 접시에 쏟고 얇게 썬 서양 송로와 아스파라거스를 올린다. 헝가리식 닭고기 아스픽도 마찬가지 방법인데, 단맛의 파프리카 가루를 〈흰색 쇼프루아 소스〉에 조금 추가하는 것만 다르다. 가재, 새우로도 아스픽을 만들 수 있다.

가금 쇼프루아(닭고기 냉육)

Chaudfroid de volaille, Chaudfroid of chicken

닭을 육수에 삶아, 담근 채로 식힌다. 고기를 썰고 껍질을 벗긴다. 〈쇼프루아 소스〉를 입힌다. 닭고기를 접시에 올린다. 고깃덩어리마다 얇게 썬 서양 송로를 얹고, '글라스 드 비앙드'를 넣고 굳힌다. 먹기 전에 가장자리를 다듬는다. 옛날에는 닭고기 쇼프루아를 쌀밥이나 빵에 얹어 먹었다.

라셸 가금 블랑

Blanc de Volaille Rachel, Chicken breasts with chicken mousse

☙ 영계 1마리, 육수와 글라스 드 비앙드, 아스파라거스, 서양 송로(트뤼프).

닭을 육수에 삶아 식힌다. 가슴살을 도려내 조금 두툼하게 썬다. 접시에 고기 젤리를 한 층 깔고 굳기 시작하면 무스를 위에 올려 함께 더 굳힌다. 가슴살을 무스 위에 올리고 아스파라거스를 조금 높게 쌓듯이 추가한다. 얇게 썬 서양 송로를 올리고 고기 젤리를 덮는다. 아스파라거스, 가늘게 썬 서양 송로, 아티초크를 섞은 샐러드를 곁들인다.

퐁트네 자작 가금 블랑

Blanc de volaille Vicomte de Fontenay, Breast of chicken with foie gras

☙ 삶아 식힌 닭 가슴살, 단맛의 파프리카 가루를 섞은 쇼프루아 소스, 서양 송로(트뤼프), 고기 젤리, 푸아그라 파르페, 아스파라거스.

고기 젤리는 송아지 정강이와 족과 닭으로 만든다. 닭 가슴살을 4쪽으로 잘라 〈쇼프루아 소스〉로 덮는다. 소스에 미리 파프리카 가루를 조금 섞는다. 가슴살 쪽마다 얇게 썬 서양 송로를 올려놓는다. 접시에 1센티미터 두께의 고기 젤리를 한 층 깔아준다. 그 위에 얇게 자른 푸아그라 파르페를 올린다. 그 위에 가슴살을 얹는다. 가슴살 토막 사이마다 아스파라거스를 끼워 넣고 반쯤 굳은 젤리로 덮는다. 그동안 접시는 얼음 위에 놓는다. 먹을 때는 얼음 조각들을 주변에 둘러놓는다.

자네트 가금 쉬프렘

Suprêmes de volaille Jeanette, Breast of chicken Jeanette

☙ 삶은 닭 가슴살, 황금색 쇼프루아 소스, 타라곤 잎, 닭고기 젤리, 서양 송로(트뤼프).

닭 가슴살을 3~4쪽으로 자른다. 〈황금색 쇼프루아 소스〉를 입히고, 데친 타라곤 잎으로 장식한다. 네모난 접시에 젤리를 얇게 깔아준다. 굳기 시작하면 얇게 썬 서양 송로 몇 쪽을 올리고 닭고기를 위에 얹는다. 반쯤 굳은 젤리를 한 층 더 덮는다. 얼음 덩어리를 둘러 식탁에 올린다. 나는 이 레시피에 1881년 북극에서 빙하에 갇혀 좌초한 〈자네트〉호를 추모하는 뜻으로 그 이름을 붙였다. 그 탐사에서 단 한 사람만 살아돌아왔다.

치킨 마요네즈

Mayonnaise de volaille, Chicken mayonnaise

☙ 삶아서 식힌 닭고기, 양상추, 소금, 식초, 마요네즈, 케이퍼, 올리브, 앤초비 필레, 달걀.

양상추 잎을 샐러드 그릇 한가운데 담는다. 소금과 식초를 뿌린다. 닭고기 껍질은 벗겨내 버리고 살코기만 양상추 위에 얹는다. 마요네즈 소스를 덮어 위를 고르게 다듬고, 케이퍼, 올리브, 앤초비 필레, 4등분한 삶은 달걀, 양상추 속잎을 넣는다.

치킨 샐러드

Salade de volaille, Chicken salad

〈치킨 마요네즈〉와 같은 방법이다. 마요네즈 소스를 보통의 샐러드 드레싱으로 대신하는 점만 다르다. 소스 그릇에 마요네즈를 담아 따로 곁들여도 좋다.

토끼, 노루, 조류

토끼

너무 큰 토끼는 테린이나 파르스처럼 다진 고기 반죽 재료로 사용한다. 3킬로그램이 넘지 않는 생후 1년 미만의 토끼가 좋다. 귀가 부드러운 토끼가 고기맛도 부드럽다. 농장에서 키우는 집토끼는 시베[1]로 요리한다. 토끼 지블로트(gibelotte)[2]는 시베에 깍둑썰기한 감자를 추가한 것이다. 토끼는 가금 블랑케트나 프리카세 방법을 따른다.

토끼 시베

Civet de Lièvre, Civet de hare

ꝏ 토끼 1마리, 식초, 코냑과 올리브유 각 3~4큰술, 소금과 후추, 양파 3개, 삼겹살 200g, 버터, 밀가루 2큰술, 적포도주, 파슬리와 타임 각 2개, 월계수 잎, 마늘, 꼬마 양파(pearl onion)와 양송이버섯 각 25개.

토끼를 손질하고 피는 받아둔다. 피에 식초를 몇 방울 넣는다. 힘줄과 기타 부분들은 제거한다. 살코기를 적당한 크기로 잘라 도기에 넣는다. 코냑, 올리브유, 소금, 후추, 둥글게 썬 양파 1개를 추가해 몇 시간 재운다.

삼겹살을 두툼하게 잘라 끓는 물에 넣고 몇 분만 삶아내 버터로 노릇하게 지진다. 노릇해지면 즉시 접시에 덜어놓고, 다시 그 버터로 양파 2개를 크게 잘라 볶는다. 밀가루 2큰술을 추가하고 노릇하게 볶아 '루'를 만든다. 이 속에 재워둔 고기들을 건져 넣는다. 고기에 '루'가 고루 묻도록 주걱으로 잘 섞어준다. 고기가 잠길 만큼 적포도주를 붓는다. 허브를 넣고 뚜껑

1) 적포도주, 양파로 조리한 라구(스튜).
2) 프랑스 북부의 토끼 백포도주 찜.

을 덮어 오븐에서 약한 불로 익힌다.

식탁에 올리기 전에 받아둔 토끼 피에 조리하며 나온 육즙 몇 술을 추가해 고기에 두른다. 간은 얇게 썰어 버터에 데쳐 추가한다. 끝으로, 고기를 냄비에 한 점씩 차근차근 옮겨 담는다. 노릇하게 지진 삼겹살과 꼬마 양파, 버섯을 추가하고 소스를 붓는다. 버터에 튀긴 하트 모양으로 자른 식빵 조각을 곁들인다.

장 어머니 토씨 시베

Civet de Lièvre de la mère Jean, Civet of hare with cepes

앞의 레시피와 같은 방법으로 시베를 만들지만, 양송이버섯 대신, 넓적하게 썬 버섯을 프로방스식(à la provençale)으로[3] 볶아 따로 낸다. 토끼 고기를 냄비에 담는다. 소스를 끓어오르지는 않지만 센 불로 가열해 크렘 프레슈 100밀리리터를 섞어 냄비에 붓는다.

프로방살(프로방스) 버섯 볶음

Cèpes à la Provençale

버섯을 올리브유에 볶고 소금, 후추, 으깬 마늘, 다진 파슬리를 뿌린다. 버섯의 3분의 1분량으로 빵을 작게 토막 내 올리브유에 노릇하게 볶아 추가한다.

리오네즈(리옹) 토끼 시베

Civet de Lièvre à la Lyonnaise, Civet of hare lyonese style

보통의 시베 조리법을 따르지만 버섯을 곁들이지 않고, 맑은 국물에 삶은 밤을 곁들인다. 자두를 곁들이기도 한다.

토끼 코틀레트

Côtelettes de Lièvre, Hare cutlets

세 가지 방법이 있다.

1. 토끼 고기 위주로 노릇하게 일반적인 크로케트를 빚는다.
2. 포자르스키 방법으로 만든다. (다음 레시피에서 설명)

---

3) 프로방스식은 마늘, 올리브유를 사용하는 것을 가리킨다.

3. 토끼 고기를 다져 버터를 섞어 만드는 파나드식 파르스처럼 만든다.
2. 3번 방법은 작은 코틀레트 틀을 사용한다. 버터 두른 금속 틀에 토끼 고기를 다져 넣고 〈데미글라스 소스〉를 채운다. 소금물에 틀째 넣고 삶아, 달걀과 빵가루를 입혀 버터로 노릇하게 굽는다.

포자르스키 코틀레트(크로켓)
Côtelettes à la Pojarski, Hare cutlets pojarski

토끼의 뒷다리 고기를 손질해 다진다. 그 분량의 4분의 1의 버터와 같은 분량의, 크림 축인 빵 조각을 섞는다. 이 고기 반죽을 50그램짜리 둥근 덩어리로 빚어 납작하게 눌러 모양을 낸다. 정제한 맑은 버터로 튀겨 크림 소스를 곁들인다. 가르니튀르는 자유롭게 고른다.

토끼 넓적다리
Cuisses de Lièvre, Hare's thighs

여러 가지 방법이 있다. 1) 시베 조리법을 따른다. 2) 비계를 끼워 넣고 굽는다. 3) 고기를 다져 포자르스키 코틀레트처럼 만든다. 4) 다양한 파르스의 재료로 사용한다.

토끼 필레
Filets de Lièvre, Fillets of hare

토끼를 목부터 엉덩이 끝까지 길게 자른다. 힘줄을 걷어내고 아주 얇은 비계 또는 서양 송로 조각들을 꽂아넣는다. 이렇게 도려낸 등심은 굵기에 따라 2~3개의 토막을 내 냄비에 넣고 버터를 넉넉히 넣고 볶는다. 식탁에 올리기 직전에 등심에 소금을 뿌리고 버터로 한 번 더 구워 엷은 분홍빛을 낸다. 물론 버터가 타지 않도록 조심한다. 접시에 바로 올려도 되고, 취향에 따라 파삭한 빵 조각에 얹어내도 된다. 등심을 익힌 냄비에 남아있는 육즙에 백포도주 몇 술을 넣고, 조금 졸인 〈푸아브라드 소스〉 200~300밀리리터를 붓는다. 이것을 체로 걸러 크렘 프레슈 몇 술을 추가해 마무리한다. 앞에서 언급한 가르니튀르라면 모두 등심에도 잘 어울린다. 소스도 〈샤쇠르 소스〉를 비롯해, 〈보르들레즈 소스〉, 〈구스베리 소스〉 등을 곁들여도 된다. 밤 퓌레는 언제나 소스에 곁들여도 좋다.

토끼 무스와 무슬린
Mousse et Mousseline de Lièvre, Mousse and moussline of hare

토끼 무슬린 파르스도 다른 무슬린과 똑같은 방법이지만 기본재료로 토끼 고기를 넣는 것만 다르다. 〈가금 무슬린〉 방법을 따르고, 그 육즙 소스를 사용한다. 무슬린은 숟가락으로 빚어 가금 무슬린처럼 뜨거운 물에 넣어 익힌다. 밤, 셀러리, 렌틸콩 등의 퓌레를 곁들인다.

토끼 라블
Rable de Lièvre, Saddle of hare

'라블'은 토끼의 목에서 꼬리에 걸친 부위를 가리킨다. 그러나 볼깃살에서 아래쪽 세 번째 갈비까지를 가리키기도 한다. 비계를 찔러 넣거나 삼겹살로 감싸 굽는다. 또는 소금과 후추, 술에 재웠다가 굽기도 한다.

토끼 수플레
Sofflé de Lièvre, Hare souffle

ᴥ 토끼 넓적다리 2, 소금과 후추, 버터, 데미글라스 소스 4~5큰술, 달걀노른자 4알, 너트멕, 트러플 오일(Essence de truffe, Truffle oil) , 달걀흰자 5~6알.

고기는 호두 크기로 자른다. 소금, 후추를 넣고, 버터로 볶는다. 갈아서 체로 걸러 받는다. 달걀노른자, 소량의 트러플 오일, 너트멕을 〈데미글라스 소스〉에 섞고, 갈은 고기를 넣어 잘 섞고, 마지막에 휘저은 달걀흰자로 덮는다. 오븐에서 중간 불로 구워 〈페리괴 소스〉를 곁들인다.

라 발리에르 토끼 소테
Lapereau sauté La Vallière, Saute of rabbit la valliere

〈샤쇠르 토끼 필레〉 방식이지만 서양 송로(트뤼프), 타라곤 잎을 잘라 넣는다. 토끼 소테는 가금 소테의 방식을 대부분 응용한다. 토마토, 필래프, 파르망티에, 이탈리아, 버섯, 카레, 파프리카, 크림 등의 토끼 소테는 훌륭한 점심감이다. 토끼 토마토 소테에는 쌀밥이나 삶은 감자를 항상 곁들인다. 토끼는 시골 음식이라고 생각하지만, 토끼 필레 요리를 화려한 정찬에 낼 수 있다. 가령, 〈로시니 닭가슴살 쉬프렘〉을 토끼 등심을 볶아 밤 퓌레 또는 아스파라거스를 곁들이면 최고급 요리가 된다.

노루

노루(Chevreuil)는 등심과 그 주변, 볼깃살, 허벅지 고기가 기본 요릿감이다. 목살 등 기타 부위는 60그램으로 잘라 부르고뉴 또는 프로방스 방식의 브레제로 조리한다. 살코기는 주로 직화나 냄비 구이로 조리한다.

노루 체리 갈비

Côtes de Chevreuil aux Cerises, Cultets of venison with cherries

갈비를 냄비에 넣고 올리브유 또는 버터로 센 불에서 볶는다. 둥글게 쌓아올리고 틈새마다 버터로 튀긴 하트 모양의 빵 조각들을 끼워넣는다. 〈샤쇠르 소스〉를 덮고, 별도의 그릇에 〈체리 소스〉를 담아낸다.

노루의 안심도 같은 방법으로 조리하지만, 버터에 튀긴 둥근 빵 조각 위에 얹어낸다. 〈체리 소스〉는 밤, 셀러리 등의 퓌레로 대신해도 된다. 바나나를 둥글게 썰어 버터에 튀겨 곁들여도 된다. 〈샤쇠르 소스〉도 〈디아블 소스〉로 대신해도 된다.

체리 소스

☙ 포르투 포도주 1잔, 영국식 혼합 향신료(mixed spice) 1작은술, 오렌지 즙 1작은술, 오렌지 겉껍질 반작은술, 체리즙 100ml, 레드커런트 젤리 4-5큰술. 통조림 체리 200g.

냄비에 포도주를 붓고 영국식 혼합 향신료, 오렌지즙과 겉껍질과 체리즙 몇 술을 넣고 절반으로 졸이고, 레드커런트 젤리와 체리를 추가해서 끓인다. 영국식 향신료는 계피와 정향으로 대신할 수 있다.

노루 셀(볼깃살)

Selle de Chevreuil, Saddle of venaison

볼깃살에 비계를 찔러넣는다. 올리브유와 코냑과 백포도주를 몇 술씩 같은 분량으로 두르고 다진 양파와 파슬리 한 다발을 추가해 몇 시간 재워두어도 된다. 오븐 또는 냄비에서 굽는다. 안심에 곁들이는 가르니튀르라면 어떤 것이든 괜찮다. 냄비구이(푸알레)에는 작은 배들을 적포도주에 계피, 설탕과 레몬 겉껍질을 조금 넣고 삶아 곁들이면 좋다.

크림 노루 셀

Selle de Chevreuil à la crème, Creamed saddle of venison

ᘓ 노루 볼깃살, 삼겹살 비계, 식용유 2큰술, 양파 1, 당근 1, 파슬리 1, 월계수 잎 1, 식초 1큰술, 백포도주 6큰술, 후추, 버터, 크림 1.25컵, 육즙 2큰술.

고기를 손질해 비계를 끼워넣거나 감싼다. 올리브유에 다진 양파와 당근, 파슬리, 월계수 잎, 식초, 백포도주, 후추를 섞어 고기 위에 붓고 몇 시간 재운다. 구이용 내열 접시에 올리고 버터를 조금 두르고 재웠던 야채를 건져내 주변에 둘러놓고 오븐에서 굽는다. 구운 고기를 꺼내고, 구웠던 접시의 육즙에 포도주를 섞어 바짝 졸인다. 크림과 육즙을 추가한다. 잠시 끓인 다음 고운 체로 걸러 소스 그릇에 내려받는다. 밤 퓌레를 곁들이면 항상 잘 어울린다.

여러 가지 소스의 노루 볼깃살

노루의 볼깃살에 비계를 끼워넣거나 양념에 재워 굽는다. 〈푸아브라드 소스〉, 〈샤쇠르 소스〉 등 매콤한 소스를 곁들일 수 있다. 사과잼이나 버터구이 바나나를 곁들인다면 〈호스래디시 소스〉가 특히 잘 어울린다. 〈호스래디시 소스〉는 레드커런트 3큰술에 서양고추냉이 가루 1큰술의 비율로 섞어 만든다. 노루 고기에는 레드커런트 젤리를 빠짐없이 곁들인다.

꿩, 자고새, 메추라기, 식용 비둘기

꿩은 매달아놓아야 한다. 그래야 부드럽고 특별한 향미가 난다. 너무 싱싱한 것은 싱겁고 맛이 없다. 그러나 매달아두면 약간 발효되듯 깊은 풍미가 있다. 그 밖의 다른 새들은 이렇게 하지 않아도 된다. 꿩고기는 항상 퍽퍽하기 때문에 조리하기 전에 돼지비계를 잘게 다져 버터와 함께 몸통 속에 넣어주면 좋다. 꿩은 닭 요리의 거의 대부분을 응용한다.

보헤미엔(보헤미아) 꿩

Faisan à la bohémienne, Bohemian style pheasant

☙ 꿩 1마리, 소금, 푸아그라 200g, 단맛의 붉은 파프리카 가루 1작은술, 거위 기름 또는 버터, 감싸기용 얇은 비계(또는 기름진 삼겹살) 1, 쌀 200g, 백포도주 3큰술, 크림 6큰술, 글라스 드 비앙드 2~3큰술.

꿩을 손질하고 간을 떼낸다. 몸통 안에 소금을 조금 친다. 푸아그라를 호두 크기로 자른다. 꿩의 간을 같은 크기로 잘라 추가하고 소금과 파프리카 가루를 넣고 거위 기름(graisse d'oie)이나 버터에 3분간 볶는다. 이렇게 만든 소를 꿩의 배 속에 넣는다. 실로 묶고, 감싸기용 얇은 비계로 덮는다. 거위 기름 또는 버터를 넣은 냄비에 꿩을 넣는다. 얇게 썬 양파를 추가하고 40분간 익힌다. 시간은 꿩의 크기에 따라 조절한다. 그동안 필래프 쌀밥을 짓는다. 꿩이 익으면 접시에 담고 끈을 풀고 불가에 식지 않게 놓아둔다. 냄비에 우러난 국물은 쌀밥에 조금 붓는다. 나머지 국물에는 파프리카 가루 1작은술과 포도주를 넣고 잘 저어 3분의 2로 졸인다. 크림을 넣고 몇 초만 끓인다. 육즙이 있으면 넣고 걸쭉하게 만든다. 이 소스를 꿩에 붓고 나머지는 다른 그릇에 담아낸다. 필래프도 다른 접시에 담는다. 필래프를 감자로 대신해도 된다. 감자는 깍둑썰기해서, 버터를 넣고 볶아 다진 양파 1큰술을 추가한다.

꿩 카스롤(냄비구이)

Faisan casserole, Pheasant casserole

☙ 꿩 1마리, 소금, 다진 돼지비계 1큰술, 감싸기용 얇은 비계 1쪽, 버터, 코냑 1큰술, 글라스 드 비앙드 3큰술.

꿩을 손질해 안쪽에 소금을 조금 치고 다진 돼지비계를 추가한다. 실로 묶고 얇은 비계로 감싼다. 버터와 함께 냄비에 넣고 오븐에서 중간 불로 35분쯤 익힌다. 꿩고기가 부드러워질 정도면 된다. 다 익으면 냄비에서 꺼내 실을 풀고, 다시 냄비에 넣어 코냑과 '글라스 드 비앙드'를 두른다.

슈크루트 꿩 냄비구이

Faisan poelé à la choucroute, Pot roast pheasant with sauerkraut

☙ 꿩 1마리, 버터, 당근 2, 양파 1, 파슬리와 타임 각 2, 월계수 잎 1, 돼지 껍질, 코냑 1큰술, 데미글라스 소스 1.2리터, 슈크루트, 백포도주, 삼겹살.

앞과 같은 방법으로 꿩을 준비한다. 꿩 크기에 알맞은 냄비에 버터를 두르고 당근과 양파, 파슬리와 타임, 월계수 잎과 돼지 껍질을 넣는다. 꿩을 냄비에 넣고 중간 불로 익히면서 자주 우러난 국물을 끼얹어준다. 다 익으면 꿩에 코냑을 두른다. 꺼내 실을 풀고, 불 위에 놓아 식지 않게 한다. 냄비에 남은 국물에 소스를 추가하고 잘 저어 몇 분 끓인다. 걸쭉해지면 1~2분 식혀 기름기를 걷어낸다. 꿩을 익히는 동안, 삼겹살을 넣은 백포도주에 슈크루트를 삶는다. 슈크루트의 물기를 빼고 접시에 담는다. 삼겹살을 잘라 버터에 노릇하게 데친다. 슈크루트 위에 꿩을 얹고 삼겹살을 올린다. 소스는 따로 낸다. 삶은 감자를 곁들이면 좋다.

셀러리 꿩 냄비구이

Faisan poelé au céleri, Pot roast pheasant with celery

앞의 레시피와 같은 방법으로 꿩을 조리하지만, 슈크루트만 삶은 셀러리로 대신하고 소스는 따로 낸다. 접시에 꿩을 담고 냄비에서 우러난 국물을 3~4큰술 끼얹는다.

코코트 꿩

Faisan en cocotte, Phesant en cocotte

앞의 꿩 냄비구이 방법대로 만든다. 버터와 설탕을 녹여 옷을 입힌 꼬마양파(펄 어니언)와 버섯, 서양 송로를 추가한다.

크림 꿩

Faisan à la crème, Creamed phesant

☙ 꿩 1마리, 버터, 양파 1개, 크렘 프레슈 300ml, 글라스 드 비앙드 3큰술, 백포도주, 레몬 반쪽의 즙.

꿩을 손질해 실로 묶어 버터에 익힌다. 양파를 4쪽으로 잘라 추가한다. 다 익으면 백포도주를 끼얹는다. 꿩을 꺼내 실을 푼다. 크렘 프레슈와 '글라스 드 비앙드'를 냄비에 남은 국물에 섞어 4~5분 끓여 레몬즙을 첨가한다. 꿩을 움푹한 접시에 담아 걸쭉하게 끓여진 소스를 위에 붓는다.

꿩 살미

Salmis de faisan, Salmis of pheasant

☙ 어린 꿩 1마리, 감싸기용 얇은 비계 1, 서양 송로(트뤼프), 글라스 드 비앙드 1~2큰술, 버터 40g, 코냑 작은 1큰술, 백포도주 1.2리터, 샬롯 2, 후추, 데미글라스 소스 1.2리터.

꿩을 손질하고 간은 따로 떼놓는다. 실로 묶고 가슴에는 얇은 비계를 덮어 냄비에 넣고 반쯤 익힌다. 날개와 다리를 잘라낸다. 날개와 다리 각각 두 조각을 낸다. 꿩의 껍질을 벗기고 잘라 소테용 냄비에 넣고 서양 송로 몇 조각, 육즙, 버터 1큰술, 코냑을 넣고 가열해둔다. 몸통의 잡고기는 갈아서 간과 함께 냄비에 넣는다. 백포도주, 다진 샬롯을 추가하고 후추를 갈아넣는다. 3분의 1쯤 졸이고, 소스와 또 냄비에 남은 국물을 추가한다. 15분간 끓여 가능하면 체로 눌러 받아 물기를 뺀다. 냄비에 남은 것을 다시 몇 분 더 졸여 한 번 더 거른다. 재가열하고 남은 버터를 조금 넣는다. 꿩고기를 접시에 담고 소스를 붓는다. 버섯 12개쯤을 서양 송로와 꿩고기로 빚은 크넬을 추가해도 된다. 백포도주를 적포도주로 대신해도 된다. 살미는 차게 또는 뜨겁게 먹어도 된다.

몽세뉘르[4] 꿩

Faisan à la mode de Monseigneur, Pheasant with brandy and foie gras

☙ 꿩, 소금, 후추, 코냑 1큰술, 돼지비계 75g, 서양 송로(프뤼프), 푸아그라 150g, 혼합 향신료, 감싸기용 얇은 비계, 버터, 갈색 퐁드보 3~4큰술, 밀가루, 마데이라 포도주 6큰술.

꿩을 손질해 간을 떼어둔다. 몸통 안에 소금, 후추, 향신료를 넣고, 코냑을 뿌린다. 돼지비계를 곱게 다지고, 서양 송로를 다져 간과 푸아그라 100그램과 섞는다. 양념하고 향신료를 뿌려 전체를 분쇄한다. 이 반죽을 꿩 몸통 속에 채우고 실로 묶는다. 얇은 비계로 가슴을 감싸고 냄비에서 버터를 넣고 익힌다. 나머지 서양 송로를 얇게 썰어 냄비에 버터 25그램,

4) 몽세뉘르는 현대에 와서 단순한 존칭 '무슈(미스터)'와 같은 것으로 통한다. 그러나 옛날 왕정시대에는 국왕의 형제, 즉 대군과 같은 왕자를 가리켰다.

소금, 후추와 함께 넣고 퐁드보를 추가한다. 뜨겁게 불가에 올려두지만 끓어오르지 않도록 한다. 나머지 푸아그라 50그램은 6조각을 내어, 소금과 후추로 양념하고 밀가루를 입혀, 버터에 볶는다. 냄비에서 꿩을 꺼내 실을 풀고 날개를 잘라내 길게 2조각으로 자른다. 다리도 2토막으로 자른다. 날개와 다리를 뜨거운 도기나 냄비에 교대로 넣고 잘라둔 푸아그라를 넣는다. 꿩에서 나온 소를 덮고 뜨겁게 놓아둔 냄비에 있던 서양 송로를 건져내 추가한다. 꿩을 익힌 냄비에 마데이라 포도주와 서양 송로에서 우러난 국물을 추가해 잠깐 몇 초만 끓인다. 이 소스를 냄비 속에 든 꿩에 붓는다. 뚜껑을 덮고 5분간 가열해 서양 송로의 향이 짙게 풍기게 한다.

꿩 소테

Faisan sauté, Saute of pheasant

다 자란 꿩일 경우에는 찜을 하지만, 꿩을 소테로 조리하는 경우는 드물다. 꿩고기는 꽤 퍽퍽하기 때문에 볶으면 좋지 않다. 그래도 볶아먹고 싶을 때는 어린 꿩을 고르고 버터를 넉넉히 사용한다.

꿩 쉬프렘

Suprêmes de faisan, Breast of pheasant

꿩의 가슴살코기는 어린 꿩의 배 속에 비계를 다져 넣고 소금, 후추로 양념한다. 실로 묶고 삼겹살로 감싸서 냄비에 넣어 익힌다. 다 익으면 가슴살을 잘라 껍질을 벗긴다. 서양 송로, 밤, 셀러리 또는 양파 퓌레가 가르니튀르로 적당하다. 〈샤쇠르 소스〉나 붉은 파프리카도 괜찮다.

앙글레즈(영국) 꿩 코틀레트

Côtelettes de faisan à l'anglaise, English style pheasant cutlets

부드러운 꿩의 날개만 준비해 소금, 후추를 치고 밀가루, 달걀, 빵가루를 입힌다. 정제한 맑은 버터에 튀긴다. 접시에 담는다. 입맛에 따라 버터와 다진 타라곤을 조금 섞은 묽은 '글라스 드 비앙드' 2~3큰술을 두른다. 삼겹살 구이나 완두콩 또는 아스파라거스를 곁들인다.

차게 먹는 꿩

꿩 쇼프루아
Chaudfroid de faisan, Chaudfroid of pheasant

〈가금 쇼프루아〉와 같은 방법이다. 맑은 소스를 짙은 쇼프루아로 대신한다. 물론 꿩에서 나온 육즙을 사용한다.

꿩 무스
Mousses de faisan, Pheasant mousses

☙ 꿩 1마리, 삼겹살, 당근, 양파, 부케 가르니, 코냑 3- 4큰술, 마데이라 포도주 6큰술, 갈색 퐁드보 1.2리터, 푸아그라 200g, 버터 75g, 크렘 프레슈 1.2리터, 젤리.

꿩을 손질해 간을 떼놓는다. 배 속에 소금과 후추로 양념해 실로 묶고 삼겹살로 감싼다. 얇게 썬 양파와 당근, 부케 가르니를 바닥에 깐 냄비에 넣고 익힌다. 다 익으면 꺼내 식혀 뼈를 완전히 발라낸다. 뼈를 발라낸 몸통을 간과 함께 갈아서 다시 냄비에 넣고 코냑, 마데이라 포도주, 갈색 육수(퐁드보)를 넣는다. 뚜껑을 덮고 20분쯤 걸쭉하게 졸여서 체로 거른다. 꿩고기도 갈아서 체로 걸러 그릇에 받는다. 먼저 받아둔 걸쭉한 반죽과 체로 거른 푸아그라, 버터를 함께 섞는다. 크림을 휘저어 넣는다. 샤를로트 틀에 붓고 젤리로 덮는다. 바바 틀에 넣어도 된다. 냉장고에 넣어 굳힌다.

다른 방법
꿩 가슴살코기를 짙은 쇼프루아 소스를 입혀 무스 위에 올린다. 살코기마다 서양 송로 한 쪽씩을 올리고 전체에 퐁드보를 붓는다.

자고새

자고새(perdreau)[5]는 회색이 붉은 것보다 좋다. 냄비 또는 꼬치 구이가 무난하다, 다 자란 자고새를 '퓌메'나 소의 재료로 이용한다. 모든 꿩 요리를 그대로 적용할 수 있다.

---

5) 프랑스어로 자고는 페르드리. 주로 적색이나 회색 자고를 식용한다.

부르기뇽(부르고뉴) 자고새

Perdreaux bourguignon, Burgundy style partridge

ᘛ 자고새 1마리, 다진 삼겹살 1큰술, 튀긴 빵가루 1큰술, 삼겹살 1, 양파, 당근, 부케 가르니, 버터와 설탕을 녹여 옷을 입힌 꼬마 양파(펄 어니언)과 버섯 각 6~8개, 버터, 코냑 1큰술, 적포도주 3큰술, 데미글라스 소스 1.2리터.

자고새의 간을 곱게 다져, 다진 삼겹살과 튀긴 빵가루와 섞어 소를 만들어 배 속에 채운다. 실로 묶고 비계로 덮는다. 꼬마 양파와 당근을 곱게 다져 부케 가르니와 함께 냄비에 넣는다. 자고새를 넣고 냄비구이식으로 익힌다. 다 익으면 꺼내 실을 풀어 접시에 담는다. 양파와 버섯은 버터에 볶아 옆에 담고 식지 않도록 불에 올려둔다. 자고를 구운 냄비에 코냑과 포도주를 넣고 3분의 1로 졸이고, 소스를 섞는다. 몇 분 끓여 걸쭉해지면 자고와 가르니튀르에 붓는다. 〈데미글라스 소스〉가 없을 때는 밀가루 1~2큰술을 추가해 걸쭉해진 육수로 대신해도 된다.

양배추 자고

Perdreaux aux choux, Partridges with cabbage

ᘛ 큰 자고새 1마리, 작은 자고새 2마리, 양배추 1, 돼지비계 1, 파리 소시지 1, 당근 1~2, 삼겹살 1, 육수 4.2리터.

양배추를 4토막으로 잘라 끓는 물에 몇 분 삶는다. 꺼내서 물기를 짜낸다. 비계를 잘라 같은 식으로 데친다. 냄비에 양배추, 비계, 얇게 썬 소시지와 당근을 넣는다. 큰 자고를 실로 묶어 삼겹살로 감싸 양배추 옆에 넣는다. 육수를 붓고 뚜껑을 덮어 중간 불로 끓인다. 비계와 소시지는 익으면 건져놓고 냄비는 불에 올려 식지 않게 놓아둔다.

작은 자고새 두 마리는 실로 묶고 삼겹살로 감싸 꼬치 또는 오븐에서 20분 굽는다. 익은 양배추의 4분의 3을 접시에 담는다. 당근과 건져둔 소시지와 비계를 함께 곁들인다. 작은 자고새는 두 토막으로 잘라 그 위에 올리고 나머지 양배추로 덮는다. 몇 분간 오븐에서 더 익혀서 먹는다.

그랑메르(할머니식) 자고새

Les Perdreaux de grand'mère, Partridge cassereole with wine

☙ 자고새 2마리, 돼지비계 1작은술, 서양 송로(트뤼프), 소금, 후추, 삼겹살, 버터, 백포도주 3~4큰술, 아르마냑(Armagnac)[6] 3~4큰술, 갈색 퐁드보.

자고새를 손질해 소를 채운다. 소는 간과 비계, 서양 송로를 조금 다져 섞고 소금, 후추를 친다. 실로 묶고 삼겹살로 감싼 자고새를 냄비에 넣고 익힌 다음 꺼내 둘로 잘라 알맞은 크기의 뜨거운 테린에 넣는다. 잘라둔 자고새 위에 서양 송로 조각을 얹고 소금, 후추를 뿌린다. 뚜껑을 덮어둔다. 냄비에 우러난 육수에 아르마냑과 백포도주를 섞어 3분의 2로 졸이고 걸쭉한 퐁드보를 추가한다. 이 소스를 테린에 담긴 서양 송로에 붓는다. 테린은 무거운 뚜껑으로 단단히 덮어 잠시 놓아두어 서양 송로 향이 짙게 배어들도록 한다. 밤 퓌레 또는 셀러리 등을 곁들인다.

자고새 송로 수플레

Soufflé de Perdreau aux truffles, Truffled partridge souffle

☙ 자고새, 소금, 감싸기용 얇은 비계, 버터, 베샤멜 소스 3큰술, 후추, 너트멕, 달걀노른자 3, 서양 송로(트뤼프) , 마데이라 포도주 3~4큰술, 글라스 드 비앙드 1큰술, 달걀흰자 4, 데미글라스 소스 4큰술.

자고새를 손질해 간을 떼어놓는다. 배 속에 소금을 뿌리고 실로 묶고 얇은 비계로 감싸 버터에 익힌다. 익은 자고새의 뼈를 발라내고 고기와 몸통을 갈아서 소스와 섞는다. 체로 걸러, 소금과 후추, 너트멕을 추가하고 달걀노른자를 섞는다. 서양 송로를 얇게 썰어 소스냄비에 넣고 소금과 후추로 양념하고 마데이라 포도주와 육즙을 넣는다. 뚜껑을 덮어 한소끔 끓인다. 서양 송로를 건져 반죽해둔 고기에 추가한다. 여기에 달걀흰자를 섞어 걸쭉하게 만든다. 수플레 접시에 담고 오븐에 넣어 중간 불로 익힌다. 서양 송로를 익힌 냄비에 〈데미글라스 소스〉와 고기를 익혔던 퓌메를 넣고 몇 초만 끓여 버터 1큰술을 추가해 마무리한다. 소스는 따로 낸다.

---

6) 프랑스 아르마냑에서 생산하는 포도 증류주(브랜디).

퐁트네 자작부인 자고새 수플레

Soufflé de Perdreau Vicomtesse de Fontenay, Partridge souffle with cream

〈자고새 송로 수플레〉를 따르지만 소스를 졸여 크림 100밀리리터를 넣고 한소끔 끓어오르면 몇 분 더 끓여 체로 거른다.

퐁트네 자작부인 자고새 쉬프렘

Suprêmes de Perdreau Vicomtesse de Fontenay, Beast of Partridge with white wine and cream

☙ 6인분: 자고새 3마리, 소금, 후추, 감싸기용 얇은 비계, 서양 송로(트뤼프), 버터, 백포도주 200ml, 통후추, 데미글라스 소스 200ml, 푸아그라 파르페 4술, 크렘 프레슈 3~4술.

자고새의 몸통 안쪽에 소금, 후추를 친다. 다진 비계와 서양 송로 몇 쪽도 넣는다. 얇은 비계로 감싸서 실로 묶어 냄비에서, 버터로 익혀 식힌다. 가슴살을 잘라 작은 냄비에 넣고 버터 1큰술과 서양 송로 몇 쪽을 넣는다. 다리와 몸통 등 잡고기는 갈아준다. 고기를 익혔던 냄비에 포도주를 붓고 후추를 넣고, 절반으로 졸인다. 갈아놓은 고기와 〈데미글라스 소스〉를 붓는다. 몇 분 끓여 고운 체로 걸러 작은 냄비에 받는다. 다시 가열하고 곱게 체로 눌러 거른 푸아그라와 크림을 추가한다. 가슴살을 접시에 담고 소스를 붓는다. 알자스 국수(슈페츨레)를 곁들인다.

로시니 자고새 쉬프렘

Suprêmes de Perdreau Rossini, Beast oh Partridge with foie gras and marsala

앞의 레시피와 같이 자고새를 준비하지만, 백포도주만 '마르살라'로 대신한다. 소금과 후추로 양념하고 밀가루를 입혀 푸아그라 6쪽과 함께 버터를 넣고 볶고, 고기를 먼저 접시에 담아, 얇게 썬 서양 송로와 소스를 추가한다. 버터로 볶은 국수에 파르메산 치즈를 뿌린다. 자고새를 차게 먹으려면 차게 먹는 꿩의 방법을 따른다.

메추라기

기름지고 털이 많은 메추라기가 좋다.

브리야 사바랭[7] 메추라기

Cailles Brillat-Savarin, Quails with wine and brandy

ᢀ 6인분: 메추라기 6마리, 소금과 후추, 코냑, 감싸기용 얇은 비계, 당근, 양파, 파슬리, 타임, 월계수 잎, 삼겹살을 섞은 미르푸아(mirepoix)[8], 송아지 정강이 살코기 150g, 서양 송로(트뤼프), 푸아그라 6쪽, 버터, 백포도주 100ml, 프롱티냥 포도주 100ml, 갈색 퐁드보 150ml.

메추라기들 내장과 모래주머니를 떼고, 소금을 뿌리고 샴페인을 몇 방울 뿌린다. 실로 묶고 얇은 비계로 감싸, 냄비에 버터로 볶은 미르푸아를 먼저 깔고, 잘게 썬 송아지 정강이 살코기를 함께 넣고 익힌다. 서양 송로 몇 쪽을 추가한다. 10분 정도 익힌다. 실을 풀고 비계는 건져내고, 메추라기들은 적당한 크기의 또다른 뜨거운 도기에 담는다. 서양 송로 조각들로 덮고, 소금과 후추로 양념하고 버터에 데친 푸아그라를 올린다.

미르푸아에 코냑을 작은 잔으로 2잔과, 백포도주와 프롱티냥 포도주를 붓고 3분의 2로 졸인 다음 송아지 육수를 붓는다. 다시 3분의 1까지 졸이고, 걸러서 도기 속의 재료에 붓고 뚜껑을 덮어둔다. 버터 조각과 파르메산 치즈를 섞은 리소토를 곁들인다.

카스롤(냄비) 메추라기

Cailles en Casserole, Quail casserole

메추라기들을 포도잎과 삼겹살로 싼다. 적당한 냄비나 식탁에 올릴 수 있는 도기에 넣고 버터로 익힌다. 아르마냑(armagnac)과 갈색 퐁드보 1작은술을 메추라기마다 뿌린다.

체리 메추라기

Cailles aux Cerises, Quails with cherries

ᢀ 4인분: 체리 4, 버터, 포르투 포도주6술, 오렌지 1개, 시나몬 가루, 체리 통조림 1, 퐁드보

7) 프랑스 법관, 음식 비평가. 저서로 <미각의 생리학>(1848년)이 있다.

8) 당근과 양파 등을 사각형으로 잘게 썬 것.

2~3술, 레드커런트 젤리 2술.

메추라기를 냄비에서 버터로 익힌다. 포르투 포도주, 오렌지 겉껍질, 시나몬(계피)을 넣고, 체리즙을 3~4큰술 추가해 4분의 3으로 졸인다. 육수를 추가해 다시 절반까지 졸인다. 잘 섞였을 때 젤리를 추가해 다시 몇 분 더 끓인다. 체로 걸러 2분간 끓여, 메추라기에 붓는다.

피가로 메추라기

Cailles Figaro, Quails with truffles

☙ 4인분: 메추라기 4마리, 서양 송로(트뤼프), 소금, 후추, 코냑, 소시지용 창자, 퐁드보 2큰술.

서양 송로 4쪽에 소금과 후추를 치고 코냑 몇 방울을 뿌리고, 하나씩 메추라기에 넣는다. 메추라기를 소시지용 창자에 넣고 바짝 졸인 육수 1작은술을 두른다. 소시지에 2센티미터의 여유를 남기고 묶는다. 그래야 익히는 동안 터지지 않는다. 메추라기들을 퐁드보에 넣고 15분간 삶아 익힌다. 메추라기들을 건져낸다. 마데이라 포도주를 조금 끼얹어 살짝 데친 얇은 서양 송로 조각들을 곁들인다.

쥐딕 메추라기

Cailles Judic, Quails with cock's kidneys and truffles

☙ 6인분: 메추라기 6마리, 양파와 당근, 부케 가르니, 양상추 3, 백포도주 3큰술, 데미글라스 소스 200ml, 수탉의 콩팥, 서양 송로(트뤼프).

냄비에 양파, 당근, 부케 가르니를 깔고 그 위에 메추라기를 담아 굽는다. 이것을 사각접시에 담는다. 접시에는 데친 양상추를 얹어둔다. 그 위에 메추라기들을 올린다. 냄비에 남은 육즙에 백포도주 반 잔을 섞어 바짝 졸인 다음 〈데미글라스 소스〉 200밀리리터를 추가해 잠시 더 졸인다. 이것을 또다른 소스냄비에 부어, 콩팥과 서양 송로 조각들과 섞어 몇 초만 끓여 메추라기 위에 붓는다. 필래프나 버터만 두른 쌀밥을 곁들여도 된다. 쌀은 어떤 식으로 익힌 것이라도 메추라기와 잘 어울린다.

노르망드(노르망디) 메추라기

Cailles à la Normande, Quails normandy style

☙ 6인분: 메추라기 6마리, 소금, 후추, 버터, 칼바도스(Calvados) 3~4큰술, 글라스 드 비앙

드 3큰술, 크렘 프레슈 200ml.

도기에 버터를 두르고 메추라기들을 넣고 소금, 후추를 친다. 칼바도스를 끼얹고, '글라스 드 비앙드'와 크렘 프레슈를 추가한다. 몇 초만 끓여 냄비째 식탁에 올린다. 시큼한 사과를 곁들이면 좋다. 아니면 사과를 얇게 썰어 버터 조각을 곁들인다.

메추라기 필래프

Cailles en Pilaw, Pilaf of quails

☙ 6인분: 메추라기 6마리, 소금과 후추, 버터, 쌀 300g, 퐁드보(빌 스톡)

메추라기에 고루 소금, 후추를 뿌리고, 다리를 뒤쪽에서 실로 묶는다. 버터로 8~10분 익힌다. 쌀은 필래프식으로 익힌다. 쌀이 익으면 메추라기들과 섞어 오븐에 몇 분 놓아둔다. 퐁드보를 소스 그릇에 따로 담아낸다.

라셸 메추라기 미뇨네트

Mignonnettes de Cailles Rachel, Mignonnettes of quail

☙ 6인분: 메추라기 6마리, 버터, 소금, 푸아그라 150g, 닭의 간 50g, 밀가루, 빵가루, 파이.

메추라기를 반으로 잘라 뼈를 발라낸다. 발끝을 잘라내지 않는다. 뜨거운 버터에 몇 초만 지진다. 건져내 소금을 치고 식힌다. 그다음, 푸아그라를 포크로 짓이기고 닭의 간(또는 닭고기)을 다져 함께 섞는다. 이것을 메추라기 몸통 안쪽에 발라준다. 밀가루와 녹인 버터와 빵가루를 차례로 입힌다. 버터로 금빛이 돌만큼 고루 튀겨 파이 위에 하나씩 올린다. 샤토브리앙 소스[9]와 버터에 데친 아스파라거스를 곁들인다.

포도 메추라기

Cailles aux Raisins, Quails with grapes

☙ 메추라기 1마리당 포도 10알, 버터, 백포도주 3~4큰술, 포도즙, 육수(퐁드보) 1작은술.

메추라기들을 버터에 구워 도기에 올린다. 포도는 껍질과 씨를 제거하고 함께 올린다. 포도주와 포도즙과 갈색 육수(퐁드보)는 메추라기 구울 때 냄비에 남은 육즙에 붓는다. 몇 분 끓여 메추라기들에 붓는다.

---

9) 에스코피에의 샤토브리앙 소스: 다진 샬롯, 버섯, 타임, 백포도주를 붓고 거의 완전히 졸이고, 글라스 드 비앙드를 넣고 끓인 뒤에 체로 걸러 메트로도텔 버터를 추가한다.

리슐리외 메추라기
Cailles Richelieu, Quails with brandy and truffle

ૡ 6인분: 메추라기 6마리, 소금, 코냑, 서양 송로(트뤼프), 당근, 양파, 셀러리, 버터, 퐁드보.

메추라기들을 손질해 내장과 모래주머니를 떼놓는다. 몸통 속에 소금을 뿌리고 코냑을 조금 두르고, 서양 송로 한쪽씩을 넣고 실로 묶는다.
냄비에 한 마리씩 차곡차곡 붙여 넣는다. 고운 소금을 살짝 쳐준다. 양파, 당근, 셀러리를 모두 채 썰어 덮어주고 버터로 익힌다. 진한 육수를 넉넉히 부어 한소끔 끓인 다음 10분간 더 끓인다. 메추라기들을 건져 도기나 은제 탱발에 넣거나 움푹한 접시에 담는다. 냄비에 남은 육수를 졸여 메추라기에 붓는다. 필래프 쌀밥을 곁들인다.

수바로브 메추라기
Cailles Souvarow, Quails stuffed with goie gras

ૡ 6인분: 메추라기 6마리, 소금, 코냑, 푸아그라, 감싸기용 얇은 비계, 서양 송로(트뤼프) 6, 후추, 버터, 퐁드보 6술, 마데이라 포도주 4~5술.

메추라기 내장과 모래주머니를 들어낸다. 몸통 속에 소금을 뿌리고 코냑도 조금 두르고 푸아그라를 넣는다. 다리를 뒤로 돌려놓지만 실로 묶지는 않는다. 한 마리씩 얇은 비계로 감싸, 나란히 붙여 도기에 서양 송로와 함께 넣는다. 소금, 후추를 뿌린다. 버터를 1조각씩 올리고 육수와 마데이라 포도주를 끼얹는다. 뚜껑을 덮어 오븐에서 중간 불로 20분간 익힌다. 서양 송로와 메추라기를 따로 익혀 나중에 섞기도 한다.

투르크(터키) 메추라기
Cailles à la Turque, Turkish style quails

〈메추라기 필래프〉와 같은 방법이지만, 가지를 잘게 썰어 버터나 올리브유에 볶아 쌀밥에 조금 섞는다. 〈토마토 소스〉를 따로 낸다.

식용 비둘기

어린 비둘기[10]를 주로 이용한다. 늙은 비둘기는 소박이 재료나 스튜에 사용한다.

보르들레즈(보르도) 비둘기

Pigeonneaux à la bordelaise, Bordeaux style pigeons, Squab

ᛈ 사육한 비둘기 2마리, 양념, 버터, 아티초크, 감자 2개, 양파와 파슬리, 백포도주 3술, 글라스 드 비앙드 2큰술, 콩소메(맑은 국물) 또는 퐁드보(빌 스톡) 3~4큰술, 레몬즙.

비둘기를 두 토막으로 자른다. 조금 두드려서 양념하고, 버터를 넣고 튀기듯이 지져서(소테) 접시에 담는다. 아티초크 속심을 얇게 자르고 감자도 가늘고 길게 썬다. 이것들을 버터에 볶아 비둘기를 담은 접시에 올린다. 튀긴 양파링과 파슬리 조금 올린다. 비둘기를 익힌 냄비에 백포도주를 넣고 절반으로 졸인 다음 '글라스 드 비앙드', 콩소메나 퐁드보를 붓고 2분간 끓인다. 불을 끄고 버터, 레몬즙을 뿌려 비둘기에 붓는다.

샤쇠르 비둘기

Pigeonneaux chasseur, pigeons chasseur

〈샤쇠르 암탉 소테〉[11]와 같은 방법이다.

비둘기 크라포딘[12]

Pigeonneaux crapaudine, pigeons with devil sauce

비둘기를 반으로 잘라 넓죽하게 조금 두드려 편다. 소금, 후추로 양념하고 버터에 푹 담가 적시고 빵가루를 입힌다. 그릴에서 은근하게 구워 뜨거운 접시에 올린다. 〈디아블 소스〉를 곁들인다.

---

10) 식용으로 비둘기를 사육한다. 고기로 이용하는 것은 Cauchois, Pigeon King 종으로 매우 빨리 자란다.

11) 손질한 닭을 잘라 소금, 후추 양념을 하고 식용유나 버터로 튀긴다. 날개가 익기 시작하면 꺼내서 따뜻하게 놓아둔다. 버섯과 다진 샬롯을 넣고 2~3분간 볶는다. 백포도주와 코냑을 넣고 절반으로 졸인 다음 파슬리와 소스를 추가한다. 몇 초 동안 더 졸여 소스가 되면 날개를 다시 넣는다. 닭고기를 접시에 담고 소스를 붓는다.

12) à la crapaudine은 닭, 꿩, 비둘기, 오리 등의 조류의 배를 길쭉하게 세로로 잘라 날개와 다리를 통째로 납작하게 조금 두드린 상태로 조리하는 방식이다.

비둘기 피낭시에르

Pigeonneaux financière, Pot roast pigeons

비둘기를 냄비에서 구워(푸알레) 접시에 담는다. 가르니튀르는 버섯, 서양 송로(트뤼프), 닭고기 크넬, 수탉의 볏과 콩팥, 올리브. 가르니튀르에 마데이라 포도주를 섞은 〈데미글라스 소스〉를 두른다.

고티에 비둘기

Pigeonneaux Gauthier au beurre d'écrevisse, Pigeons with crayfish butter

'크라포딘' 방식으로 비둘기를 손질해 작은 소테용 팬에 넣고 녹인 버터를 거의 잠길 정도로 붓는다. 레몬즙을 몇 방울 뿌린다. 약한 불로 튀긴다. 다 익은 비둘기를 접시에 절반씩 잘라 올린다. 달걀노른자를 섞어 걸쭉한 〈블루테〉로 덮는다. 〈블루테〉에는 민물가재버터를 조금 섞는다. 서양 송로나 양송이를 버터에 노릇하게 데쳐 얹어도 된다. 알자스 국수(슈페츨레)를 곁들인다. '고티에'는 비둘기 종의 이름이 아니다. 그냥 둥지에서 나오지도 못한 '순진한' 새끼를 가리키는 속어이다.

메나제르 완두콩 비둘기

Pigeonneaux aux petit pois à la ménagère, Pigeons with onions and peas

☙ 비둘기 2마리, 완두콩 500g, 삼겹살 100g, 버터, 꼬마 양파(pearl onion) 12개, 파슬리, 물 2컵, 소금, 후추, 베이비 당근과 감자(선택).

작게 토막낸 삼겹살을 끓는 물에 데쳐 버터와 함께 넣는다. 꼬마 양파와 비둘기들을 넣고 노릇하게 볶는다. 양파와 삼겹살만 꺼내고 완두콩과 나머지 재료를 넣는다. 뚜껑을 덮고 약한 불로 익힌다. 베이비 당근과 햇감자를 완두콩에 섞어도 된다.

다른 방법

☙ 비둘기 2마리, 감싸기용 얇은 비계 2쪽, 버터, 육수(부이용) 1큰술, 데미글라스 소스 100ml, 프랑스식으로 조리한 완두콩.

비둘기를 비계로 덮고 실로 묶어 소테용 냄비에 버터를 넣고 익힌다. 냄비에서 꺼내 실을 푼다. 냄비에 남은 버터에 육수를 붓고 한소끔 끓인다. 소스를 넣고 다시 몇 분 더 끓인다. 비둘기를 소스에 넣고 프랑스식으로 조리한 완두콩(양파, 상추, 버터를 넣고, 물을 조금 붓고, 뚜껑을 덮어 중간 불로 익힌 완두콩)을 추가한다. 전체를 다시 익힌다.

폴로네즈(폴란드) 비둘기

Pigeonneaux à la polonaise, Polish style Pigeons

ᘓ 비둘기 2마리, 비둘기 간 2개, 닭 간 3~4개, 소금, 후추, 혼합 향신료, 다진 양파 1작은술, 샬롯, 파슬리, 버터, 다진 돼지비계 1큰술, 삼겹살, 버터에 튀긴 빵 조각, 갈색 퐁드보(빌 스톡) 3~4큰술.

간을 다져 소금, 후추, 향신료를 넣고 다진 양파, 샬롯, 파슬리를 섞는다. 버터 2술과 다진 비계를 팬에 넣고 가열해 간을 몇 초만 볶는다. 식힌 다음 체로 거른다. 이렇게 걸러 받은 간을 비둘기 뱃속에 넣고, 실로 묶고 삼겹살로 덮는다. 버터를 넣고 익혀 접시에 담고 튀긴 빵 조각으로 덮는다. 냄비에 남은 버터에 육수를 넣고 1분 동안 끓여서 다른 그릇에 담아낸다.

이베트 비둘기 코틀레트(커틀릿)

Côtelettes de pigeonneaux Yvette, Fried pigeon cutlets

'크라포딘' 방식으로 비둘기를 손질하고 뼈를 발라내 조금 두드려 넓죽하게 편다. 양념해 밀가루, 달걀, 빵가루를 입혀 정제한 맑은 버터에서 튀긴다. 아티초크 속심과 곱게 다진 서양 송로를 조금 준비해 〈베샤멜 소스〉를 둘러 가르니튀르로 올린다.

로시니 비둘기 쉬프렘

Suprêmes de pigeonneaux Rossini, Pigeon's breasts with trffles

ᘓ 비둘기 2마리, 얇은 비계, 서양 송로(트뤼프) 150g, 소금, 후추, 데미글라스 소스.

비둘기 몸통을 감싸기용 비계[13]로 덮고 버터를 넣고 익힌다. 실을 풀고 가슴살을 잘라 냄비에 넣고 얇게 썬 서양 송로, 소금, 후추, 버터 1큰술을 추가한다. 몇 분간 가열해 구워지면 접시에 담고 소스를 붓는다.

---

13) 바르드(barde de lard). 얇게 자른 비계로 감싸서, 오븐에 굽거나 조리하는 동안에 주재료인 고기가 건조해지는 것을 막는다. 대개는 옆구리 비곗살(fatback)을 잘라서 길고 얇게 기계로 압착한 것을 사용하지만, 삼겹살도 가능하다. 소금에 절인 삼겹살이나 훈제 베이컨을 이용할 수도 있다.

앙글레즈(영국) 비둘기 파테(파이)

Pâté de pigeonneaux à l’anglaise, Pigeon’s pie

☙ 비둘기 2마리, 삼겹살 몇 쪽, 샬롯 1개, 소금과 후추, 파슬리, 삶은 달걀 2, 육수, 밀가루 반죽, 달걀.

속이 깊은 파테용 그릇에 훈연한 삼겹살(베이컨) 조각들을 나란히 늘어놓고 다진 샬롯을 넣는다. 비둘기를 4토막으로 잘라 그 위에 올린다. 소금, 후추, 다진 파슬리를 뿌리고, 삶은 달걀을 반으로 잘라 넣는다. 육수로 접시를 절반쯤 채운다. 밀가루 반죽을 뚜껑처럼 덮는다. 테두리를 밀가루 반죽으로 밀봉하고 달걀물을 바른다. 뚜껑에 구멍을 뚫어 김이 빠져나가게 한다. 오븐에서 적당한 불로 1시간 15분쯤 굽는다.

라파예트 비둘기 탱발

Timbale de pigeonneaux La Fayette, Pigeon timbale

☙ 비둘기 6마리, 민물가재 36마리, 미르푸아, 백포도주, 버터, 서양 송로 150g, 소금, 후추, 돼지비계 200g, 마카로니 100g, 파르메산 치즈, 너트멕, 베샤멜 소스, 구운 탱발 1(높이보다 폭이 더 넓은 둥글넓적한 모양).

민물가재를 미르푸아, 백포도주로 삶는다. 가재 껍질은 가재버터 재료로 쓴다. 민물가재를 작은 냄비에 넣고, 버터 2큰술과, 가재 삶을 때 나온 국물 2큰술을 추가한다. 서양 송로 조각들과 소금, 후추를 넣고 뜨거운 불에 올린다. 비둘기는 감싸기용 비계로 감싸, 버터를 넣고 익힌다. 가슴살을 잘라내고 껍질을 벗겨, 익혔던 버터 조금과 육즙을 더해 이것도 불 위에 올려둔다. 마카로니를 소금물에 삶아내 버터 75그램, 치즈, 너트멕을 뿌린다. 가재 버터에 〈베샤멜 소스〉를 섞는다. 소스는 마카로니, 민물가재, 서양 송로에 각각 조금씩 추가한다. 마카로니를 탱발에 넣고 가재와 서양 송로를 얹는다. 비둘기 가슴살을 맨 위에 얹고 나머지 소스를 붓는다. 서양 송로 조각으로 장식한다.

비둘기 콩포트

Pigeons en compote

냄비에 야채를 깔고 그 위에 비둘기를 얹은 다음 육수를 붓고 삶는다. 잘게 썬 삼겹살 비계를 버터를 넣고 익히고, 버섯, (버터와 설탕을 녹여 입힌) 꼬마 양파를 가르니튀르로 곁들인다. 삶은 비둘기는 접시에 담는다. 삶았던 육수에 〈데미글라스 소스〉를 150밀리그램 붓고 몇 분 더 끓인 뒤, 가르니튀르 위에 조금 붓는다. 다시 2~3분 더 끓여 비둘기 위에 붓는다.

차게 먹는 비둘기

비둘기 테린

Pigeonneaux en terrine à la gelee, Terrine of pigeon in jelly.

☙ 비둘기 2마리, 돼지비계 50g, 버터 75g 닭의 간, 다진 양파와 파슬리 각 1작은 술, 소금, 후추, 혼합 향신료, 코냑 1잔, 삼겹살, 퐁드보.

돼지비계와 버터를 냄비에 가열하고 간, 양파와 파슬리를 넣는다. 몇 분간 지진 다음 건져내 식히고, 체로 걸러 소로 사용한다. 다리는 잘라내고 비둘기 몸통에 소를 넣어 삼겹살로 감싼다. 테린 냄비에 넣고 코냑을 끼얹고 비들기를 넣는다. 뚜껑을 덮고 중탕기에서 35분 익힌다. 다 익으면 꺼내서 진한 퐁드보를 입혀 식힌다. 먹기 전에 퐁드보 위에 뜨거운 물을 조금 바른다. 닭의 간 대신 서양 송로(트뤼프)를 섞은 푸아그라를 넣어도 된다.

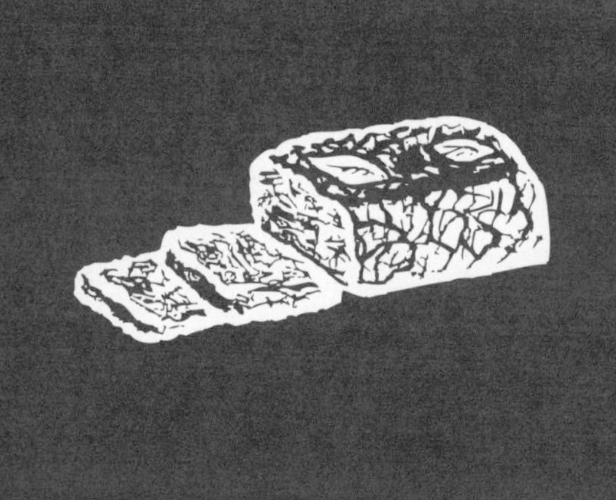

갈랑틴, 파테, 테린

갈랑틴, 파테, 테린에 넣는 파르스(소)

갈랑틴, 파테, 테린(Galantine, Pâté, Terrine)에 넣는 파르스는 '가르니튀르'에서 소개한 파르스[1]를 이용한다.

파테와 테린을 위한 퓌메(육수)

파테와 테린용 퓌메(Fumet)[2]는 가금 잡고기에 우족이나 정강이 또는 말린 돼지 껍질 등을 우려낸 육수를 이용한다.

파테의 틀(겉 부분)에 사용하는 밀가루 반죽(파테 반죽)

버터로 만드는 반죽과 라드(saindoux, lard)로 만드는 반죽이 있다. 파테 반죽(pâte à pâté, 파트 아 파테)[3]은 최소한 하루(24시간) 전에 만든다.

1) 버터로 만들기(일반적인 파테 반죽)

☙ 고운 밀가루 1kg, 버터 250g, 소금 30g, 달걀 2알, 물 400ml.

밀가루에 소금, 달걀, 버터를 넣고 물을 붓는다. 손바닥으로 눌러 덩어리로 빚는다. 천으로 감싸 냉장고에 보관한다.

---

1) 53~56쪽 참조.
2) 보통은 생선을 졸여 만든 육수이다. 맑은 블루테, 맑은 육수와 같은 뜻이다.
3) 프랑스어로 파트(pâte)는 밀가루 반죽, 파테(pâté)는 고기 파이를 뜻한다.

2) 라드로 만들기

ɑ 고운 밀가루 1kg, 조금 녹인 라드 250g, 달걀 2알, 소금 30g, 따뜻한 물 400ml.

앞의 반죽과 같은 과정을 따른다.

갈랑틴

차게 먹는 요리인 갈랑틴은 송아지, 돼지, 가금 살코기의 반죽을 맑은 육수(퓌메 또는 퐁 블랑)로 삶아내, 차갑게 젤리처럼 굳힌 것이다.

닭고기 갈랑틴
Galantine de Volaille

ɑ 갈랑틴용 고기: 닭고기, 소금 50g, 후추, 코냑, 돼지비계 100g, 돼지살코기 60g, 혀 60g, 서양 송로(트뤼프) 100g.

ɑ 파르스: 닭고기, 송아지 고기와 돼지고기 각 200g, 돼지비계 600g, 소금 50g, 달걀 3개, 코냑 200ml, 피스타치오 가루 3큰술, 다진 서양 송로(트뤼프).

ɑ 육수(송아지 정강이, 송아지 족 1, 부케 가르니, 당근, 양파, 닭고기 , 물), 고기 젤리.

갈랑틴 재료로 이용하는 고기는 조금 질겨도 괜찮다. 닭의 뼈를 발라내고 껍질을 벗긴다. 닭고기는 길쭉하게 썰어 소금, 후추로 양념한다. 그릇에 넣고 코냑 3~4술을 두르고, 돼지비계, 돼지살코기, 혀를 길쭉하게 썰어 넣는다. 서양 송로도 썰어넣는다.

다진 송아지 고기와 돼지고기에, 소금과 비계를 섞는다. 여기에 달걀을 넣고 갈아서, 코냑과 피스타치오 가루를 섞는다. 체로 걸러, 다진 서양 송로 2술을 넣어 파르스를 만든다.

닭의 껍질을 바닥에 넓게 펼치고(살이 붙었던 부분을 위로, 껍질은 바닥 쪽으로), 그 위에 파르스를 한 층 올린다. 파르스 위에 잘라두었던 흰 살코기를 얹는다. 층층이 올리고, 마지막은 파르스로 덮는다. 닭 껍질을 오무려 실로 묶는다. 비계로 감싸고 천으로 말아, 양 끝과 중간 부분을 실로 두 번 돌려 단단히 묶는다. 이렇게 묶은 원통형의 갈랑틴 무게를 측정해 조리 시간을 가늠한다. 1킬로그램당 35분 삶는다.

송아지 정강이(사골)와 족에 부케 가르니와 닭의 남은 몸통과 물 1리터을 붓고 육수(퐁 블랑)를 만든다. 갈랑틴은 이 육수로 삶는다. 갈랑틴이 익으면, 건져내 천과 닭 껍질을 벗겨 버린다. 고운 천으로 다시 감싸, 차게 식힌다. 이튿날, 천을 걷어내고 반쯤 녹인 고기 젤리를 입힌다.

파테

생선 파테

생선 파르스

Farce de Poisson

🙢 생선(강꼬치고기, 브로쉐) 살코기 500g, 프랑지판 파나드 200g, 버터 250g, 달걀 흰자 2알, 소금 15g, 후추 2g, 붉은 후추, 너트멕.

이 재료를 일반적인 파르스 조리법에 따라 준비한다.

장어 파테

Pâté d'Anguiiie, Eel Pie

🙢 민물 장어, 버터, 버섯, 샬롯, 파슬리, 생선 파르스, 파테 반죽과 틀, 달걀.

민물 장어의 껍질을 벗겨 살코기만 발라내 버터로 몇 초만 볶아 식힌다. 버터에는 버섯, 샬롯, 다진 파슬리를 넣는다. 파테 틀에 버터를 두르고 파르스와 장어를 번갈아 층층이 채운다. 밀가루 반죽(파테 반죽)으로 덮고, 테두리는 같은 반죽을, 물을 조금 적셔 붙인다. 덮은 반죽 위에 밀가루 반죽을 조금 잘라 모양을 만들어서 장식한다. 그 한가운데에 구멍을 뚫어 김이 새나가도록 한다. 그래야 익힐 때 터지지 않는다. 달걀을 풀어 전체에 바르고, 오븐에서 중간 불로 굽는다. 1킬로그램 당 30분이다.

연어 파테

Pâté de Saumon, Salmon pie

🙢 연어 살코기 750g, 소금, 후추, 파테 반죽과 틀, 서양 송로(트뤼프) 150g, 생선파르스

500g, 달걀, 생선 젤리.

연어를 4토막으로 자르고 껍질을 벗긴다. 소금과 후추를 친다. 타원형이나 사각형 파테 틀에 버터를 바르고 밀가루 반죽(파테 반죽)을 깐다. 곱게 다진 서양 송로를 파르스에 섞어 바닥에 1층 깔고 둘레는 반죽을 두른다. 그 위에 연어 2토막을 올리고 얇게 썬 송로와 파르스를 한 층 더 얹는다. 남은 연어 2토막을 그 위에 얹고 남은 파르스를 또 얹는다. 밀가루 반죽(파테 반죽)으로 덮고 달걀을 풀어 겉에 바르고, 반죽의 구멍을 조금 뚫어 놓고 오븐에서 중간 불로 굽는다. 파테가 조금 식으면, 위에 뚫린 구멍으로 생선 젤리를 붓는다.

고기 파테

송아지와 장봉 파테

Pâté de Veau et Jambon, Veal and ham pie

☙ 송아지 안심 500g, 돼지 허벅지 고기 300g, 삼겹살 200g, 돼지비계, 송아지와 돼지고기 파르스, 월계수 잎 1, 글라스 드 비앙드, 파테 반죽과 틀.

송아지 고기와 돼지고기를 길쭉하게 자른다. 양념하고 코냑을 뿌린다. 타원형 파테 틀에 삼겹살 몇 쪽을 깔고 〈송아지와 돼지고기 파르스〉[4]를 1층 얹고 틀의 안쪽 테두리는 밀가루 반죽(파테 반죽)을 두른다. 같은 식으로 똑같은 재료로 1층을 더 얹고 파르스로 덮는다. 한가운데에 월계수 잎을 올리고 틀과 같은 모양의 비계로 덮는다. 밀가루 반죽을 얇게 밀어 덮거나 둥근 뚜껑처럼 덮는다. 한가운데에 구멍을 뚫어 김이 새나가게 한다. 앞의 레시피처럼 굽는다. 파테가 조금 식으면 녹인 생선 젤리를 가운데 뚫었던 구멍으로 조금 붓는다.

4) '가르니튀르'에서 파르스 참조.

옛날식 송아지와 장봉 파테

Pâté de Veau et Jambon (ancienne methode)

☙ 송아지 안심 500g, 장봉 250g, 비곗살 250g, 소금, 후추, 혼합 향신료, 너트멕, 버터, 서양 송로(트뤼프) 200g, 코냑 2큰술, 마데이라 포도주 100ml, 파테 반죽과 틀, 기름진 삼겹살, 글라스 드 비앙드.

송아지 고기, 장봉, 비곗살을 길게 자른다. 소금, 후추, 혼합 향신료, 너트멕으로 양념해 냄비에 넣고 버터로 8~10분간 볶는다. 서양 송로를 4쪽으로 잘라, 코냑, 마데이라 포도주를 추가해 몇 분 더 볶는다. 파테 틀에 밀가루 반죽(파테 반죽)을 깔고, 그 위에 삼겹살을 깔고 둘레에 반죽을 붙이고, 고기와 서양 송로를 번갈아 층층이 넣는다. 앞의 레시피와 마찬가지로 밀가루 반죽으로 덮고 구멍을 내주고 오븐에서 중간 불로 익힌다. 파테가 완전히 식기 직전에, '글라스 드 비앙드'를 조금 붓는다. 송아지 고기 대신 닭고기로 같은 방법의 파테를 만들 수 있다.

닭고기 파테

Pâté de Poulet, Chicken pie

☙ 영계(작은 닭) 2마리 분량의 고기, 닭고기 파르스, 서양 송로(트뤼프) 150~200g(선택), 파테 반죽과 틀, 삼겹살, 월계수 잎 1, 달걀, 닭고기 젤리.

닭고기를 발라내 양념한다. 〈닭고기 갈랑틴〉과 같은 파르스를 준비한다. 여기에 서양 송로를 섞어도 된다. 둥글거나 타원형의 파테 틀에 얇은 삼겹살을 깔고 파르스, 양념한 닭고기, 서양 송로를 잘라 올린다. 맨 위를 얇은 삼겹살로 덮고, 그 한가운데에 월계수 잎을 얹는다. 얇게 민 밀가루 반죽(파테 반죽)으로 덮고 구멍을 내서 달걀노른자를 겉에 바른다. 오븐에서 중간 불로 굽는다. 식기 직전, 구멍에 녹인 젤리를 조금 붓는다.

오리 파테

Pâté de Caneton, Duck pie

〈닭고기 갈랑틴〉처럼 파르스를 준비한다. 파르스 그라탱과 푸아그라와 3쪽을 낸 서양 송로를 똑같은 비율로 섞어넣는다. 오리를 손질한다. 고기를 얇고 길게 썰어 소금, 후추, 혼합 향신료와 코냑을 조금 뿌린다.

오리 껍질을 천 위에 펼쳐놓고 갈랑틴 만들 때처럼 썰어둔 고기와 파르스와 서양 송로를 층층이 올리고 푸아그라 기름으로 감싸준다. 이것을 밀가루 반죽(파테 반죽)과 얇은 삼겹살을 바닥에 깔아놓은 타원형 틀에 담는다. 반죽을 덮고 김이 빠져나갈 구멍을 내준다. 오븐에서 중간 불로 굽는다. 파테가 식어갈 때 오리 육즙의 젤리을 뚫었던 구멍에 조금 붓는다.

꿩 파테
Pâté de Faisan, Pheasant Pie

꿩 가슴살을 3토막으로 자른다. 다리살, 간, 송아지 안심 150그램, 돼지고기 150그램, 돼지비계 300그램으로 〈닭고기 갈랑틴〉처럼 파르스를 준비한다. 여기에 〈그라탱 파르스〉 150그램, 코냑 2큰술을 더한다. 잘라둔 가슴살과 같은 분량으로 서양 송로를 조금 두툼하게 썰고 푸아그라를 얇게 썰어 소금과 혼합 향신료로 양념하고 코냑을 뿌린다.
꿩의 껍질을 펼치고 파르스를 두툼하게 덮는다. 그 위에 가슴살, 서양 송로, 푸아그라를 나란히 얹는다. 파르스로 덮어준다. 꿩을 제 모양으로 만들어 타원형 틀에 넣고 비계와 파테 반죽으로 덮는다. 뚜껑을 덮고 〈닭고기 파테〉와 같은 방법으로 굽는다.

토끼 파테
Pâté de Lièvre, Hare pie

ꝏ 토끼 1마리, 서양 송로(트뤼프), 소금, 후추, 혼합 향신료, 코냑 3~4큰술, 마데이라 포도주 6큰술, 돼지고기와 비계 각 250g, 타임, 그라탱 파르스 200그램, 파테 반죽과 틀, 월계수 잎.
토끼 고기 퓌메

토끼의 뼈를 발라낸다. 근육도 제거한다. 고기를 깊은 그릇에 넣고 같은 분량의 돼지비계와 돼지고기를 넣고 또 서양 송로를 조금 추가한다. 소금, 후추, 혼합 향신료로 양념한다. 코냑과 마데이라 포도주도 두르고 몇 시간 재워둔다. 토끼의 나머지 부위 고기와 간에, 돼기고기와 비계를 다져 섞는다. 소금, 후추, 허브, 타임 가루를 추가해 체로 걸러 테린에 받아 〈그라탱 파르스〉를 추가한다.
타원형 파테 틀의 바닥과 안쪽 면에 파테 반죽을 붙인다. 비계도 붙이고,

파르스(소,) 토끼의 등심과 삼겹살을 차례로 담는다. 맨 위에 얇은 삼겹살을 덮고, 월계수 잎을 올린다. 뚜껑을 덮어 오븐에서 적당한 불로 굽는다. 식기 직전에 토끼 고기의 육수(퓌메)를 붓는다.

테린

테린(Terrine)은 밀가루로 빚은 껍질(쿠르트)이 없는 파테이다. 조금 차이가 있지만 앞에서 설명한 파테 조리법을 그대로 테린에 응용할 수 있다. 보통 질그릇이나 도기가 기본으로, 테린은 어떤 종류의 것이든 우선 그릇 안쪽에 비계를 두른다. 그리고 소를 층층이 담는다. 고기와 비계와 서양 송로 등.
가금류는 갈랑틴에서 설명한 것처럼, 꿩이나 자고새 파테를 껍질 속에 끼워넣는다. 얇은 비계와 월계수 잎을 올리고 뚜껑을 덮는다.
테린은 파테를 만드는 그릇을 가리키기도 한다.

테린 굽기

테린을 오븐에 넣는다. 둘레에 조금 따끈한 물을 붓고, 익히는 동안에도 물을 더 붓는데, 오븐의 온도는 중간에 맞춘다. 오븐에서 익히는 시간은 재료의 성질과 크기에 따라 다르다. 익히는 동안 표면에 올라오는 기름이 맑다면 적당히 익었다는 표시이다. 잘 지켜보며 판단해야 한다.

샐러드

간단한 샐러드와 복합 샐러드

간단한 샐러드는 뜨겁게 먹는 구이 요리에 싱싱한 채소를 곁들인다. 복합 샐러드는 여러 가지 채소를 섞은 것으로, 앙트레 또는 차게 먹는 구이 요리에 곁들인다.

샐러드 드레싱(시즈닝, 샐러드 양념)

1. 올리브유(A l'huile, Oil seasoning)

올리브유 3, 식초 1의 비율로 섞어 모든 샐러드에 사용한다. 소금과 후추가루를 조금 넣는다.

2. 크림(À la crème, Cream seasoning)

상추에 특히 잘 어울린다. 오렌지, 바나나, 포도 등의 과일을 곁들여도 좋다. 크림 3, 식초 1의 비율로 섞는다. 식초 대신 레몬즙을 사용하기도 한다. 소금, 후추를 넣는다.

3. 달걀 또는 마요네즈(Aux oeufs, Egg seasoning or Mayonnaise)

삶은 달걀노른자를 잘게 부수어 체로 거른다. 샐러드 그릇에 넣고 머스터드, 올리브유, 식초, 소금, 후추를 넣고 섞는다. 삶아서 단단해진 달걀흰자는 잘게 썰어서 샐러드에 넣는다. 마요네즈 소스로 대신할 수도 있다.

4. 라드(Au lard, Lard seasoning, Bacon seasoning)
댄딜라이언(dandelion), 콘샐러드, 붉은 양배추, 푸른 양배추에는 라드(비계 기름)가 잘 어울린다. 올리브유 대신 잘게 자른 비계 조각, 라르동(lardon)[1)]의 기름을 이용하는 경우이다. 비계 조각(라르동)을 프라이팬에서 볶아 녹인다. 비계 조각에서 나온 기름을, 후추와 소금으로 양념한 따뜻한 샐러드에 붓는다. 샐러드는 작은술로 식초를 몇 술 뿌려 가열한 뒤, 전체를 잘 섞어 준비한다. 먹기 직전에 접시에 담아낸다.

5. 머스터드와 크림(Moutarde à la crème, Mustard with cream seasoning)
사탕무 샐러드나 셀러리악 샐러드, 사탕무를 곁들인 푸른 샐러드에 적합하다. 머스터드 1작은술에, 크림이나 크렘 프레슈 200밀리리터, 레몬즙과 소금, 후추를 넣는다.

6. 호스래디시와 크림(Raifort à la crème)
〈머스터드와 크림〉과 같은 방법이지만, 호스래디시(서양고추냉이)로 머스터드를 대신한다. 살짝 거품을 낸 크림을 사용해도 좋다. 양파와 마늘을 날것으로 사용할 때는 아주 조금만 넣는다.

간단한 샐러드

녹색 채소 샐러드(그린 샐러드)
Salades vertes, Green salde

양상추(laitue, lettuce), 로메인 상추(romaine), 치커리(chicory), 에스카롤(escarole), 엔다이브(endive), 셀러리(celeri), 콘샐러드(mâche, corn salad), 댄딜라이언(pissenlit, dandelion), 퍼슬린(pourpier, purslane), 이탈리아 치커리(chicorée sauvage), 크레송 또는 크레스(Cresson alênois), 라푼젤 상추(rapunzel), 샐서피 잎(feuilles de Salsifis), 바르브 드 카푸신(barbe de

1) 삼겹살 조각. 프랑스에서는 염장한 것 또는 염장해서 훈연한 것, 두 가지를 폭 2센티미터의 직사각형으로 잘라 포장 판매한다.

capucin) 등을 이용한다.

비트(사탕무) 샐러드
Salade de betteraves, Beetroot salad

비트는 샐러드 보조재로 이용한다. 물에서 데치는 것 보다는 오븐에서 익히는 것이 좋다. 동그란 모양으로 얇게 썰거나 가늘게 썰어서 올리브유, 머스터드로 양념한다. 비트 3, 다진 호스래디시 가루 1의 비율로 접시에 담는다. 통후추와 월계수 잎을 넣고 끓인 적포도주를 부어 24시간 재워둔다. 오르되브르나 차게 먹는 송아지 고기에 곁들인다. 낼 때에는 라비에(ravier)[2] 접시에 담아 올리브유를 조금 넣는다.

셀러리 샐러드
Salade de céleri, Celery salald

셀러리의 섬유질을 제거하고 잘라, 몇 시간쯤 찬물에 담갔다가 양념한다.

셀러리악 샐러드
Salade de céleri-rave, Salariac Salade

셀러리악을 아주 가늘게 썬다. 가벼운 〈마요네즈 소스〉와 머스터드를 충분히 섞는다.

콜리플라워(꽃양배추) 샐러드
Salade de chou-fleur, Cauliflower salad

콜리플라워를 무르지 않을 정도로 가볍게 삶아, 작게 자른다. 올리브유와 식초를 두르고 다진 처빌을 뿌린다.

붉은 양배추 샐러드
Salade de chou rouge, Red cabbage salad

붉은 양배추는 여리고 부드러운 것을 고른다. 가운데 단단한 속심을 제거하고 딱딱한 잎도 제거한다. 잎을 가늘게 썬다. 기름과 식초를 두르고 몇 시간 재워둔다. 사탕무와 같은 소스를 사용해도 좋다.

---

2) 오르되브르를 담는 길쭉한 접시.

오이 샐러드

Salade de concombres, Cucumber salad

오이 껍질을 벗긴다. 얇게 썰어, 소금을 뿌려 조금 숨을 죽인 다음 기름과 식초, 다진 처빌을 뿌린다.

말린 콩(렌틸콩/강낭콩) 샐러드

Salades de legumes secs, haricots, lentiles, Dried vegetable salads, haricot beans and lentils

렌틸콩을 물에 삶아, 물은 버린다. 식기 전에 올리브유와 식초를 뿌린다. 다진 파슬리를 뿌리고, 곱게 다진 양파를 천에 넣고 즙을 짜내 뿌린다.

프로방살(프로방스) 생 강낭콩 샐러드

Salade de haricots verts à la Provençale, French bean salad

묽은 소금물에서 싱싱한 콩을 삶아, 찬물에 헹구고 물기를 빼 그릇에 담는다. 마늘, 소금, 후추, 올리브유와 그 3배의 식초를 섞어 콩에 붓는다. 얇게 저민 토마토와 앤초비 필레를 샐러드에 추가하기도 한다 프로방스에서는 푸른 콩, 감자, 주키니(zucchini) 호박을 모두 함께 소금물에 넣고 익혀내, 이런 샐러드를 만든다. 소금, 후추, 올리브유, 식초로 양념한다.

감자 샐러드

Salade de pommes de terre, Potato salad

감자를 소금물에 삶아, 따끈할 때 둥글고 얇게 썬다. 올리브유와 식초를 두르고, 다진 허브를 뿌린다. 양념에 육수를 조금 섞어도 된다.

파리지엔(파리) 감자 샐러드

Salade de pommes de terre à la parisienne, Parisian style potato salad

보라색 비틀로트(vitelotte) 감자를 소금물에 삶아 건져낸다. 식기 전에 둥글고 얇게 썬다. 감자 1킬로그램당 300밀리리터의 백포도주를 두른다. 먹기 전에 올리브유, 식초, 다진 파슬리, 처빌, 타라곤을 넣는다. 감자가 부숴지지 않도록 조심해서 섞는다. 감자를 다른 야채와 섞어 샐러드를 만들 때에는 미리 깍둑썰기해서 삶는데, 너무 많이 익지 않도록 조심한다.

토마토 샐러드

Salade de tomates, Tomato salad

토마토 껍질을 벗기고 얇게 썰어 오르되브르 접시에 담는다. 올리브유, 식초를 두르고, 소금을 치고, 후추를 갈아 넣는다. 다진 파슬리와 타라곤도 뿌린다. 토마토 주변에 양파를 둥글게 썰어 둘러놓는다.

복합 샐러드

앨리스 샐러드

Salade Alice, Alice Salad

☙ 붉은 사과, 레몬즙, 레드커런트, 아몬드, 호두, 양상추.

☙ 드레싱: 크림, 레몬즙, 소금.

사과의 꼭지 쪽을 둥글게, 야채용 커터나 숟가락으로 과육을 가능한 많이 파낸다. 이렇게 둥근 그릇처럼 만든 사과 안쪽에 레몬즙을 둘러 변색을 막는다. 파낸 사과의 빈 속을 채울 콩알만한 사과 볼을 만든다. 레드커런트, 아주 얇게 자른 아몬드, 호두 가루를 섞는다. 먹기 직전에 소금과 레몬즙을 뿌리고 크림으로 버무려, 이것을 파낸 사과 안에 채워 넣는다. 잘라낸 사과 꼭지 부분을 가져와 위에 덮는다. 사과를 왕관처럼 둘러놓는다. 사과 사이에 절반 또는 4분의 1로 자른 양상추 속잎을 끼워 넣는다.

아메리칸 샐러드

Salade américaine, American Salad

☙ 토마토, 파인애플, 오렌지, 바나나, 로메인 상추.

☙ 마요네즈 소스(또는 레몬즙, 소금, 설탕을 넣은 크림 소스).

토마토 껍질을 벗겨 씨를 빼고 얇게 썬다. 파인애플과 바나나도 얇게 썰고 오렌지는 쪽으로 떼낸다. 로메인 상추를 절반으로 갈라, 과일과 교대로 섞어놓는다. 〈마요네즈 소스〉를 엷게 두른다.

앙달루이즈(안달루시아) 샐러드

Salade andalouse, Tomato and sweet paprika salad

꩜ 쌀, 토마토, 단맛의 붉은 파프리카.

꩜ 올리브유에 식초, 소금, 후추, 파슬리 첨가.

쌀을 소금물에 18분간 삶아 건져둔다. 쌀과 같은 분량의, 껍질 벗겨 다진 토마토를 추가한다. 파프리카는 길게 썰어 넣는다. 올리브유에 식초, 후추, 다진 파슬리를 조금씩 넣는다. 양파와 마늘을 넣을 경우에는 곱게 다지고 으깨서 넣는다. 파프리카는 살짝 구워 껍질을 벗겨 사용한다.

봉 비뵈르(미식가) 샐러드

Salade du bon viveur, Crayfish and artichoke salad

꩜ 민물가재, 서양 송로(트뤼프), 삶은 아티초크 속심.

꩜ 드레싱: 포도주 식초, 소금, 후추, 체에 거른 삶은 달걀노른자를 넣은 올리브유.

민물가재, 얇게 썬 서양 송로에 삶은 아티초크 속심을 얇게 썰어 넣는다. 모두 같은 비율로 섞고 드레싱을 붓는다.

카르멘 샐러드

Salade Carmen, Grilled red paprika and chicken salad

꩜ 쌀, 파프리카, 닭고기, 익힌 완두콩.

꩜ 드레싱: 올리브유에 식초, 머스터드. 다진 타라곤 첨가.

쌀을 소금물로 18분간 끓여서 건져둔다. 같은 분량의 붉은 파프리카, 닭고기, 완두콩을 넣는다. 붉은 파프리카는 살짝 구워서 껍질 벗겨 가늘게 채를 썰고 닭고기는 잘게 토막 낸다. 드레싱을 끼얹는다.

테오도라 샐러드

Salade Théodora, Artichoke, mushroom anf crayfish salad

꩜ 아티초크 속심, 익힌 민물가재, 버섯, 아스파라거스, 서양 송로(트뤼프), 삶은 달걀.

꩜ 드레싱: 올리브유에 식초, 소금, 후추, 마요네즈 소스 2작은술 첨가.

익힌 아티초크 속심은 길게, 버섯은 얇게 썬다. 아스파라거스, 민물 가재를 같은 분량으로 섞고 얇게 썬 서양 송로와 삶은 달걀을 곁들인다. 드레싱을 끼얹는다.

드미되유 샐러드

Salade demi-deuil, Asparagus and truffle salad

ɷ 아스파라거스, 서양 송로(트뤼프).

ɷ 드레싱: 올리브유: 포도주 식초, 후추, 다진 파슬리, 머스터드 첨가.

아스파라거스를 얇게 썬 서양 송로들과 섞는다. 드레싱을 붓는다.

가브리엘 데스트레[3] 샐러드

Salade Gabrielle d'Estrées, Breast of chicken and asparagus salad

ɷ 닭가슴살, 서양 송로(트뤼프), 아스파라거스.

ɷ 드레싱: 묽은 마요네즈에 머스터드, 카옌 고춧가루 첨가.

익힌 닭가슴살과 서양 송로를 가늘게 썰어 아스파라거스와 섞는다. 약간의 머스터드와 소량의 붉은 고춧가루를 묽은 마요네즈에 섞어 야채에 붓는다. 익힌 오이를 취향에 따라 가늘게 채를 썰어 올려도 된다.

파보리트 샐러드

Salade favorite, Crayfish, truffle and asparagus salad

ɷ 민물가재, 피에몬테 서양 송로(트뤼프), 아스파라거스.

ɷ 올리브유, 레몬즙, 소금, 후추, 다진 셀러리, 타라곤.

재료를 같은 분량으로 섞는다. 올리브유과 레몬즙에 양념을 섞어 드레싱을 만든다. 레몬즙으로 식초를 대신했기 때문에 식초는 필요없다. 셀러리와 타라곤을 조금 다져 위에 뿌린다.

이자벨 샐러드

Salade Isabelle, Truffle celery, mushroom and artichokes salad

ɷ 서양 송로(트뤼프), 셀러리, 버섯, 삶은 감자, 아티초크.

ɷ 드레싱: 올리브유에 식초, 소금, 후추, 처빌 첨가.

같은 분량의 재료들을 얇게 썬다. 처빌만 따로 다진다. 접시에 수북이 올린다. 드레싱을 붓고 처빌을 뿌린다.

---

3) 프랑스 왕 앙리 4세의 애첩.

프랑시용 샐러드

Salade Francillon, Potato and white wine salad

ↂ 감자, 백포도주, 홍합, 서양 송로(트뤼프).

ↂ 마요네즈, 올리브유, 식초, 후추.

감자를 삶아, 식지 않았을 때 얇게 썰어 샤블리(Chablis) 백포도주를 조금 부어 재워둔다. 그 절반 분량의 삶은 홍합을 섞고 다진 송로를 조금 추가한다. 마요네즈에 올리브유를 섞어 식초와 함께 두르고, 후추를 뿌린다.

저키 클럽 샐러드

Salade Jockey Club, Aaparagus, truffle and chicken salad

ↂ 아스파라거스, 서양 송로(트뤼프), 삶은 닭가슴살.

ↂ 올리브유, 식초, 소금, 후추, 마요네즈.

아스파라거스, 서양 송로, 길게 자른 닭가슴살을 같은 비율로 섞는다. 드레싱을 두르고, 마요네즈 1~2술을 붓는다.

채소 샐러드

Salade de légumes, Vegetable salad

ↂ 당근, 순무, 감자, 프랑스 콩, 완두콩, 아스파라거스, 콜리플라워 줄기.

ↂ 올리브유와 식초, 소금, 후추, 파슬리와 처빌.

당근, 순무, 감자를 같은 분량으로 작고 둥글게 자른다. 또는 깍둑썰기한다. 프랑스 콩, 완두콩, 아스파라거스 꼭지도 같은 분량으로 똑같이 잘게 썬다. 콜리플라워 줄기도 마찬가지로 잘게 썬다. 접시에 수북이 올리고 드레싱을 붓고 다진 파슬리와 처빌을 뿌린다.

논(수녀) 샐러드

Salade de nonnes, Rice and chicken salad

ↂ 쌀, 닭고기.

ↂ 올리브유와 식초, 소금, 후추, 머스터드, 서양 송로(트뤼프) 가루.

쌀을 소금물에 18분간 끓여 건져내 물기를 빼고 그 3분의 1 분량으로 닭고기를 길게 썰어 섞는다. 드레싱에 머스터드를 조금 첨가해 붓고, 서양 송로 가루를 뿌린다.

오렌지 샐러드
Salade d'oranges, Orange salade

오렌지 샐러드는 주로 오리 구이에 곁들인다. 오렌지 몇 개의 껍질을 벗기고 반으로 잘라 안쪽의 흰 속껍질도 벗긴다. 씨를 빼고 얇게 썬다. 접시에 담고, 키르슈(kirsch, 체리 증류 술)를 1술 넣는다.

오리엔탈 샐러드
Salade orientale, Oriental salad

ↂ 토마토 200g, 녹색 파프리카 100g, 붉은 파프리카 100g, 오크라(okra) 100g, 소금물에 삶은 쌀 200g.

ↂ 올리브유에 식초, 소금, 후추, 앤초비 에센스(또는 앤초비 필레)를 조금 첨가.

껍질 벗겨 씨를 뺀 토마토를 4쪽으로 자른다. 파프리카는 불에 살짝 구워 껍질을 벗기고 길쭉하게 자른다. 오크라는 토막으로 잘라 한꺼번에 테린 그릇에 넣는다. 드레싱을 붓고 쌀은 맨 나중에 섞는다.

오테로 샐러드
Salade Otéro, Apple and prawn salad

ↂ 8인분: 껍질 벗긴 삶은 새우 400g, 가늘게 썬 서양 송로(트뤼프) 150g, 크렘 프레슈. 네모지게 잘게 썬 붉은 파프리카 50g, 호스래디시 가루 60g, 소금, 후추, 레몬즙. 사과 8개.

재료를 모두 섞어 크렘 프레슈로 버무린다. 붉은 사과 8개를 〈앨리스 샐러드〉와 같이, 둥근 통처럼 준비한다. 버무린 재료로 사과 안을 채운다.

라셸 샐러드
Salade Rachel, Truffle, potato and celery salad

서양 송로, 감자, 길게 썬 셀러리, 아스파라거스를 같은 분량으로 준비한다. 전부 함께 섞어 올리브유와 식초, 소금과 후추로 양념한다. 엷은 마요네즈를 1~2술 두른다.

러시아 샐러드
Salade Russe, Russian salad

ↂ 당근, 순무, 감자, 강낭콩, 완두콩, 서양 송로(트뤼프), 버섯, 햄, 닭가슴살, 바닷가재 살, 케이퍼, 코르니숑(오이 피클), 소시지, 앤초비.

∞ 올리브유에 식초, 소금, 후추.

모든 재료를 같은 분량으로 준비해 작은 사각형으로 썬다. 모두 그릇에 넣고 올리브유에 식초, 소금, 후추를 넣고 섞는다. 마요네즈 소스를 끼얹는다. 큰 그릇에 내면서 아스파라거스나 삶은 달걀을 얇게 썰어 올린다.

토스카 샐러드

Salade Tosca, Tosca salad

∞ 익힌 닭가슴살, 흰색 서양 송로(트뤼프), 셀러리.

∞ 올리브유, 식초, 소금과 후추, 머스터드, 앤초비 에센스, 파르메산 치즈 가루, 체에 거른 삶은 달걀노른자, 파슬리, 다진 타라곤.

닭가슴살, 서양 송로, 셀러리를 잘게 썰어 함께 섞는다. 올리브유와 식초 드레싱을 하고, 소금, 후추를 넣고, 앤초비 에센스를 조금 뿌린다. 파르메산 치즈 가루, 달걀 가루, 다진 파슬리와 타라곤을 뿌린다.

빅토리아 샐러드

Salade Victoria, Lobster, cucumber and rice salad

바닷가재살과 오이를 네모나게 썰고, 쌀은 소금물에 끓인다. 모두 같은 분량이다. 올리브유, 식초, 소금, 후추, 드레싱 200밀리리터당 1작은술의 카레 가루를 넣는다.

발도르프 샐러드

Salade Waldorf, Apple and celery salad

같은 분량의 붉은 사과와 셀러리 또는 셀러리악을 주사위 모양으로 썬다. 호두도 추가한다. 묽은 마요네즈를 두른다.

베로니크 샐러드

Salade Veronique, Fruit salad with cream

∞ 포도, 파인애플, 오렌지, 호두, 크림, 레몬과 오렌지 1개의 즙, 소금, 설탕 , 양상추.

모두 같은 분량이다. 호두의 속껍질은 벗긴다. 파인애플, 오렌지, 호두는 잘게 썬다. 크림을 두르고, 소금, 설탕, 레몬, 오렌지즙을 뿌려 섞는다. 오렌지 잎이나 양상추의 속잎으로 장식한다. 나머지 소스는 따로 낸다. 차가운 오리 요리에 잘 어울린다.

채소와 버섯 요리

데치기

데치기(Blanchissage)에는 두 가지 목적이 있다. 우선, 데치기는 시금치, 꼬투리를 껍질째 먹는 풋강낭콩, 녹색 채소류를 조리하는 방식이다. 충분한 소금을 넣고 채소를 빠르게 데치면 채소의 푸른빛을 잃지 않는다. 이 경우, 물 1리터당 소금 7그램이 적당하다. 이렇게 조리한 채소류는 즉시 먹는다. 채소를 미리 준비해야 한다면, 찬물에 담가 두지 않는다. 향미가 달아난다. 두 번째 목적은 양배추, 셀러리, 치커리 등의 타고난 쓴맛을 없애려는 것이다. 그러나 당근, 순무, 양파 등은 물로 데치지 않는다.

일부 채소는 한 번 삶아서 바로 먹는다. 풋강낭콩, 풋완두, 콜리플라워(꽃양배추), 방울양배추(브뤼셀 양배추) 등이다. 채소의 식감을 살리기 위해 차가운 물에 담가두는 방법이 있다. 그러나 채소를 30분 이상 물에 담가두면, 채소의 섬유질을 잃게 된다.

영국식 야채 익히기

끓는 소금물로 살짝 데치고, 물을 따라 버리고, 뜨거운 야채 접시에 쏟고, 버터 한 덩어리를 곁들인다.

말린 콩 익히기

건조한 콩은 물에 불리면 아주 나쁘다. 만약 콩이 그 해에 나와 질이 좋다면, 찬물에 담가 천천히 한 번 끓인다. 체로 걸러내고 나서, 냄비에 넣고 뚜껑을 덮고, 천천히 익힌다. 흰강낭콩은 거의 다 익었을 때, 소금을 친다. 만약 콩이 오래 되어 질이 떨어진다면, 2시간쯤 물에 담가둔다. 너무 오래 담가두면 발효가 시작되어, 향미도 사라진다.

야채 브레사주

Braisage des légumes, Braised vegetables

야채를 데쳐내 식힌 다음, 양파와 당근을 얇게 썰어 비계를 넉넉히 두른 냄비에 쏟는다. 뚜껑을 덮고 몇 분간 익힌다. 야채가 모두 잠길만큼 충분히 육수(퐁 블랑/화이트 스톡)를 붓는다. 뚜껑을 덮고 오븐에서 중간 불로 익힌다.

야채가 익으면 국물을 따라 버리고 건더기만 먹는다. 아티초크를 주재료로 사용할 경우 셀러리와 카르둔(cardoon, 아티초크와 셀러리의 교배종)을 곁들이고, 버터 조금과 레몬즙을 넣은 〈데미글라스 소스〉를 곁들인다.

야채의 버터 리에종(버무림)

Liaison des légumes au beurre, Leason of green vegetables with butter

데친 야채를 팬에 넣고 몇분간 팬을 불에 올려 물기를 없앤다. 야채에 알맞은 양념을 해서 버터를 넣고 버무린다.

야채의 크림 리에종(버무림)

Liaison des légumes à la crème, Leason of green vegetables with cream

야채가 익으면 국물을 따라 버리고, 간을 맞추고, 끓인 크림을 조금 추가한다. 크림이 모두 흡수되고 나면 버터를 조금 더 넣는다.

야채 크림 퓌레

Crèmes et purées de légumes, Creams and purees of vegetables

말린 야채나 구근을 으깰 경우, 익혀서 물을 따라 버리고, 체에서 눌러 거른다. 버터와 크림을 넣는다. 강낭콩, 콜리플라워, 방울양배추(브뤼셀 양배추) 등은 〈크림 감자〉를 전체의 3분의 1쯤 추가한다.

아티초크, 아스파라거스

아티초크

바리굴[1] 아티초크

Artichauts à la barigoule, Artichokes barigoule

☙ 아티초크 4개, 버터 13g, 올리브유 1큰술, 삼겹살 100g, 샬롯 2, 버섯 200g, 다진 파슬리 1큰술, 소금, 후추, 너트멕 가루, 양파, 당근, 허브(부케 가르니), 백포도주 6큰술, 갈색 육수(퐁, 브라운 스톡), 데미글라스 소스 6~7큰술.

아티초크 밑줄기를 잘라버리고 겉은 벗겨내고 속 부분을 잘라 데친다. 올리브유, 버터, 삼겹살 75그램을 냄비에 넣고 가열한다. 곱게 다진 샬롯, 버섯, 다진 파슬리, 소금, 후추, 너트멕 가루를 넣고 센 불로 몇 분간 익힌다. 이것을 아티초크와 섞는다. 나머지 삼겹살을 잘고 네모지게 잘라 위에 올린다. 이것을 다진 양파와 당근이 깔린 냄비 위에 쏟는다. 부케 가르니를 넣고 백포도주를 붓는다. 뚜껑을 덮고 포도주가 3분의 2가량으로 졸아들 때까지 익힌다. 아티초크가 반쯤 잠기도록 갈색 육수를 붓고, 뚜껑을 덮고 천천히 끓인다. 식탁에 올릴 때, 아티초크를 건져내 비계를 제거한다. 냄비 바닥의 육수가 3분 2로 졸면, 〈데미글라스 소스〉를 넣고 다시 한 번 끓인다. 몇 분간 놓아두고 나서, 표면에 뜬 기름기를 걷어내고, 다시 가열해 아티초크 위에 붓는다.

그랑뒥 아티초크 하트(속심, 고갱이)

Coeurs d'artichauts grand-duc, Artichoke hearts with asparagus

☙ 아티초크 속심 4~5개, 밀가루 1큰술, 육수(퐁 블랑/화이트 스톡), 베샤멜 소스, 아스파라거스, 서양 송로(트뤼프), 치즈 가루, 버터, 레몬즙, 소금, 글라스 드 비앙드.

아티초크의 딱딱한 겉 부분을 떼어내 버리고 나머지를 수평으로 밑둥처럼 보이는 속심(하트)만 남기고 자른다. 속심을 다듬고 레몬즙을 살짝 뿌린 다음 소금물에 삶는다. 소금물에 레몬 반쪽의 즙과 밀가루를 넣는다.

---

1) 바리굴은 원래 송이나 표고 조리법이었으나, 19세기부터 아티초크로 대신하는 방법이 프랑스 남부 프로방스 지방에서 유행하면서 널리 퍼졌다.

4분의 3쯤 조리가 되었을 때, 속심을 건져내 식힌 다음, 버터를 넉넉히 두른 냄비에 넣는다. 육수를 절반쯤 붓고 뚜껑을 덮어 익힌다. 식탁에 올릴 접시 바닥에 〈베샤멜 소스〉를 얇게 한 층 깔고, 익힌 속심을 둥글게 고리처럼 둘러놓는다.
속심을 삶았던 물을 4분의 1로 졸이고, 〈베샤멜 소스〉 150밀리리터를 추가한다. 속심을 벌려 버터로 데친 아스파라거스와 잘게 썬 서양 송로를 조금씩 넣는다. 그 위에 소스를 완전히 덮고 치즈 가루를 뿌리고, 버터를 겉에 바르고, 오븐에 넣고 구워 윤을 낸다.
속심을 둥글게 둘러놓은 접시 한복판에 버터를 조금 두른 아스파라거스를 더 올린다. 얇게 썬 서양 송로 4~5조각을 버터로 조금 데쳐 '글라스 드 비앙드'와 섞어, 속심마다 한 조각씩 올린다.

아티초크 튀김

Artichauts frits, Fried artichokes

☙ 아티초크 4개, 밀가루 75g, 소금, 후추, 달걀 3, 올리브유 3큰술, 버터, 파슬리.

아티초크를 다듬어, 작고 부드러운 흰 잎과 속심을 남긴다. 속심을 잘게 썬다. 식초를 조금 두른 찬물에 넣는다. 큰 그릇에 밀가루를 붓고 소금과 후추를 친다. 잘게 썬 속심의 물기를 빼고, 밀가루에 넣고 잘 섞는다. 달걀과 올리브유를 넣고 속심을 고루 섞는다. 약한 불로 가열한 버터에 튀기고, 버터에 튀긴 파슬리를 가르니튀르로 얹는다.

여러 가지 소스를 넣은 아티초크

Artichauts avec sauces divers, Artichokes with different sauces

아티초크를 통째로 그 높이의 3분의 2까지 자른다. 다듬어 끈으로 묶어, 묽은 소금물에 살짝 데치듯 삶는다. 건지는 즉시 찬물에 넣어 속심이 잘 떨어지도록 한다. 삶았던 물에 속심을 다시 넣고 몇 분간 더 삶아내 냅킨 위에 올려놓고 먹는다. 〈버터 소스〉, 〈올랑데즈(홀런데이즈) 소스〉, 또는 〈무슬린 소스〉와 함께 먹는다. 차게 먹는다면 새콤하고 짭짤한 〈비네그레트 소스〉를 곁들인다.

프로방살(프로방스) 아티초크

Artichauts à la provençale, Artichokes provencal

아티초크 속심을 냄비에 넣고 뜨거운 올리브유를 두른 냄비에 넣는다. 소금과 후추를 치고 뚜껑을 덮어, 오븐에서 약한 불로 천천히 익힌다. 마늘과 꼬마 양파를 입맛에 따라 곁들일 수 있다.

아티초크 완두콩 라구

Artichauts en ragout aux petits pois à la provençale, Provençal Artichoke Ragout

☙ 아티초크 6개, 올리브유, 꼬마 양파(펄 어니언), 소금과 후추, 완두콩 500g, 상추, 파슬리 4~5, 물 3큰술, 삼겹살 50g.

아티초크 속심을 올리브유를 부은 냄비에 양파와 함께 넣고 양념한다. 뚜껑을 덮고 오븐에서 중간 불로 10분간 익힌다. 완두콩, 상추, 파슬리를 추가하고 물을 끼얹고, 삼겹살을 길쭉하게 썰어 넣는다. 뚜껑을 덮고 중불에서 익힌 다음 냄비째 식탁에 올린다.

툴루젠(툴루즈) 아티초크 그라탱

Fonds d'artichauts au gratin à la toulousaine, Artichoke bottoms au gratin

☙ 아티초크 4~5개, 백포도주 6큰술, 레몬 반쪽의 즙, 육수(퐁 블랑/화이트 스톡), 베샤멜 소스 1.2리터, 푸아그라, 서양 송로(트뤼프), 치즈가루, 녹인 버터, 수탉 콩팥 12~15개, 글라스 드 비앙드, 아스파라거스.

아티초크를 〈그랑뒥 아티초크 하트〉처럼 손질한다. 속심을 버터 두른 냄비에 넣는다. 백포도주를 붓고 레몬즙을 뿌리고 바짝 졸인다. 아티초크가 절반까지 잠기도록 육수를 붓고 뚜껑을 덮어 약한 불에서 익힌다. 접시 위에 둥글게 늘어놓는다.

익힌 국물은 걸쭉하게 졸여 〈베샤멜 소스〉에 붓는다. 둘러놓은 아티초크 한가운데에 푸아그라, 작은 토막으로 썬 서양 송로를 조금 놓고 소스를 조금 덮는다. 나머지 소스는 아티초크를 덮고, 치즈 가루를 뿌리고 녹인 버터를 겉에 발라 오븐이나 그릴에서 구워 윤을 낸다.

수탉의 콩팥을 버터에 노릇하게 데치고, '글라스 드 비앙드'를 발라, 아티초크 1쪽마다 3개씩 올린다. 접시 한가운데는 버터로 살짝 볶은 아스파라거스를 담는다. 이렇게 조리한 아티초크는 여러 요리에 가르니튀르로 올리고, 특히 가벼운 앙트레에 주로 사용한다. 수탉 콩팥 대신 송아지 스위트브레드, '글라스 드 비앙드'만 조금 바른 서양 송로에 작은 버터 조각을 추가해 올리기도 한다.

이탈리엔(이탈리아) 아티초크

Fonds d'artichauts à l'italienne, Artichoke bottoms in the italian way

ᴓ 아티초크 4~5개, 백포도주 6큰술, 레몬즙, 갈색 퐁드보(빌 스톡) 1.2리터, 이탈리엔 소스 600ml, 파슬리, 버터.

아티초크를 〈그랑뒥 아티초크 하트〉처럼 준비한다. 속심을 비계를 넉넉히 두른 냄비에 넣고, 백포도주를 붓고, 레몬즙을 뿌린다. 이것을 졸여 갈색 퐁드보를 추가해 마무리한다. 아티초크를 건져 접시에 올리고, 남은 국물에 〈이탈리엔 소스〉[2)]를 붓고 다진 파슬리를 넣는다. 걸쭉하게 다시 졸인 뒤, 버터를 조금 넣고 아티초크에 끼얹는다.

크림 아티초크

Artichauts à la crèam, Creamed artichokes

ᴓ 아티초크 6개, 뜨거운 물, 밀가루 1큰술, 버터, 소금, 설탕, 레몬즙, 베샤멜 소스 1.2리터, 크림 2~3큰술.

아티초크는 〈그랑뒥 아티초크 하트〉처럼 다듬어 익힌다. 4조각으로 자르고, 각 조각을 다시 2조각으로 자른다. 소금물에 밀가루를 넣고 아티초크를 담가 10분간 끓인다. 건져내 냄비에 넣고 잠길 정도로 뜨거운 물을 붓는다. 버터 13그램, 소금, 설탕, 레몬즙을 뿌린다. 뚜껑을 덮고 약한 불로 익힌다. 다 익으면 건져내 식지 않게 보관한다.

조리했던 물을 바짝 졸이고, 크림을 넣은 〈베샤멜 소스〉를 붓는다. 한 번 끓인 뒤, 아티초크를 넣고 버터 몇 조각을 더 넣어 마무리한다.

페리구르딘(페리고르) 아티초크

Artichauts périgourdine, Creamed artichokes with truffles

---

2) 토마토 데미글라스 소스, 뒥셀(Duxelles), 잘게 썬 햄, 다진 파슬리를 넣어 만든다.

〈크림 아티초크〉에 길게 썬 서양 송로와 소금과 후추를 넣어 만든다.

〈크림 아티초크〉, 〈페리구르딘 아티초크〉로는 그라탱을 만들 수도 있다. 접시에 버터를 두르고, 조리한 아티초크를 얹고, 치즈 가루를 뿌리고, 녹인 버터를 겉에 바른다. 오븐이나 샐러맨더 그릴에서 노릇하게 굽는다.

아티초크 소테

Artichauts sautés, sauteed artichokes

아티초크 속심을 얇게 썬다. 소금, 후추를 치고 버터로 볶는다. 먹기 전에 허브를 뿌린다. 올리브유에 볶은 뒤 마늘을 조금 넣어도 된다.

아스파라거스

아스파라거스를 흐르는 물에 깨끗이 씻어 몇 개씩 다발로 묶어 끓어오르는 소금물에 푹 담가 익힌다. 아스파라거스는 은제 접시에 올린다. 소스는 〈버터 소스〉, 〈올랑데즈(홀런데이즈) 소스〉, 〈무슬린 소스〉가 적합하다. 삶은 달걀을 으깨 버터와 섞은 것도 무난하다. 차가운 아스파라거스는 올리브유, 식초, 마요네즈 또는 휘핑크림을 섞은 마요네즈를 둘러 먹는다.

밀라네즈(밀라노) 아스파라거스

Asperges à la milanaise, Asparagus in the milanese manner

아스파라거스를 물에 삶아내 물기를 뺀다. 접시에 올려 파르메산 치즈 가루를 아스파라거스 팁(tip)[3]에 뿌린다. 갈색 버터(누아제트 버터, Beurre noisette)[4]를 치즈 위에 뿌리고, 오븐에 넣어 센 불로 노릇하게 익힌다.

모르네[5] 아스파라거스

Asperges Mornay, Asparagus Mornay

☙ 아스파라거스, 베샤멜 소스, 파르메산 치즈 가루, 버터.

---

3) 아스파라거스의 뿌리 쪽은 잘라낸 일반적인 식용 부분. 이 책에 나오는 아스파라거스는 모두 일반적인 팁 부분이다.

4) '가르니튀르'에서 혼합 버터 참고.

5) 필리프 드 모르네(1549~1623년). 프랑스 정치인. 모르네 소스와 샤쇠르 소스를 만들었다. 모르네 소스는 베샤멜 소스에 파르메산 치즈 가루와 버터를 넣어 만든다.

아스파라거스를 물에 삶아, 물기를 뺀다. 접시에 올리고 아스파라거스에 〈베샤멜 소스〉를 끼얹는다. 버터를 겉에 바르고, 치즈 가루를 뿌려 오븐에서 열을 가해 윤을 낸다.

폴로네즈(폴란드) 아스파라거스

Asperges poloniase, Asparagus in the polish manner

ଔ 아스파라거스, 삶은 달걀노른자, 파슬리, 고운 빵가루, 버터, 누아제트 버터(갈색 버터).

아스파라거스를 삶아내 물기를 뺀다. 접시 위에 올리고 달걀 노른자 으깬 것을 다진 파슬리와 섞어 아스파라거스 팁에 두른다. 갓 구운 빵가루를 뿌리고 녹인 갈색 버터(누아제트 버터)를 더 두른다.

버터 두른 아스파라거스 팁

Points d'asperges au beurre, Asparagus tips in butter

아스파라거스 팁은 가르니튀르로 사용하지만 야채로 먹기도 한다.

아스파라거스 꼭지들을 5센티미터 길이로 잘라 다발로 묶는다. 나머지 부드러운 줄기들은 작게 토막 낸다. 잘 씻어 끓는 소금물에서 잠깐 푸른 빛이 그대로 남을 정도로 삶는다. 건져내 물기를 빼고, 몇 초 동안 볶아 물기를 완전히 제거한다. 버터를 조금 넣어 접시에 올린다.

크림 아스파라거스 팁

Points d'asperges à la crème, Asparagus tips with cream

앞의 방법처럼 아스파라거스를 준비해 크렘 프레슈를 끓여 붓는다.

아스파라거스 타르틀레트

Tartelettes de pointes d'asperges petit-duc, Tartlets of asparagas tips

ଔ 아스파라거스 팁, 버터 또는 크림, 타르틀레트, 베샤멜 소스, 치즈 가루, 서양 송로(트뤼프), 글라스 드 비앙드.

끓는 소금물에 아스파라거스를 삶아내 물기를 뺀다. 버터나 크림을 조금 두른다. 타르틀레트 크루트(작은 파이 크러스트)에 넣고 〈베샤멜 소스〉로 가볍게 덮는다. 치즈 가루를 뿌리고, 버터를 겉에 바르고, 오븐에 넣어 굽는다. 작은 파이(타르틀레트)들을 접시에 올린다. 얇게 썬 서양 송로 조각을 '글라스 드 비앙드'와 버터에 지져, 각각의 파이 위에 올린다.

가지, 당근, 셀러리, 카르둔

보르들레즈(보르도) 가지

Aubergines à la bordelaise, Aubergines sauteed with shallots anf parseley

ᘓ 가지, 소금, 후추, 밀가루, 올리브유, 샬롯, 마늘, 빵가루, 파슬리.

가지 껍질을 벗기고 길쭉하게 자른다. 소금, 후추를 뿌리고 밀가루를 입혀 뜨거운 올리브유로 노릇하게 볶는다. 다진 샬롯과 마늘, 빵가루를 몇 술 넣는다. 전체를 몇 분간 익힌 뒤 다진 파슬리를 뿌린다.

에집시엔(이집트) 가지

Aubergines à l'égyptienne, Aubergines egyptian style

ᘓ 4인분: 가지 6개, 다진 양파 2큰술, 소금, 후추, 파슬리, 빵가루 3큰술, 토마토 소스 3큰술, 마늘 가루, 올리브유, 토마토 3~4개.

가지 4개를 길게 반으로 자른다. 꼭지를 자르고 가운데를 벌린다. 올리브유에 지진 다음, 속살을 남기고 껍질만 버터를 두른 내열 접시에 올린다. 가지 2개의 껍질을 벗기고 길게 잘라 올리브유에 볶아서 다진 다음, 앞의 가지 4개의 걸쭉한 속살과 섞는다. 올리브유를 조금 가열해, 양파를 데치고, 가지 살을 넣어 간을 맞추고, 파슬리, 빵 조각 2큰술, 〈토마토 소스〉, 마늘 가루를 조금 넣는다. 이것을 잘 섞어 가지 껍질에 담는다. 빵가루를 뿌리고, 기름칠을 하고, 오븐의 중불에서 20분간 익힌다.
토마토를 얇게 잘라 몇 분간 기름에서 볶는다. 간을 맞추어 2~3쪽을 각각의 가지 위에 얹는다. 먹기 전에 다진 파슬리를 뿌린다.

가지 그라탱

Aubergines au gratin

〈에집시엔 가지〉처럼 가지를 준비한다. 속살만 다진다. 버터와 올리브유를 가열하고, 샬롯과 버섯을 다져 넣고 몇 분 볶는다. 가지 속살을 넣고, 빵가루 3술, 〈토마토 소스〉, 소금, 후추, 다진 파슬리를 조금 넣는다. 전체를 잘 섞어 벗겨둔 껍질로 채운다. 빵가루를 더 뿌리고, 겉에 올리브유를 바르고 오븐에 넣어 노릇하게 익힌다. 먹기 직전에 다진 파슬리를 뿌린다.

가지 튀김
Aubergines frites, Fried aubergines

가지를 얇고 둥글게 썬다. 소금을 뿌리고, 〈아티초크 튀김〉처럼 튀김용 밀가루옷을 입혀 뜨거운 올리브유에서 튀긴다. 튀긴 즉시 먹는다. 가지는 바삭할 때 먹어야 좋다.

나폴리텐(나폴리) 가지
Aubergines à la napolitaine, Aubergines in the napolitan manner

가지 껍질을 벗기고, 6개의 토막으로 둥글게 자른다. 소금을 뿌리고, 밀가루를 입혀 올리브유에서 튀긴다. 냄비 바닥에 치즈 가루를 뿌리고 〈토마토 소스〉를 조금 두른다. 튀긴 가지 절반을 넣고 그 위에 치즈를 다시 뿌리는 방식으로 두 번 반복한다. 먹기 전에 몇 분간 뜨겁게 놓아둔다. 그래야 치즈가 소스에 잘 녹아든다.

프로방살(프로방스) 가지 파르시
Aubergines farcies à la provençale, Stuffed aubergines provencal style

〈에집시엔 가시〉처럼 가지를 튀긴다. 건져내 속살만 다져 〈오리엔탈 가지〉처럼 준비한 소와 함께 섞고, 앤초비 에센스 1작은술을 넣는다. 가지 소를 채우고, 올리브유를 겉에 바르고, 마른 빵가루와 치즈 가루를 뿌린다. 오븐에 넣는다. 먹기 직전에 다진 파슬리를 얹는다.

다른 방법

가지 껍질을 벗기고, 둥글게 반을 잘라 소금물에 넣어 끓인다. 천 위에 건져올려 말린 뒤, 살을 파내 1센티미터 두께만 남긴다. 가지 절반을 올리브유 두른 냄비에 넣고, 앞에서와 같이 조리한 뒤, 물에 적신 빵을 얇게 한 층 덮어 잘 눌러가며 물기를 뺀다. 올리브유를 조금 붓고 오븐에 넣어 중불에서 30~35분간 익힌다.

프로방살(프로방스)과 니수아즈(니스) 가정식 가지
Aubergines à la ménagère provençale et niçoise, Aubergines with tomatoes

☙ 가지 4개, 소금, 올리브유, 마늘 1쪽, 토마토 6개, 후추, 파슬리, 치즈 가루.

가지 껍질을 벗기고, 아주 크고 길게 잘라 소금을 조금 뿌린다. 가지를 살짝 덮을 정도의 올리브유를 부어 익힌다. 가지를 건져내 한쪽에 놓아둔다. 마늘을 다져, 가지를 익힌 올리브유에 뿌린다. 토마토는 껍질을 벗기고 씨를 빼서 다져 넣는다. 후추, 다진 파슬리를 조금 넣고 15~20분간 끓인다. 토마토를 냄비에 쏟아붓고, 가지를 그 위에 얹고 치즈 가루를 뿌린다. 오븐에 넣고 중불로 7~8분간 익혀, 바로 꺼내 먹는다.

당근 가르니튀르

Carottes glacées pour garniture, Glazed carrots for garnishes

당근 껍질을 벗긴다. 통째로 사용하거나, 크기에 따라 2~4쪽으로 자른다. 오래 묵은 당근이라면 소금물에서 10분간 데쳐, 물기를 잘 뺀다. 당근을 냄비에 넣고 물은 당근이 잠길 정도만 붓는다. 여기에 소금, 설탕 25그램, 물 500밀리리터당 버터 50그램을 넣는다. 국물이 걸쭉하게 졸아들 때까지 약한 불에서 삶은 다음 꺼내, 몇 분간 더 볶아주면 윤이 난다.

크림 당근

Carottes à la crème, Creamed carrots

앞의 조리법과 같은 방식으로 당근을 준비한다. 육수가 졸아 걸쭉해질 때, 그 위에 끓인 크림을 붓는다. 몇 분간 끓여 접시에 담아낸다.

비시 당근

Carottes à la Vichy, Carrots Vichy

당근을 얇게 썰어 10~12분 데쳐 건져낸다. 냄비에 물을 당근들이 잠길 정도로 붓는다. 버터 50~75그램, 소금 1줌, 설탕 25그램을 넣는다. 물 2.5컵 분량일 때의 비율이다. 앞의 당근 조리법을 따르고, 다진 파슬리를 먹기 전에 뿌린다.

당근 그라탱

Carottes au riz gratinées, Carrots with rice

익힌 당근과, 그 3분의 2 분량의 쌀을 15분간 끓여서 만든 쌀밥을 섞는다. 치즈 가루를 추가해 얕은 냄비에 쏟는다. 빵가루와 치즈를 섞어 뿌리고, 버터를 조금 추가하고, 오븐에 넣어 중불에서 12분간 굽는다.

셀러리와 셀러리악(뿌리 셀러리)

브레제용 셀러리는 희고 부드러워야 한다. 7센티미터 길이로 자른다. 줄기를 제거하고 뿌리를 다듬는다. 12~15분간 데쳐 식힌다. 굵게 자른 당근과 양파를 냄비 바닥에 깔고 육수를 붓는다. 익으면, 셀러리 각 부분을 절반으로 잘라 야채 접시에 올린다.

셀러리 퓌레

Purée de céleri, Celery puree

셀러리를 가늘게 잘라, 묽은 소금물에서 삶는다. 건져내 물기를 완전히 뺀다. 체로 문질러 거른다. 이렇게 거른 고운 반죽을 소스 냄비에 넣고 그 양의 3분의 1가량의 으깬 감자를 넣는다. 식탁에 올리기 전에 버터 몇 조각을 추가한다. 야채 접시에 담아낸다.

이탈리엔(이탈리아) 셀러리악

Céleri à l'italienne, céleriac with italian sauce

셀러리악의 껍질을 벗겨 손질하고 2~4쪽으로 자른다. 자른 셀러리들을 다시 1.3센티미터 두께로 얇게 썰어, 옅은 소금물로 살짝 데쳐낸다. 버터를 적당히 두른 냄비에 넣어 볶고, 뚜껑을 덮어둔다. 그다음에 〈이탈리엔 소스〉를 넉넉히 얹는다. 몇 분간 끓인 뒤, 다진 파슬리를 뿌린다.

그레이비 셀러리악

Céleri rave au jus, céleriac with gravy

〈이탈리엔 셀러리〉처럼 준비해 버터에 볶아, 조금 걸쭉한 퐁드보(빌 스톡) 또는 〈데미글라스 소스〉를 넣는다. 마지막에 버터 몇 쪽을 추가할 수 있다. 야채 접시에 올린다.

니수아즈(니스) 셀러리악

Céleri rave à la niçoise, céleriac nicoise

〈이탈리엔 셀러리〉처럼 준비해 버터에 볶는다. 냄비 바닥에 진한 〈토마토 소스〉를 깔고 그 위에 올린다. 치즈 가루를 뿌리고 버터를 조금더 추가한다. 오븐에 넣고 중불에서 5~6분간 익힌다.

카르둔

카르둔(cardon) 줄기를 다듬어, 7~8센티미터 길이로 자른다. 껍질을 벗겨, 즉시 찬물에 담근다. 찬물에 레몬즙을 타놓아야 시커멓게 변색되지 않는다. 카르둔의 속심도 같은 식으로 준비한다. 섬유질 부분을 제거하고, 레몬즙을 탄 물로 삶는다. 밀가루 몇 술을 풀어 넣는다. 300그램 가량의 소고기 지방을 다져 넣는 방법으로도 카르둔의 변색을 막을 수 있다.

밀라네즈(밀라노) 카르둔
Cardons à la milanaise, Milanese style cardoons
〈밀라네즈 아스파라거스〉와 같은 방법이다.

파르메산 카르둔
Cardons au parmesan, Cardoons with parmesan cheese
카르둔을 삶아, 물기를 완전히 뺀다. 냄비에 가지런히 넣고 〈토마토 데미글라스 소스〉를 조금 두르고, 카르둔을 넣으며 쌓인 층마다 치즈 가루를 뿌린다. 소스를 조금 더 추가하고, 치즈 가루를 뿌려, 오븐에서 잠깐 구워 윤을 낸다. 〈보르도 소스〉, 〈베샤멜 소스〉, 〈이탈리엔 소스〉 등도 적합하다. 버터로 볶아 치즈 가루를 뿌리는 모르네식(à la Mornay)으로 해도 좋다. 〈데미글라스 소스〉를 이용한다면 마지막에 버터를 조금 추가한다.

치커리, 엔다이브

치커리(Chicorée)는 세 종류가 있다. 치커리[6], 엔다이브(벨기에 엔다이브)[7], 샐러드로 먹는 에스카롤[8]이다.

크림 치커리
Chicorée à la crème, creamed chicory
치커리(chicorées frisées) 6개를 씻어 열은 소금물에 15분간 삶아내, 물기

6) 나라별로 다른 이름이다. 프랑스 Chicorée frisée, 미국 Chicory, 영국 Curly endive.
7) 프랑스 Endive, Chicorée de Belgique, 미국 Belgian endive, 영국 Endive.
8) 프랑스 Chicorée scarole, Scarole, 미국 Escarole, Chicory, 영국 Escarole,

를 완전히 빼고 다진다. 팬에 버터 100그램을 넣고 가열하고 치커리를 넣고, 소금, 후추, 너트멕으로 양념한다. 센 불에서 수분이 다 날아갈 때까지 잘 저어준다. 끓인 크렘 프레슈를 붓고 다시 한 번 끓어오를 때까지 기다린다. 〈베샤멜 소스〉 3~4술을 뿌리고, 버터 몇 쪽을 올린다.

다른 방법
치커리를 묽은 소금물에서 10분간 끓인다. 건져내 수분을 제거하고 다진다. 소금, 후추, 너트멕을 넣고, 육수 100밀리리터를 추가한다. 냄비 바닥에 얇게 썬 비계를 놓는다. 치커리를 넣고 비계를 또 얹는다. 뚜껑을 덮고 오븐에서 45~50분간 천천히 약한 불로 익힌다. 오븐에서 꺼내, 비계를 걷어낸다. 치커리 6개당 크렘 프레슈 100밀리리터와, 〈베샤멜 소스〉 150밀리리터를 넣는다. 다시 가열해 버터 몇 조각을 올린다.

치커리 크림 빵
Pain de chicorée à la crème, creamed chicory loaf
조리한 치커리에 크림, 〈베샤멜 소스〉, 달걀 5~6개를 추가한다. 이것을 버터 칠한 샤를로트 틀에 넣어 중탕한다. 다 익으면, 틀에서 꺼내기 전에 '글라스 드 비앙드' 2~3술을 추가한 〈크림 소스〉를 씌운다.

치커리 퓌레
Purée de chicorée, chicory puree
〈크림 치커리〉의 방법을 따른다. 치커리를 체로 걸러낸 다음, 치커리 3분의 1분량의, 크림을 두른 감자를 추가한다. 다시 한 번 데운다.

치커리 수플레
Soufflé de chicorée, Chicory souffle
〈베샤멜 소스〉를 넣고 익힌 치커리 250그램을 체로 거른다. 달걀 노른자 3알, 치즈 가루 3큰술을 넣는다. 휘저어 거품을 낸 3개의 달걀흰자를 추가하고 버터 두른 수플레 접시에 올린다. 치즈 가루를 뿌려 오븐에서 중불로 굽는다.

벨기에 엔다이브

Endives belge, Endive

벨기에 엔다이브를 물과 함께 냄비에 넣고 버터, 소금, 레몬즙을 뿌린다. 뚜껑을 덮고 센 불로 끓여, 30~35분간 더 끓도록 놓아둔다.

크림 엔다이브

Endives à la crème, creamed endive

익힌 엔다이브를 뜨거운 야채 접시에 올리고, 곧바로 〈베샤멜 소스〉를 덮는다. 소스에는 크림과 버터를 조금 더 넣는다.

그레이비 엔다이브

Endives au jus, Endive with gravy

엔다이브를 익혀 물기를 짜내고, 냄비에 넣는다. 육수(그레이비, 빌 스톡)를 붓고 약한 불에서 8~10분간 천천히 끓인다.

버터 엔다이브

Endive à la meuniere

익힌 엔다이브에 밀가루를 입혀 버터로 노릇하게 튀긴다.

다른 방법

삶아 물기를 뺀 엔다이브를 버터를 넉넉히 두른 냄비에 넣는다. 소금을 조금 뿌리고 뚜껑을 덮어, 중불로 익힌다. 버터가 노릇해지기 시작하면, 엔다이브의 겉잎들도 조금 노릇한 빛을 띨 정도로 익힌다.

모르네 엔다이브

Endive Mornay, Endive Mornay

엔다이브를 삶아 물기를 빼고, 밀가루를 입혀 버터로 노릇하게 지진다. 접시 바닥에 〈모르네 소스〉를 조금 두르고, 엔다이브를 올려 다시 소스를 두른다. 버터를 겉에 바르고, 그릴이나 오븐에서 구워 윤기를 낸다.

나폴리텐(나폴리) 엔다이브

Endive napolitaine, Endive with cheese and tomato sauce

엔다이브를 익혀 물기를 빼고, 내열 접시에 담는다. 치즈를 뿌리고 〈토마토 소스〉를 얹고, 그 위에 치즈를 더 뿌린다. 버터를 겉에 바르고 오븐에 넣어 중불에서 5~6분간 익힌다.

양배추, 슈크루트, 자우어크라우트

양배추는 일곱 종류가 있다.

1. 흰 양배추는 슈크루트를 만든다.
2. 붉은 양배추는 야채와 함께 내며 오르되브르용이다.
3. 사부아 양배추(choux pommés), 또는 속이 흰 양배추는 브레제를 만들거나, 삶는다.
4. 봄양배추 또는 스코틀랜드 케일(Scotch kale)은 보통 삶아서만 조리한다.
5. 콜리플라워(꽃양배추)와 브로콜리는 보통 꽃을 익혀 먹지만, 잎과 줄기는(만약 부드럽기만 하다면) 역시 삶아 먹기도 한다.
6. 브뤼셀 양배추 또는 방울양배추.
7. '콜라비(Kohlrabi)'로 통하는 순무 양배추(chou-navet)와 스웨덴 순무는 뿌리를 먹는데 순무처럼 조리하고, 부드러운 어린 잎은 삶기도 한다.

슈크루트
Choucroute, White cabbage with wine

큰 냄비에 양배추를 넣는다. 소금과 후추로 양념을 한다. 3킬로그램의 양배추에, 700~800그램의 줄무늬 삼겹살[9], 얇게 자른 장봉(햄), 가능하다면 훈제 거위 다리, 정향을 박은 양파 2개, 부케 가르니, 작은 무명 주머니에 넣은 노간주나무 열매(주니퍼베리) 60그램을 추가한다.

알자스 백포도주 1병을 붓고, 양배추가 잠길 만큼 충분히 육수(맑은 부이용)를 붓는다. 뚜껑을 덮고 2시간 30분~3시간 삶는다. 1시간 뒤, 삼겹살을 건져내 옆에 놓아둔다. 식탁에 올려 먹기 전에, 허브, 양파, 노간주나무 열매를 건져내 버린다. 양배추를 건져 접시에 올린다. 이때 건져낸 삼겹살

9) 비계와 살코기가 줄줄이 섞여 있는 삼겹살(Lard de poitrine, Streaky bacon).

을 곁에 둘러놓고, 얇게 썬 장봉, 데친 스트라스부르(Strasbourg) 소시지와 거위 다리를 곁들인다.

자우어크라우트(독일식 양배추 절임)
Sauerkraut, Pickled fermented white cabbage

단단하고 흰 양배추를 사용한다. 겉잎은 떼어내 버리고 양배추를 반쪽으로 자른다. 속심, 즉 가운데 줄기를 잘라내 버리고, 잘 씻은 다음 물기를 완전히 뺀다. 거친 강판을 이용해 채를 썬다. 채를 썬 양배추를 커다란 질그릇 냄비나 나무통에 켜켜이 쌓아올리면서 소금을 뿌린다. 다 채우고 나서 뚜껑을 덮고 무거운 것으로 눌러둔다. 이렇게 6주 동안 재워놓고, 발효를 시키면, 자우어크라우트가 된다.

플라망드(플랑드르) 붉은 양배추
Chou rouge à la flamande, Red cabbage in the flemish way

양배추를 4토막으로 자른다. 겉잎과 억센 줄기를 떼고, 나머지는 길고 가늘게 썬다. 이렇게 썬 양배추에 소금, 후추, 너트멕을 넣고, 식초를 두르고, 버터 두른 냄비에 담는다. 백포도주를 붓고 뚜껑을 덮어, 오븐에서 약한 불로 천천히 익힌다. 양배추가 4분의 3쯤 익었을 때, 4~8쪽으로 자른 사과들을 넣고, 슈거파우더(가루설탕) 또는 갈색 설탕 1큰술을 추가한다. 천천히 오래 익히는데, 식초와 백포도주 외에 다른 것은 넣지 않는다. 리모주 지방에서는 날밤을 으깨 양배추와 함께 넣는다.

붉은 양배추 절임(오르되브르용)
Chou rouge marine pour hors d'oeuvre, Marinated red cabbage for hors-d'oevre

양배추를 4토막으로 자른다. 넓은 그릇에 넣고 정제 소금[10]을 뿌리고 5~6시간 재워둔다. 그동안 자주 뒤적여 준다. 물을 따라내고 냄비에 넣고, 마늘, 월계수 잎, 통후추를 넣는다. 식초와 적포도주를 붓고 끓인 뒤, 식혀서 24시간 재워둔다. 이 양배추 식초 절임은 삶은 소고기에 잘 어울린다.

10) 천일염을 물에 풀어서 잡물을 거르고, 고아서 깨끗하게 만든 소금.

앙글레즈(영국) 양배추
Chou à l'anglaise, Boiles cabbage

양배추를 4쪽으로 잘라, 줄기와 겉잎을 잘라내고, 물을 넉넉히 넣은 소금물에 삶는다. 건져내 물기를 가능한 완전히 뺀다. 네모 또는 마름모꼴로 썬다. 이렇게 삶은 양배추는 주로, 구운 소고기, 양고기 등에 곁들인다.

양배추 브레제
Chou braise, braised cabbage

ↄ 양배추 1통, 돼지비계, 소금, 후추, 너트멕, 당근 1, 정향 박은 양파 1, 부케 가르니, 육수.

양배추를 4쪽으로 잘라, 줄기와 겉잎은 떼어낸다. 끓는 물에 데쳐 물기를 뺀다. 냄비에 비계를 얇게 깐다. 양배추를 넣고, 소금, 후추, 너트멕으로 양념하고, 4쪽으로 자른 당근, 또 정향 1개를 박은 양파와 부케 가르니를 넣는다. 육수를, 재료가 잠길 정도로만 붓는다. 그 위에 다시 감싸기용 얇은 비계를 다시 얹고 뚜껑을 덮어 오븐에 넣어 약한 불에서 1시간 30분~2시간 익힌다. 양배추 브레제는 가르니튀르로 이용한다.

양배추 파르시
Chou farci, Stuffed cabbage

ↄ 양배추 1통, 소금과 후추, 마늘 1, 삼겹살 200g, 다진 파슬리 1큰술, 쌀 150g, 달걀 2, 치즈 가루 3큰술, 양고기 포토푀.

프로방스 방식이다. 양배추의 큰 잎 4개를 데쳐, 물기를 빼고 천 위에 올려 놓는다. 나머지 속잎을 데쳐, 물기를 빼고 곱게 썰어 소금, 후추, 다진 마늘, 곱게 다진 양파, 잘게 자른 삼겹살, 파슬리, 쌀, 달걀과 치즈를 섞어 양배추잎 위에 붓는다. 천을 들어올려 안쪽으로 오므려서 양배추 모양이 되도록 한다. 잘 묶어 양고기 포토푀에 넣고 고기와 함께 익힌다. 익으면, 천은 빼고 접시에 올린다. 별도로 삶은 소시지를 조금 곁들일 수 있다.

가르니튀르용 양배추 파르시
Chou farci pour garniture, Stffed cabbage as a garnish

ↄ 양배추 1통, 양파 1, 버터 또는 라드, 소시지 고기(양념 다짐육) 각 200g, 소금과 후추, 필래프, 당근 1, 양파 1, 길쭉한 삼겹살.

양배추 거친 잎은 떼어내고 소금물에 담가 삶는다. 속잎 12장을 떼어놓는다. 양배추를 잘게 썰어 다진다. 당근과 양파를 다져 버터에서 살짝 노릇하게 볶는다. 작게 토막 낸 돼지비계와 〈소시지 고기〉를 섞는다. 몇 분간 익혀서, 다진 양배추를 넣고 8~10분 동안, 가끔씩 저어주며 볶는다. 소금, 후추를 넣고, 필래프 쌀밥을 넣는다(양배추와 같은 분량). 전체를 한꺼번에 잘 섞는다. 이렇게 만든 파르스를 삶아둔 속잎에 2~3술씩 넣고, 잎을 둥글게 공처럼 감싼다. 버터 두른 냄비 바닥에 곱게 다진 당근과 양파를 깐다. 소를 넣은 작은 공 모양의 양배추들을 넣고 삼겹살로 덮고 육수를 넉넉히 축인다. 뚜껑을 덮고 오븐에 넣어 중간 불로 30분 익힌다.

작은 레스토랑 양배추

Chou à la facon des petits restaurants, Cabbage as cooked in small restarant

☙ 양배추 1kg, 버터 25g, 삼겹살 200g, 다진 양파 2큰술, 소금과 후추.

양배추를 끓는 소금물에 삶아내 물기를 충분히 빼고 가늘게 썬다. 냄비에 버터를 넣고 가열해, 삼겹살과 잘게 다진 양파를 넣는다. 양파가 노릇해질 때 다진 양배추를 넣는다. 소금, 후추를 넣고 15~20간 익히며 때때로 저어준다. 봄양배추, 콜리플라워, 브로콜리, 콜라비, 순무 등은 삶거나, 방울양배추(브뤼셀 양배추), 콜리플라워(꽃양배추), 브로콜리처럼 버터로 볶는다. 브로콜리는 올리브유을 둘러 샐러드로 먹으면 좋다.

콜리플라워, 방울 양배추

앙글레즈(영국) 콜리플라워

Chou fleur à l'anglaise, Cauliflower in the english way

영국인들은 부드러운 푸른 꽃잎을 제거하지 않고, 콜리플라워를 통째로 삶곤 한다. 물론, 소금물에 잠시 담가 해충을 없애야 한다. 이런 방법보다는 콜리플라워를 작은 꽃송이들로 갈라 부드러운 잎과 함께 조리하는 편이 더 좋다. 꽃송이들을 소금물에 넣고 7~8분간 끓인다. 끓인 물을 따라내고 맑은 물을 채운다. 소금 조금과 버터 13그램을 넣고 더 삶는다. 버터, 〈올랑데즈 소스〉, 또는 〈크림 소스〉와 함께 먹는다. 마지막에 삶았던 국물을 야채 수프의 재료로 이용해도 된다.

콜리플라워 튀김
Fritots de chou fleur, Cauliflower fritters

☙ 콜리플라워, 소금, 후추, 파슬리, 올리브유, 레몬즙, 튀김용 반죽(밀가루, 올리브유, 소금, 달걀흰자를 섞어 만든다), 튀긴 파슬리, 토마토소스.

콜리플라워를 삶아 물기를 완전히 뺀다. 소금, 후추를 넣고. 다진 파슬리를 뿌리고, 올리브유와 레몬즙에 20분간 재워둔다. 〈튀김용 반죽〉을 입혀서 튀긴다. 튀긴 파슬리, 토마토 소스를 곁들여 먹는다.

콜리플라워 그라탱
Chou fleur au gratin, Cauliflower au gratin

☙ 콜리플라워, 버터, 소금, 후추, 베샤멜 소스, 치즈 가루, 빵가루.

콜리플라워를 삶아 물기를 완전히 뺀다. 몇 분간 버터로 볶는다. 이때 물기가 증발되도록 한다. 소금, 후추를 넣고, 내열 도기 바닥에 〈베샤멜 소스〉를 한 겹 입힌다. 콜리플라워 송이들을 둥글게 쌓아올린다. 소스를 덮고, 치즈 가루와 고운 빵가루를 섞어 뿌린다. 버터를 겉에 바르고, 오븐에서 노릇하게 만든다.

밀라네즈(밀라노) 콜리플라워
Chou fleur milanaise, Cauliflower milanese

삶아 물기를 뺀 콜리플라워를 버터로 볶는다. 버터 두른 내열 접시 바닥에 치즈 가루를 뿌린다. 여기에 콜리플라워를 올리고 치즈를 조금 더 뿌린다. 먹기 직전에, '누아제트 버터(갈색 버터)'를 조금 뿌린다.

폴로네즈(폴란드) 콜리플라워
Chou fleur polonaise, Polish style cauliflower

☙ 콜리플라워, 버터 100g, 삶은 달걀노른자 2~3, 파슬리, 빵가루 2큰술.

콜리플라워를 삶아, 물기를 뺀 뒤 버터에 몇 분 볶는다. 접시에 담고 달걀노른자를 체로 곱게 걸러, 다진 파슬리를 섞어 뿌린다. 버터가 노릇해지도록 가열한 다음, 빵가루를 넣고 노릇해지면 전체를 콜리플라워에 붓는다.

콜리플라워 퓌레
Purée de chou fleur, Cauliflower puree

콜리플라워를 삶아 익힌다. 물기를 빼고 몇 분간 버터로 볶는다. 체로 곱게 걸러 냄비에 받고 그 총량의 4분의 1에 해당하는 크림을 두른 감자 퓌레를 섞는다. 먹기 전에 한 번 더 따끈하게 데운다.

앙글레즈(영국) 방울양배추
Choux de bruxelles à l'anglaise, English style brussels sprouts

☙ 방울양배추(브뤼셀 양배추) 500g, 소금, 빻은 후추, 녹인 버터 75g.

방울양배추를 소금물에 넣고 삶는다. 물기를 빼고 접시에 올린다. 소금과 후추를 넣고 녹인 버터를 끼얹는다.

버터 방울양배추
Choux de Bruxelles au beurre, Brussels sprouts with butter

☙ 방울양배추(브뤼셀 양배추) 약 450g, 버터 125g, 소금과 후추.

방울양배추를 삶아 물기를 빼고, 냄비에 넣고 버터, 소금과 후추를 넣는다. 방울양배추에 버터가 잘 배어들 때까지 몇 분 볶는다.

방울양배추 소테
Choux de Bruxelles suatés, Brussels sprouts saute

방울양배추를 소금물로 삶아내 물기를 빼고, 녹인 버터를 넣은 냄비에 넣는다. 살짝 노릇해지도록 볶고, 야채 접시에 덜고 다진 파슬리를 뿌린다. 방울양배추는 〈콜리플라워 그라탱〉, 또는 〈밀라네즈 콜리플라워〉, 〈폴로네즈 콜리플라워〉와 같은 방법으로 조리해도 된다.

플랑드르 방울양배추 퓌레
Purée de choux de Bruxelles à la flammande, Brussels sprouts puree with creamed potatoes

방울양배추를 소금물에 삶아내 물기를 빼고 버터에 5~6분간 세게 볶는다. 체로 걸러, 그 3분의 1 분량의 크림을 섞은 감자 퓌레와 섞는다. 다시 가열하고, 먹기 직전에 버터 몇 조각을 더 넣는다.

갯배추(시 케일)

Chou marin, Sea kale,

갯배추는 영국에서 인기가 높다. 4~6줄기를 다발로 묶어 소금물에 삶는다. 갯배추는 아스파라거스처럼, 식용 겸 장식용으로 곁들인다. 아스파라거스에 적합한 소스라면 어느 것이라도 갯배추에 잘 어울린다.

봄(5월)의 양배추

Chou de mai, Spring cabbage

봄 양배추는 벨기에 사람들이 특히 좋아한다. 양배추 조리법을 따른다. 모든 양배추류는 가능한 따끈하게 먹어야 좋다.

오이, 주키니 호박, 시금치, 상추

크림 오이

Concombres à la crème, Creamed cucumbers

ଔ 오이, 버터, 크림, 베샤멜 소스.

오이 껍질을 벗기고 타원형 또는 길쭉하고 얇게 썬다. 몇 분 데쳐 물기를 제거한다. 버터에 넣고 지져, 습기를 모두 증발시킨다. 끓인 크림을 조금 넣고, 2분간 더 끓이고, 〈베샤멜 소스〉를 추가한다. 달콤한 붉은 파프리카 가루 또는 약한 맛의 카레 가루를 소스에 넣어도 된다.

오이 파르시

Concombres farcis, Stuffed cucumbers

오이 껍질을 벗기고 2.5~3센티미터로 토막 내어, 씨를 빼고 데쳐 물기를 뺀다. 버터를 넉넉히 두른 냄비에 오이 토막들을 가지런히 담고, 소금, 후추를 뿌려, 부드러워지도록 익힌다. 불에서 꺼내, 오이 토막 속에 닭고기 소를 넣는다. 냄비뚜껑을 덮고 오븐에 넣어, 아주 약한 불로 15분간 익힌다. 이렇게 만든 오이 파르시(소박이)는 닭, 양, 송아지 고기 브레제 등에 가르니튀르로 곁들인다. 특히 세련된 앙트레로 따로 낼 경우 다음과 같이 조리한다.

위와 같이 오이 파르시를 만들어 '글라스 드 비앙드'를 조금 추가한다. 이것을 접시에 둥글게 둘러놓고, 그 위에 가늘고 길게 썬 송아지 스위트브레드나 닭가슴살을 얹고 서양 송로 한 쪽씩을 더 얹는다. 맨처음 오이를 삶았던 국물에 〈쉬프렘 소스〉를 조금 섞어 오이 토막들에 끼얹는다. 이 앙트레는 버터에 데친 아스파라거스나 〈파리지엔(알망드) 소스〉를 입힌 서양 송로 조각을 곁들이기도 한다. 조금 노릇한 〈모르네 소스〉를 뿌리고, 버터에 데친 아스파라거스를 곁들여도 된다.

오이 파르시 조리법 1

☙ 오이, 서양 송로(트뤼프), 버섯, 소의 혀, 프랑지판 파나드[11], 감싸기용 얇은 비계(또는 기름진 삼겹살), 양파, 당근, 송아지고기 육수, 데미글라스 소스.

오이 껍질을 벗겨 절반으로 길쭉하게 자른다. 작은 숟가락으로 씨를 빼버리고, 데쳐서 물기를 제거한다. 곱게 다진 서양 송로, 버섯, 소 혀를 다져, 섞은 소를 오이 속에 넣는다. 이렇게 속을 채운 오이를 다시 붙여 삼겹살과 고운 천으로 감싸 실로 묶는다. 다진 양파와 당근을 냄비 바닥에 깔고 소량의 퐁드보를 부어 찜(브레제)을 하듯 조금 익힌다.
오이가 다 익으면, 접시에 올리고 실을 풀고 천과 삼겹살을 벗겨낸다. 그 다음에 3~4센티미터 정도로 토막 낸다. 조리한 국물에 〈데미글라스 소스〉를 추가해 걸쭉하게 졸여 오이에 붓는다.

오이 파르시 조리법 2

앞의 조리법을 따른다. 오이가 익으면 접시에 올려 치즈 가루를 뿌린다. 〈데미글라스 소스〉에 그 절반의 〈토마토 소스〉를 섞어 걸쭉하게 졸여서 오이에 붓는다. 치즈 가루와 버터 몇 조각을 뿌리고 오븐에 넣어 중간 불로 4~5분간 익힌다. 소스는 〈소 골수 소스〉나 〈이탈리엔 소스〉로 대신해도 된다. 여기에 오이를 조리했던 국물을 추가해야 한다. 〈쉬프렘 소스〉에 서양 송로 또는 〈베샤멜 소스〉에 크림을 넣어도 된다. 이때에도 치즈 가루, 버터 몇 조각을 뿌려 오븐에 넣어 익힌다.

11) 우유, 밀가루, 너트멕, 녹인 버터, 달걀노른자를 섞어서 만든다.

주키니 호박

주키니 호박(Courgette, Zucchini)은 주로 가지의 조리법을 적용한다. 단순히 삶거나 녹인 버터, 〈크림 소스〉, 또는 〈올랑데즈 소스〉를 곁들인다. 버터에 몇 분 데치기도 하고 모르네식(à la Mornay)으로 버터로 볶아 파르메산 치즈 가루를 뿌려 조리하기도 한다.

프로방살(프로방스) 주키니 호박 티앙

Tian de courgettes à la provençale, Tian of courgettes provancale

'티앙'은 프로방스에서 애용하는 둥근 접시인데 투박한 도기이다. 깊이는 5센티미터에 크기는 여러 가지가 있다.

ᘓ 주키니 호박 450g, 소금, 후추, 너트멕, 올리브유, 마늘, 쌀 100g, 물 1.2리터, 치즈 가루, 파슬리, 빵 조각.

호박 껍질을 벗겨 얇게 썬다. 소금, 후추, 너트멕, 마늘을 섞은 올리브유를 뿌려 오븐에 넣고 중불로 익힌다. 물로 18분 동안 끓여 쌀밥을 짓는다. 이 쌀밥과 호박을 함께 섞어 치즈 가루 2~3술, 다진 파슬리도 조금 넣는다. 이것을 티앙 접시에 붓는다.

빵 조각은 물에 담가 적셨다가 물기를 짜내고 위에 얹는다. 치즈 가루를 뿌리고 올리브유를 적셔, 오븐에 넣어 적당한 온도로 노릇하게 익힌다.

다른 방법:

ᘓ 호박 450g(앞의 방법으로 조리한 것), 토마토 450g, 다진 양파 2~3큰술, 올리브유, 소금, 후추, 파슬리, 마늘 1쪽, 백포도주 1잔, 치즈 가루.

토마토를 다진다. 양파를 올리브유에 볶아 노릇해지면 토마토를 넣고, 소금, 후추, 다진 파슬리, 마늘을 추가하고 백포도주를 붓는다. 20분간 약하게 가열한다. 티앙 접시에 호박을 얹고 치즈 가루를 뿌리고, 토마토를 부어 오븐에서 중간 불로 5~6분 익힌다. 쌀밥을 곁들인다. 티앙 접시 대신 그라탱 용기를 사용해도 된다.

시금치

시금치는 푹 익히지 않는다. 물을 조금 넣은 냄비에 시금치를 넣는다. 시금치가 거친 편이라면 소금물을 끓여 넣는다. 익으면 건져내 잘 눌러서 물을 짜낸다. 다져서 체에 눌러 거른다.

크림 시금치

Épinards à la crème, Creamed spinach

ଓ 익힌 시금치 450g, 버터 50g, 크림, 소금과 후추, 너트멕, 설탕.

다진 시금치를 체로 걸러 냄비에 버터와 함께 넣는다. 센 불에서 물기가 증발할 때까지 저어준다. 4분의 1분량의 크림을 넣고, 소금, 후추, 너트멕, 설탕을 뿌린다. 접시에 올리고 끓인 크림 2~3술을 끼얹는다.

시금치 그라탱

Épinard au gratin, Spinach au gratin

ଓ 익힌 시금치 450g, 버터, 소금, 후추, 너트멕, 치즈 가루, 버터, 베샤멜 소스, 빵가루, 돼지고기 100g.

다진 시금치를 버터로 데쳐 물기를 제거한다. 소금, 후추, 너트멕을 넣고 치즈 가루 3술과 버터 75그램을 넣는다. 그라탱 그릇에 담고 소스를 덮는다. 버터 몇 조각을 뿌려 오븐에 넣고 노릇하게 익힌다. 돼지고기를 다져 시금치에 추가할 수도 있다.

시금치 쉬브릭[12)]

Subrics d'épinards, Spinach subrics

데친 시금치를 버터로 볶아 물기를 없앤다. 같은 양의 걸쭉한 튀김옷과 함께 섞는다. 올리브유나 정제한 맑은 버터를 튀김냄비에 붓고 뜨거운 온도로 가열해, 반죽을 한 술씩 떠넣어 튀기는데 서로 붙지 않도록 한다. 1분쯤 튀기고 뒤집어서 다른 쪽도 고루 튀긴다.

12) Subric, 식전에 먹거나 앙트레로 먹는 작은 크로케트.

시금치 크레프

Crepes aux épinards, Spinach pancakes

쉬브릭과 같은 반죽이지만 조금 묽게 해서 만드는데, 뛰어난 크레프가 된다. 보통의 크레프 만드는 방법과 같다. 쉬브릭과 크레프는 소고기 앙트레에 곁들여도 된다.

앤초비 시금치 수플레

Soufflé d'épinards aux anchois, Spinach souffle with anchovies

〈치커리 수플레〉와 같은 방법이지만, 앤초비를 조금 다져 넣는다.

장봉 시금치 수플레

Soufflé d'épinards au jambon, Spinach and ham souffle

〈앤초비 수플레〉처럼 만들지만, 앤초비 대신 담백한 돼지고기를 작은 네모 토막으로 썰어 넣는다.

트뤼프 시금치 수플레

Soufflé d'épinards aux truffles, Truffled spinach souffle

앞의 수플레처럼 준비하고 앤초비나 돼지고기 대신 서양 송로(트뤼프)를 얇게 썰어 넣는다. 시금치 수플레는 야채로 삼아도 되고, 육류 구이나 브레제에 곁들여도 된다.

피렌체 회향

Fenouil tubereux, Florence fennel

소금물에 삶아 건져내, 셀러리처럼 조리한다.

돌마(터키식)

Feuilles de vigne farcis ou dolmas, Stuffed vine leaves or dolmas

☙ 어린 양 고기와 비계(특히 꼬리가 좋다), 다진 양파, 파슬리, 쌀, 소금, 후추, 파프리카, 포도 잎(또는 양배추 잎), 양고기 수프(육수), 달걀노른자, 레몬즙.

양고기를 곱게 다져 양의 비계를 조금 넣는다. 양파, 파슬리, 쌀, 소금과 후추, 파프리카를 조금 넣고 한꺼번에 잘 섞어 소를 만든다.

잎사귀를 물에 데친 뒤 물기를 뺀다. 소를 호두알 크기로 나누어 잎에 싸고 둥글게 만든다. 얕은 냄비에 모두 넣고 양고기 국물로 덮어준다. 접시 또는 판 따위로 위를 눌러 흐트러지지 않도록 한다. 한소끔 끓인 다음 은근한 불로 더 끓인다.
접시에 피라미드처럼 쌓아올린다. 끓였던 국물은 더 3분의 2까지 졸여 달걀노른자와 육수를 조금 더 부어 걸쭉하게 섞는다. 레몬즙을 뿌리고, 요리 위에 붓는다.
'돌마(또는 돌마스)'는 터키나 그리스 인근 지방의 민속요리이다. 갖가지 방법으로 조리한다. 무화과 잎이나 아욱 잎으로도 만든다.

상추[13]

가정식 상추
Laitues à la ménagère, Lettuces with onions
☙ 상추 6포기, 꼬마 양파(펄 어니언) 6개, 설탕 1~2덩어리, 소금, 물 3큰술, 파슬리 2~3줄기
상추는 너무 크게 퍼지지 않은 것을 고른다. 겉잎은 떼어내 버린다. 상추를 길게 절반으로 잘라 찬물에 깨끗이 씻는다. 물기를 털어내고, 버터 두른 냄비에 양파와 함께 넣고 소금과 설탕을 넣고, 물을 두르고 파슬리를 넣는다. 뚜껑을 덮어 약한 불로 익힌다.

크림 상추
Laitues à la crème, Creamed lettuces
앞의 방법과 같지만 꼬마 양파(펄 어니언)를 넣지 않는다. 먹기 직전에, 상추 6포기당 크렘 프레슈 200밀리리터를 붓고 몇 분간 끓인다.

상추 브레제
Laitues braisés au jus, Braised lettuces
☙ 상추, 양파, 당근, 돼지 껍질, 허브, 소금, 후추, 삼겹살, 갈색 퐁드보(빌 스톡), 빵 조각, 버터, 데미글라스 소스 2~3큰술, 감자 전분.
상추를 데쳐 가능한 물기를 없애고, 길게 절반으로 자른다. 양파, 얇게 썬

13) 상추의 종류에는 보스턴 상추(Boston or Bibb), 로메인 상추(Romaine, Cos lettuce), 적상추(Red Leaf), 양상추(Iceberg) 등이 있다.

당근, 돼지 껍질, 허브를 버터 두른 볶음 냄비에 넣는다. 그 위에 상추를 얹고 소금, 후추를 넣고, 얇은 삼겹살로 덮는다. 퐁드보를 넉넉히 붓는다. 뚜껑을 덮고 오븐에서 중간 불로 익힌다.
접시에 상추들을 둥글게 포개 올린다. 하트 모양으로 자른 빵 조각을 버터로 튀겨 상추잎에 올린다. 조리하면서 나온 국물를 〈데미글라스 소스〉에 붓고, 감자 전분을 조금 넣어 걸쭉하게 졸인다. 체로 걸러, 상추에 붓는다. 맑은 국물(콩소메)에 삶은 소골수를 길게 썰어 상추 위에 올려도 된다. 상추에 파르메산 치즈 가루를 뿌리고 〈토마토 소스〉로 덮는다. 몇 분간 따뜻하게 놓아두었다가 먹어야 치즈가 소스와 잘 섞인다.

상추 파르시
Laitues farcis, Stuffed lettuces

ↂ 상추, 닭고기 소, 다진 돼지고기, 서양 송로, 데미글라스 소스 3~4큰술, 크루통.

상추를 데쳐 길게 절반으로 자르고 앞의 방법처럼 익힌다. 상추 잎마다 닭고기 소 1술, 돼지고기와 서양 송로를 다져서 얹는다. 그 위에 다시 잎을 얹어 버터 두른 접시에 올린다. 조리하면서 나온 국물을 조금 끼얹는다. 뚜껑을 덮고 오븐에 넣고 약한 불로 4~5분간 익힌다. 상추 잎에 넣은 소가 익을 정도로만 익힌다.
조리하면서 나온 국물을 〈데미글라스 소스〉에 추가해 여과기로 거른다. 상추는 튀긴 크루통 위에 얹고 소스를 붓는다.

피에몽테즈(피에몬테) 상추 브레제
Laitues braisés à la piémontaise, Braised lettuce with risotto and tomato sauce

ↂ 상추, 리소토, 토마토 소스, 파르메산 치즈.

앞의 방법처럼 조리한다. 상추에 넣는 소에 리소토 1술씩을 넣고 그 위에 잎을 얹는다. 버터 두른 접시에 올리고 국물을 조금 끼얹어 뜨겁게 보관한다. 더 남은 국물에 〈토마토 소스〉 몇 술을 추가하고 앞의 방법으로 마무리하면서, 피에몬테 원산의 파르메산 치즈를 뿌린다.

쌀밥을 넣은 툴루젠(툴루즈) 상추 파르시
Laitues farcis au riz à la toulousaine, Lettuces stuffed with rice
☙ 상추, 필래프, 서양 송로(트뤼프)를 섞은 푸아그라, 데미글라스 소스.
앞에 소개한 〈상추 파르시〉와 같은 방법이다. 그렇지만, 이탈리아식 쌀밥을 인도식 필래프로 대신한다. 필래프에 으깬 푸아그라를 추가한다. 상추를 접시에 올리고, 국물에 〈데미글라스 소스〉를 섞어 몇 술 끼얹고, 다시 가열한 다음 상추 잎에 붓는다. 상추 브레제나 파르시는 육류 요리와 앙트레에 매우 적합한 가르니튀르이다.

누에콩, 강낭콩, 렌틸콩, 완두콩, 오크라

누에콩(잠두)
껍질 벗긴 누에콩(Fève)을 끓는 소금물에 삶는다. 세이보리 3~4줄기를 한 다발로 묶어 함께 넣고 삶는다. 콩이 물렁하게 익으면, 꺼내서 물기를 빼고 접시에 담는다. 그 위에 다진 세이보리 잎을 뿌린다.

영국식 누에콩
Fèves à l'anglaise, English style broad beans
부드러운 콩을 골라, 끝의 검은 부분을 떼내 버린다. 소금물에 삶아, 물기를 빼고, 먹기 직전에 버터를 조금 두른다. 오래된 콩은 껍질을 벗겨야 한다.

크림 누에콩
Fèves à la crème, Creamed broad beans
끓는 소금물에 누에콩을 삶아 물기를 빼고, 버터와 크림을 조금 두른다. 끓어오를 때가지 가열하고, 소금과 설탕과 너트멕을 넣는다.

베샤멜 누에콩
Fèves bechamel, Broad beans with bechamel sauce
〈크림 누에콩〉과 같지만, 크림 대신 〈베샤멜 소스〉를 붓는다.

누에콩 퓌레

Purée de fèves, Broad bean puree

누에콩을 소금물에 삶아, 물기를 빼고 체로 거른다. 이렇게 받은 묽은 반죽(퓌레)을 냄비에 넣고 버터와 끓인 크림을 몇 술 추가한다. 퓌레 500밀리리터당 버터 125그램이다. 누에콩이 아주 풋것일 때는 껍질째 삶아 버터를 두른다.

프로방살(프로방스) 누에콩

Fèves à la provençale, Provencal style broad beans

☙ 누에콩 900g, 삼겹살 150~200g, 올리브유 3큰술, 다진 양파 2큰술, 상추 2포기, 소금과 후추, 너트멕, 물, 밀가루 조금.

누에콩이 크고 잘 익었다면, 껍질을 벗기고, 풋내 나는 햇것이라면 벗기지 않아도 된다. 삼겹살을 잘라 냄비에 올리브유, 양파와 함께 넣는다. 몇 분간 볶는데, 양파가 너무 노릇하지 않도록 한다. 상추 속심을 크게 잘라 넣고, 콩과 함께 몇 분간 저어주며 더 익힌다. 소금, 후추를 넣고, 뜨거운 물을 붓는다. 뚜껑을 덮고 콩이 말랑말랑할 때까지 뭉근히 삶는다. 필요하다면 국물에 밀가루를 조금 넣어 걸쭉하게 만든다.

강낭콩

말린 흰 강낭콩(리마콩)[14]

Haricots blanc secs, Dried Lima beans

☙ 건조한 흰 강낭콩 1리터, 물, 정향 2개를 박은 양파 1, 당근 2, 마늘 1, 소금.

냄비에 건조한 흰 강낭콩을 넣고 뜨거운 물을 붓는다. 한소끔 끓이고 나서 1분쯤 기다린다. 물을 버리고 다시 뜨거운 물을 붓는다. 양파, 당근, 마늘을 추가한다. 뚜껑을 덮고 아주 천천히 삶아 익힌다. 소금은 콩이 거의 익었을 때 넣는다.

---

14) 중남미 원산으로 기원전부터 잉카 문명에서 재배했다. 페루의 수도 리마의 이름과 같다. 말린 콩은 버터향이 있기 때문에 버터콩(butter bean)이라고도 한다.

아메리칸 흰 강낭콩(리마콩)
Haricots blanc à l'américaine, Dried Lima Beans

건조한 흰 강낭콩을 앞에서와 마찬가지로 익힌다. 그렇지만, 베이컨 한 조각을 추가한다. 콩이 익으면, 건져내 물기를 빼고 접시에 올리는데, 베이컨은 작은 토막으로 잘라 넣고 〈토마토 소스〉를 두른다.

버터 두른 흰 강낭콩(리마콩)
Haricots blanc au beurre, White haricot beans in butter

앞의 조리법과 같은 방법으로 건조한 콩을 익힌 뒤, 건져내 소금을 치고 후추를 갈아 뿌리고, 콩 1리터당 버터 100그램을 두른다.

브르톤(부르타뉴) 흰 강낭콩(리마콩)
Haricots blancs à la bretonne, Breton style white haricot beans

☙ 흰 강낭콩 1리터, 소금, 후추, 버터, 곱게 다진 양파 2큰술, 버터, 토마토 소스, 파슬리.

강낭콩을 삶아내 소금, 후추로 양념을 한다. 버터를 조금 넣고 양파를 섞고, 조금 걸쭉한 〈토마토 소스〉를 추가한다. 강낭콩 위에 소스를 붓고 다진 파슬리를 뿌린다.

크림을 넣은 흰 강낭콩(리마콩)
Haricots blancs à la crème, White haricot beans with cream

☙ 흰 강낭콩 500ml, 끓인 크림 1.2리터, 소금과 후추.

강낭콩을 삶아내 물기를 빼고, 냄비에 담아 크림을 붓고 소금, 후추로 양념한다. 몇 분간 끓여서 먹는다.

리오네즈(리옹) 흰 강낭콩(리마콩)
Haricots blancs à la lyonnaise, Lyonese style whote haricot beans

곱게 다진 양파를, 살짝 노릇하게 녹인 버터로 데쳐, 버터 두른 강낭콩에 추가한 것이다. 다진 파슬리를 뿌려준다.

흰 강낭콩(리마콩) 그라탱
Haricots blancs au gratin à la ménagère, White haricot beans au gratin

콩을 삶아내 물기를 뺀다. 냄비에 넣고 기름진 양고기 육수를 조금 추가한다. 빵가루를 뿌려 오븐에서 노릇하게 익힌다.

흰 강낭콩(리마콩) 퓌레

Purée de haricots blancs, White haricot bean puree

ᘓ 흰 강낭콩 675g, 버터 75g, 끓인 크림 또는 버터 6큰술.

콩을 삶아 건져내 물기를 빼고, 체로 거른다. 버터 또는 크림을 추가한다.

플라주올레(녹색 제비콩)[15]

Haricots flageolets, Green Flageolet Beans

플라주올레 콩은 신선한 것을 사용하지만, 통조림이나 건조한 것을 사용하기도 한다. 흰 강낭콩과 조리법은 같다. 특히 '퓌레'를 만들면 반죽이 매우 부드럽다. 프랑스 특산의 이 콩을 '플라주올레'라고 부른다. 풋강낭콩 퓌레를 더 곱게 하려고 이 콩을 추가하기도 한다.

붉은 강낭콩

Haricots rouge, Red haricot beans

ᘓ 물 1리터, 적포도주 250ml, 삼겹살 150~200g, 부케 가르니, 반죽 버터[16], 버터.

적포도주와 삼겹살, 부케 가르니를 넣고 콩을 조리한다. 콩이 익으면 삼겹살과 함께 건져낸다. 이 콩을 반죽 버터(beurre manié, 마니에 버터)와 섞은 뒤, 건져낸 삼겹살을 잘게 썰어 버터로 노릇하게 볶아 추가한다.

아리코 베르/풋강낭콩/그린 빈

Haricots verts fins, French beans, Green beans, String beans

신선한 풋콩[17]을 고른다. 소금물에서 삶는다. 식지 않도록 한다. 콩을 건져 냄비에 쏟고 450그램당 버터 50그램을 추가한다. 소금과 후추를 넣고, 몇 분간 볶는다. 이 콩에는 파슬리를 절대로 넣지 않는다.

혼합 강낭콩

Haricots panaches, Mixed beans

플라주올레 콩과 강낭콩을 같은 비율로 섞어 버터를 두른 것이다. 버터로 콩을 살짝 노릇하게 더 익히기도 한다.

---

15) 1870년경 프랑스에서 세브리에(Paul-Gabriel Chevrier)가 개량한 콩이다.

16) 마니에 버터: 버터 250그램과 밀가루 180그램의 반죽.

17) 풋콩일 때는 꼬투리째 먹는다.

프로방살(프로방스) 풋강낭콩
Haricots verts à la provençale, Provencal style french beans

ꕤ 풋강낭콩 450g, 올리브유, 소금, 후추, 다진 양파 2큰술, 토마토 4~5개, 마늘, 파슬리.

풋강낭콩 꼬투리를 물에 삶아내 몇 분간 올리브유로 볶아, 소금 후추로 양념을 한다. 올리브유로 양파를 조금 노릇하게 데치고, 다져서 양념한 토마토, 마늘과 다진 파슬리를 조금씩 넣는다. 이것을 20분 정도 뭉근히 익혀, 콩과 섞는다.

렌틸콩

렌틸콩 조리법

ꕤ 렌틸콩 500g, 물, 당근 1개, 정향 2개를 박은 양파 1개, 마늘 1쪽, 작은 부케 가르니, 소금.

렌틸콩을 냄비에 넣고 뜨거운 물을 붓는다. 야채, 부케 가르니, 마늘, 소금을 넣는다. 뚜껑을 덮고 오븐이나 약한 불에서 콩이 익을 때까지 끓인다. 렌틸콩은 작은 것일수록 좋고, 끓이기 전에 물에 담가두지 않는다.

버터 렌틸콩
Lentilles au beurre, Buttered lentils

ꕤ 렌틸콩 450g, 버터 75g, 파슬리.

앞의 방법으로 콩을 삶아내 버터만 두른다. 다진 파슬리를 먹기 직전에 조금 뿌린다.

렌틸콩 퓌레
Purée de lentilles, Lentil Puree

〈강낭콩 퓌레〉와 같은 방법이다.

메나제르(가정식) 렌틸콩
Lentilles à la ménagère, Lentils with onion

ꕤ 렌틸콩 500g, 다진 양파 2술, 버터 또는 올리브유, 밀가루 1술, 소금과 후추, 너트멕, 식초, 파슬리.

렌틸콩을 앞의 방법으로 삶아 건져내는데, 국물을 조금 남겨둔다. 올리브유나 버터에 양파를 노릇하게 지지고, 밀가루를 넣고 노릇하게 더 볶는다. 렌틸콩을 붓고 소금, 후추, 너트멕 가루를 뿌린다. 몇 분간 약불에서 졸인 다음, 먹기 직전에 식초를 조금 뿌리고, 다진 파슬리도 뿌린다.

완두콩

어떻게 조리하든 완두콩은 푸른 것을 이용한다. 콩깍지는 조리 후에 버린다. 완두콩은 조심하지 않으면 조리 과정에서 쉽게 상한다.

앙글레즈(영국) 완두콩

Petits pois à l'anglaise, English style peas

완두콩을 끓는 소금물에 삶는다. 체로 건져내서 물기를 뺀다. 접시에 담고 버터를 조금 두른다. 영국에서는 항상 완두콩을 삶는 동안 민트(박하) 한 줄기를 넣는다. 또 접시에 올린 다음에 민트도 몇 잎 뿌린다.

본팜 완두콩

Petits pois bonne-femme, Peas with onions

꼬 완두콩 900g, 버터, 꼬마 양파(pearl onion) 12개, 삼겹살 100g, 상추 1포기, 파슬리 몇 줄기, 소금, 설탕, 물, 밀가루 1큰술.

냄비에 버터를 녹이고, 깍둑썰기해서 데친 양파와 삼겹살을 잘라 추가한다. 양파가 살짝 노릇해질 때까지 볶는다. 완두콩, 다진 상추, 파슬리를 넣고 소금과 설탕을 조금만 뿌린다. 뜨거운 물을 재료가 잠길 정도로 붓는다. 뚜껑을 덮고 완두콩을 삶아 익힌다. 찬물에 밀가루를 부드럽게 풀어 완두콩에 붓고, 끓어오를 때까지 저어준다.

플라망드(플랑드르) 완두콩

Petits pois à la flamande, Flemish style peas

꼬 콩깍지를 벗긴 풋완두콩 450g, 당근 200g, 버터 25g, 소금과 후추, 물.

당근들을 다듬어, 버터 13그램과 함께 냄비에 넣고 소금, 설탕을 뿌린다. 뜨거운 물을 넉넉히 붓는다. 절반쯤 익으면, 풋완두콩을 쏟아붓고 다시 함께 삶는다. 먹기 전에 나머지 버터를 두른다.

프랑세즈(프랑스) 완두콩

Petits pois à la française, Peas cooked the french way

ᘓ 완두콩 900g, 상추 1, 파슬리 2줄기, 꼬마 양파(펄 어니언) 12개, 버터 100g, 소금 10g, 설탕, 물 100ml.

조금 큰 냄비에 껍질을 벗겨낸 완두콩, 상추의 속심, 파슬리, 작은 양파, 소금, 설탕과, 버터 50그램과 함께 넣는다. 물을 붓고, 뚜껑을 덮어 중간 불로 삶아 익힌다. 먼저 상추 속심을 꺼낸다. 조리한 완두콩을 접시에 쏟고, 남겨둔 버터 절반(50그램)을 섞고, 상추를 4토막으로 잘라 완두콩 더미 위에 올린다.[18]

상추를 곁들인 완두콩

Petits pois aux laitues, Peas with lettuce

ᘓ 6인분: 상추 6포기, 콩깍지를 벗겨낸 풋완두콩 900g, 파슬리 1, 설탕, 소금, 꼬마 양파(펄 어니언) 12개, 버터 75g, 물 3~4큰술.

상추의 거친 겉잎을 떼어내고, 포기를 길게 2조각으로 자른다. 상추가 눌리지 않을 만큼 넓고 큰 냄비에 넣는다. 완두콩, 파슬리, 설탕, 소금, 꼬마 양파, 버터를 넣고 물을 붓는다. 뚜껑을 덮고 중간 불로 가열한다. 이렇게 삶은 풋완두콩을 접시에 담고, 상추로 둥글게 덮는다.

풋완두콩 퓌레

Purée de pois frais, Fresh pea puree

ᘓ 풋완두콩 900g, 버터 1g, 설탕.

소금물에 완두콩을 삶아, 체에 넣고 눌러서 내린다. 이 반죽을 냄비에 쏟고 버터와 설탕을 넣고 다시 가열한다. 〈프랑수아즈 완두콩〉과 같은 방법으로 조리해도 된다. 이 퓌레는 푸르지는 않지만 향미가 더 짙다.

---

18) 소금물에 콩만을 익혀내는 영국식 완두콩과는 달리, 프랑스식은 양파, 상추와 함께 버터를 넣고 소량의 물로 찜하듯이 익힌다.

오크라

오크라(Gombo, Okra)는 프랑스에서는 유명하지 않지만 미국 등에서 인기가 높다. 둥근 것과 길쭉한 것 두 종류로 조리법은 동일하다.

크림 오크라

Gombos à la crème, Creamed okra

오크라의 양쪽 끝 부분을 잘라 버리고 소금물에 삶는다. 완전히 물기를 뺀 다음 몇 분간 버터로 볶는다. 접시에 담아 〈베샤멜 소스〉를 덮어준다. 소스에는 크림을 조금 넣는다.

오리엔탈 오크라

Gombos à l'orientale, Eastern style okra

☙ 오크라 450g, 올리브유 2큰술, 다진 양파 2큰술, 토마토 4~5개, 마늘, 파슬리, 소금과 후추, 카레 가루 1작은술.

오크라를 끓는 소금물에 데쳐 물기를 없앤다. 올리브유를 가열하고 양파를 조금 노릇하게 익힌다. 껍질 벗겨 씨를 빼고 다진 토마토, 마늘 조금, 곱게 다진 파슬리를 추가하고, 소금, 후추로 양념을 한다. 카레 가루를 넣을 수도 있다. 뚜껑을 덮어 30여 분간 삶는다. 인도식 쌀밥을 곁들인다.

홉의 새싹

홉의 새싹도 아스파라거스 팁 부분처럼 쉽게 잘라낼 수 있다. 새싹들을 깨끗이 씻어 소금물에 레몬즙을 조금 추가해 삶는다. 물 4.24컵당 작은 레몬 1쪽의 즙을 넣는다. 홉의 새싹은 버터, 크림, 또는 〈파리지엔(알망드) 소스〉를 곁들인다. 야채로 사용할 때는, 삶은 달걀을 곁들인다.

옥수수, 밤, 순무

옥수수

옥수수는 껍질을 뒤로 벗겨 잘라내는 않고 수염만 떼버리고, 껍질을 제자리로 돌려놓는다. 끓는 소금물에 삶아내, 껍질을 벗겨 버터와 함께 식탁에 올린다. 옥수수 알갱이만 발라내 먹으려면 콩을 조리할 때처럼 버터를 두른다. 옥수수는 오븐, 또는 그릴에서 구워도 된다. 옥수수 껍질은 잘라버린다. 알갱이가 금빛을 띠고 말랑해질 때까지 굽는다. 옥수수는 통조림이나 냉동 상태의 것을 사용해도 무난하다.

옥수수 크로케트

Croquette de mais, Corn croquettes

ꝏ 옥수수 통조림 1, 베샤멜 소스, 달걀노른자, 밀가루, 달걀과 빵가루, 정제한 맑은 버터.

냄비에 옥수수를 붓는다. 약한 불에서 국물이 모두 증발할 때까지 졸인다. 소스를 넉넉히 부어 걸쭉하게 만든 뒤, 달걀노른자를 넣는다. 접시에 쏟아붓고 식힌다. 조리용 평판에 밀가루를 뿌리고, 식힌 재료로 둥글고 작은 공처럼 두드려가며 빚는다. 밀가루, 달걀과 빵가루를 차례로 입혀 프라이팬에 정제한 맑은 버터를 붓고 뒤집어 가며 튀긴다.

옥수수 수플레

Soufflé de mais, Corn souffle

ꝏ 옥수수 통조림 1, 베샤멜 소스, 달걀노른자 3~4, 달걀흰자 5, 치즈 가루 3~4큰술(선택), 단맛의 붉은 파프리카 가루 1작은술(선택).

앞의 방법처럼 크로케트를 준비해 달걀노른자로 걸쭉하게 한다. 달걀흰자를 휘저어 입혀주고 버터 두른 수플레 접시에 쏟는다. 오븐에 넣어 중간 불로 굽는다. 치즈, 파프리카 가루를 추가하기도 한다.

밤

밤을 내열 도기에 넣고 물을 조금 부어 7~8분간 오븐에서 익힌다. 그래야 껍질을 쉽게 벗길 수 있다.

삶은 밤

Marrons étuvés, Stewed chestnuts

밤 껍질을 벗겨 셀러리 줄기와 함께 냄비에 넣는다. 육수나 맑은 국물을 재료가 잠길 만큼만 붓고, 밤이 부드러워질 때까지 삶는다.

찐 밤

Marrons braisés et glacés, Braised and glazed chestnuts

껍질 벗긴 밤을 냄비에 넣고, 육수를 부어 천천히 익힌다. 밤을 이런 식으로 찌는 동안 냄비를 흔들지 않아야 한다. 밤이 거의 익었을 때, 밤 24개당 버터 약 75그램을 넣는다. 우러난 국물을 4분의 1까지, 거의 짙은 젤리 상태가 되도록 졸인다. 밤들을 굴려 젤리(졸인 국물)를 고루 입힌다. 이런 밤은 가르니튀르로 사용한다. 밤을 구워도 된다.

밤 퓌레

Purée de marrons, Chestnut puree

밤 껍질을 벗긴다. 속껍질도 제거한다. 육수로 삶는다. 밤이 익으면 국물은 상당히 줄어야 한다. 전체를 체로 거러 냄비에 받아, 설탕과 소금으로 양념을 하고, 버터를 넣고 걸쭉하게 마무리한다.

순무

순무는 당근과 같은 방법으로 조리한다. 크림이나 설탕을 추가할 수도 있다. 여러 가지 방법으로 파르시(소박이)를 만든다.

순무 파르시

Navets farcis, Stuffed turnips

☞ 순무, 익힌 양고기나 오리 고기, 버터, 설탕, 육수 3~4큰술, 데미글라스 소스.

순무를 밑둥부터 얇게 썰어 소금물에 넣고 끓인다. 4분의 3쯤 익으면 건져, 작은 숟가락으로 속살을 파내서, 작고 둥근 상자처럼 만든다. 파낸 과육을 으깨, 얇게 져민 고기와 섞어 순무 상자 모양 속에 파르스(소)로 넣는다. 팬에 버터를 조금 가열해 설탕을 조금 넣고 파르스 위에 붓는다. 순무 전체를 버터로 익히는 데, 버터를 자주 끼얹어준다.
순무를 접시에 담고, 냄비에 남은 버터에 육수를 붓고 데글레이징을 한다. 〈데미글라스 소스〉를 넣고, 몇 분간 끓여 순무 위에 붓는다.

순무 세몰리나 파르시

Navets farcis à la semoule, Turnips stuffed with semolina

ꝏ 세몰리나 뇨키, 육수, 버터, 치즈 가루, 순무, 데미글라스 소스.

육수에 세몰리나 뇨키를 조금 삶아 익힌다. 버터와 치즈 가루도 조금 넣는다. 순무를 앞의 파르시 방법으로 준비해, 익힌 세몰리나로 소를 채우고 버터로 익혀 접시에 담는다. 냄비에 남은 버터에 육수 3~4술을 넣어 섞고, 〈데미글라스 소스〉를 붓고 2분간 졸여, 순무 위에 붓는다.

다른 방법

순무에 세몰리나 뇨키로 속을 채우고 접시에 담아 치즈 가루를 뿌린다. 〈데미글라스 소스〉와 〈토마토 소스〉로 덮고, 치즈 가루를 조금 더 뿌린다. 먹기 전에 몇 분간 따끈하게 데워 치즈가 소스에 잘 녹아들게 한다.

순무 퓌레

Purée de navets, Turnip puree

ꝏ 순무 450g, 버터 1큰술, 소금, 설탕 반 큰술, 물, 크림 섞은 감자.

순무를 얇게 썬다. 끓는 물에서 몇 분간 데쳐내 냄비에 넣고, 버터, 소금, 설탕을 넣고, 잠길 정도로 물을 붓는다. 뚜껑을 덮고 약한 불로 익혀 체로 걸러, 크림 섞은 감자를 3분의 1분량만큼 추가한다.

순무 새싹 또는 새잎

Pousses ou feuilles de Navets, Turnips Tops

순무의 새싹은 영국에서 점심때 매우 즐겨 먹는다. 양배추와 같은 방법으로 조리한다.

양파, 수영, 옥살리스, 샐서피, 피망

양파

양파 파르시

Oignons farcis, Stuffed onions

ᘓ 양파 6~8개, 버터, 설탕, 물기가 없는 뒥셀(Duxelles) 3~4큰술, 살짝 익힌 닭, 송아지, 양의 살코기, 육수 2~3큰술, 데미글라스 소스 1.2리터.

조금 굵은 양파들을 골라 얇게 썬다. 빠르게 데쳐 물기를 없앤다. 팬에 버터를 조금 넣고, 썰어둔 양파를 넣고 설탕을 조금 뿌린다. 뚜껑을 덮어 약한 불로 가열한다. 다 익으면 엷은 갈색이 돈다.

양파 한가운데를 작은 숟가락으로 파내고 약 1센티미터 가량만 남긴다. 곱게 다지거나 저민 고기를 '뒥셀'과 섞어 양파에 넣고 소박이를 만든다. 팬에 남은 버터에 육수를 붓고 저어준다(디글레이징). 〈데미글라스 소스〉를 넣고 몇 분간 졸여 양파 위에 끼얹는다.

양파 글라세

Oignons glacés, Glazed onions

ᘓ 꼬마 양파(pearl onion) 450g, 육수(맑은 부이용), 버터 75~100g, 설탕 1작은술.

비슷한 크기의 꼬마 양파들을 골라 껍질을 벗긴다. 냄비에 넣고 양파들을 덮을 정도로 육수를 충분히 붓는다. 버터를 넣고, 뚜껑을 덮고 끓인다. 양파가 익고, 국물이 젤리처럼 졸아들면 양파를 저어준다. 양파에 갈색을 내고 싶다면, 냄비에 양파와 버터를 넣고, 설탕을 추가한다. 아주 약한 불에 올린다. 갈색화한 설탕이 양파에 빛깔을 낸다.

수영

ᘓ 수영 1.8kg, 버터 150g, 밀가루 60g, 콩소메(맑은 국물) 약 4컵, 소금, 후추, 설탕 1자밤, 달걀노른자 4~5, 크림 3~4큰술, 갈색 퐁드보(빌 스톡).

수영(Oseille, Sorrel, 참소리쟁이)을 물에 살짝 데친다. 물기를 완전히 뺀다. 버터 100그램에 밀가루 60그램으로 갈색 '루'를 만들어 섞는다. 콩소메 국물을 붓고 소금, 후추, 설탕을 넣는다. 여기에 수영을 넣고 뚜껑을 덮어 약한 불로 40분쯤 익힌다. 체로 걸러 냄비에 넣는다. 다시 끓여 달걀노른자와 크림, 남은 버터를 추가한다. 접시에 붓고 퐁드보를 조금 뿌린다.

옥살리스

멕시코 원산의 옥살리스(Oxalis, oca)는, 잎은 클로버 비슷하고 여름에 분홍색 꽃이 핀다. 향은 수영보다 상큼해, 수영 대신 사용할 수 있다.

샐서피

서양 우엉이라고도 하는 샐서피(Salsifi)는 흰 것, 검은 것 두 종류가 있다. 조리법은 같다. 껍질을 잘 긁어내 깨끗이 씻어 약한 소금물로 익힌다. 물 1리터당 밀가루 1작은술을 넣는다.

크림 샐서피
Salsifis à la crème, Creamed salsify

샐서피를 삶아내 약 5센티미터 길이로 자른다. 버터에 볶아 〈베샤멜 소스〉를 붓는다. 몇 분간 더 끓여 크림을 추가한다.

샐서피 튀김
Salsifis frites, Fried salsify

샐서피, 소금, 후추, 레몬즙, 올리브유, 파슬리, 튀김옷, 파슬리.

샐서피를 삶아 접시에 올린다. 양념과 레몬, 올리브유와 파슬리를 뿌린다. 20여 분 재워두는데 때때로 뒤집어 섞어준다. 건져내 튀김옷을 입히고 튀긴다. 기름기를 빼고 튀긴 파슬리를 가르니튀르로 얹는다. 샐서피는 양념에 재우지 않고 바로 튀김옷을 입혀 튀겨도 된다.

샐서피 그라탱

Salsify au gratin, Salsify au gratin

ca 샐서피, 베샤멜 소스, 그뤼예르와 파르메산 치즈 가루, 너트멕, 빵가루, 녹인 버터.

〈크림 샐서피〉처럼 샐서피를 익혀 소스를 섞는다. 그뤼예르, 파르메산 치즈 가루와 너트멕 가루를 조금씩 넣는다. 내열 접시에 담아, 치즈 가루와 빵가루를 섞어 뿌리고, 녹인 버터를 바르고 오븐에서 노릇하게 굽는다.

풀레트 샐서피

Salsifis à la poulette, Salsify with Poulette sauce

ca 샐서피, 버터, 소금, 후추, 벨루테 소스, 달걀, 레몬즙, 파슬리.

샐서피를 삶아 5센티미터 길이로 토막 낸다. 냄비에 버터를 조금 두르고 샐서피를 넣어 몇 분간 볶는다. 소금, 후추를 넣고, 〈벨루테 소스〉를 추가한다. 몇 분간 끓인다. 식탁에 올리기 전에, 달걀노른자를 소스 500ml당 2~3알 추가한다. 버터를 조금 더 넣고, 레몬즙과 다진 파슬리를 뿌려 마무리한다.

샐서피 볶음

Salsifis sautés, Sauteed salsify

샐서피를 삶아 작게 자른다. 버터에 노릇하게 볶아, 소금, 후추를 넣고, 다진 파슬리를 뿌린다.

피망(고추)

피망의 용도는 다양하다. 카옌(Cayenne) 고추[19] 또는 칠리처럼 매운 맛이 강한 것은 양념으로만 사용한다. 크고, 달콤하고, 푸르고, 붉고, 노란 피망은 오르되브르, 가르니튀르로 사용하며, 토마토, 양파, 식초, 올리브유, 설탕과 함께 섞어 차게 먹는 고기 요리나 카레 요리에 넣는다. 아시아, 스페인, 포르투갈, 인도에서도 고추를 많이 소비한다. 포크에 끼워 껍질을 벗기면 쉽다. 한쪽을 갈라 씨를 뺀다.

19) 라틴아메리카, 프랑스령 기아나의 카옌 원산의 매운 고추. 카옌 후추라고도 한다.

피망 파르시

Piments doux farcis, Stuffed sweet peppers

ɷ 맵지 않은 붉은 피망, 리소토 또는 필래프, 버터, 토마토 데미슬라스 소스.

붉은 피망의 껍질을 벗기고 씨를 빼버린다. 리소토 또는 필래프 등의 쌀밥으로 속을 채운다. 쌀밥에는 토마토, 삶은 양고기를 조금씩 섞는다. 이렇게 소를 넣은 피망들을 깊은 내열 도기에 담아 버터를 조금 추가한다. 뚜껑을 덮어 오븐에서 중간 불로 20분가량 익힌다. 다 익으면 접시에 올리고 소스를 붓는다. 양파 파르시 조리법을 피망에 응용할 수 있다.

차게 먹는 고기용 피망

Piments pour viandes froides, Pepper pickle

ɷ 맵지 않은 피망 1.2kg, 토마토 1kg, 스페인 양파 500g, 올리브유 300ml, 마늘 1, 생강 가루 1작은술, 설탕 500g, 술타나 건포도 250g, 영국식 혼합 향신료 1작은술, 식초 1리터.

양파를 다져 올리브유로 노릇하게 살짝 데친다. 피망은 껍질을 벗겨 씨를 빼고 길쭉하게 잘라 양파와 섞어 20여분 동안 은근한 불로 끓인다. 껍질을 벗겨 씨를 빼고 다진 토마토, 으깬 마늘, 생강 가루, 설탕, 건포도를 넣는다. 뚜껑을 덮어 아주 약한 불로 2시간 30분간 끓인다. 용기는 금속제 소스팬을 사용하면 안 된다.

감자

안나 감자[20)]

Pomme de terre Anna, Potatoes Anna

감자를 씻어 얇게 썬다. 천으로 물기를 뺀다. 오븐용 냄비에 버터를 조금 넣고 감자들을 층층이 쌓는다. 쌓는 감자의 각 층 사이에 버터를 고루 두르고 소금을 조금씩 뿌린다. 뚜껑을 덮고 오븐에서 센불로 30분간 굽는다. 먹기 전에 지나치게 넘치는 버터는 걷어낸다.

바이런 감자

Pomme de terre Byron, Potatoes with cream and cheese

☙ 굵은 감자 12개, 버터, 소금, 후추, 크림, 파르메산 치즈.

감자를 오븐에 넣고 익힌다. 부드러워지면 껍질을 벗겨 버린다. 프라이팬에 버터를 조금 가열하고, 감자를 넣고 양념해 몇 분간 볶는다.
내열 접시에 둥글고 작은 통처럼 생긴 플랑(flan) 틀을 올리고 볶은 감자를 넣고, 잘 눌러 빼낸다. 감자 위에 크림을 조금 붓고, 치즈 가루를 뿌린 다음 오븐이나 샐러맨더 그릴에서 구워 노릇하게 만든다.

부아쟁 감자

Pommes de terre Voisin, Potatoes Voisin

〈안나 감자〉와 같은 방식이지만, 감자를 쌓은 틈새에 치즈 가루를 추가한다. 익히는 것도 같다.

샤토 감자

Pomme de terre château, Chateau potatoes

감자를 커다란 올리브처럼 둥글게 잘라내[21)], 정제한 맑은 버터에서 약한 불로 익혀 황금빛을 낸다.

---

20) 요리사 뒤글레레(Adolphe Dugléré, 1805~1884년)가 처음 만들었다. 소프라노이자 배우인 안나 쥐딕(Anna Judic)의 이름을 붙였다.

21) 전용 커터(Baller, Scoop)를 이용해 감자를 둥근 공처럼 파낸다.

크림 감자

Pommes de terre à la crème, Creamed potatoes

굵은 감자 몇 개의 껍질을 벗겨 손가락 모양의 커터로 동그랗게 파낸다. 소금물에 삶아, 건져내 냄비에 쏟아붓는다. 감자 200그램당 버터 13그램과 끓인 크림 6술, 소금을 넣는다. 잠깐 다시 끓인 다음에 먹는다.

감자 크로케트

Croquettes de pommes de terre, Potato croquettes

ଓ 감자. 소금, 후추, 너트멕, 밀가루, 달걀, 빵가루, 튀김용 기름.

감자 껍질을 벗겨 4토막으로 자르고, 끓는 소금물에서 빠르게 익힌다. 건져낸 감자를 몇 분간 오븐 가장자리에 놓아 물기를 빼고, 체에 걸러 냄비에 받는다. 이 감자 반죽(퓌레) 1킬로그램당 버터 100그램을 넣고, 소금, 후추, 너트멕으로 양념하고, 센 불로 가열해 저어주어 물기를 없애 페이스트로 만든다. 불을 끄고, 감자 반죽 1킬로그램당 달걀 1알과 달걀노른자 4알을 넣는다. 60그램 크기로 동글납작하게 빚는다.

영국식으로 밀가루, 달걀물, 빵가루를 입힌다. 넉넉한 기름에 깊이 담가 5~6분간 튀긴다. 팬에서 뒤집어가면서 버터로 튀기듯이 지져도 된다.

도피네 감자

Pommes dauphine, Croquette potatoes with chou paste

ଓ 감자 크로케트 반죽 1kg당 슈 반죽('반죽과 파티스리' 참고) 300g, 달걀노른자.

〈감자 크로케트〉 반죽에 설탕을 넣지 않은 〈슈 반죽〉을 섞는다. 60그램 크기로 잘라, 작은 브리오슈 틀(머핀 틀)에 넣어 모양을 만들고, 버터 두른 판에 올린다. 달걀노른자를 겉에 바르고 오븐에서 중간 불로 굽는다.

로레트 감자

Pommes de terre Lorette, Lorette potatoes

ଓ 도피네 감자 반죽(감자 크로케트 반죽과 슈 반죽 혼합), 치즈 가루, 밀가루.

앞의 〈도피네 감자〉 반죽에 치즈 가루를 추가한다. 반죽 500그램당 치즈 가루 4큰술이다. 달걀 크기로 빚어 밀가루를 가볍게 뿌리고 기름에 넣어 6~8분간 튀긴다.

퐁당 감자

Pommes de terre fondantes, Fondant potatoes

여러 가지 방식이 있지만, 흥미로운 두 가지 방식을 소개한다.

1) 전분이 풍부한 감자 12개를 골라, 껍질을 벗기고 달걀 모양으로 깎는다. 도기 냄비에 담는데, 바닥을 완전히 채운다. 냄비 절반쯤 물을 붓고 소금과 버터 100그램을 넣는다. 뚜껑을 덮고 오븐에서 중간 불로 익힌다. 물이 거의 증발하면, 버터가 감자를 노릇하게 만든다. 감자가 익으면 포크로 가볍게 찔러준다. 그러나 감자가 터져 쪼개지지 않도록 조심한다. 버터 몇 조각을 더 넣고, 뚜껑을 덮고, 버터가 속으로 녹아들 때까지 잠시 기다렸다가 식탁에 올린다.

2) 감자의 껍질을 벗겨 소금물에서 삶는데, 너무 푹 삶지 않도록 한다. 건져낸 감자의 물기를 완전히 뺀다. 포크로 으깨고 녹인 버터를 천천히 추가한다. 가볍게 소금, 후추를 넣고 버터 바른 큰 숟가락으로 떠내 달걀처럼 동그랗게 모양을 잡는다. 이것들을 제과용 판 위에 늘어놓고 정제한 맑은 버터를 바르고, 오븐에서 구워 금빛으로 만든다.

뒤세스(공작 부인) 감자

Pommes de terre à la duchesse, Duchess potatoes

☞ 감자 크로케트 반죽(감자. 소금, 후추, 너트멕, 달걀)

〈감자 크로케트〉처럼 감자 반죽을 만든다. 과자 굽는 철판에 작은 비스킷 모양으로 빚어 놓는다. 틀에 넣거나 짤주머니에 넣어 짤 수도 있다. 오븐에서 중간 불로 7~8분 굽는다.

성냥 감자

Pommes de terre en allumettes, Match potatoes

감자 껍질을 벗겨 성냥처럼 가늘고 길쭉하게 썬다. 이렇게 가느다란 성냥 모양의 감자를 식용유에 깊이 담가 튀긴다. 기름기를 뺀 다음에 먹는다. 감자를 리본 모양 등으로 자를 수 있는 '폼프 샤투야르(pommes chatouillard)'라는 특수한 도구를 이용해 다양한 모양으로 만들기도 한다.

감자 칩
Pommes de terre chip, Chip potatoes

감자를 아주 얇고 둥글게 썰어 찬물에 10분간 담갔다가 건져내, 천 위에 올려 물기를 뺀다. 기름에 넣고 바삭하게 튀긴다.

코를레트 감자
Pommes de terre collerette, Collerette potatoes

감자를 특수 커터로 홈을 파내 고리 모양을 만들어, 기름에 튀긴다.

동전 감자
Pommes de terre en liards, Potatoes en liards

〈코를레트 감자〉와 같지만 홈을 파내지 않는다.

퐁뇌프 감자(프렌치 프라이)[22]
Pommes de terre Pont-neuf, French Fries

두께 약 3밀리미터 정도로 고르게 감자를 썬다. 기름으로 바삭하게 튀긴다. 이것이 진짜 프랑스 감자 튀김이다.

수플레(부풀린) 감자
Pommes de terre soufflées, Souffleed potatoes, Fried Puffed Potatoes

감자를 두께 약 3밀리미터 정도로 썬다. 찬물로 씻어, 물기를 뺀 다음, 기름에 넣고, 너무 강하지 않은 온도[23]로 튀긴다. 감자가 익으면 기름 위로 떠오를 정도로만 가열한다. 건져낸 감자를, 냄비에 걸어놓은 거름용 철제 바구니에 담아 기름이 빠지면, 다시 한 번 더 기름에 넣고 높은 온도에서 튀긴다. 건져내서 냅킨에 올려 기름기를 빼고, 소금을 조금 뿌린다.

감자 그라탱
Pommes de terre gratinées, Potatoes au gratin

두 가지 방식이 있다.

1) 그라탱 그릇에 버터를 두르고, 고운 감자 퓌레를 넣고 위를 부드럽게

---

22) 미국에 전해져 '프렌치 프라이'라는 이름을 얻었고, 미국 햄버거 산업과 함께 전 세계로 퍼졌다. 벨기에가 원조라고 말하기도 한다. 퐁뇌프는 파리 센 강에 있는 다리.

23) 반드시 두 번 튀긴다. 처음 튀길 때의 온도는 섭씨 150도로 5~10분, 두 번째는 섭씨 170~180도로 튀긴다. 동그랗게 부풀어 오른다.

고른다. 치즈 가루와 빵가루를 섞어 뿌리고, 녹인 버터를 뿌려, 오븐에서 노릇하게 굽는다.

2) 굵은 감자 2개를 소금물에 삶아내 물기를 빼고, 두툼하고 둥글게 썬다. 버터를 두른, 래미킨(Ramekin) 도기에 넣고 포크로 살짝 부순 다음 녹인 버터를 조금 추가하고 치즈 가루를 뿌린다. 우유를 끓여 크림을 조금 넣어서, 감자 위에 촉촉하게 붓는다. 소금, 너트멕을 조금 넣는다. 치즈와 빵가루를 섞어 뿌리고 녹인 버터를 바르고, 오븐에서 노릇하게 익힌다.

도피누아즈(도피네)[24] 감자 그라탱

Gratin de pommes de terre dauphinoise, Potatoes au gratin dauphinoise

ꝏ 감자 1kg, 검은 후추 가루, 너트멕, 달걀 1, 끓인 우유 750ml, 그뤼예르 치즈 가루 150g, 마늘, 버터.

감자를 얇게 썬다. 소금, 후추, 너트멕, 끓인 우유, 알을 깨어서 휘저은 달걀, 치즈 가루 125그램을 섞는다. 마늘로 테린 바닥을 문질러주고, 버터를 넉넉히 두른 다음, 섞은 감자를 넣는다. 치즈 가루와 버터 조각을 충분히 뿌려 오븐에서 중간 불로 30~40분 익힌다.

사부와야르(사부아)[25] 감자

Pommes de terre à la savoyarde, Savoyard potatoes

〈도피누아즈 감자 그라탱〉과 같지만, 우유는 맑은 콩소메로 바꾼다.

파이(밀짚 또는 빨대) 감자

Pommes de terre paille, Straw potatoes

감자를 길고 얇게 채로 썰어 몇 분간 찬물에 담갔다가 물기를 뺀다. 기름에 튀겨 기름기를 뺀다. 식탁에 올리기 전에 한 번 더 기름에 바삭하게 튀긴다. 기름기를 완전히 털어내고 소금을 조금 뿌린다.

둥지 감자

Nids pour le dressage des pommes de terre frites, Potato nests

감자를 〈밀짚 감자〉처럼 썬다. '둥지'라고 부르는 튀김 바구니에 담아 기

24) 도피네는 프랑스 남동부의 알프스 산기슭 지방으로 이탈리아, 스위스와 접경이다.
25) 프랑스 남동부 알프스 인근 지역.

름에 넣고 노릇하게 튀긴다. 새의 둥지 모양으로 튀겨진 이 감자 바구니에 다른 재료를 담아 장식한다.

리오네즈(리옹) 감자

Pommes de terre lyonnaise, Lyonese potatoes

☙ 감자 1kg, 버터, 양파 200g, 소금과 후추, 파슬리.

감자 껍질을 벗겨 물에 삶는다. 썰어서 버터에 볶는다. 양파도 얇게 썰어 볶는다. 감자와 함께 양념해 2~3분간 잘 섞어가며 더 익힌다. 식탁에 올리기 직전에 다진 파슬리를 뿌려 마무리한다.

마케르 감자

Pommes de terre Macaire, Potatoes macaire

큰 감자를 오븐에서 굽는다. 감자를 반으로 잘라서 속을 파낸다. 파낸 감자에 소금, 후추로 양념하고 버터[26)]를 섞어 반죽한다. 팬에 정제한 맑은 버터를 넣고 센불에서 반죽 덩어리의 양쪽을 노릇하게 익힌다. 이것을 파냈던 감자의 빈 자리에 넣는다.

삼겹살(베이컨) 감자

Pommes de terre au lard, Potatoes with Bacon

☙ 감자 900g, 삼겹살 100g, 버터, 꼬마 양파(펄 어니언) 12~15개, 밀가루 1큰술, 육수(맑은 부이용) 500ml, 후추, 부케 가르니(파슬리, 펜넬, 타임, 월계수 잎), 파슬리.

삼겹살을 토막으로 잘게 썰어 꼬마 양파와 함께 버터로 노릇하게 볶아 놓는다. 팬에 버터와 밀가루를 넣고 '루'를 만든다. 볶아놓은 삼겹살과 꼬마 양파, 루, 네 조각으로 자른 감자. 후추, 부케 가르니를 냄비에 넣고, 육수를 붓고 뚜껑을 덮어 은근한 불로 익힌다. 식탁에 올리면서 다진 파슬리를 뿌린다. 육수 대신 물을 사용해도 되는데, 이 경우에는 소금을 조금 6~8그램 더 넣는다.

메르 감자(메르 레스토랑 감자)

Pommes de terre Maire, Spécialité du Restaurant Maire, Potatoes Maire

☙ 감자 500g, 우유, 소금, 후추, 너트멕, 버터 200g.

---

26) 다진 돼지고기를 넣기도 한다.

감자를 소금물에 삶아, 껍질을 벗기고 얇고 둥글게 썬다. 냄비에 담아 감자가 잠길 정도만 우유를 붓고, 소금, 후추, 너트멕을 넣는다. 센 불로 가열해 우유가 3분의 2로 줄어들 때까지 졸인다. 졸이는 동안 주걱으로 저어준다. 우유가 어지간히 줄어들었다면, 불을 끄고 버터를 조금 넣는다.

메트르도텔 감자

Pommes de terre à la maître d'hôtel, Maitre d'hotel potatoes

감자 껍질을 벗겨 소금물에 삶는다. 건져내 둥글고 얇게 썬다. 냄비에 넣고, 감자가 잠길 만큼 육수(부이용)를 붓는다. 소금, 후추를 넣고, 육수가 완전히 줄어들도록 졸인다. 버터를 알맞게 추가하고, 파슬리를 뿌린다.

미레유 감자

Pommes de terre Mireille, Sauteed Potatoes wit artichkes

☙ 감자 500g, 아티초크 속심 300g, 서양 송로(트뤼프) 100g, 버터 1큰술, 녹인 글라스 드 비앙드 3큰술, 녹인 버터, 파슬리.

얇게 썬 감자와 아티초크를 버터로 8~10분 볶는다. 껍질을 벗겨 얇게 썬 서양 송로를 넣고 섞는다. '글라스 드 비앙드' 3큰술을 넣고, 녹인 버터를 추가하고 다진 파슬리를 뿌린다.

미레유 크림 감자

Pommes de terre Mireille à la crème, Creamed potatoes with artichokes

〈미레유 감자〉처럼 감자와 아티초크를 준비해, 내열 접시에 올려, 끓인 크림을 끼얹고 치즈 가루를 넉넉히 뿌려, 오븐에서 4~5분간 익힌다.

메나제르(가정식) 감자

Pommes de terre ménagère, Fried mashed potatoes with chives

☙ 굵은 감자 1kg, 소금, 후추, 다진 차이브 3큰술, 끓인 우유 3~4큰술, 밀가루, 버터, 올리브유 또는 라드(samdoux, lard).

감자를 소금물에 삶아내 포크로 으깬다. 양념과 차이브를 넣고 우유를 부어 섞는다. 작은 달걀 크기로 둥글게 빚어 조금 두드려 눌러준다. 밀가루를 입혀 올리브유에 튀긴다. 달걀 하나를 우유에 추가해도 된다.

미레트 감자

Pomme de terre Mirette, Potatoes with truffles and cheese

ↂ 감자 500g, 다진 서양 송로(트뤼프) 3큰술, 글라스 드 비앙드 4큰술, 타라곤, 토마토 소스 2큰술, 버터 25g, 치즈 가루.

감자를 3밀리미터 두께로 썰어 끓는 물에서 2분간 데친다. 건져내 버터로 부드럽게 익힌다. 서양 송로, '글라스 드 비앙드', 타라곤, 소스와 버터를 넣고 함께 잘 버무린다. 작은 도기에 담아 치즈를 뿌리고 버터를 겉에 바른다. 오븐에 넣고 몇 분간 더 익힌다.

나나 감자

Pommes de terre Nana, Potatoes Nana

작은 다리올 틀을 사용해 만든다. 틀에 버터를 넉넉히 두르고, 얇게 썬 감자로 채운다. 감자 층마다 소금과 후추를 뿌리고 오븐에서 고열로 20분간 익힌다. 오븐과 틀에서 꺼내 '샤토 소스'를 입힌다. 샤토 소스는 녹인 '글라스 드 비앙드'에 정제한 맑은 버터와 레몬즙을 넣어 만든다.

니농 감자

Pommes de terre Ninon, Potatoes with truffed foie gras

ↂ 굵은 감자 6개, 버터, 서양 송로(트뤼프) 섞은 푸아그라, 달걀노른자 3, 크림 6큰술, 소금, 후추, 샤토 소스.

감자를 오븐에서 구워, 과육을 파내 버터로 은근히 볶는다. 불을 끄고, 그 분량의 3분의 1의 서양 송로 섞은 푸아그라를 추가한다. 크림과 달걀노른자를 섞은 것도 추가한다. 소금, 후추를 치고 잘 섞는다. 이렇게 준비한 반죽을 버터 두른 다리올 틀에 넣고 오븐에서 센 불로 5분동안 굽는다. 틀에서 꺼내 '샤토 소스'를 입힌다.

감자 누아제트

Pommes de terre noisette, Noisette potatoes

감자를 야채용 숟가락(또는 누아제트 커터)으로 호두 크기만큼 동그랗게 파낸다. 버터로 부드럽게 익힌 뒤에 소금을 뿌린다. 감자는 부드럽고 금빛을 띤 것이 좋다.

파리지엔(파리) 감자

Pommes de terre parisienne, Parisian potatoes

〈감자 누아제트〉와 같은 방법이지만, 다 익었을 때 녹인 '글라스 드 비앙드'를 바르는 것만 다르다.

감자 퓌레(매시드 포테이토)

Purée de pommes de terre, Potato puree, Mashed potatoes

☙ 굵은 감자 1kg, 버터 100g, 끓인 우유.

감자 껍질을 벗겨 네 토막으로 잘라 소금물에 넣고 부드럽게 삶는다. 건져내 몇 분간 물기를 뺀다. 체에서 눌러 거르고, 버터와 끓인 우유를 넣어 걸쭉하게 한다. 먹기 전에 한 번 더 데운다. 퓌레 만드는 감자는 너무 오래 삶지 않아야 한다.

감자 크넬

Quenelles de pommes de terre, Potato quenelles

☙ 감자 크로케트와 같은 반죽, 슈 반죽('반죽과 파티스리' 참고), 녹인 버터, 치즈 가루, 버터로 튀긴 빵가루(선택 사항).

〈감자 크로케트〉용 반죽에 그 3분의 1분량의 〈슈 반죽〉을 섞는다. 큰 숟가락으로 크넬(완자)을 빚어 소금물에 넣고 삶는다. 내열 접시에 버터를 두르고 치즈 가루를 뿌린다. 삶은 크넬을 건져내 접시에 담고 치즈 가루와 녹인 버터를 뿌리고 오븐에서 약한 불로 노릇하게 굽는다. 식탁에 내기 직전에 노릇한 버터를 조금 붓거나 버터에 튀긴 빵부스러기를 뿌린다. 〈토마토 데미글라스 소스〉를 조금 입히고 치즈 가루를 뿌려 노릇하게 굽는 방법도 있다.

감자 수플레

Soufflé de pommes de terre, Potato souffle

감자 퓌레를 조금 되게 준비하는 것이 좋다. 퓌레 500그램당, 먼저 달걀노른자 4알을 깨어 넣고, 휘저어 섞고, 달걀흰자들을 추가한다. 버터 두른 수플레 접시에 담아 오븐에서 중간 불로 익힌다.

토마토

파르시 토마토(소박이용 토마토)
Tomates à farcir, Tomatoes for stuffing

토마토를 꼭지부터 수평으로 자른다. 살짝 눌러 씨를 뺀다. 토마토 속에 소금과 후추를 넣고, 올리브유를 두른 오븐용 쟁반에 올려 오븐에서 절반쯤 익힌다. 이렇게 익힌 토마토에 여러 가지 소를 넣어 파르시를 만든다.

파리지엔(파리) 토마토 파르시 그라탱
Tomates farcies au gratin à la Parisienne, Stuffed tomatoes au gratin

☞ 파르시 토마토 6개, 뒥셀(Duxelles) 6큰술, 토마토 데미글라스 소스, 백포도주 2큰술, 빵가루, 올리브유, 파슬리.

앞의 방식으로 〈파르시 토마토〉를 준비한다. 작은 냄비에, 데미글라스 소스에 토마토 소스를 섞은 〈토마토 데미글라스 소스〉, '뒥셀' 3큰술을 포도주와 함께 넣고 몇 분 졸인다. 빵가루를 넉넉히 넣어 걸쭉하게 한다. 이렇게 만든 걸쭉한 재료로 토마토 속에 채우고 빵가루를 뿌리고 올리브유를 겉에 바른다. 오븐에서 중간 불로 익힌다. 접시에 둥글게 올려 〈토마토 데미글라스 소스〉를 조금 붓고 다진 파슬리를 뿌린다.

달걀과 치즈 넣은 토마토 파르시
Tomates farcies aux oeufs brouillés au fromage, Tomatoes stuffed with scrambled eggs and cheese

〈파르시 토마토〉를 준비한다. 우유를 섞어 스크럼블드에그를 만들고 치즈를 조금 넣어 토마토 속에 채운다. 그 위에 치즈를 조금 더 뿌리고, 녹인 버터를 겉에 바른다. 샐러맨더 그릴에서 아주 잠깐 굽는다. 스크럼블드에그에 치즈 대신 햄이나 버섯을 섞어도 된다. 이 경우, 샤토 소스 1술과 〈토마토 소스〉를 조금 추가한다.

피에몽테스(피에몬테) 토마토 파르시
Tomates farcies à la piémontaise, Piemont style stuffed tomatoes

〈파르시 토마토〉를 준비해 완전히 익힌다. 접시에 올리고 크림을 섞은 리소토로 채운다. 치즈 가루를 뿌리고 녹인 버터를 바른다. 오븐에 몇 분간 넣었다가 꺼내 〈데미글라스 소스〉를 살짝 입힌다.

프로방살(프로방스) 토마토 파르시

Tomates farcies à la provençale, Provencal style stuffed tomatoes

☙ 파르시 토마토 6~8개, 소금, 후추, 올리브유, 곱게 다진 양파 2큰술, 파슬리, 마늘 1쪽, 빵가루 또는 빵 조각 4큰술, 육수(부이용), 앤초비 필레 2, 치즈 가루(선택).

토마토에 소금, 후추를 넣고. 냄비에 올리브유를 넣고 뜨겁게 가열한다. 냄비 바닥에, 파르시 토마토를 자른 쪽이 밑으로 가도록 넣는다. 절반쯤 익으면 뒤집어 같은 시간만큼(몇 분간) 익힌 다음, 내열 접시에 담는다.

이제, 토마토에 넣을 소를 만들기 시작한다. 양파를 올리브유에 살짝 노릇하게 데치고, 껍질 벗겨 씨 빼고 잘게 다진 토마토를 넣고, 소금, 다진 파슬리, 으깬 마늘을 넣는다. 15분간 익힌다. 여기에 육수를 조금 축인 빵 조각, 곱게 다진 앤초비 필레[27]를 추가한다. 또 필요하다면 육수를 조금 더 추가해도 된다. 이렇게 준비한 소를 토마토 속에 넣는다. 치즈와 섞은 빵가루(chapelure)나 식빵 조각(mie de pain)을 뿌리고, 토마토를 익혔던 냄비에 남아있는 올리브유를 조금 붓고 10분간 오븐에서 약한 불로 익힌다. 따끈하게든 차게 식히든 어떻게 먹어도 괜찮다.

토마토 세몰리나 파르시

Tomates farcies à la semoule, Tomatoes stuffed with semolina

☙ 파르시 토마토 6~8개, 세몰리나 뇨키 125g, 끓는 육수(부이용) 500ml, 소금, 후추, 너트멕, 달걀노른자 2, 버터 1큰술, 치즈 가루, 빵가루, 녹인 버터.

앞의 방법처럼 〈파르시 토마토〉를 준비한다. 세몰리나 뇨키는 끓는 육수에 익힌다. 쌀밥처럼 짓는데, 양념을 하고, 약한 불로 20분간 끓여 익힌다. 불을 끄고, 노른자와 버터를 섞는다. 치즈 가루도 3큰술 넣어 섞는다. 이것으로 토마토의 속을 채우고, 치즈와 빵가루를 섞어 조금 뿌리고, 녹인 버터를 바르고 오븐에서 5~6분간 약한 불로 굽는다.

세몰리나 뇨키에 햄을 다져 넣어도 된다. 이와 같은 토마토 파르시 외에, 육류를 다져 넣고 치즈 가루와 빵가루를 섞어 뿌리고, 녹인 버터를 칠해

27) 앤초비 필레(filet d'anchois). 멸치 살을 올리브유와 향신료에 절인 것.

오븐에서 노릇하게 익히는 여러 가지 방법이 있다.

토마토 튀김

Tomates frites, Fried tomatoes

토마토를 끓는 물에 잠깐 데쳐 껍질을 벗긴다. 약 1센티미터 두께로 썰어 씨를 빼낸다. 소금과 후추를 넣고 〈튀김용 반죽〉[28]을 얇게 입혀 아주 뜨거운 올리브유에 넣어 튀긴다.

토마토 무스

Mousse de tomates, Tomato mousse

☙ 껍질 벗긴 토마토 350g, 다진 양파 1큰술, 버터, 백포도주 6큰술, 소금, 후추, 홍고추, 파슬리 1, 블루테 소스 4큰술, 송아지족 젤리 6큰술, 크렘 프레슈 7~8큰술.

양파를 버터에 1분간 볶고, 포도주를 붓고 절반으로 졸인다. 다진 토마토를 넣고 소금, 후추, 파슬리를 뿌린다. 뚜껑을 덮고 약한 불로 25~30분 가열한다. 〈블루테 소스〉와 송아지족 젤리를 추가한다. 몇 분만 끓여 체로 거른다. 다시 소금과 후추로 양념하고, 크렘 프레슈를 추가한다. 접시에 부어 냉장고에 넣어둔다.

프로방살(프로방스) 토마토 소테

Tomates sautées à la provençale, Provencal style saute tomates

☙ 토마토, 소금, 후추, 올리브유, 파슬리, 마늘 1, 빵가루.

토마토들을 절반씩 잘라 씨를 빼고 소금, 후추로 양념한다. 냄비에 올리브유를 조금 두르고, 토마토를 넣고, 잘린 면이 바닥으로 가도록 토마토를 놓고, 몇 분간 익힌다. 뒤집은 뒤에, 다진 파슬리, 으깬 마늘, 빵가루를 뿌리고, 오븐에서 중간 불로 5~6분간 다시 익혀 마무리한다.

토마토 수플레

Soufflé de tomates, Tomato souffle

☙ 6인분: 토마토 퓌레 250g, 파르메산 치즈 가루 75g, 베샤멜 소스 2큰술, 글라스 드 비앙드 2큰술, 달걀노른자 3, 달걀흰자 5.

진하게 졸인 토마토 퓌레에 치즈 가루, 〈베샤멜 소스〉, '글라스 드 비앙

---

28) '앙트르메-파티스리'에서 반죽 참고.

드', 달걀노른자를 넣고, 흰자를 걸쭉하게 섞어준다. 버터 두른 수플레 접시에 부어 오븐에서 중간 불로 굽는다.

돼지감자, 두루미냉이, 고구마

버터 돼지감자

Topinambours au beurre, Jerusalem artichokes[29] with butter

돼지감자의 껍질을 벗겨 큰 올리브 열매처럼 잘라, 버터를 넣고 은근한 불로 익힌다.

파리지엔(파리) 돼지감자

Topinambours à la parisienne, Parisian style jerusalem artichokes

돼지감자를 버터에 익힌다. 거의 익어갈 때, 크림을 끓여 붓고 몇 분간 더 끓인 뒤에 먹는다.

모르네 돼지감자

Topinambours à la Mornay, Jerusalem artichokes Mornay

돼지감자를 버터로 익힌다. 그라탱 그릇에 담고 〈베샤멜 소스〉를 입힌다. 치즈 가루, 버터 조각을 뿌려, 오븐에서 노릇하게 만든다.

돼지감자 퓌레

Purée de topinambours, Jerusalem artichoke puree

돼지감자의 껍질을 벗겨 버터로 익혀 체로 거른다. 이것의 4분의 1분량의 감자 퓌레와 버터를 조금 넣고 소금, 후추로 양념한다. 냄비에 부어 다시 데운다.

크림 두루미냉이

Crones à la crème, Chinese artichokes with cream

☙ 두루미냉이, 버터, 크림, 소금, 너트멕 가루.

두루미냉이를 소금물에 삶아 버터로 몇 분 볶는다. 크림을 조금 끓여 넣

29) 돼지 감자를, 영어로는 예루살렘 아티초크라고 한다.

고, 소금, 너트멕 가루를 넣는다. 접시에 담아 〈쉬프렘 소스〉나 〈베샤멜 소스〉를 두른다. 보르도식, 또는 프로방스식 세프 버섯처럼 조리해도 된다.

두루미냉이(초석잠)30)
Crosnes du Japon, Japanese artichoke, Chisnese artichokes
두루미냉이의 껍질을 벗기고, 왕소금으로 투박한 속껍질도 문질러 제거하는 것이 좋다. 찬물로 씻어 말린다. 돼지감자 조리법을 적용한다. 버터로 익혀 '글라스 드 비앙드' 몇 술을 두른다. 다진 파슬리를 뿌린다.

고구마

고구마는 여러 종이 있다. 아시아, 아프리카, 영국, 스페인에서 많이 먹는다. 아프리카에서도 많이 소비된다. 밤 조리법을 그대로 따라도 된다.

30) 일본산은 감로자, 적로 등으로도 부른다. 일본에서는 '초로기'라고 한다. 중국산은 '택란'이라고 부른다. 유사종이지만 꽃이 피는 시기가 다르다. 국내에서도 생산한다. 작은 감자처럼 생긴 뿌리를 식용한다.

세프버섯, 양송이버섯, 곰보버섯

세프 버섯(포르치니 버섯)

세프 버섯(프랑스 Cèpe, 이탈리아 Porcini)은 찬물에 담갔다가 천으로 짜서 완전히 물기를 뺀다.

보르들레즈(보르도) 세프
Cèpes à la bordelaise, Bordeaux style Cèpes

세프 버섯을 다진다. 가볍게 양념을 한다. 팬에 올리브유를 넣고, 버섯을 넣고 노릇하게 지지면서 샬롯과 빵 조각을 넣는다. 전체를 함께 몇 분간 볶는다. 접시에 올리고, 레몬즙, 다진 파슬리를 뿌린다. '글라스 드 비앙드' 2큰술을 더 얹어도 된다.

크림 세프
Cèpes à la crème, creamed Cèpes

세프 버섯을 얇게 썰어 버터로 너무 노릇해지지 않도록 저어주며 익힌다. 양파도 조금 버터에 지져 추가하고 끓는 크림을 붓는다. 몇 분간 더 졸이고, 〈베샤멜 소스〉를 끼얹는다.

치즈 세프
Cèpes au fromage, Cèpes with cheese

세프 버섯을 조금 두툼하게 썬다. 양념을 하고 밀가루를 입혀 올리브유나 버터에서 튀긴다. 코코트 냄비에 넣고 치즈 가루를 뿌린 뒤 소스로 덮는다. 버터를 조금 더 넣고 오븐에 넣어 중불에서 몇 분간 익힌다.

프로방살(프로방스) 세프
Cèpes à la provençale, Cèpes provençale

〈보르들레즈 세프〉와 같은 방법이지만, 으깬 마늘 한 쪽을 추가한다. 야채 접시에 올려 레몬즙을 조금 뿌리고, 다진 파슬리를 뿌린다.

양송이버섯

크림 양송이버섯

Champignons à la crème, creamed mushrooms

〈크림 세프〉와 조리법은 같다. 양송이는 이 방법이 적합하다.

양송이버섯 크루트

Croûtes aux champigons, mushroom croutes

양송이를 씻어 냄비에 넣는다. 버터 15그램을 넣고, 레몬즙을 뿌리고 소금, 후추를 넣는다. 뚜껑을 덮고 센 불에서 몇 분간 굽는다. 〈블루테 소스〉를 추가하고 4~5분간 더 끓인다. 불을 끄고, 달걀노른자와 휘핑크림을 추가한다. 여기에 다시 버터 50그램을 넣고 따뜻한 곳에 올려두어 식지 않게 한다. 식빵을 작고 네모지게 6조각으로 자른다. 상자처럼 늘어놓고 한가운데는 비워둔다. 버섯을 버터로 구워 빈 자리에 올린다.

양송이버섯 구이

Champignons grillés, grilles mushrooms

중간 크기의 양송이버섯을 씻어, 줄기를 제거하고, 소금과 후추로 간을 맞추고 식용유를 두른다. 그릴이나 철판에서 은근하게 굽는다. 버섯의 움푹한 안쪽에 메트르도텔 버터를 1작은술 넣는다.

양송이버섯 파르시

Champignons farcis, stuffed muschrooms

보통 크기의 양송이버섯들을 골라, 줄기를 떼어놓는다. 씻어 물기를 뺀다. 버섯 대가리를 움푹한 그라탱 그릇에 담아 소금, 후추를 치고 올리브유를 조금 두르고 오븐에서 중불로 5분간 익힌다.

씻은 버섯들을 조금 추가해 다진다. 헝겊으로 물기를 짜낸다. 냄비에서 비계와 올리브유를 함께 가열해 다진 버섯과 곱게 다진 샬롯을 넣고 간을 맞춘다. 센 불로 모든 습기를 날려버린다. 여기에 바짝 졸인 〈데미글라스 소스〉를 붓고, 파슬리 조금과 빵가루 한 술을 뿌린다. 전체를 잘 섞어 각 버섯 대가리 움푹한 곳에 한 술씩 넣는다. 빵가루를 뿌리고 올리브유를 겉에 바르고, 오븐에 넣어 노릇하게 익힌다.

양송이버섯 허브 볶음

Champignons sautés aux fines herbs, suated mushrooms with parsley

양송이버섯을 곱게 다져 소금, 후추로 간을 한다. 버터나 올리브유를 냄비에 두르고 버섯을 넣고 센 불에 볶는다. 다진 파슬리를 뿌린다. 마늘을 넣으려면, 버터를 넣기 전에 냄비에 넣고 살짝 지진다.

양송이버섯 가르니튀르

Champignons tournés ou cannelés pour garnitures, Turned or grooved mushrooms for garnishing

버섯을 물에 씻어 헝겊으로 감싸 물기를 뺀다. 버섯에 칼집을 둥글게 돌려가며 내거나, 세로로 길쭉하게 낸다. 양송이버섯 500그램에 물 100밀리리터, 소금, 버터 30그램, 레몬 반쪽의 즙을 넣고 3~4분 익힌다.

양송이버섯 퓌레

Purée de champignons, mushroom puree

버섯을 씻어 물기를 뺀다. 껍질을 벗기고 고운 체로 거른다. 냄비에 넣고 버섯 분량의 절반쯤에 해당하는 버터를 넣고 센 불에서 물기를 없앤다. 크렘 프레슈 100밀리리터, 끓인 〈베샤멜 소스〉 150밀리리터를 붓는다. 소금, 후추, 너트멕을 추가한다.

트뤼프를 섞은 양송이버섯 퓌레

Purée de champignons truffes, Puree of truffes mushrooms

〈양송이버섯 퓌레〉와 같지만, 다진 서양 송로(트뤼프)를 2큰술 더 넣는다.

곰보버섯

곰보버섯(Morilles)은 미색과 갈색, 불그스레한 것도 있다. 붉은 빛이 도는 것은 앞의 두 가지와 다르지만 향미가 뛰어나다. 작은 버섯은 그대로 이용한다. 큰 버섯은 반이나 4토막으로 자른다. 잘 씻어 물기를 짜내, 버섯 500그램당, 버터 25그램, 레몬즙, 소금, 후추를 넣는다. 냄비뚜껑을 덮고 2분간 익힌다.

풀레트[31] 곰보버섯

Morilles à la poulette, Morels with veloute sauce or poulette sauce

곰보버섯을 앞에서 설명한 방법으로 익힌다. 체로 걸러내고, 육수를 졸인다. 버섯 1개당 〈블루테 소스〉 300밀리리터를 넣고, 몇 분간 더 끓인 다음 버섯을 넣는다. 달걀노른자 3개를 물이나 육수 3큰술에 풀어넣어 소스를 만든다. 끓이지는 않고 가열한 채 저어주며, 버터를 조금 넣고, 다진 파슬리를 넣는다. 버섯을 접시에 올리고 소스를 붓는다.

곰보버섯 볶음

Morilles sautées, saute morels

버섯을 깨끗이 씻는다. 헝겊으로 싸서 물기를 완전히 빼고, 절반이나 넷으로 토막 낸다. 프라이팬에 넣고 센 불에서 버터로 볶아, 소금과 후추를 넣는다. 다진 마늘을 넣어도 좋다. 다진 파슬리를 뿌린다.

샤틀렌 곰보버섯 볼오방

Vol-au-vent de morilles à la châtelaine, Morel vol-au-vent

곰보버섯에 〈크림 소스〉를 넉넉하게 두르고, 그 3분의 1분량의 얇게 썬 서양 송로를 추가한다. 커다란 볼오방의 빵 속에 붓고, 반숙한 작은 달걀을 그 위에 올린다. 그 위에 다시 〈크림 소스〉를 살짝 덮는다.

트뤼프(트러플, 서양 송로)

숯불구이 트뤼프

Truffes sous la cendre, Truffles cooked under charcoal cinders

깨끗이 씻지만 껍질은 벗기지 않는다. 소금을 조금만 치고 코냑도 살짝만 뿌린다. 우선 각 송로를 얇은 삼겹살로 감싸고 나서 기름종이 두 겹으로 더 싼다. 밖에는 물을 적셔준다. 뜨거운 숯 위에 올리고, 위에 숯을 한 층

---

31) 풀레트 소스 방식의 조리법. 풀레트 소스는 알망드 소스(블루테 소스+달걀노른자)를 끓여 버섯(또는 버섯 국물), 버터, 레몬즙, 다진 파슬리를 넣는다.

더 올린다. 송로의 크기에 따라 다르지만 약 30~45분간 굽는다. 기름종이를 걷어내고 냅킨에 올려 버터와 함께 먹는다.

샴페인 트뤼프
Truffes au champagne, Truffles in Champagne

서양 송로의 껍질을 벗긴다. 냄비에 넣고 샴페인과 갈색 '퐁드보'(빌 스톡)를 같은 분량으로 붓는데, 서양 송로가 잠길 정도만 붓는다. 소금, 후추를 조금 친다. 소금은 송아지 육수의 간에 따라 맞춘다. 뚜껑을 덮고 5분간 끓인다. 접시에 담고 육수를 3분의 2로 졸여 붓는다.

크림 트뤼프
Truffes à la crème, Creamed truffles

☞ 서양 송로(트뤼프) 200g, 버터 25g, 마데이라 포도주 2~3큰술, 글라스 드 비앙드 2큰술, 소금, 후추, 크림, 베샤멜 소스.

서양 송로 껍질을 벗기고 조금 두툼하게 썬다. 냄비에 버터 13그램과 함께 넣고, 마데이라 포도주와 '글라스 드 비앙드'를 붓는다. 소금, 후추를 넣고. 뚜껑을 덮어 2초 동안 끓인다. 〈베샤멜 소스〉에 크림을 조금 추가해 서양 송로에 붓는다. 다시 한 번 끓여서 남은 버터를 넣어 마무리한다.

세르비에트(냅킨)[32] 트뤼프
Truffes à la serviette, Truffles with madeira

〈샴페인 트뤼프〉와 같지만, 샴페인 대신 마데이라 포도주를 사용한다. 냅킨에 올려 먹는다.

트뤼프 탱발
Timbale de truffes, Timbale of truffles

☞ 서양 송로(트뤼프), 파테 반죽, 돼지비계, 소금, 후추, 글라스 드 비앙드 3큰술, 마데이라 포도주 6큰술, 달걀.

탱발 틀에 버터를 두르고 비계를 얇게 썰어 바닥에 깔고 옆에도 둘러놓는

32) 유명한 19세기 미식가 그리모 드 라 레니에르는 냅킨에 올려놓고 먹는 송로 백포도주 찜은 향기가 매우 짙고 거의 괴상망측하다고 했다. 그는 주머니에 넣고 다닐 수 있는 이 음식은 세상에서 가장 비싼 디저트라고 했다.

다. 서양 송로를 넣고, 소금, 후추로 양념을 한다. 냄비에 '글라스 드 비앙드' 2~3큰술과 마데이라 포도주 6큰술을 넣고 끓인다. 이것을 서양 송로 위에 붓는다. 다른 비계로 덮고, 파이 반죽을 넣는다. 달걀을 깨어 겉에 바르고 오븐에서 센 불로 40~50분간 굽는다.

쌀과 밀가루 요리

오르되브르와 샐러드용 쌀밥

쌀 250그램에 물을 붓고 20분간 쌀밥을 짓는다. 물 1리터당 소금 10그램을 넣는다.

영국식 쌀밥

Riz à l'anglais, Rice cooked in the english way

소금을 조금 넣은 물에 쌀을 끓여 익힌다. 접시에 올리고 버터를 조금 넣는다. 쌀 3분의 1분량의 삶은 완두콩을 추가해도 된다. 이 쌀밥은 고기에 곁들여도 좋다.

버터 쌀밥

Riz au beurre, Buttered rice

ꕤ 4~5인분: 쌀 250g, 버터 75g, 물 500ml, 소금.

냄비에 쌀을 붓는다. 35그램의 버터를 넣는다. 물을 붓고, 소금을 넣는다. 뚜껑을 덮고 센 불에서 18분 끓인다. 냄비를 불에서 꺼내 나머지 버터 35그램을 쌀밥에 넣어 포크로 저어 섞는다. 이 쌀밥은 생선, 가금, 고기 요리 등에 곁들인다.

카레 쌀밥

Riz au curry, Curries rice

ꕤ 쌀 200g, 육수(부이용) 500ml, 카레 가루 2작은술, 다진 양파 1큰술, 버터 50g.

버터에 양파를 넣고 노릇하게 볶는다. 카레 가루, 쌀을 넣고 몇 분간 나무주걱으로 쌀이 뜨겁게 익을 때까지 저어준다. 육수를 붓고, 뚜껑을 덮어

18분간 끓인다. 쌀밥이 다 되면 버터를 조금 더 넣는다. 생선 육수를 조금 넣어도 된다.

크레올 쌀밥

Riz à la créole, Creole rice

⁂ 쌀 200g, 물 500ml, 소금 6~8g, 라드(saindoux, lard)[1] 60g.

물을 넣은 냄비에 쌀을 넣는다. 소금과 라드 30그램을 넣는다. 뚜껑을 덮고 꽤 센 불에서 18분간 끓여 쌀밥을 짓는다. 나머지 라드 30그램을 넣고 포크로 잘 저어 섞는다. 쿠바 사람들은 보통 쌀밥을 모든 고기 요리에 곁들인다. 특히 달걀 프라이와 함께 먹는다.

다른 방식의 크레올 쌀밥

⁂ 쌀 200g, 라드 50g, 다진 양파 1큰술, 작은 고추 2개, 토마토 3~4개, 육수 500ml, 소금, 후추, 사프란(선택).

라드를 가열하고, 양파를 노릇하게 익힌다. 얇게 썬 고추, 껍질을 벗겨 씨를 빼고 다진 토마토를 섞는다. 소금, 후추를 넣고 볶는다. 육수와 쌀을 넣고, 뚜껑을 덮고 20분간 끓인다. 사프란을 조금 추가해도 좋다.

프랑세즈(프랑스) 쌀밥

Riz au gras à la française, Rice with nutmeg

⁂ 쌀 200g, 버터 30g, 소금, 후추, 호두, 육수(맑은 부이용) 1.25리터.

쌀을 소금물에 넣고 2분간 끓인다. 물은 따라낸다. 냄비에 버터를 두르고 쌀을 넣고, 소금과 후추로 양념해 호두 한 줌을 넣는다. 2분간 볶다가 육수를 붓고, 뚜껑을 덮고 18~20분간 더 끓인다. 쌀밥을 닭고기와 함께 먹는다면 닭고기 육수로 쌀밥을 짓는다.

앵디엔(인도) 쌀밥

Riz à l'indienne, Indian Rice

쌀 200그램에 물 1.5리터를 붓고, 소금을 조금 넣고 18분간 끓인다. 체로

---

1) 돼지고기의 지방 조직을 녹여서 정제한 반고체 상태의 식용 기름. 19세기에는 버터와 함께 사용했다. 20세기에 가공 기술의 향상으로 크게 유행했다. 저지방 식품에 대한 관심이 생겨나면서 선호도가 바뀌었지만 여전히 중요한 재료이다.

걸러 물기를 빼고, 오븐에 고들고들하게 몇 분간 넣어둔다. 달걀, 생선, 양고기 또는 가금의 〈카레 소스〉 요리에 곁들인다. 원래 인도 쌀은 끓이기보다는 증기로 쪄서 쌀밥을 짓는다.

밀라네즈(밀라노) 쌀밥

Riz à la milanese, Rice cooked in the milanese way

∞ 쌀 200g, 버터 75g, 다진 양파, 소금, 후추, 육수 500ml, 파르메산 치즈 3~4작은술.

필래프를 만드는 방식과 같이, 쌀을 18분간 익힌다. 불을 끄고, 버터를 잘게 잘라 넣고, 마지막에 치즈를 뿌린다.

리소토(피아몬테 쌀밥)

Riz à la piémontaise, *Risotto*

∞ 쌀 300g, 버터 150g, 다진 양파 1큰술, 소금, 후추, 콩소메(맑은 국물) 600ml, 파르메산 치즈.

리소토는 피에몬테에서 생산한 쌀로 지어야 좋다. 냄비에 준비한 버터 절반을 넣고 가열한다. 양파를 넣어 노릇해지면, 쌀을 넣고 나무주걱으로 1분간 젓고, 소금과 후추를 넣는다. 쌀의 3분 1분량쯤 맑은 콩소메를 붓고 계속 저어 물기가 없어지면, 다시 같은 양의 콩소메를 붓는다. 콩소메 국물이 다 마르면 나머지를 또 붓는다. 이렇게 계속 저어주면서 쌀밥을 짓는다. 이 과정에서 쌀밥이 걸쭉해지면 나머지 버터와 파르메산 치즈를 추가한다. 국물을 한꺼번에 붓고 쌀밥을 지어도 된다. 그 대신, 뚜껑을 덮고, 저어주지는 않는다. 버터와 치즈도 먼저 넣는다. 이탈리아 피에몬테에서 생산한 흰색 서양 송로를 잘게 잘라 넣어도 된다.

리소토는 각종 고기 요리에 곁들이기도 한다. 이탈리아 사람들은 조금 덜 익힌 쌀밥을 좋아한다. 15~16분이면 된다.

필래프

Riz pilaw, Rice pilaf

∞ 쌀 200g, 버터 50g, 다진 양파 1작은술, 소금과 후추, 콩소메 또는 갈색 퐁드보(빌 스톡) 500ml.

버터로 양파를 조금만 노릇하게 볶는다. 쌀을 넣고 소금, 후추로 양념해,

1분간 저어준다. 쌀이 버터를 완전히 흡수하도록 한다. 육수를 붓고, 뚜껑을 덮고 18분간 오븐에서 익힌다. 오븐에서 꺼내 버터 30~40그램을 쌀밥에 섞는다. 필래프는 달걀, 육류, 생선, 야채 어느 것에나 잘 어울린다.

포르튀게즈(포르투갈) 쌀밥

Riz à la portugaise, Portuguese style rice

☙ 쌀 200g, 올리브유 3큰술, 다진 양파 1큰술, 붉은 피망 2, 토마토 2, 소금과 후추, 사프란, 끓는 육수(부이용) 500ml.

올리브유를 가열해, 양파를 넣고 노릇하게 지진다. 그 위에 쌀을 붓는다. 불에 구워 껍질 벗긴 피망을 네모나게 썰어서 넣는다. 껍질 벗겨 씨를 뺀 토마토를 다져 넣는다. 소금, 후추, 사프란을 뿌리고 육수를 붓는다. 뚜껑을 덮고 18분간 익힌다. 이렇게 조리한 쌀밥을 소시지와 함께 낸다.

튀르크(터키) 쌀밥

Rice à la turque, Rice in the turkish way

필래프 쌀밥에 토마토, 가지, 주키니 호박, 오크라를 볶아 섞는다. 터키 사람들은 이 쌀밥을 지을 때 양의 비계를 사용한다.

가금 파르스용 쌀밥

Riz préparé pour farcir les volailles, Rice for stuffing pultry

1. 쉬프렘 소스에 포셰 조리법으로 익히는, 닭에 넣는 파르스

☙ 프랑스식 쌀밥, 서양 송로(트뤼프), 돼지고기, 버터에 익힌 버섯, 푸아그라.

쌀밥에 송로, 돼지고기, 버섯을 가늘게 썰어넣고, 푸아그라도 조금 넣는다.

2. 푸알레 조리법으로 익히는 닭에 넣는 파르스

☙ 필래프, 서양 송로(트뤼프), 푸아그라, 글라스 드 비앙드 2~3큰술, 수탉의 콩팥, 버터.

쌀밥에 다진 서양 송로, 푸아그라, '글라스 드 비앙드', 버터로 구운 수탉 콩팥, 버터를 조금 넣는다.

라이스 워터

Eau de riz, Rice water

☙ 쌀 150g, 물 2리터, 설탕 120g, 레몬 또는 오렌지.

쌀에 물을 붓고 20여 분간 끓인다. 물을 주전자에 받아 설탕, 레몬 또는 오렌지를 조금 넣는다. 냉장고에 넣어둔다. 이 음료는 매우 시원하고 영양가 높다. 탄산가스를 넣은 음료를 섞어도 된다. 쌀은 야채 수프에 이용하기도 한다. 버터에 볶거나, 조리한 생선, 중새우, 바닷가재, 참치, 다양한 야채에도 넣어 오르되브르로 내는 작은 샐러드를 만든다.

뇨키, 플렌타, 라자냐, 마카로니, 카넬로니, 국수, 라비올리

뇨키

파르메산 퐁뒤(벨기에 스타일)
Fondue au parmesan, *mode belge*, Parmesan fondu, Belgian style
ᏜᏜ 버터 60g, 밀가루 60g, 우유 500ml, 소금과 후추, 너트멕, 달걀노른자 5, 파르메산 치즈 100g, 달걀, 빵가루, 올리브유, 파슬리.
버터와 밀가루를 섞어 반죽을 만든다. 우유를 조금씩 부어 끓어오를 때까지 젓는다. 소금, 후추, 너트멕으로 양념해, 뚜껑을 덮고 약한 불에 25분 익힌다. 표면에 떠오른 막을 걷어내고 달걀노른자를 넣고 치즈를 뿌린다. 버터를 두른 제빵용 판에 반죽을 펼친다. 그 위에 다시 버터를 조금 두르고 식힌다. 반죽에 밀가루를 뿌리고 지름 3센티미터로 원통형 커터(틀)를 이용해서 둥글게 자른다. 밀가루, 달걀물, 빵가루를 입혀 올리브유에 튀긴다. 튀긴 파슬리를 곁들인다. 이 요리는 오르되브르, 또는 디저트용이다.

뇨키 그라탱
Gnocchi au Gratin
ᏜᏜ 체로 친 고운 밀가루 250g, 우유 500ml, 소금, 너트멕, 버터 100g, 달걀 6, 파르메산 치즈 125g, 베샤멜 소스, 녹인 버터.
우유, 소금, 너트멕, 버터를 냄비에 넣고 끓인다. 불을 끄고 고운 밀가루를 넣고 잘 섞어, 다시 센 불로 끓인다. 불을 끄고 달걀을 1알씩 깨어 넣고 저어준다. 치즈 가루를 추가한다. 이 반죽을 호두알 크기로 빚어, 끓는 소금물에 넣고 은근히 익힌다.
그라탱 접시 바닥에 〈베샤멜 소스〉를 조금 두른다. 건져낸 뇨키를 접시에 가지런히 담고 소스로 덮는다. 나머지 치즈를 뿌리고 버터를 겉에 바른다. 오븐에 넣어 노릇하게 익힌다.

로멘(로마) 뇨키

Gnocchi à la romaine, Roman gnocchi

☙ 세몰리나 밀가루 250g, 우유 1리터, 소금과 후추, 너트멕, 달걀노른자, 그뤼예르 치즈, 파르메산 치즈.

세몰리나에 우유를 붓고 끓인다. 소금, 후추, 너트멕을 넣어 양념을 하고 약한 불로 20분간 익힌다. 불을 끄고, 달걀노른자를 붓고 저어준다. 축축한 평판에 쏟아 1센티미터 두께로 펼친다. 완전히 식으면, 원통형 커터를 이용해 지름 4~5센티미터로 자른다. 이 둥근 반죽 덩어리를 버터를 두른 내열 접시에 넣고, 그뤼예르 치즈와 파르메산 치즈를 조금씩 뿌리고, 오븐이나 샐러맨더 그릴에서 빠르게, 센 불로 익힌다.

감자 뇨키

Gnocchi de pommes de terre, Potato gnocchi

☙ 으깬 감자 1kg, 밀가루 150g, 버터 60g, 달걀 2, 달걀노른자 2, 소금과 후추, 너트멕, 치즈 가루, 녹인 버터.

감자를 물에 삶아, 으깨서 체로 곱게 거른다. 버터와 달걀, 밀가루를 넣고, 소금, 후추, 너트멕으로 양념한다. 이렇게 준비한 반죽으로 뇨키를 만든다. 호두알만한 크기로 떼어내 공처럼 굴리면서 포크로 살짝 두드려준다. 끓는 소금물에서 데쳐 헝겊 위에 건져놓는다.
움푹한 그라탱 접시에 버터를 두르고 뇨키를 층층이 올린다. 각 층마다 치즈 가루를 뿌린다. 녹인 버터를 겉에 바르고 오븐에 넣어 노릇하게 익힌다.
뇨키는 밀가루 옷을 입혀 양쪽을 노릇하게 뒤집어가며 버터에 튀겨도 된다. 접시에 쏟아 치즈 가루를 뿌린다. 냄비에 남은 버터를 조금 더 추가해 노릇하게 지져 뇨키 위에 붓는다.

파르메산 치즈 노크

Noques au parmsan, Noques with parmasan cheese

ꕥ 밀가루 150g, 버터 250g, 달걀 2, 달걀노른자 2, 소금, 후추, 너트멕, 달걀흰자 1, 파르메산 치즈.

버터를 따뜻한 그릇에 넣고 몇 분간 휘젓는다. 여기에 달걀들을 깨어 넣는다. 소금, 후추, 너트멕을 넣고, 밀가루를 추가하고, 달걀흰자를 휘저어 넣는다. 이렇게 섞은 것을 호두알만한 크기로 숟가락으로 퍼서, 끓는 소금물에 넣고 몇 분간 은근히 삶는다. 꺼내서 헝겊 위에 올려놓고 물기를 뺀다. 접시에 올리고 조금 노릇한 버터를 붓고, 파르메산 치즈 가루를 충분히 뿌린다. 노크(noque)는 프랑스 알자스 지방의 전통 음식이다.

폴렌타

폴렌타(Polenta)는 옥수수 가루로 만든 이탈리아 피에몬테 지방의 전통 음식이다. 피에몬테 사람들은 이 음식을 항상 즐긴다. 용도도 다양하다. 폴렌타 전용 주걱과 냄비가 따로 있을 정도다.

피에몬테 폴렌타

Polenta à la Piémontaise

ꕥ 옥수수 가루 600g, 물 2리터, 소금 15g, 치즈 가루, 버터.

소금물에 옥수수 가루를 천천히 붓고, 20분간 계속 저어주며 끓인다. 버터를 두른 평판이나 접시에 붓고 넓게 펼친다. 조각들에 치즈 가루와 버터를 뿌린다.

식은 폴렌타를 조각으로 잘라 구울 수도 있다. 빵 대신 먹는다. 멋진 모양으로 잘라 밀가루를 입혀 버터나 올리브유에 지져도 된다. 폴렌타는 작은 조류의 버터구이와 함께 먹기도 한다. 폴렌타 조각에 버터를 두르고, 얇게 자른 흰색 서양 송로를 깔아놓은 샤를로트 틀에 넣고 치즈와 버터를 뿌린다. 오븐에서 중불로 구운 뒤 틀에서 빼내 새 구이에 곁들인다. 새를 조리했던 냄비에 남은 버터에 백포도주 6술과 된 육즙을 넣는다. 이것을 끓여 새 구이와 폴렌타 위에 쏟아붓는다. 파르메산 치즈를 뿌리고 토마토 소스를 넣은 〈데미글라스 소스〉를 곁들인다.

라자냐

라자냐(Lasagne, Lasagna)[2]는 파스타의 일종이다. 리본처럼 잘라 약간 주름을 잡았다. 라자냐는 마카로니 또는 국수처럼 조리한다.

마카로니

마카로니(Macaroni)는 끓는 물에 삶는다. 물 1리터 기준으로 8그램의 소금을 푼다. 삶는 시간은 밀가루 품질에 따라 차이가 있다. 나폴리 마카로니는 14분 익혀야 한다. 막바지에 찬물을 부어 조리를 끝내고 즉시 물을 따라버린다. 마카로니와 그 비슷한 파스타는 절대 차게 식지 않아야 한다. 필요할 때 즉시 조리한다. 마카로니를 다시 데워 먹으면 맛이 없다.

마카로니 그라탱

Macaroni au gratin

☙ 마카로니 250g, 버터 30g, 그뤼예르 치즈 가루 50g, 파르메산 치즈 가루 50g, 소금과 후추, 너트멕, 베샤멜 소스 2큰술, 빵가루.

소금물에 마카로니를 삶아, 물을 뺀다. 버터, 그뤼예르와 파르메산 치즈 가루를 넣고, 소금, 후추, 너트멕을 넣고, 소스를 추가한다. 전체를 잘 섞는다. 버터를 두른 조금 움푹하고 길쭉한 그라탱 접시에 붓고 남은 치즈를 빵가루에 섞어 뿌리고 오븐에서 노릇하게 익힌다.

이탈리엔(이탈리아) 마카로니

Macaroni à l'italienne, Italian macaroni

☙ 마카로니 500g, 소금, 후추, 너트멕, 그뤼예르 치즈와 파르메산 치즈 가루 반반씩 섞은

---

2) 요리는, 라자냐(lasagna)의 복수형인 라자네(lasagne)라고 부른다.

150g, 버터 60g.

끓는 소금물에 마카로니를 삶고 물을 따라버린다. 소금, 후추, 너트멕으로 양념하고, 치즈와 버터를 추가해, 조금 기다린 다음 전체를 잘 저은 뒤 접시에 올린다.

육수(그레이비) 마카로니

Macaroni au jus, Macaroni wth gravy

☙ 마카로니 250g, 진한 육수 2~3큰술, 버터 30g, 파르메산 치즈 40g, 그뤼예르 치즈 40g, 후추.

소금물 1리터에 마카로니를 넣고 12분간 삶는다. 물을 완전히 따라버린다. 브레제로 조리한 소고기 육수를 붓고 마카로니가 모두 흡수할 때까지 계속 끓인다. 버터, 치즈, 후추를 추가하고 잘 섞은 다음 〈데미글라스 소스〉를 두는다. 버섯류를 가르니튀르로 올린다. 진한 〈데미글라스 소스〉를 두른다. 서양 송로(트뤼프)가 들어간 푸아그라 2~3술을 올려도 된다.

밀라네즈(밀라노) 마카로니

Macaroni dit *à la milanese*, Milanese style macaroni

〈이탈리엔 마카로니〉의 방법을 따르지만, 가르니튀르에 변화를 준다. 돼지고기, 혀, 버섯, 서양 송로를 모두 가늘게 썰어 토마토 소스를 섞은 〈데미글라스 소스〉를 두른다.

낭튀아 마카로니

Macaroni Nantua, Macaroni with crayfish

서양 송로를 넣은 마카로니 250그램을 준비하고(아래 항목 참고), 민물가재 버터 60그램, 민물가재 꼬리(몸통) 24개로 완성한다. 마카로니 위에 얇게 썬 서양 송로를 조금 올린다.

나폴리텐(나폴리) 마카로니

Macaroni napolitaine, Naples style macaroni

적포도주 또는 백포도주에 소고기를 삶고 토마토를 조금 추가한다. 고기는 거의 흐물한 반죽 상태가 될 때까지 오래 삶는다. 이것을 체에 눌러 곱게 걸러낸다. 마카로니는 소금물에 삶아 부드러워지면 물을 따라버린다.

깊은 접시 바닥에 치즈 가루를 뿌리고, 고기 반죽을 한 층 깔고, 이어서 마카로니 한 층을 깔고 이런 식으로 재료가 다 떨어질 때까지 계속 쌓는다.

트뤼프 마카로니
Macaroni aux truffes, Macaroni with truffles
☙ 마카로니 250g, 버터 50g, 파르메산 치즈와 그뤼예르 치즈 각 50g, 너트멕, 크림, 베샤멜 소스 6~8큰술, 서양 송로(트뤼프) 100g.
마카로니를 소금물에 삶아낸다. 버터, 치즈를 추가하고 너트멕을 넣는다. 소스에 크림을 조금 넣고, 마카로니에 얇게 썬 서양 송로를 넣는다, 접시에 담아내든가 또는 볼오방에 넣어 먹는다. 〈그라탱 마카로니〉식으로 마무리해도 된다.

카넬로니

카넬로니(Cannelloni)는 파스타의 일종이다. 길이 10센티미터로 지름 3센티미터 튜브처럼 생겼다. 상점에서 쉽게 구할 수 있다.

카넬로니 파르시
Cannelloni farcis, Stuffes canneloni
카넬로니를 마카로니와 같은 방법으로 삶은 후, 세로로 갈라, 준비한 파르스를 채워 다시 둥글게 말아 붙인다. 내열 접시에 나란히 놓고 치즈 가루를 뿌리고 소스를 덮는다. 맨 위에 다시 치즈를 뿌리고, 버터 몇 조각을 올리고 오븐에서 아주 약한 불로 5분쯤 익힌다. 그래야 치즈가 소스와 잘 섞인다. 즉시 먹는다. 카넬로니는 직접 만들 수 있다. 면 반죽을 얇게 밀어 길이 8센티미터 폭 6센티미터로 자른 다음 소금물에 삶는다.

국수

국수(Nouilles)는 보통 완제품을 구입해 사용한다. 직접 만들어 먹으면 훨씬 더 신선하다.

ꙮ 밀가루 500g, 소금 15g, 달걀 4알, 달걀노른자 5알.

고운 밀가루와 고운 소금을 준비한다. 달걀과 노른자를 깨어 넣고 물을 넉넉히 붓는다. 반죽을 2~3번 굴려 접고 1시간 정도 놓아둔다. 국수는 마카로니처럼 소금물에 삶는다.

알자시엔(알자스) 국수/슈페츨레

Nouilles à l'Alsacienne, German Spaetzle Dumplings, Spätzle

알자스 국수[3]는 삶은 국수를, 버터로 볶아서 바삭하게 먹는다.

라비올리

라비올리 반죽

Pâte à ravioli, Ravioli paste

ꙮ 밀가루 500g, 소금 1줌, 올리브유 2큰술, 미지근한 물 1.2리터.

고운 밀가루와 고운 소금을 둥글게 펼쳐 놓는다. 올리브유와 미지근한 물을 그 한가운데에 붓고 반죽한다. 필요할 때마다 물을 조금씩 더 넣는다. 너무 오랫동안 반죽하지 않는다. 둥근 반죽을 그릇에 넣어 30~40분간 놓아둔다.

라비올리 만들기

이탈리아의 작은 만두, 라비올리(Ravioli) 조리법은 여러 가지이다. 전통적으로, 얇은 사각형으로 밀가루 반죽(피)을 만든다. 피에, 파르스(소)를 넣고 피의 가장자리에 물을 적신 뒤, 피를 덮는다. 손가락으로 피 둘레를 누른 뒤, 둥글고 작은 바퀴 톱날로 여러 개로 자른다. 그러면 대각선 길이가

3) 독일과 인접한 프랑스 알자스 지방의 국수로, 독일의 슈페츨레(Spätzle)와 같다. 밀가루에 달걀, 소금 등을 넣고 묽게 반죽해, 작은 구멍이 뚫린 국수틀에 반죽을 내리거나 칼로 잘라, 곧바로 끓는 소금물에 삶는다. 한국의 올챙이 국수와 비슷하다. 가볍게 삶은 뒤에 건져내 물기를 빼고 버터를 넣고 바삭하게 볶거나 녹인 버터를 뿌리고 오븐에서 바삭하게 만든다.

2~3센티미터쯤 된다. 톱날바퀴가 없으면 칼로 잘라도 된다.[4)]
준비한 라비올리를 냄비에 넣고 약한 소금물에 10~12분 가량 삶는다. 체로 거르고, 완전히 물기를 빼 건조시킨다. 식탁에 올릴 접시에 치즈 가루를 뿌리고, '소고기 도브'(다음 항목인 프로방스 라비올리 참고)를 2~3술 넣는다. 라비올리를 층층이 올리는데, 각 층 사이마다 육즙과 치즈 가루를 뿌린다. 뚜껑을 덮고 몇 분간 뜨거운 불가에 놓아둔다. 이렇게 하면 치즈와 육즙이 잘 섞인다. 〈토마토 소스〉 몇 술을 육즙에 추가해도 된다.
과거의 시골식 요리법을 소개했지만 소고기 대신 닭고기에, 요리하고 남은 고기들이나 푸아그라를 추가해 '소'로 만들어 쓸 수도 있다. 이 경우, 소고기 도브 대신 〈데미글라스 소스〉에 다진 토마토를 섞어도 된다.
〈데미글라스 소스〉를 이용한다면, 다음과 같은 방법이 좋다.
☙ 버터 50g, 다진 삼겹살 2큰술, 다진 양파 2큰술, 다진 당근 2큰술, 백포도주 6큰술, 토마토 400g, 소금, 후추, 파슬리, 월계수 잎 1, 마늘 1.
냄비에 버터를 녹이고, 삼겹살, 양파, 홍당무를 넣고 살짝 노릇할 때까지 볶는다. 여기에 적포도주를 붓고, 다진 토마토와 허브를 넣는다. 뚜껑을 덮어 30~35분간 끓인다. 고운 체로 거른다.

프로방살(프로방스) 라비올리
Ravioli à la provençale, Provence style ravioli
프로방스 소고기 도브를 미리 준비한다. 익힌 고기는 소(파르스)의 재료로 이용하고, 도브 국물은 라비올리를 덮는 데 이용한다.

프로방스 도브
Daube Provençale
☙ 6~8인분: 소고기(목살 또는 우둔살) 1kg, 양파 2, 소금, 후추, 혼합 향신료, 부케 가르니(월계수 잎 1, 파슬리 1, 타임 1, 마늘 2), 적포도주 1병, 식초 2~3큰술, 돼지비계 60g, 올리브유 4큰술, 오렌지 1, 뜨거운 물 200~300 ml.
소고기를 100그램짜리 덩어리로 자른다. 그릇에 넣고 4쪽을 낸 양파, 얇

4) 라비올리를 만드는 틀을 이용해서 만든다. 큰 틀에 얇고 넓은 반죽을 펼쳐 올리고 여러 개의 파르스를 넣고, 위를 반죽으로 덮어 윗틀로 눌러주면, 톱날 모양으로 잘라진다.

게 썬 당근, 소금, 후추, 혼합 향신료, 부케 가르니, 으깬 마늘을 넣는다. 적포도주를 붓고 식초를 추가해, 4~5시간 재워둔다.
비계를 잘게 다져 냄비에 넣고 올리브유를 두르고, 양파 1개를 다져 넣는다. 조금 노릇하게 볶다가 재워둔 고기를 넣고 12~15분간 때때로 저어주면서 익힌다. 고기를 재웠던 포도주(야채와 부케 가르니 포함)를 쏟아붓고, 가늘게 썬 오렌지 겉껍질을 넣는다. 국물이 반으로 줄어들 때까지 끓인다. 뜨거운 물을 붓고, 뚜껑을 잘 덮어 5시간 정도 약불에서 익힌다. 조금 식힌 다음, 고기를 꺼내 한쪽에 놓아둔다. 국물도 걸러 식힌다.

라비올리 파르스
Farce à ravioli, Raviloi stuffing

ꕤ 소고기 도브, 시금치, 소 골, 소금, 후추, 달걀노른자 2, 파르메산 치즈 2~3큰술, 소고기 삶을 때 나온 육수 2~3큰술.

고기를 잘 두드린다. 고기 분량의 3분의 1 정도의 시금치를 소금물에 데쳐, 잘 다지고 버터에서 노릇하게 지지고, 소의 골 절반도 버터에 지진 다음, 소금, 후추를 넣고, 달걀노른자, 치즈, 기름기를 빼지 않은 소고기 도브의 육즙을 넣는다. 간을 다시 보고, 체로 걸러낸다.

과일 잼을 넣은 디저트용 라비올리는 '앙트르메-파티스리'에서 소개하는 과일 라비올리에서 설명한다.

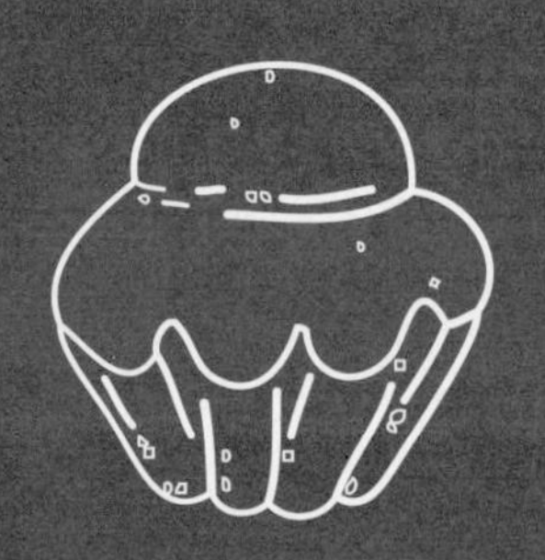

앙트르메 — 파티스리

앙트르메(Entremet)는 정식 외의 기호 식품과 파티스리(페이스트리), 당과 등의 디저트를 가리킨다.

반죽[1)]과 파티스리 — 푀이타주, 퐁세, 갈레트, 쉬크레 등

Pâte et Pâtisserie

푀이타주/푀이테 반죽[2)]

Feuilletage, Pâte-feuilletée, Puff-paste

☙ 체로 친 고운 밀가루 500g, 소금 10g, 차가운 물 1.21리터, 버터 500g.

그릇에 밀가루와 소금을 넣고 차가운 물로 반죽한다. 너무 되지 않게 하여 20분간 놓아둔다. 가로와 세로 20센티미터의 정사각형으로 반죽을 펼쳐 민다. 녹녹한 버터 덩어리를 반죽보다 조금 작은 크기의 정사각형으로 밀어 반죽 위에 올리고, 반죽의 끝자락을 가운데 쪽으로 접어 올려 버터를 완전히 감싼다. 정사각형을 유지한다.

10분간 기다렸다가 반죽을 밀대로 밀어 폭 20센티미터에 길이 60센티미터로 길쭉하게 만든다. 길쭉한 양끝을 20센티미터씩 각각 들어올려 가운데로 1번씩 접어(총 2번 접기) 처음처럼 20센티미터의 정사각형으로 만

1) 프랑스어로 Pâte(파트)는 밀가루 반죽(dough, paste, batter)이다.

2) 나뭇잎(푀유, feuille)을 포개놓은 것 같은 겹겹의 반죽(푀이타주). 이것으로 퍼프 페이스트리(Pâte feuilletée, Puff pastry)를 만든다. 천개의 잎이라는 뜻의 밀푀유(Mille-feuille)가 있다.

든다. 밀대로 다른 쪽을 더 길쭉하게 밀고. 양끝을 다시 가운데로 접고 또 접어 정사각형으로 만든다. 이 과정을 다시 4번 더하는데 두번째과 네번째는 10분쯤 기다린다. 이렇게 밀어서 반죽하면 버터가 완전히 흡수된다. 또 발효도 잘 된다. 모두 6번 길쭉하게 밀고 접어서 만든다.

푀이타주 반죽에서 주의할 점

잘 부푼 반죽을 만들려면 밀가루 반죽과 버터가 같은 끈기를 유지해야 한다. 버터는 밀가루 반죽에 섞기 전에 부드럽게 만드는데, 버터를 랩(wrap)에 올리고 밀가루를 조금 뿌려, 버터를 감싸고 밀대로 조금 두들겨 편다. 그 사이 밀가루 반죽은 랩으로 감싸 냉장고에 보관한다. 얼음에 올리지는 않는다. 밀가루 반죽을 밀어서 접을 때는 반죽 안의 버터가 균일하게 펼쳐져 흡수되도록 한다.

자른 푀이타주(조각으로 자른 푀이테 반죽)

Rognures ou Demi-feuilletage, Puff-paste trimmings or Half puff-paste

이 반죽은 파티스리에서 매우 유용하게 쓰인다. 타르틀레트와 바르케트 껍질(크루트, 파이 크러스트), 크루통 등을 만든다. 접어서 띠처럼 자른 이 반죽을 냉장고에 보관한다. 48시간이 지나기 전에 사용해야 한다.

퐁세 반죽(일반적인 '깔개 반죽', 밑판용)

Pâte à foncer ordinaire, Ordinary lining paste

☙ 체로 친 고운 밀가루 500g, 버터 250g, 소금 10g, 물 200ml.

제과용 판에 밀가루를 둥글게 부어놓고 그 한가운데에 소금과 짓이긴 버터를 넣는다. 물을 조금씩 부어가면서 반죽을 갠다. 손바닥으로 잘 눌러가며 반죽한다. 공처럼 둥글게 빚고 잘 덮어서 냉장고에 넣어둔다.

고급 퐁세 반죽(과일 타르트와 특별한 플랑에 사용하는 깔개 반죽)

Pâte à foncer fine, pour tartes aux fruits et flancs spéciaux, Fine lining paste

☙ 체로 친 고운 밀가루 500g, 소금 10g, 슈거파우더 50g, 달걀노른자 2, 부드러운 버터 250g, 물 150ml.

밀가루에 소금을 섞어 둥근 고리처럼 반죽한다. 반죽 한가운데에 나머지 재료를 넣고, 잘 섞어 공처럼 빚어서 잘 덮어서 냉장고에 넣어둔다.

갈레트 반죽

Pâte à galette ordinaire, Ordinary flat cake paste

☙ 밀가루 500g, 소금 10g, 버터 275g, 설탕 15g, 물 150ml.

너무 되게 만들지 않는다. 냉장고에 1시간 넣어둔다. 8~10분간격으로 세 번 푀이타주 반죽처럼 접으면서 반죽해, 몇 분 뒤에 사용한다.

프티 가토(작은 티 케이크) 반죽과 굽기

Pâte à petits gateaux, Paste for small tea-cake

☙ 체로 친 고운 밀가루 500g, 버터 300g, 슈거파우더 300g, 오렌지꽃물[3] 1큰술, 달걀 1개, 달걀노른자 4.

위의 재료를 함께 섞고 반죽을 두 번 눌러 굴리고, 랩으로 감싸 둥근 그릇에 넣어 냉장고에 1시간 놓아둔다. 반죽을 1센티미터 두께로 밀어 펼치고 쿠키 커터로 눌러 자른다. 모양을 내서 자른 반죽을 제과용 판에 올리고 달걀노른자를 바른다. 아몬드 가루를 뿌리고, 체리 콩피(confite, 설탕절임), 안젤리카, 오렌지 겉껍질 콩피 등으로 장식한다. 오븐에서 센 불로 굽는다. 다 익으면 꺼내, 아라비아 검(gum arabic)[4]을 겉에 바른다.

쉬크레 반죽(설탕을 넣은 다용도 반죽)

Pâte sucrée pour differents usages, Sweet paste for various uses

☙ 밀가루 500g, 버터 200g, 설탕 150g, 달걀 3, 오렌지 향 섞은 물 2분의 1큰술.

보통 반죽과 같다. 반죽을 2번 손바닥으로 눌러, 둥글게 뭉쳐서 사용할 때까지 놓아둔다.[5]

갈레트 드 플롱

Galette de Plomb, Small galettes

체로 친 고운 밀가루 500그램을 펼친다. 한가운데에 녹녹한 버터 350그램, 설탕 15그램, 슈거파우더 20그램, 달걀노른자 2알, 우유 150밀리그램을 넣는다. 둥든 반죽을 2시간 30분간 서늘한 곳에 놓아둔다.

---

3) 쓴맛이 나는 비가라드 오렌지꽃에서 추출한 향료. 제과, 제빵이나 화장품에 사용한다.
4) 아라비아 고무나무의 점액을 굳힌 것으로 광택용으로 사용한다.
5) 타르트의 크러스트(받침, 베이스)로 이용한다.

갈레트 드 플롱 굽기

반죽을 1.5센티미터 두께, 지름 6~10센티미터로 둥근 원반처럼 빚는다. 반죽 테두리를 가위로 잘라 다듬고, 과자 굽는 철판에 올려 달걀노른자로 노릇한 빛을 낸다. 칼끝으로 줄을 긋는다. 오븐에 넣어 센 불로 굽는다.

덤플링과 푸딩 반죽(영국식)

Pâte à Dumplings et à Puddings, Cuisine Anglaise, Dumpling and pudding dough

☙ 체로 친 고운 밀가루 500g, 소금15g, 소 콩팥 지방(beef suet) 500g, 물 200ml, 설탕 50g(과일 푸딩일 때만 첨가).

과일 푸딩용 반죽은 비프 수이트를 버터로 대신해도 된다. 밀가루와 소금을 넣는다. 비계는 껍질을 없애고 곱게 다진다. 밀가루와 함께 섞고 물을 넉넉히 부어 꽤 단단하게 공처럼 반죽한다. 냉장고에 넣었다가 사용한다.

발효 반죽 — 브리오슈, 사바랭, 바바, 크랍펜

브리오슈[6] 반죽

Pâte à Brioche ordinaire, Ordinary Brioche dough

☙ 체로 친 고운 밀가루 500g, 건조 효모(Dry yeast.) 12g, 미지근한 물 100ml, 달걀 6알, 소금 15g, 설탕 25g, 미지근한 유유 2작은술, 녹녹한 버터 300~400g.

1) 4분의 1분량의 밀가루에 미지근한 물, 건조 효모를 넣고 반죽한다. 효모를 잘 녹여 밀가루 반죽을 부드럽게 만든다. 그릇에 담고 잘 덮어서 따뜻한 곳에 놓아둔다.[7]

2) 나머지 밀가루를 다 붓고, 달걀 6개, 미지근한 우유 2작은술에 소금과 설탕을 함께 녹여 넣고, 녹녹한 버터를 고루 섞어 반죽한다.

3) 그릇에 넣고 랩으로 덮어 보통의 실내 온도에 10~12시간 놓아둔다. 반

6) 오뚜기나 눈사람 모양의 작은 케이크도 있지만 더 크고 둥글거나 긴 식빵처럼 만들기도 한다.

7) 약 30~40분. 미지근한 물은 미지근한 우유로 바꿀 수 있다.

죽이 발효되면 부피가 두 배로 늘어난다. 하지만 5~6시간 지났을 때 반죽을 꺼내 뒤집어 눌러주어야 한다.
버터의 비중을 늘리면 더 부드러운 브리오슈가 된다. 400그램이 적당하지만 500그램까지도 가능하다. 다른 재료는 원래대로 한다. 버터를 많이 넣을수록 반죽이 부드럽다. 이 반죽은 디저트용 탱발에도 이용한다.

무슬린 브리오슈 반죽

Pâte à Brioche mousseline, Mousseline Brioche dough

☙ 앞과 같은 브리오슈 반죽 500g, 녹녹한 버터 60g, 녹인 버터.

앞의 반죽에 녹녹한 버터 60그램을 추가해서 만든다. 공처럼 굴려 샤를로트 틀에 넣는다. 틀의 3분의 2를 넘지 않게 채운다. 반죽을 따뜻한 곳에 놓아두면 잘 발효되어 맨 위까지 부풀어오른다.
녹인 버터를 겉에 바르고, 오븐에서 중간 불로 굽는다.

다용도 브리오슈 반죽

Pâte à Brioche commune, Common Brioche dough

☙ 체로 친 고운 밀가루 500g, 건조 효모 15g, 미지근한 우유 100ml, 버터 200g, 달걀 4, 소금 15g, 설탕.

밀가루, 효모, 우유를 섞어 반죽한다. 기본적인 〈브리오슈 반죽〉 방법을 따른다. 주의할 점은 반죽은 아주 되게 만든다. 쿨리비악(Coulibiac)[8]용 반죽이라면 재료의 비율은 같지만 설탕만 제외한다.

사바랭(럼 바바)[9] 반죽

Pâte à Savarin, Savarin or Rum baba Dough

☙ 밀가루 500g, 건조 효모 20g, 따뜻한 우유 100ml, 달걀 8, 소금 15g, 버터 375g, 설탕 25g.

---

8) 고기, 생선, 야채 등 파르스를 속에 채운 파티스리. 러시아 쿨레바카(kulebyáka). 전통 방식은 연어나 철갑상어, 삶은 달걀과 버섯으로 파르스를 만들었다.

9) 틀에 넣고 오븐에서 구워, 럼이나 브랜디 시럽에 넣어 적신 발효 반죽 케이크. 프랑스의 루이 15세의 장인, 폴란드 왕 스타니슬라스 레친스키가 프랑스에 왔을 때, 쿠겔호프(kougelhopf)에 헝가리 술 토카이를 섞으면서 유래했다. 그 뒤에 술을 럼으로 바꾸었다. 1844년에 프랑스 파리의 파티시에가 다른 술을 섞고 고리(링) 모양으로 만들면서 사바랭이라고도 부른다.

1) 밀가루에 효모를 넣고 따뜻한 우유를 부어 효모를 녹인다. 달걀을 풀어 넣고 몇 분간 반죽한다. 반죽이 그릇에 붙지 않게 잘 긁어 빚으면서 작은 덩어리들로 잘라서 녹녹한 버터를 겉에 조금 바른다. 따뜻한 곳에 놓고 반죽이 2배로 부풀어 오를 때까지 기다린다.

2) 소금을 넣고 버터를 섞어 반죽한다. 3) 버터가 충분히 섞이면 마지막에 설탕을 넣고 반죽한다. 사바랭 반죽은 틀의 3분의 1만 채운다. 구우면 부피가 크게 불어나 나머지 공간을 다 채우기 때문이다.

바바 반죽
Pâte à Baba, Baba Batter

∞ 체로 친 고운 밀가루 500g, 건조 효모 20g, 따뜻한 우유 100ml, 버터 300g, 달걀 7개, 소금 15g, 설탕 20g, 건포도 100g(술타나 건포도와 코린트 건포도를 절반씩 섞는다. 다른 건포도나 마른 과일을 넣어도 된다).

〈사바랭 반죽〉 방식과 같지만, 건포도를 가장 나중에, 즉 설탕 넣을 때 함께 넣는다. 틀에 넣으면서 반죽이 가득 차지 않도록 한다.

비에누아 베녜(비엔나 도넛) 반죽/크랍펜[10] 반죽
Pâte à Beignets viennois, Batter for vienna fritters, *Krapfen*

∞ 체로 친 고운 밀가루 500g, 버터 200g, 건조 효모 20g, 소금 15g, 설탕 25g, 우유 100ml.

〈브리오슈 반죽〉과 똑같이 만든다. 미지근한 우유를 사용한다.

슈, 구제르, 제누아즈, 사부아 비스킷, 튀김옷, 라비올리 등

슈[11] 반죽
Pâte à Chou ordinaire, Pâte à Choux, Ordinary chou paste

∞ 체로 친 고운 밀가루 500g, 물 1리터, 버터 375g, 소금 15g, 설탕 25g, 달걀 16개, 오렌지 꽃물.

---

10) 가운데에 구멍이 없는 모양으로 속에 잼을 넣은 도넛. 겉에 슈거파우더를 뿌린다. 오스트리아와 독일 남부에서는 크랍펜(Krapfen), 독일에서는 베를리너(Berliner)라고 부른다.

11) 프랑스어로 양배추, 파티스리 두 가지 뜻이 있다.

물, 소금, 설탕, 버터를 냄비에 넣고 한소끔 끓인다. 불을 끄고, 밀가루를 추가해 잘 섞고 센 불에 올려 주걱에 반죽이 들러붙지 않을 정도가 될 때까지 휘젓는다. 다시 불을 끄고 달걀을 2개씩 차례로 넣어가면서 반죽에 완전히 섞이도록 한다. 달걀을 모두 넣고, 반죽에 섞이면, 오렌지꽃물을 더해 반죽을 마무리한다.

람캥(래미킨)과 구제르[12] 반죽

Pâte à Ramequins et à Gougère, Ramekin or Gougere batter

앞의 〈슈 반죽〉과 거의 같지만 조금 다른 점이 있다.

1. 물 대신 우유를 사용한다. 설탕과 오렌지꽃물을 제외한다.
2. 달걀을 체로 친 고운 밀가루 반죽에 다 섞고 나서, 분쇄한 그뤼예르 치즈 가루 200그램을 추가한다.

수플레 베녜 반죽

Pâte à Beignets soufflés, Paste for souffle fritters

ɷ 체로 친 고운 밀가루 620g, 물 1리터, 버터 200g, 소금 10g, 설탕 20g, 달걀 10~14알.

버터, 소금, 설탕을 섞어 한소끔 끓인 다음 불을 끄고 밀가루를 넣는다. 나무주걱으로 냄비에 반죽이 붙지 않을 만큼 휘저어 섞는다. 달걀 12~14알을 깨어 넣고 섞는다. 이 반죽은 뇨키에도 사용하는데, 이 경우에는 설탕을 넣지 않는다.

레이디스핑거 비스킷 반죽

Pâte à biscuits à la cuiller, Lady's fingers batter

ɷ 설탕 500g, 달걀 16, 체로 친 고운 밀가루 375g , 오렌지꽃물 1큰술.

설탕과 달걀노른자를 섞는다. 반죽이 뽀얗게 되고, 리본처럼 흘러내릴 정도로 주걱으로 저어준다. 오렌지꽃물과 밀가루를 보슬비처럼 뿌려 넣고 16개의 달걀흰자들을 휘저어 백설처럼 만들어[13] 섞는다.

구멍의 지름이 1.5센티미터인 짤주머니에 반죽을 넣고, 평판에 손가락 모

---

12) 람캥은 컵 모양의 작은 도기(람캥, 래미킨)에 넣어 굽는 케이크, 구제르는 치즈를 넣고 동그랗게 빚은 슈.

13) Blancs en neige. 달걀흰자를 휘저어 거품을 내서 하얀 눈처럼 만든 것. 휘저은 달걀흰자.

양처럼 짠다. 설탕을 듬뿍 뿌린다. 물을 몇 방울 적신다. 오븐에서 아주 약한 불로 굽는다.

제누아즈(스폰지 케이크)[14] 반죽

Pâte à Génoise ordinaire, Ordinary genoese batter

☙ 설탕 500g, 달걀 16알, 체로 친 고운 밀가루 375g, 녹인 버터 200g, 바닐라 설탕 1작은술 또는 오렌지나 레몬 향이나 용액.

설탕과 달걀을 넣고 섞어서 아주 약한 불에 올린다. 섞어 넣은 것이 조금 데워지면 휘저어, '리본'처럼 흘러내릴 정도로 만든다. 불을 끄고 완전히 식을 때까지 계속 휘젓는다. 여기에 향미를 더할 것과 밀가루를 넣어 섞는다. 향미는 바닐라 설탕이나 오렌지 향, 레몬 향(용액일 경우 50밀리리터)을 선택한다. 반죽이 둔해지지 않도록 녹인 버터를 주걱을 이용해 가는 끈처럼 살살 흘려 넣어 부드럽게 섞는다.

만들고자 하는 스폰지 케이크에 알맞는 틀에 넣거나 버터와 밀가루를 바닥에 깐 판에 올려 오븐에서 굽는다.

리본처럼 반죽의 농도 조절하기

반죽이 조금 걸쭉해지면, 주걱으로 올려서 위에서 떨어뜨렸을 때 기다란 리본처럼 이어져 흘러내린다.

망케 비스킷 반죽

Pâte à biscuit Manqué, Manque cake Batter

☙ 체로 친 고운 밀가루 400g, 설탕 500g, 달걀노른자 18알, 녹인 버터 300g, 휘저은 달걀흰자 18알, 럼 3큰술, 녹인 버터.

달걀노른자와 설탕을 섞어, 뽀얗게 될 때까지 저어준다. 럼주, 밀가루, 휘저은 달걀흰자를 넣고 녹인 버터를 마지막에 추가한다.

버터를 바른 틀에 붓고 오븐에서 중간 불로 굽는다.

---

14) 이탈리아 제노아식 스폰지 케이크. '제누아즈' 또는 '제누아즈 케이크'라고 부른다. 설탕과 달걀을 섞고 휘저어 거품을 낸 이 반죽으로 다양한 스폰지 케이크를 만든다.

펀치 비스킷 반죽

Pâte à biscuit punch, Punch a biscuit paste

ꙮ 체로 친 고운 밀가루 375g, 설탕 500g, 달걀 3알, 달걀노른자 1알, 휘저은 달걀흰자 8알, 버터 300g, 오렌지설탕[15]과 레몬설탕 각각 2분의 1큰술, 럼 3큰술.

설탕, 달걀, 노른자를 넣고 휘젓는다. 오렌지설탕과 레몬설탕, 럼, 밀가루, 휘저은 달걀흰자, 녹인 버터를 넣고 부드럽게 섞는다.

틀에 버터를 두르고, 반죽을 붓고 중간 불의 오븐에서 굽는다.

사부아 비스킷[16] 반죽

Pâte à biscuit de Savoie, Savoy sponge cake

ꙮ 슈거파우더 500g, 달걀 14개, 체로 친 고운 밀가루 300g, 복합전분(또는 감자전분) 300g, 휘저은 달걀흰자 14알, 바닐라설탕 1큰술.

슈거파우더, 달걀노른자를 넣고 휘저어, 반죽이 리본처럼 흘러내릴 정도로 섞는다. 바닐라설탕, 밀가루, 전분, 거품을 낸 달걀흰자를 추가한다.

케이크 틀에 버터를 바르고, 틀의 3분의 2까지만 반죽을 채워 약한 불의 오븐에서 굽는다. 아이싱 슈거(슈거파우더)를 뿌린다.

튀김용 반죽(튀김옷)

Pâte à frire, Frying batter

반죽 그릇에 밀가루 250그램, 미지근한 물 200밀리리터를 넣고 소금 넉넉한 1줌, 올리브유 2큰술을 넣고 섞어 1시간 놓아둔다. 1시간 뒤에 달걀흰자 2개를 휘저어 추가한다. (요리용 튀김옷)

달콤한 디저트를 만들려면, 이 반죽에 설탕 1큰술을 더 넣는다. 또 코냑 2큰술을 넣어도 된다. (디저트용 튀김옷)

라비올리 반죽

Pâte à ravioli, Ravioli paste

미지근한 물로 반죽한다. 밀가루 500g에 올리브유 3~4큰술을 추가한다.

---

15) 순도가 높은 그래뉴당이나 백설탕에 오렌지 겉껍질을 넣고 끓인 뒤에 굳혀서 가루로 만든다. 판매용 제품도 있다.

16) 이름은 비스킷이지만, 부드러운 스폰지 케이크이다. 버터를 넣지 않는다. 사부아는 프랑스 남동부 알프스 산맥 지역이다.

이 반죽은 너무 되지 않고 부드러워야 한다. 국수 반죽을 라비올리에 사용해도 된다. 또는 보통의 푀이테 반죽을 사용하기도 한다.

과일 라비올리

Raviolis aux fruits, Ravioli with fruit jam

최대한 얇게 반죽을 만는다. 원하는 잼을 넣어 라비올리를 빚는다. 끓는 물에 소금을 조금 넣고 12~15분 삶는다. 건져서 물기를 빼고, 접시에 담는다. 레드커런트즙을 겉에 바른다. 볶은 아몬드 가루를 뿌린다.

사과 라비올리

Raviolis aux pommes, Ravioli with apples

붉은 사과 3~4개를 4쪽으로 자르고, 껍질을 벗겨 얇게 썬다. 얇게 썬 사과를 냄비에 넣고 물 5큰술, 슈거파우더 4큰술, 버터 1큰술을 추가한다. 냄비뚜껑을 덮고 10~12분간 끓인다. 이 정도 시간이면 사과가 익는다. 살구 마멀레이드(marmelade, 잼) 2큰술을 추가해 푀이테 반죽으로 라비올리를 빚어둔다. 먹기 20분 전에, 소금을 조금 넣은 끓는 물에, 라비올리를 12~15분간 삶는다. 접시에 수북하게 담고 키르슈(kirsch, 체리 증류주)를 조금 섞은 〈살구 소스〉를 겉에 바르고 마카롱을 부숴 뿌린다.

여러 가지 크루트(파이 크러스트)[17]

플랑 크루트

Croûtes à flan, cuite à blanc, Flan crusts, cooked blind

지름 20센티미터 크기로 만들려면, 〈퐁세 반죽〉 200그램을 준비해 지름 24센티미터로 둥글게 만든다. 플랑 틀에 버터를 둘러 과자 굽는 판에 담는다. 반죽을 둥근 틀에 맞춰 조심스레 속에 집어넣는다. 밀려나온 반죽을 잘라두었다가 뚜껑으로 사용한다. 구울 때 터지지 않도록 반죽을 여러

17) 크루트(크러스트)는 구운 빵 껍질이라는 뜻이지만, 반죽을 틀에 넣거나 일정한 모양으로 만들어서 구워낸 '파이 크러스트'를 뜻한다.

군데 찔러준다. 안쪽에 기름종이를 깔고 쌀 또는 말린 콩을 채워 넣고[18] 오븐에서 중간 불로 25분쯤 굽는다. 기름종이와 콩 등의 내용물은 걷어낸다. 크루트(크러스트)를 몇 분간 말린다.

타르틀레트(작은 타르트) 크루트

Croûtes de Tartelettes, Tartlet crusts

타르틀레트 크루트는 다양하게 이용한다. 2.5센티미터 두께의 얇은 반죽을, 적당한 타르트 틀 바닥에 버터를 두르고 둥글게 맞추어 넣는다. 모양이 만들어진 크루트의 바닥을 포크로 고루 찔러주고, 크루트 안쪽에 기름종이를 깔고 말린 콩 또는 쌀을 채워넣고, 오븐에 넣어 10~12분 중간불로 굽는다. 다 구운 크루트를 꺼내서 말린다. 종이와 콩은 걷어낸다.

볼오방 크루트

Croûtes de vol-au-vent, Vol-au-vent crusts

〈퓌이타주〉 반죽을 2센티미터 두께로 민다. 볼오방 크기에 알맞은 동그란 틀이나 그릇으로 눌러 자른다. 둥글게 자른 반죽을 조금 물기 있는 오븐용 판에 놓고 밑판으로 삼는다. 밑판용 동그란 반죽에 달걀물을 노릇하게 칠한다. 남은 반죽들의 안쪽을 잘라내 고리처럼 만들거나 나중에 파낼 수 있는 홈을 내서 3~4개 층을 쌓는다. 뜨거운 물에 적신 칼로 테두리에 세로 줄을 만들어서 오븐에서 센 불로 굽는다. 파내려고 홈을 낸 경우에는 남아있는 안쪽을 칼로 파내, 속이 빈 원통 모양으로 완성한다.

부셰(작은 볼오방) 크루트

Croûtes de bouchées, Smal Vol-au-vent crusts

〈퓌이타주〉 반죽을 약 8밀리미터 두께로 펼친다. 지름 7센티미터로 동그랗게 자른다. 물을 적신 오븐용 판에 올리고 달걀노른자를 바른다. 다른 둥근 반죽들을 지름 3센티미터의 원형 커터로 눌러 속을 잘라낸 고리로 층을 쌓는다. 테두리에 세로로 칼자국을 낸다. 오븐에서 센 불로 굽는다.

---

18) 포크로 찔러주고, 콩 등을 넣어 구우면, 굽는 동안에 부풀어 오르는 것을 방지한다.

영국식 크림(커스터드)[19]

1. 크렘 앙글레즈(잉글리시 크림)
Crème à l'anglaise, English cream

ↂ 설탕 500g, 달걀노른자 16, 우유 1리터, 바닐라(또는 오렌지나 레몬 겉껍질, 또는 바닐라 용액 50ml).

바닐라를 넣고 끓인 우유를 준비한다. 팬에 달걀노른자와 설탕을 넣고, 바닐라를 넣은 따뜻한 우유를 조금씩 넣어가며 휘저어, 리본 모양으로 흘러내릴 정도로 걸쭉한 반죽을 만든다. 약한 불에 올려, 크림이 주걱(숟가락) 뒷면에 빈틈없이 붙을 정도로 익힌다. 절대 끓어오르지 않도록 한다. 걸쭉해지면 고운 체로 거른다. 따뜻하게 먹으려면 낮은 온도의 중탕기에 넣는다. 차게 먹으려면 도기에 넣어 식힌다.

달걀노른자와 설탕에 칡즙 1작은술을 우유 2술과 섞어 추가해도 된다. 크림을 더 잘 섞이게 하고, 잘못 끓어올라 크림이 해체되는 것을 방지한다.

2. 젤라틴을 넣은 잉글리시 크림
Crème à l'anglaise collée, English cream with gelatin

차게 먹는 디저트용이다. 앞과 같은 재료로 크림을 만들고, 찬물에 푼 젤라틴 20~25그램(9~10장 분량)을 추가해 고운 체로 걸러 완전히 식힌다.

3. 콩포트용 커스터드(콩포트에 곁들이는 커스터드)
Crème à l'anglaise Custard, English cream Custard for Stewed Fruit

뜨겁거나 차가운 콩포트(compote, 과일 설탕 졸임)에 이용한다. 〈크렘 앙글레즈〉처럼 만들지만, 우유 1리터당 달걀노른자를 10개만 넣는다. 은으로 만든 그릇이나 낮은 도기에 담아서 낸다. 위에 슈거파우더를 뿌리고, 불에 달군 금속으로 눌러 격자 모양을 만든다.

19) Custard. 우유, 설탕, 달걀노른자를 섞은 영국식 크림.

여러 가지 크림

버터 크림

Crèmes au beurre, Butter cream

1번 〈크렘 앙글레즈〉처럼 준비한다. 바닐라향을 추가한다. 크림 600밀리리터에 녹녹한 버터 430그램을, 조금씩 나누어 미지근하게 잘 섞이도록 저어준다.

시럽을 넣은 버터 크림

Crème au beurre au sirop, Butter cream with syrup

향을 넣은 설탕 시럽(당도 28도 Baumé) 500밀리리터를 준비한다. 시럽에는 바닐라, 레몬 겉껍질, 오렌지꽃 등의 향을 넣는다. 향은 50밀리리터가 적당하다. 향은 용액(에센스)을 사용하는것이 좋다. 이 시럽에 달걀노른자 12개를 천천히 풀어넣고 〈잉글리시 크림〉처럼 약하게 가열한다. 여과기나 면포로 짜낸 다음 버터 450그램을 조금씩 섞는다.

버터 크림은 아주 다양해 표준을 제시하기 어렵다. 그러나 여기에 소개한 두 가지 방법을 기초로, 다채롭게 응용할 수 있다.

크렘 샹티이[20](샹티이 크림)

Crème fouettee, *Crème Chantilly,* Chantilly or Sweetened whipped cream with added flavoring

크렘 프레슈(프랑스식 발효 크림)를 5~6시간 냉장고에 넣어둔다. 너무 굳지 않도록 한다. 크렘 프레슈를 2배로 부풀만큼 휘젓는다. 과도하게 휘젓지는 않는다. 그러면 버터처럼 단단해지기 때문이다. 휘저어 만든 휘핑크림에 설탕을 넣고, 필요하다면 다시 냉장고에 넣는다. 크림 1리터당 슈거파우더 150그램을 넣는데, 설탕의 4분의 1은 바닐라설탕을 사용한다.

---

20) 바닐라 향을 넣은 달콤한 휘핑크림을 '크렘 샹티이'라고 부른다.

크렘 프랑지판[21](프랑지파니 크림)

Crème frangipane, Frangipani cream

☙ 설탕 250g, 밀가루 250g, 달걀 4, 달걀노른자 8, 우유 1.5리터, 반 꼬투리 분량의 바닐라콩, 소금, 마카롱 50g(또는 아몬드 가루), 버터 100g.

우유에 바닐라를 넣고 끓인다. 설탕, 밀가루, 달걀, 달걀 노른자, 소금을 넣고, 전체를 나무주걱으로 잘 섞는다. 중간에 우유를 조금 추가하고, 다시 저어 한소끔 끓어오르면 2분간 더 끓여 그릇에 쏟는다. 버터를 넣고, 마카롱을 부숴 넣고 노릇하게 녹인 버터를 조금 추가한다.

크렘 생토노레[22]

Crème Saint-Honoré, Saint Honore cream

앞의 〈크렘 파티시에〉과 같은 방법을 따른다. 그렇지만, 끓는 동안 달걀 15개의 흰자를, 거품을 내어 섞는다. 여름에는 우유 1리터당 젤라틴 4장을 우유에 넣는다. 뜨거운 날씨에는 달걀흰자 대신 〈크렘 파티시에〉가 조금 식었을 때, 〈크렘 샹티이〉를 넣는다.

크렘 파티시에르(페이스트리 크림)

Crème patissière, Pastry cream

☙ 슈거파우더 500g, 달걀노른자 12, 밀가루 125g, 바닐라를 넣은 우유 1리터.

냄비에 설탕, 달걀노른자, 밀가루를 넣고 우유를 조금씩 부어가면서 섞는다. 〈크렘 프랑지판〉처럼 끓여 그릇에 담는다.

크렘 랑베르세[23]

Crème renversée, Flavoured egg custard

☙ 반 꼬투리 분량의 바닐라콩(또는 레몬이나 오렌지 겉껍질)을 넣고 끓인 우유 1리터, 설탕 200g, 달걀 4, 달걀노른자 8.

그릇에 달걀과 달걀노른자를 넣고, 설탕을 풀어넣은 우유를 천천히 부어

---

21) 크렘 프랑지판은, 크렘 파티시에에 아몬드 가루나 아몬드 크림을 넣는다. 에스코피에는 마카롱을 넣었다. 마카롱은 아몬드 가루로 만들기 때문에, 마카롱을 부숴넣기도 한다.

22) 생토노레는 프랑스 제빵사의 수호 성인인 아미앵의 주교를 가리킨다. 생토노레 크림과 케이크는 1849년대 파리의 제과장, 쉬부스트(Chiboust)가 처음 만들었다.

23) 틀이나 용기에 넣어서 익힌 크림.

가며 휘저어 섞는다. 걸쭉한 상태의 크림을 체로 거르고, 거품을 걷어낸다. 틀에 넣고, 중탕으로 크림을 뭉근히 삶는다.

머랭

머랭(머랭그, 프랑스 머랭)[24]

Meringue ordinaire, French meringue

달걀 10~12개의 흰자를 휘저어 거품을 만들면서, 슈거파우더 500그램을 보슬비처럼 뿌려 넣는다. 프랑스식 머랭이다. 이것을 오븐에 넣을 때에는 오븐의 온도가 아주 낮아야 한다. 굽기보다는 굳히는 정도이다.

머랭 이탈리엔(이탈리안 머랭)

Meringue Italienne au sucre cuit, Italian meringue

달걀흰자 8~10개를 넣고, 설탕 500그램을 뜨겁게 녹여서(그랑 블레Grand boulé 상태의 온도)[25] 천천히 부으며 휘젓는다. 설탕 시럽이 완전히 섞일 때까지 저어준다.

머랭 이탈리엔 몽테 제누아즈(제누아즈에 올리는)

Meringue Italienne montée en Génoise, Italian meringue for Genoese cake

슈거파우더 500그램과 달걀 8~10알을 휘저어 섞는다. 아주 약한 불에 올린다. 조금 미지근하게 데우는 정도다. 돌기나 뿔이 충분히 솟아날 정도로 휘저어서 머랭을 만든다. 바로 먹을 것이 아니라면 도기에 담아 차갑게 보관한다.

---

24) 영어로 '머랭', 프랑스어로 '머랭그'. 프랑스식은 달걀흰자와 설탕을 함께 넣어 거품을 내고, 이탈리아식은 아주 뜨거운 시럽을 넣으면서 거품을 낸다.

25) 다음 페이지의 설탕 끓이기 참고.

퐁당 페이스트, 프랄린, 설탕 끓이기

아몬드 퐁당[26] 페이스트[27]

Pâte d'Amande fondant, Melting almond paste,

아몬드 가루 250그램에, 바닐라설탕 1큰술(또는 코냑 1잔)을 넣어 향을 낸다. 캐러멜이 되기 직전까지 매우 뜨거운 온도로 끓인 설탕 500그램을 조금씩 천천히 부어, 섞는다.

꿀 아몬드 페이스트

Pâte d'Amandes au Miel, Honey Almond paste

아몬드 가루 500그램, 끓인 설탕 500그램, 꿀 100그램, 바닐라설탕 3큰술을 섞어 만는다.

살구 아몬드 페이스트

Pâte d'Amandes à l'Abricot, Almond paste

〈꿀 아몬드 페이스트〉처럼 만든지만, 꿀 대신 키르슈(체리 증류 술)에 재워 향을 낸 살구 페이스트를 넣는다.

피스타치오 퐁당 페이스트

Pâte de Pistaches fondant, Melting pistachio paste

피스타치오 250그램과 아몬드 50그램을 갈아, 바닐라 시럽 2큰술을 넣고, 매우 뜨거운 온도로 끓인 설탕 250그램을 조금씩 붓는다. 슈거파우더 3큰술을 추가한다.

글라스 루아얄[28] 프랄린[29](로열 아이싱 프랄린, 케이크용)

Pralin à la glace royale, Praline for cakes and sweets

달걀흰자 2알, 슈거파우더 3큰술을 섞어 리본처럼 흘러내릴 정도로 반죽

---

26) 퐁당(Fondant)은 설탕과 물을 뜨거운 온도로 끓여 녹인 것을 뜻한다.

27) 갈거나 개어서 반죽으로 만든 것.

28) 글라스 루아얄은 영어로 로열 아이싱(Royal icing)이다. 달걀흰자와 슈거파우더를 섞어 표면을 덮거나 장식하는 것을 뜻한다.

29) 프랄린은 뜨겁게 녹인 설탕에 아몬드나 헤이즐넛 가루를 섞은 것이다. 당과업자인 프랄린(Plessis-Praslin, 1598~1675년)의 요리사 클레망 잘뤼조(Clément Jaluzot)가 개발했다.

을 만든다. 여기에 아몬드 가루를 섞는다. 케이크를 덮거나 디저트용 당과를 덮어 광택을 낼 때 이용한다.

수플레나 크림에 넣는 프랄린
Pralin pour soufflés, cremes et glaces, Praline for soufflés
슈거파우더 500그램을 팬에 넣고 녹인다. 짙은 황금색으로 캐러멜(caramel)이 될 때까지 가열한다. 아몬드 가루 500그램을 넣고, 차게 식혀서 사용한다. 수플레, 크림, 아이스크림에 넣어 이용한다.

설탕 끓이기

물을 조금 붓고 설탕을 끓여서 녹인 설탕 용액은 '시럽' 또는 '나프(Nappe)' 상태에서 캐러멜(Caramel)이 되기까지 여섯 단계를 거친다.

1) Petit filet(찬물에 떨어뜨리면, 가느다란 실처럼 늘어나는 상태)

2) Grand filet(두꺼운 실이나 끈 같은 상태)

3) Petit boulé(찬물에서 꺼내 손가락으로 굴리면 부드러운 공처럼 되는 상태)

4) Grand boulé(단단한 공처럼 되는 상태)

5) Petit cassé(찬물에서 꺼내면, 구부러면서 끊어지는 상태)

6) Grand cassé(유리처럼 깨지는 단단한 상태)

캐러멜이 되면서 황금빛에서 짙은 갈색으로 변한다.[30)]

30) Syrup, Nappe(시럽, 나프) 섭씨 100~105도, 보메 당도 30~33° Baumé. 잼, 설탕 시럽.
1) Petit filet(Small thread) 섭씨 107도. 당도 35 ° Baumé, 과일 콩포트.
2) Grand filet(Large thread) 섭씨 110도. 당도 36 ° Baumé, 프랄린, 퐁당.
3) Petit boulé(Small ball) 섭씨 115. 당도 37 ° Baumé, 마롱글라세.
4) Grand boulé(Large ball) 섭씨 125, 당도 39 ° Baumé, 이탈리안 머랭.
5) Petit cassé(Small crack) 섭씨 135도, 당도 40 ° Baumé, 아몬드 퐁당 페이스트
6) Grand cassé(Large crack) 섭씨 145~150도, 딱딱한 사탕.
캐러멜(Caramel) 섭씨 150도 이상.

뜨거운 디저트

뜨겁게 먹는 디저트용 소스

초콜릿 소스

Sauce au chocolat, Chocolate sauce

ꕤ 초콜릿 250g, 물 400ml, 바닐라설탕 1큰술, 크림 3큰술, 버터.

물에 초콜릿을 풀어 넣는다. 바닐라설탕을 추가해 약한 불로 20~25분간 가열한다. 크림과 호두 크기로 자른 버터를 섞어 마무리한다.

사바용/자발리오네[1]

Sabayon, Zabaglione, Zabaione

ꕤ 설탕 250g, 달걀노른자 6, 백포도주 1.2리터, 럼 또는 키르슈(체리 증류 술) 3~4큰술.

설탕과 달걀노른자를 섞어 중탕기에 넣고 휘젓는다. 백포도주를 붓고 거의 무스처럼 되도록 더 휘젓는다. 럼이나 키르슈를 넣어 향미를 낸다. 백포도주 대신 마데이라 포도주, 샴페인 등을 넣어도 된다. 원칙적으로 〈사바용〉에는 향을 반드시 가미할 필요는 없다.

과일 소스

Sauce aux fruits, Fruit sauce

살구, 레드커런트, 미라벨 자두는 디저트용 소스에 적합하다. 이 과일들을 잼처럼 만들어서 조금 더 졸여 고운 체로 거른다. 마데이라 포도주, 럼, 키르슈(체리 증류 술), 마라스키노(maraschino)[2]를 가미해 마무리한다.

---

1) 프랑스에서는 '사바용', 영미권에서는 '자발리오네', 이탈리아에서는 '자바이오네'로 부른다. 1500년경부터 이탈리아에서 이용하기 시작했다.

2) 크로아티아의 마라스키노 체리에 설탕을 섞어 증류한 술.

살구 소스

Sauce à l'Abricot, Apricot sauce

ↅ 살구잼, 설탕 시럽, 키르슈(체리 증류 술), 마라스키노, 럼 또는 마데이라 포도주.

고운 천이나 체로 살구잼을 걸러 설탕 시럽과 섞는다. 시럽의 당도는 28도(단위: 보메 Baumé)가 적당하다. 한소끔 끓여 거품을 걷어낸다. 키르슈, 마라스키노, 럼 또는 마데이라 포도주 가운데 하나를 골라 향미를 추가한다. 과일 타르트용은, 소스 250밀리리터당 버터 1술을 추가한다. 〈자두 소스〉도 같은 방법으로 만든다.

체리 소스

Sauce aux Cerises, Cherry sauce

체리와 설탕을 넣고 끓여 시럽으로 졸인 뒤, 같은 양의 레드커런트 젤리를 섞고 키르슈를 추가한다.

딸기 소스

Sauce aux Fraises, Strawberry sauce

딸기 500그램의 꼭지를 따내고 찬물에 넣는다. 불순물이 가라앉으면 건져내 그릇에 담고 약간 뜨거운(끓이지는 않는다.) 시럽 500밀리리터를 붓고 바닐라향을 가미한다. 식힌 다음 고운 체로 거른다.

레드커런트 소스

Sauce Groseille, Redcurrant sauce

레드커런트 젤리를 묽게 걸러 키르슈향을 첨가한다.

견과 소스

Sauce Noisette, Nut sauce

〈커스타드 크림〉 500밀리리터에 고운 헤이즐넛 프랄린 1술과 바닐라설탕을 조금 섞는다.

오렌지 소스

Sauce à l'Orange, Orange sauce

오렌지잼을 고운 체로 걸러, 마찬가지로 거른 살구잼 3분의 1을 섞어 퀴라소(curaçao)[3]향을 첨가한다.

걸쭉한 과일 소스

Sauce de fruits liés, Thickend fruit sauce

북유럽에서 널리 애용하는 디저트용 소스로 매우 경제적이다. 당도 15~18도의 과일 퓌레에 칡을 섞은 뒤, 향미용 주류(리큐어)나 에센스(용액)를 추가한다. 주로 플랑이나 작은 타르트에 입히는 것으로 사용한다.

튀김(베녜)

생과일 튀김 반죽(튀김옷)

Pâte à frire pour beignets de fruits, Dough for fresh fruit fritters

ↂ 체로 친 고운 밀가루 250g, 소금 5g, 녹인 버터 2큰술, 맥주 150ml, 미지근한 물 200ml, 코냑 1큰술, 휘저은 달걀흰자 2알.

밀가루, 소금, 버터를 넣고 맥주와 물을 부어 섞는다. 코냑을 첨가한다. 달걀흰자를 넣고 반죽을 만든다.

오븐에서 익히는 과일용 밀가루옷(글레이징을 위한 밀가루옷)

Pâte à frire pour beignets de fruits glaces au four,

ↂ 밀가루 500g, 맥주 150ml, 미지근한 물, 녹인 버터 2큰술, 소금, 설탕, 달걀 1개.

밀가루에 맥주와 물을 조금씩 넣고 부드럽게 섞는다. 너무 휘젓지 않는다. 따뜻한 곳에서 발효시켜, 사용하기 직전에 나머지 재료를 넣는다.

살구 베녜

Beignets d'Abricots, Apricot fritters

살구를 반으로 자른다. 설탕을 넣고 키르슈(체리 증류 술), 코냑(럼으로 대신해도 된다)을 끼얹어 1시간 재워둔다. 살구를 꺼내 튀김옷을 입히고 뜨거운 기름에 튀긴다. 기름을 빼고 쟁반에 담아 슈거파우더를 뿌려 오븐이나 샐러맨더 그릴에 넣어 투명한 금빛을 만든다. 이 방법은 사과, 파인

---

3) 카리브해의 섬 퀴라소(쿠라사오) 원산의 오렌지의 껍질로 만든 증류주. 오렌지향이 난다. 무색의 술이지만 적색, 청색 등으로 색을 넣은 것도 있는데, 블루 퀴라소가 대중적이다.

애플, 배, 복숭아, 바나나에 똑같이 응용한다.

딸기 베녜
Beignets de Fraises, Strawberry fritters

굵고 단단한 딸기에 설탕을 잔뜩 두르고 키르슈를 적신 후 도기에 넣어 30분간 얼음 위에 재워둔다. 〈튀김옷〉을 입혀 아주 뜨거운 올리브유로 튀긴다. 튀김을 천에 올려 기름을 빼고, 슈거파우더를 뿌린다.

아카시아꽃 베녜
Beignets en fleurs d'Acacia, Acacia blossom fritters

활짝 핀 꽃송이를 골라 꽃받침을 떼고, 그릇에 담는다. 설탕과 고급 샴페인을 뿌려 30분간 재운다. 튀김옷을 입혀, 뜨거운 올리브유에 튀겨 기름을 빼고 슈거파우더를 뿌려 접시에 담아낸다. 포도꽃, 호박꽃, 딱총꽃(Sureau)에 똑같이 응용할 수 있다. 과일 튀김과 마찬가지로 튀김용 기름은 올리브유가 가장 좋다.

크림 베녜
Beignets de crème, Fried cream

먼저 〈크렘 프랑지판〉을 만든다. 버터를 두른 제과용 판에 1.5센티미터 두께로 고르게 펼쳐서 식힌다. 커터로 네모, 마름모, 동그라미 등 마음에 드는 꼴로 자른다. 이것들을 튀김용 밀가루 반죽에 적시거나, 영국식으로 빵가루옷을 입혀 아주 뜨거운 식용유에 튀긴다. 빵가루만 입힌다면 설탕만 뿌린다. 튀김용 밀가루 반죽을 입혀 튀긴다면 슈거파우더를 뿌린 뒤, 오븐이나 샐러맨더 그릴에 넣어 금빛으로 만든다.

베에누아 베네(비엔나 도넛) 또는 크랍펜(잼을 넣은 도넛, 베를리너)
Beignets Viennois ou Krapfen, Filled doughnut, Berliner Pfannkuchen

☙ 반죽(체로 친 고운 밀가루 500g, 버터 200g, 효모 20g, 소금 15g, 설탕 25g, 따뜻한 우유 100ml), 식용유, 잼, 설탕 시럽.

반죽은 〈브리오슈 반죽〉을 부분을 참고한다. 반죽을 밀어 지름 6센티미터 크기로 얇게 자른다. 반죽에 살구잼이나 체리잼을 올리고 위에 반죽을 얹고 가장자리에 물을 묻혀 잼을 감싼다. 30분쯤 발효시킨다, 뜨거운 식용유에 깊이 넣어 튀겨낸다. 시럽에 담갔다가 식힌다.

도피네 베녜 또는 뜨겁게 먹는 베에누아 베녜(비엔나 도넛)
Beignets Viennois chauds ou beignets à la Dauphine, Dauphine fritters

앞의 〈베에누아 베네 또는 크랍펜〉과 같지만, 튀기고 나서 슈거파우더를 뿌리고, 식기 전에 먹는다.

수플레 베녜
Beignets soufflés, Souffle fritters

보통의 〈슈 반죽〉을 만든다. 작은 호두 크기로 떠서 튀긴다. 건져내서 기름을 빼고 슈거파우더를 뿌린다.

베녜 파보리
Beignets favoris, Macaroon fritters

ꕤ 마카롱, 살구잼, 설탕 시럽, 럼, 튀김용 반죽, 튀김용 식용유, 슈거파우더.

마카롱 2개의 한가운데를 조금 파낸다. 살구잼을 사이에 넣고 샌드위치를 만들어 럼을 섞은 시럽에 담가 적신다. 밀가루, 미지근한 물, 올리브유, 소금을 넣은 뒤에 달걀흰자를 섞어 만든 〈튀김용 반죽〉을 입혀 식용유에 담가 튀긴다. 건져낸 베녜에 슈거파우더를 뿌린다. 살구잼은 다른 잼으로 대신해도 된다. 럼도 퀴라소나 마라스키노로 대신해도 된다. 영국식으로 밀가루, 달걀물, 빵가루를 입혀 튀겨도 된다.

샤를로트, 크레프, 팬케이크

샤를로트

사과 샤를로트
Charlotte de pommes, Apple charlotte

1리터 용량의 샤를로트 틀에 버터를 넉넉히 두른다. 식빵의 겉부분을 잘라 녹인 버터에 적셔 하트 모양으로 바닥에 깐다. 마치 장미창[4] 무늬처럼 조금씩 포개놓는다. 자른 식빵을 네모꼴로 틀 안쪽 측면에도 세운다. 빵의 두께는 4밀리미터를 이하로, 틀에 넣기 전에 녹인 버터를 축여준다.
그 사이, 붉은 사과 12개를 4쪽으로 자른다. 껍질을 벗기고 얇게 썰어 냄비에 버터 1큰술을, 물 몇 술과 레몬즙을 추가해 익힌다. 사과를 걸쭉하게 잼처럼 졸이고, 살구 마멀레이드 3큰술을 추가한다. 이렇게 졸인 것을 틀에 붓는다. 둥근 지붕처럼 가능한 높이 올린다. 익히는 동안 볼륨이 줄어들기 때문이다. 그 위에 버터에 적신 빵 껍질을 또 덮는다.
오븐에서 중간 불로 30분 익힌다. 다 익으면 꺼내 접시에 뒤집어 올려놓고 몇 분 기다린다. 먹기 직전에 틀을 들어내고 〈살구 소스〉는 다른 그릇에 담아낸다. 사과 샤를로트는 차게 먹기도 한다. 이 경우 〈크렘 샹티이〉를 덮고, 같은 크림을 짤주머니로 짜내 구슬 등으로 장식한다. 〈살구 소스〉와 럼은 따로 낸다.

크레프(크레이프)[5]

크레프(Crêpe) 반죽을 만드는 네 가지 기본 방식이 있다.

첫 번째 방식(가장 보편적인 방식이다)

ᘓ 밀가루 250g, 달걀 3, 우유 500ml 또는 물, 코냑 2큰술, 소금, 녹인 버터 2큰술.

밀가루를 달걀과 우유에 섞는다. 코냑을 넣고, 오렌지꽃물 1큰술을 추가해도 된다. 1시간 재운다. 팬에 버터를 가열하고 반죽 1큰술을 붓고 빠르게 익힌다. 뒤집어서 다른 쪽도 노릇하게 익힌다. 뜨거울 때 먹는다.

두 번째 방식

ᘓ 체로 친 고운 밀가루 500g, 슈거파우더 200g, 소금, 달걀 12, 우유 1.5리터, 바닐라설탕

4) Rosace. 중세 이슬람 사원의 모자이크와 가톨릭 성당의 색유리창에 널리 사용된 장식문양이다. 장미잎을 방사상(중앙의 한 점에서 사방으로 바퀴살처럼 뻗어 나간 모양)으로 펼친 모습이다. 장미가 아니더라도 보통 방사상 꽃무늬 장식창을 가리킨다.
5) 프랑스 브르타뉴에서 유래한 것으로 알려져 있다. 영어로는 크레이프.

또는 오렌지설탕 1큰술, 코냑 또는 럼 3큰술, 녹인 버터 2큰술.

첫 번째 방법과 같다. 재료만 다르다.

세 번째 방식

☙ 밀가루 500g, 슈거파우더 150g, 소금, 달걀 10, 크렘 프레슈 300ml, 코냑 3큰술, 녹인 버터 3큰술, 오르자 시럽(Orgeat Syrup, 아몬드 시럽)[6] 3큰술, 곱게 으깬 마카롱 100g.

앞의 방법들과 같고 재료만 조금 다르다. 하지만, 반죽을 체로 내려받은 다음, 오르자 시럽과 마카롱을 섞는다.

네 번째 방식

☙ 밀가루 500g, 설탕 150g, 소금, 달걀 6개, 노른자 4, 달걀흰자 6, 우유 1.2리터, 향.

밀가루 반죽에 달걀노른자와 소금, 우유를 섞는다. 휘젓고, 향을 선택해 넣고 고운 체로 걸러, 휘저어 거품을 낸 달걀흰자를 추가한다.

쉬제트 크레프 Crêpes Suzette

☙ 크레프, 소스(버터 100g, 설탕 100g, 만다린즙, 퀴라소 3큰술).

퀴라소향과 만다린즙을 넣은 크레프를 만든다. 크래프 위에 두를 소스로, 버터와 슈거파우더, 퀴라소와 만다린즙을 준비한다. 이것은 식탁에서 마무리한다. 가열할 수 있는 알콜 화기를 식탁에 놓고, 팬을 올리고, 미리 만든 팬케이크를 놓고, 소스를 붓고 가열한다. 설탕과 퀴라소를 뿌리고 퀴라소에도 불을 붙인다.

팬케이크

잼 팬케이크
Pannequets aux confitures, Jam Pancakes

☙ 얇고 작은 팬케이크, 잼, 슈거파우더.

팬케이크에 잼을 펼쳐 바르고, 동그랗게 말아 감싼다. 양쪽 끝을 잘라 다듬고 전체를 2토막으로 자른다. 접시에 올려 슈거파우더를 뿌리고, 샐러맨더

6) 아몬드와 설탕, 오렌지꽃물 또는 장미수를 섞어 만든 시럽.

그릴에서 금빛으로 윤을 낸다. 뜨거운 접시에 올려서 낸다.

크림 팬케이크

Pannequets à la crème, Cream pancakes

ꭥ 얇고 작은 팬케이크, 프랑지판 크림, 마카롱, 슈거파우더.

팬케이크에 크림을 펼쳐 바르고, 마카롱을 부수어 뿌린다. 팬케이크를 동그랗게 말아, 앞의 〈잼 팬케이크〉와 같은 방법으로 구워 윤을 낸다.

크로케트(크로켓), 과일 크루트

크로케트

밤 크로케트

Croquettes de Marrons, Chestnut croquettes

삶아서 껍질을 벗긴 밤알을 설탕 시럽에 졸인 마롱글라세(marrons glacés)들을 포크로 곱게 찧는다. 그 3분의 1분량의 마카롱을 키르슈(체리 증류술)나 럼에 적셔 곱게 부수어 섞는다. 이렇게 섞은 재료를 달걀 크기로 나누고 공처럼 동글게 빚어, 주걱으로 눌러 납작하게 만든다. 영국식으로 고운 빵가루를 묻히고, 녹인 버터로 튀겨 양쪽에 색을 낸다. 키르슈에 재운 〈살구 소스〉, 〈크렘 샹티이〉는 따로 담아낸다.

쌀 크로케트

Croquettes de Riz, Rice croquettes

ꭥ 디저트용 쌀밥: 쌀 300g, 물 1리터, 설탕 150g, 소금, 우유 1리터, 달걀노른자 6, 버터 50g, 바닐라, 오렌지 겉껍질.

바닐라와 설탕, 소금, 버터, 오렌지 겉껍질을 우유에 넣고 끓인다. 쌀과 물을 팬에 넣고 1분간 끓여 건져낸 뒤, 앞의 우유를 넣고 25~28분간 익힌다. 쌀밥에 달걀노른자를 섞는다.

이렇게 만든 디저트용 쌀밥을 살구나 배 모양으로 빚는다. 달걀물과 빵가루를 입힌다. 아주 뜨거운 올리브유에 튀겨 기름을 뺀다. 슈거파우더를 뿌린다. 〈살구 소스〉나 〈사바용/자발리오네〉를 따로 담아낸다.

세몰리나 크로케트
Croquettes de Semoule, Semolina croquettes
설탕 150그램과 버터 50그램, 소금을 섞은 우유 1리터를 세몰리나 300그램에 보슬비처럼 뿌린다. 25분간 약한 불로 익힌 뒤, 달걀 3알과 버터 몇 조각을 넣고 섞는다. 버터를 두른 평판에 1.5센티미터 두께로 펼쳐 올린다. 식으면 반죽을 마음에 드는 모양으로 네모든 동글게든 나누어 빚는다.
달걀과 고운 빵가루를 입힌다. 정제한 맑은 버터로 튀긴다. 〈밤 크로케트〉와 같은 방법이다. 슈거파우더를 뿌려 식탁에 올린다. 향을 추가한 〈살구 소스〉나 〈크렘 앙글레즈〉를 곁들인다. 세몰리나 반죽에 깍둑썰기한 통조림 과일, 키르슈 또는 럼에 잠깐 재운 코린트 건포도를 추가해도 된다.

과일 크루트

과일을 섞은 크루트(Croûte aux fruits)이다.

과일 크루트
Croûte aux fruits, Fruit Croutes
사바랭(Savarin) 케이크를 먼저 세로로 2조각(2인분)으로 자른 뒤 각각 5밀리미터 정도로 얇게 자른다. 이 사바랭 조각들을 오븐용 쟁반에 놓고 슈거파우더를 눈처럼 뿌린다. 쟁반을 오븐에 넣고 살짝 구워 노릇하게 윤을 낸다.
오븐에서 꺼낸 사바랭 조각들을 터번처럼 어슷하게 둘러 쌓는다. 그 중간마다 같은 크기로 썬 파인애플을 교대로 끼워 넣는다. 터번 위에 복숭아 반쪽, 배 반의 반쪽, 살구 반쪽, 사과 등 뭐든 통조림 과일을 올린다. 그 위에 체리, 푸른 아몬드 등으로 장식한다. 키르슈향을 추가한 〈살구 소스〉를 덮는다.

에스코피에의 리오네즈(리용) 크루트
Croûte à la Lyonnaise, Croute lyonese

보통 크기의 샤를로트 틀에서 구운 무슬린 브리오슈를 세로로, 절반을 자른 다음 5밀리미터 두께의 슬라이스로 나눈다. 평판에 올리고 슈거파우더를 뿌리고 아주 약한 불에서 캐러멜처럼 녹여 크루트에 윤을 낸다.
오븐에서 꺼내 다음의 재료를 위에 얹는다. 삶은 밤 500그램을 체로 걸러 둥근 도기에 넣는다. 그 분량의 3분의 1의 살구잼을 섞고, 키르슈 또는 럼이나 마라스키노 4큰술을 끼얹고 크렘 프레슈 5~6큰술을 추가한다. 이 브리오슈 조각들을 왕관처럼 쌓고 체리와 레드커런트 잼을 두른다. 바닐라향을 추가한 〈크렘 샹티이〉를 곁들인다.

마데이라 크루트
Croûte au Madère, Madeira croute

보통 크기의 샤를로트 틀에서 구운 브리오슈를 앞에서처럼 몇 조각으로 잘라 접시에 터번처럼 올린다. 슈거파우더를 뿌려 오븐에서 윤을 낸다. 그 한복판에 깍둑썰기한 통조림 과일, 물에 불린 코린트 건포도를 넣는다. 전체에 마데이라 포도주로 향미를 낸 살구 시럽을 두른다. 접시에 올리기 전에 브리오슈 조각마다 살구잼을 얇게 발라도 된다.

본팜 사과 크루트
Croûtes aux pommes à la Bonne-Femme, Apple Croûtes with apricot sauce

빵은 5밀리미터 두께, 4센티미터 폭, 6센티미터 길이로 12조각 정도를 준비한다. 빵 조각들을 정제한 맑은 버터에 적셔 슈거파우더를 뿌리고 오븐에서 노릇하게 윤을 낸다. 빵 조각마다 샤를로트를 만들 때처럼 사과잼을 1.5센티미터 바른다. 표면을 고루 다듬어 슈거파우더를 넉넉히 뿌리고, 달군 철망으로 눌러 무늬를 새긴다. 뜨거운 접시에 올리고 향을 첨가한 〈살구 소스〉를 곁들인다.

노르망드(노르망디) 크루트
Croûte à la Normande, Normandy style apple croute

보통 크루트 방법대로 빵이나 브리오슈 조각에 사과잼을 바르고 사과잼

3분의 1분량의 살구잼을 추가해 접시에 터번처럼 올린다. 한가운데에 사과잼을 피라미드처럼 쌓아올린다. 럼을 섞은 살구 시럽을 전체에 끼얹는다. 〈크렘 샹티이〉를 곁들인다.

발랑티누아즈(발랑스)[7] 살구 크루트

Croûte aux Abricots à la Valentinoise, Apricot Croûtes with frangipani cream

살구 껍질을 벗긴다. 바닐라 시럽에 살짝 익혀 건져둔다. 그 사이, 빵이나 브리오슈 조각들을 준비해 곱게 빻아 설탕을 섞은 아몬드를 첨가한 프랑지판을 바른다. 접시에 터번처럼 쌓아올리고 씨를 뺀 살구를 위에 얹는다. 그 위에 마라스키노와 키르슈로 향미를 낸 살구잼을 섞은 살구 시럽을 붓는다. 얇은 아몬드 조각들과 설탕을 뿌려, 오븐에서 캐러멜처럼 진하게 윤기를 낸다. 여러 가지 과일을 이용해 그것의 이름을 붙인 크루트를 만들 수 있다. 복숭아향, 딸기향, 체리향, 바나나향 등을 다양하게 추가할 수 있다. 〈크렘 샹티이〉는 과일 크루트에 매우 잘 어울린다.

오믈렛(디저트용)

디저트용 달콤한 오믈렛에는 다음과 같은 네 종류가 있다.

1. 리쾨르(리큐어) 오믈렛(리큐어 술을 섞은 것)
2. 콩피튀르 오믈렛(잼을 섞은 것)
3. 수플레 오믈렛(수플레를 섞은 것)
4. 쉬르프리즈 오믈렛(특별한 것)

럼 오믈렛

Omelette au rhum, Rum omelet

달걀 몇 개를 풀어 소금과 설탕을 조금 넣고 보통의 오믈렛을 준비한다. 길쭉한 접시에 올려 설탕을 뿌리고 조금 데운 럼을 끼얹고, 식탁에 올려, 럼에 불을 붙인다. 키르슈 오믈렛, 샴페인 오믈렛도 같은 방식이다.

---

7) 발랑스는 프랑스 남부 론 강변의 도시.

살구잼 오믈렛

Omelette aux confitures à l'Abricot, Apricot jam omelet

☙ 달걀 6, 소금, 설탕, 버터, 살구잼 2큰술.

달걀에 소금, 설탕을 넣는다. 힘차게 휘저어 보통의 오믈렛처럼 만든다. 오믈렛에 살구잼을 넣고 감싸며 둥글게 만다. 긴 접시에 담고 슈거파우더를 뿌리고 불에 달군 격자 쇠붙이로 지져 무늬를 새긴다.

자두, 딸기 등 그 밖의 과일잼으로도 만들 수 있다. 잼 오믈렛에는 럼이나 키르슈를 끼얹고 불을 붙여 향미를 더한다.

수플레 오믈렛

Omelette soufflée à la vanille, Souffle omelet

달걀노른자 6알에, 설탕 250그램을 섞고 세게 휘저어, 리본처럼 흘러내릴 정도로 반죽을 만든다. 이어서, 달걀흰자 8알을 휘저어 거품을 낸 다음, 반죽을 숟가락으로 오르락내리락 저으며 천천히 섞는다. 이렇게 섞은 것을 버터를 두른 타원형 접시에 붓고 슈거파우더를 뿌리고 적당한 틀에 넣는다. 또는 짤주머니에 넣어 오믈렛을 장식으로 사용하기도 한다. 바닐라, 레몬, 오렌지, 럼 등의 향미를 추가해도 된다. 이런 향미는 달걀흰자를 섞기 전에 넣는다. 향미제가 액체일 때는 잘게 부순 비스킷이나 마카롱에 적셔, 이 과자 부스러기를 수플레에 추가한다.

쉬르프리즈 오믈렛

Omelette en surprise, Surprise omelet

접시에 두께 2센티미터의 제누아즈 케이크(스폰지 케이크)를 담는다. 그 위에 과일이나 크림을 섞은 아이스크림을 올린다. 아이스크림 위에 프랑스식 머랭이나 단단한 이탈리아식 머랭을 덮는다. 나이프를 이용해 1.5센티미터 두께로 고루 덮어준다. 뜨거운 오븐에 잠깐 넣어 머랭의 색을 낸다. 내부의 아이스크림이 녹지 않도록 조심한다.

몽모랑시 쉬르프리즈 오믈렛

Omelette en surprise Montmorency, Surprise omelet monmorency

앞의 〈쉬르프리즈 오믈렛〉과 같은 방법이지만, 바닐라와 키르슈 아이스크림을 사용한다. 〈체리 쥐빌레 탱발〉을 곁들인다.

이것을 원형으로 삼아 수많은 디저트용 오믈렛을 만들 수 있다.

푸딩

따끈하게 먹는 푸딩은 너무 많다. 모든 것을 다 소개하기는 어렵다. 인기 높고 흥미로운 것을 소개할 수밖에 없다.

아몬드 푸딩

Poudding aux amandes, Almond Pudding

버터 100g, 슈거파우더 100g, 체로 친 고운 밀가루 100g, 아몬드 우유[8] 300ml, 달걀 5, 아몬드가루.

냄비에 버터를 넣고 걸쭉하게 녹인다. 설탕과 밀가루를 섞는다. 아몬드 우유를 추가해 나무주걱으로 저어 한소끔 끓인다. 그다음에 불을 세게 가열해 〈슈 반죽〉처럼 되게 저어준다. 불을 끄고, 달걀노른자를 즉시 섞고 거품을 낸 흰자를 조심스레 천천히 섞는다.

버터로 볶은 아몬드 가루를 두른 틀에 붓는다. 중탕기에 넣어 익히거나 찜기에 넣어 찐다. 아몬드향과 백포도주를 넣은 〈사바용/자발리오네〉을 곁들인다.

앙글레즈(영국) 아몬드 푸딩

Pudding aux amandes a l'Anglaise, English almond Pudding

버터 125g, 설탕 150g, 아몬드가루 250g, 소금, 오렌지꽃물 1작은술, 달걀 2, 달걀노른자 2, 크림 100ml.

버터와 설탕을 섞어 걸쭉한 크림처럼 만들고 아몬드 가루와 나머지 재료를 함께 넣고 잘 섞는다. 버터를 두른 채색 도기 접시에 쏟아붓고 오븐에서 중간 불로 익힌다. 중탕기에 익혀도 된다. 어디에 익히든 영국 푸딩은 항상 파이앙스(도기) 접시를 사용해 식탁에 올린다.

---

8) 아몬드 우유(Lait d'amande, Almond milk)는 물에 불린 아몬드를 갈아서 거른 것이다. 중세 시대부터 이용했다.

비스킷 푸딩

Pudding de biscuits, Biscuit pudding

ᴥ 레이디스핑거(손가락 비스킷) 250g, 끓인 우유 600ml, 설탕 150g, 통조림 과일과 키르슈(체리 증류 술)에 불린 건포도 150g, 달걀노른자 5, 녹인 버터 100g, 달걀흰자 3, 비스킷.

냄비에 레이디스핑거 비스킷을 부숴 넣고, 끓인 우유를 붓고 설탕을 넣는다. 가열해 잘 저어 섞은 뒤, 과일, 달걀노른자, 녹인 버터를 추가한다. 달걀흰자를 거품을 낼 정도로 휘저어 섞어, 틀에 넣는다. 틀에는 미리 버터를 칠하고 곱게 부순 비스킷 부스러기를 뿌린다. 중탕으로 익힌 다음 〈살구 소스〉나 〈초콜릿 소스〉를 곁들인다.

이 푸딩을 탱발에 수플레처럼 넣어, 바로 오븐에서 구워도 된다. 이 경우에는 달걀흰자 2알을 더 추가한다.

디플로마트 푸딩

Pudding diplomate, Diplomate Pudding

럼이나 마데이라 포도주에 적신 비스킷 부스러기를 버터 두른 원통형 틀에 넣는다. 통조림 과일이나 과실주에 재웠던 건포도를 한 층 깔고, 그 위에 과자를 올려, 층층이 번갈아 넣는다. 크림(크렘 랑베르세)을 천천히 부어 마감하고 중탕으로 익힌다.

영국식 과일 푸딩

사과 푸딩

Pudding de pommes, Apples-Pudding

ᴥ 체로 친 고운 밀가루 500g, 사과, 잘게 다진 비프 수이트(Beef Suet, 소 콩팥 지방)[9] 300g, 소금 15g, 설탕 50g, 물, 레몬 겉껍질, 시나몬 가루.

밀가루, 소금, 설탕을 섞고 물 200밀리리터를 섞어 꽤 물렁한 반죽을 빚는다. 냉장고에 1시간 놓아둔다. 반죽을 8밀리미터 두께로 밀어, 버터를 두

9) 콩팥 지방(Graisse de rognon). 영어로 수이트(Suet)는 소나 양의 콩팥 주위의 지방에서 얻은 흰색의 고체형 지방. 전통적인 영국 푸딩의 재료로 사용한다.

른 둥근 푸딩 그릇에 넣고, 사과를 얇게 썰어 넣고, 슈거파우더를 뿌리고, 다진 레몬 겉껍질과 시나몬 가루를 조금씩 추가한다. 그릇 바깥쪽으로 늘어진 반죽을 감싸올리듯 덮어 테두리를 단단히 눌러 붙인다. 천으로 덮어 씌워 묶은 다음, 1~2리터의 끓는 물이 담긴 냄비에 넣고 2시간 정도 끓인다. 같은 방법으로 다른 재료를 사용해도 된다. 이 푸딩은 다른 과일에 응용할 수 있다.

플럼[10] 푸딩(크리스마스 푸딩)
Plum-Pudding, Christmas pudding

☙ 잘게 다진 비프 수이트(Beef Suet) 500g, 건포도(말라가, 코린트, 술타나 건포도) 각각 250g, 빵가루 250g, 밀가루 250g, 껍질 벗겨 자른 사과 250g, 잘라서 설탕에 절인 오렌지, 레몬, 시트론(cedrat) 각 60g, 생강 60g, 아몬드 가루 120g, 가루설탕(슈거파우더) 250g, 오렌지와 레몬 반쪽의 겉껍질과 즙, 영국식 혼합 향신료[11] 12g, 달걀 3, 럼 또는 코냑 200ml, 영국 맥주 1잔.

모든 재료를 푸딩 전용 도기에 넣는다. 가능한 3~4일 전부터 코냑 또는 럼에 건조 과일들을 모두 재워둔다. 재워둔 과일을 한꺼번에 버터 두른 그릇에 넣고 짓눌러 둔다. 버터와 밀가루를 입힌 천으로 덮어, 그릇의 밑쪽에서 묶는다. 5~6시간 끓는 물에 넣어 삶거나 찜통에 넣고 찐다. 푸딩을 접시에 쏟아 담고, 럼이나 코냑을 붓고 불을 붙인다.

럼이나 '코냑 버터'를 넣은 〈사바용/자발리오네〉이나, 칡즙을 넣은 영국식 크림(커스터드)을 곁들인다. '코냑 버터'는 버터 100그램을 휘저어 크림 상태로 만들어서 슈거파우더 100그램과 샴페인 3술을 넣어 만든다.

아메리칸 푸딩
Pudding à l'Américaine, American Pudding

☙ 빵가루 75g, 가루설탕(슈거파우더) 100g, 밀가루 100g, 다진 소골수 200g, 내모나게 썰

---

10) 영국에서 중세 시대부터 크리스마스 저녁에 푸딩을 먹는 전통이 있다. 플럼(plum)이라는 단어는 오늘날에는 자두를 뜻하지만 과거에는 건포도(raisins)를 뜻했기 때문에, 자두는 들어가지 않는다.

11) 계피(Cinnamon), 메이스(Mace), 너트멕(Mutmeg), 정향(Clove), 고수 씨(Coriander seed), 올스파이스(Allspice)의 혼합 가루. 푸딩 향신료(Pudding spice)라고 부른다.

어서 설탕에 절인 과일 100g, 달걀 1, 달걀노른자 3, 오렌지 겉껍질 1자밤, 잘게 썬 시트론 조금, 시나몬 1개, 너트멕 1작은술, 코냑 또는 럼 2잔.
재료를 푸딩 용기에 넣고 한꺼번에 잘 섞어, 버터 두른 도기나 틀에 넣고 중탕기에 넣어 익힌다. 럼을 섞은 〈사바용/자발리오네〉를 곁들인다.

클레르몽 푸딩
Pudding à la Clermont, Clermont Pudding
〈아메리칸 푸딩〉과 같은 방법이지만, 소골수를 넣지 않고, 녹인 버터만 추가한다. 또 설탕에 절린 과일을 조금 더 넣고, 삶은 밤 200그램과 크림 반 잔을 추가한다. 틀에 부어 중탕으로 익힌다. 럼을 섞은 크림 또는 럼을 섞은 살구 소스를 곁들인다. 이 방법은 중탕 시간을 줄일 수 있어 좋다.

앙글레즈(영국) 빵과 버터 푸딩
Pudding au pain à l'Anglaise, English bread and butter pudding
식빵을 얇게 썰어 버터를 칠한다. 그 위에 미지근한 물에 불린 건포도를 올린다. 파이 디쉬(Pie-dish)라고 하는 깊은 도자기 접시에 빵을 담고 〈커스터드 크림〉으로 덮어 오븐에 넣어 아주 약한 불로 익힌다.
이 푸딩은 빵을 구워, 그 즉시 버터를 발라야 감칠맛이 난다. 빵 대신 비스킷 등 먹고 싶은 과자를 사용해도 된다.

프랑세즈(프랑스) 빵 푸딩
Pudding au pain à la Française, French bread pudding
ᘛ 우유 1리터, 흰 빵 300g, 바닐라향, 설탕 250g, 달걀 4, 달걀노른자 6, 거품을 낸 달걀흰자 4.
우유를 끓여 바닐라향을 첨가해 빵을 적신다. 체로 걸러 달걀을 섞는다. 이런 걸쭉한 용액을 틀을 넣어 중탕한다. 작은 바바 틀에 넣어도 된다. 바닐라를 넣은 크림 또는 〈초콜릿 소스〉를 곁들이거나 체리, 딸기, 살구 등을 곁들여도 좋다. 흰 빵 대신 검은 빵을 사용해도 된다. 이럴 때는 통조림 과일을 조금 추가하고 시나몬 가루도 조금 넣는다. 꿀 4술도 추가한다. 럼을 넣은 〈살구 소스〉를 곁들인다.
물론, 빵 대신 과자를 사용할 수도 있다. 영국제 도자기 파이 접시는 시간을 줄여주기 때문에 실용적, 경제적이다.

밀과 쌀 푸딩

타피오카 푸딩

Pudding au tapioca, Tapioca pudding

우유 1리터를 끓여, 설탕 150그램을 섞고, 소금과 버터 100그램을 넣는다. 타피오카 250그램을 보슬비처럼 뿌려넣는다. 오븐에서 약한 불로 20~25분간 익힌다. 이렇게 익힌 것을 냄비에 넣고, 달걀 노른자 6알, 버터 50그램을 풀어넣고 또 흰자 4알을 휘저어 넣고 전체를 잘 섞는다. 원통형 틀이나 샤를로트 틀에 버터와 밀가루를 두르고 그 속에 붓는다. 중탕기에 넣고 만졌을 때 탄력을 느낄 정도로 익힌다.

푸딩을 틀에서 쏟아내기 전에 7~8분 기다리며 식힌다. 〈크렘 앙글레즈〉, 〈사바용/자발리오네〉, 〈과일 소스〉 등을 곁들인다. 이런 푸딩을 탱발, 수플레 등에 넣고 익힌 뒤, 크림 소스를 곁들여 내도 된다. 세몰리라, 베르미칠리 등을 재료로 한 푸딩도 같은 방법이다.

캐러멜 타피오카 푸딩

Pudding de tapioca au caramel, Tpaioca pudding with caramel

앞의 〈타피오카 푸딩〉과 같은 재료를 준비한다. 캐러멜을 입힌 샤를로트 틀에 부어 중탕한다. 세몰리라 푸딩도 캐러멜을 틀에 둘러 만들 수 있다. 통조림 과일도 작게 잘라서 추가한다.

앙글레즈(영국) 쌀 푸딩

Pudding de riz à l'Anglaise, English rice pudding

물 1리터에 쌀 200그램을 넣고 2분간 끓인다. 건져낸 쌀을 냄비에 넣고 끓인 우유 1리터를 붓는다. 입맛에 맞춰 향을 첨가한다. 또 설탕과 버터 각 75그램, 소금을 섞는다. 냄비뚜껑을 열어 둔 채 20여분간 쌀이 거의 걸쭉한 쌀밥이 되도록 끓인다.

달걀노른자 3알에 크렘 프레슈 5~6큰술을 섞어 쌀밥에 고루 섞는다. 버터를 두른 도자기 접시에 붓고 슈거파우더를 뿌린다. 접시를 오븐에 넣고 쌀밥의 표면이 노릇해질 때까지 살짝 굽는다. 영국식 쌀밥에 〈초콜릿 소스〉나 〈과일 소스〉를 곁들여도 된다. 통조림 과일도 무난하다.

수플레 푸딩

수플레 푸딩(Puddings souffles)은 〈색슨 푸딩〉을 기본으로 삼는다.

색슨 푸딩
Pudding saxon, Saxon pudding

냄비에 버터를 넣고 휘젓는다. 설탕과 체로 친 고운 밀가루 각 100그램씩 넣어 끓인 우유 1.21리터를 붓고 섞는다. 주걱으로 저어가며 끓인 뒤, 〈슈 반죽〉처럼 세게 가열해서 되게 만든다.

불을 끄고 달걀노른자 5알을 먼저 섞고, 흰자 5알을 힘차게 휘저어 섞는다. 버터와 밀가루를 두른 틀에 붓고 중탕기에 넣어 익힌다. 〈크렘 앙글레즈〉나 〈사바용/자발리오네〉에 향미를 첨가해 곁들인다. 색슨 푸딩에는 아몬드 가루나 오르자 시럽(아몬드 시럽)을 넣기도 한다.

레몬 수플레 푸딩
Pudding soufflé au citron, Lemon souffe pudding

〈색슨 푸딩〉과 같은 방법이지만 향미만 다르다. 럼, 키르슈향을 낸 살구 시럽이나 〈크렘 앙글레즈〉, 〈초콜릿 소스〉 등을 곁들인다. 〈색슨 푸딩〉에는 곱게 빻은 아몬드 가루와 보리 시럽 몇 술을 추가해도 된다.

무슬린 푸딩
Pudding Mousseline, Mousseline pudding

버터 125그램과 설탕 125그램을 걸쭉하게 휘저어 섞고, 달걀노른자 10알을 넣고 다시 개어준다. 숟가락으로 떠서 바를 수 있는 정도로 이 반죽을 조금 가열한다. 여기에 달걀흰자를 세게 휘저어 추가해 잘 섞어 수플레 탱발에 붓는다. 탱발 속에 버터와 마카롱 가루를 미리 둘러놓는다. 중탕기에 넣어 익힌다. 보통 수플레처럼 탱발째 식탁에 올린다.

원하는 향미를 더한 〈크렘 샹티이〉, 〈크렘 앙글레즈〉, 〈초콜릿 크림〉 등을 곁들인다. 딸기와 산딸기가 제철일 때 키르슈에 재워 퓌레를 만들어 〈크렘 샹티이〉에 섞으면 최상이다.

롤리 푸딩(롤리 폴리 푸딩)
Rolly-Pudding, Rolly polly pudding

〈덤플링과 푸딩 반죽〉을 만든다. 1시간 정도 기다렸다가, 납작한 사각형으로 민다. 두께는 5밀리미터. 이 반죽 위에 잼을 바르고 굵은 소시지처럼 둘둘 만다. 소시지 모양이 된 것을 버터와 밀가루를 얇게 입힌 천으로 감싼다. 끓는 물에 넣거나 찜기에 넣어 1시간 30분쯤 익힌다. 다 익으면 꺼내 1센티미터 길이로 둥글게 썰어 수북이 쌓아올린다. 적당한 소스나 과일을 곁들인다. 〈퓌이타주〉로 반죽을 대신해도 된다.

리솔[12)]
Rissoles

디저트용 리솔은 오르되브르로 내는 것과 같지만, 디저트용은 잼이나 크림을 가르니튀르로 곁들이는 점이 다르다. 밤 퓌레 또는 럼과 키르슈에 재운 살구잼도 좋다.

수플레, 탱발, 빵 페르뒤

크림 수플레

기본적인 가정식 수플레
Soufflé pour ménagères

4인분: 우유 100ml, 설탕 35g, 밀가루 1큰술, 버터 10g, 달걀노른자 2, 달걀흰자 3.

설탕을 우유에 넣어 끓이고, 찬물에 푼 밀가루를 더해, 2분간 더 끓인다. 불을 끄고 버터와 달걀노른자를 추가하고, 휘저은 달걀흰자를 섞는다.

---

12) 다진 고기를 넣고 반달 등의 모양으로 빚어 굽거나 튀긴 고기 만두.

크림 수플레(연회용)
Souffle à la crème pour grands services.

수플레 준비하기(재료 구성)
냄비에 설탕과 밀가루 각 250그램씩 넣고 달걀 4개, 달걀노른자 3알을 풀어넣는다. 끓인 우유 1리터를 붓는다. 반 꼬투리 분량의 바닐라콩을 넣는다. 크림을 익히듯이 우유를 조금씩 추가해 저어주면서 끓인다. 불을 끄고 버터 125그램, 달걀노른자 5알, 휘저은 달걀흰자 10개를 섞는다.

수플레 익히기와 윤내기
적당한 탱발(원형 그릇, 수플레 컵)에 버터와 설탕을 두른다. 오븐에서, 너무 고온이 아닌 조금 낮은 열로 익힌다. 오븐에서 꺼내기 10분 전에 설탕을 뿌려, 표면을 캐러멜처럼 반짝이게 만든다.

아몬드 수플레
Soufflé aux amandes, Almond souffle

〈크림 수플레〉 방식을 따르지만, 우유 100밀리리터당 살짝 볶은 아몬드가루 50그램, 오르자 시럽 몇 숟을 추가한다. 탱발에 부어 익힌다.

헤이즐넛 수플레
Soufflé aux avelines, Hazel nut souffle

〈크림 수플레〉와 같지만, 우유 100밀리리터당 헤이즐넛 프랄린 60그램을 녹여 넣는다. 보통의 〈수플레〉처럼 익힌다.

체리 수플레
Soufflé aux cerises, Cherry souffle

〈크림 수플레〉에, 키르슈(체리 증류 술)에 적신 작은 마카롱을 넣어 수플레를 익힌다. 레드커런트 젤리 2~3술과 〈크렘 샹티이〉를 추가한 체리잼을 곁들인다.

초콜릿 수플레
Soufflé au chocolat, Chocolate souffle

〈크림 수플레〉에, 〈초콜릿 소스〉와 〈크렘 샹티이〉를 곁들인다.

퀴라소 수플레

Soufflé au curaçao, Curaçao souffle

오렌지향을 넣은 〈크림 수플레〉를 준비한다. 퀴라소에 적신 마카롱 조각을 추가한다. 〈크렘 샹티이〉를 곁들인다.

엘리자베스 수플레

Soufflé Elisabeth, Souffle Elizabeth

〈크림 수플레〉에 제비꽃 프랄린(praline)과 키르슈를 적신 마카롱 부스러기를 교대로 겹쳐 올린다. 수플레를 오븐에서 꺼내 슈거파우더를 뿌린다.

딸기 수플레

Soufflé aux fraises, Strawberry souffle

〈크림 수플레〉를 준비한다. 키르슈와 퀴라소에 적신 작은 마카롱을 추가한다. 설탕, 오렌지즙, 퀴라소에 재웠다가 딸기 퓌레를 입힌 딸기를 곁들인다. 〈크렘 샹티이〉를 곁들인다.

힐다 수플레

Soufflé Hilda, Lemon cream souffle

레몬향을 첨가한 〈크림 수플레〉이다. 설탕 섞은 딸기 퓌레, 〈크렘 샹티이〉를 곁들인다.

팔미르 수플레

Soufflé Palmyre, Palmyra souffle

〈크림 수플레〉를 준비해 탱발에 넣는다. 키르슈와 아니제트[13]를 적신 레이디스핑거 비스킷을 교대로 층층이 올린다.

프랄린 수플레

Soufflé Praline, Almond praline souffle

〈크림 수플레〉에 아몬드 프랄린을 추가한다. 수플레 위에 장밋빛 프랄린을 부수어 조금 올린다. 익히는 방법은 일반적인 수플레와 같다.

13) 아니제트(Anisette). 달콤한 향기가 있는 아니스(Anis) 열매로 만든 술.

로스차일드 수플레[14]

Soufflé Rothschild, Cream souffle with candied fruit

〈크림 수플레〉에 키르슈를 축인 통조림 과일을 작게 잘라 추가한다. 설탕을 넣은 딸기 퓌레를 추가한 〈크렘 샹티이〉를 곁들인다. 키르슈 향미만 추가한 〈크렘 샹티이〉를 곁들여도 된다.

사라 베르나르 수플레

Soufflé Sarah-Bernhardt, Cream souffle with macaroons and strawberries

〈크림 수플레〉를 탱발에 넣는다. 마카롱에, 퀴라소의 한 종류인 퀴라소섹(curaçao sec)을 적셔 교대로 채운다. 일반적인 수플레 방식으로 익힌다. 퀴라소에 적신 딸기에 설탕을 뿌리고, 딸기 퓌레를 입혀서 곁들인다. 〈크렘 샹티이〉는 따로 낸다.

과일 퓌레로 만드는 수플레

딸기 수플레

Soufflé aux fraises, Strawberry souffle

딸기 500그램을 체로 걸러 도기에 받는다. 슈거파우더 100그램을 넣고 키르슈 몇 술을 두른다. 달걀흰자 8개를 휘저어 넣고 슈거파우더 300그램을 추가한다. 탱발에 담아 일반적인 수플레 방식으로 만든다.

파리지엔(파리) 사과 수플레

Soufflé de pommes à la Parisienne, Parisian style apple souffle

사과 마멀레이드를 사과 샤를로트를 만들 때처럼 준비한다. 그 3분의 1분량의 살구잼과 럼 2술을 추가한다. 마멀레이드가 500그램이라면, 달걀흰자 6,7알을 휘저어 섞고, 또 슈거파우더 250그램을 넣고 한 번 더 휘저어 섞는다. 탱발에 붓고 수플레를 익힌다.

럼을 섞은 살구 시럽과 〈크렘 샹티이〉를 곁들인다. 과일주 수플레는 크림

---

14) 앙투안 카렘이 세계적인 금융 가문인 로스차일드의 제임스 드 로스차일드 남작의 만찬에서, 로스차일드 연어, 로스차일드 소고기 필레와 함께 1822년에 처음 만들었다.

과 잘 어울린다. 과일주 특유의 향미를 보존하려면 수플레에 비스킷, 마카롱 같은 작은 과자 조각들을 과일주에 적셔야 좋다.

탱발, 빵 페르뒤

탱발에 이용하는 크루트는 브리오슈 반죽이든, 퐁세 반죽(깔개 반죽)이든, 사블레 반죽[15]이든 상관없다.

아랑베르 탱발
Timbale d'Aremberg, Aremberg Timbale

커다란 샤를로트 틀에 브리오슈 반죽을 넣고 굽는다. 다 식으면 브리오슈 위쪽 부분을 잘라내 둔다. 둘레는 그냥 둔 채, 그 밑바닥을 1.5센티미터만 남기고 안쪽을 파낸다. 둘레와 바닥에 살구잼을 바른다.
식탁에 올릴 때, 텅 빈 안쪽에 시럽에 익힌 배 4쪽, 살구잼, 볶은 뒤에 설탕을 뿌려 캐러멜을 입힌 아몬드들을 교대로 얹는다. 탱발을 접시에 담고, 마라스키노를 적신 살구 시럽을 입혀, 떼어놓았던 윗부분을 원래의 자리에 올려놓는다.

콩데 복숭아 탱발
Timbale de Pêches à la Condé, Timbale of peaches

무르익은 복숭아 껍질을 벗기고 반으로 잘라 바닐라 시럽에서 익힌다. 그 사이, 커다란 샤를로트 틀에 버터를 두르고 아몬드 가루를 뿌린다. 얇은 〈퐁세 반죽〉을 틀 안에 눌러 붙인다. 그 속에 키르슈향을 추가한 디저트용 쌀밥을 층층이 채운다. 쌀밥 위에 반쪽을 낸 복숭아와 살구잼을 얇게 덮고, 다시 쌀밥을 덮는다. 같은 방법으로 한 층 더 올리고 얇은 반죽으로 위를 뚜껑처럼 덮는다. 그 한가운데에는 작은 구멍을 뚫어 김이 새도록 한다. 이 탱발을 오븐에 넣고 중간 불로 굽는다. 35분 정도가 좋다. 탱발 틀에서 꺼내 키르슈에 재운 살구 시럽을 곁들인다. 배, 살구, 사과, 바나나

15) 부드러운 과자(사브레)용 반죽. 뜨겁게 먹는 과일 디저트의 '머랭 체리 플랑' 참고.

를 위한 탱발의 방법도 이와 똑같다.

빵 페르뒤[16)]

Pain perdu, French toast

'브리오슈'를 1센티미터 두께로 자른다. 바닐라설탕을 가미한 차가운 우유에 살짝 적신다. 이 브리오슈 조각들을 설탕을 조금 섞은 달걀물에 담가 적신 후, 버터를 넣은 뜨거운 프라이팬에 넣고 슬라이스의 양쪽을 노릇하게 굽는다. 따끈한 접시에 올리고 바닐라설탕을 뿌린다. 브리오슈 대신 버터를 바르고 그릴에서 구운 식빵 슬라이스를 사용해도 된다.

뜨겁게 먹는 과일 디저트 — 살구, 바나나, 파인애플

살구 부르달루[17)]

Abricots Bourdaloue, Bourdaloue apricots

그릇 바닥에 〈프랑지판 크림〉을 3센티미터 두께로 깐다. 그 위에 껍질을 벗겨 반쪽으로 자른 살구들을 올리고, 조금 묽은 시럽에 담가 익힌다. 살구잼을 추가한 살구 시럽을 졸여 반쪽으로 자른 살구들에 입힌다. 그 위에 마카롱을 부수어 뿌린다.

배, 복숭아, 사과, 바나나, 체리 등의 부르달루도 같은 방법으로 만든다. 체리 부르달루에는 마롱글라세(marrons glacés)[18)] 가루를 뿌리기도 한다.

콩데 살구

Abricots à la Conde, Apricots conde

☙ 바닐라 향, 우유에 익힌 쌀밥, 껍질을 벗겨 시럽에서 익힌 살구, 과일 콩피(confit, 설탕 절임), 살구 시럽, 키르슈.

적당한 틀에 버터를 두른다. 바닐라향을 넣고 우유에 익힌 쌀밥을 채운

---

16) 프렌치 토스트이다. 페르뒤는 '잃어버린'의 뜻으로 조금 말라버린 빵을 가리킨다. 여기서 사용하는 브리오슈는 크게 구운 것을 이용한다.

17) 파리 시내 부르달루에 있던 제과점에서 처음 만들었다.

18) 밤송이 하나에 밤 한 알이 들어있는 마롱 밤을 시럽에 담가 설탕옷을 입힌 것.

다. 틀을 벗겨 접시에 놓고, 시럽에 익힌 살구(통째로 또는 반쪽으로 잘라)를 쌀밥 위에 둥글게 올린다. 설탕에 절인 과일로 장식하고 키르슈향을 섞은 살구 시럽을 입힌다. 복숭아, 배, 바나나도 같은 방법을 따른다.

샤틀렌 살구

Abricots Châtelaine, Apricots with macarons and meringue

마카롱을 접시에 둥글게 둘러놓고 키르슈를 살짝 뿌린다. 마카롱마다 살구잼 1작은술과 프랑지판 크림 1큰술을 얹는다. 프랑지판 위에 살구 반쪽을 시럽에 조금 적셔 올린다. 이탈리안 머랭으로 덮고, 그 표면을 같은 머랭을 짤주머니에 넣고 짜내서 장식한다. 접시를 오븐에 넣고 몇 분간만 약한 불로 머랭을 건조시킨다. 키르슈에 재운 살구 소스를 곁들인다.

머랭 살구

Abricots meringues, Apricot meringue

☙ 우유에 익힌 쌀밥, 시럽에 삶은 살구, 머랭, 아이싱슈거(슈거파우더).

내열 접시에 버터를 두르고 익힌 쌀을 2.5센티미터 두께로 한 층 깔아준다. 그 위에 살구들을 올린다. 프랑스 머랭으로 자유롭게 모양을 내 장식한다. 슈거파우더를 뿌리고 오븐에서 머랭이 살짝 노릇해질 때까지 굽는다. 〈살구 소스〉 또는 〈레드커런트 소스〉를 곁들인다.

콩데 파인애플

Ananas Condé, Pineapple conde

☙ 파인애플, 키르슈, 우유로 익힌 쌀밥, 통조림 체리, 안젤리카, 키르슈 향을 넣은 시럽.

파인애플을 길게 반 토막을 낸 다음 얇게 썰어 키르슈에 담근다. 〈콩데 살구〉처럼 쌀을 준비한다. 파인애플을 그 위에 올리고 체리와 안젤리카로 장식한다. 시럽을 붓는다.

바나나 플랑베[19]

Bananes flambées, Flamed banana

☙ 바나나, 슈거파우더, 밀가루, 버터, 키르슈 또는 럼.

---

19) 플랑베는 럼주 등을 뿌리고 불을 붙이는 방식이다. 식당에서는 식탁에 올려 불을 붙인다.

바나나 껍질을 벗기고 과육을 정제한 맑은 버터에 굽는다. 슈거파우더를 뿌리고 럼이나 키르슈를 끼얹고 불을 붙인다. 바나나 둘레에 체리를 둘러 놓아도 된다.

뜨겁게 먹는 과일 디저트 — 체리, 복숭아, 배, 사과

체리

체리 쥐빌레(체리 주빌레)[20]
Cerises Jubilé, Cherries jubilee
☙ 체리 500g, 설탕 150g, 레드커런트 젤리 200g, 뜨거운 키르슈.
체리 씨는 빼내 버린다. 체리를 작은 냄비에 넣는다. 체리 500그램당 설탕 150그램을 넣는다. 냄비뚜껑을 덮고 6~8분 끓여, 레드커런트 젤리를 섞는다. 체리를 은접시에 절반쯤 담는다.
식탁에서 가열할 수 있는 작은 화기를 준비하고, 그 위에 은접시를 올리고 중간 정도의 온도로 가열한다. 체리를 끓이면서 나온 시럽으로 덮는다. 데운 키르슈(kirsch) 1작은술을 끼얹고 불을 붙인다.
체리는 시럽에 담근 것(통조림)을 쉽게 구할 수 있다. 매우 좋은 디저트 재료이다.

다누아즈(덴마크) 체리 플랑
Flan de cerises à la Danoise, Danish cherry flan
깔개용 밀가루 반죽으로 둥근 플랑을 만든다. 체리를 채우고 계피를 조금 섞은 슈거파우더를 뿌린다. 설탕 60그램, 버터 60그램, 아몬드 가루 60그램과 달걀 1개를 섞어 체리 위에 붓는다. 오븐에 넣어 조금 약한 불로 구워 식힌다. 표면에 레드커런트 젤리를 바르고, 럼을 부어 윤을 낸다.

---

20) 1887년 영국 빅토리아 여왕의 금혼식(결혼 50주년 기념식)에서, 에스코피에가 처음 만들어 선보였다. 1950년대 이후 대중화되어 유명해졌다.

머랭 체리 플랑

Flan aux cerises meringué, Cherry flan meringue

버터 두른 플랑에 둥글게 반죽을 깔아준다. 칼끝으로 반죽의 바닥을 찔러주고 슈거파우더를 뿌리고, 보통의 플랑을 만들 때처럼 씨를 뺀 체리들을 올린다. 우유를 붓고 오븐에서 익힌다. 다 구운 플랑을 식혀 표면을 프랑스식 머랭으로 한 층 덮고, 짤주머니로 머랭을 넣어 장식한다. 오븐에 넣고 약한 불로 조금 노릇하게 익힌다.

다른 방법

씨를 뺀 체리에 설탕을 섞어 익힌다. 설탕에 절인 통조림 체리를 사용해도 된다. 다용도 쉬크레 반죽(pâte sucrée) 또는 '사블레 반죽'을 버터 두른 플랑에 둥글게 깔아준다. 플랑의 4분의 3까지 프랑지판을 채우고 그 곳에 체리들을 넣어 오븐에서 익힌다. 오븐에서 꺼내, 표면에 레드커런트 젤리를 엷게 바른다. 럼 또는 키르슈를 발라도 된다.

사블레 반죽(Pâte sablée)

ↂ 체로 친 고운 밀가루 500g, 버터 300g, 바닐라설탕 125g, 소금, 달걀노른자 3, 우유 7큰술.

보통 반죽처럼 빚는다. 두 번 손바닥으로 이겨주고, 둥글게 공처럼 빚어 1시간 놓아둔다.

복숭아

천도복숭아(승도복숭아)나 홍도 북숭아(Nectarines ou Brugnons)도 일반 복숭아의 모든 방식을 응용한다.

복숭아 부르달루

Pêches Bourdaloue, Bourdaloue peaches

복숭아 부르달루 타르트라고도 한다. 복숭아를 2조각으로 잘라서 껍질을 벗긴다. 바닐라 시럽에 넣고 가열한다. 그다음은 〈살구 부르달루〉 방식을 따른다.

콩데 복숭아

Pêches Condé, Peaches conde

〈콩데 살구〉의 방식을 따른다.

복숭아 플랑베

Pêches flambées, Peaches flambe

뜨거운 물에 복숭아를 2초만 데쳐 곧바로 얼음물에 넣는다. 껍질을 벗겨 키르슈 향미를 낸 시럽에 넣는다. 뜨겁게 보관한다. 폭이 높이 보다 넓은 탱발에 복숭아를 채운다. 복숭아 넣어둔 시럽을 조금 끼얹어 식탁에 올린다. 따끈한 키르슈를 붓고 불을 붙인다. 산딸기나 딸기 퓌레 등을 키르슈를 마지막에 붓기 전에 시럽에 추가한다.

앵페라트리스(황후) 복숭아

Pêches Impératrice, Peaches with rice apricots

ℴ 우유로 익힌 쌀, 키르슈, 마라스키노, 복숭아, 바닐라 시럽, 살구 통조림, 키르슈 향을 첨가한 살구 소스, 마카롱.

탱발 바닥과 안쪽 둘레에 디저트용으로 익힌 쌀밥을 키르슈와 마라스키노 향을 추가해 한 겹을 두른다. 쌀 위에 바닐라 시럽에 데치고 껍질을 벗겨 반쪽을 낸 복숭아들을 올린다. 여기에 살구잼을 조금 입히고 다시 쌀을 얇게 덮는다. 그 위에 카르슈와 마라스키노를 넣은 살구 소스를 살짝 입힌다. 마카롱을 부숴 그 위에 뿌린 다음 탱발을 오븐에 넣고 5~6분 익힌다. 마카롱이 노릇해지지 않도록 조심한다.

머랭 복숭아

Pêches meringuées, Peach meringue

〈머랭 살구〉와 같지만, 쌀 대신 프랑지판 크림으로 복숭아를 덮는다.

복숭아 포샤주

Pochage des Pêches, Poaches peaches

복숭아를 데치는 최상의 방법은 다음과 같다. 알맞게 익은 부드러운 백도를 고른다. 끓는 물에 몇 초 데쳐 건져낸 뒤, 즉시 얼음물에 담근다. 복숭아가 잘 익었으면 손가락으로 건드리기만 해도 껍질이 잘 벗겨진다. 과육을 도기 그릇에 담고 바닐라 시럽을 부어 덮는다. 뜨겁게 먹을 것이라면 끓이지 않고 따끈하게 보관한다. 반대로, 차게 먹을 것이면 시럽에 차게 보관한다. 식당에서 빠르게 낼 것이라면, 복숭아 껍질을 벗기자마자 접시에 담고 설탕을 뿌려 냉장고에 보관한다.

서양배

배[21] 부르달루

Poires Bourdaloue, Pears bourdaloue

배는 통째로 또는 2쪽이나 4쪽으로 자른다. 배의 크기에 맞추면 된다. 바닐라 시럽에 익히는데, 방법은 〈살구 부르달루〉와 같다.

콩데 배

Poires Condé, Pears Conde

작은 배를 고른다. 조심해서 둥글게 돌려 깎는다. 둥글게 둘러놓은 쌀 위에 얹어 먹는다. 〈콩데 살구〉와 같은 방법이다.

앵페라트리스(황후) 배

Poires Impératrice, Pears imperatrice

큼직한 배들을 골라 4조각으로 자른다. 바닐라 시럽에 데쳐, 〈앵페라트리스 복숭아〉와 같은 방법으로 만든다.

배 마들렌

Poires Madeleine, Pears in a savarin

배를 4쪽으로 자른다. 껍질을 벗겨 냄비에 넣고 배 3~5개당 버터 넉넉한 1큰술과 슈거파우더 3큰술, 물 100밀리리터를 넣는다. 냄비뚜껑을 덮고 〈사과샤를로트〉의 방법으로 익힌다. 배가 익으면 배의 3분의 1분량의 살구잼을 섞는다. 이렇게 섞은 것을 럼에 축인 사바랭에 얹고 〈크렘 샹티이〉를 알프스의 산처럼, 높게 올린다. 차게, 또 뜨겁게 먹어도 된다.

21) 서양배(Pear)이다. 한국, 일본에서 재배하는 것은 동양배(Nashi pear)로 모양이 다르다.

사과

사과 베녜

Beignets de pommes, Apple fritters

과일을 도려내는 특수한 칼로 사과 한가운데를 1.5센티미터 지름으로 뚫어 씨방을 들어낸다. 껍질을 벗기고 6~7밀리미터 두께로 둥글게 썬다. 설탕과 코냑(또는 럼)에 15분쯤 재워둔다. 식탁에 올리기 직전에 건져내, 튀김옷을 입히고 커다란 튀김냄비에서 뜨거운 올리브유로 튀긴다.

튀김을 천에 받쳐 쟁반에 늘어놓는다. 슈거파우더를 뿌리고 샐러맨더 그릴이나 오븐에 넣고 열을 가해 윤을 낸다.

버터 사과

Pommes au beurre, Buttered apples

붉은 사과들의 껍질을 벗겨 4~6조각으로 자른다. 버터를 두른 튀김냄비에 넣고 묽은 시럽 몇 술을 넣고 레몬즙 2~3방울을 뿌린다. 뚜껑을 덮고 약한 불로 익힌다. 익은 후 꺼내서 오븐에서 노릇하게 구운 브리오슈 빵 조각 위에 올린다. 사과를 익혔던 시럽으로 덮고, 살구잼을 얇게 덮어, 버터 1~3술을 더 입혀 마무리한다. 브리오슈가 없다면 두꺼운 빵 껍질이나 식빵 조각으로 대신한다. 그것들을 버터에 튀겨 슈거파우더를 뿌리고 오븐에서 노릇하게 윤을 낸다.

본팜 사과

Pommes Bonne-Femme, Baked apples

붉은 사과의 씨방을 도려내고 과육을 돌려깎아 버터 칠한 접시에 올린다. 버터를 사과의 틈새에 채우고 슈거파우더를 뿌린다. 접시 바닥에 물을 조금 붓고 오븐에서 약한 불로 익힌다.

사과 부르달루

Pommes Bourdaloue, Apple bourdaloue

사과를 껍질을 벗겨 4조각으로 자르고 바닐라 시럽에 익힌다. 〈살구 부르달루〉와 같은 방법을 따른다.

샤틀렌 사과
Pommes Châtelaine, Apple chatelaine

붉은 사과를 4조각으로 잘라, 바닐라 시럽에서 익힌다. 그다음은 〈샤틀렌 살구〉의 방식을 따른다.

콩데 사과
Pommes Condé, Apple conde

사과들을 4쪽으로 잘라, 바닐라 시럽에 넣고 살짝 기열해 씨를 발라내고 껍질을 벗긴다. 쌀밥 둘레에 올리고, 설탕에 절인 체리와 안젤리카로 장식한다. 〈콩데 살구〉의 방식을 따른다. 키르슈 살구 시럽으로 덮는다.

앵페라트리스 사과
Pommes Impératrice, Apple imperatrice

〈앵페라트리스 복숭아〉와 같은 방식이지만, 복숭아 대신 바닐라 시럽에 넣고 살짝 가열한 사과 조각들을 사용한다.

사과 머랭
Pommes meringuées, Apple meringue

〈살구 머랭〉과 같다. 재료만 바닐라 시럽에 익힌 사과로 바뀐다.

모스코비트(모스크바) 사과
Pommes Moscovite, Baked apples with kuemmel flavoured apricot sauce

고른 크기의 사과들을 준비한다. 꼭지에서 3분의 1부분을 잘라내고 속을 비운다. 속이 빈, 통 모양의 사과를 설탕물에 넣고 5분간 삶아 건져둔다. 그 사이, 파놓은 과육에 다른 사과들을 얇게 썰어서 섞고 샤를로트에 사용하는 방식으로 잼을 만든다. 잼에는 그 부피의 3분의 1에 해당되는 살구잼과, 4분의 1에 해당하는 휘저은 달걀흰자를 섞는다. 이렇게 섞은 재료를 속을 비운 사과 속에 채우고 오븐에서 10~12분간 익힌다. 쿰멜(Kummel, Kümmel)[22]향을 첨가한 살구 시럽을 곁들인다. 쿰멜 대신 아니제트향을 첨가해도 된다.

---

22) 캐러웨이 씨(caraway seed), 쿠민(cumin), 아니스(Anise) 등으로 만든 증류주. 네덜란드, 독일 등에서 생산한다.

두이용 노르망/사과 라보트[23]

Rabotte de pommes ou Douillon normand, Apple dumpling

〈본팜 사과〉 방식으로 사과를 다듬는다. 밑반죽 위에 올리고 같은 반죽의 톱니 모양의 둥근 라보트로 덮는다. 반죽에 줄무늬를 넣어 오븐에서 강한 불로 15분쯤 굽는다. 오븐에서 꺼내 슈거파우더를 뿌린다.

사과 플랑

Flan de pommes, Apple flan

버터 두른 둥근 플랑 틀에 밀가루 반죽을 붙이고, 샤를로트용 사과 퓌레를 절반쯤 채운다. 〈디저트용 쌀밥〉을 1.5센티미터 높이로 한 층 덮는다. 표면을 고르고 오븐에서 중간 불로 굽는다. 오븐에서 꺼내 레드커런트 젤리를 얇게 입히고, 으깬 마카롱 조각들을 뿌린다.

영국 디저트 — 민스 파이, 과일 타르트

민스 파이[24]

Mince Pies

☙ 구운 뒤에 식혀서 잘게 썬 소고기(안심) 600g, 다진 비프 수이트(Beef Suet, 소 콩팥 지방) 500g, 말라가 건포도 500g, 코린트 건포도 500g, 술타나 건포도 500g, 껍질 벗긴 오렌지 와 시트론 각 500g, 껍질 벗겨 자른 사과 250g, 오렌지 2개의 즙, 영국식 혼합 향신료 25g, 코냑, 럼, 마데이라 포도주 각각 100ml씩.

모든 재료를 섞고 밀봉해 1달 동안 재워둔다. 가장자리 벽이 조금 높은, 파이 틀을 준비한다. 틀 안쪽에 버터를 바르고 얇은 〈퐁세 반죽〉이나 〈푀이타주 반죽〉을 깔고, 재워두었던 재료를 담는다. 얇은 〈푀이타주 반죽〉으로 덮고 가운데에 구멍을 뚫는다. 오븐에서 센 불로 굽는다.

---

23) 라보트는 벨기에와 프랑스 북부 지방의 전통 파티스리. 두이용은 노르망디 파티스리.
24) 다진 고기(mincemeat) 등을 섞은 달콤한 파이로 크리스마스에 즐겨 먹는다.

영국식 과일 타르트

English fruit tarts

파이 디쉬(Pie-dish)라고 하는 움푹한 접시를 사용한다. 과일 껍질을 벗겨 얇게 썰거나 4조각으로 자르거나 통째로 사용하기도 한다. 과일 적당량을 접시에 담고 갈색 설탕 또는 슈거파우더를 뿌린다. 사과처럼 과육이 단단한 과일은 물을 몇 술 축인다. 하지만 수분이 많은 과일에는 그럴 필요가 없다.

밀가루 반죽에 물을 조금 적셔 1센티미터 폭으로 접시 둘레에 붙인다. 같은 반죽으로 얇게, 뚜껑처럼 덮고 둘레에 붙인 반죽과 함께 붙여 봉한다. 이렇게 뚜껑으로 올린 반죽에 버터를 바른다. 오븐에 넣고 중간 불로 굽는다.

영국 타르트는 어떤 재료를 몇 가지 섞든 모두 이와 같은 방법을 따른다. 사과에 크랜베리 등을 섞을 때도 마찬가지다. 영국 타르트에는 항상 크림을 소스 그릇(Sauceboat)에 담아 곁들인다.

차가운 디저트

차가운 디저트에는 크림, 시럽, 과일 퓌레 등 다양한 소스가 따른다. 딸기, 살구, 야생 열매에 키르슈, 럼, 마라스키노 등으로 향미를 낸다.

바바리안 크림(크렘 바바루아즈)

바바루아/바바리안 크림
Bavarois, Bavarian cream
'바바루아(바바리안) 크림'은 오늘날 거의 사라졌다. 아이스크림이 대신하고 있다. 어쨌든 만드는 법을 기억해두자.
슈거파우더 250그램과 달걀노른자 8알을 휘저어 섞는다. 우유 500밀리리터를 끓여 붓는데, 반 꼬투리 분량의 바닐라콩을 첨가해도 된다. 젤라틴 15그램을 찬물에 풀어 추가한다. 아주 약한 불로 섞은 재료들을 익힌다. 끓어오르지 않지만 숟가락에 붙을 정도로 걸쭉해야 한다. 체로 걸러 테린에 받는다. 테린을 얼음에 올려 숟가락으로 저어주며 식힌다. 반죽이 굳기 시작하면, 설탕을 섞고, 휘핑크림 500밀리리터를 섞는다.
이렇게 준비한 재료를, 원하는 크기의 틀에, 아몬드 기름을 살짝 입혀서 짤주머니로 짜넣는다. 틀들을 다 채웠으면 얼음 조각들을 둘러 놓는다. 식탁에 올릴 때 미지근한 물에 틀을 넣고 흔들어, 접시에 쏟아붓는다. 틀에 기름칠을 하지 않고 설탕을 뿌려 캐러멜처럼 녹여도 된다. 이 경우에는 틀째로 식탁에 올린다.

'바바루아'라는 말은 독일 남부 '바비에르 사람'이라는 말인데, 바비에르 사람들의 크림, 즉 '바바리안 크림(크렘 바바루아즈, Crème Bavaroise)'라고 해야 옳다.

바바리안(바바루아즈) 커피 크림
Crème bavaroise au cafe, Bavarian cream with coffee
접시에 〈바바리안 크림〉을 담는다. 커피 진액을 섞은 크림 소스를 덮는다. 〈크렘 샹티이〉 몇 술을 마지막에 추가한다.

바바리안 체리 크림
Crème bavaroise aux cerises, Bavarian cream with cherries
〈바바리안 크림〉을 만들어 접시에 담는다. 씨를 뺀 체리를 익혀서 슈거파우더를 추가한다. 설탕 시럽과 레드커런트 젤리를 넣어서 얼음 위에 올려놓고 굳힌다. 다 굳으면 체리와 시럽을 크림 둘레에 붓는다.

바바리안 초콜릿 크림
Crème bavaroise au chocolat, Bavarian cream with chocolat
〈바바리안 크림〉을 접시에 올리고 〈초콜릿 소스〉로 덮는다.

바바리안 딸기 크림
Crème bavaroise aux fraises, Bavarian cream with strawberries
〈바바리안 크림〉을 만든다. 접시에 담고 설탕, 키르슈, 마라스키노에 재운 딸기를 둘러놓고. 설탕을 섞은 딸기 퓌레를 붓는다.

바바리안 산딸기 크림
Crème bavaroise aux framboises, Bavarian cream with Raspberries
〈딸기 크림〉과 같은 방법이다. 경우에 따라 키르슈와 마라스키노를 쿠라상, 럼, 아니제트로 대신한다.

바바리안 밤 크림
Crème bavaroise aux marrons, Bavarian cream with chestnuts
〈바바리안 크림〉과 마찬가지인데 일부만 다르다. 휘핑크림을 추가하기 전에 그 3분의 1분량의 밤 퓌레를 넣는다. 밤은 키르슈에 재웠던 것을 사용한다. 접시에 담은 크림 둘레에 통조림 밤을 둘러놓고 〈살구 소스〉를 입힌다. 그 표면은 〈크렘 샹티이〉를 짤주머니에 넣어, 짜주면서 장식한다. 소스는 따로 낸다. 반드시, 젤라틴으로 굳힌 크림들 대신 차가운 무스를 사용한다. 상용화한 젤라틴을 피한다.

바바리안 복숭아 크림

Crème bavaroise aux Pêches, Bavarian cream with peaches

〈바바리안 크림〉을 접시에 담고 바닐라 시럽으로 익힌 복숭아 4조각을 둘러놓는다. 키르슈와 마라스키노 향미를 낸 〈살구 시럽〉을 입힌다.

블랑망제

블랑망제(Blanc-manger)[1]는 〈바바리안 크림〉을 옛날 방식대로 아몬드향이 나는 〈샹티이 무스〉로 대신한 것이다. 그 이름대로 백설처럼 하얗다.

현대식 블랑망제(프랑스식)

Blanc-manger moderne, French Blancmange

아몬드 250그램을 곱게 빻고, 슈거파우더 150그램, 물 몇 술, 크림 5~6술, 키르슈 4큰술과 섞는다. 고운 체로 걸러 〈크렘 샹티이〉 500밀리리터를 섞는다. 이것을 빙과 틀에 넣고 차게 굳힌다. 틀에서 꺼내 접시에 담고 그 위에 냅킨을 접어 덮고, 다시 그 위에 블랑망제를 올린다. 블랑망제 위에는 알프스 만년설처럼 〈크렘 샹티이〉를 올린다. 접시 바닥에는 슈거파우더를 두른다. 구식 블랑망제는 키르슈향을 첨가한 아몬드 우유 젤리였다.

앙글레즈(영국) 블랑망제

Blanc-manger à l'Anglaise, English blancmange

우유 1리터와 설탕 150그램을 냄비에 넣고 끓인다. 옥수수 전분(Fecule de mais, Corn-flour)[2] 125그램을 찬 우유 200밀리리터에 섞어, 끓고 있는 우유에 추가한다. 계속 휘저으며, 강한 불로 8~10분간 익힌다. 불을 끄고 원

1) 오토만 제국 황실의 디저트였다. 요즘은 터키의 대표적인 디저트이다. 중세 유럽의 상류층이 즐기던 '화이트 디쉬'로서 블랑망제와 거의 같은 것이다.
2) 수레국화(cornflower)이다. 옥수수꽃(flower of corn)으로 착각하는 경우가 많다.

하는 향미를 추가하고 크림 100밀리리터를 첨가해 마무리한다. 시럽을 둘러준 틀에 붓고 얼음 위에 올려놓고 차게 굳힌다. 딸기 퓌레나 통조림 과일을 곁들여도 된다. 이것은 탱발이나 작은 크림 단지에 넣어도 된다. 그 위에 〈크렘 샹티이〉를 짤주머니로 짜면서 갖가지 모양을 내도 된다.

샤를로트

차게 먹는 디저트용 샤를로트(Charlotte)는, 레이디스핑거(Ladyfinger) 비스킷이나 비슷한 모양의 머랭 또는 고프레트(gauffrettes, 웨하스)[3]를 틀의 바닥에 깔고, 틀의 둘레에도 둥글게 세워놓고 크림을 채워서 만든다.

샤를로트 샹티이
Charlotte Chantilly

샤를로트 틀의 바닥에 레이디스핑거 비스킷을 깔고, 틀의 안쪽 벽에 레이디스핑거 비스킷을 둘러세운다. 가운데 빈 곳을 설탕과 바닐라향을 넣은 〈크렘 샹티이〉로 채운다. 틀을 벗기고[4] 접시에 담아 과일 소스를 곁들인다. 살구, 산딸기, 〈초콜릿 소스〉도 괜찮다.

샤를로트 엘렌
Charlotte Hélène

샤를로트 틀의 바닥에 머랭을 깔고, 안쪽 벽에 레이디스핑거 비스킷처럼 머랭을 둘러세운다. 가운데 빈 곳에 바닐라향과 설탕을 추가한 〈크렘 샹티이〉를 채운다. 샤를로트를 접시에 담고 〈크렘 샹티이〉를 짤주머니로 짜서 장식하고, 제비꽃 크리스탈리제(cristallisées)[5]를 올려 장식을 더한다. 〈초콜릿 소스〉를 곁들인다.

---

3) Neapolitan wafer. 흔히 웨하스라고 부르는 작은 막대 형태의 바삭한 과자.
4) 바닥과 둘레가 탈부착 가능한 스프링폼 팬(Charlotte Springform Pan)을 이용한다.
5) 제비꽃(또는 장미꽃 등)을 달걀흰자에 적신 뒤, 슈거파우더를 뿌려 건조시킨 것. 디저트에 장식용으로 사용한다.

샤를로트 몽모랑시
Charlotte Montmorency

샤를로트 틀 안쪽에 레이디스핑거 비스킷을 둘러세운다. 가운데를 바닐라 아이스크림을 채워 접시에 담는다. 샤를로트 위에 〈크렘 샹티이〉로 장식한다. 설탕절임 체리를 레드커런트 젤리에 버무려 곁들인다.

샤를로트 노르망드
Charlotte Normande

샤를로트 틀의 안쪽 벽에 레이디스핑거 비스킷을 세운다. 가운데는 사과 잼을 바짝 졸인, 걸쭉한 것으로 채우고 그 3분의 1분량의 〈크렘 샹티이〉를 추가한다. 접시에 담고, 〈크렘 샹티이〉로 윗부분을 장식한다. 키르슈 향미를 낸 〈살구 시럽〉을 곁들인다.

샤를로트 뤼스
Charlotte Russe

샤를로트 바닥과 안쪽에 레이디스핑거 비스킷을 둘러놓는다. 가운데 빈 곳에 〈바바리안 크림〉을 채운다. 또는 바닐라 아이스크림을 채운다. 크림 사이에 층층히 살구, 바나나 등 생과일을 섞어 넣는다. 설탕 시럽에 담가 익힌 밤(마롱 글라세)을 넣을 경우라면 키르슈나 럼을 몇 술 두른다.

크렘 포셰

익힌 크림이라는 뜻의 크렘 포셰(crèmes pochées)는 영국 크림의 변종이다. 특별한 용기에 넣어 만들거나, 작은 은제 탱발 또는 도자기 탱발을 틀로 사용한다. 이렇게 익힌 크림을 차게 식혀, 틀에서 거꾸로 쏟아내 접시에 담기 때문에 크렘 랑베르세(renversées)[6]의 완벽한 전형이다. 이 크림을 담는 접시는 가벼운 것이 좋다. 달걀이 들어가지 않기 때문에 크림이 무척 가볍고 산뜻하기 때문이다.

6) 랑베르세는 '거꾸로 놓다, 엎어놓다, 뒤집다'라는 뜻이다.

크림 포샤주

Pochage de la crème, Cooked Creams

크림을 중탕기에 넣어 굳힌다. 중탕기의 물은 96도를 유지한다. 물은 절대 끓어오르지 않아야 한다. 물이 끓으면 크림이 굳을 때 기포가 생기기 때문에 좋지 않다. 크림이 굳으면 중탕기에서 꺼내 식힌다.

크림을 굳힌 용기에 그대로 둔 채 먹는다면 우유 1리터당 달걀 1개와 노른자 8개의 비율을 맞춘다. 틀에서 쏟아내 접시에 올릴 경우에는, 몇 분쯤 기다렸다가 쏟는다. 초콜릿, 커피, 바닐라, 오렌지, 아몬드, 헤이즐넛 프랄린 등으로 향미를 추가한다.

바닐라 크림 포셰

Crème pochée à lavanille, Cooked vanilla cream

우유 1리터를 끓여 설탕 200그램을 넣는다. 반 꼬투리 분량의 바닐라콩을 추가해 20분간 우린다. 이 우유를 달걀 4개과 노른자 6알을 풀어놓은 그릇에 조금씩 부으며 휘젓는다. 고운 체로 걸러, 잠시 놓아두었다가 버터 두른 틀 또는 테린에 붓는다. 붓기 전에 표면에 일어난 거품은 걷어낸다.

캐러멜 크림

Crème pochée au caramel, Caramel cream

설탕을 녹여 만든 흰 캐러멜을 틀의 안쪽 둘레와 바닥에 바른다. 바닐라 크림을, 비어있는 한가운데에 채운다. 중탕기에 넣고 굳혀 〈바닐라 크림 포셰〉처럼 접시에 쏟아 담는다.

몽모랑시 크림

Crème pochée Montmorency, Cream Monmorency

앞의 방법처럼 〈캐러멜 크림〉을 만든다. 중탕해서 접시에 담아 〈크렘 샹티이〉로 상식한다. 체리를 얹고 레드커런트즙을 섞은 시럽을 입힌다.

비에누아즈(빈) 크림

Crème pochée à la Viennoise, Vienese cream

백설탕으로 만든 흰 캐러멜을 뜨거운 우유에 섞은 크림이다. 바닐라 크림과 마찬가지 방법이다. 바닐라향을 첨가한 휘핑크림을 곁들인다.

휘핑크림을 이용한 차가운 크림

마리 로즈

Biscuit Marie-Rose, Chantilly crème with meringues

〈크렘 샹티이〉 500밀리리터에 그 4분의 1분량의 머랭을 거칠게 부숴 넣는다. 이것을 흰 종이를 바닥에 깐 틀에 넣는다. 크림을 채우고 조금 차갑게 굳힌다. 접시에 담고 종이를 떼내고 〈크렘 샹티이〉로 장식한다. 퀴라소에 재웠다가 딸기 퓌레를 뿌린 딸기 탱발을 곁들인다.

산딸기 샹티이

Biscuit Chantilly aux framboises, Chantilly crème with flamboises

〈마리 로즈〉 방식을 따른다. 딸기만 산딸기로 바꾼다. 키르슈에 재웠다가 설탕을 섞은 산딸기 퓌레를 추가한다.

봄바람

Brise d'Avril, April breeze

☙ 딸기 500g, 키르슈, 마라스키노, 설탕, 크렘 샹티이 1리터, 제비꽃 프랄린.

키르슈와 마라스키노에 설탕을 섞어 딸기를 잠깐 재운다. 체로 걸러, 〈크렘 샹티이〉를 넣고 휘젓는다. 살짝 얼려서 크리스털 그릇에 담아 제비꽃 프랄린으로 장식한다. 〈크렘 샹티이〉를 〈버터 크림〉이나 〈바바리안 크림〉으로 대신해도 된다. 키르슈, 럼, 커피, 밤 퓌레 등으로 향미를 더한다.

기요 비스킷

Biscuit Guillot, Guillot gateau

중간 크기의 과자틀을 준비한다. 바닥에 종이를 깔고 키르슈를 조금 뿌린다. 레이디스핑거 비스킷을 한 줄 깔고, 버터 크림을 한 층 올리고, 위에 비스킷을 다시 한 줄 덮는 방식으로 틀을 끝까지 채운다. 차갑게 굳혀 접시에 쏟고 〈크렘 샹티이〉으로 장식한다. 키르슈나 마라스키노향을 넣은 살구 시럽을 곁들인다. 딸기나 체리 시럽도 좋다.

젤리

젤리(Gelées)는 물과 젤라틴으로 만든다. 송아지 족을 졸인 젤라틴이 좋지만, 판매용 젤라틴을 이용한다. 참고로 송아지 족 젤리도 소개한다.

송아지 족 젤리

Gelée de pieds de veau, Calf's foot jelly

송아지 족을 손질해 냄비에 넣는다. 찬물을 붓고 한소끔 끓여서 물을 따라버린다. 족 1개당 찬물 2리터를 넣고 한 번 더 끓인다. 거품을 걷어내고 냄비뚜껑을 닫아 7시간 가량 푹 삶는다. 시간이 되면 기름기를 완전히 걷어내고 얼음 위에서 식히면서 끈기를 확인한다.

물을 섞어가며 밀도를 확인해 젤리를 만든다. 젤리 1리터당 설탕 300그램을 넣는다. 오렌지와 레몬 반 개씩의 겉껍질을 추가한다. 또 오렌지와 레몬 각 1개씩의 즙도 추가한다.

젤라틴 젤리

Gelée à base de gélatine, Jelly with a gelatine base

☙ 젤라틴 35g, 물 1리터, 설탕 300g, 오렌지와 레몬즙.

물에 젤라틴을 녹인다. 설탕, 오렌지와 레몬즙을 조금 넣는다.

포도주와 리큐어 향미 넣기

젤리에 포도주나 리큐어(과일 증류주)로 향을 가미한다. 키르슈, 마라스키노, 럼 등이 좋다. 샴페인, 마데이라 포도주, 마르살라 등으로 향미를 내려면 술과 젤리를 3대 7의 비율로 섞는다.

과일 젤리 만들기

☙ 딸기 300g, 산딸기 200g, 바닐라 시럽 700ml, 리큐어(과일 증류주) 200ml, 젤라틴 20g, 끓인 물 100ml.

딸기, 체리 등으로 젤리를 만들 수 있다. 과일을 그릇에 담고 바닐라 시럽을 넣는다. 뚜껑을 덮어 냉장고에 2시간 재웠다가 체로 거른다. 적당한 과일주를 붓고, 젤라틴을 따뜻한 물에 녹여 첨가한다. 잔에 부어 굳힌다. 빨리 굳기 때문에 조금 따뜻할 때 부어야 한다.

차게 먹는 푸딩

디플로마트 푸딩
Pudding diplomate, Diplomatic Pudding

원통형 틀 또는 샤를로트 틀에 〈바바리안 크림〉 500밀리리터를 넣는다. 키르슈를 적신 레이디스핑거 비스킷을 층층이 쌓는다. 각 층 사이마다 미지근한 시럽에 불린 건포도를 뿌린다. 또 곳곳 틈새마다 살구잼을 티스푼으로 뿌린다. 틀을 얼음 위에 올려두었다가, 먹을 때 푸딩을 빼내 키르슈나 마라스키노 향을 낸 살구 시럽을 한 겹 덮는다.

과일 디플로마트 푸딩
Pudding diplomate aux fruits, Diplomatic pudding with fruit

앞의 푸딩과 같은 방법을 따른다. 식탁에 올리기 전에 복숭아 반쪽, 살구, 체리, 배 4조각을 시럽에 익혀 올린다. 익힌 시럽에 살구 퓌레를 섞어 과일과 푸딩에 붓는다.

밤 푸딩
Pudding aux marrons, Chestnut pudding

ᘓ 삶은 밤가루 200g, 바닐라 아이스크림 500ml, 설탕을 넣은 휘핑크림 200ml, 마카롱, 럼.

얼린 푸딩 틀에 재료를 모두 넣는다. 럼에 적신 마카롱을 층층이 끼워 넣는다. 얼음으로 둘러싸 놓아둔다. 접시에 푸딩을 쏟고, 설탕 시럽을 입힌 밤(마롱글라세)을 둘러 놓는다. 럼 향을 낸 〈살구 소스〉를 곁들인다.

조제핀 쌀 푸딩
Pudding de riz Joséphine, Rice pudding Josephine

냄비에 쌀 300g을 넣고 물을 넉넉히 부어 한소끔 끓인다. 물을 따라 버리고, 끓인 우유 600밀리리터를 붓는다. 소금과 버터 1작은술, 작은 바닐라를 추가한다. 냄비뚜껑을 덮고 가열해, 끓기 시작하면 불에서 꺼내 오븐 입구에 걸쳐둔다. 약한 불에 12분 익히고 나서, 설탕 150그램을 넣고 10~12분 더 놓아둔다. 이쯤에서 우유는 쌀에 흡수되고 쌀은 익는다. 쌀에 달걀노른자 3알과 크림 3술을 섞는다. 쌀에 키르슈와 마라스키노를 뿌리고, 우아한 크리스털 그릇에 담아 식힌다.

그 사이, 딸기 500그램을 다듬는다. 350그램은 설탕과 키르슈, 마라스키노에 재우고, 150그램은 체로 걸러 퓌레를 만들어 딸기에 붓는다. 식탁에 올릴 때, 그릇 둘레에 딸기를 왕관처럼 두르고 한가운데에는 〈크렘 샹티이〉를 바위처럼 장식한다. 나머지 딸기는 은제 탱발에 담아 곁들인다.

차게 먹는 과일 디저트

미레유 살구
Abricots Mireille, Apricots wih ice cream

살구를 반으로 잘라 씨를 빼고 껍질을 벗긴다. 슈거파우더를 뿌리고 뚜껑을 덮어 1시간 재운다. 키르슈와 마라스키노를 첨가한다. 바닐라 아이스크림 위에 살구들을 둥글게 올린다. 키르슈, 마라스키노 살구 시럽을 엷게 입힌다. 접시 한가운데에는 〈크렘 샹티이〉를 봉우리처럼 올린다. 슈거파우더를 뿌리고, 자스민 또는 제비꽃 크리스탈리제를 뿌린다.

뒤셰스 살구
Abricots Duchesse, Apricots with meringues and ice cream

앞의 레시피처럼 살구를 준비한다. 살구가 단단하면 시럽에 익힌다. 머랭 코키유[7]에 바닐라 아이스크림을 담는다. 그 위에 살구 하나씩을 얹고, 살구 시럽을 엷게 입힌다. 키르슈와 마라스키노 향미를 낸 시럽이다. 머랭에는 슈거파우더를 뿌려, 작은 둥지처럼 만든다. 살구마다 딸기도 하나씩 얹는다.

파리지엔(파리) 파인애플
Ananas à la Parisienne, Pineapple savarin

키르슈를 적신 사바랭 한가운데에 얼린 〈파인애플 무스〉를 절반 높이로 채운다. 무스 위에 설탕과 키르슈에 재운 딸기들을 올린다. 사바랭 위에 키르슈를 뿌린 파인애플 반쪽을 왕관처럼 둥글게 올리고 마라스키노향

---

7) 조개 껍질처럼 속을 비워 동그랗게 만든 머랭(Coquilles de meringue, Meringue shells).

의 살구 퓌레를 섞은 파인애플 시럽을 엷게 입힌다. 〈크렘 샹티이〉를 곁들인다.

파인애플 시럽 무스

Mousse à l'ananas au sirop, Pineapple mousse with syrup

파인애플 1, 설탕, 바닐라 시럽 500ml, 달걀노른자 16알, 휘핑크림 500ml.

파인애플의 껍질을 벗기고 과육을 포크로 찧는다. 둥근 도기에 담고, 설탕을 뿌리고 뚜껑을 덮어둔다. 그리고 바닐라 시럽(당도 28도 보메)에 달걀노른자들을 깨어 넣고, 고운 체로 걸러서 파인애플 과육을 쏟아붓는다. 약한 불에서 달걀노른자와 설탕을 휘저어 섞는다. 반죽이 리본처럼 흘러내릴 정도로 걸쭉해지면 그릇을 얼음 위에 올려 계속 저어주면서 완전히 식힌다. 다 식으면 휘핑크림을 추가한다. 이렇게 크림을 섞은 과육을 푸딩이나 빙과 틀에 붓고 2~3시간 얼린다. 차게 굳으면 접시에 쏟는다.

파인애플 크림 무스

Mousse d'ananas à la crème, Pineapple mousse with cream

파인애플 과육 250g, 크렘 샹티이 1.2리터, 설탕 250g, 달걀노른자 8, 끓인 우유 1.2리터.

설탕, 달걀노른자, 우유로 〈크렘 앙글레즈〉를 만든다. 크림을 계속 휘저어 식힌다. 파인애플 과육을 앞의 레시피처럼 준비해 크림에 섞어 식으면 〈크렘 샹티이〉를 추가한다. 이것을 빙과 틀에 넣어 얼린다.

바나나

바나나 샐러드

Bananes en salade, Banana Salad

바나나 껍질을 벗기고 과육을 동그랗게 썰어 그릇에 담는다. 설탕을 뿌리고 오렌지즙을 몇 술 둘러 15~20분 재워둔다. 식탁에 올릴 때 크리스탈 용기에 담아 키르슈를 뿌린다. 오렌지 몇 쪽을 얹어도 된다.

바나나 무스

Mousse de banane, Banana Mousse

〈파인애플 무스〉의 설명대로 〈크렘 앙글레즈〉부터 만든다. 파인애플 대신 바나나 250그램을 고운 체로 걸러 사용한다. 〈크렘 샹티이〉로 꾸민 뒤 얼린다. 설탕 250그램에 과육 250그램, 휘핑크림 500밀리리터 비율로 어떤 과일이든 무스를 만들 수 있다. 빙과틀에 넣어 얼리면 된다.

체리

보르도 포도주 체리

Cerises au vin de Bordeaux, French cherry soup

체리 500그램의 씨를 빼고 탱발에 넣는다. 슈거파우더 250그램, 작은 계피 한 조각, 오렌지 절반의 겉껍질과 레드커런트 젤리 5~6술을 추가한다. 보르도 적포도주 1병 반을 붓고 뚜껑을 덮어 한소끔 끓여 식힌다. 체리를 크리스탈 용기에 담고 샴페인을 적신 과자나 마카롱을 넣는다. 차 마시는 시간에 잘 어울리는 디저트이다.

미레유 체리

Cerises Mireille, Cherry with meringues

체리 500그램의 씨를 빼고 냄비에 넣는다. 산딸기 200그램을 고운 체로 걸러 넣고 한 꼬투리 분량의 바닐라콩을 추가한다. 냄비뚜껑을 덮고 두 번 끓여 식힌다. 그다음에 도기에 담는다. 바닐라는 건져내 버린다.

그 사이, 〈크렘 샹티이〉 750밀리그램에 아주 작은 머랭을 12개 정도 섞고 빙과틀에 붓는다. 틀 안에는 백지를 틀에 맞춰 대놓는다. 틀의 뚜껑을 덮고 얼린다. 무스를 접시에 담고 체리를 둘레에 둘러놓고, 시럽을 조금 입힌다. 나머지 체리는 탱발에 담는다. 머랭 대신 작은 마카롱들을 키르슈나 마라스키노, 퀴라소 또는 럼에 적셔 넣어도 된다.

무화과

런던 칼튼 호텔식 무화과

Figues à la mode du Carlton, Figs as served at the Carlton hotel in London

무화과 껍질을 벗기고 2조각으로 잘라, 크리스탈 그릇에 담아 얼음 위에 올려둔다. 그 사이, 딸기 퓌레와 그 부피의 2배가 되는 〈크렘 샹티이〉로 무화과를 완전히 덮는다.

크림과 리큐르 무화과

Figues à la crème et liqueurs, Figs with cream and liqueurs

무화과 껍질을 벗기고, 2조각으로 잘라 탱발에 담는다. 설탕을 살짝 뿌리고 퀴라소나 과일주 몇 술을 둘러 얼음 위에 올려둔다. 먹기 직전에 〈크렘 샹티이〉로 덮는다. 오븐에 익힌 뒤에 차게 식혀 〈크렘 샹티이〉를 곁들이는 무화과가 디저트로는 최상이다. 말린 무화과도 자두처럼 시럽이나 적포도주에 재웠다가 쌀이나 세몰리나 푸딩에 곁들일 수 있다.

딸기

크레올 딸기

Fraises à la créole, Strawberries creole style

ଔ 우유에 끓여 익힌 쌀, 달걀노른자, 키르슈, 마라스키노, 딸기 500g, 슈거파우더, 파인애플, 시럽.

우유에 쌀을 익힌다. 달걀노른자를 넣고 키르슈, 마라스키노를 붓는다. 둥근 틀에 눌러넣고 얼음 위에 올려둔다. 딸기들을 작은 그릇에 넣어 슈거파우더를 뿌리고, 키르슈와 마라스키노를 적신다. 뚜껑을 덮고 15~20분 재워둔다. 파인애플을 얇게 썰어 반 토막을 내서, 둥근 그릇에 담고 키르슈를 뿌린다. 익힌 쌀을 접시에 쏟아붓는다. 한가운데에 딸기를 채우고, 파인애플을 익힌 쌀 위에 얹는다. 키르슈와 마라스키노를 섞은 시럽으로 덮고 〈크렘 샹티이〉를 높이 올린다.

잔 그라니에 딸기

Fraises Jeanne Granier, Strawberries with curaçao

딸기들을 그릇에 넣고 슈거파우더, 퀴라소를 뿌린다. 뚜껑을 덮고 얼음 위에 그릇을 올려둔다. 둥글고 큼직한 크리스탈 잔에 오렌지 아이스크림을 깔고 그 위에 얹는다. 딸기즙을 두르고 퀴라소 향미의 시럽이나 무스로 꾸민다.

퀴라소 무스

Mousse au curaçao, Curaçao mousse

☙ 설탕 시럽 1.2리터, 달걀노른자 8, 퀴라소 2큰술, 크림 3큰술.

당도 28도의 시럽에 달걀노른자를 풀어넣는다. 그렇게 섞은 것을 고운 체로 걸러 냄비에 받는다. 약한 불에 올리거나 중탕기에 넣고 걸쭉하게 저어준다. 걸쭉하게 끈기를 띠게 되면 불에서 꺼내 얼음에 올려놓고 다시 계속 저어 식힌다. 퀴라소 50밀리리터를 붓고 같은 부피의 크림을 휘저어 함께 섞는다.

레리나[8] 딸기

Fraises Lerina, Strawberries Lerina

☙ 캉탈루(칸탈루프) 멜론 1, 딸기 500g, 슈거파우더, 레리나 6큰술, 오렌지즙 2~3큰술.

멜론 꼭지를 둥그렇게 뚜껑처럼 도려낸다. 씨를 빼고 과육을 숟가락으로 파내 딸기를 담은 테린에 섞는다. 슈거파우더를 뿌리고 레리나(Lérina)와 오렌지즙을 추가한다. 테린 뚜껑을 덮어 1시간 기다린다. 접시에 멜론을 담고, 비운 멜론 속에 딸기와 멜론 과육을 섞어 둔 것을 채우고 잘라둔 뚜껑을 덮는다.

몬테카를로 딸기

Fraises Monte-Carlo, Strawberries with curaçao mousse

그릇에 딸기들을 넣고 슈거파우더와 퀴라소를 추가해 얼음 위에 올려둔다. 조금 못난 딸기들 체로 걸러 퓌레를 만들고 설탕을 조금 넣고, 얼음

8) 레리나는 허브와 향신료, 과일을 섞어 만든 술(리큐어)이다. 프로방스의 칸 앞바다 레리나 섬의 시토회 수도원에서 20세기 초에 개발했다.

위에 올려둔다. 먹을 때가 되면 이 퓌레에 그 절반 부피의 〈크렘 샹티이〉를 섞는다.
다른 한편, 과자틀로 〈퀴라소 무스〉를 만들어 얼린다. 먹을 인원수만큼 '머랭 코키유'를 준비한다. 머랭에 슈거파우더를 뿌려 작은 둥지처럼 만든다. 무스를 타원형 접시에 쏟아낸다. 머랭을 접시 끝에 둘러놓는다.

리츠 딸기

Fraises Ritz, Strawberries with raspberries and chantilly cream

☙ 굵은 딸기 500g, 설탕, 산딸기 150g, 밭딸기 150g, 크렘 샹티이 1.2리터.

은제 탱발 또는 크리스탈 잔에 딸기를 담는다. 설탕을 뿌려 얼음 위에 올려둔다. 밭딸기와 산딸기를 체로 눌러 내려받아, 같은 부피의 〈크렘 샹티이〉와 섞는다. 이 크림으로 딸기들을 완전히 덮는다.

로마노프 딸기

Fraises Romanoff, Strawberries Romanoff

오렌지즙과 퀴라소를 섞어 딸기들을 재워둔다. 크리스탈 잔이나 은제 탱발에 넣고 〈크렘 샹티이〉로 덮는다.

사라 베르나르 딸기

Fraises Sarah-Bernhardt, Strawberries with pineapple and curaçao mousse

굵은 딸기들을 다듬어 설탕과 퀴라소에 재워둔다. 그 사이, 〈파인애플 무스〉를 만든다. 무스를 접시에 담고 딸기를 둘러놓는다. 차갑지만 얼지 않은 〈퀴라소 무스〉로 덮는다. 마카롱과 함께 먹는다.
식당 등에서 급히 만드는 방법도 있다. 은제 탱발 바닥에 바닐라 아이스크림을 깔고 걸쭉한 파인애플 퓌레를 한 층 올린다. 그 위에 딸기를 얹고 차갑지만 얼지 않은 〈퀴라소 무스〉를 덮는다.

토스카 딸기

Fraises Tosca, Strawberries Tosca

딸기에 설탕을 뿌리고 오렌지즙과 키르슈에 재웠다가 은제 탱발에 넣는다. 산딸기 퓌레와 〈크렘 샹티이〉를 1대 1로 덮는다. 그 위에 마카롱 가루를 뿌린다.

멜론

멜론 글라스

Melon glace, Iced melon

멜론의 꼭지 쪽을 지름 7~8센티미터 크기의 뚜껑처럼 잘라내 둔다. 씨를 걷어낸다. 은 숟가락으로 과육을 파내 굵게 토막 낸다. 그릇에 넣고 설탕을 뿌리고, 키르슈, 마라스키노를 끼얹는다. 비워진 멜론 안쪽에 슈거파우더를 뿌린다. 술에 재운 과육을 다시 집어넣고 틈새마다 얼린 오렌지(소르베)로 채운다. 잘라 놓았던 멜론을 뚜껑처럼 덮어 접시에 올린다.

오렌지

옛날에는 키르슈향을 첨가한 오렌지 젤리는 대단한 인기를 끌었다. 작고 둥근 바구니 같은 오렌지 껍질에 담아냈다. 그런데 지금 이런 젤리들을 아이스크림이 대신한다. 야생 딸기를 키르슈와 설탕에 재웠다가 오렌지 젤리를 덮어 과일 껍질에 얹은 것은 매력이 넘친다.
오렌지 젤리를 오렌지 아이스크림으로 대신하면 된다. 그 위에 설탕과 퀴라소에 잠깐 재운 딸기 3~4개를 올린다. 경우에 따라 설탕을 엷게 입히고 우아한 타원형 은접시나 은잔에 올려도 좋다.

복숭아, 천도복숭아

아드리엔 복숭아

Pêches Adrienne, Peaches with strawberry ice cream

복숭아를 끓는 물에 담갔다가 곧바로 건진다. 껍질을 벗겨 접시에 담고, 슈거파우더를 뿌려 시원한 곳에 놓아둔다. 바닐라 아이스크림과, 복숭아 수와 동일한 수의 머랭 코키유를 준비한다. 아이스크림을 얕은 접시나 크리스탈 잔에 담고, 머랭 코키유에도 넣는다. 각 복숭아는 퀴라소 무스로 덮는다. 그 위에 슈거파우더를 뿌리고, 장미꽃 크리스탈리제를 뿌린다.

에글롱 복숭아
Pêches Aiglon, Peaches with vanilla ice cream

복숭아 껍질을 벗겨 그릇에 넣는다. 당도 28도의 시럽을 붓고 데쳐서 식힌다. 복숭아를 건져내, 은제 탱발에 담은 바닐라 아이스크림 위에 얹는다. 복숭아 위에, 캐러멜을 입힌 제비꽃 프랄린(pralin)을 뿌리고 슈거파우더를 곱게 뿌린다.

담 블랑슈 복숭아
Pêches Dame Blanche, Peaches with ice cream

복숭아 껍질을 벗기고 〈에글롱 복숭아〉 방식으로 시럽을 붓고 대쳐서 식힌다. 바닐라 아이스크림에 통조림 파인애플 조각들을 조금 섞는다. 이것들을 크리스탈 그릇에 담는다. 복숭아를 아이스크림 위에 둥글게 얹는다. 한가운데에 〈크렘 샹티이〉를 쌓아올린다.

오로라 복숭아
Pêches à l'Aurore, Peaches with zabaglione and curaçao

복숭아를 그릇에 담고 키르슈 시럽을 붓고 데쳐서 식힌다. 그 사이, 딸기 무스를 준비해 크리스탈 잔에 담고 복숭아를 건져 둘러놓는다. 전체를 퀴라소를 넣은 〈사바용/자발리오네〉로 덮는다.

알렉산드라 복숭아
Pêches Aléxandra, Peaches with strawberry puree

복숭아를 바닐라 시럽에 넣고 데쳐서 식힌다. 복숭아들을 건져내 크리스탈 잔에 담은 바닐라 아이스크림 위에 올리고, 마라스키노와 설탕을 넣은 딸기 퓌레로 덮는다. 복숭아 위에, 붉은 장미꽃과 흰 장미꽃 크리스탈리제를 올린다.

카르디날(추기경) 복숭아
Pêches Cardinal, Peaches with strawberry puree

〈아드리엔 복숭아〉처럼 준비한다. 복숭아들을 은제 탱발에 담는다. 키르슈, 마라스키노를 넣은 딸기 퓌레로 덮는다. 아몬드 가루를 복숭아 위에 뿌린다.

샤토 라피트 복숭아
Pêches au Château-Laffitte, Peaches Chateau-Laffitte

〈아드리엔 복숭아〉처럼 준비해 절반으로 자른다. 냄비에 넣고 샤토 라피트 적포도주를 가득 붓고 설탕과 레드커런트 젤리를, 포도주 1병당 설탕 250그램, 레드커런트 젤리 100밀리리터 넣는다. 시럽에 넣은 채로 복숭아를 식혀 시럽과 함께 탱발에 담는다. 특히 마카롱을 곁들이면 좋다.

페슈 멜바[9]
Pêches Melba

부드러운 복숭아 과육을 고른다. 끓는 물에 1분간 삶은 뒤 얼음물에 넣는다. 앞의 〈아드리엔 복숭아〉에서 설명했듯, 접시에 담고 슈거파우더를 뿌려 시원한 곳에 놓아둔다.

바닐라 아이스크림을 탱발이나 쿠프에 담고 그 위에 복숭아를 얹고 산딸기 퓌레로 덮는다.

프티 뒥(소공자) 복숭아
Pêches Petit-Duc, Peaches with ice and chantilly cream

복숭아를 〈페슈 멜바〉처럼 준비한다. 바닐라 아이스크림 위에 왕관처럼 둥글게 놓는다. 레드커런트 잼으로 덮는다. 한가운데에는 〈크렘 샹티이〉를 봉우리처럼 올린다.

로즈 셰리 복숭아
Pêches Rose Chéri, Peaches with cherries and ice cream

ᘛ 복숭아 6개, 몽모랑시 체리 300g, 시럽, 슈거파우더 150g, 레드커런트 젤리 150g, 바닐라 아이스크림, 크렘 샹티이.

복숭아 껍질을 벗기고 씨를 발라낸다. 시럽에 데치고 식힌다. 체리 씨를 빼고 슈거파우더와 함께 냄비에 넣고 약한 불로 7~8분 익힌다. 젤리를 추

---

9) 에스코피에가 1893년에 개발한 유명한 디저트. 런던 사보이 호텔에서 일할 당시 오스트레일리아 소프라노 넬리 멜바를 위해 만들었다. 오를레앙 공이 그녀를 위해 마련한 만찬에 내놓았다. 1900년에는 칼튼 호텔 개장 파티에서 변형한 것을 내놓았다. 요즘에는 복숭아를 다른 과일로 대신해 응용한 것들이 널리 퍼져있다.

가하고, 잘 녹아들었을 때 둥근 그릇에 쏟아부어 식힌다. 접시에 아이스크림을 올리고 그 위에 복숭아와 체리를 얹는다. 〈크렘 샹티이〉 2대, 체리 시럽 1의 비율로 섞어 과일 위에 붓는다.

트리아농[10] 복숭아

Pêches Trianon

ↂ 복숭아 6개, 딸기 500g, 설탕, 퀴라소, 바닐라 아이스크림, 마카롱 6개, 크렘 샹티이.

복숭아는 앞의 방식처럼 준비한다. 딸기 절반을 그릇에 넣고, 설탕을 뿌리고, 퀴라소 6술을 넣는다. 나머지 딸기로 퓌레를 만들어 퀴라소에 축여 놓은 딸기에 붓고 30분 재워둔다. 아이스크림을 접시 바닥에 깔고 마카롱을 퀴라소에 담가 적셔 그 위에 올린다. 각 마카롱마다 복숭아 하나씩을 얹고 재워둔 딸기로 덮는다. 〈크렘 샹티이〉로 전체를 덮는다.

서양배

보헤미안 배[11]

Poires Bohemienne, Pears with marrons glaces and rum

즙이 많은 배를 골라, 시럽에 데친 다음 식힌다. 유리 그릇에 바닐라 아이스크림을 깔고, '마롱 글라세'를 조금 으깨 얹고 럼을 살짝 두른다. 그 위에 배를 올리고 럼으로 향미를 낸 살구 시럽으로 덮는다.

카르디날(추기경) 배

Poires Cardinal, Pears with strawberry puree

배들을 바닐라 시럽에 삶아(포셰), 식힌다. 접시 또는 탱발에 담는다. 키르슈와 마라스키노와 설탕을 섞은 딸기 퓌레를 덮는다.

---

10) 트리아농은 베르사유 궁전 안에 있는 전원 풍의 정자. 구왕정 최후의 왕비 마리앙투아트가 특히 이곳에서 쉬곤 했다.

11) 표주박 모양의 서양배(유럽배). 한국, 일본 중국 남부에서 나는 배는 동양배라고 한다.

플로랑틴(피렌체) 배

Poires Florentine, Florence style pears

☙ 배, 바닐라 시럽, 설탕 250g, 물(또는 우유 1리터), 세몰리나 300g, 달걀노른자 3, 크림 프레슈 100ml, 키르슈와 마라스키노 섞은 것 3큰술, 살구 시럽, 크렘 샹티이.

배의 껍질을 벗겨 바닐라 시럽에 삶는다(포셰). 냄비에 물을 붓고 설탕과 바닐라를 넣고 한소끔 끓인다. 세몰리나를 천천히 붓고 18~20분 더 끓인다. 불에서 꺼내, 달걀노른자, 크림, 키르슈, 마라스키노를 추가한다. 둥근 틀에 살구 시럽을 바르고, 끓인 세몰리나 반죽을 넣고, 냉장고에 1시간 넣어둔다. 틀을 뒤집어 접시에 쏟는다. 그 한가운데에 익혀둔 배를 4쪽으로 잘라, 물기를 빼고 키르슈와 마라스키노를 섞은 살구 시럽으로 덮는다. 배 위에 〈크렘 샹티이〉를 쌓아올린다.

엘렌 배[12)]

Poires Hélène, Pears Helene

배를 시럽에 삶아 식힌다. 크리스탈 잔에 바닐라 아이스크림을 깔고, 배를 올리고 제비꽃 프랄린을 뿌린다. 뜨거운 〈초콜릿 소스〉를 곁들인다.

메리 가든 배

Poires Mary Garden, Pears with cherries and ice cream

묽은 시럽에 껍질 벗긴 배를 삶아 식힌다. 통조림 체리를 산딸기 젤리와 함께 바짝 졸여 시럽을 만든다. 크리스털 잔에 아이스크림을 깔고 배를 얹고 나서, 체리를 맨 위에 올리고 시럽을 붓는다.

멜바 배

Poires Melba, Pears Melba

즙이 많은 배들을 골라 바닐라 시럽에 삶아 식힌다. 크리스털 잔에 바닐라 아이스크림을 깔고, 배를 얹고, 산딸기 퓌레로 덮는다.

---

12) 큰 인기를 끌었던 프랑스 작곡가 오펜바흐의 <아름다운 엘렌> 때문에, '아름다운 엘렌 배(Poires Belle Hélèn)'라고 부르며 더욱 유명해진, 에스코피에의 디저트이다.

리슐리외 배

Poires Richelieu, Pears poached in claret

ɷ 배, 보르도 적포도주 1병, 설탕 125g, 시나몬, 오렌지 겉껍질, 레드커런트 젤리 3~4큰술.

배의 껍질을 벗겨 설탕, 시나몬, 오렌지 겉껍질 가루를 섞은 적포도주에 삶는다. 배가 익으면 곧 테린에 넣는다. 배를 삶았던 포도주에는 레드커런트 젤리를 추가해 몇 분 끓인다. 이것을 배 위에 붓고 식힌다. 크리스털 그릇에 담고 〈크렘 샹티이〉와 마카롱을 따로 곁들인다.

사과

샤틀렌 사과

Pommes Châtelaine, Apple and apricot mould

익힌 사과 3분의 2에 살구 콩포트 3분의 1의 비율로 섞어 식힌다. 샤를로트 틀 바닥과 안쪽에 비스킷을 두르고 식혀둔 과일을 채운다. 틀에서 꺼내 접시에 쏟아붓고 〈크렘 샹티이〉를 둥글게 감아 올리듯 푸짐히 올린다. 장밋빛 프랄린을 부수어 가루처럼 뿌린다.

술타나 건포도를 섞은 사과

Pommes aux raisins de Smyrne, Apples and sultanas with brioche

ɷ 6인분: 붉은 사과 6개, 시럽, 술타나 건포도 150g, 마데이라 포도주 6큰술, 설탕 섞은 살구 퓌레 200ml, 반달 모양으로 자른 브리오슈 12조각, 설탕.

사과를 4쪽으로 잘라 묽은 시럽에 살짝 삶아 식힌다. 이렇게 삶은 시럽 2~3술을 술타나 건포도에 두른다. 시럽과 마데이라 포도주, 살구 퓌레를 추가한다. 오븐용 쟁반에 브리오슈들을 올리고 설탕을 뿌린 다음 오븐에서 살짝 캐러멜 녹이듯이 굽는다. 브리오슈를 접시에 둥글게 얹고 사과를 그 위에 올리고 술타나 건포도 섞인 시럽을 붓는다. 〈크렘 샹티이〉를 곁들여도 된다. 술타나 건포도 대신 통조림 체리를 사용해도 된다.

콩포트

콩포트(과일 설탕절임, compotes)[13]의 재료가 되는 과일을 설탕 시럽에 익히고 그 과일에 맞는 향미를 첨가한다. 과일 껍질은 벗겨내지 않는다. 차게 먹어야 더 좋지만 뜨겁게 먹기도 한다.

살구 콩포트

Compote d'abricots, Apricot compote

살구를 반으로 자른다. 씨방을 빼내고, 끓는 물에 잠깐 담갔다 꺼내 껍질을 벗기고, 묽은 시럽에 넣어 익힌다.

파인애플 콩포트

Compote d'ananas, Pineapple compote

파인애플 과육을 잘라, 얇고 동글게 썬다. 바닐라 시럽에 넣고 익힌다. 접시에 둥글게 돌려 담고 과육을 익혔던 시럽을 붓는다.

바나나 콩포트

Compote de bananes, Banana compote

바나나 껍질을 벗기고 4~5분간 럼이나 키르슈를 섞은 시럽에 익힌다. 각자의 접시마다 올리고 시럽을 붓는다.

체리 콩포트

Compote de cerises, Cherry compote

체리 씨를 뺀 다음 냄비에 넣고 체리 1킬로그램당 설탕 200그램을 넣는다. 5~6분 끓인다. 체리를 도기에 넣고 뚜껑을 덮어 식힌다. 보르도 적포도주에 설탕을 섞어서 체리를 끓여, 콩포트를 만들 수도 있다. 이 경우, 마카롱이나 비스킷을 곁들여 낸다.

딸기 콩포트

Compote de fraises, Strawberry compote

딸기를 너무 익히면 안 된다. 굵은 딸기들을 골라 다듬고, 은제 탱발 등에 담아 가열한 뒤, 바닐라 시럽을 붓고 뚜껑을 덮어 절반쯤 식힌다. 이렇게

---

13) 콩포트는 잼과 비슷하지만 푹 익히지는 않는다. 익힌 과일이나 생과일과 설탕(또는 시럽)을 섞어 만든다.

하면 딸기의 원래 향을 보존할 수 있다.

미라벨 콩포트
Compotes de mirabelles, Mirabelle compote

메스 미라벨 자두[14]를 고른다. 씨를 빼버리고 과육을 10여분 바닐라 시럽에서 삶는다. 접시에 담아 시럽을 붓는다.

천도(승도)복숭아 콩포트
Compote de Nectarines, Nectarine compote

천도복숭아를 끓는 물에 2초만 담갔다가 바로 찬물에 넣는다. 껍질을 벗기고, 통째로 시럽에서 삶는다. 접시에 얹고 시럽을 붓는다.

복숭아 콩포트
Compote de pêches, Pear compote

앞의 〈천도복숭아 콩포트〉처럼 준비하지만, 복숭아를 절반으로 잘라 바닐라 시럽에서 삶아 익힌다.

배 콩포트
Compote de poires, Pear compote

배 껍질을 벗겨 묽은 바닐라 시럽에 삶는다. 배가 단단하면 설탕을 섞은 적포도주에 삶는다. 레몬 겉껍질이나 시나몬 가루를 넣어 향미를 낸다.

사과 콩포트
Compote de pommes, Apple compote

어떤 사과든 콩포트를 만들 수 있다. 통째로 익힌다면, 씨방을 도려내고 껍질을 벗겨 레몬 주스에 담갔다 꺼내 찬물에 넣는다. 사과들을 건져내 묽은 시럽에서 삶아 바닐라향을 첨가한다. 너무 익지 않도록 조심한다.

자두 콩포트
Compote de pruneaux, Compote of prunes

깨끗이 씻어 물에 담가두었던 자두를 적포도주에 넣고 약한 불로 삶는다. 적포도주에는 자두 500그램당 설탕 125그램을 풀어넣고 계피, 레몬 겉껍

14) 미라벨 자두는 메스 미라벨과 낭시 미라벨이 있다.

질을 섞는다.

렌 클로드 자두 콩포트

Compote de Reine-Claude, Greengage compote

렌 클로드 자두(그린게이지 자두)[15]의 씨를 빼고 바닐라 시럽에 삶는다. 크리스털 잔에 담아낸다.

루바브(대황) 콩포트

Compote de rhubarbe, Rhubarb compote

대황의 잎자루를 6~7센티미터 길이로 자른다. 껍질을 벗겨 납작한 그릇에 담는다. 중간 높이까지 시럽을 붓는다. 뚜껑을 덮고 약한 불로 삶아 익혀 모양이 흐트러지지 않도록 한다.

그 밖의 차가운 디저트

비스킷 몬테카를로

Biscuit Monte-Carlo, Monte Carlo Gateau

☙ 머랭, 크렘 샹티이, 초콜릿 가루, 초콜릿 아이싱, 제비꽃 프랄린.

물기를 조금 적신 나무판에 기름종이를 깔고 둥근 플랑들을 올린다. 플랑의 절반 높이까지 머랭을 채운다. 오븐의 아주 약한 불에, 건조시키듯 넣어둔다. 머랭들을 하나씩 겹쳐 올린다. 이때 그 사이마다 초콜릿 가루를 섞은 〈크렘 샹티이〉를 뿌린다. 가장 위에 얹힌 머랭을 초콜릿 아이싱으로 덮고 〈크렘 샹티이〉를 짤주머니로 짜내어 장식한다. 테두리에는 작은 크림 장미들을 두르고 각 송이마다 제비꽃 프랄린을 올린다.

크루트 주앵빌

Croûte Joinville, Savarin with pineapple and liqueur

☙ 사바랭 , 키르슈, 시럽, 파인애플, 크렘 샹티이, 초콜릿 가루, 살구 시럽, 마라스키노.

---

15) 프랑스 원산의 녹색 자두. 프랑스 국왕 프랑수아 1세의 왕비(Reine)인 클로드(Claude, 1499~1524년)의 이름을 붙인 자두인데, 영국에서는 1721년에 이것을 들여온 윌리엄 게이지(William Gage)의 이름을 붙여서 부른다.

사바랭을 얇게 자르고 키르슈 시럽을 뿌린다. 파인애플은 얇게 썰어 키르슈에 적신다. 사바랭과 파인애플을 접시에 교대로 둥글게 올린다. 한가운데에 크림을 채우고 초콜릿 가루를 뿌린다. 살구 시럽에 키르슈와 마라스키노를 조금 섞어 향미를 내고 둥글게 두른다.

크루트 멕시칸(멕시코)
Croûte Méxicaine, Brioche with pineapple and ice cream

☙ 브리오슈 1개, 설탕, 파인애플, 살구 시럽, 럼, 바닐라, 오렌지 또는 딸기 아이스크림.

크루트를 만들기 하루 전날, 중간 크기의 샤를로트 틀에 브리오슈를 굽는다. 브리오슈를 세로로 절반으로 잘라서 얇게 반달 모양으로 썬다. 설탕을 뿌리고 오븐에서 캐러멜처럼 살짝 굽는다. 구운 것을 접시에 둥글게 둘러 올리고 파인애플을 그 위에 올리는 식으로 교대로 쌓아올린다. 럼을 섞은 살구 시럽을 붓고 아이스크림을 한가운데에 담는다.

크루트 노르망디 샹티이
Croûte Normande à la Chantilly, Brioches with apples and chantilly cream

앞의 방식처럼 브리오슈를 만들어 접시에 담고 살구 시럽을 덮어준다. 한가운데에는 샤를로트용으로 구운 사과를 넣고 식힌 다음 살구 마멀레이드 몇 술을 추가한다. 바닐라향을 넣은 〈크렘 샹티이〉를 봉우리처럼 쌓아올린다.

밤 몽블랑
Mont-Blanc aux Marrons, Chestnut mont blanc

마롱 밤의 겉껍질과 속껍질을 벗겨, 물이나 우유에 소금을 넣고 살짝 삶는다. 익으면 물기를 뺀다. 체로 걸러 걸쭉한 반죽을 국수 가락처럼 만들며, 접시에 국수를 말아올리듯이 수북히 쏟는다. 또는 사바랭 위에 쏟아도 된다. 한가운데에 바닐라설탕을 넣은 〈크렘 샹티이〉를 만년설이 쌓인 몽블랑 봉우리처럼 올린다.

몬테카를로 무스
Mousse Monte-Carlo, Meringue and cream mould

☙ 머랭 코키유, 크렘 프레슈 500ml, 만다린 겉껍질을 넣고 끓인 설탕 시럽, 크렘 샹티이, 제

비꽃 크리스탈리제.

만다린 겉껍질을 넣고 끓인 시럽을 식혀서, 크렘 프레슈에 붓고 휘젓는다. 이 무스를, 머랭 코키유를 바닥에 깐 샤를로트 틀에 부어 얼린다. 틀에서 꺼내 〈크렘 샹티이〉로 덮는다. 제비꽃 크리스탈리제를 뿌린다.

캐러멜 달걀 무스

Mousse d'oeuf au caramel, Meringue with custard cream

☙ 캐러멜 크림용 설탕, 머랭, 바닐라 커스터드 크림, 초콜릿 또는 커피.

샤를로트 틀에 캐러멜을 두른다. 머랭을 넣고 캐러멜 크림을 만들듯이 중탕기에 넣어 익힌다. 머랭을 꺼내 식힌 다음 접시에 쏟고, 바닐라 향미를 낸 〈커스터드 크림〉으로 덮는다.

과일 마세두안

Macedoine de fruits rafraichis, Chilled macedoine of fruit

제철 과일을 다듬어서 자른다. 시럽에 키르슈와 마라스키노를 섞은 뒤 식혀, 과일에 부어 버무린다. 30여 분 냉장고에 넣었다가 먹는다.

일 플로탕트(떠다니는 섬)[16]

Oeufs à la neige, ile flottante, Floating island

프랑스식 머랭을 만든다. 달걀 크기 만큼 숟가락으로 떠서, 우유에 넣고 삶는다. 우유를 끓이지는 않는다. 우유에 설탕과 바닐라를 넣는다. 머랭을 삶는 동안 뒤집어주며 고루 굳힌다. 머랭이 굳으면 건져 물기를 뺀다. 머랭을 삶았던 우유는 체로 걸러, 달걀노른자를 넣고 〈커스터드 크림〉의 재료로 사용한다. 달걀노른자는 우유 1리터당 8알을 넣는다. 차게 식힌 〈커스터드 크림〉을 접시에 담고, 그 위에 머랭을 섬처럼 올린다.

앵페라트리스(황후) 쌀밥

Riz Impératrice, Rice with custard cream, kirsch and maraschino

☙ 6~8인분: 쌀 250g, 우유 1리터, 소금, 바닐라 1쪽, 버터 1큰술, 슈거파우더 250g, 키르슈, 마라스키노, 젤라틴, 휘핑크림 1.2리터, 커스터드 크림 1.2리터, 살구 시럽.

---

16) 프랑스 디저트인데 영어식 이름을 다시 프랑스어로 옮겨, 거품을 낸 달걀흰자(머랭)가 섬처럼 떠다닌다는 뜻으로 '일 플로탕트'라고 부른다.

쌀을 씻어 끓는 물을 붓고 2분간 끓인다. 물을 따라 버리고 끓인 우유 1리터를 붓고 소금과 바닐라, 버터를 넣고 10~12분간 끓인 다음 슈거파우더를 넣는다. 쌀을 그릇에 담아 조금 식히고, 키르슈와 마라스키노를 조금 둘러 향미를 낸다. 젤리틴을 녹여 넣고, 〈커스터드 크림〉과 휘핑크림을 섞어 쌀에 붓고 섞는다. 원통 틀에 부어 굳힌다. 틀에서 꺼내 접시에 담아 키르슈와 마라스키노를 섞은 살구 시럽으로 덮는다.

뢰드 그뢰드(덴마크 디저트)

Rôd-Grôd, Redcurrent and raspberry mould

☙ 레드커런트 500g, 산딸기 250g, 물 800ml, 설탕 380g, 사고 가루와 감자 가루 각 35g, 적포도주 200ml, 바닐라 4분의 1쪽.

산딸기와 레드커런트를 냄비에 넣고 물을 붓는다. 한소끔 끓여, 고운 체로 거른다. 다시 냄비에 붓고 설탕을 넣고, 적포도주에 섞은 감자와 사고 가루, 바닐라를 추가한다. 다시 2분을 더 끓인다. 끓는 동안 계속 저어준다. 도자기 틀에 시럽이나 물을 바르고 설탕을 뿌린다. 끓여 놓는 반죽을 붓고 하룻밤 동안 냉장고에 넣어 둔다. 이튿날, 틀에서 꺼내 접시에 올리고 크렘 프레슈를 곁들여 낸다.

세몰리나 플람리[17]

Semoule Flamri, Semolina and wine mould

☙ 백포도주와 끓인 물 각 500ml, 세몰리나 250g, 슈거파우더 300g, 소금, 달걀 2, 달걀흰자 6, 장식용 딸기 또는 체리 퓌레.

같은 양의 포도주와 물을 냄비에 붓고 한소끔 끓인다. 세몰리나를 붓고 20분쯤 끓인다. 설탕을 넣고 소금을 조금 넣고, 달걀을 깨어 넣는다. 이 반죽에 달걀흰자를 휘저어 섞은 뒤, 버터 두른 틀에 넣고 중탕으로 익혀 식힌다. 다 식으면 틀에서 쏟아내 깊은 접시에 담아 과일 퓌레로 덮는다.

스웨두아즈(스웨덴) 과일

Suédoise de fruits, Suedoise of fruit

과일을 삶아 익혀, 고기 젤리와 함께 틀에 교대로 넣어 굳힌 것이다. 그렇

17) 플람리는 젤리용 틀이나 바바용 틀 같은 소형 틀에 넣어서 만든 디저트를 뜻한다.

지만, 딸기나 산딸기를 재료로 사용할 때는 날것으로 한다.

딸기 티볼리
Tivoli aux fraises, Tivoli of strawberries

둥근 고리형 틀에 키르슈 젤리를 두툼하게 발라준다. 〈바바리아 크림〉에 딸기 퓌레를 섞어 틀에 채워 굳힌다. 틀에서 꺼내 접시에 담고 키르슈와 마라스키노를 축인 딸기, 바닐라를 넣은 〈크렘 샹티이〉를 탱발에 담아낸다.

정킷[18)]
Junket

우유 1리터를 35도 정도로 은근히 가열한다. 설탕 50그램과 원하는 향미를 첨가한다. 붉은 사과즙 몇 방울을 섞어 둥근 그릇에 담아낸다. 단순하면서도 매우 좋은 건강식이다. 노약자에게 좋다.

---

18) 우유로 만든 달콤한 영국식 디저트. 요즘에는 우유를 응고시키는 효소 레닛(rennet)과 초콜릿이나 바닐라 등을 넣어 푸딩처럼 만든 제품으로 판매한다.

빙과와 아이스크림

빙과는 두 가지 방식으로 만든다. 크림을 넣은 것과 시럽을 넣은 것이다. 과일 빙과(과일 글라스)는 시럽을 주로 사용한다.
크림을 넣은 빙과(아이스크림)는 우유 1리터당 달걀과 설탕의 양을 늘린다. 달걀과 설탕의 분량은 매우 다양한 입맛에 따라 다르다. 표준치라고 할 만한 폭이 있다면, 우유 1리터당 달걀노른자 7~16알, 설탕 약 200~500그램이 적당하다.

아이스크림 만들기

Composition pour glace-crème, Ice cream preparation

ભ 달걀노른자 10, 설탕 300g, 끓인 우유 1리터.

설탕과 달걀노른자를 휘저어 반죽이 리본처럼 흘러내릴 정도로 끈적하게 섞는다. 끓인 우유를 조금씩 부어 묽게 만든다. 약한 불에 얹어 크림을 더 되게 만드는데, 절대 끓어오르지 않아야 한다. 크림이 분해되지 않아야 한다. 고운 체로 걸러, 주걱으로 저어주면서 완전히 식힌다.

아몬드 아이스크림

Glace aux amandes, Almond ice cream

아몬드 100그램을 곱게 간다. 물 2~3술을 조금씩 천천히 부어, 아몬드향을 우려내기 위한 반죽을 만든다. 우유 1리터를 끓여 아몬드 페이스트를 넣고 20분간 끓여 향을 우려낸다. 설탕과 달걀노른자를 휘저어 섞은 베이스와 혼합해 아이스크림을 만든다.

헤이즐넛 아이스크림

Glace aux avelines, Hazel nut ice cream

헤이즐넛 100그램을 구워, 우유를 몇 술 넣어 곱게 간다. 이 반죽에 끓인 우유 1리터를 붓고 20분간 우려낸다. 설탕, 달걀노른자를 섞어 아이스크림을 만든다.

커피 아이스크림

Glace au café, Coffee ice cream

우유를 끓여 볶은 커피 원두가루 100그램을 넣는다. 20분간 재워둔다. 고운 체로 걸러, 설탕, 달걀노른자를 섞어 아이스크림을 만든다. 커피 가루 대신 그에 걸맞은 양의 끓인 커피를 넣어도 된다.

초콜릿 아이스크림

Glace au chocolat, Chocolate ice cream

바닐라 아이스크림 750밀리리터에 초콜릿 250그램을 1.5리터의 물에 녹여 섞는다. 조금 더 휘저어 크림을 걸쭉하게 만든다.

크림 딸기 아이스크림

Glace aux fraises à la crème fraiche, Strawberry ice cream with fresh cream

딸기 500그램을 고운 체에 눌러 거른다. 슈거파우더 250~300그램과 크렘 프레슈 500밀리리터를 섞어 아이스크림을 만든다.

밤 아이스크림

Glace aux marrons, Chestnut ice cream

☙ 밤 퓌레 1kg, 우유, 소금, 바닐라 아이스크림 1리터, 크렘 샹티이 3~4큰술.

소금을 조금 넣은 우유에 삶아 체로 거른 밤 퓌레에 〈바닐라 아이스크림〉과 〈크렘 샹티이〉를 섞어 아이스크림을 만든다.

호두 아이스크림

Glace aux noix, Walnut ice cream

호두 125그램을 곱게 갈아서 우유 1리터에 30분간 재운다. 설탕, 달걀노른자를 섞어 아이스크림을 만든다.

피스타치오 아이스크림

Glace aux pistaches, Pistachio ice cream

아몬드 30그램과 피스타치오 70그램을 곱게 갈아 우유 1술을 부어 섞는다. 이것을 우유 1리터에 넣고 끓인 반죽을 만들어서 〈아몬드 아이스크림〉 방법대로 얼린다.

프랄린 아이스크림

Glace pralinée, Pralnie ice cream

〈아몬드 프랄린〉 125그램을 체로 걸러, 바닐라 크림 1리터를 섞어 얼린다.

바닐라 아이스크림

Glace à la vanille, Vanilla ice cream

우유를 끓여, 반 꼬투리 분량의 바닐라콩을 넣고 20분간 우려내 아이스크림을 만든다.

바닐라 딸기 아이스크림

Glace à la vanille à la fraise, Vanilla and strawberry ice cream

앞의 재료에 딸기 퓌레 300그램, 크림 200밀리리터를 섞어 얼린다.

과일 글라스

과일 글라스(과일 아이스) 만들기

두 가지 방법이 있다.

1) 껍질 벗긴 과일을 갈아서 체로 걸러 과일 퓌레를 준비한다. 이 퓌레에 같은 분량의 차가운 설탕 시럽(당도 32도 보메[1], Baumé)를 섞고, 레몬 절반의 즙을 짜넣는다.

2) 과육을 삶아 익혀 과육 500그램당 설탕 300그램의 비율로 섞어 체로 내려 받고, 물을 섞어 당도 19~20도의 시럽 상태로 만든다.

---

1) 이 책에서 당도 단위는 보메(Baumé)이다. 보통 설탕 시럽의 당도는 30~32도이다. 당도 30의 간단한 설탕 시럽은 물 100, 설탕 135, 향료 5의 비율로 섞어서 끓인다.

리큐어 글라스(리큐어와 시럽 아이스) 만들기

차가운 설탕 시럽 1리터(당도 28도 보메)에 리큐어(liqueur, 향미를 지닌 과일 증류주) 100밀리리터와 레몬 반 개의 즙을 섞는다.

살구 글라스

Glace à l'abricot, Apricot ice

☙ 살구 퓌레 500ml, 당도 32도의 시럽 500ml, 레몬.

퓌레와 차가운 설탕 시럽(당도 32도 보메)을 섞고 레몬즙을 넣는다. 당도 측정기가 있다면 당도가 19~20도가 되도록 만들어 확인한다.

파인애플 글라스

Glace à l'ananas, Pineapple ice

☙ 당도 32도의 설탕 시럽 500ml, 파인애플 퓌레 6큰술, 키르슈, 마라스키노.

차가운 시럽과 파인애플 퓌레를 섞어 키르슈와 마라스키노 술을 몇 방울 넣어 향미를 낸다. 당도는 18~20도쯤 되어야 한다.

바나나 글라스

Glace aux bananes, Banana ice

바나나 과육 500그램을 갈아서 키르슈 향미를 낸 시럽 500밀리리터를 섞는다. 1시간 30분간 재워둔다. 레몬 2개의 즙을 추가하고 체로 걸러 받는다. 당도는 20가 적당하다.

체리 글라스

Glace aux cerises, Cherry ice

씨를 뺀 체리 500밀리리터를 갈아서 키르슈 시럽 500밀리리터에 1시간 재워둔다. 체로 걸러 레몬 반 개의 즙을 넣는다. 당도는 20~21도가 좋다.

레몬 글라스

Glace au citron, Lemon ice

☙ 레몬 4~5개의 즙, 레몬 3개의 껍질, 당도 24도의 설탕 시럽 500ml.

레몬즙과 껍질, 차가운 시럽을 섞어 2~3시간 재웠다가 체로 걸러 받는다. 당도는 22도가 적당하다.

딸기 글라스
Glace aux fraises, Strawberry ice

딸기 퓌레 500밀리리터와 차가운 설탕 시럽(당도 32도)에 500밀리리터를 섞고 레몬즙을 첨가한다. 산딸기 글라스도 똑같은 방법이다.

레드커런트 글라스
Glace à la groseille, Redcurrant ice

차가운 설탕 시럽(당도 32도)에 레드커런트즙 500밀리리터를 섞는다. 당도는 20도.

만다린 글라스
Glace à la mandarine, Tangerine ice

차가운 설탕 시럽(당도 32도)에 750밀리리터에 만다린 4~5개의 겉껍질을 넣고 체로 걸러 만다린즙, 오렌지즙, 레몬즙을 조금 추가한다. 당도는 21~22도. 오렌지 글라스도 같은 방법을 따른다.

멜론 글라스
Glace au melon, Melon ice

멜론 퓌레 500밀리리터에 차가운 설탕 시럽(당도 32도)을 섞는다. 오렌지 2개과 레몬즙 1개의 즙을 추가해 체로 걸러 받는다. 당도는 22도.

미라벨 자두 글라스
Glace aux primes Mirabelles, Mirabelle ice

〈살구 글라스〉와 같은 방식으로 만든다. 당도 20도.

틀에 넣어 얼린 글라스

이렇게 만든 빙과의 이름은 곧 그 틀의 이름이다.

글라스 카르멘
Glace Carmen, Carmen ice

봉브(bombe) 틀에 살구 아이스를 두르고, 산딸기향을 가미한 〈크렘 샹티이〉를 채운다.

글라스 콩테스 마리
Glace Comtesse Marie, Comtesse marie ice

사각 틀을 사용한다. 딸기 아이스를 안에 두르고 바닐라 아이스크림을 채운다. 다 얼려 틀에서 빼낸 다음 〈바닐라 아이스크림〉을 짤주머니로 짜내 장식하고 계피 1쪽을 올린다.

글라스 알람브라(알함브라)[2]
Glace Alhambra, Alhambra ice

마들렌 과자틀의 바닥과 안쪽 벽에 바닐라 아이스크림을 바르고, 딸기 무스를 채운다. 1시간 30분 얼린다.

글라스 디안
Glace Diane, Diana ice

마들렌 과자틀을 사용한다. 〈바닐라 아이스크림〉을 안에 두르고 한가운데에 키르슈와 마라스키노로 향을 낸 밤 퓌레를 채운다.

글라스 프랑시용
Glace Francillon, Francillon ice

마들렌 과자틀을 사용한다. 커피 아이스크림을 안에 두르고 한가운데에 샴페인 아이스크림을 채운다.

글라스 마들렌
Glace Madeleine, Madeleine ice

마들렌 과자틀을 사용한다. 〈바닐라 아이스크림〉에 키르슈와 마라스키노에 재웠던 파인애플 조각들을 섞어 3분의 2까지 채운다. 3분의 1은 바닐라를 가미한 〈크렘 샹티이〉으로 채운다.

작은 틀을 지닌 글라스

작은 틀을 지닌 글라스(Petites glaces moulées)는 저녁에 먹거나 커다란 아이스크림에 곁들인다. 받침과 덮개를 가진 빙과이다. 덮개에는 꽃과 과

2) 스페인 그라나다에 있는 이슬람 궁전.

일, 새싹 등으로 장식을 한다. 아이스크림 재료를 사용해도 된다. 틀과 어울리기만 하면 된다.

만다린 지브레(서리로 덮인 만다린)
Mandarines givrées, Frosted tangerines

만다린들의 꼭지 쪽을 큰 동전 크기로 따내고 과육을 파낸다. 그 속에 〈만다린 글라스〉를 채운다. 잘라둔 껍질로 덮고 분무기로 물을 뿌려 냉동고에 넣는다. 껍질이 서리로 덮이면 얼음 위에 얹어낸다.

알프스의 진주 만다린
Mandarines glacées aux perles des Alpes

앞의 레시피대를 따르고, 리큐어 맛의 작은 사탕들을 올린다.

머랭 글라세(글라스를 얹은 머랭)
Meringues glacées, Iced meringues

머랭 받침에 숟가락으로 눌러 빚은 글라스를 얹는다.

머랭 글라세 엘렌
Meringues glacées Hélene, Iced meringues Helene

머랭 받침에 〈바닐라 아이스크림〉을 얹고 그 위에 제비꽃 크리스탈리제 3개를 올린다. 뜨거운 〈초콜릿 소스〉를 따로 담아낸다.

쿠프

쿠프(Coupe)가 보통 잔을 가리키듯, 여기에서는 주둥이가 넓고 화려하며 굽이 달린 크리스털 잔을 가리킨다. 그래서 쿠프는 주로 여러 향미를 섞은 아이스크림 또는 〈크렘 샹티이〉나 과일을 곁들인 아이스크림을 담아내는 레시피를 가리킨다.

쿠프 아들리나 파티
Coupe Adelina Patti

쿠프에 〈바닐라 아이스크림〉 몇 덩어리를 담는다. 각 덩어리마다 코냑을 끼얹어 슈거파우더를 입힌 체리들을 왕관처럼 올린다. 체리 꼭지가 쿠프 잔 밖으로 나오도록 올린다. 한가운데에 〈크렘 샹티이〉를 구슬처럼 한 덩이 놓는다.

쿠프 당티니

Coupes d'Antigny, Straweberry coupe

쿠프 몇 개를 준비해 각각 높이 4분의 3까지 딸기아이스크림을 채운다. 각 쿠프마다 바닐라 시럽에 익힌 말랑한 복숭아 반쪽씩 올린다. 슈거파우더를 엷게 덮어준다. 복숭아를 4조각으로 잘라 올려도 된다.

쿠프 보헤미안

Coupe Bohémienne, Chestnut coupe

바닐라 아이스크림을 잔에 넣고 삶은 밤(통조림)을 으깨 섞는다. 럼을 섞은 살구 시럽으로 덮는다.

쿠프 샤틀렌

Coupe Châtelaine, Raspberry coupe

설탕, 퀴라소, 샴페인에 재운 산딸기들을 잔에 담고, 〈크렘 샹티이〉를 작은 바위처럼 쌓아올린다. 술은 키르슈, 마라스키노로 대신해도 된다.

쿠프 클로클로

Coupe Clo-CIo, Chestnut and strawberry coupe

마라스키노에 적신 삶은 밤을 〈바닐라 아이스크림〉과 섞어 잔에 담는다. 아이스크림 위에 밤알을 하나 올리고 〈크렘 샹티이〉를 주변에 두르고, 딸기 퓌레를 두른다. 계피 1조각을 올려 장식한다.

쿠프 엠마 칼베[3)]

Coupe Emma Calvé, Cherry coupe

바닐라 아이스크림을 잔에 절반쯤 채운다. 그 위에 씨를 빼 설탕에 절인 체리들을 얹는다. 절인 시럽에 레드커런트 젤리 몇 술을 섞는다. 리큐어를 몇 방울 뿌려준 다음 얼린다. 작은 바위 모양으로 쌓아올린 것처럼 〈크렘 샹티이〉로 장식한다.

---

3) Emma Calvé(1858-1942년). 프랑스의 소프라노 가수.

쿠프 파보리트

Coupe Favorite, Pineapple coupe

파인애플을 잘라 키르슈, 마라스키노를 적셔 유리잔 바닥에 깐다. 그 위에 잔의 절반까지 바닐라 아이스크림을 채운다. 한가운데에 둥근 머랭을 얹고 그 위에 파인애플 아이스크림을 바위처럼 얹는다. 키르슈를 섞은 딸기 퓌레로 덮는다. 머랭 둘레를 〈크렘 샹티이〉로 작은 마카롱을 줄줄이 이어놓은 것처럼 장식한다.

쿠프 엘렌

Coupes Hélène, Vanilla coupe

〈바닐라 아이스크림〉을 잔에 얇게 바른다. 제비꽃 프랄린을 왕관처럼 놓고 중앙에 〈크렘 샹티이〉를 올린다. 크림에는 초콜릿을 부숴 뿌린다.

쿠프 자크

Coupe Jacques

잔 바닥에 키르슈와 마라스키노에 재운 작은 과일 조각들을 깐다. 레몬 아이스크림과 딸기 아이스크림을 같은 비율로 그 위에 덮는다. 복숭아를 4조각으로 잘라 둥글게 얹고 딸기 1송이를 한가운데 올린다.

쿠프 마들롱

Coupes Madelon, Vanilla cream and macaroon coupe

〈바닐라 아이스크림〉을 잔에 담는다. 한가운데에 키르슈를 적신 마카롱들을 얹는다. 그 위에 껍질을 벗겨 시럽에 삶은 살구 절반을 올린다. 키르슈 살구 소스를 살짝 두른다. 마카롱들 둘레에 〈크렘 샹티이〉로 작은 마카롱을 줄줄이 이어놓은 것처럼 장식한다.

쿠프 마리 테레즈

Coupe Marie-Thérèse, Banana coupe

바나나를 둥글게 썰어 키르슈와 마라스키노를 적셔 작은 아이스크림 덩어리들에 얹는다. 〈크림 딸기 아이스크림〉을 쌓아올린다.

쿠프 멜바

Coupe Melba, Vanilla and raspberry coup

바닐라 아이스크림을 잔의 3분의 2높이까지 채운다. 그 한가운데에 바닐라 시럽에 데친 부드러운 복숭아 반쪽을 올린다. 복숭아의 움푹한 씨방자리에 아몬드 페이스트 프랄린을 담아 씨방처럼 장식한다. 〈크렘 샹티이〉를 조금 덧붙인 산딸기 퓌레를 덮어준다. 슈거파우더를 살짝 뿌린다.

쿠프 미레유

Coupes Mireille, Strawberry and peach coupe

잔의 3분의 2높이까지 딸기 아이스크림을 채운다. 그 위에 바닐라 시럽에 데친 부드러운 복숭아 반쪽을 얹는다. 레드커런트 젤리를 입힌다.

쿠프 오데트

Coupes Odette, Banana and curaçao coupe

바나나를 둥글게 썰어 퀴라소에 담갔다가, 작은 아이스크림 덩어리 위에 올리고 오렌지 아이스크림을 봉우리처럼 덮어준다.

프티 뒥(소공자) 쿠프

Coupes Petit-Duc, Vanilla and meringue coupe

쿠프 잔에 아이스크림을 조금 넣는다. 작고 둥근 머랭을 올리고 레드커런트 젤리로 잔을 마저 채운다. 〈크렘 샹티이〉를 봉우리처럼 올린다. 머랭 대신 바닐라 시럽에 익힌 복숭아 반쪽을 넣어도 된다. 복숭아 씨방을 발라낸 움푹한 자리에는 레드커런트를 넣고 〈크렘 샹티이〉로 장식한다.

쿠프 이베트

Coupes Yvette, Chestnut and crystallised fruit coupe

삶은 밤과 잘게 썰어 키르슈향을 가미한 통조림 과일들을 잔의 3분의 2까지 채우고 나머지는 다른 아이스크림들을 올린다. 키르슈 살구 시럽에 삶은 살구 하나를 올리고 〈크렘 샹티이〉로 방울방울 장식한다.

아이스 비스킷, 봉브, 무스, 푸딩, 수플레

가벼운 빙과(Glace légère)는 아이스 비스킷, 봉브, 아이스 수플레, 아이스 무스, 아이스 푸딩 등이다. 아이스크림과 재료는 거의 비슷하다.

아이스 비스킷

Biscuit glacé, Iced biscuit

'아이스 비스킷'은 옛날 영국식 크림이다. 설탕 500그램과 달걀노른자 12알과 우유 1리터로 만든다. 이 크림을 익혀 고운 체로 거른 뒤, 휘저어 식힌다. 그릇을 얼음에 올리고 크림을 높이 올린다. 요즘에는 설탕과 달걀노른자 비율은 같지만, 우유는 크림으로 대신한다.

다른 방법

당도 30도의 설탕 시럽 500밀리리터에 달걀노른자 16알을 풀어 섞는다. 고운 체로 걸러, 중탕기에 넣고 저어주면서 익힌다. 도기에 쏟아붓고 저어주며 완전히 식힌다. 다 식으면 휘핑크림 1.5리터를 추가한다. 시럽에 바닐라, 오렌지, 만다린 등의 향을 첨가하기도 한다. 향미를 첨가하는 데 좋은 리큐르는 럼, 마라스키노, 퀴라소 등이다.

작은 아이스 비스킷 만들기

아이스 비스킷은 벽돌 크기의 네모 틀에 넣는다. 틀 위와 아래에 각각 뚜껑이 있다. 틀의 안쪽에 입히는 재료는 한가운데에 채우는 것과 다른 빛깔을 사용한다. 얼려서 쏟아낸 다음, 수직으로 잘라 여러 색이 모두 보이게 한다. 자른 토막은 종이 상자에 담아 위에 장식을 올려도 된다. 더 큰 빙과는 큰 틀을 사용한다. 아이스크림과 무스를 채우는데, 무스에는 과자 부스러기나 마카롱을 리큐르에 적셔, 향미를 내 섞는다.

봉브

봉브(Bombe)는 둥근 모양의 틀(또는 둥근 그릇)에 넣어 얼린 것이다. 아이스크림을 틀의 바닥과 안쪽에 바른다. 두께는 틀의 크기에 따라 다르다.

한가운데를 향미를 낸 주재료 또는 무스를 채운다. 그 위에 백지를 덮어 얼린다. 틀에 미지근한 물을 축이고, 틀을 뒤집어 봉브를 접시에 쏟는다.

봉브 아브리코틴(살구)
Bombe abricotine, Apricot bombe
살구 아이스크림을 틀의 안쪽에 바르고, 키르슈향의 무스로 채운다.

봉브 아이다
Bombe Aida, Strawberry bombe
딸기 아이스크림을 틀 안쪽에 바르고, 가운데는 키르슈와 마라스키노향의 무스로 채운다.

봉브 알람브라(알함브라)
Bombe Alhambra, Strawberry and vanilla bombe
〈바닐라 아이스크림〉을 틀 안쪽에 바르고, 가운데에 딸기 무스를 채운다. 봉브를 틀에서 꺼내 접시에 올리고 키르슈와 마라스키노에 재운 딸기들을 둘러놓는다.

앙달루즈(안달루시아) 봉브
Bombe Andalouse, Apricot and tanger bombe
틀의 안쪽에 살구 아이스크림을 바르고, 만다린 무스를 채운다.

브라질리엔(브라질) 봉브
Bombe Brésilienne
〈바닐라 아이스크림〉을 안쪽에 바르고, 〈파인애플 무스〉를 채운다.

봉브 카디널(추기경)
Bombe Cardinal, Rapsberry and vanilla bombe
산딸기 아이스크림을 틀의 안쪽에 바르고, 바닐라 무스를 채운다.

봉브 디플로마트
Bombe diplomate, Vanilla, kirshe and maschino bombe
〈바닐라 아이스크림〉을 틀의 안쪽에 바르고, 키르슈와 마라스티노 무스를 채운 뒤, 설탕절인 과일을 작게 잘라 키르슈에 재워 덧붙인다.

봉브 파보리트

Bombe favorite, Chstnut and apricot bombe

〈밤 아이스크림〉을 틀의 안쪽에 바르고, 럼 살구 무스를 채운다.

봉브 몬테카를로

Bombe Monte-Carlo, Vanilla and Strawberry bombe

〈바닐라 아이스크림〉을 틀의 안쪽에 두르고 딸기 무스를 채운다. 설탕과 퀴라소에 재운 잘 익은 딸기를 곁들인다.

봉브 넬뤼스코

Bombe Nélusko, Chocolate and vanilla bombe

〈초콜릿 아이스크림〉을 틀 안쪽에 바르고, 한가운데를 바닐라 무스로 채운다. 봉브의 구성은 매우 자유롭다. 향미는 서로 어울려야 한다.

아이스 무스

아이스 무스(Mousse Glacée)는 설탕 시럽이나 〈크렘 앙글레즈〉로 만든다. 시럽은 특히 과일 무스에 적당하다.

과일 아이스 무스

Mousse glacée aux fruits, Iced fruit mousses

식힌 설탕 시럽(당도 30도)에 같은 부피의 과일 퓌레를 섞고, 이렇게 섞은 것의 2배 부피로 크림을 휘저어 섞는다.

크림 아이스 무스

Mousse glacée à la crème, Iced fruit mousses with cream

☙ 슈거파우더 500g, 달걀노른자 16, 우유와 크림 각 500ml, 트래거캔스 가루 20g, 향미료.

슈거파우더, 달걀, 크림으로 영국식 커스터드 크림을 만든다. 크림을 휘저어 식히고, 크림, 트래거캔스 가루[4], 향미료를 섞는다. 얼음 위에 올려 놓고 무스 상태가 될 때까지 휘젓는다. 틀 안쪽에 백지를 붙이고, 무스를

4) Tragacanth(트래거캔스 고무). 콩과 나무의 줄기에서 채취하는 끈끈한 분비물을 굳힌 물질. 희거나 누르스름하며 환약 따위로 쓴다.

붓고 봉해 2~3시간 얼린다. 이와 같은 방법으로 다른 과일과 시럽, 휘핑 크림으로 무스를 만들 수 있다.

커피 파르페
Parfait au cafe, Coffee parfait

☙ 달걀노른자 32알, 설탕 시럽 1리터, 원두 250g을 갈아서 추출한 커피, 휘핑크림 1리터.

설탕 시럽에 달걀노른자를 섞어, 고운 체로 거른다. 여기에 커피를 붓는다. 약한 불에 올려 휘젓고, 얼음에 올려 차게 식을 때까지 휘젓는다. 휘핑크림을 섞어 파르페 틀에 넣고 2~3시간 얼린다.

아이스 푸딩

아이스 푸딩(Puddings glacés)은 아이스크림이나 무스를 봉브 틀이나 마들렌 틀에 향긋한 술에 적신 마카롱이나 과자를 설탕에 절인 과일 콩피와 서로 번갈아 넣은 것이다. 틀에 넣어 2시간 냉동한 뒤 틀에서 꺼내 접시에 담는다. 과일 소스나 바닐라 크림, 초콜릿 크림을 곁들인다.

아이스 수플레

아이스 수플레(Souffles glacés)는 무스나 봉브의 재료에 향미를 더해 수플레 접시에 얹어 얼린다. 수플레 탱발에 재료를 넣고 버터 입힌 종이띠로 두른다. 탱발 위로 종이가 3센티미터 더 높아야 한다. 속을 채운 탱발은 즉시 얼린다. 종이를 걷어내고 수플레는 접시나 얼음 위에 올린다. 프랄린, 마카롱 또는 초콜릿을 잘게 부숴 수플레에 뿌리기도 한다.

소르베, 로멘 펀치, 스품, 그라니타

소르베(Sorbets, Sherbets, 셔벗)는 포도주, 리큐어를 섞어 얼린 것이다. 당도는 15도가 적당하다. 소르베와 펀치 1리터는 보통 12~15인분이다.

소르베 만들기

1) 포도주 소르베 1리터(12~15인분): 포도주(Frontignan, Lunel, Rincio, Samos 가운데 한 종류) 500밀리리터에, 레몬2개와 로렌지 1개의 즙을 넣고, 당도 22도의 차가운 설탕 시럽을 섞어서 당도 15도로 준비한다.

2) 리큐어 소르베 1리터: 18~20도의 설탕 시럽과 리큐어 100밀리리터를 준비한다. 다 얼린 소르베를 유리잔에 담아내면서 리큐어를 두른다. 퀴라소와 마라스키노 시럽으로 향미를 줄 수도 있다.

일반적으로 과일 소르베는 과일 주스와 시럽을 섞어 만든다. 과일 퓌레는 적합하지 않다. 레몬이나 만다린, 오렌지 소르베는 당도 18~20도의 설탕 시럽에 겉껍질(zest)을 우려낸 향을 섞고 해당 과일의 주스를 넣어 만든다. 다양한 과일 주스로 소르베를 만들 수 있다.

전동 거품기(휘퍼)나 아이스크림 제조기를 이용해 휘저어 만들면서 마지막에 그 부피의 4분의 1만큼 이탈리안 머랭이나 휘핑크림을 넣어 얼린다. 소르베를 유리잔에 담아 내면서 포도주나 리큐어를 뿌려준다.

로멘(로마) 펀치[5]

Punch à la romaine

∞ 1리터: 당도 22도의 설탕 시럽 500ml, 백포도주 또는 샴페인, 오렌지 2개의 즙, 레몬 3개의 즙, 레몬 1개의 겉껍질, 이탈리안 머랭, 럼 100ml.

차가운 설탕 시럽에 포도주나 샴페인을 섞어 당도 17도로 만든다. 오렌지와 레몬즙, 레몬 겉껍질을 넣고 뚜껑을 덮어 1시간쯤 놓아둔다. 체로 걸러, 당도 18도로 만든다. 소르베처럼 얼려서 그 부피의 4분의 1로 이탈리안 머랭을 추가한다. 머랭은 달걀흰자 2개에 설탕 100그램의 비율로 만든다. 식탁에 내면서 럼을 조금씩 부어 펀치를 완성한다. 소르베를 담는 유

5) 소르베에 럼을 넣은 것. 1912년 침몰한 타이타닉 호 1등실 승객의 마지막 저녁식사 메뉴였다. 17세기에 로마 교황에게 올렸던 것이라서 로마라는 이름이 붙었다.

리잔에 담아서 식탁에 낸다.

마르키즈
Marquises

파인애플이나 딸기 주스, 설탕 시럽, 키르슈로 만든다. 당도는 17도이다. 얼리면서 진한 〈크렘 샹티이〉를 추가한다. 크림에는 딸기나 파인애플 퓌레를 넣는다.

스품[6]
Spooms

스품은 당도 20도의 시럽으로 만든 소르베이다. 여기에 이탈리안 머랭을 소르베보다 두 배 더 넣는다. 그래야 가볍다. 만들면서 너무 활발하게 휘저으면 거품이 날 수 있으니 주의 한다. 스품은 과일 주수에 샴페인, 프롱티냥, 보르도 등 달콤한 포도주를 섞어 만든다. 유리잔에 담아낸다.

그라니테/그라니타[7]
Granités, Granita

그라니테(그라니타)는 소르베와 같지만, 크림과 머랭을 넣지 않는다. 당도는 14도를 넘지 않는다. 과일 주스가 기본 재료이고 만들면서 휘젓지 않는다. 작은 얼음 알갱이들이 남아 있어야 한다.

트루 노르망
Trou normand

소르베 유리잔에 레몬을 추가한 그라니테를 담고, 칼바도스(calvados, 사과 증류주)를 잔의 절반까지 붓는다.

6) 이탈리아어로 거품을 뜻하는 '스푸마'에서 나온 말이다. 이탈리아에서는 달걀흰자로 만든 '스푸모네'라는 아이스크림을 즐긴다.

7) 우유 성분을 넣지 않은 이탈리아 시칠리아 섬의 전통 소르베. 이탈리아에서는 '그라니타'라고 부른다. 이탈리아의 다른 지역에서는 커피를 섞기도 한다.

세이버리

세이버리(Savory, Savoury)는 영국에서 저녁 식사를 마무리하면서 내는 매력적인 작은 먹을거리(small dish)이다.

카나페(토스트)

토스트(Canapé, Toast)는 간단하다. 식빵을 슬라이스로 얇게 썰어 버터를 바르고 구운 것이다. 식빵 조각에 무엇이든 얹는다. 토스트는 먹기 직전에 구워야 한다.

말을 탄 천사(베이컨으로 감싼 굴 꼬치구이)

Anges à cheval ou Huîtres en brochette, Angels on horseback

☙ 굴, 훈제 베이컨, 버터를 바르고 구운 토스트, 카옌 고춧가루 1자밤, 빵가루.

얇은 베이컨으로 굴을 하나씩 말아 감싼다. 꼬챙이에 줄줄이 끼워 그릴에서 구운 다음 토스트 위에 올린다. 카옌 고춧가루를 아주 조금 섞은 빵가루를 뿌린다. 뜨거울 때 먹는다.

에코세(스코틀랜드) 카나페

Canapés écossais, Haddock on toast

☙ 작은 해덕대구 1, 버터 1큰술, 끓인 우유 2큰술, 소금, 후추, 붉은 고춧가루, 뜨거운 크림 2~3큰술, 버터 바른 토스트.

영국식으로, 토스트에 대구를 올린 샌드위치다. 대구 살을 저며내 작은 냄비에 버터, 우유와 함께 넣고 소금, 후추, 붉은 고춧가루를 뿌린다. 뚜껑을 덮고 2분간 끓인다. 그다음에, 살코기를 감자 으깨듯 빠르게 휘젓고, 뜨거운 크림을 붓는다. 버터를 바른 토스트에 얹어 먹는다. 다른 방법으로, 해덕대구에 치즈와 버터를 뿌리고 샐러맨더 그릴에서 윤을 내주는데, 구운 베이컨을 더 얹기도 한다.

새우 카나페

Canapés aux crevettes roses, Shrimps on toast

새우 껍질을 벗겨 냄비에 넣고 버터를 두르고, 소금과 후추로 양념한다. 은근한 불에서, 〈베샤멜 소스〉를 조금 붓는다. 소스에 크림을 조금 추가해도 된다. 토스트에 올린다. 치즈 가루를 뿌리고 버터 몇 쪽을 올리고, 샐러맨더 그릴에 넣어 노릇하게 만든다.

치즈 카나페

Canapés au fromage, Toasted cheese

토스트에 버터를 바른다. 여러 가지 치즈와 구운 베이컨을 얹는다.

로크포르 치즈와 구운 베이컨 카나페

Canapés au fromage de Roquefort et bacon grillé, Roquefort cheese and grilles bacon on toast

버터를 바르고 붉은 카옌 고춧가루를 조금 뿌려서, 갓 구운 토스트에 로크포르[1] 치즈를 눌러서 두껍게 펼쳐 얹는다. 샐러맨더 그릴에 넣어 노릇하게 만든다. 베이컨을 얹어 굽는다.

훈제 연어 카나페

Canapés de saumon fumé, Smoked salmon on toast

충분히 훈제한 연어를 골라 아주 얇게 저민 뒤, 버터 바른 따끈한 토스트에 얹는다. 연어는 너무 오래 냉장고에 보관하면 바람직하지 않다. 또 장기간 염장해도 마찬가지다.

1) 프랑스 남부 아베롱의 로크포르에서 생산하는 양젖으로 만든 치즈. 이탈리아의 고르곤졸라, 영국의 스틸턴과 함께 세계 3대 블루치즈(푸른곰팡이 치즈)로 꼽는다.

버섯 구이 토스트

Champignons grillés, Mushrooms on toast

버섯을 올린 토스트는 영국에서 가장 인기가 좋다. 버섯을 깨끗이 씻어 소금, 후추를 넣고, 녹인 버터나 올리브유를 뿌려 그릴이나 철판에서 굽는다. 버터 바른 따끈한 토스트에 올려 고소하게 먹는다.

다른 방법

싱싱한 버섯을 얇게 썰어 버터에 지진 뒤, 소금, 후추로 넉넉히 양념한다. 〈베샤멜 소스〉를 조금 두르고, 버터를 바른 뜨거운 토스트에 올린다. 치즈 가루를 뿌리고, 샐러맨더 그릴에 넣어 노릇하게 만든다.

디아블 이리[2)]

Laitances à la diable, Soft roe on toast

생선의 이리를 버터로 지진 뒤, 소금, 후추를 뿌리고 버터를 바른 토스트에 얹는다.

치즈 크림 튀김

Crème frite au fromage, Cheese fritters

☙ 밀가루 100g, 쌀가루 50g, 달걀 3, 달걀노른자 2, 우유 500ml, 소금, 후추, 붉은 파프리카 가루, 너트멕, 그뤼예르(Gruyère)[3)] 치즈 150g, 버터, 빵가루.

밀가루, 쌀가루, 달걀과 달걀노른자를 부드럽게 섞는다. 우유를 붓고, 소금, 후추, 붉은 파프리카 가루와 너트멕을 조금 넣고, 꽤 센 불로 5분간 끓인다. 끓는 동안 계속 저어준다. 그뤼예르 치즈 가루를 거의 다 뿌려넣고 젖은 접시에 쏟는다. 식으면, 적당한 크기로 자른다. 달걀을 적시고, 조금 남은 치즈 가루를 섞은 빵가루를 묻혀 뜨거운 버터로 튀긴다.

디아블로탱[4)]

Diablotin, Rissole, Small croquette

푸아그라, 닭고기, 걸쭉한 크림 치즈, 해덕대구, 말린대구, 염장대구 등을

---

2) 이리 또는 어백(魚白). 물고기 수컷의 배 속에 있는 흰색의 정액 덩어리.
3) 스위스 그뤼예르에서 만든 치즈. 딱딱한 치즈(하드 치즈)이다.
4) 작은 악마라는 뜻이지만, 리솔이나 바케트 빵 조각 등을 가리킨다.

갈아넣고 기름에 튀긴 리솔이다.

디아블 정어리

Sardine à la diable, Devilled sardimes on toast

정어리 몇 마리를 손질해 살을 발라낸다. 머스터드를 얇게 바르고, 붉은 고춧가루를 뿌리고 버터를 바른 뜨거운 토스트에 올린다.

스카치 우드콕

Scotch woodcock

버터를 바르고 두툼한 토스트를 구운 뒤, 스크렘블드에그를 올리고, 앤초비 필레를 격자형으로 몇 개 올린다.

아녜스 소렐[5] 타르틀레트

Tartelettes Agnes Sorel, Tartlets with quiche filling

☙ 타르틀레트 크루트, 달걀, 크림, 치즈 가루, 카옌 고춧가루, 소 골수, 글라스 드 비앙드.

타르틀레트 크루트(작은 파이 크러스트)에, 달걀, 크림, 치즈 가루를 섞어 키슈(Quiche)[6]처럼 채워넣고 카옌 고춧가루를 조금 뿌린다. 오븐의 중불에서 굽는다. 다 익으면 꺼내, 녹인 '글라스 드 비앙드'에 넣어서 육즙을 입힌 소 골수를 잘게 썰어 추가한다.

버섯 타르틀레트

Tartelettes aux champigons, Mushroom tartlets

☙ 버튼 버섯(표고버섯의 일종), 버터, 소금, 후추, 너트멕, 베샤멜 소스, 크림, 타르틀레트 크루트.

버섯을 얇게 잘라 버터로 볶는다. 소금, 후추, 너트멕을 넣고. 크림을 조금 더 섞은 〈베샤멜 소스〉를 조금 추가한다. 기름종이를 받치고, 타르틀레트 크루트(작은 파이 크러스트)에 버섯 퓌레를 채운다. 반죽을 끈처럼 격자형으로 덮어 오븐에서 중불로 굽는다.

---

5) 아녜스 소렐(1422~1450년)은 15세기 프랑스 샤를 7세 국왕의 애인이다. 잔다르크와 같은 시대를 살았다. 백년전쟁의 어려움 속에서 프랑스 왕국을 재건하는 과정에서 국왕을 훌륭하게 도운 여성으로 기억된다. 화가 장 푸케(Jean Fouquet, 1420~1481년)가 그린 그녀의 초상은 다빈치의 <조콘다>에 버금가는 초상 예술의 걸작이다.

6) 받침용 반죽을 만들어 안쪽에 달걀, 치즈 등을 채워넣고 구운 사보리용 타르트.

타르틀레트 포레스티에르

Tartelttes forestière, Mushroom and truffle tartlets

앞의 조리법과 같은 방법으로 조리하지만, 버섯에 서양 송로를 썰어 추가한다.

바르게트 토스카

Barguettes Tosca, Barquettes with crayfish filling

밀가루 반죽으로 빚은, 작은 쪽배 모양의 바르게트 크루트(파이 크러스트)에 민물가재 반죽을 채우고, 파르메산 치즈를 넣은 수플레용 반죽(혼합물)으로 덮는다. 오븐에 넣고 센 불로 2~3분간 굽는다.

웰시 레어빗/웰시 래빗(치즈 토스트)

Welsh rarebit, Welsh rabbit

ᦒ 체스터 치즈, 맥주 2~3큰술, 잉글리시 머스터드, 붉은 고춧가루, 버터, 토스트.

체스터 치즈 또는 글로스터 치즈를 잘게 잘라 냄비에 넣고, 맥주, 머스터드, 붉은 고춧가루를 입맛에 맞춰 넣고 가열한다. 치즈가 녹을 때까지 저은 뒤, 버터를 바른 뜨거운 토스트 위에 올린다.

간단하게, 버터를 바른 토스트에 치즈 가루를 얇게 뿌리고 붉은 고춧가루를 추가해 오븐이나 그릴에서 치즈가 녹아내릴 때까지 굽는 방법도 있다.

샌드위치

Sandwichs

샌드위치는 식빵의 얇은 슬라이스로 만든다. 버터를 조금 바르고 소금과 머스터드로 양념해 얇은 햄을 올린다. 위에 얹는 것들은 취향에 따라 다양하다. 소고기, 닭고기, 꿩고기, 푸아그라, 가금류, 그리고 '리예트(Rillettes)'라고 부르는, 돼지고기를 다져 반죽한 것(코냑 등으로 잡내를 없애고, 주로 통조림으로 판매한다), 완숙 달걀, 캐비아, 치즈, 토마토 등 끝이 없다.

뷔페나 연회에 내는 샌드위치는 작게 만들고 빵 위에 올리는 재료도 곱게 다진다. 올리기 전에 버터를 바르고 소금을 뿌린다.

잼, 과일 젤리

잼

잼(Confiture)은 과일과 설탕을 함께 끓여 만든다. 설탕의 분량은 사용하는 과일의 성격에 따라 다르다. 산도가 높은 과일은 과일과 설탕은 같은 분량의 비율로 준비한다. 설탕의 비율이 너무 크면 과일의 향미가 떨어지거나 잼이 응고되기 싶다. 반대로 너무 적으면 오래 끓여야 하고 또 이때 향미가 증발한다. 따라서 과일이 설탕 분량의 척도가 된다. 잼이나 마멀레이드를 끓일 때 정확한 시간을 정하기는 어렵다. 끓이는 시간은 오직 불의 세기와 과일의 수분의 증발에 좌우되기 때문이다. 또 원칙상 잼은 센 불로 끓여야 빛깔이 좋다. 계속 지켜보며 타지 않도록 끓여야 한다.

살구 잼

Confitures d'abricots, Apricot jam

☙ 살구 500g, 설탕 375g, 물 200ml.

살구들을 절반으로 잘라 씨방을 빼낸다. 씨방을 쪼개 씨만 빻는다. 냄비에 설탕을 넣고, 물을 조금 부어 녹인다. 한소끔 끓인 다음 몇 분 더 끓이고 거품을 걷어낸다. 살구를 넣고 뚜껑을 닫아 중간 불로 가열하면서 자주 저어주어 걸쭉하게 만든다. 빻은 씨들을 섞어 조금 식히고, 병이나 단지에 넣는다.

체리 잼

Confitures de cerises, Cherry jam

☙ 체리, 설탕(체리 1kg당 설탕 750g 분량), 물, 레드커런트 즙 500ml.

체리 씨를 빼버린다. 설탕을 냄비에 넣고 물을 조금만 붓고 가열한다. 한소끔 끓어오르면 다시 5분 끓여 설탕을 녹인다. 거품을 걷어내고, 체리와 레드커런트 즙을 넣고 센 불로 끓여(섭씨 100~105도) 설탕이 녹아들게 한다. 항상 거품을 잘 걷어내야 잼이 뿌옇게 되지 않는다.

딸기 잼
Confiture de fraises, Strawbwrry jam

ᔕ 딸기 500g, 설탕 375g, 물.

딸기잼을 만드는 방법은 다양다. 냄비에 설탕을 넣고, 물을 적셔주듯이 조금만 붓고 가열한다. 천천히 섭씨 110도까지 끓여 설탕을 녹인다. 거품을 걷어내고, 딸기들을 넣고, 7~8분간 놓아두어 과일의 수분이 빠져나와 설탕 시럽에 녹아들게 한다. 딸기를 걷어내고 계속 10여분 끓여 시럽 상태로 만든다. 딸기를 다시 시럽에 넣고 5분쯤 더 끓인다. 식혀서 용기에 담는다. 딸기가 위로 떠오르지 않도록 천천히 채운다.

오렌지 마멀레이드[1]
Confiture d'orange, Orange Marmalade

빛깔이 좋은 오렌지들을 고른다. 껍질이 두꺼우면서도 부드러운 것이 좋다. 뾰족한 침으로 찔러준다. 그래야 쉽게 익는다. 냄비에 물을 끓이고 오렌지들을 넣는다. 30분간 삶아 건져낸다. 식혀서 찬물에 넣고 물을 자주 갈아주면서 18~20시간 재워둔다. 이렇게 해야 껍질이 부드러워지고 쓴맛이 빠져나간다.

오렌지들을 건져 잘게 썰어, 섬유질과 씨를 걷어내고, 조금 성긴 망의 체로 걸러 받는다. 걸러 받은 오렌지와 같은 분량의 설탕에 물을 조금 붓고 5분간 끓여 녹여서, 거품을 걷어낸다. 걸쭉한 상태의 오렌지를 붓고 사과 퓌레를 추가한다. 오렌지 500밀리리터당 사과 퓌레 150밀리리터의 비율로 넣는다. 처음 한소끔 끓여 조심해서 거품을 걷어낸 뒤, 다시 주걱으로 계속 저어주면서 끓인다. 마지막에, 오렌지 겉껍질(zest)을 가늘게 썰어서

---

1) 마멀레이드는 잼(Confiture, jam)과 같은 뜻이지만, 영국에서는 주로 감귤류의 잼을 가리킨다. 오렌지의 과육과 함께 겉껍질(제스트)을 넣는다.

푹 익힌 것을 추가한다.

다른 방법

오렌지를 흐르는 물에 하루 동안 담가둔다. 물에 넣고 푹 삶아 다시 찬물에 담는다. 완전히 차게 식었을 때 얇게 썰고 씨를 제거한다. 냄비에 이렇게 썰어놓은 오렌지를 붓고 또 그 무게와 같은 분량으로 설탕을 섞고 물을 아주 조금 붓고, 5분간 끓이고, 거품을 걷어낸다. 다진 오렌지 겉껍질 500그램당 사과즙 200밀리리터를 추가해 계속 저어주면서 끓인다.

자두 잼

Confiture de prunes, Plum Jam

탐스럽게 익은 메스 미라벨 자두가 좋다. 껍질이 푸른 자두는 너무 많은 양을 한꺼번에 만들면 안 된다. 또 과일과 설탕을 미리 재워두어도 안 된다. 그러면 검게 변색된다. 〈살구 잼〉과 같은 조리법을 따른다.

토마토 잼

Confiture de tomates, Tomato jam

몇 가지 방법이 있다. 토마토를 체로 거르거나, 껍질을 벗겨 씨를 뺀 다음 그냥 얇게 썰어서 만든다.

1) 토마토를 얇게 썰어 체로 걸러 냄비에 받는다. 5~6분 나무주걱으로 저어주며 끓인다. 천을 냄비에 씌워, 잼 만들듯이 뒤집어 다시 꼭 짜낸다. 이 과육의 무게와 같은 분량의 설탕에 물을 조금만 붓는다. 설탕 1킬로그램당 물 200밀리리터의 비율이다. 끓여서 설탕을 녹이고, 거품을 걷어낸다. 한 꼬투리 분량의 바닐라콩을 추가해서 끓여도 된다. 설탕이 끓어오르면, 걸러 받은 토마토와 레드커런트 젤리를 추가한다. 토마토 500그램당 젤리 120밀리리터로 맞춘다. 다시 가열해 저어 마무리한다.

2) 단단한 토마토들을 끓는 물에 몇 초 데쳐 즉시 찬물에 담근다. 껍질을 벗기고 절반으로 잘라 씨를 빼고 얇게 썬다. 이렇게 준비한 토마토와 같은 양의 설탕을 냄비에 넣고 물을 조금 붓고 몇 분 끓여 거품을 걷어낸다. 레몬 1개의 과육을 얇게 썰고, 또다른 레몬 겉껍질을 곱게 다져넣는다. 센

불로 가열해 계속 저어 잼을 만든다.
3) 토마토를 다듬어 4쪽으로 자르고 씨를 뺀다. 냄비에 넣고 갈색설탕을 붓는다. 토마토 1킬로그램당 갈색설탕 800그램 비율이다. 취향에 따라 레몬 몇 쪽을 넣어도 된다. 냄비뚜껑을 덮고 오븐에 넣어 약한 불로 2시간 30분 내지 3시간 익힌다. 태우지 않도록 불을 잘 살펴야 한다.
이 방법을 메나제르식(à la Ménagère, 가정식)이라고 부른다. 다른 과일도 이 방법으로 잼을 만들 수 있다. 백포도주나 백포도주 식초를 추가해도 된다. 과일 1킬로그램당 포도주 250밀리리터를 붓는다.

과일 젤리[2]

카시(블랙커런트) 젤리
Gelée de cassis, Blackcurrant jelly

잘 익은 블랙커런트(프랑스에서는 남부 지방 생산지 이름인 '카시'라고 부른다)를 골라 씨를 빼고 도기에 담고, 물을 붓는다. 과일 1킬로그램당 물 반 컵이다.
냄비를 아주 약한 불에 올려 조금 익힌다. 그러면 껍질이 터지면서 과즙이 흘러나온다. 체로 걸러 둥근 그릇에 내려받는다. 천으로 쥐어짜는 것도 좋은 방법이다. 이렇게 받은 과즙 1리터당 850그램의 설탕을 냄비에 쏟는다. 물은 설탕이 잠길 정도만 붓는다. 천천히 한소끔 끓이고, 조금 더 끓인 다음 거품을 걷어낸다. 과일을 넣고 화이트커런트의 즙 200밀리리터를 추가해도 된다. 물론 안 넣어도 된다. 검은 빛깔이 너무 짙어지지 않도록 하기 위해 추가할 뿐이기 때문이다. 다시 가열해 설탕이 잘 녹아 섞이게 한다.

2) 과일 젤리는 과일의 즙(과즙)만 걸러서 이용한다.

모과 젤리

Gelée de coings, Quince jelly

무르익은 모과를 골라 얇게 잘라, 껍질 벗겨 씨를 빼고, 찬물에 담근다. 모과는 500그램당 물 1리터를 부은 큰 냄비에 넣고 가만히 천천히 끓인다. 저어주지 않는다는 뜻이다. 익으면 체로 걸러 그릇에 받는다. 이렇게 받은 과즙에 설탕 800그램을 추가하고 센 불로 걸쭉하게 끓인다. 거품을 자주 걷어낸다. 젤리 상태가 되면 고운 천으로 다시 거른다.

레드커런트 젤리

Gelée de groseilles, Redcurrant jelly

레드커런트 3분의 2, 화이트커런트 3분의 1로 만든다. 과일과 설탕을 1대 1의 비율로 맞춘다. 냄비에 설탕을 넣고 물을 조금만 붓고 가열해 녹인다. 끓어올린 뒤 거품을 걷어낸다. 레드커런트를 설탕을 끓인 냄비에 섞어 넣고, 7~8분 잘 녹아들게 하고 끓여서 거품을 걷어낸다. 고운 천으로 거른 다음 일반적 방식대로 단지나 병에 넣는다. 레드커런트 1킬로그램당 산딸기 100그램을 섞어도 좋다.

생 레드커런트 젤리

Gelée de groseilles à froid, Uncooked redcurrant jelly

탐스럽게 익어 붉은 색이 짙은 커런트를 갈아서 고운 천으로 거른다. 거른 과즙 1리터당, 설탕 1킬로그램을 섞어 2~3시간 재워둔다.

자주 저어주면서 설탕이 잘 배어들게 한다. 단지나 병에 옮겨담고 뚜껑을 닫지 않은 채로 2~3일 재워둔다. 그다음에 뚜껑을 덮고 햇볕 잘 드는 곳에서 이틀 동안 하루에 2~3시간씩 내놓는다. 이 젤리는 무척 예민하므로 아주 건조한 곳에 보관해야 한다.

오렌지 젤리

Gelée d'oranges. Orange jelly

☙ 1리터 분량: 평균 150g의 오렌지 12개, 사과즙 200ml, 슈거파우더 500g, 오렌지설탕 1큰술.

오렌지를 체에 눌러서 즙을 받는다. 설탕에 물을 뿌리듯이 조금 붓고 가열해 녹인다. 오렌지즙과 사과즙에 섞는다. 그다음 익히는 방법은 앞의 레시피들과 같다. 다 익으면 10분 정도 식히고 오렌지설탕을 추가한다.

사과 젤리

Gelée de pommes, Apple Jelly

붉은 사과 500그램을 준비해 4쪽으로 자른다. 냄비에 담고 물 500밀리리터를 붓는다. 조금 천천히 끓여 익히되 너무 오래 끓이지도 않아야 한다. 사과가 익으면 누르지 않고 즙을 내려받는다. 즙에 설탕 900그램을 섞고, 반 꼬투리 분량의 바닐라콩을 추가한다. 다시 끓여 〈모과 젤리〉 방법대로 거른다.

술과 음료

바바루아, 오랑자드, 펀치, 뱅쇼 등

요리와 함께 마시는 맥주, 시드르(cidre, 사과술) 등의 주류 가운데 포도주가 누구에게나 잘 어울린다. 포도주는 알콜 음료의 장점대로 신경을 자극하고 향미와 영양도 풍부하다. 해묵은 포도주는 원기를 북돋고 건강에 좋다. 그러나 풋내가 나는 포도주는 너무 시큼해 위장이 약한 사람이나 노인은 삼가야 한다. 아니면 설탕을 조금 곁들여 산도를 낮추어야 한다.

바바루아즈[1)]
Bavaroise

냄비에 슈거파우더 250그램과 달걀노른자 8개를 휘저어, 리본처럼 흘러내릴 정도로 반죽한다. 달콤한 시럽 100밀리리터, 즉석에서 끓인 차와 우유 각 500밀리리터를 차례로 붓고 무스처럼 휘젓는다. 키르슈(Kirsch, 체리 증류 술) 또는 럼을 200밀리리터 추가해 마무리한다.
바닐라, 오렌지, 레몬 등의 향미를 내려면 과즙을 미리 15분 전에 우유에 넣는다. 초콜릿향을 내려면 초콜릿을 바닐라 우유에 풀어넣는다. 커피향을 내려면, 커피의 원두 가루 100그램을 우유에 섞거나 이미 끓인 커피 0.5리터를 섞는다. 바바루아즈를 담는 별도의 잔이 있다.

비쇼프
Bischoff, Bishop

샴페인 1병을 붓는다. 마데이라 포도주 1잔, 얇게 썬 오렌지 1개와 레몬

---

1) ‘바바루아즈’는 주류이다. ‘바바루아(bavarois)’는 바바리안 크림을 가리킨다.

반 개, 당도 32도의 설탕 시럽 적당량을 추가해 냉장고에 1시간 재워둔다. 고운 체로 걸러 소르베로 얼린다. 여기에 샴페인 4잔을 붓는다. 펀치 잔으로 마신다.

아이스 커피
Café glacé, Iced Coffee

커피 원두 300그램을 갈아서, 끓는 물 750밀리그램을 조금씩 붓는다. 이 커피 용액을 설탕 600그램과 함께 넣는다. 설탕이 녹고 커피가 식을 때까지 기다린다. 바닐라 우유 1리터를 끓여 추가하고 완전히 식힌 뒤, 크림 500밀리리터를 넣는다. 소르베처럼 얼려 차가운 잔에 마신다.

오랑자드
Orangeade

오랑자드 1리터용으로, 레몬 1개와 오렌지 4개의 즙을 준비한다. 당도 28도의 시럽 200밀리리터, 오렌지 1개의 겉껍질을 넣고 물을 추가해 총 1리터를 만든다. 고운 체로 걸러, 얼음물에 담가둔 주전자 또는 카라프(carafe, 유리 물병)에 부어 식힌다. 오랑자드의 최종 당도는 10~12도.

레모네이드
Limonade, Lemonade

〈오랑자드〉와 같은 방법이지만, 오렌지 대신 레몬으로 만든다.

샴페인 마르키즈
Marquise au champagne, Champagne and pineapple

당도 30도의 설탕 시럽 500밀리리터와 파인애플 주스 500밀리리터에 샴페인을 섞어 15도 정도로 희석해, 소르베로 얼린다. 이탈리안 머랭 3~4술을 추가한다. 휘저어 무스처럼 만들고 소르베 잔에 담아낸다.

스프랭샤드
Sprinchade

당도 18도쯤의 과일 소르베 1리터를 만들고 여기에 이탈리안 머랭 5~6술을 추가해, 세게 휘저어 된 무스 상태로 만든다. 소르베 잔에 마신다.

레몬 스프랭샤드

Sprinchade au citron, Sprinchade with lemon

당도 30도의 설탕 시럽 500밀리리터에 레몬 6개의 즙과 샴페인 소다수 또는 샴페인을 넉넉히 섞어 당도를 18도에 맞춰 희석한다. 소르베로 얼려서, 머랭 5~6술을 추가하고, 무스 상태가 될 때까지 휘젓는다. 소르베 잔에 담는다.

로멘(로마) 펀치[2]

Punch à la Romaine

여러 가지 방법이 있다. 먼저 레몬즙, 오렌지 주스, 럼을 넣은 소르베(당도 20)를 준비한다. 이 소르베에 이탈리안 머랭 5~6큰술을 추가해 무스 상태의 펀치를 만든다. 소르베 잔에 담아 럼 1큰술을 붓는다.

마르키즈 펀치

Punch Marquise, Marquise Punch

소테른 포도주[3] 1리터를 붓는다. 설탕 200그램, 레몬 1개의 겉껍질에 정향 1개를 박아서 함께 넣는다. 설탕을 녹이고, 포도주가 흰 무스처럼 될 때까지 가열한다. 레몬 겉껍질과 정향을 건재내고 둥글고 투명한 펀치 그릇에 담는다. 데운 코냑 250밀리리터를 붓고 불을 붙인다. 잔마다 레몬 한 쪽씩을 올린다.

펀치 쇼오테

Punch chaud au thé, Hot punch with tea

오렌지와 레몬 각 하나씩의 겉껍질을 벗긴다. 이것을 둥근 그릇에 넣고 설탕을 뿌려 15분쯤 재운 다음, 미지근한 물 1잔을 붓는다.

다른 그릇에 찬물을 넣고 설탕 500그램을 부어 녹인다. 오렌지와 레몬의 겉껍질을 건져내고, 그 주스를 찬물에 녹인 설탕 그릇에 추가하고, 코냑 반 병을 붓는다. 이 용액을 가열해 불을 붙여 완전히 태운다. 건져둔 겉껍

2) '빙과와 아이스크림'에서 소르베 참고. 앞에서 로메인 펀치 만드는 법을 자세히 설명했다. 1912년 침몰한 타이타닉 1등실 승객들의 마지막 메뉴로 우명하다.

3) 소테른(Sauternes)은 보르도 남쪽 가론 강가의 포도원이다. 1855년에 유일하게 최상급 등급을 받아 전설을 남긴 '샤토 디캉'으로 유명하다.

질들을 체에 눌러 거르고, 우려놓은 고급 차 500밀리리터를 부어 섞는다. 펀치 맛을 강하게 하고 싶다면 차를 미리 짙게 타면 된다.

샴페인 산딸기

Fraises des bois, ou de quatre-saisons au champagne, Wild strawberries or alpine strawberries in champagne

딸기들을 설탕에 재우는데 그릇을 얼음조각 속에 담가둔다. 그 사이 오렌지 아이스크림을 준비한다. 딸기를 샴페인 잔에 담고 오렌지 아이스크림을 봉우리처럼 올린다. 샴페인을 붓는다.
이 방법을 여러 과일에 응용하고 또 샴페인과 아이스크림도 다른 것으로 대신해도 된다.

뱅쇼(따끈한 포도주)

Vin chaud, Hot wine

적포도주 1병을 붓고 설탕 200그램을 넣고 가열해 설탕을 녹인다. 레몬 1개의 겉껍질(제스트), 시나몬(계피) 1쪽, 너트멕 1쪽, 정향 1송이를 추가한다. 무스 상태가 될 때까지 포도주를 끓여 체로 거른다. 유리잔에 담아 얇게 썬 레몬 1쪽을 곁들인다.

오렌지 뱅쇼

Vin chaud à l'orange, Hot wine with orange

설탕 300그램에 끓는 물 200밀리리터를 붓는다. 오렌지 2개의 겉껍질을 넣고 15분간 우려낸다. 겉껍질은 건져내고 이 용액을 적포도주에 붓는다. 끓이고 걸러, 잔에 붓고 얇게 썬 오렌지 1쪽을 곁들인다. 포도주는 부르고뉴, 보르도가 좋다.

프랑세즈(프랑스) 적포도주

Vin à la Française, Wine french style

샐러드 그릇에 설탕 250그램을 넣는다. 물을 아주 조금 부어 설탕을 녹인다. 보르도 적포도주 1병을 붓고, 레몬 1개를 얇게 썰어 넣는다. 씨는 빼 버린다. 주걱으로 잘 저어 잔에 옮겨 붓고 레몬 1쪽을 곁들인다. 탄산가스가 들어 있는 레모네이드를 곁들여도 좋다.

라타피아

라타피아(Ratafias)[4]는 어떤 과일로도 담글 수 있다. 항아리 또는 주둥이가 넓고 큰 병에 과일을 넣고 맑은 색의 증류주(liqueur, 리큐어)를 붓는다. 밀봉해 40일 동안 볕이 잘 드는 곳에 보관한다. 발효된 용액을 따라내, 과일즙 1리터와 30도로 끓인 시럽 300밀리리터를 추가한다. 필터로 걸러 병에 넣고 마개로 막아둔다.

체리 라타피아
Ratafia de merises, Wild cherry ratafia
야생 체리 1.5킬로그램의 씨를 빼서 조금 갈아서, 주둥이 넓은 항아리에 넣고 무색 증류주를 부어 재운다. 과육은 다른 항아리에 넣고 증류주 4리터를 붓는다. 밀봉해 40일 동안 볕이 잘 드는 곳에 보관한다. 두 항아리의 용액을 합쳐 고운 체로 내려 받는다. 설탕 1킬로그램을 풀어넣고 물을 조금 더한다. 설탕이 다 녹으면 종이 필터에 걸러 술병에 넣는다.

딸기 리큐르
Liqueur de fraises et framboises, Strawberry and Rapsberry liqueurs
딸기 500~600그램을 씻어 도기에 300그램만 넣는다. 다른 한편, 설탕 400그램으로 바닐라와 고수 씨로 향을 낸 시럽을 30도 정도의 온도로 준비한다. 시럽을 몇 분간 식혀 과일에 붓는다. 도자 그릇에 뚜껑을 덮고 3~4시간 재워둔다. 또다른 도자기 그릇 위에 천을 덮고, 그 위에 무슬린 한 장을 더 덮고 과일과 시럽을 천천히 부어 맑은 시럽을 걸러 받는다.
이 시럽에 아르마냑 1리터를 섞어 병에 담는다. 이렇게 고급 아르마냑과 시럽을 섞으면 과일의 향미가 더욱 오래간다.

4) 라타피아는 과실주로 식전에 주로 마신다.

프랑스 요리의 조리법

구이, 튀김을 제외한 고기의 조리는 '브레제, 포셰, 푸알레, 소테'라는 방식으로 조리한다. 이 네 가지 방법은 소스에 따라 변화한 조리법이다.

1. 브레제

브레제(Braisé, 영어 Braising)는 시간이 많이 들고 가장 어렵다. 조리과정 못지 않게 중요한 것은 재료인 고기의 질이다. 소고기와 양고기는 '갈색 브레제' 방식으로 조리한다. 그러나 송아지, 어린 양, 가금류는 다른 방법(흰 브레제)을 따른다. 브레제를 하려면, 첫째, 식재료를 적셔줄 육수(퐁/스톡)가 필요하고, 둘째, '브레제 베이스'를 준비해야 한다.

갈색 브레제

Braisage à brun, Ordinary Braisings

1. 브레제 습윤용 육수

Fonds de mouillement, Stock of moistening,

'갈색 브레제'는 소량의 갈색 육수(브라운 스톡)를 이용해 식재료를 적셔준다. 송아지고기, 어린 양, 닭고기의 '흰 브레제'는 소량의 퐁드보(빌 스톡)나 맑은 육수(화이트 스톡)를 이용한다.

2. 브레제 베이스

Fonds de Braise, The Aromatics or Base of the Braising

바닥에 깔아놓는 베이스의 구성물은 채소이다. 고기 500그램당 다음과 같은 분량이다. 갈색 브레제에는 두툼하고 둥글게 썬 당근과 잘게 썬 양파(각 50~60그램)를 버터로 볶아 넣는다. 작은 부케 가르니(파슬리 2그램, 월계수 잎 반쪽, 타임 1), 마늘 1쪽, 데친 돼지 껍질이나 비계 70그램도 넣는다.

3. 라르데(라딩)[1]

Larder, Larding

조리할 고기에 비계를 찔러 넣는 것을 가리킨다. 이 방식으로 부드러운 고기맛을 유지할 수 있다. 자체 지방분이 넉넉하지 않은 고기를 오래 조리하면 기름진 맛을 잃고 퍽퍽해진다. 잘게 썬 비계에 후추, 너트멕과 기타 향신료로 간을 맞춘 뒤, 파슬리를 다져서 뿌린다. 여기에 코냑을 조금 둘러 2시간쯤 재운다. 이 비계를 특수한 바늘을 이용해 일정한 간격을 두고 고기에 찔러넣는다.

4. 고기 재우기(마리나드/마리네이드)

Marinade, Marinade Braisings

브레제용 고기는 포도주에 몇 시간 재워두어야 한다. 그래야 육즙의 향미가 좋아지고 고기도 부드러워진다. 재우기 전에 먼저 소금, 후추, 너트멕을 뿌린다. 고기를 굴려가면서 양념이 잘 배어들게 한다.

고기 분량에 비해 조금 큰 그릇에 담고 브레제 베이스(채소)를 넣고 포도주를 붓는다. 적포도주든, 백포도주든 상관없다. 고기 500그램당 100밀리리터를 붓고 약 6시간 동안 재운다. 이 시간 동안 서너 차례 고기를 뒤집어준다.

5. 리솔라주(갈색으로 만들기)

Rissolage, Browning

재웠던 고기를 건져 30분가량 체에 받쳐두었다가 고운 천에 올려 물기를

1) 과거에 비해 마블링 상태가 좋은 고기를 생산하게 되었고, 현대의 식생활은 저지방을 추구하는 경향으로 바뀌어 라딩의 필요성은 크게 감소했다.

뺀다. 냄비에 맑은 콩소메나 소량의 기름을 붓고 가열한다. 뜨겁게 달아올랐을 때 고기를 넣고, 잠깐 동안 고루 짙은 빛깔이 나도록[2] 뒤집어가며 지진다. (고기를 다 지졌으면 꺼내 얇은 삼겹살로 감싸고 끈으로 묶는다. 그러나 갈비나 안심의 경우 필요 없는 과정이다. 그 자체의 기름기가 충분하기 때문이다.)

6. 브레제
고기를 지져낸 뒤, 채소들(브레제 베이스)을 넣고 볶은 냄비에 포도주를 조금 붓고 가열해 바닥에 눌러붙은 것들을 풀어준다(데글라사주). 채소 베이스 위에 갈색으로 지졌던 고기를 얹는다. 갈색 육수(브라운 스톡)를 부어 고기를 덮는다. 갈색 육수는 고기가 조금 잠길 정도(절반 또는 3분의 1 높이)로만 붓는다. 이렇게 첫번째 과정을 마친다.
냄비뚜껑을 덮고 한소끔 끓여 오븐에 넣거나 낮은 온도에서 오래 끓여 익힌다. 다음 과정은 아래 두 가지 방법 가운데 하나를 적용한다.
1) 육수를 이용한다면, 고기를 깨끗한 냄비에 옮겨 담는다. 고운 천에 국물을 걸러서 고기에 붓는다. 냄비를 오븐에 넣어둔 채, 다 익을 때까지 때때로 고기에 진한 퐁드보(빌 스톡)를 끼얹는다[3].
2) 소스가 필요하다면, 국물을 먼저 반으로 졸인다. 〈에스파뇰 소스〉와 토마토 퓌레(또는 익히지 않은 토마토)를 2대 1의 분량으로 섞어 줄어든 국물의 양을 보충한다. 이렇게 준비한 소스를 붓고 고기를 익힌다. 고기를 찔렀을 때 바늘이 쉽게 들어가면 고기가 다 익은 것이다. 이때 고기를 건져낸다. 냄비에 남아 있는 소스는 고운 체로 걸러, 기름기를 걷어내 이용한다.

주로 현대식 소고기에 활용하는 방식으로 채소 베이스를 넣는다면, 브레제의 두번째 과정에서 고기와 함께 익힌다. (먼저 버터로 볶고 소금과 설탕을 추가하거나, 브레제 육수도 다른 냄비에서 따로 끓여서 부어도 된

2) 갈색이나 황금빛으로 만드는 것을 '리솔라주'라고 한다.
3) 재료가 마르지 않도록 육수를 끼얹는다. 아로제(arroser), 베이스팅(basting).

다.) 앞의 방식이 좋지만 이 방식이 더 쉽다.

글라사주(글레이징)
Glaçage, Glazing
브레제로 조리한 고기는 보기에도 좋게 윤을 낸다. 반드시 필요한 과정은 아니다. 조리하면서 우러난 육즙이나 소스를, 익은 고기에 조금 뿌려, 다시 오븐에 넣는다. 육즙이나 소스가 걸쭉해지면서 거의 엷은 젤리처럼 된다. 이런 과정을 반복한 다음, 고기를 꺼내 접시에 올린다.

흰 브레제

Braisage à blanc, White braisings

브레제 육수는 고기가 3분의 1쯤 잘길 정도로 붓는다. 브레제 베이스인 채소는 버터로 볶지 않고 그대로 넣는다. 고기를 미리 갈색으로 만들지도 않는다. 채소 베이스 위에 고기를 얹고 기름 종이로 고기를 덮고 맑은 육수(화이트 스톡) 1큰술을 적셔주고 익힌다. 자주 육수를 끼얹는다. 닭이나 칠면조의 흰 살코기 등에 이용한다.
송아지고기, 양고기에도 이용하는데, 미리 갈색으로 고기를 지져서 넣을 수도 있지만 자유롭게 선택한다. 육수는 갈색 퐁드보(빌 스톡)를 이용한다. 이 브레제에서도 마지막에 글라사주(글레이징)를 한다.

2. 포셰

애매해서 무슨 말인가 싶겠지만 포셰(poché, 영어 poaching)는 '끓이지 않으면서 익히는' 방법이라고 할 수 있다. 물이나 육수 등이 끓어오르지 않도록 조심하면서 재료를 액체에 넣고 매우 천천히 익히는(뭉근히 삶아 익히는) 방법이다.
액체의 양이 적어도 문제가 되지는 않는다. 그래서, 대왕넙치나 연어처럼 큰 생선을 쿠르부이용에 조리할 때도 포셰라고 부른다. 생선 퓌메를 조금만 넣고 익히는 가자미, 무슬린과 무스를 틀에 넣고 익힌다든가 소금물에서 익히는 크넬, 또 '포셰'라고 고유한 이름으로 부르는 수란(水卵, Oeuf poché, poached egg), 또는 다양한 크림 '루아얄'을 익힐 때에도 포셰라고 한다.
물론 포셰로 만든 것이라 해도 조리 시간에 따라 크게 다르다. 그럼에도 포셰에는 변함없는 원칙이 있다. 조리하는 액체가 끓지 않아야 한다. 비등점(끓는점) 직전까지만 온도를 올려야 한다. 섭씨 약 95도 정도.
또다른 원칙은 큰 생선이나 가금은 차가운 물이나 차가운 육수를 사용해야 한다는 점이다. 가능한 신속하게 조리할 수 있는 온도로 물을 가열해야 한다. 가자미, 닭의 경우도 마찬가지다. 그러나 그 밖의 다른 재료를 포셰로 익힐 때에는 물이나 육수를 미리 필요한 수준의 온도에 맞추어 시작한다. 재료의 형태나 종류가 다양한 만큼, 포셰의 세부 사항은 각 재료마다 다르다.

닭고기 포셰

닭을 포셰로 조리할 때, 우선 닭을 손질하고, 다리를 몸통 뒤쪽 방향으로 묶는다. 몸통에 소를 넣는다면 실로 묶기 전에 미리 해둔다. 살코기와 다리를 레몬으로 문질러주고 맑은 육수(퐁 블랑/화이트 스톡)에서 삶는다. 기름기를 걷어내고 뚜껑을 덮어 약한 불로 익힌다.
빨리 익힐 필요는 없다. 증기가 너무 거세게 발생한다면 국물이 졸아들어 탁해진다. 그리고, 속을 채운 가금은 타버릴 위험이 있다. 가금이든 어떤 고기든 찔러보았을 때 맑은 육수가 나오면 익은 상태이다.
닭을 넣을 냄비는 닭을 넣고도 여유가 있을 정도로 커야 한다. 포셰로 익히는 동안 닭이 육수에 완전히 잠겨있어야 한다. 그리고, 미리 준비하는 육수는 아주 맑아야 한다. 가금의 살코기는 1시간 반 정도면 다 익지만 육수 재료를 우려내려면 최소 6시간은 걸리기 때문이다. 가금류는 뜨거운 물로 조금만 익혀도 향미를 잃는다.

3, 푸알레

푸알레(poêler)는 사실상 건식으로 익히는 구이의 한 가지로, 버터로 거의 완전히 구워 익히는 방법이다. 조리 기구로는 프라이팬, 냄비 등을 이용한다.

푸알레는 과거의 방법을 단순화한 것이다. 과거에, 재료를 볶은 다음 마티뇽(Matignon)[4]을 둘러주던 구식을 단순화했다. 고기를 얇은 삼겹살과 버터 먹인 종이로 차례로 덮어 오븐이나 석쇠에 올려 녹인 버터를 발라가며 익혔다. 이렇게 구워 기름을 빼낸 재료와 마티뇽의 야채를 고기를 볶았던 냄비에 넣고 마데이라 또는 양념한 육수를 부어 적셔준다. 부은 육수나 포도주에 야채의 향미가 완전히 배어들었을 때, 체로 걸러 받고 기름기를 걷어낸다. 이런 구식 방법은 칠면조, 거위 등 커다란 가금류를 조리할 때 요즘도 사용할 만큼 매우 유용하다.

현대식 푸알레

고깃덩어리가 넉넉히 들어갈 정도로 깊고 두꺼운 냄비에 고기를 넣는다. 바닥에는 마티뇽(matignon)을 한 층 깔아둔다.

냄비 뚜껑을 덮고, 중불의 오븐에서 익힌다. 닭고기의 경우에는 미리 양념을 하고 녹인 버터를 충분히 바른 다음 넣는다. 녹인 버터를 자주 둘러준다. 고기가 익으면, 뚜껑을 열어 고기 빛깔이 노릇하게 익은 것을 확인하고 식탁에 올릴 때까지 뚜껑을 다시 덮어둔다.

냄비의 야채(노릇하게 거의 탄 듯한 상태)에 양념한 진한 퐁드보(빌 스톡)를 넉넉히 붓는다. 그다음 10분간 끓여 체로 거르고 기름을 걷어낸다.

푸알레 방식으로 조리할 때는 어떤 액체나 수분도 첨가하지 않다는 점는이 가장 중요하다. 가금류 브레제와 마찬가지로 향미가 중요하기 때문이다. 야채는 육수를 추가하기 전에 기름기를 걷어내지 않아야 한다. 조리할 때의 버터는 고기든 야채든 향미를 상당 부분 흡수한다. 이렇게 잃은

4) 사각형으로 썬 당근, 양파, 샐러리, 타임을 버터로 볶아 백포도주 또는 마데이라를 섞어 만든 가르니튀르. 날것인 햄과 월계수 잎도 넣는다.

맛을 보충하려면 육수는 최소한 10분 정도 버터와 섞인 채로 내버려두었다가 따라 버린다.

카스롤 또는 코코트 푸알레(도기 냄비 푸알레)
이런 이름으로 부르는 푸알레는 모두 도기 냄비의 이름을 붙인 것이다. 푸줏간 고기, 가금 요리에 사용한다. 카스롤(casserole)로 조리할 때에는 야채를 넣지 않고 버터만 사용한다. 다 익으면 도기 냄비 속의 재료를 잠깐 건져내고 퐁드보(빌 스톡)를 냄비에 조금 붓는다. 몇 분간 끓인 다음 너무 많은 버터는 조금 걷어낸다. 재료를 다시 냄비에 넣고 끓어오르지 않을 정도의 불에 식지 않도록 올려두었다가 식탁에 올린다.
코코트(cocotte) 푸알레도 카스롤과 같지만, 버섯, 아티초크 속심, 양파, 당근, 순무 등의 야채를 곁들인다.

4. 소테

소테(sauté)는 국물 없이 버터나 식용유만을 이용해 식재료를 익히는 방법이다. 주로 가금류나 육류 조리에 이용한다. 소테 방식으로 조리하면 재료는 표면이 바싹 볶아진다. 즉, 소량의 아주 뜨거운 기름에서, 뒤집어주면서, 볶거나 튀기듯이 지진다. 소나 양의 붉은 살코기에 좋은 방법이다. 안심과 등심 등 붉은 살코기(투른도, 코틀레트, 필레, 누아제트)는 항상 불에 올려 팬으로 익히는데, 정제한 맑은 버터를 조금 넣고 튀기듯이 지져 익힌다. 고기가 작고 얇은 덩어리라면 더욱 빠르게 익힐 수 있다. 살코기 표면에 피가 붉게 우러나면 뒤집어준다. 뒤집은 표면에서 핏방울이 촉촉히 우러나면 익었다고 본다.
소테로 조리한 팬에서 재료를 건져낸 뒤, 소스를 만든다. 기름기를 제거하고 포도주 등을 붓고 한소끔 끓인다. 이런 식으로 바닥에 눌어붙은 육즙을 녹여 소스를 추가한다. 소테팬은 너무 크지 않고 재료만 넉넉히 다룰 수 있는 적당한 크기가 좋다. 송아지고기나 양고기 소테는 너무 세지 않게 익혀야 한다. 닭 가슴살은 중간 불에서 익힌다.
여러 재료를 냄비에 섞어 조리하는 것은 소테와 브레제의 방법을 절반씩 섞은 셈인데 소테로 통한다. 영어로 '스튜'라고 하는 것이 가장 적당할 것이다. 에스투파드, 굴라슈, 샤쇠르, 마렝고, 시베 등의 레시피가 여기에 속한다. 우선 고기는 작게 썰어 소테할 때처럼 지진다. 그다음에 소스나 가르니튀르를 섞어 브레제를 하듯이 천천히 익힌다.

5. 로티, 프리튀르, 그릴

로티(구이, 로스팅)
구이(Rôti, 영어 Roast)는, 오븐 구이보다는 꼬치구이를 더 애용한다. 오븐은 증기가 안에 쌓일 수밖에 없는데, 이것이 미묘한 고기의 향미를 떨어뜨린다. 그러나 꼬치구이는 개방된 공간에서 익히기 때문에 고기의 특별한 향미를 간직한다. 작은 조류는 꼬치구이가 맛이 좋다.

프리튀르(튀김)
튀김(Friture, 영어 Frying)은 재료에 따라 많은 방법이 있다. 주로 뜨거운 튀김용 기름에 담가 튀긴다(grande friture). 조리기구는 내열이 뛰어난 금속재를 선택한다. 물론 기름을 절반쯤 채워 사용할 수 있을 정도로 둥글고 깊어야 한다. 튀길 때 사용하는 재료(유지)의 발연점(타는점) 등을 고려해야 한다. 올리브유의 경우에는 끓는점 섭씨 약 300도, 발연점 약 190~200도이다.

그릴
불에서 직접 굽는, 직화 구이 방식이다(Griller). 붉은 살코기나 흰 살코기 구이는, 석쇠(그릴)에 올리기 전에 정제한 맑은 버터를 겉에 발라, 굽는 동안 고기의 표면이 마르는 것을 방지한다. 생선 구이는 식용유나 정제한 맑은 버터를 뿌려 중간 불에서 굽는다. 굽는 동안에도 뿌린다. 고등어, 붉은 숭어, 청어는 정제한 맑은 버터를 뿌리기 전에 밀가루를 입혀, 생선 구이의 겉부분을 바삭한 황금빛으로 만든다.

6. 그라탱

그라탱(Gratin)은 '그라탱 콩플레', '그라탱 라피드', '그라탱 레제', '글라사주'로 분류한다.

그라탱 콩플레

Gratin complet, Complete Gratin

재료를 완전히 익혀야 하기 때문에 시간이 오래 걸린다. 그라탱의 베이스인 소스도 완전히 졸아들어야 한다. 껍질을 두껍고 고소하게 구워야 하는데, 이것은 빵가루와 소스, 버터가 장시간의 가열로 엉킨 결과이다. 완숙한다고 볼 수 있는 그라탱 콩플레는, 재료의 크기와 성격, 재료와 소스를 그라탱으로 익히는 적당한 불의 온도가 중요하다.

그라탱 라피드

Gratin rapide, Rapid Gratin

고기, 생선, 야채 등을, 미리 익혀 식지 않게 보관한 것을 사용한다. 따라서 빠르게 그라탱을 만들 수 있다. 이렇게 하려면 재료 위에 소금, 빵가루, 버터를 덮고 오븐에 넣어 센 불로 익힌다.

그라탱 레제

Gratin léger, Light Gratin

마카로니, 라자냐, 국수, 뇨키 등 밀가루 재료에 적합한 방법이다. 치즈가루, 빵가루, 버터를 넣고 굽는다. 그라탱을 노릇하고 때깔 좋게 익히려면 치즈가 고루 섞여야 한다. 이 방법은 적당한 중간 불 정도가 좋다. 토마토, 버섯, 가지, 오이 등 야채를 곁들인 것도 그라탱 레제에 속한다. 이런 야채에 빵가루, 버터, 식용유를 섞고 또 야채를 미리 익혔든 아니든 상당히 센 불로 가열하는 것이 좋다.

글라사주(글레이징)
Glaçage, Glazings
치즈 가루나 버터, 녹인 버터를 뿌려 오븐이나 샐러맨더 그릴에 넣고 열을 가해서 반들반들하게 윤을 내는 것을 뜻한다. (샐러맨더 그릴은 레스토랑에서 사용하는 그릴로, 열원에 위쪽에 있다. 전기나 가스를 이용하는 가정용 그릴 또한 열원이 위쪽에 있어 샐러맨더 그릴과 같다.)
오븐이나 그릴에서의 글라사주는 〈모르네 소스〉를 이용한다. 재료를 소스로 덮고, 치즈 가루와 녹인 버터를 뿌린다. 센 불에 넣으면 금빛의 균열이 조금 생긴다. 치즈와 버터가 잘 섞였다는 뜻이다.

7. 블랑시망

블랑시망(데치기, Blanchiment, Blanchings)에는 육류와 야채, 두 가지 경우가 있다.
많은 분량의 붉은 살코기나 가금의 흰 살코기를 블랑시망으로 조리할 때는, 차가운 물이나 차가운 육수를 붓고 익힌다. 끓어오르면 계속 저어준다. 기름과 불순물을 계속 걷어내도 향미를 보존할 수 있다.
물을 가득 부어 야채를 익히는 방법도 '블랑시망'이라고 부른다. 쓴맛이나 신맛을 제거하려고 야채 블랑시망을 할 때에는, 야채의 숙성도에 따라 시간도 달라진다. 풋야채나 제철 야채라면 뜨거운 물에 잠깐 데치면 된다. 양상추, 꽃상추, 치커리, 셀러리, 아티초크, 양배추, 기타 푸른 야채는 블랑시망 조리법을 이용한다. 블랑시망으로 데친 야채는 항상 찬물로 식힌다. 체로 걸러 물기를 빼고, 다음 조리과정으로 넘어간다.
강낭콩, 완두콩, 방울양배추, 시금치를 소금물에 삶아내는 방법은 프랑스식이 아니라 영국식 조리법이다. 호박, 오이, 배추를 블랑시망으로 데치는 것도 영국식이다.

에스코피에에 대하여

이 책은 프랑스 요리사 조르주 오귀스트 에스코피에의 《Ma cuisine, 나의 요리》를 옮긴 것이다. 1934년 초간본이 나온 뒤로 전 세계 여러 언어로 번역되어 지금도 계속 출간되고 있다.

에스코피에는 우리나라에서도 '셰프'들뿐만 아니라, 요리 분야의 전문가와 관심이 있는 아마추어, 식도락가라면 누구나 알 만한 요리계의 거장이다. 요리의 역사에서 아마 에스코피에처럼 확고한 정상에서 명성과 전설을 누리는 인물도 없을 것이다. 그는 '셰프들의 왕', '왕들의 셰프'라는 두 가지 별명으로 통한다. 그를 칭송하는 사람들이 지어낸 별명이지만 사실을 완벽하게 반영한 명언이다.

에스코피에는 오래 지속된 프랑스 대혁명과 현대화의 와중에 사라진 요리의 고전과 새로이 등장한 부르주아 계층의 간편식 가정 요리와 레스토랑 요리 사이에서 프랑스 요리의 전통을 이어갔다. 또 그것을 세계 최고의 자리에 올리는 큰일을 해냈다. 그는 요리사면서 저자였던 보기 드문 선구자들인, 마리 앙투안 카렘과 위르뱅 뒤부아의 과업을 훌륭하게 계승하여 마무리했다.

에스코피에는 특히 수천 명의 제자들을 전 세계에 남겼지만 요리사로서, 기록의 중요성을 깊이 새기고 레시피를 비교적 간단히 표준화하는 문제에도 깊이 매달렸다. 또 수많은 새로운 요리를 개발했다. 그는 이런 의욕으로 중요한 저서들을 남겼지만 이는 주로 전문 요리사들을 위한 것이었다. 그러나 《에스코피에 요리책》은 조금 더 친절하고 분명한 조리법을 제시했기 때문에 수많은 언어로 번역되고 지금까지도 '요리 매뉴얼'의 위대한 고전으로 꼽힌다. 특히 프랑스 사람이 아닌 이방인 요리사들도 함축된 사전식의 지침서보다 이 책을 참고했다.
그의 직계 제자부터 프랑스 요리는 거대한 계보를 이루었다. 폴 탈라마, 조제프 도농부터 베르나르 루아조, 알랭 뒤카스, 트루아그로 형제 등 우리 시대를 풍미하는 거장들도 결정적으로 그의 풍부한 경험에서 많은 것을 배웠다. 특히, 에스코피에는 주방에서 팀워크에 따른 작업의 중요성을 처음으로 강조했다. 또 요리사를 위한 격언도 남겼다. "요리사라면 무릇 청결하고 세심해야 한다. 음주와 흡연을 삼간다. 소리도 지르지 않아야 한다."

에스코피에는 1846년 10월 28일 프랑스 남부 지중해 연안 이탈리아 접경, 빌뇌브루베(Villeneuve-Loubet)에서 태어났다. 그의 조모와 고모와 삼촌들 모두 레스토랑에서 일했다. 그의 부친은 주물 명장이었지만 그는 집안 어른들의 맛있고 행복한 요리를 즐기며 성장했다. 이런 환경에서 그는 소년 시절에 이미 요리사가 되기로 결심해 평생 그 길을 따랐다.
에스코피에는 19살에 파리로 올라가 에펠탑이 맞은 편에 보이는 프랑클린 루즈벨트 거리의 카바레 '르 프티 물랭 루즈' 식당에 취업했다. 지금은 패션 산업이 장악한 거리다. 이때부터 그는 '조르주 상드 쉬프렘', '가리발디 탱발', '살라드 외제니' 등 소설가, 정치인, 황후 등 당대 명사들을 위해 깜짝 놀랄 새로운 요리들을 내놓았다.
1870년 프랑스와 프로이센의 전쟁이 터졌을 때, 그는 열악한 상황에서도 장군들의 식사 당번으로 복무하면서 전쟁 중에 변변치 못한 재료를 이용하거나 부상자와 환자를 위한 건강식도 열심히 연구하고 만들었다. 이때 그는 음식을 오래 저장하는 방법에도 뛰어난 지식을 갖게 되었다. 이렇듯 역경에 굴하지 않고 늘 긍정적으로 대처하는 그의 인격 때문에도 많은 사람이 그를 존경하게 되었다.
에스코피에는 그 후 파리와 니스를 오가며 일하던 끝에 1878년에 식료품

점을 겸한 '르 프장 도레', 즉 '황금빛 꿩'이라는 식당을 칸에서 창업했다. 그 뒤 다시 파리로 올라가 독일, 영국 등에서 대규모 만찬을 준비하며 활약했다.

1880년부터 10여 년간은 호텔사업가 세자르 리츠의 몬테카를로 '그랑 호텔', 스위스 루체른의 '그랑 나시오날' 등에서 일했다. 관광산업이 크게 번창하면서 최고급 호텔 레스토랑이 시작되던 시대의 셰프로서 자리를 확고히 했다. 호텔사업가 리츠가, 귀족과 예술가, 정치인 등 취향이 까다롭고 접대 받을 기회가 많은 저명인사들과 호사가들을 아름다운 풍광을 가진 편안한 호텔로 모셔, 그들의 눈을 사로잡는 동안, 에스코피에는 그들의 입맛을 사로잡았다. '그랑 나시오날'은 유럽 최고의 카바레를 겸해, 휴양지 관광호텔의 전범이 되었다. 물론 호텔 레스토랑이 일반 레스토랑의 평판을 능가하게 되었다.

이런 경력을 쌓고 나서 에스코피에는 1890년부터 런던 '사보이 호텔' 주방을 이끌었다. 이때는 주로 에드워드 7세 등을 위해 많은 작품을 내놓았다. 이 무렵에 가장 유명해진 복숭아 디저트 '페슈 멜바'가 나왔다. 그는 주머니 사정이 넉넉지 못한 사람들을 위해 가볍지만 알찬 메뉴들도 개발했다. 화려한 만찬에 쓰고 남은 신선한 재료를 응용한 것들이다.

그러나 좋은 일만 있을 수는 없었다. 암담한 사건으로 그는 1897년에 사보이 호텔을 떠났다. 리츠가 주류를 유용한 혐의로 해고되었고, 그는 재료를 대는 업자들의 뇌물을 받았다는 혐의였다. 하지만 씁쓸한 날들은 오래가지 않았다. 그는 1898년 다시 런던의 '칼튼' 주방을 맡아 60명의 요리사들을 이끌면서 몇 해 동안 매 끼, 500명 분의 요리를 지휘했다. 이렇게 분주한 생활을 하면서도 그는 요리의 전통과 비법을 공부하고 기록하며 계속 책을 펴내었고 이는 전 세계 호텔 주방에서 애독하게 되었다.

1906년에는 매우 인상적인 일화도 남겼다. 어느 날 함부르크 선상 파티에서 그의 팀이 내놓은 만찬을 즐기고 나서 황제 빌헬름 2세는 그에게 이런 치사를 했다. "나는 독일 황제이지만, 그대는 요리사들의 황제 아니겠소!" 언론에서 앞다투어 인용한 명언이다. 1911년에 에스코피에는 런던에서 〈미식가 수첩〉이라는 잡지도 창간해 프랑스 관광의 발전에도 이바지했다. 그러나 이 잡지는 1차 세계대전이 터지면서 종간되었다. 1912년에는 프랑스 요리의 우수성을 더욱 알리려고 '디네 데퓌퀴르' 즉, 쾌락주의자의 만찬이라는 야심찬 프로그램을 소개했다. 147개의 도시에서 동시에 10만 명이 같은 식사를 했다. 라루스 출판사에서 펴낸 요리사전의 편집 책임도 맡았다. 1920년에는 영국을 떠나 가족이 있는 몬테카를로로 돌아갔다. 1923년에는 유럽 주요 도시들을 돌면서 요리 시식회에도 참가했다. 1928년, 그는 세계 주방장협회를 출범시키고 초대 회장이 되었다.
그가 1935년 2월 12일 몬테카를로에서 여든아홉의 나이로 사망하고 나서 그의 명성은 오히려 그가 살아있을 때보다 더욱 멀리 높게 퍼졌다. 요리사로서 처음 국가가 존경을 표하는 '레지옹 도뇌르' 훈장을 받았던 그는 평생 2천 명이 넘는 프랑스 셰프들을 가르쳐, 프랑스 요리를 전 세계에 보급했다. 이 제자들은 에스코피에를 기리는 일에도 열심히 매진하고 있다. 그의 증손자 미셸 에스코피에가 지금은 주로 그의 저서를 재간행하고 칸 교외에 박물관과 요리학교를 운영하는 등 그의 기념사업을 주도하고 있다.
에스코피에는, 평생의 활약으로 요리를 예술의 경지로 끌어올렸다는 칭송을 받았다. 그 예술의 원칙은 엄하고도 간단하다.
'완벽한 준비, 즐거운 식사'
그가 이 책을 쓰게 된 것은 현대인에 맞게 간소하면서도 영양이 풍부하고 맛있는 식사를 해야 한다는 믿음 때문이다. 특히 요리가 예술의 경지에 오를 수 있겠지만 너무 개인의 경험과 손맛에 의존해서는 곤란하며 우연히 빚어지는 것이 아니라 엄격한 정확성에 따라야 한다고 믿었다. 요리의 과학과 예술은 최상의 맛과 영양을 보장하는 두 기둥이라는 믿음이다. 요리사의 권익에 대한 그의 생각도 독보적이고 선구적이었다. 그는 요리에도 그것을 창작한 요리사의 이름과 법적 권리를 보장해야 한다고 주장했다.

본문에서 소개하고 있는 레시피에서 수없이 많은 레시피가 나왔다. 우리 독자의 이해를 돕기 위해 프랑스 원본에는 없는 영어 이름들을 병기했다.

영어식 표기도 다양하기는 마찬가지이지만 가능한 재료의 이해에 도움이 되는 것을 택했다.
눈부시게 발전하고 있는 우리의 서양식 식단과 또 열렬한 애호가들의 관심이 이 고전을 참고하면서 더욱 풍요로워졌으면 싶다. 레시피를 따라해 보면서 즐거운 시간을 보낼 수 있겠지만, 따라 하기 어려운 것들에서도 조리 과정에 담긴 모든 비밀을 엿보고 서구의 식문화를 더 폭넓고 깊게 이해할 수 있다.

많은 질문에 답해준 프랑스 고등사회과학대학원의 베르나르 뮐러 박사에게 감사한다.

— 옮긴이

프랑스 요리 용어

Arroser	아로제: 조리 중에 재료가 마르지 않도록 육수나 기름을 끼얹는 것(Arrosant), 베이스팅(Basting).
Bard de lard	감싸기용 얇은 비계(또는 삼겹살): 식재료를 감싸서 조리하는 동안 건조해지는 것을 방지한다.
Beurre	버터: 프랑스에서 버터는, 살균하지 않은 크림에서 얻은 생버터(beurre cru, 보존기한 30일)와 저온살균 크림에서 얻은 버터(beurre fin, beurre extra-fin)로 구분한다.
Beurre clarifié	정제한 맑은 버터 : 약한 불에서 버터를 끓여서 만든 기름. 발연점이 높다.
Bisque	비스크: 가재, 새우, 게로 만든 걸쭉한 수프.
Bouillon	부이용: 조리용 국물, 고기나 야채 국물. 퐁(Fonds, Stock, 육수)은 고기, 야채와 함께 뼈를 오랫동안 우려내 젤라틴을 포함하지만, 부이용은 뼈를 오래 우려내지 않고, 살코기, 소금, 야채를 넣고 끓인 국물이다.
Bouquet garni	부케 가르니: 파슬리, 타임 등의 허브를 묶은 다발이나 주머니로, 조리 후에는 버린다.
Braiser	브레제: 고기와 소량의 육수, 채소를 넣고, 뚜껑을 덮어 익히는 조리법.
Brunoise	브뤼누아즈: 약 3밀리미터의 작은 정사각형 모양으로 썰기.
Cassonade	갈색 설탕(Brown sugar, Cassonade blonde(light), Cassonade brune(dark).
Chair à saucisses	소시지 고기(Sausage meat): 소(파르스)로 사용하는 '돼지고기 양념 다짐'.
Chaudfroid	쇼프루아 : 뜨거운(Chaud, Hot) 것과, 차가운(Froid, Cold) 것의 합성어로, 아스픽 젤리로 덮어 굳혀서, 차게 먹는 고기 요리.
Consommé	콩소메: 조리용 맑은 국물, 맑게 거른 부이용(육수).

Coquille 코키유 : 조개 껍데기 안에 재료를 넣고 조리한 것.

Côtelette 코틀레트(커틀릿): 갈비 또는 밀가루, 달걀물, 빵가루를 입혀 튀긴 것.

Couenne de lard seches 삼겹살 껍질, 돼지 껍질.

Court-bouillon 쿠르부이용: 맑은 생선 육수. 식초, 백포도주, 소금 등을 넣은 생선 조리용 육수.

Crème aigre 크렘 에그르: 사워크림(Soured cream)을 뜻한다. 생크림을 발효시킨 신맛의 크림.

Crème Chantilly 크렘 샹티이: 생크림에 설탕을 넣어 거품을 낸 프랑스식 크림.

Crème épaissee 크렘 에페스: 더블크림. 유지방 48% 이상의 된 크림.

Crème fouettée 크렘 푸에테: 휘핑크림, 차게 식힌 생크림에 거품을 낸 크림.

Crème fraîche 크렘 프레슈: 유지방 약 40%의 프랑스 사워크림, 더블크림.

Crépine 크레핀: 대망막(caul fat). 동물의 위를 둘러싸고 있는 반투명, 거미줄 모양의 얇은 지방막. 주로 돼지의 대망막을 사용한다.

Crépinettes 크레피네트 : 대망막으로 감싼 덩어리.

Croûte 크루트: 빵껍질 또는 밀가루 반죽으로 빚은, 타르트, 볼오방 등의 외형. 파이 크러스트(Crust). 파이지.

Croûte de tartelette 타르틀레트 크루트 : 밀가루로 빚은 작은 크기의 크러스트.

Croûton 크루통: 빵을 정사각형으로 작게 잘라, 기름에 튀기거나 버터를 넣고 오븐에서 구운 것.

Daube 도브: 소고기를 적포도주로 익히는 조리법.

Déglaçage 데글라사주: 조리 후 바닥에 눌어붙은 것을 녹여서 이용하는 것. 디글레이징(deglazing).

Duxelle 뒥셀: 버섯과 양파를 다져, 버터와 식용유로 볶은 것. 소스에 넣거나 양념해 요리에 넣는 소(파르스)로 이용한다.

Émincer 에멩세 : 얇게 저미기, 얇게 썰기.

Épices 혼합 향신료. 프랑스식은 너트멕, 정향, 말린 생강, 흰 후추의 4가지 혼합 가루. 영국식은 시나몬, 정향, 너트멕, 고수 씨, 올스파이스(Allspice) 혼합 가루. 이 책에서 영국식이라는 말이 없는 것은 모두 프랑스식을 가리킨다.

Escalopes 에스칼로프: 얇게 썬 고기.

Essence d'anchois 앤초비 에센스: 멸치를 압착해 짜낸 기름.

Estouffade	에스투파드: 고기를 포도주에 재운 뒤. 소량의 육수나 물을 넣고 오랫동안 끓여 익히는 브레제 조리법.
Farce	파르스(소): 속에 넣는 재료.
Filet d'anchois	앤초비 필레: 멸치 살을 소금, 올리브유, 향신료에 절인 것.
Filet mignon	필레 미뇽: 소의 안심 부위.
Fine brunoise	1.5밀리미터 크기의 작은 정사각형으로 썰기.
Fine julienne	아주 가늘게 썰기. 두께 1.5밀리미터, 길이 3~5센티미터로 써는 방식.
Fines herbes	핀제르브: 파슬리, 타임, 월계수 잎, 차이브를 섞은 혼합 허브.
Fricadelle	프리카델: 돼지고기 등으로 만든 미트볼(Meatball).
Fricassée	프리카세: 버터를 넣고 고기를 살짝 익혀서(노릇하거나 갈색이 되도록 볶지는 않는다.) 끓여낸 요리.
Friture	튀김: 식물성이나 동물성 기름을 가열해 고온으로 튀긴다.
Fonds	퐁: 사골 등을 넣고 장시간 우려낸 진한 육수. 스톡(Stock)
Fumet de Poisson	생선 퓌메: 생선 육수
Glace de viande	글라스 드 비앙드: 매우 진한 사골 육수(스톡). 미트 글레이즈(Meat glaze)
Godiveau	고디보: 소로 이용하는 소고기 양념 다짐.
Gratin	그라탱: 그릇에 넣고 치즈나 빵가루를 뿌린 뒤, 오븐에서 구워 겉이 엷은 갈색이 되도록 만드는 조리법.
Hachis	아쉬: 다짐. 고기나 야채를 다진 것.
Julienne	쥘리엔: 가늘게 썰기. 두께 3밀리미터, 길이 5센티미터로 썰기.
Lamelle	얇은 조각: 얇은 슬라이스.
Lard de poitrine	삼겹살.
Lard gras	돼지비계.
Lard maigre de poitrine	기름기 적은 삼겹살, 줄무늬 삼겹살(Streaky bacon): 한국의 생삼겹살과는 다르게 염장 또는 훈연해서 이용한다.
Lardon	라르동(라돈, 돼지비계): 1) 고기에 찔러넣는 라딩((larding)용 얇은 비계. 2) 샐러드에 넣거나 조리하면서 넣는 염장한 삼겹살(lard maigre) 조각. 프랑스에서는 염장한 것과 염장해서 훈연한 것, 두 가지를 폭 2센티미터의 직사각형으로 잘라 포장 판매한다.

Macédoine	마세두안: 야채나 과일을 주사위 모양으로 썰어서 섞은 것.
Marmelade	마멜라드(영어: 마멀레이드): 잼과 같은 뜻이지만 특히 감귤류인 오렌지 과육과 겉껍질을 함께 넣고 만든 잼을 가리킨다.
Matignon	마티뇽: 얇은 사각형으로 썬 당근과 양파, 셀러리, 타임, 월계수 잎을 버터와 백포도주를 넣고 볶은 것. 생 햄(Raw ham)도 넣는다.
Marinade	마리나드: 조리 전에 재료에 향미를 내기 위해 소금, 식초, 레몬즙, 허브, 포도주 등에 담가 재우기.
Matelote	마틀로트: 포도주를 넣고 끓인 요리.
Meunière	뫼니에르 (à la meunière): 밀 제분업자의 부인이라는 뜻으로, 밀가루를 입혀 팬에서 버터로 익히는 조리법. 간단한 버터 소스를 뿌린다.
Mirepoix	미르푸아: 작은 사각형으로 썬(브뤼누아즈 썰기) 양파와 당근, 셀러리, 타임, 월계수 잎. 여기에 생 햄이나 삼겹살을 썰어 넣을 수도 있다. 버터로 볶거나 날 것인 상태로 요리에 이용한다. 내용물 구성은 마티뇽과 같다.
Mousse	무스: 크림에 거품을 내서 만든 디저트 또는 거품을 내는 방식으로 만든 것.
Noisettes	누아제트: 헤이즐넛 또는 둥근 모양으로 잘라낸 야채나 육류.
Panade	파나드: 우유나 달걀, 밀가루, 빵, 버터 등을 섞은 반죽.
Paprika rose doux	단맛의 붉은 파프리카. 헝가리 파프리카(Sweet paprika, 헝가리 고추 가운데 한 종류).
Parmentier	파르망티에: 감자를 넣은 요리.
Pâte	파트: 밀가루 반죽
Pâte feuilletée	파트 푀이테: 푀이타주 밀가루 반죽. 이 반죽으로 구워 바삭하게 부풀어오른 퍼프 페이스트리를 만든다.
Pâté	파테: 고기를 속에 넣고 밀가루 반죽을 입혀 익힌 것.
Paupiette	포피에트: 야채로 소를 넣고 동그랗게 말아서 만든 고기 요리.
Paysanne	페이잔: 잘게 썬 뿌리 채소(감자, 당근, 순무 등).
Pocher	포셰: 섭씨 95도쯤에서 뭉근히 익히기. 물이 끓어오르지 않는 온도에서 천천히 익힌다. 포칭(Poaching), 시머링(Simmering).
Poêlér	푸알레: 오븐용 냄비에서 버터로 익히는 조리법. 먼저 고기의

양면을 살짝 굽는다. 양념한 야채를 깔고 (야채를 넣지 않는 경우도 있다.) 버터를 충분히 넣고, 액체(국물)가 거의 없는 상태로, 냄비를 오븐에 넣어 익힌다.

Poivre de Cayenne 카옌 붉은 고추, 매운 고추 또는 붉은 고춧가루.

Purée 퓌레: 야채나 고기를 갈아서 체로 거른 것.

Quenelle 크넬: 밀가루 등의 반죽을 빚어 삶아 익힌 완자.

Rissoler 리솔레: 고기나 야채 등을 버터나 기름으로 노릇하게 굽다.

Rôti 로티(구이, roast): 오븐 구이.

Royale 루아얄: 야채나 가금류를 다져 달걀로 반죽해 빚은 것.

Saindoux 라드(lard): 돼지고기의 지방을 녹여서 정제한 반고체 상태의 식용 기름. 버터처럼 사용한다.

Salamandre 샐러맨더 그릴(Salamander): 위에서 열을 가해, 굽거나 윤을 내는 데 이용하는 레스토랑용 그릴. 열원이 위쪽에 있는 가정용 그릴과 같은 형식이다.

Salmis 살미: 포도주를 넣고 조리한 닭고기 등의 요리.

Salpicon 살피콩: 고기나 야채를 잘게 썰어 소(파르스)나 가르니튀르로 사용하는 것을 가리킨다.

Sauté 소테(볶음, 튀기듯이 지져 익히기): 팬을 가열해 식용유나 버터로 익히는 건식 조리법. 200도 정도의 고온에서, 뒤집어가며 익히는 것으로, 더 낮은 온도를 이용하는 부침(팬 프라이)과는 조금 다르다. 소테팬에 남은 버터는 소스로 이용한다.

Sucre en poudre 슈거파우더(가루설탕, Powdered sugar, Caster sugar).

Sucre glace 슈거파우더, 아이싱 슈거(Icing sugar, Confectioner's sugar).

Timbale 탱발: 고기 등을 넣고 익히는 원통형 틀이나 탱발에 넣어 조리한 것. 밀가루 반죽(크루트)을 이용한다.

Tomato Concasser 토마토 콩카세 : 데쳐서 껍질을 벗기고 씨를 빼고 다진 토마토.

Vol-au-vent 볼오방: 속에 고기나 생선을 넣은 원통 모양의 파테.

Zeste 제스트: 오렌지, 레몬의 노란색 겉껍질(흰 속껍질은 사용하지 않는다).